ベクトル公式

A, B, C, D をベクトルとしたとき，以下の公式が成り立つ．

1. $A \cdot (B \times C) = B \cdot (C \times A) = C \cdot (A \times B)$
2. $A \times (B \times C) = (A \cdot C)B - (A \cdot B)C$
3. $(A \times B) \cdot (C \times D) = (A \cdot C)(B \cdot D) - (A \cdot D)(B \cdot C)$
4. $(A \times B) \times (C \times D) = (A \times B \cdot D)C - (A \times B \cdot C)D$

A, B をベクトル関数，Φ, Ψ をスカラ関数としたとき，以下の公式が成り立つ．

1. $\nabla (\Phi \Psi) = \Phi \nabla \Psi + \Psi \nabla \Phi$
2. $\nabla (A \cdot B) = (A \cdot \nabla)B + (B \cdot \nabla)A + A \times (\nabla \times B) + B \times (\nabla \times A)$
3. $\nabla \cdot (\Psi A) = A \cdot (\nabla \Psi) + \Psi (\nabla \cdot A)$
4. $\nabla \cdot (A \times B) = B \cdot \nabla \times A - A \cdot \nabla \times B$
5. $\nabla \cdot (\nabla \times A) = 0$
6. $\nabla \times (\Psi A) = (\nabla \Psi) \times A + \Psi (\nabla \times A)$
7. $\nabla \times (A \times B) = (\nabla \cdot B)A - (\nabla \cdot A)B + (B \cdot \nabla)A - (A \cdot \nabla)B$
8. $\nabla \times (\nabla \Psi) = 0$
9. $\nabla \cdot \nabla A = \nabla^2 A = \nabla (\nabla \cdot A) - \nabla \times \nabla \times A$

閉曲面 S に囲まれた体積 V に対して，その閉曲面上の外向き法線ベクトル $\hat{n}$ とすれば

1. $\oint_S A(r) \cdot \hat{n}(r) \, dS = \int_V \nabla \cdot A(r) \, dv$ （ガウスの定理）
2. $\oint_S \hat{n}(r) \times A(r) \, dS = \int_V \nabla \times A(r) \, dv$
3. $\oint_S \Phi(r) \hat{n}(r) \, dS = \int_V \nabla \Phi(r) \, dv$
4. $\oint_S [\Phi(r) \nabla \Psi(r) - \Psi(r) \nabla \Phi(r)] \cdot \hat{n}(r) \, dS = \int_V [\Phi(r) \nabla^2 \Psi(r) - \Psi(r) \nabla^2 \Phi(r)] \, dv$
5. $\oint_S [A(r) \times \nabla \times B(r)] \cdot \hat{n}(r) \, dS$
   $= \int_V [\nabla \times B(r) \cdot \nabla \times A(r) - A(r) \cdot \nabla \times \nabla \times B(r)] \, dv$ （グリーンの定理）
6. $\oint_S [A(r) \times \nabla \times B(r) - B(r) \times \nabla \times A(r)] \cdot \hat{n}(r) \, dS$
   $= \int_V [B(r) \cdot \nabla \times \nabla \times A(r) - A(r) \cdot \nabla \times \nabla \times B(r)] \, dv$ （ストラットンの定理）

閉曲線 C に囲まれた曲面 S に対して，その曲面上の外向き法線ベクトル $\hat{n}$ とすれば

1. $\oint_C A(r) \cdot dl = \int_S [\nabla \times A(r)] \cdot \hat{n}(r) \, dS$ （ストークスの定理）
2. $\oint_C \Phi(r) \, dl = \int_S \hat{n} \times \nabla \Phi(r) \, dS$

電磁気学

宇野 亨　共著
白井 宏

コロナ社

まえがき

　数学と物理が得意であるはずの理工系学部や高専の学生にとっても，電磁気学は難解であると思われて不人気の科目の1つである．その原因は2つあると考えられる．1つは電磁気で扱う物理量が'目に見えない'ことによるイメージ形成の困難さである．力学における物体の落下や慣性の法則などは日常よく経験することであり，常識として感覚的に受けいれることができる．しかし，電磁気学が対象とする電荷や電流のイメージを描くことは，初めて電磁気学を学ぶ学生にとっては難しい．常識とは一種の'慣れ'だからである．さらに，電磁気学で初めて登場する電界や磁界といった'場の概念'は日常の世界とあまりにもかけ離れている．もう1つは，電磁気学で用いられる数学である．電磁気学に限らず物理現象を正確に記述するには数学が不可欠ではあるが，多くの初学者にとってはそれに気をとられて数式の表す物理的内容を見失ってしまう．このため，どちらに重きを置くかによって'講義の数だけ教科書がある'というくらいたくさんの教科書が出版されている．

　前者の電磁気学的イメージ形成に重点をおく教科書は確かにわかったような気にさせてくれるが，いざ実際の問題に直面するとそれを解決するための手がかりが乏しいことに気づかされる．また，電気力線や磁力線は理解の助けにはなるが物理現象を正確に表すものではない．これに対して後者の教科書では，一見難しそうな数式が並んでいるため，最初から'食わず嫌い'の状態に陥ってしまう．また，数式の物理的意味を理解するには少なからず経験を積む必要があり，初学者にとってやはり高い壁になる．筆者らも決してスムーズに乗り越えてきたわけではなく教科書を何度も読み返した記憶がある．このとき役に立ったのは，丁寧な説明と理解を助ける演習問題であった．要点をまとめた教科書や公式集は，いったん理解した読者には使いやすいが，初心者は行間を埋めるべき講義のペースについていけないこともあり，単なる式の暗記に追われて，結局本質をつかむ機会を失うことがある．このような経験から，冗長との批判を覚悟してできるだけ丁寧な説明を心がけた．また読者がつまずきそうな部分には例題とその詳細な解答を付け加え，何度読み返してもそれに耐え得る教科書になるよう努力した．欧米では決して珍しくないが，本書のような出版社泣かせの厚い本を出版させていただいたのは，偉大な先人達が築き上げた電磁気学的自然観とそれを集約した自然法則の意味をよく理解すると共に，専門分野に進むための知識や問題解決能力を身に付けてほしいという願いからである．また，電磁気学がどのように形成されていったかを伝えるための歴史的事情や，電磁気学が現代生活にどのように生かされているかについても簡単

に紹介した．息抜き程度に読んでいただきたい．

　本書は理工系学部や高専の学生向けの教科書・参考書として執筆されたもので，電磁気学的イメージの把握を重視しながらも，高校卒業程度の数学的知識があれば導かれた数式の物理的意味が正確に理解できるように工夫されている．2章では電磁気学を学ぶために必要な最小限度の数学的事項をまとめた．多くの大学や高専ではベクトル解析の講義もほとんど同時期に行われているであろうから，これらに習熟していると思う読者は読み飛ばしても差し支えない．また，初学者にはやや高度であると思われる節，項にはそのタイトルに * マークを付けた．必要に応じて取捨選択してほしい．その後は電荷の運動という観点から，わかった歴史の順番に沿って述べられている．3章から5章までは，電荷が静止している場合に空間にどのような電界ができるかを説明している．'場' という概念が最初に登場することから，それについて詳しく説明している．3章は真空中の電界について，4章は誘電体中の電界と分極について説明する．また5章はやや数学的色彩が強いが，静電界の問題を解く正統的な手法であることと，物性の分野では最初からこのような取り扱いをすることが多いため，章を改めて解説した．初学者は必要な部分だけを選んで読んでほしい．電荷が移動すると電流になるが，6章は最も簡単な定常的に流れる電流の性質を述べている．電流が流れると周りに磁界ができることは周知の通りである．7章と8章は定常電流による磁界と磁性体による磁界について述べた章である．9章からは，電荷が加速度運動して電界と磁界が共に時間的に変化する場合を扱うが，9章はその変化が緩やかな場合にどのような現象が起こるかを説明する．そして10章でマクスウェルの方程式という電磁界を規定する方程式にたどり着いて，いわゆる古典電磁気学が完成する．これで電磁気学は一応完結するが，電磁気学と電気回路や電子回路とは別の分野だと考えている学生も少なくないため，11章をあえて付け加えた．この章ではマクスウェルの方程式をどのような条件の下で近似すると回路方程式が導かれるかを説明して，電磁気学と電気回路との橋渡しを行う．

　最後に本書は，いろいろな方々からのご協力，ご支援によって完成することができた．いままでに出版されているさまざまな書籍や学術論文もまた参考にさせていただいた．主なものは巻末に載せた．有益なご助言をいただいた大学の同僚，電子情報通信学会をはじめとする各種研究専門委員会の委員の皆さんに感謝する．また，この本の基礎となった講義ノートのミスプリントや講義に関する貴重な意見を下さった学生諸君，さらに出版に際し著者のわがままなお願いを聞いて下さったコロナ社の皆さんに大変お世話になった．ここに記して深く謝意を表する．

2010 年 4 月

宇野　亨・白井　宏

目　　　次

1. 序　　　章

2. 数 学 的 準 備

2.1　微 分 と 積 分 …………………………………………………………… 7
2.2　スカラ関数とベクトル関数 …………………………………………… 11
2.3　座　標　系 ……………………………………………………………… 13
2.4　ベクトルの積 …………………………………………………………… 18
2.5　ベクトル関数の微分 …………………………………………………… 21
2.6　線　積　分 ……………………………………………………………… 22
2.7　面　積　分 ……………………………………………………………… 25
2.8　体　積　分 ……………………………………………………………… 28
2.9　勾　　　配 ……………………………………………………………… 29
2.10　ベクトルの発散とガウスの定理 ……………………………………… 31
2.11　ベクトルの回転とストークスの定理 ………………………………… 36
2.12　幾つかの重要なベクトル公式 ………………………………………… 42
2.13　簡単な微分方程式 ……………………………………………………… 45
　章　末　問　題 ……………………………………………………………… 48

3. 真空中の静電界

3.1　電 荷 の 分 布 …………………………………………………………… 51
3.2　クーロンの法則 ………………………………………………………… 57
3.3　近接作用と電界 ………………………………………………………… 60
3.4　電　気　力　線 ………………………………………………………… 67
3.5　ガウスの法則 …………………………………………………………… 69

3.6　電界と電位・静電ポテンシャル……………………………………………… 82
3.7　電気双極子と電気 2 重層……………………………………………………… 96
3.8　多重極展開……………………………………………………………………… 100
3.9　静電エネルギーとマクスウェルの静電応力………………………………… 101
3.10　コンデンサと静電容量………………………………………………………… 110
章末問題…………………………………………………………………………… 117

4. 誘電体中の静電界

4.1　静電容量と誘電率……………………………………………………………… 121
4.2　分極と分極ベクトル…………………………………………………………… 122
4.3　分極電荷とコンデンサの中の電界…………………………………………… 125
4.4　誘電体中の静電界の基本法則………………………………………………… 126
4.5　一様な誘電体中の電界とコンデンサの容量………………………………… 132
4.6　境界条件………………………………………………………………………… 133
4.7　誘電体に働く力*……………………………………………………………… 140
4.8　コンデンサに働く力と MEMS………………………………………………… 142
4.9　誘電体のやや微視的考察*…………………………………………………… 145
章末問題…………………………………………………………………………… 150

5. 静電界に関する境界値問題

5.1　静電界の基本法則……………………………………………………………… 152
5.2　境界値問題……………………………………………………………………… 157
5.3　電気影像法……………………………………………………………………… 176
5.4　等角写像法*…………………………………………………………………… 183
5.5　ラプラスの方程式の近似解法*……………………………………………… 186
章末問題…………………………………………………………………………… 187

6. 定常電流

6.1　定常電流と保存則……………………………………………………………… 190

6.2　オームの法則 …………………………………………………………… 194
6.3　起電力がある場合のオームの法則 …………………………………… 199
6.4　定常電流の空間分布 …………………………………………………… 202
6.5　キルヒホッフの法則 …………………………………………………… 209
6.6　導体の熱作用 …………………………………………………………… 210
　　章末問題 ………………………………………………………………… 212

7. 真空中の静磁界

7.1　磁石による磁気作用と電流による磁気作用 ………………………… 214
7.2　アンペアの力とその応用 ……………………………………………… 218
7.3　ローレンツ力とその応用 ……………………………………………… 221
7.4　ビオ・サバールの法則 ………………………………………………… 229
7.5　ベクトルポテンシャル ………………………………………………… 233
7.6　静磁界におけるガウスの法則 ………………………………………… 243
7.7　アンペアの法則 ………………………………………………………… 244
7.8　定常電流に働く力 ……………………………………………………… 249
　　章末問題 ………………………………………………………………… 251

8. 磁性体中の静磁界

8.1　物質の磁化 ……………………………………………………………… 254
8.2　磁性体に対する基本法則 ……………………………………………… 261
8.3　磁気回路 ………………………………………………………………… 266
8.4　物質の磁性 ……………………………………………………………… 272
8.5　永久磁石 ………………………………………………………………… 278
8.6　磁性体の応用 …………………………………………………………… 283
　　章末問題 ………………………………………………………………… 285

9. 電磁誘導

9.1　ファラデーの電磁誘導の法則 ………………………………………… 287

9.2　運動する導体に発生する起電力 ……………………………………… 290
9.3　電磁誘導に起因する現象 ………………………………………………… 293
9.4　電磁誘導を利用した装置 ………………………………………………… 296
9.5　準定常電流による磁界 …………………………………………………… 299
9.6　インダクタンス …………………………………………………………… 302
9.7　インダクタンスと磁気エネルギー ……………………………………… 311
章末問題 ……………………………………………………………………… 313

10. マクスウェルの方程式と電磁波

10.1　変位電流 ………………………………………………………………… 317
10.2　マクスウェルの方程式 ………………………………………………… 322
10.3　電磁波の伝搬 …………………………………………………………… 331
10.4　エネルギー保存則とポインティングベクトル ……………………… 341
10.5　電磁ポテンシャル ……………………………………………………… 347
10.6　正弦振動する電磁界 …………………………………………………… 349
10.7　アンテナからの電磁波放射 …………………………………………… 362
章末問題 ……………………………………………………………………… 368

11. 電磁気学と電気回路

11.1　準定常電流と基本方程式 ……………………………………………… 370
11.2　エネルギー保存則 ……………………………………………………… 375
11.3　回路方程式 ……………………………………………………………… 378
11.4　簡単な電気回路 ………………………………………………………… 380
章末問題 ……………………………………………………………………… 384

引用・参考文献 …………………………………………………………… 386
章末問題解答 ……………………………………………………………… 387
索　　引 …………………………………………………………………… 406

1 序章

電気の力と磁気の力

電気の歴史は古い．冬の乾燥した日に衣服が体にまとわりついたり，ドアノブを触ろうとして指先から火花が飛んだりすることがある．これは衣服や人の体が摩擦によって静電気を帯びたためだと説明される．また，子供の頃にわきの下や頭で下敷きを擦って，友達の髪の毛を逆立たせたり，小さな紙切れを吸い付ける遊びを経験した読者も少なくないと思う．中学の理科では，擦り合わせる物の組み合わせによって正に帯電したり負に帯電したりすること，同符号の電荷同士には反発する力が働き，異符号の電荷なら引き合う力が働くことを学ぶ[†]．こうした静電気の存在は既に紀元前 6 世紀ころの古代ギリシャ時代には知られていたようで，宝石となる琥珀を磨くために毛皮や毛布で擦ることによって静電気が起き，軽いものを吸い付けることを発見していた．実際，'電気' を表す英語 'electric' は，'琥珀質' というギリシャ語 '$\eta\lambda\epsilon\kappa\tau\rho o\nu$' に由来し，イギリスのギルバート (W. Gilbert) によって名づけられた．漢字の '電' は，古代中国で '雨' 冠のない文字が稲光を表す象形文字として作られ，それが甲骨文字として刻まれた．

高校生になると，この**電気の力**を**クーロン力**とよび，**万有引力**と同じように距離の 2 乗に反比例することを学ぶ．万有引力との違いは，クーロン力には引力と斥力の両方があることである．もう 1 つの違いはその大きさである．万有引力は，2 つの物体の質量の積に比例し，距離の 2 乗に反比例する．一方，クーロン力はそれぞれの電荷量の積に比例し，距離の 2 乗に逆比例する．2 つの力は全く同じ形をしているが，比例係数が大きく異なる．水素原子のような 1 つの陽子と 1 つの電子がある場合に，その両者に加わる力の大きさを，各種の物理定数を代入して計算すると，クーロン力は万有引力に対して 2.3×10^{39} 倍となり，電気の力が桁違いに大きいという結果が得られる．実感がわかないかもしれないが，陽子と電子に働

[†] 物体と物体を擦り合わせたときの帯電の仕方は，物体を構成している原子の相対的な性質による．例えば，ガラスを絹製の布で擦ると，ガラスには正の電荷，布には負の電荷が帯電する．もともとはデュ・フェがガラスに帯電した電荷をガラス電気，樹脂に帯電した電荷を樹脂電気といったのを，**フランクリン**がそれぞれを正電気，負電気と命名した．このために，電子の電荷が負となってしまった．帯電しやすさは材質に依存する．ウールやナイロンは正の電荷が帯電しやすく，アクリルやポリエステルは負に帯電しやすい．これに対して紙や革は帯電しにくい．人の体は正に帯電しやすい．

く万有引力が 1 kg を持ち上げる力だったとすると，電気の力は 2.3×10^{39} kg の物体を持ち上げる力になる．太陽の重量は約 1.99×10^{30} kg であるから，この電気の力は約 11 億 6 千万個の太陽を持ち上げる力に相当する．このように電荷にはとてつもなく大きな力が働く．正の電荷だけが集まると，大きな力で反発し合い四方八方に飛び散ってしまう．負の電荷同士でも同じである．これに対して正の電荷と負の電荷とがちょうどうまく交じり合うと，正負の電荷は互いにものすごい力で引き合って，最終的にはいわゆる中性の状態になる．

さて，読者は，髪の毛や下敷きを含めてあらゆる物質は，原子や原子が集まった分子でできていることを知っている．原子は，その直径がおおよそ 10^{-10} m 程度の粒子で，原子核を中心にしてその周りを幾つもの電子が回る構造をしている．そして原子核は，正の電荷をもつ幾つかの陽子と中性の中性子からできていて，負の電荷をもつ電子と合わせて全体としては中性になっている[†1]．上で述べたように，電気の力が非常に強いなら陽子と電子がぶつかってしまうのではないかと心配するかもしれない[†2]．これを防いでいるのが量子効果である．すなわち，電子が陽子に近づこうとすればするほど，大きな運動量をもたなくてはならないというのが**不確定性原理** (uncertainty principle) の教えるところである．したがって，電子は **図 1.1** のように原子核の周りのある軌道を回って運動量を確保するようになる．電子はクーロン力によって原子内に留まっているが，外側の電子ほど原子核からの距離が遠いので束縛は弱くなる．物体と物体を擦り合わせると，接触面では物体を構成する原子や分子が激しく振動して，原子核からの束縛が弱い電子が剥ぎとられ，他の物体に移る．その結果，電子の移動先の物体は負に帯電し，残った側は正に帯電する．摩擦による静電気の発生はこのように物体内の電子の過不足によるものである．このことから，どちらが正に帯電するか，負に帯電するかは物体の組み合わせで決まる，ということも理解できるであろう．

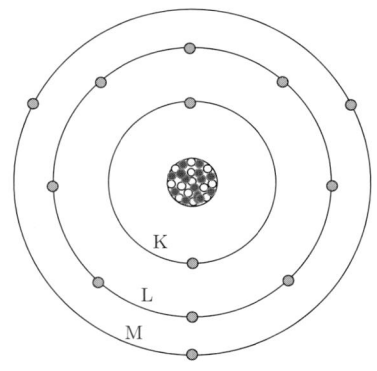

図 1.1 原子模型．電子の軌道は内側から K, L, M, ..., という名前が付いている．各軌道に収容される電子の最大数は決まっており，それぞれ 2, 8, 18, ... である．この図は原子番号 13 のアルミニウムの場合で，電子は基本的にはエネルギー準位の低い軌道から詰まっていくので最外殻軌道には 3 個の電子が存在する．

[†1] 長い間，電子や陽子はそれ以上分割できない基本粒子と考えられてきた．しかし素粒子理論によると，陽子や中性子は，さらに小さな**クォーク** (quark) という素粒子に分割することができ，現在までに 6 種類のクォークが存在することがわかっている．こうなることの基礎を明らかにした，南部，小林，益川の 3 氏が 2008 年のノーベル物理学賞を受賞したことは記憶に新しい．陽子や中性子はそれぞれ 3 種類のクォークで作られているが，電子については現在のところ，これ以上細かくは分けられないと考えられている．

[†2] 本書で学ぶ古典的電磁気学を水素原子に適用すると，10^{-11} 秒という短い時間で電子が陽子に衝突してしまう，という結論になる．これは明らかに誤りで，量子力学が生まれるきっかけの 1 つとなった．

一方，陽子はどうして原子核内に局在できるのであろうか．電気の力だけなら反発し合って，飛び散ってしまうはずである．ところが原子核内では**核力** (nuclear force) とよばれる電気的な力とは異なる引力が働いていて，これが電気の力より強いために陽子を原子核内にとどめているのである．しかし核力は非常に守備範囲が狭く，電気の力より早く減衰する．すなわち，核力は近接の粒子にしか働かないのに対して，電気の力は核力よりも広範囲に働く．そのため，陽子の数が多くなるとその分だけ電気の力が大きくなって核力との釣り合いが微妙になる．つまり力のバランスが不安定となる．この代表がウランである．このような不安定な状態の原子に中性子をぶつけると，原子が2つに分裂する．両方とも正の電荷をもつから，電気の力によって飛び散る．これが次々と起こるのが**核分裂** (nuclear fission) である．一般には核のエネルギーとよばれているが，実は電気の力なのである．これは上で述べたように，万有引力に比べると気の遠くなるほど大きく，莫大なエネルギーとなるのである．

このように，物質の細かな構造，すなわち物質の性質を決めているのは電気の力と量子力学的効果であるが，その境界はどのくらいであろうか．明確な境界があるわけではないが，大よそ 10^{-13}m 程度までは電気的な力が支配的だといわれている．しかしながら，この程度になると '力' という概念さえあやふやになる．そこで本書では原子や分子の構造までは立ち入らないで，それらの電気的性質が平均的に取り扱える程度までの範囲を扱うものとする．

もう1つの不思議な力は**磁気の力**である．磁気の歴史も電気のそれと同じくらいに古い．磁気を表す英語 'magnetism' は，小アジアのマグネシア地方で産出する特別な石が金属を引き付けたことに由来しているといわれている．**磁石** (magnet) は，中国でも古い文献に現れ，漢字の '磁' は，'引き付けて次第に強くなる' という意味の '茲' に '石' を組み合わせて作られた会意文字である．

よく知られているように，磁石のN極同士，S極同士は反発し合い，N極とS極とは引き合う．そこで，電荷と対応づけて，N極上に正の磁荷，S極上に負の磁荷があると考えると，それらの間には電荷に対するクーロン力と全く同じ法則が成り立つ．したがって，これを出発点にすれば電気の力と同様の議論ができそうである．古くはそのようにした教科書もあるが，電気と磁気の決定的な違いは，正や負の電荷は別々にとり出すことが出きるのに対して，磁荷は単独では存在できず，必ずペアで発生するということである．このことは**図1.2**のように，磁石を

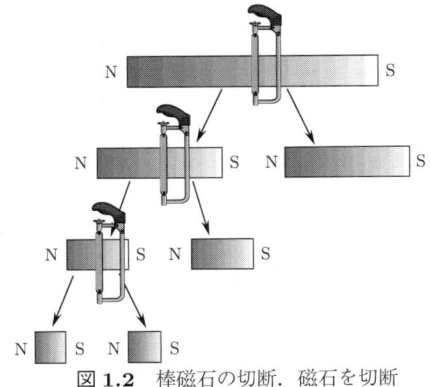

図1.2 棒磁石の切断．磁石を切断してもNあるいはS極だけの単極をとり出すことができない．

いくら細かく切っていっても必ずN極とS極とが対になって現れることから理解できよう．

また，上で述べたように全ての物質は原子でできているのであるから，磁気に対するクーロン力も電子の運動に起因するものであると考えるのが理にかなっている．実際，電荷に対するクーロンの法則から磁界の法則を導くことも可能であるが，それには相対性理論の知識が必要となる．

一方，電荷が運動するということは，電流が流れるということである．電流が流れると周りに磁界ができるということは高校の物理で学んだ通りである．本書でもこの事実を基本原理の1つとして磁界に関する諸現象を説明することにする．そうすると，磁石の内部にも永久に流れ続ける電流がなければならないことになる．多くの物質ではこのように考えることができるが，鉄のような強磁性体では，この電流の効果よりも電子のスピンによる量子力学的な効果の方がはるかに大きい．これに関しては，量子力学の詳細には入らずに本書では現象論的な説明にとどめておくことにする．

電気的な力が電荷（電子）に作用すると，電荷はある速度で運動する．電荷が運動すると磁界が発生し磁気的な力も作用する．これらの電磁気的な力が電荷の運動を支配する．これと同時に，運動する電荷は周りの空間に電気的な作用と磁気的な作用を及ぼす．これが電波[†1]であり，光である．電波は目には見えないが，その存在は疑いようのないことである．読者は数十 km 離れた放送局の電波を受けてテレビを見ているし，携帯電話も利用しているからである．ここで想像してみてほしい．電波を発生しているのは数十 km 離れたアンテナ上を振動する電子であり，それが数十キロメートル離れた読者のアンテナ上の電子を動かしているのである．この現象を理解するのが**電磁気学**や**電磁波工学**であり，情報をうまく伝達するためには電子の動きをどのように制御したらよいかを学ぶのが**通信工学**である．

単　位　系

物理量である質量や長さを測定したとき，それらは数値に単位を付けて，20 kg とか 5 m と表す．一般に物理量を表す記号には，英文字やギリシャ文字の斜体を，また単位には，立体の文字を使って両者を区別して表記する．単位は物の数え方と同様に何かを基準として，その何倍であるかを表すために用いる．足の大きさを基準としたフィートはその典型例である．

いろいろな経緯で過去に使われてきた様々な単位を，国際的に統一する実用計量単位系として，**国際 (SI) 単位** (SI unit) が定められている[†2]．表 1.1 に 7 つの**基本単位**を示す．電気と関連が深い電流の単位はアンペア〔A〕で，フランスの物理学者 A.M. Ampére の名前に因んでいる．以前は，硝酸銀の水溶液から電気分解して得られる銀の析出量を基に，電流 1

[†1] 電波とは，3×10^{12} Hz $= 3$ THz（テラヘルツ）以下の周波数の電磁波のことである．
[†2] SI は，フランス語の Sytéme International d'Unités に由来する．単位とは一朝一夕に決まったものではなく，決まるまでには長い歴史があり，現在でもなお見直しが進められている．詳細については例えば，巻末の引用・参考文献 16) を参照されたい．

表 1.1 SI 基本単位

物理量	記号	基本単位
長さ	l	メートル〔m〕
質量	m	キログラム〔kg〕
時間	t	秒〔s〕
電流	I	アンペア〔A〕
温度	T	ケルビン〔K〕
物質量	n	モル〔mol〕
光度	I	カンデラ〔cd〕

表 1.2 代表的な SI 組立単位

物質量	組立単位	基本単位による表現
力	ニュートン〔N〕	$m \cdot kg \cdot s^{-2}$
エネルギー	ジュール〔J〕	$m^2 \cdot kg \cdot s^{-2}$
仕事率	ワット〔W〕	$m^2 \cdot kg \cdot s^{-3}$
電荷	クーロン〔C〕	$s \cdot A$
電圧	ボルト〔V〕	$m^2 \cdot kg \cdot s^{-3} \cdot A^{-1}$
静電容量	ファラッド〔F〕	$m^{-2} \cdot kg^{-1} \cdot s^4 \cdot A^2$
抵抗	オーム〔Ω〕	$m^2 \cdot kg \cdot s^{-3} \cdot A^{-2}$
磁束密度	テスラ〔T〕	$kg \cdot s^{-2} \cdot A^{-1}$
インダクタンス	ヘンリ〔H〕	$m^2 \cdot kg \cdot s^{-2} \cdot A^{-2}$

A の強さが決められていた．1948 年には，'真空中に 1 m 離して置かれた 2 本の細い平行導線のそれぞれに同じ電流を流したときに，長さ 1 m あたり 2×10^{-7} N の力を及ぼす電流の強さ' を 1 A とすると定められたが，2019 年からは，'1 秒あたり 1 C の電荷を流す電流の強さ' を 1 A とすると定義し直された．

　これらの基本単位だけを用いても物理量を表すことができるが，単位の組み合わせが多くなり，表記も煩雑となる．そこでこれらを組み合わせて作った**組立単位**も使われる．電磁気学の分野でよく使われる組立単位を **表 1.2** に示す．こうした単位には，歴史的な実験や発見に関係した科学者の名前に因んだものが多い．例えば，イタリアのボルタ (A. Volta) が，1799 年にいわゆる**ボルタの電池**を発明した．この発明によって初めて連続的な電流がとり出せるようになった．ボルタ電池は，希硫酸溶液の中に銅と亜鉛の棒を立てたもので，銅が正の電極，亜鉛が負の電極となり，両者の間に 1.10 V の電位差が生じる[†1]．この電位差が後の 1 V の基になっている．また抵抗の 1 Ω については，ジーメンス (S. Siemens) によって，断面積 1 mm^2 で長さ 1 m の水銀柱の抵抗値 (0.985 Ω) を標準に使おうという提案がなされたこともある．彼の名前は，抵抗の逆数である**コンダクタンス** (conductance) とよばれる導電性を表す量の単位として使われている．人名に由来する単位は，その人名の頭文字の英大文字を単位記号とし，英語で単位を綴る際は頭文字も小文字で表記する（普通名詞扱い）．

　一方平面角度の単位としては，一般には度〔°〕がよく使われているが，本書ではラジアン (radian) を用いる．ラジアンで表される角度の値は，単位円上に射影した周上の弧の長さに相当する．したがって 360° は，円周全部の長さ 2π ラジアン〔rad〕に対応する．平面内の角度と同じようにして，曲面を見込む角度を**立体角**といい，単位はステラジアン〔sr〕を使う[†2]．この立体角については，3 章で詳しく説明する．

　物理量が桁外れに大きかったり，小さかったりした場合には，単位の前に 10 の累乗を表す

[†1] 最初にボルタが使ったのは，塩水に銀と亜鉛の電極であったといわれている．彼はいろいろな電極や溶液を試していて，銅と亜鉛の電極で希硫酸を用いた電池の発明は 1815 年といわれている．
[†2] 角度の単位は SI 補助単位であったが，1995 年の国際度量衡総会において，その区分の廃止が決定され，現在は無次元の組立単位とされている．

接頭文字を付けてもよいことになっている．**表 1.3** に SI 単位で用いることのできる接頭文字を示す．ここで 10^3 を表すキロ〔k〕以下の小さな累乗の接頭文字は小文字を，それより大きな累乗の場合は，大文字を使うことに注意してほしい．

表 1.3 SI 単位系で用いる接頭文字

接頭語	記号	倍数	接頭語	記号	倍数	接頭語	記号	倍数
クエクト	q	10^{-30}	マイクロ	μ	10^{-6}	ギガ	G	10^{9}
ロント	r	10^{-27}	ミリ	m	10^{-3}	テラ	T	10^{12}
ヨクト	y	10^{-24}	センチ	c	10^{-2}	ペタ	P	10^{15}
ゼプト	z	10^{-21}	デシ	d	10^{-1}	エクサ	E	10^{18}
アト	a	10^{-18}	デカ	da	10	ゼタ	Z	10^{21}
フェムト	f	10^{-15}	ヘクト	h	10^{2}	ヨタ	Y	10^{24}
ピコ	p	10^{-12}	キロ	k	10^{3}	ロナ	R	10^{27}
ナノ	n	10^{-9}	メガ	M	10^{6}	クエタ	Q	10^{30}

以下本書では，使用する英文字が何を表すかを区別しやすいように，フォントを変える．例えば 'A' が点を表したり，電流の単位であるアンペアの意味なら立体フォント A で，変数を表すならば斜体フォント A で，そしてベクトル，もしくは行列ならば斜体太字フォント $\boldsymbol{A}$ で表すことにする．また電磁気学を含め，物理，化学，数学の分野では，多くの物理量や変数を表すのにギリシャ文字を用いる．参考のため，表紙の見返しにギリシャ文字をまとめた．

重ね合わせの原理と電荷保存の法則

重ね合わせの原理は極めて重要な原理である．電荷に働く力を例にとって説明しよう．**図 1.3** のような 3 つの電荷 A，B，C があったとする．電荷 A に働く力 $\boldsymbol{F}_A$ は，電荷 B による力 $\boldsymbol{F}_B$ と電荷 C による力 $\boldsymbol{F}_C$ を別々に考えて（もちろんベクトルの意味で）加え合わせたものになる．これを**重ね合わせの原理** (superposition principle) という．これは 2 個の電荷間に働く力が，他の電荷によって影響されないということも意味する重要な原理である．重ね合わせの原理は実験事実に基づくものであるが，これに反する事実はいまのところ見出されていない．重ね合わせの原理は電荷が運動していても成り立つし，

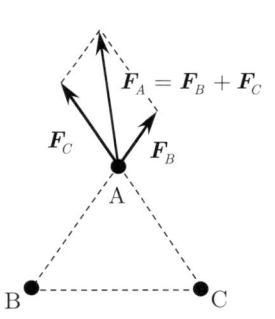

図 1.3 重ね合わせの原理．$\boldsymbol{F}_B$ を考えるときには電荷 C は考えなくてよい．$\boldsymbol{F}_C$ も同様である．

磁気に関しても成り立つ．したがって，多数の電荷があっても 1 つひとつの電荷に関する原理がわかりさえすればよいことになる．数学では，**線形性** (linearity) という言葉を学習するが，ここで使っている重ね合わせの原理と同じと思ってよい．

電荷保存の法則 (conservation law of electric charge) とは，素粒子の領域に至るまでいかなる化学的・物理的反応においても電荷の総量は変わらないという法則であり，**電荷保存則**ということもある．実験事実に基づく法則であるが現在までに反例は見つかっていない．

2 数学的準備

　この章は，電磁気学を理解する上で最小限必要と思われる数学的な知識についてまとめたものである．直接目に見えない電界や磁界の様子を定性的に考えたり，それらの定量的な性質を考察するためには，どうしても数学的な表現法が必要になる．電界や磁界は大きさだけでなく方向にも依存した量であるから，それらを表現するためにはベクトルを使用し，それらの変化を表すためには，微積分やベクトル解析の知識が特に重要となる．本書の数学的な記号や記述に慣れるために，既に別の講義で微積分やベクトル解析を学んだ読者も復習を兼ねて，ベクトル関数の数学的な性質とその物理的な意味について考えよう．

2.1　微分と積分

　電磁気学に限らず物理学の分野では，起きている現象を理解するときに，局所的な少しずつの変化の積み重ねで考えた方がわかりやすいときと，全体的な視野で見た方がよいときがある．例えば，大きな石に加わる重力を考えるとき，おそらく読者は石の重心の位置を始点として重力の矢印を描くであろう．しかし石を作っている小さな砂粒のそれぞれに重力が加わっていて，それらの足し合わせとして大きな石の重力が働いているとも考えられる．簡単にいえば，こうした小さな砂粒に加わる変化量を表すときに適しているのが微分で，その微小量の足し合わせを石のかたまりとして考えるのが積分になる．

　読者は 1 変数関数の微積分については既に習熟しているであろうが，念のために幾つかの言葉の定義を思い出そう．図 **2.1**(a) に示すように，1 変数関数 $y = f(x)$ において独立変数 x が x_1 から x_2 まで変化したとき，関数 $y = f(x)$ の値が y_1 から y_2 まで変化したものとする．このとき

$$\Delta x = x_2 - x_1, \quad \Delta y = y_2 - y_1 = f(x_2) - f(x_1) \tag{2.1}$$

とおき，Δx を x の**増分** (increment)，Δy を y の増分という．さらに，$\Delta x, \Delta y$ が限りなくゼロに近づいたときの極限を dx, dy と書き，それぞれを x の**微分** (differential)，y の微分という．図 2.1(a) から明らかなように，y の増分 Δy は負になり得るが，独立変数である x の増分 Δx は混乱を避けるために正であると約束しておく．したがって，$\Delta x, dx$ と書いた

8 　2. 数 学 的 準 備

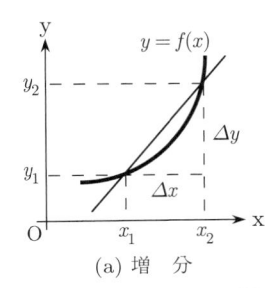

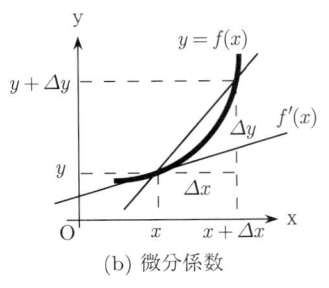

図 2.1 (a) 増　分　　(b) 微分係数

図 2.1　1 変数の微分

ときには増加分を考えていることになる．また，x は独立変数であるから，Δx と dx は同じものであると考えてよい．

Δx に対する Δy の変化率 $\dfrac{\Delta y}{\Delta x}$ を考える．図 2.1(b) に示すように，ある特別な点 x で，$\Delta x \to 0$ としたとき，$\dfrac{\Delta y}{\Delta x}$ が有限の値をとるなら，$f(x)$ はその点で**微分可能** (differentiable) であるといい，その極限値：

$$f'(x) = \frac{dy}{dx} = \lim_{\Delta x \to 0} \frac{\Delta y}{\Delta x} = \lim_{\Delta x \to 0} \frac{f(x + \Delta x) - f(x)}{\Delta x} \tag{2.2}$$

を点 x における**微分係数** (differential coefficient) という．図 2.1(b) から明らかなように，微分係数は点 x における関数 $y = f(x)$ の接線の傾きを表している．x の各点で $f'(x)$ が存在するとき，これを**導関数** (derivative) といい，$\dfrac{dy}{dx}$, $\dfrac{df(x)}{dx}$ などと書く．また dy は，式 (2.2) から $dy = \dfrac{df(x)}{dx} dx$ となる．もし関数が点 x で滑らかであれば[†]，極限値：

$$\lim_{\Delta x \to 0} \frac{f(x) - f(x - \Delta x)}{\Delta x} \quad \text{も} \quad \lim_{\Delta x \to 0} \frac{f(x + \frac{\Delta x}{2}) - f(x - \frac{\Delta x}{2})}{\Delta x} \tag{2.3}$$

も同じ値となる．

2 変数関数とはどのようなイメージをもって考えたらよいであろうか．地図上に等高線で描かれた山を思い浮かべよう．地図上の適当な点を原点 O として，原点から東に x 軸，北に y 軸をとれば図 **2.2** のような等高線と標高を対応づけた図を描くことができる．等高線 $C_0, C_1, \cdots$ に対応する標高が $h_0, h_1, \cdots$ であり，xy 座標の任意の点 (x, y) に対応する山の高さが 2 変数関数 $f(x, y)$ の値である．

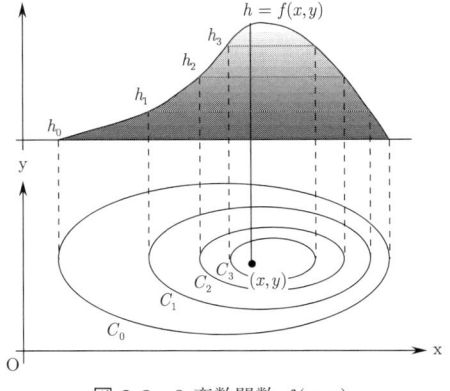

図 2.2　2 変数関数 $f(x, y)$

[†] 数学では，関数 $f(x)$ がある点で連続であり，かつ式 (2.2) と式 (2.3) の第 1 式が等しいとき，関数がその点で滑らかであると定義する．両式が異なれば，式 (2.2) をその点における**右微分係数**，式 (2.3) の第 1 式を**左微分係数**として区別している．このような場合には式 (2.3) の第 2 式は定義できない．

2.1 微分と積分

次に東西方向あるいは南北方向の山の傾きをどのように表せばよいかを考えてみよう．図 2.2 に示す水平面上の点 (x,y) を通り，y 軸に平行な面で山を切ると，この切断面上に描かれる山の表面は図 2.3 のような曲線 Γ となる．この切断面内で x の値は一定であるから，この曲線は y だけの関数となり，その傾きは 1 変数関数と同じように考えることができる．すなわち，y を Δy だけ増加させたときの関数 $f(x,y)$ の変化分は，$f(x, y+\Delta y) - f(x,y)$ であるから，y 方向の変化率は

$$\frac{\partial f(x,y)}{\partial y} = \lim_{\Delta y \to 0} \frac{f(x, y+\Delta y) - f(x,y)}{\Delta y} \tag{2.4}$$

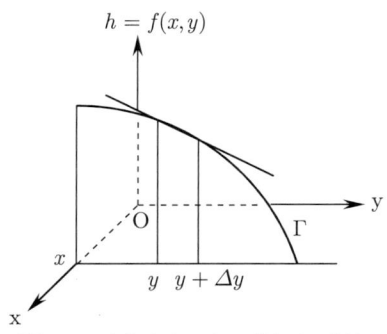

図 2.3 南北方向の山の形とその傾き

となる．これを関数 $f(x,y)$ の y に関する**偏微分係数** (partial differential coefficient)，あるいは単に**偏微分** (partial differential) という．このとき偏微分であることがわかるように，微分の記号が d から ∂ に変わっていることに気を付けよう．同様にして x に関する偏微分も定義することができる．また，式 (2.4) を $f_y(x,y)$ と書くこともあるが，ベクトルの成分と混同することを避けるために，本書ではこのような表記はしないことにする．

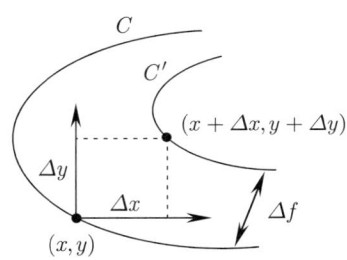

図 2.4 標高差 Δf．C, C' はそれぞれ点 $(x,y), (x+\Delta x, y+\Delta y)$ を通る等高線．

関数 $f(x,y)$ は山の高さであったから，$\Delta f(x,y) = f(x+\Delta x, y+\Delta y) - f(x,y)$ とは図 2.4 に示すように，点 (x,y) と，そこから僅かに離れた点 $(x+\Delta x, y+\Delta y)$ との標高差を表す．ここでは，これが $\Delta x \to 0, \Delta y \to 0$ とした極限でどのように表されるかを考えよう．まず，平均値の定理より

$$\begin{aligned}\Delta f(x,y) &= \left\{f(x+\Delta x, y+\Delta y) - f(x, y+\Delta y)\right\} + \left\{f(x, y+\Delta y) - f(x,y)\right\} \\ &= \frac{\partial f(x+\theta_1 \Delta x, y+\Delta y)}{\partial x}\Delta x + \frac{\partial f(x, y+\theta_2 \Delta y)}{\partial y}\Delta y\end{aligned}$$

となる実数 $0 < \theta_1 < 1, 0 < \theta_2 < 1$ が存在する．さらに $\frac{\partial f(x+\theta_1 \Delta x, y+\Delta y)}{\partial x} = \frac{\partial f(x,y)}{\partial x} + \delta_1$, $\frac{\partial f(x, y+\theta_2 \Delta y)}{\partial y} = \frac{\partial f(x,y)}{\partial y} + \delta_2$ とおくと，上式は

$$\Delta f(x,y) = \left\{\frac{\partial f(x,y)}{\partial x}\Delta x + \frac{\partial f(x,y)}{\partial y}\Delta y\right\} + \left(\delta_1 \Delta x + \delta_2 \Delta y\right) \tag{2.5}$$

となる．$\frac{\partial f(x,y)}{\partial x}, \frac{\partial f(x,y)}{\partial y}$ が連続関数であるなら，$\Delta x \to 0, \Delta y \to 0$ のとき明らかに $\delta_1 \to 0, \delta_2 \to 0$ であるから，式 (2.5) の第 2 項は第 1 項に比べると非常に小さい．した

がって，標高差 Δf は式 (2.5) の第 1 項で近似できる．これを関数 $f(x,y)$ の**全微分** (total differential) といい，$df(x,y)$ と表す．一方，独立変数 x, y に関しては増分 $\Delta x, \Delta y$ と微分 dx, dy とは同じものであるから，全微分は

$$df(x,y) = \frac{\partial f(x,y)}{\partial x}dx + \frac{\partial f(x,y)}{\partial y}dy \approx f(x+dx, y+dy) - f(x,y) \tag{2.6}$$

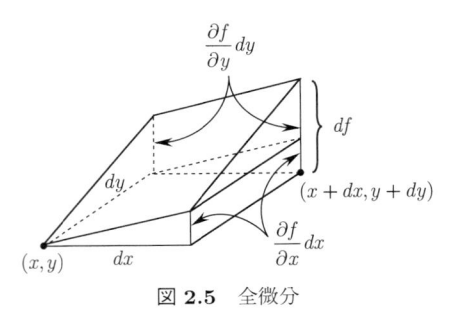

図 2.5 全微分

と表すことができる．式 (2.6) の中辺は全微分の定義である．右辺は，全微分とは 2 次以上の微小量を無視したときの標高差である，ということを強調するために書き加えた．この様子を描くと図 2.5 のようになる．$\frac{\partial f}{\partial x}, \frac{\partial f}{\partial y}$ はそれぞれ，x 方向，y 方向の傾きであったから，それぞれの方向の変化量は傾きに距離 dx, dy を掛ければよい．そしてそれらの和が標高差の近似である全微分になっている．

次に，多変数関数に関する積分について考えるが，電磁気ではよく出会う考え方であるので，まずは 1 変数関数 $y = f(x)$ の定積分から復習してみよう．図 2.6 に示すように，区間 $[a,b]$ を n 個の適当な小区間に分け，その分点を順次 $\xi_0(=a), \xi_1, \xi_2, \cdots, \xi_{n-1}, \xi_n(=b)$ とする．このとき各微小区間の幅は，$\Delta x_1 = \xi_1 - \xi_0, \Delta x_2 = \xi_2 - \xi_1, \cdots, \Delta x_n = \xi_n - \xi_{n-1}$ となる．微小区間 Δx_i の中の任意の点（例えば中点）x_i をとり，和：

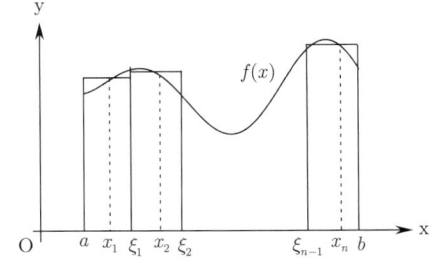

図 2.6 1 変数関数の定積分

$$S_n = f(x_1)\Delta x_1 + f(x_2)\Delta x_2 + \cdots + f(x_n)\Delta x_n = \sum_{i=1}^{n} f(x_i)\Delta x_i \tag{2.7}$$

を作る．これを図 2.6 のような $y = f(x)$ のグラフについて考えると，$f(x_1)\Delta x_1$ は Δx_1 を底辺とし，$f(x_1)$ を高さとする長方形の面積となる．$f(x_2)\Delta x_2, \cdots, f(x_n)\Delta x_n$ も同様であるから，式 (2.7) の S_n はこれらの長方形の面積の総和を表す†．そこで，$\Delta x_1, \Delta x_2, \cdots, \Delta x_n$ の全てを限りなく小さく，すなわち $n \to \infty$ としたとき，S_n は，x_i や分割の仕方に無関係に $f(x)$ と区間 $[a,b]$ によって囲まれた面積に収束する．これを関数 $f(x)$ の a から b までの**定積分** (definite integral)，または混乱がない場合には単に**積分**といい，記号

$$\int_a^b f(x)\,dx \left(= \lim_{n \to \infty} S_n = \lim_{n \to \infty} \sum_{i=1}^{n} f(x_i)\Delta x_i \right) \tag{2.8}$$

---

† $f(x)$ が負になる場合もあるが，この場合には負の面積というものを考えればよい．

で表す.

次に2変数関数 $z = f(x, y)$ の積分を考える. 例えば, 図 2.2 のように $f(x, y)$ を山の高さとしたとき, 地図上に描いたある長方形を底面とする山の体積を求める問題を考える. これを地図から読みとるには, まず長方形の縦横を細かく分けて小さな長方形に分割する. 小さな長方形内では山の高さはほぼ一定であろうから, 地図上の等高線から山の高さを読みとり, その小長方形の面積と高さを掛ければ, 小長方形を底面とする角柱の体積がわかる. そして, これを全部の小長方形について総和をとれば山全体の体積がわかることになる.

このことを数学的に表現してみよう. 図 **2.7** に示すように, x軸の区間 $[x_a, x_b]$ を m 個の微小区間に分割し, 各分点を $\xi_0(= x_a), \xi_1, \cdots, \xi_m(= x_b)$ とする. y軸についても同様に, 区間 $[y_a, y_b]$ を n 個の微小区間に分割し, 分点を $\eta_0(= y_a), \eta_1, \cdots, \eta_n(= y_b)$ とする. このとき, xy面上には mn 個の微小四角形 ΔS_{ij} ($i = 1, 2, \cdots, m; j = 1, 2, \cdots, n$) ができ, これを底面とする mn 個の微小四角柱を考えることができる. 微小四角柱の体積 ΔV_{ij} は, 微小四角形 ΔS_{ij} 内の任意の点を (x_i, y_j) とすると $\Delta V_{ij} = f(x_i, x_j) \Delta S_{ij} = f(x_i, y_j) \Delta x_i \Delta y_j$ で与えられる. ただし $\Delta x_i = \xi_i - \xi_{i-1}$, $\Delta y_j = \eta_j - \eta_{j-1}$ である. したがって, 四角形 S 上の全体積 V_{mn} は $\sum_{i=1}^{m} \sum_{j=1}^{n} f(x_i, y_j) \Delta x_i \Delta y_j$ となる. 1変数の場合と同じように, 分割のとり方に依存しないで $\Delta x_i \to 0$, $\Delta y_j \to 0$ とした極限が存在するとき, この極限値を**重積分**, あるいは**2重積分**といい

$$\int_{x_a}^{x_b} \int_{y_a}^{y_b} f(x, y) \, dy \, dx = \int_S f(x, y) \, dS \tag{2.9}$$

と書く. 3変数以上の積分も同様にして定義できる.

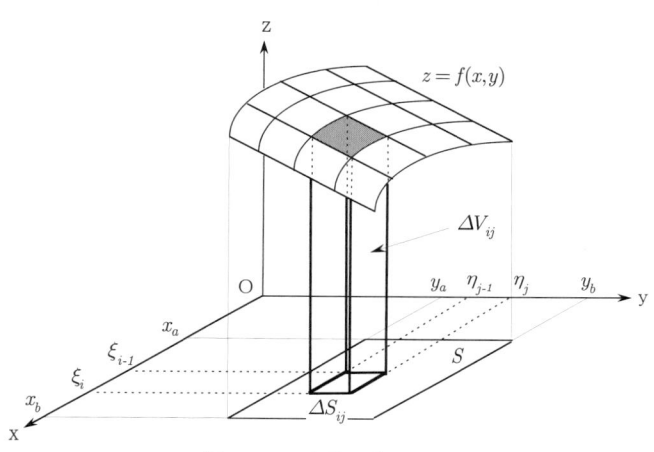

図 **2.7** 2変数関数の積分

2.2 スカラ関数とベクトル関数

電磁気学において最も重要な概念の1つは, 場 (field) の概念である[†]. 場には, スカラ量

[†] 日本語訳として, field を主に物理分野では '場', 工学分野では '界' と訳すが, どちらも捨てがたい意味をもつので, 本書ではどちらの言葉も用いる.

で表される**スカラ場**とベクトル量で表される**ベクトル場**とがあるが，共に場所によって変化する変数の関数で表される．

2.2.1 スカラ量とスカラ関数

質量，電荷，エネルギーなどのように，適当な単位を定めたときに1つの数値（実数）で表される量を**スカラ** (scalar) 量といい，m, Q, W などの記号で表す[†]．ある3次元空間内の点 (x, y, z) における温度 $T(x, y, z)$ や気圧 $P(x, y, z)$ のようにそれぞれの位置で変化するスカラ量もあり，こうした場合を**スカラ (点) 関数**という．

その第1番目の例は，図2.2に示すような山の高さである．第2の例として，**図2.8**のように，部屋に置いたヒータを考えよう．ヒータの近くでは温度は高いが，離れるにしたがって温度は低くなる．床に沿って移動しても，高さによっても温度が異なるから，温度の分布は，点 (x, y, z) の関数となる．また，温度一定の点をトレースすると，曲線ではなく面となることは容易に予想がつく．このように，2変数関数の一定値をトレー

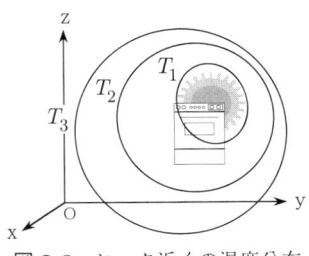

図 2.8 ヒータ近くの温度分布

スすると曲線となり，3変数関数の一定値をトレースすると曲面となる．また，温度の場合，時間 t によっても変化するから，温度分布は厳密には x, y, z, t の4変数関数となる．

2.2.2 ベクトル量とベクトル関数

スカラ量が1つの実数で表されたのに対して，速度や力のように，その大きさを表す数値の他に方向を指定しないと定まらない量を**ベクトル** (vector) 量といい，本書では斜体の太字フォントを用いて $\boldsymbol{a}, \boldsymbol{A}$ などと表す．

一方，高校の数学では，点 A から 点 B へ向かうベクトルを矢印を付けた線分で表し，$\overrightarrow{AB}$ と書いた．そして，点 A を始点，点 B を終点とよんだ．このようにベクトルを規定するには2つの点が必要であるが，互いに平行で，かつ長さと向きが等しいベクトルならそれらを区別しないで同値なものとした．

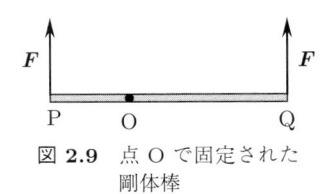

図 2.9 点 O で固定された剛体棒

つまりベクトルの始点はどこにあってもよかった．ところが，**図2.9**で示すような点 O で固定された剛体棒の一方の端点 P に力 $\boldsymbol{F}$ を作用させたときと，もう一方の端点 Q に同じ力を作用させたときの剛体棒の運動は異なる．つまり，ベクトル $\boldsymbol{F}$ の始点（力の作用点）を区別しなければ正しい運動は記述できない．このように始点を指定したベクトルを**1点に作用するベクトル**あるいは**束縛ベクトル**とよび，始点を区別しないものを**自由ベクトル**とよぶこと

[†] スカラとベクトルという名前はハミルトン (W.R. Hamilton) によって名付けられた．

がある[†1]．本書では，それらを逐一区別しないで単にベクトルとよぶが，始点がどこにあるかが本質的な意味をもつ場合には，$\boldsymbol{F}(\mathrm{P}), \boldsymbol{F}(\mathrm{Q})$ などと書いて注意を促すことにする．すなわち，ベクトルの幾何学的な性質だけを問題にするなら自由ベクトルとして考えればよいが，物理的あるいは解析学的な取り扱いをするには束縛ベクトルとして考えなければならない．

ベクトル関数とは，その値が場所ごとに大きさだけでなく，向きをもつ関数である．例えば図 **2.10** のようにパイプ内の水の流れを考えよう．水の流れは場所によって変化するし，向きも異なるから，ベクトルによって表される．流速が大きい場所では矢印の長さを長くし，流れの向きを矢印の向きで表すと図 2.10 のようになる．また，水の流れは時間的にも変化するから，このような関数は $\boldsymbol{F}(x,y,z,t) = \boldsymbol{F}(\boldsymbol{r},t)$ と表せばよい．

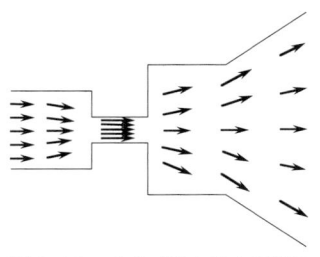

図 **2.10** パイプの中の水の流れ

これがベクトル関数の表記である．ヒータの問題でも，扱う物理量によってはベクトル関数が必要になる場合がある．空気は温度の高い所から低い所に流れる．この空気の流れは，大きさだけでなく方向をもち，場所によっても変化するからベクトル関数で表される．

2.3 座　標　系

2.3.1　直 角 座 標 系

スカラ関数 $f(x,y,z)$ やベクトル関数 $\boldsymbol{F}(x,y,z)$ を記述するためには座標系を定めなければならない．座標系の中で最も簡単で基本となるのが**直角座標系** (rectangular coordinate system) である[†2]．直角座標系は図 **2.11** のように互いに直交する x 軸, y 軸, z 軸によって規定される．そのため直角座標系のことを xyz 座標系ともいう．x,y,z 軸は任意に選ぶことができるが，右手座標系を用いるのが一般である[†3]．すなわち，右手の人差し指を x 軸，中指を y 軸とした場合，z 軸は親指の方向を向く．別のいい方をすると，xyz 軸は，右ねじの進み方にしたがって，$x \to y \to z \to x$

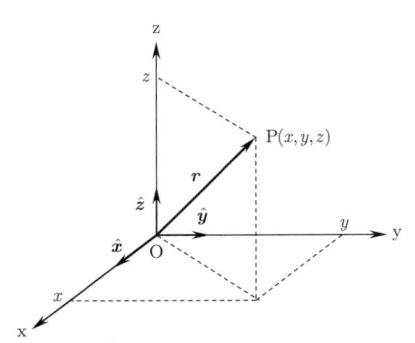

図 **2.11**　直角座標系と x, y, z 軸上の単位ベクトル $\hat{\boldsymbol{x}}, \hat{\boldsymbol{y}}, \hat{\boldsymbol{z}}$, および位置ベクトル $\boldsymbol{r}$

[†1] 線形代数で学ぶベクトルが，自由ベクトルの代表例である．
[†2] 直角座標系は，デカルト座標系 (Cartesian coordinate system) ともよばれる．これはデカルトが著書『幾何学』の中で最初に座標を導入したのに因む．直交座標系と書かれた本もあるが，直交座標系 (orthogonal coordinate system) とは座標軸が互いに直交する座標系の総称で，円柱座標系，球座標系も直交座標系の 1 つである．
[†3] 左利きよりも右利きの人が圧倒的に多いためだといわれている．運動方程式や電磁気の法則は左手系でも右手系でも全く同じ形になる．

の順番に配置されることになる．

x, y, z 軸上で正の方向を向き，大きさが 1 のベクトルを x 方向，y 方向，z 方向の**単位ベクトル** (unit vector)，あるいは**基底ベクトル** (basis vector) とよび，本書では $\hat{\boldsymbol{x}}, \hat{\boldsymbol{y}}, \hat{\boldsymbol{z}}$ と書き表すことにする．基底ベクトルはどこに移動してもその性質は変わらないから，いわゆる自由ベクトルである．次に，原点（始点）O から点 P(x, y, z)（終点）に引いたベクトルを**位置ベクトル** (position vector) といい，$\boldsymbol{r}$ と表す．2.2.2 項に従えば $\boldsymbol{r}(\mathrm{O})$ と書くべきかもしれないが，位置ベクトルの始点は原点に決まっているから，これを省略するのが一般である．図 2.11 のように，$\boldsymbol{r}$ は各軸方向のベクトル $x\hat{\boldsymbol{x}}, y\hat{\boldsymbol{y}}, z\hat{\boldsymbol{z}}$ を加えたベクトルであるから

$$\boldsymbol{r} = x\,\hat{\boldsymbol{x}} + y\,\hat{\boldsymbol{y}} + z\,\hat{\boldsymbol{z}} \tag{2.10}$$

と表される．

同様に，別の点 P$'(x', y', z')$ の位置ベクトルは，$\boldsymbol{r}' = x'\hat{\boldsymbol{x}} + y'\hat{\boldsymbol{y}} + z'\hat{\boldsymbol{z}}$ と表されるから，図 **2.12** のように点 P' から点 P へ引いたベクトル $\boldsymbol{R} = \boldsymbol{r} - \boldsymbol{r}'$ は

$$\boldsymbol{R} = (x-x')\,\hat{\boldsymbol{x}} + (y-y')\,\hat{\boldsymbol{y}} + (z-z')\,\hat{\boldsymbol{z}} \tag{2.11}$$

となる．ベクトル $\boldsymbol{R}$ の大きさ $R = |\boldsymbol{R}|$ は

$$R = \sqrt{(x-x')^2 + (y-y')^2 + (z-z')^2} \tag{2.12}$$

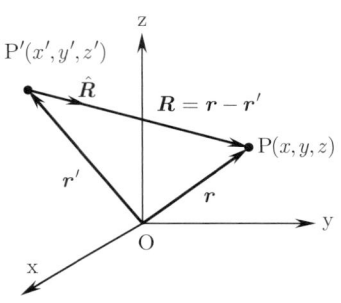

図 **2.12** ベクトル $\boldsymbol{R}$ と位置ベクトル

となるから，R は点 P' と点 P との距離を表すことになる．

また，点 P' から点 P へ向かう単位ベクトルを $\hat{\boldsymbol{R}}$ とすると，$\hat{\boldsymbol{R}}$ は大きさが 1 で $\boldsymbol{R}$ と同じ方向を向くベクトルであるから，$\boldsymbol{R}$ をその大きさ R で割ればよい．すなわち

$$\hat{\boldsymbol{R}} = \frac{\boldsymbol{R}}{R} = \frac{x-x'}{R}\,\hat{\boldsymbol{x}} + \frac{y-y'}{R}\,\hat{\boldsymbol{y}} + \frac{z-z'}{R}\,\hat{\boldsymbol{z}} \tag{2.13}$$

となる．ここで $\hat{\boldsymbol{R}} = l\hat{\boldsymbol{x}} + m\hat{\boldsymbol{y}} + n\hat{\boldsymbol{z}}$ とおいたとき，l, m, n を $\hat{\boldsymbol{R}}$ の**方向余弦** (directional cosine) という．方向余弦 l, m, n は式 (2.13) より

$$l = \frac{x-x'}{R}, \quad m = \frac{y-y'}{R}, \quad n = \frac{z-z'}{R} \tag{2.14}$$

と表すことができる．また l, m, n の間には

$$l^2 + m^2 + n^2 = 1 \tag{2.15}$$

なる関係がある．

さて，ベクトルを $\boldsymbol{A}(\boldsymbol{r}) = \boldsymbol{A}(x, y, z)$ と書いたとき，これは点 P(x, y, z) を始点とするベクトルという意味と，独立変数 $\boldsymbol{r}$ のベクトル関数という意味をもつ．この $\boldsymbol{A}(\boldsymbol{r})$ は 3 次元空間

におけるベクトル量であり，空間内のすべての点 r で定義される．したがって，$A(r)$ を場所ごとに矢印で表すと図 2.10 のような図を描くことができる．すなわち $A(r)$ をベクトル関数と考えたときの r は，空間の各点の場所を指定するパラメータで勝手に選ぶことができる変数である．ところが，運動する電荷の位置とか，空間内に描かれた曲線上の位置を表すときにも同じ r を用いることがある．このときの r は電荷の位置を示す物理量であり，勝手な点を表すパラメータではない．その都度注意するつもりであるが混同しやすいので注意しよう．一方，x, y, z 軸方向の A の大きさをそれぞれ A_x, A_y, A_z とすると

$$A(r) = A(x,y,z) = A_x(r)\hat{x} + A_y(r)\hat{y} + A_z(r)\hat{z} \tag{2.16}$$

と書くことができる．A_x, A_y, A_z をそれぞれベクトル A の x, y, z 軸方向の成分，あるいは単に x 成分，y 成分，z 成分という．

2.3.2 円柱座標系

図 **2.13**(a) に示すように，点 P の場所を表すのに z 軸からの距離 ρ，x 軸からの角度 ϕ，および z 軸の座標 z を用いる座標系を**円柱座標系**，あるいは**円筒座標系** (cylindrical coordinate system) という．z 座標については直角座標のそれと同じである．また z 軸上では，ϕ が定義できないことに注意しよう．

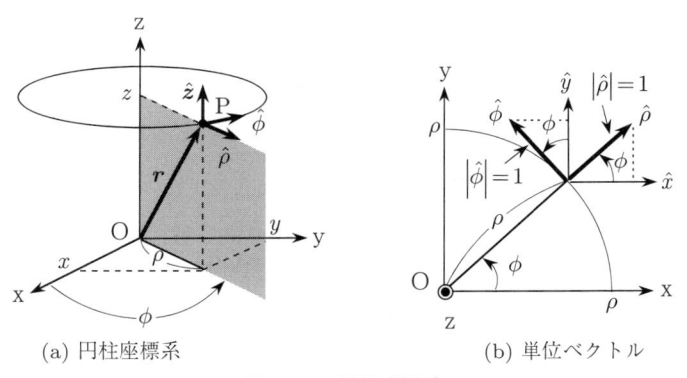

図 **2.13** 円柱座標系

(a) 円柱座標系　　(b) 単位ベクトル

直角座標のときと同じように，円柱座標系の座標軸に沿って単位ベクトル $\hat{\rho}, \hat{\phi}$ を定めたとき，これらが直角座標における単位ベクトル $\hat{x}, \hat{y}$ とどのような関係になるかを求めよう．この関係は図 2.13(b) から直ちに求めることができて

$$\hat{\rho} = \hat{x}\cos\phi + \hat{y}\sin\phi, \quad \hat{\phi} = -\hat{x}\sin\phi + \hat{y}\cos\phi \tag{2.17}$$

となる．このように円柱座標系の単位ベクトル $\hat{\rho}, \hat{\phi}$ は共に角度 ϕ の関数であることに注意する必要がある．式 (2.17) より $\hat{x}, \hat{y}$ を $\hat{\rho}, \hat{\phi}$ で表すと

16   2. 数 学 的 準 備

$$\hat{\boldsymbol{x}} = \hat{\boldsymbol{\rho}} \cos\phi - \hat{\boldsymbol{\phi}} \sin\phi, \quad \hat{\boldsymbol{y}} = \hat{\boldsymbol{\rho}} \sin\phi + \hat{\boldsymbol{\phi}} \cos\phi \tag{2.18}$$

となる.

次に，円柱座標系内の点 P(ρ, ϕ, z) を位置ベクトル $\boldsymbol{r}$ で表してみよう．

$$x = \rho \cos\phi, \quad y = \rho \sin\phi \tag{2.19}$$

であるから，これと式 (2.18) を式 (2.10) に代入すると

$$\boldsymbol{r} = \rho\,\hat{\boldsymbol{\rho}} + z\,\hat{\boldsymbol{z}} \tag{2.20}$$

となる[†1]．同様に点 P$'(\rho', \phi', z')$ の位置ベクトルは $\boldsymbol{r}' = \rho'\hat{\boldsymbol{\rho}}' + z'\hat{\boldsymbol{z}}$ と表されるから[†2]，点 P$'$ から点 P へ向かうベクトル $\boldsymbol{R}$ は

$$\boldsymbol{R} = \boldsymbol{r} - \boldsymbol{r}' = \rho\,\hat{\boldsymbol{\rho}} - \rho'\,\hat{\boldsymbol{\rho}}' + (z - z')\,\hat{\boldsymbol{z}} \tag{2.21}$$

となる．式 (2.11) と比較してその違いを注意しておこう．点 P$'$ と点 P との距離は，ベクトル $\boldsymbol{R}$ の大きさであるから，$R = |\boldsymbol{R}|$ は式 (2.21) に式 (2.17) と $\hat{\boldsymbol{\rho}}' = \cos\phi'\hat{\boldsymbol{x}} + \sin\phi'\hat{\boldsymbol{y}}$ を代入することによって得られ，

$$R = \sqrt{\rho^2 + \rho'^2 - 2\rho\rho' \cos(\phi - \phi') + (z - z')^2} \tag{2.22}$$

となる．

ベクトル $\boldsymbol{A}(\boldsymbol{r})$ は

$$\boldsymbol{A}(\boldsymbol{r}) = A_\rho(\boldsymbol{r})\,\hat{\boldsymbol{\rho}} + A_\phi(\boldsymbol{r})\,\hat{\boldsymbol{\phi}} + A_z(\boldsymbol{r})\,\hat{\boldsymbol{z}} \tag{2.23}$$

と表される．これに式 (2.17) を代入し，式 (2.16) と比較することによって

$$\begin{cases} A_x = A_\rho \cos\phi - A_\phi \sin\phi, \\ A_y = A_\rho \sin\phi + A_\phi \cos\phi \end{cases} \tag{2.24}$$

を得る．これはベクトル $\boldsymbol{A}$ の円柱座標成分を直角座標成分に変換する公式である．逆に，直角座標成分を円柱座標成分に変換するには式 (2.24) を A_ρ, A_ϕ, A_z について解けばよい．このようにして

$$\begin{cases} A_\rho = A_x \cos\phi + A_y \sin\phi, \\ A_\phi = -A_x \sin\phi + A_y \cos\phi \end{cases} \tag{2.25}$$

を得る．また，

$$\rho = \sqrt{x^2 + y^2}, \quad \phi = \tan^{-1}\left(\frac{y}{x}\right) \tag{2.26}$$

であることは明らかであろう．

[†1] $\boldsymbol{r} = \rho\hat{\boldsymbol{\rho}} + \phi\hat{\boldsymbol{\phi}} + z\hat{\boldsymbol{z}}$ でないことに注意しよう．
[†2] $\hat{\boldsymbol{\rho}}'$ は ϕ' の関数であるから，$\hat{\boldsymbol{\rho}}$ とは違う．これに対して $\hat{\boldsymbol{z}}$ は場所の関数ではないから，この座標でも同じ単位ベクトルを用いることができる．

2.3.3 球座標系

直角座標系，円柱座標系と同様によく使われるのが本項で述べる**球座標系** (spherical coordinate system) である．球座標系では，点 $P(x, y, z)$ を表すために，**図 2.14**(a) のように，原点 O から点 P までの距離 r, z 軸からの角度 θ $(0 \leq \theta \leq \pi)$, x 軸からの角度 ϕ $(0 \leq \phi \leq 2\pi)$ が用いられる．角度を用いているから，各単位ベクトルは場所によってその方向が異なること，円柱座標系と同じように z 軸上の点に対しては，座標変数 ϕ が定義できないことに注意しよう．

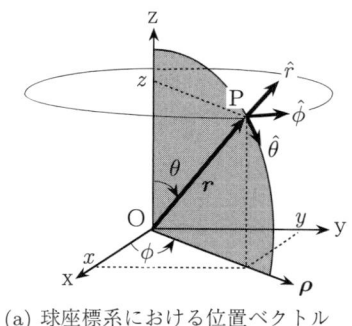

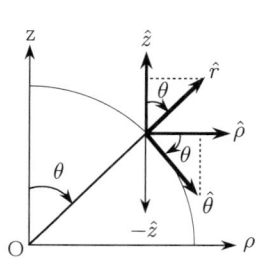

(a) 球座標系における位置ベクトル　　(b) $\rho - z$ 面内の単位ベクトル

図 **2.14**　球座標系

点 P の位置ベクトルは図 2.14(a) から明らかなように，$\boldsymbol{r} = r\hat{\boldsymbol{r}}$ と表される．また，x, y, z を球座標を用いて表すと

$$x = r \sin\theta \cos\phi, \quad y = r \sin\theta \sin\phi, \quad z = r \cos\theta \tag{2.27}$$

となる．

次に，球座標の単位ベクトル $\hat{\boldsymbol{r}}, \hat{\boldsymbol{\theta}}, \hat{\boldsymbol{\phi}}$ と直角座標の単位ベクトル $\hat{\boldsymbol{x}}, \hat{\boldsymbol{y}}, \hat{\boldsymbol{z}}$ の関係を求めてみよう．$|\hat{\boldsymbol{r}}| = |\hat{\boldsymbol{\theta}}| = 1$ であるから，図 2.14(b) より

$$\hat{\boldsymbol{r}} = \hat{\boldsymbol{\rho}} \sin\theta + \hat{\boldsymbol{z}} \cos\theta, \quad \hat{\boldsymbol{\theta}} = \hat{\boldsymbol{\rho}} \cos\theta - \hat{\boldsymbol{z}} \sin\theta \tag{2.28}$$

である．また $\hat{\boldsymbol{\rho}}, \hat{\boldsymbol{\phi}}$ は式 (2.17) で与えられるから

$$\begin{cases} \hat{\boldsymbol{r}} = \hat{\boldsymbol{x}} \sin\theta \cos\phi + \hat{\boldsymbol{y}} \sin\theta \sin\phi + \hat{\boldsymbol{z}} \cos\theta, \\ \hat{\boldsymbol{\theta}} = \hat{\boldsymbol{x}} \cos\theta \cos\phi + \hat{\boldsymbol{y}} \cos\theta \sin\phi - \hat{\boldsymbol{z}} \sin\theta, \\ \hat{\boldsymbol{\phi}} = -\hat{\boldsymbol{x}} \sin\phi + \hat{\boldsymbol{y}} \cos\phi \end{cases} \tag{2.29}$$

となる．このように球座標系の単位ベクトルは角度（場所）によって異なる．これは後でも注意するが，角度に関する微分・積分をするときに微分記号あるいは積分記号の外に出せないことを意味している．このような場合には球座標の単位ベクトルを直角座標に変換して考える必要がある．

式 (2.29) より直角座標系の単位ベクトルを球座標での単位ベクトルを用いても表すことができて

$$\begin{cases} \hat{\boldsymbol{x}} = \hat{\boldsymbol{r}} \sin\theta\cos\phi + \hat{\boldsymbol{\theta}} \cos\theta\cos\phi - \hat{\boldsymbol{\phi}} \sin\phi, \\ \hat{\boldsymbol{y}} = \hat{\boldsymbol{r}} \sin\theta\sin\phi + \hat{\boldsymbol{\theta}} \cos\theta\sin\phi + \hat{\boldsymbol{\phi}} \cos\phi, \\ \hat{\boldsymbol{z}} = \hat{\boldsymbol{r}} \cos\theta - \hat{\boldsymbol{\theta}} \sin\theta \end{cases} \tag{2.30}$$

となる.任意のベクトル $\boldsymbol{A}$ の変換公式は円柱座標系の場合にも述べたように,単位ベクトルの変換公式と同じになるから

$$\begin{cases} A_r = A_x \sin\theta\cos\phi + A_y \sin\theta\sin\phi + A_z \cos\theta, \\ A_\theta = A_x \cos\theta\cos\phi + A_y \cos\theta\sin\phi - A_z \sin\theta, \\ A_\phi = -A_x \sin\phi + A_y \cos\phi \end{cases} \tag{2.31}$$

$$\begin{cases} A_x = A_r \sin\theta\cos\phi + A_\theta \cos\theta\cos\phi - A_\phi \sin\phi, \\ A_y = A_r \sin\theta\sin\phi + A_\theta \cos\theta\sin\phi + A_\phi \cos\phi, \\ A_z = A_r \cos\theta - A_\theta \sin\theta \end{cases} \tag{2.32}$$

となる.また,式 (2.27) より

$$r = \sqrt{x^2+y^2+z^2}, \quad \theta = \tan^{-1}\left(\frac{\sqrt{x^2+y^2}}{z}\right), \quad \phi = \tan^{-1}\left(\frac{y}{x}\right) \tag{2.33}$$

となる.

以上,3つの代表的な直交座標系を紹介したが,互いに変換可能であり基本的にはどの座標系を選んでもよい.しかし,点対称の問題を円柱座標で考えるのは難しい.球座標なら簡単である.このように,考えている問題に適した座標系を選ぶようにするとよい.また,上の3つの座標系の他にも幾つかの直交座標系が知られている.さらにこれらを一般化した**一般直交座標系** (orthogonal coordinate system) もある.本書では上の3つの座標系以外は使わないのでこれ以上説明しないが,興味のある読者は専門書で学んでほしい[†1].

2.4 ベクトルの積

2つのベクトル $\boldsymbol{A}$, $\boldsymbol{B}$ の積には2種類ある.1つは積の結果がスカラになるもので**スカラ積** (scalar product),あるいは**内積** (inner product, dot product) とよばれる.もう1つは積の結果が再びベクトルになるもので**ベクトル積** (vector product),あるいは**外積** (outer product, cross product) とよばれる[†2].スカラ積,ベクトル積についてはすでに学んでいるはずであるが,座標系との関係を含めてここでは簡単に復習しておくことにしよう.

[†1] 例えば,巻末の引用・参考文献 1) を参照.
[†2] グラスマン (H. Grassmann) が 1944 年にベクトルの内積と外積を最初に定義した.

図 2.15 に示すような 2 つのベクトル $\boldsymbol{A}, \boldsymbol{B}$ のスカラ積は

$$\boldsymbol{A} \cdot \boldsymbol{B} = AB \cos \theta_{AB} \tag{2.34}$$

で定義される．ここで $A = |\boldsymbol{A}|, B = |\boldsymbol{B}|$ はそれぞれベクトル $\boldsymbol{A}$, $\boldsymbol{B}$ の大きさであり，ノルム (norm) ともよばれる．θ_{AB} はベクトル $\boldsymbol{A}$ と $\boldsymbol{B}$ によってはさまれる角度である．$\boldsymbol{A}$ と $\boldsymbol{B}$ が同一方向を向くとき，$\theta_{AB} = 0$ であるから内積は最大になり，$\boldsymbol{A}$ と $\boldsymbol{B}$ が反対方向のときは負に最大となる．また $\boldsymbol{A}$ と $\boldsymbol{B}$ が垂直のときゼロとなる．このように内積とは，2 つのベクトル間の相関性を表しているとも考えられる[†1]．自分自身とのスカラ積は $\boldsymbol{A} \cdot \boldsymbol{A} = A^2$ となるから，ベクトルの大きさは内積によって

$$A = |\boldsymbol{A}| = \sqrt{\boldsymbol{A} \cdot \boldsymbol{A}} \tag{2.35}$$

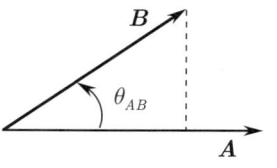

図 2.15 スカラ積

と表すこともできる．

さて，ベクトル $\boldsymbol{A}, \boldsymbol{B}$ を座標系ごとに $\boldsymbol{A} = A_x \hat{\boldsymbol{x}} + A_y \hat{\boldsymbol{y}} + A_z \hat{\boldsymbol{z}}$, $\boldsymbol{B} = B_\rho \hat{\boldsymbol{\rho}} + B_\phi \hat{\boldsymbol{\phi}} + B_z \hat{\boldsymbol{z}}$ などと表し，各座標系における単位ベクトル $\hat{\boldsymbol{u}}_i, \hat{\boldsymbol{u}}_j$ が，$\hat{\boldsymbol{u}}_i \cdot \hat{\boldsymbol{u}}_i = 1, \hat{\boldsymbol{u}}_i \cdot \hat{\boldsymbol{u}}_j = 0, (i \neq j)$ なる性質をもつことを利用すると，式 (2.34) の左辺は座標成分を用いて

$$\boldsymbol{A} \cdot \boldsymbol{B} = \begin{cases} A_x B_x + A_y B_y + A_z B_z & :\text{直角座標系}, \\ A_\rho B_\rho + A_\phi B_\phi + A_z B_z & :\text{円柱座標系}, \\ A_r B_r + A_\theta B_\theta + A_\phi B_\phi & :\text{球座標系} \end{cases} \tag{2.36}$$

と表すことができる．これらの表現は，2.3.2 項の式 (2.24), (2.25) や，2.3.3 項の式 (2.31), (2.32) を用いると互いに変換可能であるから，例えば直角座標の表現だけを記せば十分であるが，読者の便宜のために書き加えた．

ベクトル $\boldsymbol{A}, \boldsymbol{B}$ のベクトル積は

$$\boldsymbol{A} \times \boldsymbol{B} = AB \sin \theta_{AB} \hat{\boldsymbol{n}} \tag{2.37}$$

で定義される[†2]．ただし，図 2.16 に示すように，θ_{AB} は 2 つのベクトルのなす角，$\hat{\boldsymbol{n}}$ は $\boldsymbol{A}$ と $\boldsymbol{B}$ によって作られる平面 S_{AB} に垂直な大きさ 1 のベクトルで，$\boldsymbol{A}$ から $\boldsymbol{B}$ の方向へ右ねじを

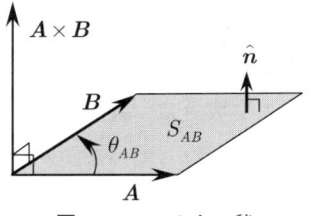

図 2.16 ベクトル積

[†1] ベクトル $\boldsymbol{A}$ とベクトル $\boldsymbol{B}$ がどれくらい似ているかの指標を相関係数といい，式 (2.34) の $\cos \theta_{AB}$ がそれに対応する．このとき，各ベクトルは一般に n 次元のデータ列であってもよい．$\cos \theta_{AB} = \pm 1$ なら $\boldsymbol{A}$ と $\boldsymbol{B}$ とは定数倍違うだけで，同じ性質をもつデータであると考えられる．また，$\cos \theta_{AB} = 0$ とは，2 つのデータ列に関連性がない，すなわち独立であるということを意味する．このため，内積の性質になぞらえて，関連性がないデータ列（あるいは信号）は互いに直交しているということも多い．
[†2] 外積の記号はここで用いる × 印以外にも ∧ 印や [ ] 等も使われることがある．

回したとき，ねじの進む方向を向く．また，式 (2.37) の右辺 $AB\sin\theta_{AB}$ は明らかに，$\boldsymbol{A}, \boldsymbol{B}$ によって作られる平行四辺形の面積 S_{AB} である．

ベクトル積は右ねじの方向を向くから

$$\boldsymbol{A} \times \boldsymbol{B} = -\boldsymbol{B} \times \boldsymbol{A} \tag{2.38}$$

となることは明らかである．また

$$\boldsymbol{A} \times \boldsymbol{A} = 0 \tag{2.39}$$

となることも明らかであろう．左辺はベクトルであるから，本来なら右辺も大きさゼロのゼロベクトルで表さなければならないが，上式のように数値の '0' と書いておいても混乱はないであろう．さらに図 2.16 に示すように，$\boldsymbol{A} \times \boldsymbol{B}$ は $\boldsymbol{A}$ とも $\boldsymbol{B}$ とも垂直であるから，内積の性質より

$$\boldsymbol{A} \cdot \left(\boldsymbol{A} \times \boldsymbol{B}\right) = \left(\boldsymbol{A} \times \boldsymbol{B}\right) \cdot \boldsymbol{B} = 0 \tag{2.40}$$

となる．

さて，単位ベクトルのベクトル積は $\hat{\boldsymbol{x}} \times \hat{\boldsymbol{y}} = \hat{\boldsymbol{z}}, \hat{\boldsymbol{y}} \times \hat{\boldsymbol{z}} = \hat{\boldsymbol{x}}, \hat{\boldsymbol{z}} \times \hat{\boldsymbol{x}} = \hat{\boldsymbol{y}}$ のように，$x \to y \to z \to x$ と順番に変化する．円柱座標，球座標においても同様に，$\rho \to \phi \to z \to \rho$, $r \to \theta \to \phi \to r$ と変わるから，各座標系のベクトル積は簡単に計算できて

$$\boldsymbol{A} \times \boldsymbol{B} = \begin{cases} \hat{\boldsymbol{x}}(A_y B_z - A_z B_y) + \hat{\boldsymbol{y}}(A_z B_x - A_x B_z) + \hat{\boldsymbol{z}}(A_x B_y - A_y B_x) \\ \quad :直角座標系 \\ \hat{\boldsymbol{\rho}}(A_\phi B_z - A_z B_\phi) + \hat{\boldsymbol{\phi}}(A_z B_\rho - A_\rho B_z) + \hat{\boldsymbol{z}}(A_\rho B_\phi - A_\phi B_\rho) \\ \quad :円柱座標系 \\ \hat{\boldsymbol{r}}(A_\theta B_\phi - A_\phi B_\theta) + \hat{\boldsymbol{\theta}}(A_\phi B_r - A_r B_\phi) + \hat{\boldsymbol{\phi}}(A_r B_\theta - A_\theta B_r) \\ \quad :球座標系 \end{cases} \tag{2.41}$$

となる．ベクトルを成分で表示するときには，成分の後に単位ベクトルを書くのが普通であるが，上式のように表記したのは単に覚えやすさを重視したためである．例えば，直角座標系の x 成分は，$\boldsymbol{A}$ の y 成分と $\boldsymbol{B}$ の z 成分の積から $\boldsymbol{A}$ の z 成分と $\boldsymbol{B}$ の y 成分の積を差し引く表現になっている．すなわち，成分だけ見ると，$x \to (y \to z) - (z \to y)$ の順番になる．他の成分でも，他の座標系でも同様である．また，式 (2.41) は行列式で表すこともできる．例えば，直角座標系では

$$\boldsymbol{A} \times \boldsymbol{B} = \begin{vmatrix} \hat{\boldsymbol{x}} & \hat{\boldsymbol{y}} & \hat{\boldsymbol{z}} \\ A_x & A_y & A_z \\ B_x & B_y & B_z \end{vmatrix} \tag{2.42}$$

と表すことができる．容易に確かめられるので読者の演習問題として残しておく．

2.5　ベクトル関数の微分

ベクトル関数 $\boldsymbol{F}(\boldsymbol{r})$ の微分は，ベクトルを成分に分ければスカラ関数と同様にできる．例えば，$\boldsymbol{F}$ を直角座標成分に分解し，x で偏微分すると，単位ベクトル $\hat{\boldsymbol{x}}, \hat{\boldsymbol{y}}, \hat{\boldsymbol{z}}$ は一定であるから

$$\frac{\partial \boldsymbol{F}(\boldsymbol{r})}{\partial x} = \frac{\partial}{\partial x}\left(F_x \hat{\boldsymbol{x}} + F_y \hat{\boldsymbol{y}} + F_z \hat{\boldsymbol{z}}\right) = \frac{\partial F_x}{\partial x}\hat{\boldsymbol{x}} + \frac{\partial F_y}{\partial x}\hat{\boldsymbol{y}} + \frac{\partial F_z}{\partial x}\hat{\boldsymbol{z}}$$

と，各座標成分の偏微分の和となる．ところが円柱座標の微分の場合

$$\begin{aligned}\frac{\partial \boldsymbol{F}(\boldsymbol{r})}{\partial \phi} &= \frac{\partial}{\partial \phi}\left(F_\rho \hat{\boldsymbol{\rho}} + F_\phi \hat{\boldsymbol{\phi}} + F_z \hat{\boldsymbol{z}}\right) \\ &= \left(\frac{\partial F_\rho}{\partial \phi}\hat{\boldsymbol{\rho}} + F_\rho \frac{\partial \hat{\boldsymbol{\rho}}}{\partial \phi}\right) + \left(\frac{\partial F_\phi}{\partial \phi}\hat{\boldsymbol{\phi}} + F_\phi \frac{\partial \hat{\boldsymbol{\phi}}}{\partial \phi}\right) + \frac{\partial F_z}{\partial \phi}\hat{\boldsymbol{z}}\end{aligned}$$

となり，単純な座標成分の偏微分の和とはならない．これは 2.3.2 項の式 (2.17) より，$\frac{\partial \hat{\boldsymbol{\rho}}}{\partial \phi} = \hat{\boldsymbol{\phi}} \neq 0$, $\frac{\partial \hat{\boldsymbol{\phi}}}{\partial \phi} = -\hat{\boldsymbol{\rho}} \neq 0$ であるからである．また，このことは図 **2.17** からも明らかである．すなわち，たとえ ρ の大きさが一定であっても，角度 ϕ が異なれば $\hat{\boldsymbol{\rho}}$ も $\hat{\boldsymbol{\phi}}$ も異なる方向を向くからである．これに対して z 方向の単位ベクトル

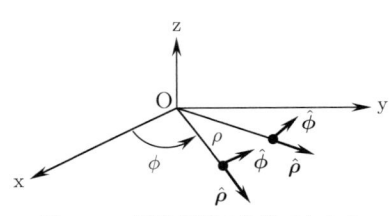

図 **2.17**　円柱座標の単位ベクトル

$\hat{\boldsymbol{z}}$ は ϕ に無関係である．このことは球座標についても同様である．このようにベクトル関数を座標成分に分けて微分するときには，単位ベクトルの微分がどのようになるかを考えておかなければならない．単位ベクトルとは定数ベクトルではないのである．

ベクトル関数 $\boldsymbol{A}(\boldsymbol{r})$, $\boldsymbol{B}(\boldsymbol{r})$ の微分，例えば x に関する偏微分は

$$\frac{\partial}{\partial x}\left\{\boldsymbol{A}(\boldsymbol{r}) \cdot \boldsymbol{B}(\boldsymbol{r})\right\} = \frac{\partial \boldsymbol{A}(\boldsymbol{r})}{\partial x} \cdot \boldsymbol{B}(\boldsymbol{r}) + \boldsymbol{A}(\boldsymbol{r}) \cdot \frac{\partial \boldsymbol{B}(\boldsymbol{r})}{\partial x} \tag{2.43}$$

$$\frac{\partial}{\partial x}\left\{\boldsymbol{A}(\boldsymbol{r}) \times \boldsymbol{B}(\boldsymbol{r})\right\} = \frac{\partial \boldsymbol{A}(\boldsymbol{r})}{\partial x} \times \boldsymbol{B}(\boldsymbol{r}) + \boldsymbol{A}(\boldsymbol{r}) \times \frac{\partial \boldsymbol{B}(\boldsymbol{r})}{\partial x} \tag{2.44}$$

となる．また，式 (2.43) において $\boldsymbol{B}(\boldsymbol{r}) = \boldsymbol{A}(\boldsymbol{r})$ とおくと

$$\frac{\partial}{\partial x} A^2(\boldsymbol{r}) = 2\boldsymbol{A}(\boldsymbol{r}) \cdot \frac{\partial \boldsymbol{A}(\boldsymbol{r})}{\partial x} \tag{2.45}$$

となる．これらも容易に確かめられるので読者の演習問題として残しておく．

2.6 線積分

質点の運動を思い浮かべてみよう．質点が時間 t と共に運動し，その軌跡が図 2.18 のような曲線 C を描いたとする．このとき，質点の位置 P(x,y,z) の位置ベクトル $\boldsymbol{r} = \boldsymbol{r}(t) = x(t)\hat{\boldsymbol{x}} + y(t)\hat{\boldsymbol{y}} + z(t)\hat{\boldsymbol{z}}$ は時間 t の関数であり，t と共に曲線 C 上を移動する．このことから，数学的には $\boldsymbol{r} = \boldsymbol{r}(t)$ を曲線 C の**方程式**といい，変数 t のことを**媒介変数** (parameter) という．ここで注意してほしいのは，$\boldsymbol{r}$ は空間の勝手な点を表しているのではなく，曲線 C 上の点を表す位置ベクトルであるということである[†]．

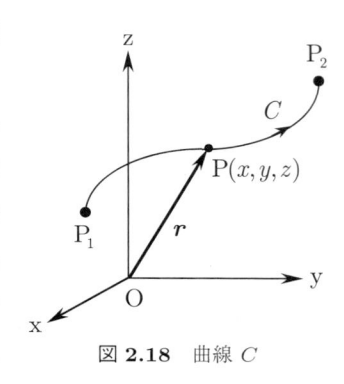

図 2.18 曲線 C

曲線 C 上で定義されたスカラ関数 $f(\boldsymbol{r})$ を C に沿って点 P$_1$ から点 P$_2$ まで積分する方法について考えよう．質点の運動を例にとれば，$f(\boldsymbol{r})$ とは質点の位置エネルギーとか運動エネルギーのことであるが，以降は物理量ではなく純粋に数学的な関数を考えることにする．

2.1 節で説明したように，積分とは，積分する区間を多数の微小区間に分割し，微小区間の大きさとその区間内で一定とみなした関数の値を掛け算して，その値を全区間にわたって加え合わせたものであった．そこでここでも同じように考える．すなわち，図 2.19 のように曲線 C を多数の微小区間に分割し，その長さを Δl_i とする．曲線上の点 $\boldsymbol{r}_i$ における関数値 $f(\boldsymbol{r}_i)$ と Δl_i との積を C に沿って点 P$_1$ から P$_2$ まで加え合せた値 $\sum_i f(\boldsymbol{r}_i)\Delta l_i$ が $\Delta l_i \to 0$ の極限で存在するとき，それを

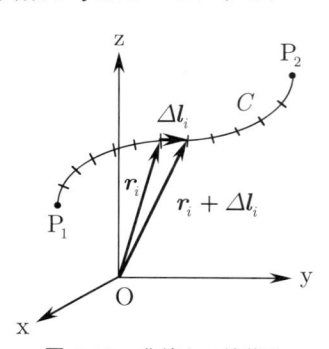

図 2.19 曲線上の線積分

$$\int_C f(\boldsymbol{r})\,dl = \int_{P_1}^{P_2} f(\boldsymbol{r})\,dl = \int_{\boldsymbol{r}_1}^{\boldsymbol{r}_2} f(\boldsymbol{r})\,dl \qquad (2.46)$$

などと書き，関数 $f(\boldsymbol{r})$ の**線積分** (line integral)，または経路 C に沿った関数 $f(\boldsymbol{r})$ の**経路積分** (contour integral) という．ただし，$\boldsymbol{r}_1, \boldsymbol{r}_2$ はそれぞれ点 P$_1$, P$_2$ の位置ベクトルである．また，微分 dl を曲線 C の**線素** (line element) という．線素 dl は点 $\boldsymbol{r}$ における微分である．いいかえれば $\boldsymbol{r}$ の関数であるから，$dl(\boldsymbol{r})$ と記述すべきであるが，本書では単に dl と略記する．なお，スカラ関数 $f(\boldsymbol{r})$ が 2 つのベクトル関数の内積で表されていても構わないが，この

[†] これらを区別するためには，別の記号を用いるべきかもしれないが，力学では古くから質点の位置を表すのに x, y, z という文字を使ってきており，他に適当な文字が見つからない．そこで本書でも従来の記号法を踏襲することにした．

場合は重要な物理量と深く関係するからこれについては節を改めて説明することにする．

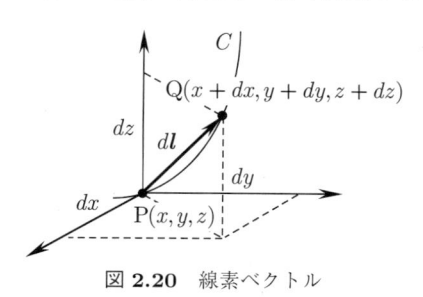

式 (2.46) をもう少し具体的に表現してみよう．線素とは曲線 C 上の任意の点 $\mathrm{P}(x, y, z)$ と，C 上のわずかに離れた点 $\mathrm{Q}(x+dx, y+dy, z+dz)$ との距離であるから，図 **2.20** に示すように，大きさが dl で点 P から Q に向くベクトルを $d\boldsymbol{l}$ とすると，$d\boldsymbol{l}$ は

$$d\boldsymbol{l} = dx\,\hat{\boldsymbol{x}} + dy\,\hat{\boldsymbol{y}} + dz\,\hat{\boldsymbol{z}} \tag{2.47}$$

図 **2.20** 線素ベクトル

と表される．式 (2.47) の右辺を見ると，左辺の $d\boldsymbol{l}$ はむしろ $d\boldsymbol{r}$ と表した方がよさそうにも思えるが，$d\boldsymbol{r}$ という記号は極座標における放射方向の微分を表すために使うので，本書では $d\boldsymbol{l}$ を使うことにした．なお，$d\boldsymbol{l}$ を**線素ベクトル** (line element vector) という．

さて，曲線 C 上の点 $\mathrm{P}(x, y, z)$ が媒介変数 t の関数であるから

$$dl = \sqrt{dx^2 + dy^2 + dz^2} = \sqrt{\left(\frac{dx}{dt}\right)^2 + \left(\frac{dy}{dt}\right)^2 + \left(\frac{dz}{dt}\right)^2}\,dt \tag{2.48}$$

であり，これを式 (2.46) に代入すると，関数 $f(\boldsymbol{r})$ の曲線 C に沿う線積分は，変数 t に関する積分に変換され

$$\int_C f(\boldsymbol{r})dl = \int_{t_1}^{t_2} f\bigl(x(t), y(t), z(t)\bigr) \sqrt{\left(\frac{dx}{dt}\right)^2 + \left(\frac{dy}{dt}\right)^2 + \left(\frac{dz}{dt}\right)^2}\,dt \tag{2.49}$$

となる．ただし，$\boldsymbol{r}_1 = x(t_1)\,\hat{\boldsymbol{x}} + y(t_1)\,\hat{\boldsymbol{y}} + z(t_1)\,\hat{\boldsymbol{z}}$，$\boldsymbol{r}_2 = x(t_2)\,\hat{\boldsymbol{x}} + y(t_2)\,\hat{\boldsymbol{y}} + z(t_2)\,\hat{\boldsymbol{z}}$ である．

特別な場合として $f(\boldsymbol{r}) \equiv 1$ とすると，式 (2.49) の左辺は $\displaystyle\int_C dl$ となる．これは明らかに曲線 C の長さ L そのものになる．すなわち

$$L = \int_C dl = \int_{t_1}^{t_2} \sqrt{\left(\frac{dx}{dt}\right)^2 + \left(\frac{dy}{dt}\right)^2 + \left(\frac{dz}{dt}\right)^2}\,dt \tag{2.50}$$

これを弧 $\mathrm{P}_1\mathrm{P}_2$ の長さ，あるいは単に弧長という．

例題 2.1 曲線 $\boldsymbol{r} = x\,\hat{\boldsymbol{x}} + y\,\hat{\boldsymbol{y}} + z\,\hat{\boldsymbol{z}}$，$x = a\cos t$，$y = a\sin t$，$z = bt$ $(t_1 = 0, t_2 = T)$ の弧長を求めよ．ただし，$a > 0, b > 0$ は定数である．

【解答】 この曲線は，xy 面内では円を描き，z 軸方向には一定の割合で大きくなるから，らせんを表す．弧長は式 (2.50) より $L = \sqrt{a^2 + b^2}\,T$ となる． ◇

円柱座標系における線素ベクトルを求めてみよう．円柱座標系では式 (2.19) のように $x = \rho\cos\phi$，$y = \rho\sin\phi$ と表されるから，微分 dx, dy は

$$\begin{cases} dx = \dfrac{\partial x}{\partial \rho} d\rho + \dfrac{\partial x}{\partial \phi} d\phi = \cos\phi\, d\rho - \rho\sin\phi\, d\phi, \\ dy = \dfrac{\partial y}{\partial \rho} d\rho + \dfrac{\partial y}{\partial \phi} d\phi = \sin\phi\, d\rho + \rho\cos\phi\, d\phi \end{cases} \quad (2.51)$$

となる．この結果を式 (2.47) に代入し，式 (2.18) を用いると，円柱座標の線素ベクトルは

$$d\bm{l} = d\rho\,\hat{\bm{\rho}} + \rho\,d\phi\,\hat{\bm{\phi}} + dz\,\hat{\bm{z}} \quad (2.52)$$

と表される．このことは，図 **2.21** に示すように，2 次以上の微小量を無視して，点 P($\bm{r}$) から ρ 方向に $d\rho$，ϕ 方向に $\rho d\phi$，z 方向に dz だけ移動した点が Q($\bm{r}+d\bm{l}$) であることからも理解できる．線素 dl は式 (2.52) より

$$dl = \sqrt{d\bm{l}\cdot d\bm{l}} = \sqrt{d\rho^2 + \rho^2 d\phi^2 + dz^2} \quad (2.53)$$

で与えられる．ϕ 方向の微小線素が $\rho d\phi$ になることに注意しよう．

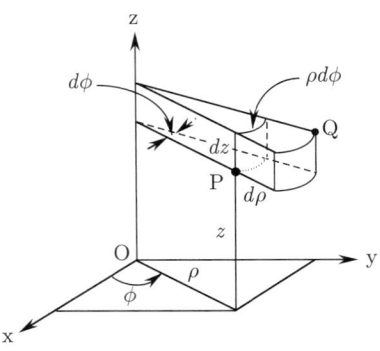

図 **2.21** 円柱座標の微小線素．図 2.13 および図 2.20 も参照のこと．

球座標系における微小線素を図 **2.22** に示す．線素ベクトル $d\bm{l}$ は $\hat{\bm{r}}$ 方向に dr，$\hat{\bm{\theta}}$ 方向に $rd\theta$，$\hat{\bm{\phi}}$ 方向に $\rho d\phi = r\sin\theta d\phi$ の大きさをもつから

$$d\bm{l} = dr\,\hat{\bm{r}} + r\,d\theta\,\hat{\bm{\theta}} + r\sin\theta\,d\phi\,\hat{\bm{\phi}} \quad (2.54)$$

となる．これはまた，式 (2.27) より計算される全微分

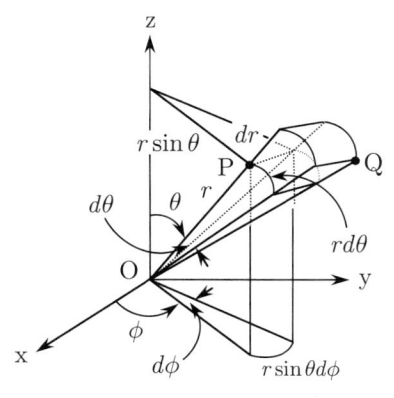

図 **2.22** 球座標の微小線素．図 2.14 および図 2.20 も参照のこと．

$$\begin{cases} dx = \dfrac{\partial x}{\partial r} dr + \dfrac{\partial x}{\partial \theta} d\theta + \dfrac{\partial x}{\partial \phi} d\phi \\ \quad = \sin\theta\cos\phi\, dr + r\cos\theta\cos\phi\, d\theta - r\sin\theta\sin\phi\, d\phi, \\ dy = \dfrac{\partial y}{\partial r} dr + \dfrac{\partial y}{\partial \theta} d\theta + \dfrac{\partial y}{\partial \phi} d\phi \\ \quad = \sin\theta\sin\phi\, dr + r\cos\theta\sin\phi\, d\theta + r\sin\theta\cos\phi\, d\phi, \\ dz = \dfrac{\partial z}{\partial r} dr + \dfrac{\partial z}{\partial \theta} d\theta = \cos\theta\, dr - r\sin\theta\, d\theta \end{cases} \quad (2.55)$$

と式 (2.30) を式 (2.47) に代入することによっても得られる．線素 dl は式 (2.54) より

$$dl = \sqrt{dr^2 + r^2\, d\theta^2 + r^2\sin^2\theta\, d\phi^2} \quad (2.56)$$

となる．

2.7 面積積分

ここでは曲面 S 上で定義される関数 $f(\boldsymbol{r})$ の積分法について考える．関数はこの面上で定義されているから，$\boldsymbol{r}$ は空間の勝手な点ではなく面 S を表す位置ベクトルである．具体的な積分の方法を考える前に面について幾つかの注意をしておこう．曲面 S 上のある点における接平面と垂直で大きさが 1 のベクトルをその点における**単位法線ベクトル** (unit normal vector) といい，本書では $\hat{\boldsymbol{n}}$ と表す．$\hat{\boldsymbol{n}}$ は一般に，曲面上の各点で方向が変わるベクトルであるから，そのことを強調したいときには $\hat{\boldsymbol{n}}(\boldsymbol{r})$ と表すこともある．

$\hat{\boldsymbol{n}}$ は S に垂直なベクトルであるから，向きの選び方には 2 通りある．ここではどちらを正の向きとするかを決めておく．曲面が閉じている，すなわち**閉曲面** (closed surface) なら外側と内側との区別ができるので，図 **2.23**(a) のように内側から外側に向かう方向を正と定める．これに対して，面 S が閉じていない，すなわち**開曲面** (open surface) の場合にはこのような区別ができない．そこで，都合のよいようにどちらか一方を '表'，他方を '裏' と定め[†]，裏から表へ向かう方向を正とする．いちいち面の裏表を記述するのは面倒なので，図

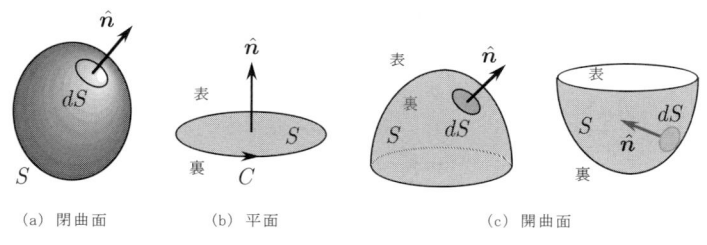

図 **2.23** 正の単位法線ベクトル

(a) 閉曲面　　(b) 平面　　(c) 開曲面

[†] このような平面を**有向平面**という．

2.23(b) のように，平面 S を囲む閉曲線 C 上を，面 S が常に左側に見えるように進んだとき，右ねじの進む方向を単位法線ベクトルの正の方向と約束する[†1]．図 2.23(c) のような開曲面の場合でも，面上に微小面積 dS を考えれば平面と同じように単位法線ベクトルの正の向きを定義できる[†2]．

次に $\bm{r} = x\hat{\bm{x}} + y\hat{\bm{y}} + z\hat{\bm{z}} = x\hat{\bm{x}} + y\hat{\bm{y}} + h(x,y)\hat{\bm{z}}$ で表される曲面 S 上で定義された関数 $f(x,y,z) = f(x,y,h(x,y))$ の積分を考える．図 **2.24** に示すように，面 S を x 軸方向に m 個，y 軸方向に n 個の微小面積に分割し，その微小面積を ΔS_{ij} とする．和：

$$\sum_{i=1}^{m}\sum_{j=1}^{n} f(\bm{r}_{ij})\,\Delta S_{ij} \tag{2.57}$$

を考え，$\Delta u_i \to 0$，$\Delta v_j \to 0$ とした極限が存在するとき，この極限値を関数 $f(\bm{r})$ の面 S 上での

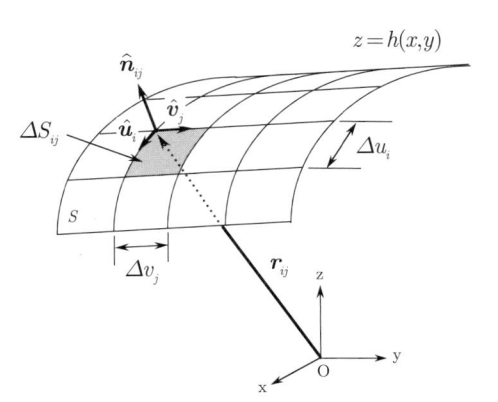

図 **2.24** 面積分の計算

面積積分，**面積分** (area integral) または**表面積分** (surface integral) といい $\int_S f(\bm{r})\,dS$ と書く．ここで，微小面積 ΔS_{ij} という大きさをもち，それに垂直なベクトルは，2.4 節で示したように $(\Delta u_i\,\hat{\bm{u}}_i) \times (\Delta v_j\,\hat{\bm{v}}_j)$ で表されるから，$\Delta u_i \to 0$，$\Delta v_j \to 0$ の極限では

$$dS\,\hat{\bm{n}} = d\bm{S} = (du\,\hat{\bm{u}}) \times (dv\,\hat{\bm{v}}) = \left(\frac{\partial \bm{r}}{\partial x}\,dx\right) \times \left(\frac{\partial \bm{r}}{\partial y}\,dy\right) \tag{2.58}$$

となる．ここで $dS\hat{\bm{n}}, d\bm{S}$ を**面素ベクトル** (area element vector) という．$\hat{\bm{n}}$ も dS も共に位置ベクトル $\bm{r}$ の関数であるから，面素ベクトルは本来なら $dS(\bm{r})\hat{\bm{n}}(\bm{r}), d\bm{S}(\bm{r})$ と書いておいた方が親切であるが，混乱がないような場合には $\bm{r}$ を省略することもある．さらに

$$\frac{\partial \bm{r}}{\partial x} = \hat{\bm{x}} + \frac{\partial h}{\partial x}\hat{\bm{z}},\quad \frac{\partial \bm{r}}{\partial y} = \hat{\bm{y}} + \frac{\partial h}{\partial y}\hat{\bm{z}} \tag{2.59}$$

であるから，これを式 (2.58) の右辺に代入すると

$$dS = \left|\frac{\partial \bm{r}}{\partial x} \times \frac{\partial \bm{r}}{\partial y}\right|dxdy = \sqrt{1 + \left(\frac{\partial h}{\partial x}\right)^2 + \left(\frac{\partial h}{\partial y}\right)^2}\,dx\,dy, \tag{2.60}$$

$$\hat{\bm{n}} = \frac{d\bm{S}}{|d\bm{S}|} = \frac{\dfrac{\partial \bm{r}}{\partial x} \times \dfrac{\partial \bm{r}}{\partial y}}{\left|\dfrac{\partial \bm{r}}{\partial x} \times \dfrac{\partial \bm{r}}{\partial y}\right|} = \frac{-\dfrac{\partial h}{\partial x}\hat{\bm{x}} - \dfrac{\partial h}{\partial y}\hat{\bm{y}} + \hat{\bm{z}}}{\sqrt{1 + \left(\dfrac{\partial h}{\partial x}\right)^2 + \left(\dfrac{\partial h}{\partial y}\right)^2}} \tag{2.61}$$

[†1] 帯を一度ひねって接続したメビウスの輪（または帯）のように，裏も表もないような面は除外する．
[†2] 有向面分ともいう．

を得る．これより $f(\boldsymbol{r})$ の面積分は

$$\int_S f(\boldsymbol{r})\,dS = \iint_D f(\boldsymbol{r})\sqrt{1+\left(\frac{\partial h}{\partial x}\right)^2+\left(\frac{\partial h}{\partial y}\right)^2}\,dx\,dy \tag{2.62}$$

となる．ただし D は面 S を xy 面に射影した面積である．特に $f(\boldsymbol{r})\equiv 1$ の場合は，明らかに面 S の面積となり

$$S = \int_S dS = \iint_D \sqrt{1+\left(\frac{\partial h}{\partial x}\right)^2+\left(\frac{\partial h}{\partial y}\right)^2}\,dx\,dy \tag{2.63}$$

と表される．

円柱座標系や球座標系でも上と同様の議論は可能であるが，実際に図 2.24 のような面を考えるのは煩雑であるし，本書でもそのような取り扱いはしない．そこでここでは，円柱座標系や球座標系の座標軸に垂直な面上の積分についてだけ説明することにする．まず，円柱座標系において $\rho=\rho_0=$ 一定の面は円筒状の面 S となる．この面での面素 dS は，図 2.21 から明らかなように，$dS = \rho_0\,d\phi\,dz$ となるから，関数 $f(\boldsymbol{r})=f(\rho_0,\phi,z)$ の積分は

$$\int_S f(\boldsymbol{r})\,dS = \rho_0 \int_{z_1}^{z_2}\int_{\phi_1}^{\phi_2} f(\rho_0,\phi,z)\,d\phi\,dz \tag{2.64}$$

となる．注意しなければならないのはベクトル関数を角度 ϕ で積分する場合である．例えば，ベクトル $\boldsymbol{F}(\boldsymbol{r})$ の ϕ に関する積分：

$$\begin{aligned}\int \boldsymbol{F}(\boldsymbol{r})\,d\phi &= \int \left[F_\rho(\boldsymbol{r})\,\hat{\boldsymbol{\rho}} + F_\phi(\boldsymbol{r})\,\hat{\boldsymbol{\phi}} + F_z(\boldsymbol{r})\,\hat{\boldsymbol{z}}\right]d\phi\\ &= \int F_\rho(\rho,\phi,z)\,\hat{\boldsymbol{\rho}}\,d\phi + \int F_\phi(\rho,\phi,z)\,\hat{\boldsymbol{\phi}}\,d\phi + \int F_z(\rho,\phi,z)\,\hat{\boldsymbol{z}}\,d\phi\end{aligned} \tag{2.65}$$

の右辺第 3 項は，$\hat{\boldsymbol{z}}$ が ϕ には無関係であるから積分の外に出すことができる．しかし，2.5 節で注意したように，右辺第 1 項，第 2 項の被積分関数における $\hat{\boldsymbol{\rho}}$，$\hat{\boldsymbol{\phi}}$ は ϕ の関数であるから，単位ベクトルとはよんでいるものの積分の外には出せない．この場合には式 (2.17) を用いて $\hat{\boldsymbol{\rho}},\hat{\boldsymbol{\phi}}$ を $\hat{\boldsymbol{x}},\hat{\boldsymbol{y}}$ 成分で表してから，次のように積分しなければならない．

$$\begin{aligned}\int F_\rho(\rho,\phi,z)\hat{\boldsymbol{\rho}}\,d\phi &= \hat{\boldsymbol{x}}\int F_\rho(\rho,\phi,z)\cos\phi\,d\phi + \hat{\boldsymbol{y}}\int F_\rho(\rho,\phi,z)\sin\phi\,d\phi,\\ \int F_\phi(\rho,\phi,z)\hat{\boldsymbol{\phi}}\,d\phi &= -\hat{\boldsymbol{x}}\int F_\rho(\rho,\phi,z)\sin\phi\,d\phi + \hat{\boldsymbol{y}}\int F_\rho(\rho,\phi,z)\cos\phi\,d\phi.\end{aligned} \tag{2.66}$$

他の面でも同様に考えることができるので，ここでは円柱座標系と球座標系の面素ベクトルだけを書き下しておく．図 2.21，図 2.22 を参照しよう．

円柱座標系:

$$d\boldsymbol{S} = \begin{cases} \rho_0\,d\phi\,dz\,\hat{\boldsymbol{\rho}}, & \rho=\rho_0=\text{一定の面},\\ d\rho\,dz\,\hat{\boldsymbol{\phi}}, & \phi=\phi_0=\text{一定の面},\\ \rho\,d\rho\,d\phi\,\hat{\boldsymbol{z}}, & z=z_0=\text{一定の面} \end{cases} \tag{2.67}$$

球座標系:
$$d\boldsymbol{S} = \begin{cases} r_0^2 \sin\theta\, d\theta\, d\phi\, \hat{\boldsymbol{r}}, & r = r_0 = \text{一定の面}, \\ r \sin\theta_0\, dr\, d\phi\, \hat{\boldsymbol{\theta}}, & \theta = \theta_0 = \text{一定の面}, \\ r\, d\theta\, dr\, \hat{\boldsymbol{\phi}}, & \phi = \phi_0 = \text{一定の面} \end{cases} \quad (2.68)$$

例題 2.2 図 2.25 のような半径 a の半球面 S 上で定義された関数 $f(\boldsymbol{r}) = x + y - z$ について以下の問いに答えよ.
(1) S の面積を求めよ.
(2) $\displaystyle\int_S f(\boldsymbol{r})\, dS$ の値を求めよ.

図 2.25 面積分の計算

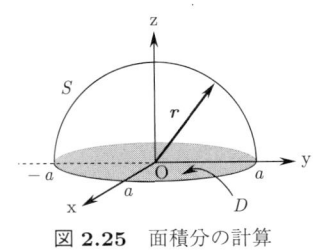

【解答】 $z = h(x, y) = \sqrt{a^2 - x^2 - y^2}$ であるから $\dfrac{\partial h}{\partial x} = -\dfrac{x}{\sqrt{a^2 - x^2 - y^2}},\ \dfrac{\partial h}{\partial y} = -\dfrac{y}{\sqrt{a^2 - x^2 - y^2}}$.

(1) 半球の表面積であるから,答えは明らかに $2\pi a^2$ である.直角座標系で計算すると

$$S = \int_{-a}^{a} \int_{-\sqrt{a^2-x^2}}^{\sqrt{a^2-x^2}} \frac{a}{\sqrt{a^2-x^2-y^2}}\, dy\, dx = a\int_{-a}^{a} \left[\sin^{-1}\frac{y}{\sqrt{a^2-x^2}}\right]_{-\sqrt{a^2-x^2}}^{\sqrt{a^2-x^2}} dx$$
$$= \pi a \int_{-a}^{a} dx = 2\pi a^2.$$

球座標系で考えると,面素 dS は式 (2.68) より $dS = a^2 \sin\theta\, d\theta\, d\phi$ であるから

$$S = a^2 \int_0^{2\pi}\int_0^{\pi/2} \sin\theta\, d\theta\, d\phi = a^2 \int_0^{2\pi} \left[-\cos\theta\right]_0^{\pi/2} d\phi = a^2 \int_0^{2\pi} d\phi = 2\pi a^2.$$

(2) 式 (2.62) より

$$\int_S f(\boldsymbol{r})\, dS = \int_{-a}^{a}\int_{-\sqrt{a^2-x^2}}^{\sqrt{a^2-x^2}} \left(x + y - \sqrt{a^2-x^2-y^2}\right) \frac{a}{\sqrt{a^2-x^2-y^2}}\, dy\, dx$$
$$= a\int_{-a}^{a} x \left[\sin^{-1}\frac{y}{\sqrt{a^2-x^2}}\right]_{-\sqrt{a^2-x^2}}^{\sqrt{a^2-x^2}} dx$$
$$- a\int_{-a}^{a} \left[\sqrt{a^2-x^2-y^2}\right]_{-\sqrt{a^2-x^2}}^{\sqrt{a^2-x^2}} dx - a\int_{-a}^{a} \left[y\right]_{-\sqrt{a^2-x^2}}^{\sqrt{a^2-x^2}} dx = -\pi a^3.$$

◇

2.8 体積積分

空間内の体積 V における関数 $f(\boldsymbol{r})$ の積分について考えよう.これを**体積積分**,体積分 (volume integral) という.この場合も図 2.26 のような直角座標系で考えるのが便利である.領域 V を x, y, z 軸方向にそれぞれ l, m, n 個の微小直方体に分割し,微小直方体内の任意の点を $\boldsymbol{r}_{ijk}$,その点における微小直方体の体積を Δv_{ijk} とする.このとき

$$\sum_{i=1}^{l}\sum_{j=1}^{m}\sum_{k=1}^{n} f(\boldsymbol{r}_{ijk})\, \Delta v_{ijk} = \sum_{i=1}^{l}\sum_{j=1}^{m}\sum_{k=1}^{n} f(x_i, y_j, z_k)\, \Delta x_i \Delta y_j \Delta z_k \tag{2.69}$$

を考え，分割のしかたに依存しないで $\Delta v_{ijk} \to 0$，すなわち $\Delta x_i \to 0, \Delta y_j \to 0, \Delta z_k \to 0$ とした極限が存在するとき，この極限値を，関数 $f(\boldsymbol{r})$ の体積積分といい

$$\iiint_V f(\boldsymbol{r})\, dv \quad \text{または} \quad \int_V f(\boldsymbol{r})\, dv \tag{2.70}$$

図 **2.26** 体積積分

と書く．もちろん微小体積 dv は点 $\boldsymbol{r}$ の関数であるから，正確には $dv(\boldsymbol{r})$ と書くべきであろうが，本書では $\boldsymbol{r}$ を省略して記述することにする．直角座標系なら明らかに $dv = dx\, dy\, dz$ であるが，円柱座標，球座標なら，図 2.21，図 2.22 より

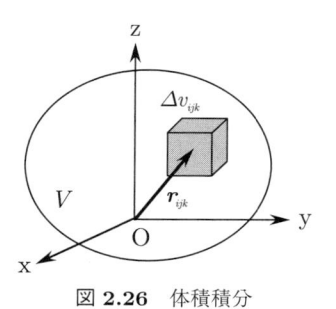

$$dv = \begin{cases} \rho\, d\rho\, d\phi\, dz, & \text{:円柱座標,} \\ r^2 \sin\theta\, dr\, d\theta\, d\phi, & \text{:球座標} \end{cases} \tag{2.71}$$

となる．

2.9　勾　　　配

2.1 節において，2 変数関数 $f(x, y)$ の全微分 df を

$$df(x, y) = \frac{\partial f(x, y)}{\partial x}\, dx + \frac{\partial f(x, y)}{\partial y}\, dy \tag{2.72}$$

によって定義した．また，関数 $f(x, y)$ が山の高さを表す関数とすると，全微分とは，2 次以上の微小量を無視したときの，点 (x, y) とそこからわずかにずれた点 $(x + dx, y + dy)$ との標高差を表した．一方，直角座標系における線素ベクトルが $d\boldsymbol{l} = dx\hat{\boldsymbol{x}} + dy\hat{\boldsymbol{y}}$ であることと，スカラ積の成分表示が式 (2.36) になることを思い出して

$$\nabla f = \frac{\partial f}{\partial x}\hat{\boldsymbol{x}} + \frac{\partial f}{\partial y}\hat{\boldsymbol{y}} \tag{2.73}$$

とおくと，式 (2.72) は

$$df(\boldsymbol{r}) = \nabla f \cdot d\boldsymbol{l} \tag{2.74}$$

と表すことができる．∇ という記号は**ナブラ** (nabla) といわれる演算子である[†]．ここで，∇f は式 (2.73) で定義されたが，その意味を知るには式 (2.74) を詳細に調べて見ればよい．

[†] この記号もハミルトンによって導入された．ナブラとは ∇ の形から，古代アッシリアの竪琴の名前に由来している．**デル** (del) とか，Δ(delta) の逆さの形からアトレッド (atled) ともよばれる．

関数 $f(\boldsymbol{r})$ を再び山の高さを表す 2 変数関数とする．これがある一定値 h に等しいとき，$f(\boldsymbol{r}) = h$ は標高 h の等高線 C を描く．標高が少し増して $f(\boldsymbol{r}) = h + dh$ となったときには，等高線 C より僅かに標高の高い別の等高線 C' を描くことになる．この様子を示したのが図 **2.27** である．まず図 2.27(a) のように，線素ベクトル $d\boldsymbol{l}$ が等高線 C 上ある場合，等高線上では関数値は一定であるから，関数の変化はなく $df = 0$ である．このとき式 (2.74) より $\nabla f \cdot d\boldsymbol{l} = 0$ となるから，∇f は等高線 C に垂直なベクトルであるといえる．次に図 2.27(b) のように，$d\boldsymbol{l}$ を等高線 C から C' に引いたベクトルとする．このとき関数の変化分は $df = dh$ であるから，式 (2.74) より

$$dh = \nabla f \cdot d\boldsymbol{l} = |\nabla f|\, dl \cos\theta \tag{2.75}$$

となる．ただし，θ は ∇f と $d\boldsymbol{l}$ とのなす角である．これより，$d\boldsymbol{l}$ 方向の f の変化率は

$$\frac{dh}{dl} = |\nabla f| \cos\theta \tag{2.76}$$

となるから，$\theta = 0$ のとき最大値

$$|\nabla f| = \left.\frac{dh}{dl}\right|_{max} \tag{2.77}$$

をとる．$d\boldsymbol{l}$ は関数値が増加する方向にとったから，∇f は関数 f の変化率が最大の方向を向き，大きさが最大変化率となるベクトルということができる．f が山の高さを表すなら ∇f は最も急な勾配を与える．このことから関数 f の **勾配** (gradient) を ∇f あるいは $\mathrm{grad}\, f$ と書く†．このように ∇f は $f = $ 一定 の曲線に垂直で，増加率が最大になる方向を向くから，この方向の単位ベクトルを法線ベクトルといい，$\hat{\boldsymbol{n}}$ と表す．$\hat{\boldsymbol{n}}$ を用いると式 (2.77) より，$|\nabla f| = \dfrac{df}{dn}$ となるから，∇f は

$$\nabla f = \frac{df}{dn} \hat{\boldsymbol{n}}, \quad \hat{\boldsymbol{n}} = \frac{\nabla f}{|\nabla f|} \tag{2.78}$$

と表すことができる．

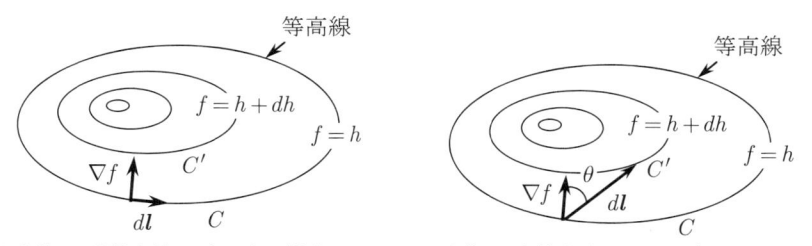

(a) 変位 $d\boldsymbol{l}$ が等高線 C 上にある場合　　(b) 変位 $d\boldsymbol{l}$ を等高線 C から C' へ引いた場合

図 **2.27** 勾配 ∇f

---

† grad とは gradient の省略形である．そのため ∇f をグラジエント エフと読む．

これまでは 2 変数関数の**勾配**について説明してきたが，3 次元関数 $f(x,y,z)$ についてはどうなるであろうか．直角座標については，式 (2.73) を 3 変数に拡張して

$$\nabla f = \frac{\partial f}{\partial x}\hat{\boldsymbol{x}} + \frac{\partial f}{\partial y}\hat{\boldsymbol{y}} + \frac{\partial f}{\partial z}\hat{\boldsymbol{z}} \tag{2.79}$$

となることは明らかであろう．円柱座標系と球座標系の表現式を得るには ∇f の定義式 (2.74) と，線素 $d\boldsymbol{l}$ の表現が，円柱座標系では式 (2.52) のように $d\boldsymbol{l} = d\rho\,\hat{\boldsymbol{\rho}} + \rho\,d\phi\,\hat{\boldsymbol{\phi}} + dz\,\hat{\boldsymbol{z}}$，球座標系では式 (2.54) のように $d\boldsymbol{l} = dr\,\hat{\boldsymbol{r}} + r\,d\theta\,\hat{\boldsymbol{\theta}} + r\sin\theta\,d\phi\,\hat{\boldsymbol{\phi}}$ になることを用いればよい．まず円柱座標では，式 (2.74) の左辺は

$$\begin{aligned}df(\rho,\phi,z) &= f(\rho+d\rho, \phi+d\phi, z+dz) - f(\rho,\phi,z) \\&= \frac{\partial f}{\partial \rho}d\rho + \frac{\partial f}{\partial \phi}d\phi + \frac{\partial f}{\partial z}dz\end{aligned} \tag{2.80}$$

となる．一方，右辺は，∇f の ρ, ϕ, z 成分をそれぞれ $(\nabla f)_\rho, (\nabla f)_\phi, (\nabla f)_z$ とすると

$$\begin{aligned}\nabla f \cdot d\boldsymbol{l} &= \left\{(\nabla f)_\rho\,\hat{\boldsymbol{\rho}} + (\nabla f)_\phi\,\hat{\boldsymbol{\phi}} + (\nabla f)_z\,\hat{\boldsymbol{z}}\right\} \cdot \left(d\rho\,\hat{\boldsymbol{\rho}} + \rho\,d\phi\,\hat{\boldsymbol{\phi}} + dz\,\hat{\boldsymbol{z}}\right) \\&= (\nabla f)_\rho\,d\rho + (\nabla f)_\phi\,\rho\,d\phi + (\nabla f)_z\,dz\end{aligned} \tag{2.81}$$

となる．式 (2.80) と (2.81) を比較すると

$$(\nabla f)_\rho = \frac{\partial f}{\partial \rho},\quad (\nabla f)_\phi = \frac{1}{\rho}\frac{\partial f}{\partial \phi},\quad (\nabla f)_z = \frac{\partial f}{\partial z} \tag{2.82}$$

すなわち

$$\nabla f = \frac{\partial f}{\partial \rho}\hat{\boldsymbol{\rho}} + \frac{1}{\rho}\frac{\partial f}{\partial \phi}\hat{\boldsymbol{\phi}} + \frac{\partial f}{\partial z}\hat{\boldsymbol{z}} \tag{2.83}$$

となる．球座標でも同様に計算すると

$$\nabla f = \frac{\partial f}{\partial r}\hat{\boldsymbol{r}} + \frac{1}{r}\frac{\partial f}{\partial \theta}\hat{\boldsymbol{\theta}} + \frac{1}{r\sin\theta}\frac{\partial f}{\partial \phi}\hat{\boldsymbol{\phi}} \tag{2.84}$$

を得る．

2.10　ベクトルの発散とガウスの定理

再び流速 $\boldsymbol{F}$〔m/s〕の水の流れを考えよう．簡単のためにまず流速は一定であるとして，図 **2.28** に示すような平面 S を通過する流量を考えよう．流速に面積を掛ければその面を 1 秒間に通過する水の量（流量）になるが，流速はベクトル量であるから，面 S に垂直な成分 F_n と面に接する成分 $\boldsymbol{F}_t$ に分解することができる．$\boldsymbol{F}_t$ は S に沿う水の流れであって，通過することはないから，S を通過する水量は S に垂直な成分だけを考えればよい．すなわち，流量は $F_n S = \boldsymbol{F} \cdot \hat{\boldsymbol{n}} S$ となる．ただし $\hat{\boldsymbol{n}}$ は面 S に垂直な単位法線ベクトルである．

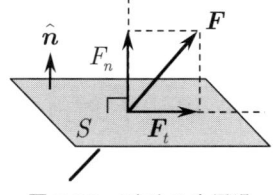

図 **2.28**　平面 S を通過する流量

2.10.1 ベクトル関数の面積分

流速は一般には場所の関数であるから，$F_n = \boldsymbol{F} \cdot \hat{\boldsymbol{n}}$ も面 S 上で変化する関数である．そのような場合にはどのように考えたらよいであろうか．$f(\boldsymbol{r}) = F_n(\boldsymbol{r})$ とおけば，2.7 節で述べたスカラ関数の面積分と同様に考えれることができる．繰り返しになるが，重要な考え方であるのでもう一度復習しておこう．図 2.29 のように曲面 S を多数の微小な面 ΔS_i に分割すれば，ΔS_i は平面とみなしてもよいであろう．また，各微小面内では流速は一定であると考えられる．したがって ΔS_i を通過する流量は，上で説明したように $\boldsymbol{F}(\boldsymbol{r}_i) \cdot \hat{\boldsymbol{n}}(\boldsymbol{r}_i) \Delta S_i$ で近似できる．これらの総和 $\sum_i \boldsymbol{F}(\boldsymbol{r}_i) \cdot \hat{\boldsymbol{n}}(\boldsymbol{r}_i) \Delta S_i$ をとれば，これが面 S を通過する全流量となる．この微小面積を無限小にした極限を**面積積分**といい

$$\int_S \boldsymbol{F}(\boldsymbol{r}) \cdot \hat{\boldsymbol{n}}(\boldsymbol{r}) \, dS \tag{2.85}$$

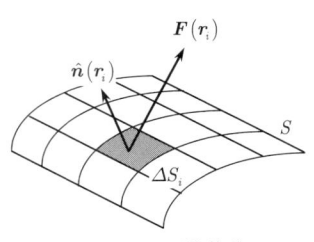

図 2.29 面積積分

と表す．なお，式 (2.85) を直角座標成分で表すと

$$\int_S \boldsymbol{F}(\boldsymbol{r}) \cdot \hat{\boldsymbol{n}}(\boldsymbol{r}) \, dS = \int_S F_x(\boldsymbol{r}) n_x(\boldsymbol{r}) \, dS + \int_S F_y(\boldsymbol{r}) n_y(\boldsymbol{r}) \, dS + \int_S F_z(\boldsymbol{r}) n_z(\boldsymbol{r}) \, dS \tag{2.86}$$

となる．

2.10.2 発　　　散

図 2.30 に示すように，点 P から毎秒 W 〔m^3/s〕の水が湧き出しているとしよう．これを測定する方法を考える．ベクトル $\boldsymbol{F}$ を流速とすると上で述べたように，ある面に垂直な成分の流速を積分すれば，それを通過する流量となるから，湧き出し量を計算するには点 P を囲むように面 S をとればよい．すなわち

$$W = \oint_S \boldsymbol{F}(\boldsymbol{r}) \cdot \hat{\boldsymbol{n}}(\boldsymbol{r}) \, dS \tag{2.87}$$

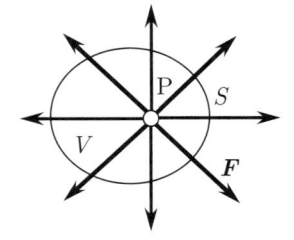

図 2.30 湧き出し口 P を囲む閉曲面 S

となる[†]．このようにベクトル関数 $\boldsymbol{F}$ を閉曲面で積分した値は $\boldsymbol{F}$ に関係する，ある湧き出し量を表すことになる．それを体積で割れば単位体積あたりの湧き出し量を定義することが

[†] 積分記号 $\oint$ は，閉じた経路に沿って積分することを強調するために用いる．$\oint_S$ は閉曲面 S に沿って全体を積分することを意味する．

できる．これを空間内の点 P での**発散** (divergence) といい，$\nabla \cdot \boldsymbol{F}$ あるいは $\mathrm{div}\boldsymbol{F}$ と表す[†]．すなわち，空間内の点 P の発散とは以下のように定義される．

$$\nabla \cdot \boldsymbol{F}(P) = \lim_{\Delta V \to 0} \frac{1}{\Delta V} \oint_{\Delta S} \boldsymbol{F}(\boldsymbol{r}) \cdot \hat{\boldsymbol{n}}(\boldsymbol{r}) \, dS \tag{2.88}$$

ただし，ΔV は微小閉曲面 ΔS によって囲まれた体積である．

式 (2.88) の右辺が直角座標系でどのように表されるかを考えよう．図 **2.31** に示すように，点 $\mathrm{P}(x,y,z)$ を中心とする微小立方体を考える．まず z 軸に垂直な 2 つの面 A と B について考えると，面積は非常に小さいので，各面上での関数値は一定と近似できる．また，面 A 上の位置ベクトルは $\boldsymbol{r} = x\hat{\boldsymbol{x}} + y\hat{\boldsymbol{y}} + \left(z + \frac{\Delta z}{2}\right)\hat{\boldsymbol{z}}$，単位法線ベクトルは $\hat{\boldsymbol{n}} = \hat{\boldsymbol{z}}$ であるから

$$\int_A \boldsymbol{F}(\boldsymbol{r}) \cdot \hat{\boldsymbol{n}}(\boldsymbol{r}) \, dS = \int_A \boldsymbol{F}\left(x, y, z + \frac{\Delta z}{2}\right) \cdot \hat{\boldsymbol{z}} \, dx \, dy \simeq F_z\left(x, y, z + \frac{\Delta z}{2}\right) \Delta x \, \Delta y$$

となる．同様に面 B 上では $\boldsymbol{r} = x\hat{\boldsymbol{x}} + y\hat{\boldsymbol{y}} + \left(z - \frac{\Delta z}{2}\right)\hat{\boldsymbol{z}}$，$\hat{\boldsymbol{n}} = -\hat{\boldsymbol{z}}$ であるから

$$\int_B \boldsymbol{F}(\boldsymbol{r}) \cdot \hat{\boldsymbol{n}}(\boldsymbol{r}) \, dS = \int_B \boldsymbol{F}\left(x, y, z - \frac{\Delta z}{2}\right) \cdot (-\hat{\boldsymbol{z}}) \, dx \, dy \simeq -F_z\left(x, y, z - \frac{\Delta z}{2}\right) \Delta x \, \Delta y$$

となる．これらを加え合わせると

$$\begin{aligned}\int_{A+B} \boldsymbol{F}(\boldsymbol{r}) \cdot \hat{\boldsymbol{n}}(\boldsymbol{r}) \, dS &= \left\{F_z\left(x, y, z + \frac{\Delta z}{2}\right) - F_z\left(x, y, z - \frac{\Delta z}{2}\right)\right\} \Delta x \, \Delta y \\ &= \frac{F_z\left(x, y, z + \frac{\Delta z}{2}\right) - F_z\left(x, y, z - \frac{\Delta z}{2}\right)}{\Delta z} \Delta x \Delta y \Delta z \\ &= \frac{\partial F_z(\boldsymbol{r})}{\partial z} \Delta V \end{aligned} \tag{2.89}$$

となる．ただし，$\Delta V = \Delta x \Delta y \Delta z$ は微小立方体の体積である．x 軸に垂直な面，y 軸に垂直な面に対しても同様に計算することができて，これらをすべて加え合わせると

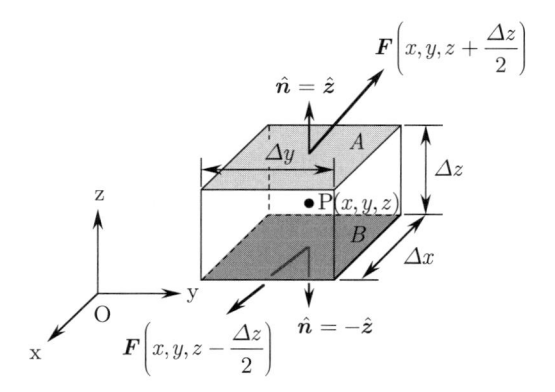

図 **2.31** 発散の計算

[†] div は divergence の省略形であり，$\nabla \cdot \boldsymbol{F}$ はダイバージェンス エフと読む．

$$\oint_{\Delta S} \boldsymbol{F} \cdot \hat{\boldsymbol{n}}\, dS \simeq \left\{ \frac{\partial F_x(\boldsymbol{r})}{\partial x} + \frac{\partial F_y(\boldsymbol{r})}{\partial y} + \frac{\partial F_z(\boldsymbol{r})}{\partial z} \right\} \Delta V \tag{2.90}$$

を得る．これを発散の定義 (2.88) に代入すると

$$\nabla \cdot \boldsymbol{F}(\boldsymbol{r}) = \frac{\partial F_x(\boldsymbol{r})}{\partial x} + \frac{\partial F_y(\boldsymbol{r})}{\partial y} + \frac{\partial F_z(\boldsymbol{r})}{\partial z} \tag{2.91}$$

となる．ここで演算子 ∇ を 1 つのベクトルのように考えて

$$\nabla = \hat{\boldsymbol{x}} \frac{\partial}{\partial x} + \hat{\boldsymbol{y}} \frac{\partial}{\partial y} + \hat{\boldsymbol{z}} \frac{\partial}{\partial z} \tag{2.92}$$

とおくと，式 (2.91) は，ベクトル ∇ とベクトル $\boldsymbol{F} = F_x\hat{\boldsymbol{x}} + F_y\hat{\boldsymbol{y}} + F_z\hat{\boldsymbol{z}}$ とのスカラ積とみなすこともできる．このため発散を $\nabla \cdot \boldsymbol{F}$ と表す．

しかしながら，このようにできるのは直角座標系の場合だけであり，円柱座標系や球座標系では ∇ と $\boldsymbol{F}$ との単純なスカラ積にはならない．したがって，これらの座標系における発散の表現式を得るには定義式 (2.88) に立ち戻るか，次のように変数変換して各座標系の $\nabla \cdot \boldsymbol{F}$ を計算しなければならない．例えば円柱座標系に変換するには，まず，2.3.2 項の式 (2.26) と式 (2.19) を用いて

$$\begin{cases} \dfrac{\partial F_x}{\partial x} = \dfrac{\partial F_x}{\partial \rho}\dfrac{\partial \rho}{\partial x} + \dfrac{\partial F_x}{\partial \phi}\dfrac{\partial \phi}{\partial x} = \dfrac{\partial F_x}{\partial \rho}\cos\phi - \dfrac{\partial F_x}{\partial \phi}\dfrac{\sin\phi}{\rho}, \\ \dfrac{\partial F_y}{\partial y} = \dfrac{\partial F_y}{\partial \rho}\dfrac{\partial \rho}{\partial y} + \dfrac{\partial F_y}{\partial \phi}\dfrac{\partial \phi}{\partial y} = \dfrac{\partial F_y}{\partial \rho}\sin\phi + \dfrac{\partial F_y}{\partial \phi}\dfrac{\cos\phi}{\rho}. \end{cases} \tag{2.93}$$

これらを加え合わせて，式 (2.25) を用いると

$$\begin{aligned} \frac{\partial F_x}{\partial x} + \frac{\partial F_y}{\partial y} &= \left\{ \frac{\partial F_x}{\partial \rho}\cos\phi + \frac{\partial F_y}{\partial \rho}\sin\phi \right\} + \left\{ -\frac{\partial F_x}{\partial \phi}\frac{\sin\phi}{\rho} + \frac{\partial F_y}{\partial \phi}\frac{\cos\phi}{\rho} \right\} \\ &= \frac{\partial\left(F_x\cos\phi + F_y\sin\phi\right)}{\partial \rho} \\ &\quad + \frac{1}{\rho}\left\{ -\frac{\partial\left(F_x\sin\phi\right)}{\partial \phi} + F_x\cos\phi \right\} + \frac{1}{\rho}\left\{ \frac{\partial\left(F_y\cos\phi\right)}{\partial \phi} + F_y\sin\phi \right\} \\ &= \frac{\partial F_\rho}{\partial \rho} + \frac{1}{\rho}\frac{\partial F_\phi}{\partial \phi} + \frac{1}{\rho}F_\rho \end{aligned} \tag{2.94}$$

を得る．これらをまとめると，円柱座標の発散は

$$\nabla \cdot \boldsymbol{F}(\rho, \phi, z) = \frac{1}{\rho}\frac{\partial(\rho F_\rho)}{\partial \rho} + \frac{1}{\rho}\frac{\partial F_\phi}{\partial \phi} + \frac{\partial F_z}{\partial z} \tag{2.95}$$

と表される．

球座標についても同様に計算できて

$$\nabla \cdot \boldsymbol{F}(r, \theta, \phi) = \frac{1}{r^2}\frac{\partial\left(r^2 F_r\right)}{\partial r} + \frac{1}{r\sin\theta}\frac{\partial(F_\theta \sin\theta)}{\partial \theta} + \frac{1}{r\sin\theta}\frac{\partial F_\phi}{\partial \phi} \tag{2.96}$$

となる．

例題 2.3 ベクトル関数 $\boldsymbol{F}_1(\boldsymbol{r}) = \hat{\boldsymbol{\rho}}$ と $\boldsymbol{F}_2(\boldsymbol{r}) = \hat{\boldsymbol{\phi}}$ の概形を描き，それぞれの発散を求めよ．

【解答】 $\boldsymbol{F}_1(\boldsymbol{r}) = \hat{\boldsymbol{\rho}}$ と $\boldsymbol{F}_2(\boldsymbol{r}) = \hat{\boldsymbol{\phi}}$ の概形は 図 2.32 のようになる．
それぞれの関数の発散は，式 (2.95) より

$$\nabla \cdot \boldsymbol{F}_1 = \frac{1}{\rho}\frac{\partial(1 \cdot \rho)}{\partial \rho} = \frac{1}{\rho},$$

$$\nabla \cdot \boldsymbol{F}_2 = \frac{1}{\rho}\frac{\partial(1)}{\partial \phi} = 0.$$

ただし $\rho \neq 0$. ◇

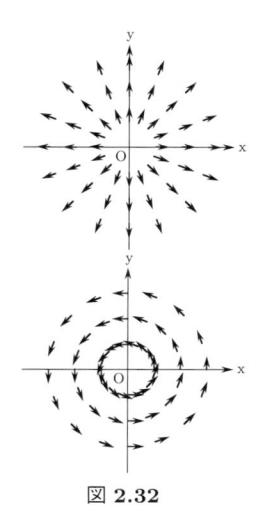

図 2.32

2.10.3 ガウスの定理

これまでは面積分を微小体積要素の表面上で行ってきたが，任意の閉曲面 S で行なったらどうなるであろうか．図 2.33 のように，閉曲面 S で囲まれた体積 V を無数の微小体積 ΔV_i に分割し，その表面を ΔS_i とする．

各微小体積に対して，発散の定義 (2.88) を適用すると

$$\nabla \cdot \boldsymbol{F}\, \Delta V_i \simeq \oint_{\Delta S_i} \boldsymbol{F}(\boldsymbol{r}) \cdot \hat{\boldsymbol{n}}\, dS \tag{2.97}$$

となるから，これをすべての微小体積要素について和をとると，左辺は

$$\sum_i \nabla \cdot \boldsymbol{F}\, \Delta V_i = \int_V \nabla \cdot \boldsymbol{F}\, dv \tag{2.98}$$

となる．一方，式 (2.97) 右辺の総和をとるとき，互いに隣り合う微小体積の表面では 図 2.33 のように法線ベ

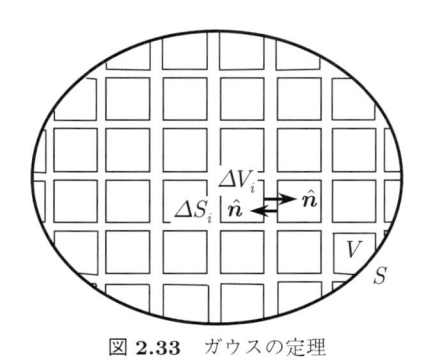

図 2.33 ガウスの定理

クトル $\hat{\boldsymbol{n}}$ が反対方向を向いていることに注意すると，この面での面積分は互いに相殺し合って結局残るのは相手のない面，すなわち全体の表面 S からの寄与となる．すなわち

$$\sum_i \oint_{\Delta S_i} \boldsymbol{F}(\boldsymbol{r}) \cdot \hat{\boldsymbol{n}}\, dS = \oint_S \boldsymbol{F}(\boldsymbol{r}) \cdot \hat{\boldsymbol{n}}\, dS \tag{2.99}$$

となる．式 (2.98) と式 (2.99) より

$$\oint_S \boldsymbol{F}(\boldsymbol{r}) \cdot \hat{\boldsymbol{n}}(\boldsymbol{r})\, dS = \int_V \nabla \cdot \boldsymbol{F}(\boldsymbol{r})\, dv \tag{2.100}$$

を得る．これを**ガウスの定理** (Gauss' theorem) といい，**面積積分と体積積分の変換を可能にする重要な定理**である．また，この定理は，座標系に無関係に成り立つ有益な公式である．

2.11 ベクトルの回転とストークスの定理

発散に関するガウスの定理のほかにもう1つ重要な定理がある．それはベクトル関数の回転に関する定理である．本節では，ベクトルの回転とはどのような意味があるのか，そして数学的にどのように表されるかを示す．

2.11.1 角運動量と循環

ベクトル関数の回転という概念は発散に比べてやや難解であるから，まず力学で学んだ物体の回転運動を考えることから始めよう．物体の回転運動を扱うには**角運動量**[†1](angular momentum) を考えると便利であった．例えば，図 **2.34**(a) のように，質量 m の質点 A が原点 O の回りを閉曲線 C に沿って回転しているとする．時刻 t における A の位置ベクトルを r，速度を v とすると，この時刻における角運動量 L は $L = mr \times v$ と表され，その方向は C によって作られる面 S に垂直な方向を向く．この関係と 2.7 節の単位法線ベクトルを比較すると，角運動量は単位法線ベクトルと同じ方向を向くことに気づく．一方，質点が微小時間 Δt の間に $r' = r + \Delta l$ に移ったとし，r と v のなす角を θ，角速度を ω とすると，この間は円運動しているとみなせて $\theta \approx \pi/2$ となるから，$v = \Delta l / \Delta t$, $\Delta l \sin \theta \approx r\omega \Delta t$ と近似できる．したがって，角運動量の大きさは

$$L = |\boldsymbol{L}| = mrv \sin\theta = mr \frac{\Delta l}{\Delta t} \sin\theta = mr^2 \omega \tag{2.101}$$

で与えられ，面積 πr^2 と角速度 ω に比例する．図 2.34(b) のようなコマの運動の場合でも，角運動量は回転する面に垂直な方向を向き，その大きさは慣性モーメント I [†2] と角速度 ω に比例し，$L = I\omega$ となる．

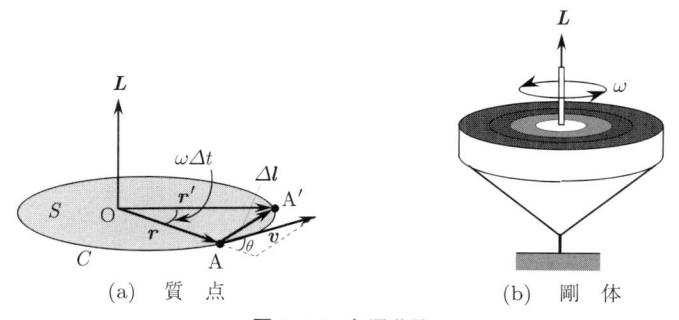

(a) 質 点 (b) 剛 体

図 **2.34** 角運動量

[†1] 運動量モーメントともいう．
[†2] 密度を $\rho_m(r)$ としたとき $\rho_m(r)r^2$ の体積積分で与えられる．ただし r は回転軸からの距離である．例えば半径 a，質量 m，密度一定の剛体球の慣性モーメントは $I = \frac{2}{5}ma^2$ で与えられる．

物が回転する別の例として，図 **2.35** のように細い管を循環する水の流れを考える．ここで F_l は管の中心線 C に沿う流速である．(流速)×(管の長さ)を**循環** (circulation) と定義してこの量がどのような意味をもつかを考えよう．まず簡単のために，角速度 ω で半径 r の円管を流れる水流を考えると，(循環)$=(r\omega)\cdot(2\pi r)=2(\pi r^2)\omega$ となるから，循環も角運動量と同様に，円管が作る面積 $S=\pi r^2$ と角速度 ω に比例する．したがって循環とは角運動量と同様の性質をもつ量であると考えることができる．一方，流速が場所によって異なるなら，2.6 節で説明したように，流速が一定とみなせるような多くの微小部分に分割して各部分の循環を求め，それらの総和をとればよい．すなわち

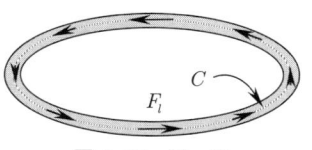

$$\text{循環} = \oint_C F_l(\boldsymbol{r})\,dl \tag{2.102}$$

となる．

2.11.2 ベクトル関数の線積分

循環 (2.102) の計算は 2.6 節と全く同様にできるが，$F_l(\boldsymbol{r})$ は流速の管に沿う成分であったから，$F_l(\boldsymbol{r})$ はベクトル関数 $\boldsymbol{F}(\boldsymbol{r})$ の接線成分である．一方，2.6 節で定義した線素ベクトル $d\boldsymbol{l}$ は曲線 C に沿う方向を向いているから，$F_l(\boldsymbol{r})\,dl = \boldsymbol{F}(\boldsymbol{r})\cdot d\boldsymbol{l}$ となる．この様子を図示すると図 **2.36** のようになる．また，点 P_1 から P_2 までの曲線 C に沿う積分を

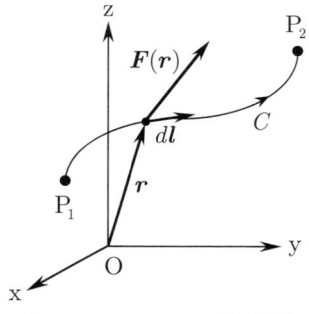

$$\int_C \boldsymbol{F}(\boldsymbol{r})\cdot d\boldsymbol{l} = \int_{\boldsymbol{r}_1}^{\boldsymbol{r}_2} \boldsymbol{F}(\boldsymbol{r})\cdot d\boldsymbol{l} \tag{2.103}$$

と書き，これを曲線 C に沿うベクトル $\boldsymbol{F}$ の**線積分**，または**経路積分**という．ただし，$\boldsymbol{r}_1, \boldsymbol{r}_2$ は点 P_1 と P_2 の位置ベクトルである．ベクトル関数 $\boldsymbol{F}$ が力なら，この積分は曲線 C に沿って点 P_1 から P_2 まで物体を運ぶために必要な仕事量になる．式 (2.103) を直角座標成分で表すと

$$\int_C \boldsymbol{F}(\boldsymbol{r})\cdot d\boldsymbol{l} = \int_C \left\{ F_x(x,y,z)\,dx + F_y(x,y,z)\,dy + F_z(x,y,z)\,dz \right\} \tag{2.104}$$

となるが，ここで再び注意しておきたいのは，線素ベクトル $d\boldsymbol{l}$ は曲線 C 上の位置ベクトル $\boldsymbol{r}$ の関数であるということである．また，式 (2.103) の積分値は，たとえ始点 $\boldsymbol{r}_1$，終点 $\boldsymbol{r}_2$ が同じであったり，関数 $\boldsymbol{F}(\boldsymbol{r})$ が同じであっても，曲線 C，すなわち線積分の道すじによって異なる．これを簡単な例によって示そう．3 変数関数でも全く同様にできるから，ここでは 2 変数関数について考える．

例題 2.4 図 **2.37** のような経路 C_1, C_2 について，ベクトル関数 $\boldsymbol{F}(x,y) = xy\hat{\boldsymbol{x}} - y\hat{\boldsymbol{y}}$ の線積分：

$$\int_C \boldsymbol{F}(\boldsymbol{r}) \cdot d\boldsymbol{l} = \int_C \left\{ F_x(x,y)\, dx + F_y(x,y)\, dy \right\}$$

を求めよ．ただし $C_1 : y = x$，$C_2 : y = \dfrac{1}{3}x^2 - \dfrac{4}{3}$ である．

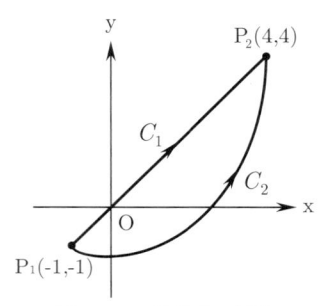

図 **2.37** 線積分の経路

【解答】 C_1 に沿う積分は，$d\boldsymbol{l} = dx\hat{\boldsymbol{x}} + dy\hat{\boldsymbol{y}}$，$dy = dx$ であるから

$$\int_{C_1} (xy\hat{\boldsymbol{x}} - y\hat{\boldsymbol{y}}) \cdot (dx\hat{\boldsymbol{x}} + dy\hat{\boldsymbol{y}}) = \int_{C_1} (xy\, dx - y\, dy) = \int_{-1}^{4} (x^2\, dx - x\, dx) = \frac{85}{6}$$

となる．一方，C_2 に沿う積分は，$dy = \dfrac{2}{3}x dx$ であるから，上と同様にして

$$\int_{C_2} (xy\, dx - y\, dy) = \int_{-1}^{4} \left\{ x\left(\frac{x^2}{3} - \frac{4}{3}\right) dx - \left(\frac{x^2}{3} - \frac{4}{3}\right)\frac{2}{3}x dx \right\}$$
$$= \int_{-1}^{4} \frac{x}{3}\left(\frac{x^2}{3} - \frac{4}{3}\right) dx = \frac{135}{36}$$

となり，積分の値は経路によって異なることがわかる． ◇

2.11.3 回 転

これまでは物体の回転そのものを考えてきたが，これからは物体の回転とその原因となるベクトル量とを結び付けよう．図 **2.38** に示すような風車を考える．ここで $\boldsymbol{F}$ は風力を表すベクトルであるとする．回転するのは風車そのものであり，その周囲の風力ベクトル $\boldsymbol{F}$ が回転を引き起こす原因となる．図 2.38(a) は一様な風が吹いている場合であり，風車は回転しない．これに対して図 2.38(b) は風車の上側の風力が下側に比べて大きい場合であり，風車は時計回りに回転する．すなわち，風車の角運動量は読者から紙面の方向を向く．図 2.38(c) は逆に下側の風力が上側に比べて大きい場合であり，反時計回りに回転する．角運動量の方向は紙面から読者の方向を向く．このように風車は周囲の

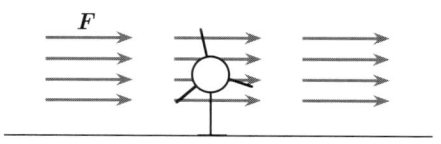

(a) 回転しない風車

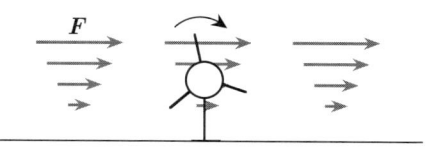

(b) 時計回りに回転する風車

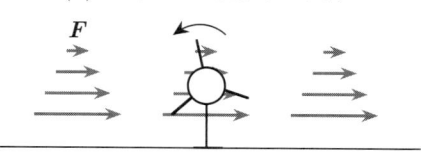

(c) 反時計回りに回転する風車

図 **2.38** 風車の回転

風力 $\boldsymbol{F}$ に依存してその回転方向が異なることになる．つまり風力 $\boldsymbol{F}(\boldsymbol{r})$ の様子さえわかれば，たとえ風車がなくても，それがどのように回転するかを知ることができる．これを一般

2.11 ベクトルの回転とストークスの定理

化すれば，空間の任意の点 r におけるベクトル関数 $\boldsymbol{F}(\boldsymbol{r})$ の **回転** (rotation) という量を数学的に定義できるはずである．これについて考えよう．

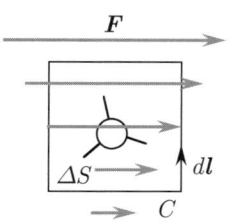

図 2.39 風力の循環

図 2.39 のように，閉曲線 C で囲まれた面 ΔS が常に左側になるようにして，'循環' (2.102) を計算したとすると，明らかに

$$\oint_C \boldsymbol{F}(\boldsymbol{r}) \cdot d\boldsymbol{l} = \begin{cases} = 0 & : 図 2.38(a), \\ < 0 & : 図 2.38(b), \\ > 0 & : 図 2.38(c) \end{cases} \quad (2.105)$$

となる．2.7 節の定義に従えば，図 2.39 の面 ΔS 上の単位法線ベクトルは，紙面から読者の方向を向いており，これが正の向きで，角運動量の向きとも一致する．したがって図 2.38(c) を '循環' の単位法線成分とする．一方，$\boldsymbol{F}$ が速度の単位をもつなら，前項で述べたように，'循環' は断面積 ΔS に比例するから，$\Delta S \to 0$ という操作をして，ある 1 点の '循環' という量を定義することはできない．そこで，単位面積あたりの '循環' を新たに '回転' と定義する．この例なら，'回転' とは角速度に対応する．$\boldsymbol{F}$ が力なら，単位面積あたりの仕事量になる．

'回転' の単位法線成分は面の方向によって異なるから，'回転' はベクトル量である．そして空間の任意の点 r の '回転' を定義するには，その点を含む微小面積 ΔS の縁にそって単位面積あたりの '循環' を計算し，$\Delta S \to 0$ とすればよい．ベクトル関数 $\boldsymbol{F}(\boldsymbol{r})$ の '回転' を $\nabla \times \boldsymbol{F}(\boldsymbol{r})$ と書き表したとすると，$\nabla \times \boldsymbol{F}(\boldsymbol{r})$ の単位法線成分は

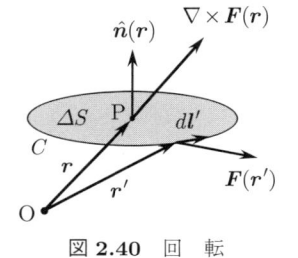

図 2.40 回 転

$$\left\{ \nabla \times \boldsymbol{F}(\boldsymbol{r}) \right\} \cdot \hat{\boldsymbol{n}}(\boldsymbol{r}) = \lim_{\Delta S \to 0} \frac{1}{\Delta S} \oint_C \boldsymbol{F}(\boldsymbol{r}') \cdot d\boldsymbol{l}' \quad (2.106)$$

表すことができる†．これらの様子を示したものが図 2.40 である．ここで，$\boldsymbol{r}'$, $d\boldsymbol{l}'$ はそれぞれ，閉曲線上の位置ベクトルと線素ベクトルである．

直角座標系を例にとって，ベクトル関数 $\boldsymbol{F}(\boldsymbol{r})$ の回転が具体的にどのような表現になるかを調べてみよう．図 2.41 のように xy 面に平行に微小閉曲面 C をとり，それによって囲ま

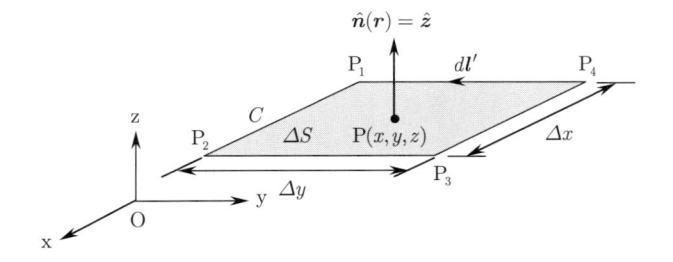

図 2.41 回転 $\nabla \times \boldsymbol{F}$ の z 成分の計算

---
† $\nabla \times \boldsymbol{F}$ は，rot $\boldsymbol{F}$ または curl $\boldsymbol{F}$ と書かれ，ローテーション エフ または カール エフ と読む．

れた微小面積 ΔS も xy 平面に平行であるとする．ここで，$\hat{\bm{n}} = \hat{\bm{z}}$ であるから，この閉曲線に回転の定義 (2.106) を適用すると

$$
\begin{aligned}
\left\{\nabla \times \bm{F}(\bm{r})\right\} \cdot \hat{\bm{z}} &\simeq \frac{1}{\Delta S} \oint_C \bm{F}(\bm{r}') \cdot d\bm{l}' \\
&= \frac{1}{\Delta x \Delta y} \left\{ \int_{P_1 P_2} \bm{F} \cdot \hat{\bm{x}}\, dx + \int_{P_2 P_3} \bm{F} \cdot \hat{\bm{y}}\, dy + \int_{P_3 P_4} \bm{F} \cdot (-\hat{\bm{x}})\, dx + \int_{P_4 P_1} \bm{F} \cdot (-\hat{\bm{y}})\, dy \right\}
\end{aligned} \tag{2.107}
$$

ここで，$\Delta x \ll 1$, $\Delta y \ll 1$ とすると，C 上で関数の値は一定であると近似できるから

$$
\begin{cases}
\int_{P_1 P_2} \bm{F} \cdot \hat{\bm{x}}\, dx \simeq F_x\left(x, y - \dfrac{\Delta y}{2}, z\right) \Delta x, \\
\int_{P_2 P_3} \bm{F} \cdot \hat{\bm{y}}\, dy \simeq F_y\left(x + \dfrac{\Delta x}{2}, y, z\right) \Delta y, \\
\int_{P_3 P_4} \bm{F} \cdot (-\hat{\bm{x}})\, dx \simeq -F_x\left(x, y + \dfrac{\Delta y}{2}, z\right) \Delta x, \\
\int_{P_4 P_1} \bm{F} \cdot (-\hat{\bm{y}})\, dy \simeq -F_y\left(x - \dfrac{\Delta x}{2}, y, z\right) \Delta y
\end{cases} \tag{2.108}
$$

を得る．これを (2.107) に代入すると

$$
\begin{aligned}
(\nabla \times \bm{F}(\bm{r})) \cdot \hat{\bm{z}} &\simeq \frac{F_y\left(x + \dfrac{\Delta x}{2}, y, z\right) - F_y\left(x - \dfrac{\Delta x}{2}, y, z\right)}{\Delta x} \\
&\quad - \frac{F_x\left(x, y + \dfrac{\Delta y}{2}, z\right) - F_y\left(x, y - \dfrac{\Delta y}{2}, z\right)}{\Delta y} \\
&= \frac{\partial F_y(x, y, z)}{\partial x} - \frac{\partial F_x(x, y, z)}{\partial y}
\end{aligned} \tag{2.109}
$$

となる．他の成分も同様にできるから，まとめると

$$
\nabla \times \bm{F}(\bm{r}) = \hat{\bm{x}} \left(\frac{\partial F_z}{\partial y} - \frac{\partial F_y}{\partial z} \right) + \hat{\bm{y}} \left(\frac{\partial F_x}{\partial z} - \frac{\partial F_z}{\partial x} \right) + \hat{\bm{z}} \left(\frac{\partial F_y}{\partial x} - \frac{\partial F_x}{\partial y} \right) \tag{2.110}
$$

となる．これと 2.4 節のベクトル積 (2.42) とを比較すると，微分演算子を除いては同じ形をしていることがわかる．そこで，発散のときと同様に ∇ をベクトルの一種のように考えると，式 (2.110) は

$$
\nabla \times \bm{F}(\bm{r}) = \begin{vmatrix} \hat{\bm{x}} & \hat{\bm{y}} & \hat{\bm{z}} \\ \dfrac{\partial}{\partial x} & \dfrac{\partial}{\partial y} & \dfrac{\partial}{\partial z} \\ F_x & F_y & F_z \end{vmatrix} \tag{2.111}
$$

と書くこともできる．

円柱座標系，球座標系では，式 (2.111) のような簡単な形にはならない．円柱座標系，球座標系における回転の表示式を得るには，2.10.2 項の式 (2.93) のように変数変換すればよい．詳細は煩雑であるので省略するが†，結果だけをまとめておくと，円柱座標系での回転は

$$\nabla \times \boldsymbol{F}(\rho, \phi, z) = \hat{\boldsymbol{\rho}} \left(\frac{1}{\rho} \frac{\partial F_z}{\partial \phi} - \frac{\partial F_\phi}{\partial z} \right)$$
$$+ \hat{\boldsymbol{\phi}} \left(\frac{\partial F_\rho}{\partial z} - \frac{\partial F_z}{\partial \rho} \right) + \hat{\boldsymbol{z}} \left(\frac{1}{\rho} \frac{\partial (\rho F_\phi)}{\partial \rho} - \frac{1}{\rho} \frac{\partial F_\rho}{\partial \phi} \right) \quad (2.112)$$

球座標系なら

$$\nabla \times \boldsymbol{F}(r, \theta, \phi) = \hat{\boldsymbol{r}} \left(\frac{1}{r \sin \theta} \frac{\partial (F_\phi \sin \theta)}{\partial \theta} - \frac{1}{r \sin \theta} \frac{\partial F_\theta}{\partial \phi} \right)$$
$$+ \hat{\boldsymbol{\theta}} \left(\frac{1}{r \sin \theta} \frac{\partial F_r}{\partial \phi} - \frac{1}{r} \frac{\partial (r F_\phi)}{\partial r} \right) + \hat{\boldsymbol{\phi}} \left(\frac{1}{r} \frac{\partial (r F_\theta)}{\partial r} - \frac{1}{r} \frac{\partial F_r}{\partial \theta} \right) \quad (2.113)$$

となる．

例題 2.5 ベクトル関数 $\boldsymbol{F}_1(\boldsymbol{r}) = \hat{\boldsymbol{\rho}}$ と $\boldsymbol{F}_2(\boldsymbol{r}) = \hat{\boldsymbol{\phi}}$ の回転を求め，例題 2.3 と比較せよ．

【解答】 $\boldsymbol{F}_1(\boldsymbol{r}) = \hat{\boldsymbol{\rho}}$ と $\boldsymbol{F}_2(\boldsymbol{r}) = \hat{\boldsymbol{\phi}}$ の概形は例題 2.3 と同じである．それぞれの関数の回転は，式 (2.112) より

$$\nabla \times \boldsymbol{F}_1 = 0,$$

$$\nabla \times \boldsymbol{F}_2 = \frac{1}{\rho} \frac{\partial (1 \cdot \rho)}{\partial \rho} \hat{\boldsymbol{z}} = \frac{1}{\rho} \hat{\boldsymbol{z}}$$

となる．ただし $\rho \neq 0$ ◇

2.11.4 ストークスの定理

2.10.3 項で示したように，**ガウスの定理**は面積積分と体積積分との間の変換公式であった．これに対して**ストークスの定理**は線積分と面積積分との間の変換公式であり，ガウスの定理とならんで電磁気学において最もよく利用される定理の 1 つである．

図 **2.42** のように閉曲線 C によって囲まれた面積 S を微小な面積 ΔS_i に分割し，その周囲を ΔC_i とする．各微小面積に対して，回転の定義 (2.106) を適用すると

$$(\nabla \times \boldsymbol{F}) \cdot \hat{\boldsymbol{n}}_i \, \Delta S_i \simeq \oint_{\Delta C_i} \boldsymbol{F}(\boldsymbol{r}) \cdot d\boldsymbol{l} \quad (2.114)$$

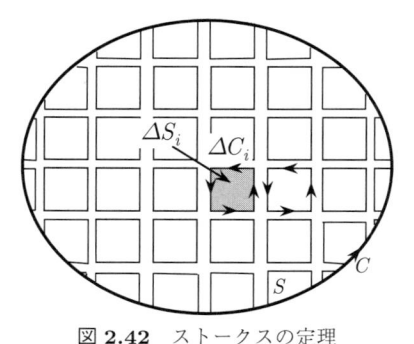

図 **2.42** ストークスの定理

---

† 読者の演習問題として残しておこう．

が成り立つ．両辺を全ての微小部分に対して総和をとると，左辺は

$$\sum_i (\nabla \times \boldsymbol{F}) \cdot \hat{\boldsymbol{n}}_i \, \Delta S_i = \int_S (\nabla \times \boldsymbol{F}) \cdot \hat{\boldsymbol{n}} \, dS \tag{2.115}$$

となる．式 (2.115) の右辺の総和をとるとき，図 2.42 のように隣り合う閉曲面においては，向きが反対であることから互いに相殺し合うことに注意すると，結局残るのは相手のない曲線，すなわち最外郭の閉曲線 C となる．したがって，任意の閉曲線 C に対して

$$\oint_C \boldsymbol{F}(\boldsymbol{r}) \cdot d\boldsymbol{l} = \int_S \left\{ \nabla \times \boldsymbol{F}(\boldsymbol{r}) \right\} \cdot \hat{\boldsymbol{n}}(\boldsymbol{r}) \, dS \tag{2.116}$$

が成り立つ．これを**ストークスの定理** (Stokes' theorem) という．これは，ある面 S を囲む曲線上のベクトル関数 $\boldsymbol{F}(\boldsymbol{r})$ の線積分は，面 S 上でのベクトル関数 $\nabla \times \boldsymbol{F}(\boldsymbol{r})$ の面積積分と等しいことを示している．すなわち，1 次元の積分を 2 次元の積分に変換するための公式とみることができる重要な定理である．

2.12　幾つかの重要なベクトル公式

ここでは電磁気学でよく使われるベクトルの公式を列挙しておく．証明は読者の演習問題とする．まずスカラ関数 Ψ の勾配の発散，すなわち $\nabla \cdot \nabla \Psi$ を $\nabla^2 \Psi$ と書き，∇^2 を**ラプラス演算子** (Laplacian operator)，または**ラプラシアン**という．また ∇^2 を Δ と書くこともある[†]．∇^2 は各座標系で以下のように表される．

$$\nabla^2 = \begin{cases} \dfrac{\partial^2}{\partial x^2} + \dfrac{\partial^2}{\partial y^2} + \dfrac{\partial^2}{\partial z^2}, & \text{；直角座標系,} \\ \dfrac{1}{\rho} \dfrac{\partial}{\partial \rho} \left(\rho \dfrac{\partial}{\partial \rho} \right) + \dfrac{1}{\rho^2} \dfrac{\partial^2}{\partial \phi^2} + \dfrac{\partial^2}{\partial z^2}, & \text{；円柱座標系,} \\ \dfrac{1}{r^2} \dfrac{\partial}{\partial r} \left(r^2 \dfrac{\partial}{\partial r} \right) + \dfrac{1}{r^2 \sin \theta} \dfrac{\partial}{\partial \theta} \left(\sin \theta \dfrac{\partial}{\partial \theta} \right) \\ \quad + \dfrac{1}{r^2 \sin^2 \theta} \dfrac{\partial^2}{\partial \phi^2}, & \text{；球座標系.} \end{cases} \tag{2.117}$$

勾配に関する公式：

$$\nabla (\Phi \Psi) = \Phi \nabla \Psi + \Psi \nabla \Phi, \tag{2.118}$$

$$\nabla (\boldsymbol{A} \cdot \boldsymbol{B}) = (\boldsymbol{A} \cdot \nabla) \boldsymbol{B} + (\boldsymbol{B} \cdot \nabla) \boldsymbol{A} + \boldsymbol{A} \times (\nabla \times \boldsymbol{B}) + \boldsymbol{B} \times (\nabla \times \boldsymbol{A}). \tag{2.119}$$

発散に関する公式：

[†] 物理学者ラプラス (P.S. Laplace) に由来した名前である．

$$\nabla \cdot (\Psi \boldsymbol{A}) = \boldsymbol{A} \cdot \nabla \Psi + \Psi \nabla \cdot \boldsymbol{A}, \tag{2.120}$$

$$\nabla \cdot (\boldsymbol{A} \times \boldsymbol{B}) = \boldsymbol{B} \cdot \nabla \times \boldsymbol{A} - \boldsymbol{A} \cdot \nabla \times \boldsymbol{B}, \tag{2.121}$$

$$\nabla \cdot (\nabla \times \boldsymbol{A}) = 0. \tag{2.122}$$

回転に関する公式:

$$\nabla \times (\Psi \boldsymbol{A}) = \nabla \Psi \times \boldsymbol{A} + \Psi \nabla \times \boldsymbol{A}, \tag{2.123}$$

$$\nabla \times (\boldsymbol{A} \times \boldsymbol{B}) = (\nabla \cdot \boldsymbol{B})\boldsymbol{A} - (\nabla \cdot \boldsymbol{A})\boldsymbol{B} + (\boldsymbol{B} \cdot \nabla)\boldsymbol{A} - (\boldsymbol{A} \cdot \nabla)\boldsymbol{B}, \tag{2.124}$$

$$\nabla \times \nabla \Psi = 0. \tag{2.125}$$

ラプラシアンに関する公式:

$$\nabla \cdot \nabla \boldsymbol{F} = \nabla^2 \boldsymbol{F} = \nabla (\nabla \cdot \boldsymbol{F}) - \nabla \times \nabla \times \boldsymbol{F}. \tag{2.126}$$

上式の左辺は,直角座標に限り

$$\nabla^2 \boldsymbol{F} = \nabla^2 F_x \, \hat{\boldsymbol{x}} + \nabla^2 F_y \, \hat{\boldsymbol{y}} + \nabla^2 F_z \, \hat{\boldsymbol{z}} \tag{2.127}$$

となる.他の座標系ではこのような簡単な表現にはならないので,式 (2.126) から計算する.

　ガウスの定理やストークスの定理を使うと,積分に関する重要なベクトル公式も導くことができる.代表的な幾つかの公式を導いておこう.

　閉曲面 S で囲まれた体積を V とすると,ガウスの定理 (2.100) の他に以下の公式が成り立つ.

$$\oint_S \hat{\boldsymbol{n}}(\boldsymbol{r}) \times \boldsymbol{F}(\boldsymbol{r}) \, dS = \int_V \nabla \times \boldsymbol{F}(\boldsymbol{r}) \, dv \tag{2.128}$$

これは以下のようにして証明できる.式 (2.121) において,$\boldsymbol{A} \equiv \boldsymbol{F}(\boldsymbol{r})$, $\boldsymbol{B} = \boldsymbol{C}$ とおき,$\boldsymbol{C}$ を位置 $\boldsymbol{r}$ によらない定ベクトルとすると

$$\nabla \cdot [\boldsymbol{F}(\boldsymbol{r}) \times \boldsymbol{C}] = \boldsymbol{C} \cdot \nabla \times \boldsymbol{F}(\boldsymbol{r})$$

となる.両辺を体積積分すると

$$\int_V \nabla \cdot [\boldsymbol{F}(\boldsymbol{r}) \times \boldsymbol{C}] \, dv = \int_V [\boldsymbol{C} \cdot \nabla \times \boldsymbol{F}(\boldsymbol{r})] \, dv = \boldsymbol{C} \cdot \int_V \nabla \times \boldsymbol{F}(\boldsymbol{r}) \, dv \tag{2.129}$$

一方,ガウスの定理より

$$\int_V \nabla \cdot [\boldsymbol{F}(\boldsymbol{r}) \times \boldsymbol{C}] \, dv = \oint_S [\boldsymbol{F}(\boldsymbol{r}) \times \boldsymbol{C}] \cdot \hat{\boldsymbol{n}}(\boldsymbol{r}) \, dS$$

$$= \oint_S \boldsymbol{C} \cdot [\hat{\boldsymbol{n}}(\boldsymbol{r}) \times \boldsymbol{F}(\boldsymbol{r})] \, dS = \boldsymbol{C} \cdot \oint_S \hat{\boldsymbol{n}}(\boldsymbol{r}) \times \boldsymbol{F}(\boldsymbol{r}) \, dS. \tag{2.130}$$

C が任意のベクトルであることを考慮すると，式 (2.129) と (2.130) より，式 (2.128) が成立する．

次に，式 (2.120) において，$\Psi = \Phi(r)$ とおき，$A = C = $ 定ベクトル とする．上と同様にガウスの定理を使うと次のベクトル公式を得る．証明は読者の演習問題としよう．

$$\oint_S \Phi(r)\hat{n}(r)\,dS = \int_V \nabla\Phi(r)\,dv \tag{2.131}$$

数理物理学における偏微分方程式（具体的にはポアソン (**Poisson**) の方程式）の特殊解を求めるために必要な公式を導いておこう[†]．$F(r) = \Phi(r)\nabla\Psi(r)$ にガウスの定理を適用すると

$$\int_V \nabla \cdot [\Phi(r)\nabla\Psi(r)]\,dv = \int_V [\Phi(r)\nabla^2\Psi(r) + \nabla\Phi(r)\cdot\nabla\Psi(r)]\,dv$$
$$= \oint_S \Phi(r)\nabla\Psi(r)\cdot\hat{n}(r)\,dS. \tag{2.132}$$

$\Phi(r)$ と $\Psi(r)$ を入れ換えて，$\Psi(r)\nabla\Phi(r)$ に対してガウスの定理を適用したものを上式から差し引くと

$$\oint_S [\Phi(r)\nabla\Psi(r) - \Psi(r)\nabla\Phi(r)]\cdot\hat{n}(r)\,dS$$
$$= \int_V [\Phi(r)\nabla^2\Psi(r) - \Psi(r)\nabla^2\Phi(r)]\,dv \tag{2.133}$$

を得る．これをスカラ関数に関する**グリーンの定理** (Green's theorem) という．

ベクトル関数に対しても同様の定理が成り立つ．式 (2.121) において，$A = P(r)$，$B = \nabla \times Q(r)$ としてガウスの定理を適用すると

$$\int_V \nabla \cdot [P(r) \times \nabla \times Q(r)]\,dv = \oint_S [P(r) \times \nabla \times Q(r)]\cdot\hat{n}(r)\,dS$$

左辺の被積分関数を，式 (2.121) を用いて展開すると

$$\int_V [\nabla \times Q(r) \cdot \nabla \times P(r) - P(r) \cdot \nabla \times \nabla \times Q(r)]\,dv$$
$$= \oint_S [P(r) \times \nabla \times Q(r)]\cdot\hat{n}(r)\,dS \tag{2.134}$$

これを**ベクトルグリーンの第 1 定理**という．P と Q とを入れ換えても同様の定理が成り立ち，それらを差し引くと次の**ベクトルグリーンの第 2 定理**（あるいは**ストラットン (Stratton) の定理** という）を得る．

$$\oint_S [P(r) \times \nabla \times Q(r) - Q(r) \times \nabla \times P(r)]\cdot\hat{n}(r)\,dS$$
$$= \int_V [Q(r) \cdot \nabla \times \nabla \times P(r) - P(r) \cdot \nabla \times \nabla \times Q(r)]\,dv \tag{2.135}$$

[†] 偏微分方程式を解くことによって解析する問題は，後の 5 章で学ぶ．

閉曲線 C で囲まれた曲面を S に関する積分公式を示しておこう．ストークスの定理 (2.116) の他に以下の公式が成り立つ．

$$\oint_C \Phi(\boldsymbol{r})\,d\boldsymbol{l} = \int_S \hat{\boldsymbol{n}} \times \nabla \Phi(\boldsymbol{r})\,dS \tag{2.136}$$

この公式は，式 (2.123) において，$\Psi = \Phi(\boldsymbol{r})$，$\boldsymbol{A} = \boldsymbol{C} =$ 定ベクトル とおいて，ストークスの定理を適用すれば，式 (2.128) を導いたときと同様に導くことができる．この導出は，読者の演習問題として残しておこう．

2.13 簡単な微分方程式

電磁気学に限らずすべての物理現象は最終的には微分方程式で表されるが，物理や工学の分野で現れる微分方程式の多くは 2 階微分方程式程度までである．しかも係数は定数であることが多い．そこでここでは 1 階微分方程式と 2 階微分方程式との簡単な性質とその解法を説明しよう．

2.13.1 微分方程式の性質

未知関数 $y(t)$ とその導関数 $dy/dt, d^2y/dt^2$ の一次結合で作られた 1 次方程式：

$$\frac{d^2y(t)}{dt^2} + P(t)\frac{dy(t)}{dt} + Q(t)y(t) = R(t) \tag{2.137}$$

を 2 階線形微分方程式という．式 (2.137) において，$R(t) \neq 0$ のとき，これを**非斉次方程式**あるいは**非同次方程式**という．これに対して $R(t) = 0$ のときを**斉次方程式**あるいは**同次方程式**という．

まず初めに斉次方程式の性質を調べておこう．式 (2.137) の左辺を $L(y)$ と表すと，斉次方程式は $L(y) = 0$ と書かれる．このとき，もし $y_1(t)$ と $y_2(t)$ とが共に $L(y) = 0$ の解ならば，c_1, c_2 を任意定数としたとき，$c_1 y_1(t) + c_2 y_2(t)$ も $L(y) = 0$ の解である．なぜならば，$y_1(t)$ と $y_2(t)$ は解であるから $L(y_1) = 0, L(y_2) = 0$ であり

$$L(c_1 y_1 + c_2 y_2) = L(c_1 y_1) + L(c_2 y_2) = c_1 L(y_1) + c_2 L(y_2) = 0 \tag{2.138}$$

となるからである．$L(y) = 0$ の 2 つの解以外の第 3 の候補は存在しないことが証明されている．すなわち 2 階微分方程式の解の候補は 2 つしかない．そしてそれらは一次独立である[†]．このことから，$y_1(t), y_2(t)$ のことを**基本解**といい，$y(t) = c_1 y_1(t) + c_2 y_2(t)$ を 2 階斉

[†] 定数 c_1, c_2 の値をどんなに工夫しても $y_1(t)$ を $y_2(t)$ を用いて表現できないということである．例えば，$x, x^2, \sin x, e^x, xe^x$ などは一次独立である．

次方程式 $L(y) = 0$ の**一般解** (general solution) という．また，c_1, c_2 に特別な値を代入した解を**特殊解** (particular solution) という．

次に，非斉次方程式 $L(y) = R(t)$ を解くには，斉次方程式の一般解では表現できない**特異解** (singular solution)（あるいは単に**特解**という）を見つけなければならない．それを例えば $y_s(y)$ とすれば，$L(y) = R(t)$ の解は

$$y(t) = c_1 y_1(t) + c_2 y_2(t) + y_s(t) \tag{2.139}$$

と表される．式 (2.139) には未定係数も含まれているため，正式にはこれを式 (2.137) の一般解というが，斉次方程式の一般解と混同する恐れがある．そこで本書では，微分方程式の解というときには式 (2.139) を指すものとする．要するに，非斉次方程式 $L(y) = R(t)$ を解くには，斉次方程式 $L(y) = 0$ の一般解と非斉次方程式の特解 1 つを見つければよい．そしてこれ以外に解はないことが数学的に証明されている．この証明に興味がある読者は微分方程式の専門書を参照してほしい．

2.13.2 定係数 1 階微分方程式

未知関数 $y(t)$ とその導関数 $dy(t)/dt$ によって作られた定係数 1 階微分方程式：

$$\frac{dy(t)}{dt} + a_1 y(t) = R(t) \tag{2.140}$$

について考えよう．これは線形微分方程式とよばれる微分方程式の特別な形であり，解の公式：

$$y(t) = c_1 e^{-a_1 t} + e^{-a_1 t} \int R(t) e^{a_1 t} \, dt \tag{2.141}$$

が与えられている．第 1 項が斉次方程式

$$\frac{dy(t)}{dt} + a_1 y(t) = 0 \tag{2.142}$$

の一般解であり，第 2 項が非斉次方程式の特解である．この公式を天下り的に受け入れてもよいが，微分方程式に慣れるためと，より一般的な定係数微分方程式の正統的な解き方を知るために，まず，式 (2.142) を

$$\frac{dy(t)}{dt} = -a_1 y(t)$$

と変形してみる．この式は，関数 $y(t)$ を微分したら，その形を変えずに $-a_1$ 倍になったということを意味している．微分しても形を変えない関数は指数関数以外にない．すなわち，式 (2.141) の基本解は $y_1(t) = e^{-a_1 t}$ である．

次に，式 (2.140) の特解を求める方法を説明しよう．計算をしなくても容易に特解がわかる場合がある．例えば $R(t) = 1$ のときは明らかに $y(t) = 1/a_1$ という解をもつ．これが特

解 $y_s(t)$ である．一方，物理や工学の分野において，式 (2.140) の非斉次項 $R(t)$ は，$y(t)$ を励振するための物理量を表し，定数や正弦関数であることが多い．$\sin\omega t$ や $\cos\omega t$ は $e^{\pm j\omega t}$ によって表されるから，ここでは $R(t) = V_0 e^{\gamma t}$ の場合を考える．すると，式 (2.140) は，微分した関数と定数倍した関数との和が $V_0 e^{\gamma t}$ という指数関数になるという方程式である．微分してもその形が変わらないのは指数関数であるから

$$y_s(t) = I e^{\gamma t} \tag{2.143}$$

とおいて，式 (2.140) に代入すると，$I = \dfrac{V_0}{\gamma + a_1}$ を得る．どんな方法でも非斉次方程式が満たす解を 1 つ見つけさえすれば，それが唯一の特解であるから，$y_s(t) = \dfrac{V_0}{\gamma + a_1} e^{\gamma t}$ が特解である．このような解き方のより具体的な例は 11 章の電気回路の節で説明する．

2.13.3 定係数 2 階微分方程式

未知関数 $y(t)$ とその導関数によって作られた定係数 2 階微分方程式：

$$\frac{d^2 y(t)}{dt^2} + a_1 \frac{dy(t)}{dt} + a_2 y(t) = R(t) \tag{2.144}$$

について考える．斉次方程式：

$$\frac{d^2 y(t)}{dt^2} + a_1 \frac{dy(t)}{dt} + a_2 y(t) = 0 \tag{2.145}$$

の一般解を考える前に，式 (2.145) の特別な形である

$$\frac{d^2 y(t)}{dt^2} + \omega^2 y(t) = 0 \tag{2.146}$$

を考えよう．この微分方程式はもちろん式 (2.145) の特別な場合であるが，物理や工学の多くの分野でよく現れる微分方程式であるので特別にとり上げることにする．式 (2.146) の基本解を見つけるには

$$\frac{d^2 y(t)}{dt^2} = -\omega^2 y(t)$$

と変形するとよい．この式は，2 回微分したら符号が反転して ω^2 倍になる関数とは何か，という式である．答えは簡単で $\sin\omega t$ と $\cos\omega t$ である．これら三角関数は，複素数の指数関数 $e^{j\omega t}$ と $e^{-j\omega t}$ を使っても表せるから，式 (2.146) の一般解は c_1, c_2, c'_1, c'_2 を定数として

$$y(t) = c_1 \sin\omega t + c_2 \cos\omega t = c'_1 e^{j\omega t} + c'_2 e^{-j\omega t} \tag{2.147}$$

となる．

このように，斉次方程式の一般解は指数関数の和で表される．一方，1 階微分方程式の基

本解は $e^{-a_1 t}$ と指数関数で表された．そこで定係数微分方程式の基本解は，全て指数関数になるのではないかと考え，$y(t) = e^{st}$ とおいて，これを式 (2.145) に代入してみると

$$(s^2 + a_1 s + a_2)e^{st} = 0 \tag{2.148}$$

を得る．したがって，2 次方程式 $s^2 + a_1 s + a_2 = 0$ の解を s_1, s_2 としたとき，$s_1 \neq s_2$ ならば，$e^{s_1 t}, e^{s_2 t}$ が基本解となり，一般解は

$$y(t) = c_1 e^{s_1 t} + c_2 e^{s_2 t} \tag{2.149}$$

となる[†]．なお，式 (2.147) が重根 s_0 をもつ場合には，$e^{s_0 t}$ と $te^{s_0 t}$ が基本解になる．これらが解になることは式 (2.145) に代入して見れば明らかである．

1 階微分方程式と同様に，計算しなくても特解がわかる場合がある．例えば，$R(t) = 1$ なら $y_s(t) = 1/a_2$ である．また，$R(t)$ が指数関数なら 1 階微分方程式で述べたような方法で特解を求めることができる．より一般的な非斉次項に対する特解の求め方については省略する．微分方程式の専門書で補ってほしい．

章 末 問 題

【1】 図 2.43 のような直角座標系における点 $P_1(x_1, y_1, z_1)$ と点 $P_2(x_2, y_2, z_2)$ について以下の問いに答えよ．

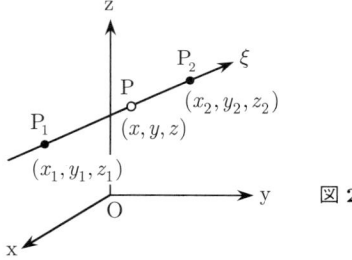

図 2.43 空間上の 2 点 P_1, P_2 とそれを結ぶ直線．

(1) P_1 から P_2 へ向かう単位ベクトル $\hat{\boldsymbol{\xi}}$ を求めよ．
(2) P_1 と P_2 を結ぶ直線上において，P_1 からの距離を ξ としたとき，直線上の任意の点 $P(x, y, z)$ を P_1 と ξ を用いて表せ．
(3) ξ を x, y, z を用いて表し，その結果より直線の方程式を導け．

【2】 曲線上の点が x の関数として表されるとき，すなわち，$y = y(x), z = z(x)$ となるとき，線素 dl はどのように表されるかを示せ．

【3】 曲面 $\boldsymbol{r} = x\hat{\boldsymbol{x}} + y\hat{\boldsymbol{y}} + (x^2 + y^2)\hat{\boldsymbol{z}}$ について次の問題に答えよ．
    (1) 曲面の概形を描け．

[†] 高階微分方程式に対してもこのようなやり方ができる．なお，$s^2 + a_1 s + a_2 = 0$ を**特性方程式**という．

(2) 単位法線ベクトル $\hat{\boldsymbol{n}}$ と面素 dS を求めよ．

【4】 曲面 $F(x,y,z)=0$ の単位法線ベクトル $\hat{\boldsymbol{n}}$ は

$$\hat{\boldsymbol{n}} = \frac{1}{\sqrt{\left(\frac{\partial F}{\partial x}\right)^2 + \left(\frac{\partial F}{\partial y}\right)^2 + \left(\frac{\partial F}{\partial z}\right)^2}} \left(\frac{\partial F}{\partial x}\hat{\boldsymbol{x}} + \frac{\partial F}{\partial y}\hat{\boldsymbol{y}} + \frac{\partial F}{\partial z}\hat{\boldsymbol{z}}\right) \quad (2.150)$$

となることを示せ．

【5】 ベクトル $\boldsymbol{A}(t)$ は変数 t の関数であるが，その大きさは t に無関係に常に一定であるとする．すなわち方向だけが t によって変化する関数であるとする．このとき $\dfrac{d\boldsymbol{A}}{dt}$ は $\boldsymbol{A}$ に垂直であることを示せ．また，このようなベクトルの例はどのようなものか．

【6】 ベクトル $\boldsymbol{A}, \boldsymbol{B}$ を 2 辺とする平行四辺形の面積 S は

$$\begin{aligned}S &= |\boldsymbol{A}\times\boldsymbol{B}| = \sqrt{(A_yB_z-A_zB_y)^2+(A_zB_x-A_xB_z)^2+(A_xB_y-A_yB_x)^2} \\ &= \sqrt{A^2B^2-(\boldsymbol{A}\cdot\boldsymbol{B})^2}\end{aligned} \quad (2.151)$$

となることを示せ．

【7】 以下の関係式を証明せよ．

(1) $(\boldsymbol{A}+\boldsymbol{B})\times(\boldsymbol{A}-\boldsymbol{B}) = -2\boldsymbol{A}\times\boldsymbol{B}$ \hfill (2.152)

(2) $\boldsymbol{A}\times(\boldsymbol{B}\times\boldsymbol{C}) = (\boldsymbol{A}\cdot\boldsymbol{C})\boldsymbol{B} - (\boldsymbol{A}\cdot\boldsymbol{B})\boldsymbol{C}$ \hfill (2.153)

(3) $\boldsymbol{A}\cdot(\boldsymbol{B}\times\boldsymbol{C}) = \boldsymbol{B}\cdot(\boldsymbol{C}\times\boldsymbol{A}) = \boldsymbol{C}\cdot(\boldsymbol{A}\times\boldsymbol{B})$ \hfill (2.154)

【8】 図 **2.44** を用いて 3 変数関数 $f(\boldsymbol{r})$ の勾配 $\nabla f(\boldsymbol{r})$ の性質を議論せよ．

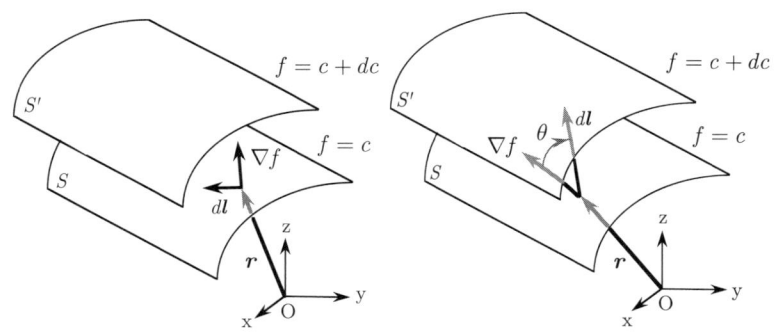

(a) 変位 $d\boldsymbol{l}$ が曲面 S 上にある場合　　(b) 変位 $d\boldsymbol{l}$ を曲面 S から S' へ引いた場合

図 **2.44** 3 次元関数 $f(x,y,z)$ の勾配 $\nabla f(x,y,z)$

【9】 $f(x,y,z) = 3x^2y - y^3z^2$ について以下の問いに答えよ．

(1) 点 $(1,-2,-1)$ における ∇f を求めよ．

(2) 点 $(1,-2,-1)$ において $\hat{\boldsymbol{n}} = \dfrac{1}{\sqrt{3}}\hat{\boldsymbol{x}} + \dfrac{1}{\sqrt{3}}\hat{\boldsymbol{y}} + \dfrac{1}{\sqrt{3}}\hat{\boldsymbol{z}}$ 方向への f の方向微分係数 $\partial f/\partial n$ を求めよ．

【10】 スカラ関数 $\Phi(\boldsymbol{r}), \Psi(\boldsymbol{r})$ について，次の関係を証明せよ．

(1) $\nabla(\Phi\Psi) = \Psi\nabla\Phi + \Phi\nabla\Psi$ \hfill (2.155)

(2) $\nabla\left(\dfrac{\Phi}{\Psi}\right) = \dfrac{\Psi\nabla\Phi - \Phi\nabla\Psi}{\Psi^2}$ \hfill (2.156)

【11】 $r = x\hat{x} + y\hat{y} + z\hat{z}$, $r' = x'\hat{x} + y'\hat{y} + z'\hat{z}$ に対して以下の関係を証明せよ．ただし $r \neq r'$ とする．また，∇' は r' に対する微分演算を表す．

(1) $\nabla |r - r'| = \dfrac{r - r'}{|r - r'|}, \qquad \nabla' |r - r'| = -\nabla |r - r'|$ (2.157)

(2) $\nabla \left(\dfrac{1}{|r - r'|}\right) = -\dfrac{r - r'}{|r - r'|^3}, \qquad \nabla' \left(\dfrac{1}{|r - r'|}\right) = -\nabla \left(\dfrac{1}{|r - r'|}\right)$ (2.158)

【12】 関数 $F(r) = y\hat{y}$ について以下の問いに答えよ．
(1) $F(r)$ の概形を描け．
(2) 図 2.45 のような立方体表面全体にわたって面積分を実行せよ．
(3) 図 2.46 のような円柱表面全体についての面積分を求めよ．（ヒント：単位ベクトル $\hat{y}$ を円柱座標に変換せよ）
(4) 図 2.45, 図 2.46 についてガウスの定理 (2.100) が成り立つことを確認せよ．

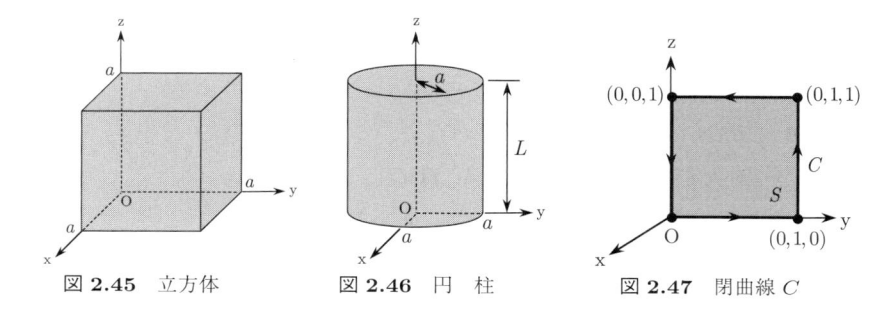

図 2.45 立方体　　図 2.46 円柱　　図 2.47 閉曲線 C

【13】 関数 $F(r) = z\hat{y}$ についても上と同様のことを行い，その違いを考察せよ．

【14】 $r = x\hat{x} + y\hat{y} + z\hat{z}$ について以下の関係を証明せよ．ただし $r \neq 0$ とする．
(1) $\nabla \cdot r = 3$
(2) $\nabla \cdot \left(\dfrac{r}{r^3}\right) = 0$
(3) $\nabla \times r = 0$
(4) $\nabla \times \left(\dfrac{r}{r^3}\right) = 0$

【15】 $F(r) = z\hat{y}$ について，$\nabla \times F$ を求めよ．

【16】 $F(r) = \hat{x} + y^2 z\hat{y}$ について，図 2.47 のような閉曲線 C に対してストークスの定理が成り立つことを確認せよ．

3 真空中の静電界

　本章の出発点はクーロンによる 1785 年の画期的な実験にさかのぼる．遠い昔のようにも思えるが，ニュートン力学が完成して約 100 年後のことである．電磁気現象がいかにとらえにくいものであるかを物語るものの 1 つであろう．この実験については高校の物理でも既に学んでいるが，大学で学ぶ電磁気とは，そこで起こった現象を物語として語るのではなく，精密科学として体系化することである．

　本章では，最初に最も簡単な場合として，静止した電荷があるとき，周りの空間に何が起こっているかを考える．クーロンの実験事実から現代物理で最も重要な概念の 1 つである '場' という考え方が導かれる．この概念は電磁気で初めて出会うものであろうから，最初は戸惑うかもしれない．しかし，読み進めてゆくと共に慣れてゆくであろう．そして最終的には，'場' に関する数学的表現が 2 つの式にまとめられるが，それに至るまでの重要な幾つかの考え方を説明する．

3.1　電 荷 の 分 布

　電荷は電磁気学における最も基本的な物理量の 1 つであり，単位はクーロン，記号は C を用いる．この単位は後述するクーロンの法則として有名な科学者 C.A. Coulomb に由来している．電荷量の最小単位は，高校の物理で学んだように，陽子と電子の電荷量で，それぞれ $+1.602\,176\,634 \times 10^{-19}$ C，$-1.602\,176\,634 \times 10^{-19}$ C である．これらを**単位電荷量**あるいは**素電荷**といい，$e, -e$ と書くこともある．つまり，どんな電荷の電荷量も単位電荷量の整数倍しかとり得ない．しかしながら本書で扱う**古典電磁気学**の範囲では，たとえ電子 1 つひとつの話をしたとしても，このような**微視的**な見方はしないで，**巨視的**な振る舞いだけを考えることにする[†1]．すなわち単位電荷量が数千兆個，あるいはその数百万倍集まったものの平均的な電荷を考える．例えば，1 cc の水には水の分子が数えきれないほど含まれているが[†2]，我々が感覚的に（巨視的に）とらえられる水の量とは，数千兆個の数百万倍の数の水

[†1] 読者は，原子核の周りを電子が円運動しているという原子モデルが不正確であることや，電子は点として存在するのではなく，ある確率密度でその存在位置が与えられることを知っているであろう．こうした微視的な電磁気学を学習するには，**量子電磁気学**というさらに高度な勉強をする必要がある．

[†2] 温度や圧力によって異なる．1 気圧，0°C のときの水分子の数は，アボガドロ定数 $6.022\,140\,76 \times 10^{23}$ を分子量 18 で割った $3.345\,633\,76 \times 10^{22}$ 個となる．

分子ではなく，やはり 1 cc の水である．もちろん，これの数千兆分の 1 のさらに数百万分の 1 というような水の量を考えたときには，分子のレベルになるかもしれないが，そうは考えないで 1 cc の数千兆分の 1 の数百万分の 1 の水だと考える．電荷に関しても同じように考えることにする．数学的には幾らでもこのように考えることができるが，物理的には矛盾が生じる．では，どれくらいまでこのような考え方が許されるであろうか．正確な答えを出すことは難しい．たとえ原子や分子の微細な構造が問題になる領域になっても，おおよその性質は古典電磁気学の範囲で説明できることが少なくないからである．

3.1.1 電荷分布と総電荷量

点とみなしてもよいくらいに小さな体積内に分布している電荷を考えてみよう．この電荷を少し離れたところから見れば，微小体積内の微細な構造は見えなくて，ある一定の電荷量がその体積内にあるとしてもよいであろう．これを**点電荷**という．もちろん物理的には体積をゼロにすることはできないが，数学的なモデルとして 1 点に集中した電荷を考えることはできる．さらに，針金のような物体上に分布する場合や，面上にあたかも'しみ'のように分布する電荷を考えることも可能である．これらを示したものが **図 3.1** である．

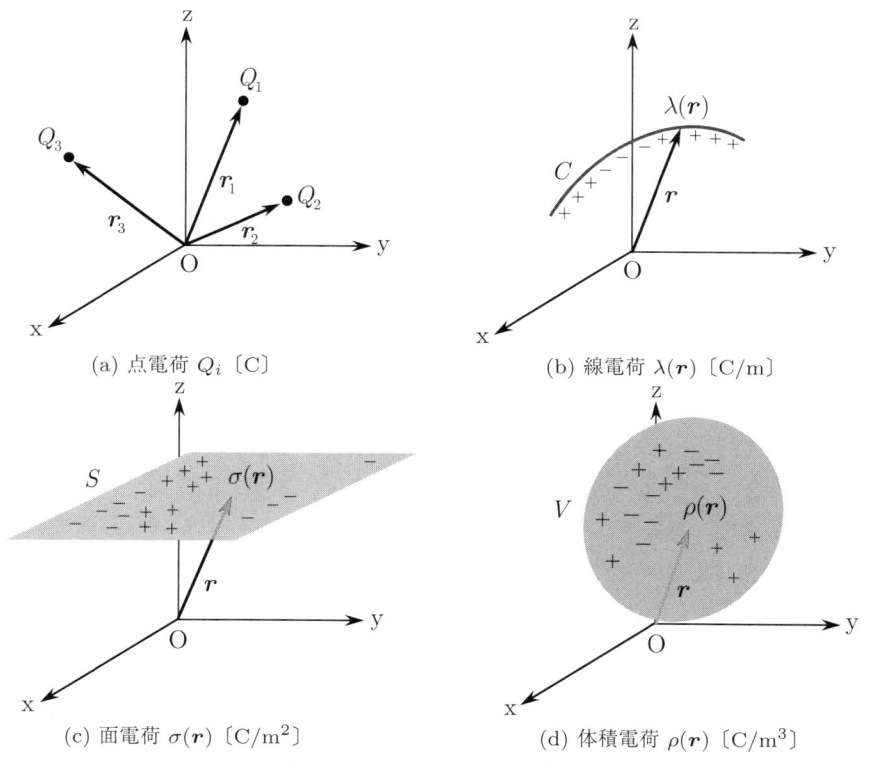

(a) 点電荷 Q_i 〔C〕

(b) 線電荷 $\lambda(\boldsymbol{r})$ 〔C/m〕

(c) 面電荷 $\sigma(\boldsymbol{r})$ 〔C/m^2〕

(d) 体積電荷 $\rho(\boldsymbol{r})$ 〔C/m^3〕

図 3.1　いろいろな電荷の分布

図 3.1(a) は，空間内の孤立した位置にある点電荷であり，r_1, r_2, r_3 は点電荷の位置を規定する位置ベクトルである．点電荷は電磁気のいろいろな概念を示す上で最も基本的なものとなる．図 3.1(b) は，曲線 C 上に分布した電荷を示したものである．曲線 C 上の**線電荷密度**を $\lambda(r)$ とし，線素の長さを dl とすると，$dQ(r) = \lambda(r)\,dl$ は，r の位置にある点電荷とみなすことができる．また，曲線 C に分布する電荷の総量 Q は線積分：

$$Q = \int_C dQ(r) = \int_C \lambda(r)\,dl \tag{3.1}$$

によって計算できる[†]．図 3.1(c),(d) は，面 S 上，体積 V 内に電荷が分布している場合であり，**面電荷密度**，**(体積) 電荷密度**をそれぞれ $\sigma(r)$, $\rho(r)$ とすれば，線電荷の場合と同様に，$dQ = \sigma(r)\,dS$ や $dQ(r) = \rho(r)\,dv$ は，r の位置にある点電荷とみなすことができる．したがって面 S に分布する電荷の総量 Q は，面積分：

$$Q = \int_S \sigma(r)\,dS \tag{3.2}$$

で，また体積 V 内に分布する全電荷量 Q は，体積分：

$$Q = \int_V \rho(r)\,dv \tag{3.3}$$

で与えられる．式 (3.1)〜(3.3) の計算の仕方は 2 章で述べたとおりであるが，簡単な例を挙げて計算してみよう．

例題 3.1 図 **3.2** のように，直角座標における点 $P_1(2,1,5)$ と $P_2(4,3,6)$ を結ぶ直線上に，密度 $\lambda(r) = 2x + 3y - 4z$ で電荷が分布している．直線上の全電荷量を求めよ．

【**解答**】 2 点 $P_1(x_1, y_1, z_1), P_2(x_2, y_2, z_2)$ を結ぶ直線の方程式は

$$\frac{x - x_1}{x_2 - x_1} = \frac{y - y_1}{y_2 - y_1} = \frac{z - z_1}{z_2 - z_1}$$

で与えられる．これより直線上の点 y, z を x で表すと

$$y = y_1 + \frac{y_2 - y_1}{x_2 - x_1}(x - x_1) = x - 1, \quad z = z_1 + \frac{z_2 - z_1}{x_2 - x_1}(x - x_1) = \frac{1}{2}x + 4$$

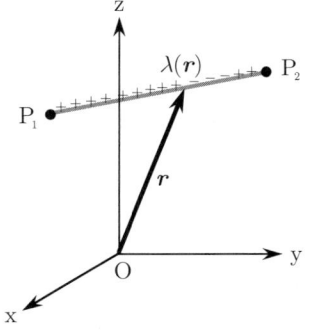

図 **3.2** 線上に分布した電荷

となる．次に，これを用いて直線上の電荷分布 $\lambda(r)$ を x の関数として表すと

$$\lambda(r) = 2x + 3y - 4z = 2x + 3(x - 1) - 4\left(\frac{1}{2}x + 4\right) = 3x - 19$$

となる．直線上の線素 dl は 2 章，式 (2.48) から $dl = \sqrt{1 + \left(\dfrac{dy}{dx}\right)^2 + \left(\dfrac{dz}{dx}\right)^2}\,dx = \dfrac{3}{2}dx$ となるから，全電荷量 Q は式 (3.1) より

[†] 電荷量を表すのに，Q という文字変数を一般に使う．これは，電荷量という考え方がまだなかった昔に，電気を蓄えておくときの電気の量（英語で quantity）の頭文字から来ているといわれている．

$$Q = \int_C \lambda(\boldsymbol{r})\, dl = \int_2^4 (3x - 19)\left(\frac{3}{2}\right) dx = -30.$$

◇

例題 3.2 図 3.3 のように半径 a の円板上に面密度 (1) $\sigma(\boldsymbol{r}) = \sigma_0\, \rho \cos^2 \phi$, (2) $\sigma(\boldsymbol{r}) = \sigma_0\, \rho$ で電荷が分布している．円板上の全電荷量を求めよ．

【解答】 電荷分布が xy 面内にあり，原点からの距離 ρ の関数として与えられているから，円柱座標系を用いるのが便利である．
(1) 円柱座標系の面素は $dS = \rho d\rho d\phi$ で与えられるから，式 (3.2) より

$$\begin{aligned}Q &= \int_S \sigma(\boldsymbol{r})\, dS = \int_0^{2\pi}\!\!\int_0^a \sigma_0\, \rho^2 \cos^2 \phi\, d\rho\, d\phi \\ &= \sigma_0 \int_0^{2\pi} \cos^2 \phi\, d\phi \int_0^a \rho^2\, d\rho = \frac{1}{3}\pi \sigma_0 a^3.\end{aligned}$$

(2) 上と全く同様にできるが，被積分関数 $\sigma(\boldsymbol{r})$ が ϕ に無関係の場合には，図 3.4 のような微小面積 $dS = 2\pi \rho\, d\rho$ を考えると便利である．このとき式 (3.2) より

$$Q = \int_S \sigma(\boldsymbol{r})\, dS = \sigma_0 \int_0^a \rho\, (2\pi \rho\, d\rho) = \frac{2}{3}\pi \sigma_0 a^3.$$

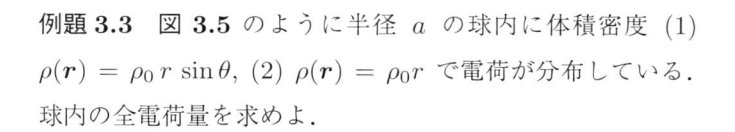

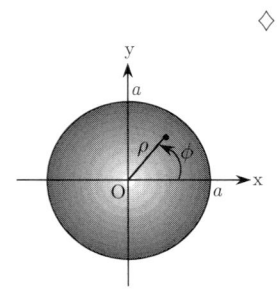

図 3.3 円板上に分布した電荷

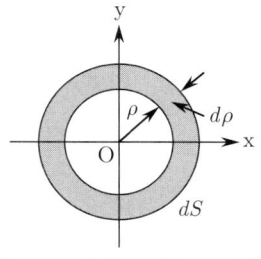

図 3.4 半径 ρ, 幅 $d\rho$ の帯状円環の面積 dS は $dS = 2\pi \rho\, d\rho$ となる

◇

例題 3.3 図 3.5 のように半径 a の球内に体積密度 (1) $\rho(\boldsymbol{r}) = \rho_0\, r \sin \theta$, (2) $\rho(\boldsymbol{r}) = \rho_0 r$ で電荷が分布している．球内の全電荷量を求めよ．

【解答】 電荷が球内に分布していることから，球座標系を用いるのが便利である．
(1) 球座標の体積要素は $dv = r^2 \sin \theta dr d\theta d\phi$ であるから

$$\begin{aligned}Q &= \int_V \rho(\boldsymbol{r})\, dv = \int_0^{2\pi}\!\!\int_0^{\pi}\!\!\int_0^a \rho_0\, r^3 \sin^2 \theta\, dr\, d\theta\, d\phi \\ &= 2\pi \rho_0 \int_0^{\pi} \sin^2 \theta\, d\theta \int_0^a r^3\, dr = \frac{\pi^2}{4}\rho_0\, a^4.\end{aligned}$$

(2) 例題 3.2 と同様に，被積分関数が r だけの関数の場合には微小体積要素の表現が図 3.6 のように簡単になる．このとき

$$Q = \int_V \rho(\boldsymbol{r})\, dv = \rho_0 \int_0^a r(4\pi r^2)\, dr = \pi \rho_0 a^4.$$

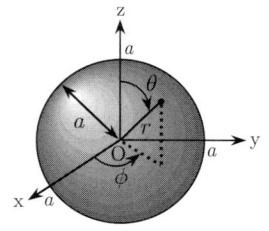

図 3.5 球内に分布した電荷

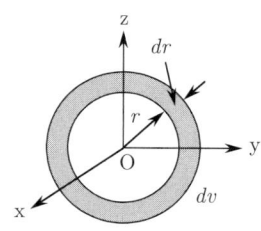

図 3.6 半径 r, 幅 dr の球殻の体積 dv は $dv = 4\pi r^2\, dr$ となる

◇

詳細は 3.5.4 項で述べるが，導体に電荷を与えるとその電荷は導体表面に分布する．例えば図 **3.7**(a) のように細い円筒導体に電荷を与えたとすると，大部分は側面 S に軸対称に分布し，残りが円筒の上底面 S_U, S_B 上に分布する．ここで円筒の半径 Δa が十分小さく $\Delta a \ll l$ ならば，電荷は中心軸 C に線電荷密度 λ で分布しているとみなしても差し支えない．また，図 3.7(b) のように 2 本の線導体に正負の電荷密度を与えた場合には，それぞれの電荷に働く力によって側面の電荷分布が周方向に不均質となり，電荷の重心も中心軸 C_1, C_2 からずれる．しかし，半径が十分小さければそれぞれの中心軸上にある線電荷密度で電荷が分布していると考えてもよい．もちろん電荷分布を知ることは重要であるが，このような簡単な例でもその分布を正確に求めることは非常に困難である．また，いたずらに問題を複雑にしてしまっては本質を見失うことがある．

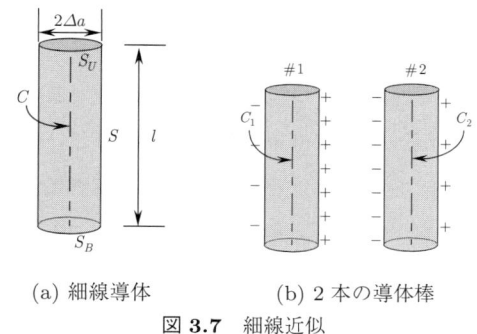

(a) 細線導体 　　(b) 2 本の導体棒

図 **3.7** 細線近似

図 **3.8** のような薄い板に電荷を与えた場合にも同様である．図 3.8(a) のように厚さ Δt の導体板に電荷 Q を与えると，上下面 S_U, S_B のそれぞれにはほぼ半分の電荷が等量分布し，残りの電荷が端面に分布する．しかし，板の厚さ Δt が十分小さく $\Delta t \ll l$ であれば，図 3.8(b) のように，S_U と S_B の中心の面 S に総量 Q の電荷が分布していると考えてよい．

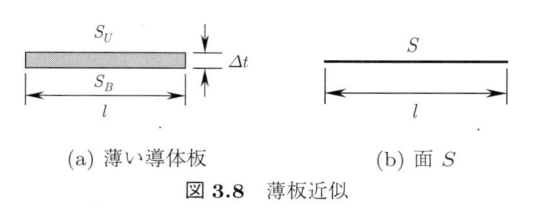

(a) 薄い導体板 　　(b) 面 S

図 **3.8** 薄板近似

3.1.2　電荷分布とデルタ関数 *

電荷の分布の仕方によって総電荷量の表現が式 (3.1), (3.2), (3.3) と 3 つもあるのは面倒である[†]．ひとつの形にまとめられれば便利である．どのような表現が可能であるかを調べるためにまず点電荷の電荷密度を考えてみよう．点電荷というのは，空間のある 1 点に電荷が集中したものである．したがって，その点で電荷密度は無限大になり，その他の全ての場所でゼロとなっている．このような状態を表す関数が，ディラック (P.A.M. Dirac) の**デルタ関数**である．1 変数のデルタ関数は

$$\delta(x - x_i) = \begin{cases} \infty, & (x = x_i), \\ 0, & (x \neq x_i), \end{cases} \tag{3.4}$$

[†] この項の内容は少し高度であるため，最初に学習するときには読み飛ばしてもかまわない．以後そうした節や項には ∗ 印を付けている．

$$\delta(x) = \delta(-x) \tag{3.5}$$

という性質をもつ関数である．ここで x は変数で，x の値がちょうど x_i に等しいとき，その値が無限大になり，その他の点でゼロになっている．また，式 (3.5) とはデルタ関数が偶関数であることを意味している．直感的には，**図 3.9**(a) に示す針のような関数である．つまり幅が Δx，高さが $1/\Delta x$ であり，Δx を無限小にした極限の関数が，デルタ関数となる．したがってその極限では高さは無限大になるが，面積は常に 1 となっている．またデルタ関数 $\delta(x - x_i)$ は，図に表現しにくいが，図 3.9(b) のように，長さ 1 の矢印で表すこともある．デルタ関数の積分は，図 3.9(a) から，任意の関数を $f(x)$ として

$$\int_{-\infty}^{\infty} \delta(x - x_i)\, dx = 1, \tag{3.6}$$

$$\int_{-\infty}^{\infty} f(x)\delta(x - x_i)\, dx = f(x_i) \tag{3.7}$$

なる関係がある．このような関数が数学的に考えられるのだろうかと疑問に思うかもしれない．じつはデルタ関数は普通の関数ではなく，**超関数** (distribution) といわれる数学的に厳密に定義された関数である．図 3.9(a) のように定義したデルタ関数は，ゼロから無限大に不連続的に変化するため，数学的にはこの点で微分ができないので都合が悪いことがある．そこで，図 3.9(c) のような何回でも微分ができるような滑らかな関数の極限として定義した方が都合がよい場合もある．しかし，実用的には図 3.9(a) のような関数として直感的に理解しておけば十分である．式 (3.4) は 1 変数，すなわち 1 次元のデルタ関数であったが，3 次元のデルタ関数は，直角座標系ならそれらの積として

$$\delta(\bm{r} - \bm{r}_i) = \delta(x - x_i)\delta(y - y_i)\delta(z - z_i) \tag{3.8}$$

で与えられる．この関数は 3 次元空間内の 1 点 $\bm{r}_i$ で無限大となり，その他の場所でゼロとなる．式 (3.8) を全空間で体積積分すると

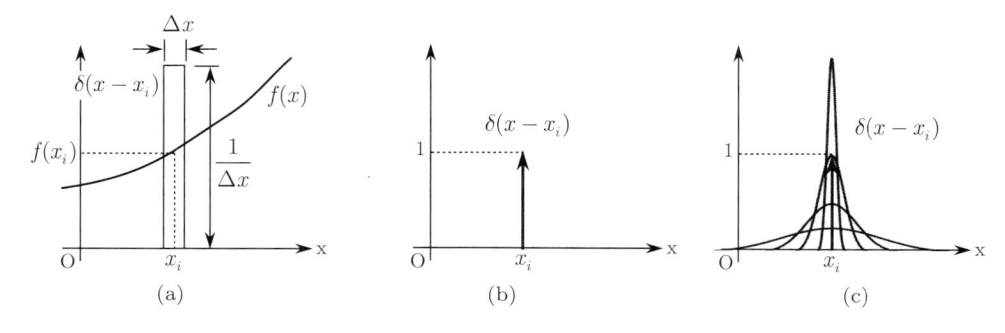

図 3.9 デルタ関数 $\delta(x - x_i)$

$$\int_{全空間} \delta(\boldsymbol{r} - \boldsymbol{r}_i)\,dv = \left(\int_{-\infty}^{\infty} \delta(x - x_i)\,dx\right)\left(\int_{-\infty}^{\infty} \delta(y - y_i)\,dy\right)\left(\int_{-\infty}^{\infty} \delta(z - z_i)\,dz\right)$$
$$= 1 \tag{3.9}$$

となるから，$\delta(\boldsymbol{r} - \boldsymbol{r}_i)$ は $1/\mathrm{m}^3$ の単位をもつことになる．

円柱座標系，球座標系のデルタ関数はどのように表されるであろうか．円柱座標系，球座標系の体積要素は式 (2.71) からそれぞれ，$dv = \rho\,d\rho\,d\phi\,dz$, $dv = r^2 \sin\theta\,dr\,d\theta\,d\phi$ であり，式 (3.9) のように全空間で積分したときに，1 にならなければならないから

$$\delta(\boldsymbol{r} - \boldsymbol{r}_i) = \begin{cases} \dfrac{1}{\rho}\,\delta(\rho - \rho_i)\,\delta(\phi - \phi_i)\,\delta(z - z_i), & :円柱座標系, \\ \dfrac{1}{r^2 \sin\theta}\,\delta(r - r_i)\,\delta(\theta - \theta_i)\,\delta(\phi - \phi_i), & :球座標系 \end{cases} \tag{3.10}$$

と表すことができる．

それでは面電荷密度，線電荷密度はどのように表されるであろうか．面電荷が曲面上に分布していたり，線電荷が曲線上に分布していたりすると複雑になるので，ここでは $z = z_i$ の平面上に分布する電荷と，$x = x_i, y = y_i$ 上に分布する線状電荷を考えよう．まず面電荷であるが，z 軸に沿って観測したとき，$z = z_i$ で電荷密度が無限大になるから

$$\rho(\boldsymbol{r}) = \sigma(\boldsymbol{\rho})\,\delta(z - z_i) = \sigma(x,y)\,\delta(z - z_i) \tag{3.11}$$

となる．線電荷の場合は

$$\rho(\boldsymbol{r}) = \lambda(z)\,\delta(x - x_i)\,\delta(y - y_i) \tag{3.12}$$

となることは容易にわかるであろう．

このようにデルタ関数を用いれば電荷分布による全電荷量の表示式は，体積分布した場合の式 (3.3) 1 つでよいことになる．電荷の分布の仕方に応じて体積電荷分布 $\rho(\boldsymbol{r})$ の表現を適当に変換するだけである．このようにデルタ関数を用いて電荷の分布を表現するやり方は極めて正統的な方法であるが，初心者にとっては，微小領域内の電荷量がどうなるか，という考え方をした方がより簡単である．本書ではもっぱらこのようにする．

3.2 クーロンの法則

ニュートンの発見した万有引力の法則は，電磁気学にも大きな影響を及ぼした．電気に関する定量的な研究は，1785 年のクーロンによる実験に始まったといっても過言ではない．クーロンは 2 個の帯電した粒子間に働く力を精密に測定し，その力は帯電粒子の電荷量の積に比例し，それらの間の距離の 2 乗に反比例することを発見した．これを **クーロンの法則**

(Coulomb's law) という[†1]．電荷間に働く逆 2 乗の力は，実はクーロンよりも前の 1769 年に**ロビソン** (J. Robison) によって発見されていたが，その事実の公表は 1801 年であった．また**キャベンディッシュ** (H. Cavendish) も逆 2 乗の法則を 1772 年にクーロンよりも高精度で確かめていたが，彼自身はそれを公表していなかった[†2]．キャベンディッシュの実験は，クーロンの法則と本質的には等価であるが，それを理解するには静電界に関する幾つかの基本性質を学ばなければならない．キャベンディッシュの実験については，3.6.5 項で紹介する．

マクスウェル (J.C. Maxwell) は，キャベンディッシュの方法を改良して，クーロンの法則を極めて高い精度で確認した．それによると，図 **3.10** のように 電荷量 Q_0, Q_1 をもつ 2 つの点電荷間の距離を R，それらの間に作用する力の大きさを F とすると，クーロンの法則は

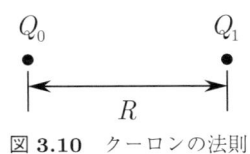

$$F = K_e \frac{Q_0 Q_1}{R^{2+\delta}} \tag{3.13}$$

図 **3.10** クーロンの法則

と表される．ここで，K_e は正の比例定数である．式 (3.13) において，マクスウェルの実験では $|\delta| < 2 \times 10^{-9}$，今日では $|\delta| < 3 \times 10^{-16}$ とされている．したがってこれ以降は，完全に距離の 2 乗に反比例するとして電磁気の諸法則を考える．さて式 (3.13) において，それぞれ 1 C の電荷量をもつ 2 つの点電荷を真空中で 1 m の距離に置いたとき，これらに作用する力を測定すると，その値は 8.9876×10^9 N となる．したがって，比例係数は $K_e = 8.9876 \times 10^9$ N m^{2}C^{-2} となる．ここで定数 K_e の代わりに $K_e = 1/(4\pi\varepsilon_0)$ とおくと $\varepsilon_0 = 8.854 \times 10^{-12}$ C^{2}N^{-1}m^{-2} となる．この定数 ε_0 を**真空の誘電率** (permittivity) という[†3]．このようにここで 4π を引き出しておくことによって後に述べる基本法則に 4π が出てこなくなる．こうしてクーロンの法則は以下のようにまとめられる．

クーロンの法則（スカラ形式）：電荷量 Q_0, Q_1 をもつ 2 つの点電荷間の距離を R とすると，それらの電荷間に作用する力の大きさ F は次式で与えられる．

$$F = \frac{1}{4\pi\varepsilon_0} \frac{Q_0 Q_1}{R^2} \tag{3.14}$$

ここで，Q_0 と Q_1 が同符号 ($Q_0 Q_1 > 0$) のとき反発力（斥力），また Q_0 と Q_1 が異符号 ($Q_0 Q_1 < 0$) のとき引力が働く．

式 (3.14) は力の大きさだけであるから，力の方向を含めて正しく表現するには，これをベ

[†1] 磁極間に働く逆 2 乗の力の法則は電気よりも早く，1750 年にミッチェル (J. Michell) が発見しているが，磁気に関してもクーロンの法則といわれている．詳しくは巻末の引用・参考文献 18) を参照．
[†2] キャベンディッシュの業績は，約 100 年後にマクスウェルによって公表された．
[†3] 真空の誘電率 ε_0 の単位は，3.9.2 項で出てくる静電容量の単位ファラッド〔F〕を用いて〔F/m〕と表すのが普通である．

クトル形式で表現する必要がある．図 **3.11** に示すように，原点 O から点電荷 Q_0 の位置に引いた位置ベクトルを $\boldsymbol{r}_0$，Q_1 の位置ベクトルを $\boldsymbol{r}_1$ とする．このとき，Q_1 から Q_0 へ向かうベクトルは $\boldsymbol{r}_0 - \boldsymbol{r}_1$ であるから，電荷間の距離 R は，2.3 節で示したようにこのベクトルの絶対値 $R = |\boldsymbol{r}_0 - \boldsymbol{r}_1|$ で与えられ，単位ベクトルは $\hat{\boldsymbol{R}} = (\boldsymbol{r}_0 - \boldsymbol{r}_1)/|\boldsymbol{r}_0 - \boldsymbol{r}_1|$ となる．$Q_0 Q_1 > 0$ とすると，Q_0 に働く力は $\hat{\boldsymbol{R}}$ 方向を向き，$Q_0 Q_1 < 0$ ならば，$-\hat{\boldsymbol{R}}$ 方向を向くから，Q_0 に働く力を，場所を明示にするために $\boldsymbol{F}(\boldsymbol{r}_0)$，$Q_1$ に働く力を $\boldsymbol{F}(\boldsymbol{r}_1)$ と書くと，次のようにまとめられる．

> **クーロンの法則**（ベクトル形式）：電荷 Q_0, Q_1 をもつ 2 つの点電荷間の距離を R とすると，$\boldsymbol{r}_1$ にある点電荷 Q_1 が，$\boldsymbol{r}_0$ にある点電荷 Q_0 に及ぼす力 $\boldsymbol{F}(\boldsymbol{r}_0)$ は
>
> $$\boldsymbol{F}(\boldsymbol{r}_0) = \frac{1}{4\pi\varepsilon_0} \frac{Q_0 Q_1}{R^2} \hat{\boldsymbol{R}} = \frac{Q_0 Q_1}{4\pi\varepsilon_0} \frac{\boldsymbol{r}_0 - \boldsymbol{r}_1}{|\boldsymbol{r}_0 - \boldsymbol{r}_1|^3} \tag{3.15}$$
>
> となる．同様に，Q_0 が，$\boldsymbol{r}_1$ にある Q_1 に及ぼす力 $\boldsymbol{F}(\boldsymbol{r}_1)$ は次式で表される．
>
> $$\boldsymbol{F}(\boldsymbol{r}_1) = \frac{Q_0 Q_1}{4\pi\varepsilon_0} \frac{\boldsymbol{r}_1 - \boldsymbol{r}_0}{|\boldsymbol{r}_1 - \boldsymbol{r}_0|^3} \tag{3.16}$$

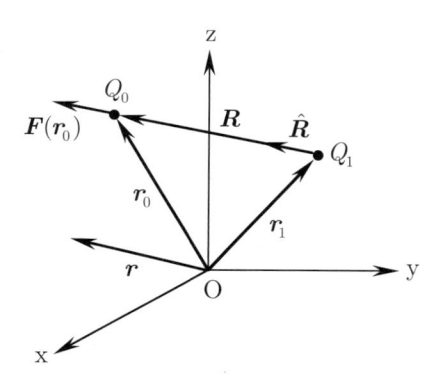

図 3.11 点電荷 Q_1 が点電荷 Q_0 に及ぼすクーロン力 $\boldsymbol{F}(\boldsymbol{r}_0)$．$Q_0 Q_1 > 0$ なら $\boldsymbol{F}(\boldsymbol{r}_0)$ は $\boldsymbol{R} = \boldsymbol{r}_0 - \boldsymbol{r}_1$ 方向を向く．$\hat{\boldsymbol{R}} = \boldsymbol{R}/|\boldsymbol{R}|$ は $\boldsymbol{R}$ 方向の単位ベクトル，$\boldsymbol{r}$ は空間の勝手な点を表す位置ベクトルである．

次に，Q_0 の他に n 個の点電荷 $Q_1, Q_2, \cdots Q_n$ があり，その位置ベクトルをそれぞれ $\boldsymbol{r}_1, \boldsymbol{r}_2, \cdots, \boldsymbol{r}_n$ とすると，Q_0 に作用する力は，重ね合わせの原理により，$Q_1, Q_2, \cdots Q_n$ のそれぞれの電荷が，Q_0 に作用する力のベクトル和で与えられる．すなわち

$$\boldsymbol{F}(\boldsymbol{r}_0) = \sum_{i=1}^{n} \frac{Q_0 Q_i}{4\pi\varepsilon_0} \frac{\boldsymbol{r}_0 - \boldsymbol{r}_i}{|\boldsymbol{r}_0 - \boldsymbol{r}_i|^3} = Q_0 \sum_{i=1}^{n} \frac{Q_i}{4\pi\varepsilon_0} \frac{\boldsymbol{r}_0 - \boldsymbol{r}_i}{|\boldsymbol{r}_0 - \boldsymbol{r}_i|^3} \tag{3.17}$$

となる．複数の電荷があってもこのように簡単な形で表されるのは，重ね合わせの原理のおかげである．

3.3 近接作用と電界

電荷の周りの空間は真空であったから,力を媒介するような媒質は何もなく,力は電荷に直接働く.このような考え方を**遠隔作用** (action at distance) の概念という.クーロンの時代は万有引力の法則が発見されて 120 年もたっており,遠隔作用の概念が既に常識になっていた時代である.電荷間に働く力も当初は万有引力の一種であると考えられていたのも当然であろう.これに対して**ファラデー** (M. Faraday) は,2 個の電荷間に働く力が遠隔作用によるものであるとはどうしても考えられなかった.ファラデーは,電荷の周りの空間には目には見えないが何か'ゴムひも'のようなものが伸びていて,その'ゴムひも'を介して電荷間に力が働くものと考えた.図 **3.12** はその様子を示したものである.異種の電荷の間には,それらをつないでいる'ゴムひも'が縮むことによって引力が働く.同種電荷の場合には,'ゴムひも'の横腹が接していて,まっすぐ伸びようとするために互いに押し合い,その結果として斥力が働くと考えた.そして,'ゴムひも'は正の電荷から出発して負の電荷に終わるものとし,図 3.12 の線を**電気力線** (electric lines of force, または lines of electric force) と名づけた.このような考え方は遠隔作用の概念とは相容れないものであり,'ゴムひも'の中の'ゆがみ'が次々と伝わって電荷に力が作用するという**近接作用** (action through medium) の考え方である.ファラデーの考えを数学的に表現したのはマクスウェルである[†].

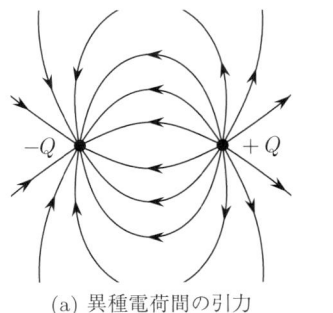

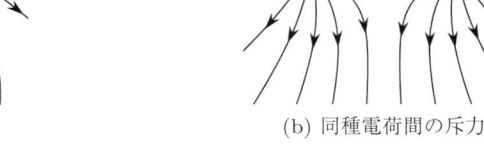

(a) 異種電荷間の引力　　　　　　　(b) 同種電荷間の斥力

図 **3.12** ファラデーの電気力線

電荷 Q_0 に働くクーロン力 (3.15) を基に,近接作用という考え方をもう少し説明する.式 (3.15) では,電荷 Q_0 か Q_1 のどちらか一方がゼロであっても,両方がゼロであっても力 $\boldsymbol{F}(\boldsymbol{r}_0)$ はゼロである.$Q_1 \neq 0$ でも相手の電荷 Q_0 がゼロであれば力が働かない.$Q_0 = Q_1 = 0$ の場合は何もないからもちろん力は働かない.遠隔作用の立場ならどちらも力が働かないから

[†] これを**マクスウェルの応力**という.マクスウェルの応力からクーロンの法則を導くことができるが,やや高度な数学的知識が必要なため,本書では詳細には触れないで定性的な説明をする程度にとどめる.

区別できない．これに対して，ファラデーの近接作用の立場ではこの両者がはっきり区別される．なぜなら，$Q_1 \neq 0$ の場合，電荷 Q_0 がゼロであっても，そうでなくても電荷 Q_1 の周りには図 3.13 のように無限遠方まで'ゴムひも'が伸びているのに対して，$Q_1 = Q_0 = 0$ の場合には'ゴムひも'はない．すなわち，近接作用の立場では，実際に力が働いている電荷 Q_0 があろうとなかろうと，Q_1 の周りの空間は，ある意味で'ゆがんだ状態'になっていて，その空間内にたまたま Q_0 が置かれたために力が働いたと考えるのである．

この考えを数学的に表現するためには，r を空間内の任意の点とし，式 (3.15) を

$$F(r_0) = Q_0 \left[\frac{Q_1}{4\pi\varepsilon_0} \frac{r - r_1}{|r - r_1|^3} \right]_{r = r_0} \tag{3.18}$$

のように書き換えればよい．こうすると，上式は空間内の任意の点 r がたまたま Q_0 の点 r_0 に一致したときに $F(r_0)$ という力が働いた，という式になる．そしてベクトル関数 $E(r)$ を

$$E(r) = \frac{Q_1}{4\pi\varepsilon_0} \frac{r - r_1}{|r - r_1|^3} \tag{3.19}$$

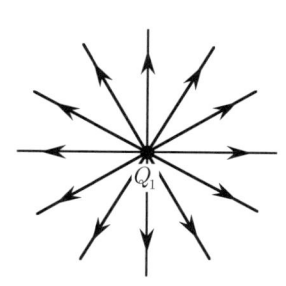

図 3.13 点電荷 Q_1 から遠方に延びる電気力線

とおくと，$E(r)$ は空間内の任意の点 r において，点電荷 Q_1 によって引き起こされた，いわゆる'ゆがんだ状態'を表していると考えることができる．近接作用に基づくクーロンの法則とは，このような'ゆがんだ状態'にある空間内の特定の点 $r = r_0$ に電荷 Q_0 が置かれると，その電荷に

$$F(r_0) = Q_0 E(r = r_0) \tag{3.20}$$

の力が働くと考えるのである．こう考えると，空間のゆがみ $E(r)$ は電荷 Q_0 の存在とは無関係に存在し，式 (3.19) で与えられたことになる．またその単位は，式 (3.20) より，1 N/C，すなわち 1 C あたりに働く力となるが，後で定義する電圧の単位 V を使って通常 V/m を用いる．電荷が Q_1 だけなら図 3.13 のように電気力線は Q_1 からまっすぐ伸びた状態であったが，新たに Q_0 を置いたために，図 3.12 のようになるのである．ただし，Q_0 に働く力は，Q_1 からまっすぐ伸びた電気力線に沿う方向に働いている．

図 3.14 のように空間内の面 S 上の点を r とし，この点で，点電荷 Q_1 による'ゆがみ' $E(r)$ の大き

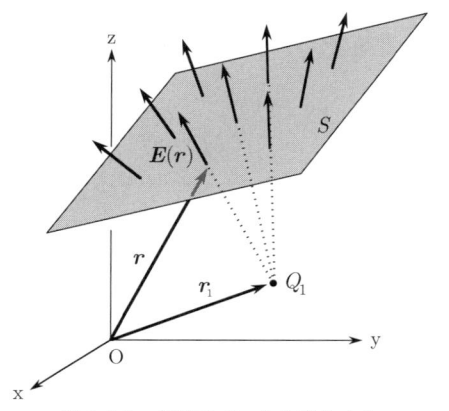

図 3.14 点電荷 Q_1 から発生する面 S 上の電界

さを線の長さ，方向を矢印で表してみよう．そうすると，面上の各点で 図 3.14 のような矢印が書ける．この様子はちょうど畑 (field) に育った麦の穂のようであるので，$E(r)$ のことを**電場**あるいは**電界**†(英語は共に electric field) という．電荷 Q_1 が動いたり，時間的に変化すれば電界の大きさや方向も時間的に変化する．特に時間的に変化しない電界を**静電界** (electrostatic field) という．本章で扱うのは静電界だけである．

電荷があると，その周りの空間には'ゆがみ'が生じる．その'ゆがみ'のことを電界といい，数学的に表すと式 (3.19) のようになると説明した．しかし，このような考えには抵抗を感じる読者もいるかもしれない．何もないのであるから空間はゆがみようがないのではないかという疑問から生じる抵抗感である．それはもっともで，近接作用の考えを提唱したファラデーやマクスウェルもそうであった．彼らはゆがみを生ずる，何かある種の物質が宇宙全体を覆っていると考え，このゆがむ媒質を**エーテル** (ether) と名づけた．エーテルはマイケルソン・モーリーの実験や**アインシュタイン** (A. Einstein) の特殊相対性理論の発見によって不要のものとなったが，物理的現象をとらえるためにはある種のイメージをもつことは大切である．したがって当分の間は，空間には'ゆがみ'を生ずる物質，エーテルが充満していると考えても差し支えない．例えば，ゼリーの表面にパチンコ玉を置くとゼリーの表面がへこむ．エーテルとはこのゼリーのような物質であり，パチンコ玉が電荷である．パチンコ玉の近くにもう 1 つパチンコ玉を置くと，くぼみに転げ落ちる．転げ落ちようとするときに働く力がクーロン力である．次に，もう 1 つのパチンコ玉を遠くに置いたとしよう．そして，一方のパチンコ玉を揺らすと，ゼリーも揺れ，その揺れがもう一方のパチンコ玉に伝わって別のパチンコ玉を揺らすことになる．ゼリーの揺れがいわゆる**電磁波**と考えていてもよい．

電荷が多数あった場合には，重ね合わせの原理より，全体の電界は個々の電荷による電界のベクトル和となり，以下のようにまとめられる．

電荷量 Q_i をもつ n 個の点電荷が点 r に作る電界

$$E(r) = \sum_{i=1}^{n} \frac{Q_i}{4\pi\varepsilon_0} \frac{r - r_i}{|r - r_i|^3} \tag{3.21}$$

例題 3.4 図 3.15 のように，2 つの点電荷 Q_1, Q_2 が x 軸上に距離 d を隔てて並んでいる．$Q_1 = Q > 0, Q_2 = 2Q$ のとき，電界がゼロになる点 P の位置を求めよ．

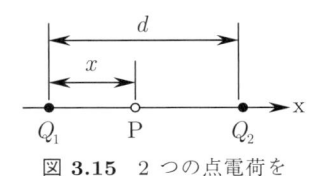

図 3.15 2 つの点電荷を結ぶ線上の電界

【解答】 図 3.15 のように Q_1 から P までの距離を x とすると，Q_1

---

† 物理学では電場といい，電気工学の分野では電界ということが多い．

による電界は x の正の方向を向き，Q_2 による電界は $-$x 方向を向くから，点 P の電界は

$$E = \frac{Q}{4\pi\varepsilon_0}\left\{\frac{1}{x^2} - \frac{2}{(d-x)^2}\right\}$$

となる．$E = 0$ とおいて x に関する 2 次方程式を解くと $x = \left(-1 \pm \sqrt{2}\right)d$ を得るが，明らかに $0 < x < d$ でなければならないから，$x = \left(\sqrt{2} - 1\right)d$. ◇

例題 3.5 図 3.16 のように 2 つの電荷 Q_1, Q_2 が x 軸上に並んでいるとき，y 軸上の電界を求めよ．特に (1) $Q_1 = Q_2 = Q$, (2) $Q_1 = -Q, Q_2 = Q$ のときはどのようになるか．

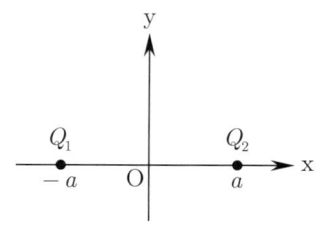

図 3.16 2 つの点電荷による中心軸上の電界

【解答】 電荷 Q_1, Q_2 の位置ベクトルはそれぞれ $\boldsymbol{r}_1 = -a\,\hat{\boldsymbol{x}}, \boldsymbol{r}_2 = a\,\hat{\boldsymbol{x}}$. $\boldsymbol{r} = y\,\hat{\boldsymbol{y}}$ であるから，式 (3.21) より

$$\boldsymbol{E}(y) = \frac{1}{4\pi\varepsilon_0}\left\{Q_1\frac{a\,\hat{\boldsymbol{x}} + y\,\hat{\boldsymbol{y}}}{(a^2 + y^2)^{3/2}} + Q_2\frac{-a\,\hat{\boldsymbol{x}} + y\,\hat{\boldsymbol{y}}}{(a^2 + y^2)^{3/2}}\right\} = \frac{1}{4\pi\varepsilon_0}\frac{a(Q_1 - Q_2)\hat{\boldsymbol{x}} + y(Q_1 + Q_2)\hat{\boldsymbol{y}}}{(a^2 + y^2)^{3/2}}$$

となる．特別な場合として (1) $Q_1 = Q_2 = Q$ とおくと

$$\boldsymbol{E}(y) = \frac{Q}{2\pi\varepsilon_0}\frac{y}{(a^2 + y^2)^{3/2}}\hat{\boldsymbol{y}}$$

と，電界は y 成分だけとなる．(2) $Q_1 = -Q, Q_2 = Q$ の場合は

$$\boldsymbol{E}(y) = -\frac{Q}{2\pi\varepsilon_0}\frac{a}{(a^2 + y^2)^{3/2}}\hat{\boldsymbol{x}}$$

となり，電界は $-$x 方向を向く．これらと図 3.12 を比較してほしい． ◇

これまでは点電荷による電界について考えてきたが，電荷が連続的に変化する場合はどのようになるであろうか．これについて考えてみよう．図 3.17 のように，体積 V 内に電荷密度 $\rho(\boldsymbol{r})$〔C/m^3〕で電荷が分布しているものとする．このように連続的に変化する場合には，体積 V を電荷が一定とみなせるくらいに小さな領域に分割する．その体積を ΔV_i, ΔV_i 内の点を $\boldsymbol{r}_i$ とすると，ΔV_i に含まれる電荷 ΔQ_i は $\Delta Q_i = \rho(\boldsymbol{r}_i)\Delta V_i$ である．ΔV_i は微小体積であったから，ΔQ_i を点電荷とみなすことができて，これによる電界 $\Delta \boldsymbol{E}_i(\boldsymbol{r})$ は式 (3.21) より

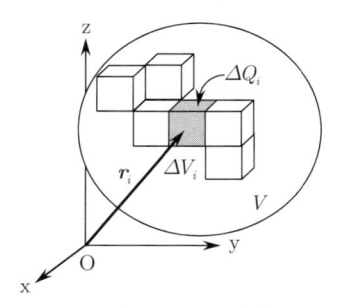

図 3.17 体積 V 内に連続的に分布する電荷

$$\Delta \boldsymbol{E}_i(\boldsymbol{r}) = \frac{\Delta Q_i}{4\pi\varepsilon_0}\frac{\boldsymbol{r} - \boldsymbol{r}_i}{|\boldsymbol{r} - \boldsymbol{r}_i|^3} = \frac{1}{4\pi\varepsilon_0}\rho(\boldsymbol{r}_i)\frac{\boldsymbol{r} - \boldsymbol{r}_i}{|\boldsymbol{r} - \boldsymbol{r}_i|^3}\Delta V_i$$

となる．体積 V 全体では

$$\boldsymbol{E}(\boldsymbol{r}) = \sum_i \Delta \boldsymbol{E}_i(\boldsymbol{r}) = \frac{1}{4\pi\varepsilon_0} \sum_i \rho(\boldsymbol{r}_i) \frac{\boldsymbol{r}-\boldsymbol{r}_i}{|\boldsymbol{r}-\boldsymbol{r}_i|^3} \Delta V_i \tag{3.22}$$

となるから，微小領域の体積 ΔV_i を無限小の極限にとって以下のようにまとめることができる．

体積電荷密度 $\rho(\boldsymbol{r}')$ で分布した電荷が点 $\boldsymbol{r}$ に作る電界

$$\boldsymbol{E}(\boldsymbol{r}) = \frac{1}{4\pi\varepsilon_0} \int_V \rho(\boldsymbol{r}') \frac{\boldsymbol{r}-\boldsymbol{r}'}{|\boldsymbol{r}-\boldsymbol{r}'|^3} dv' \tag{3.23}$$

ここで $\rho(\boldsymbol{r}')$ は V 内の点 $\boldsymbol{r}'$ における電荷密度である．また，体積要素もこの点の関数であるから，正確には $dv(\boldsymbol{r}')$ と書くべきであろうが，これを dv' と略記した．なお，$\boldsymbol{r}'$ は積分変数であるから，これ以外の文字でも構わない．しかし，V 内の点であることを強調するために $\boldsymbol{r}$ に準じた文字を用いている．

さて，点 $\boldsymbol{r}_i$ に点電荷 Q_i があるとすると，電荷密度はデルタ関数を用いて，$\rho(\boldsymbol{r}) = Q_i \delta(\boldsymbol{r}-\boldsymbol{r}_i)$ と表すことができる．n 個の電荷の場合には

$$\rho(\boldsymbol{r}) = \sum_{i=1}^n Q_i \delta(\boldsymbol{r}-\boldsymbol{r}_i) \tag{3.24}$$

となる．全ての電荷を含むように体積 V をとり，デルタ関数の性質 (3.7) を用いると，式 (3.23) は

$$\boldsymbol{E}(\boldsymbol{r}) = \frac{1}{4\pi\varepsilon_0} \sum_{i=1}^n Q_i \int_V \frac{\boldsymbol{r}-\boldsymbol{r}'}{|\boldsymbol{r}-\boldsymbol{r}'|^3} \delta(\boldsymbol{r}'-\boldsymbol{r}_i) dv' = \sum_{i=1}^n \frac{Q_i}{4\pi\varepsilon_0} \frac{\boldsymbol{r}-\boldsymbol{r}_i}{|\boldsymbol{r}-\boldsymbol{r}_i|^3} \tag{3.25}$$

となり，点電荷による電界 (3.21) に一致する．このように式 (3.23) は，任意の電荷分布によって作られる電界の一般表示式となっているが，面電荷分布 $\sigma(\boldsymbol{r})$，線電荷分布 $\lambda(\boldsymbol{r})$ であることがわかっていれば，デルタ関数を使っていちいち体積分布の表示式 (3.23) を変形しなくても，電界はそれぞれ

$$\boldsymbol{E}(\boldsymbol{r}) = \frac{1}{4\pi\varepsilon_0} \int_S \sigma(\boldsymbol{r}') \frac{\boldsymbol{r}-\boldsymbol{r}'}{|\boldsymbol{r}-\boldsymbol{r}'|^3} dS', \tag{3.26}$$

$$\boldsymbol{E}(\boldsymbol{r}) = \frac{1}{4\pi\varepsilon_0} \int_C \lambda(\boldsymbol{r}') \frac{\boldsymbol{r}-\boldsymbol{r}'}{|\boldsymbol{r}-\boldsymbol{r}'|^3} dl' \tag{3.27}$$

と表してもよいことは明らかであろう．

次に電荷分布があらかじめ与えられているとき，どのようにして電界を計算するかの簡単な例を示す．電荷分布 $\rho(\boldsymbol{r})$ がわかっていれば，原理的には式 (3.23) の右辺の積分を実行すればよいが，残念ながらこの積分を解析的に実行できるのは極めて限られた場合だけである．解析的に求められない場合には，数値的に積分せざるを得ない．

3.3 近接作用と電界

例題 3.6 図 3.18 のように，長さ $2l$ の直線状に一様な線密度 λ_0 で電荷が分布している．任意の点 P の電界を求めよ．ただし，必要なら以下の積分公式を用いよ．

$$\int \frac{dx}{(x^2+c)^{3/2}} = \frac{x}{c\sqrt{x^2+c}}, \quad \int \frac{x\,dx}{(x^2+c)^{3/2}} = -\frac{1}{\sqrt{x^2+c}}$$

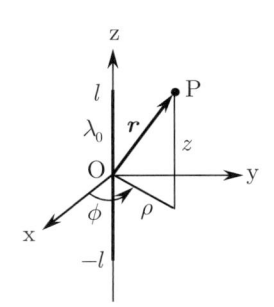

図 3.18 直線状一様電荷分布

【解答】（解法 1）軸対称の問題であるから，円柱座標を用いると便利である．図 3.19 のように，z 軸上に微小区間 dz' をとると，ここに含まれる電荷 $\lambda_0 dz'$ は点電荷とみなすことができる．この位置は $\boldsymbol{r}' = z'\hat{\boldsymbol{z}}$ であるから，微小電荷による電界 $d\boldsymbol{E}(\boldsymbol{r})$ は

$$d\boldsymbol{E}(\boldsymbol{r}) = \frac{\lambda_0 dz'}{4\pi\varepsilon_0} \frac{\boldsymbol{r}-z'\hat{\boldsymbol{z}}}{|\boldsymbol{r}-z'\hat{\boldsymbol{z}}|^3} = \frac{\lambda_0}{4\pi\varepsilon_0} \frac{\rho\hat{\boldsymbol{\rho}}+(z-z')\hat{\boldsymbol{z}}}{|\boldsymbol{r}-z'\hat{\boldsymbol{z}}|^3} dz'$$

となる．ただし，$\rho=\sqrt{x^2+y^2}$，$\rho\hat{\boldsymbol{\rho}}=x\hat{\boldsymbol{x}}+y\hat{\boldsymbol{y}}$ である．上式を直線全体にわたって積分すれば全電界を求めることができる．すなわち

$$\boldsymbol{E}(\boldsymbol{r}) = \int d\boldsymbol{E}(\boldsymbol{r}) = \frac{\lambda_0}{4\pi\varepsilon_0} \int_{-l}^{l} \frac{\rho\hat{\boldsymbol{\rho}}+(z-z')\hat{\boldsymbol{z}}}{\{\rho^2+(z-z')^2\}^{3/2}} dz' \qquad (3.28)$$

ここで右辺の積分は与えられた積分公式を利用して

$$\int_{-l}^{l} \frac{dz'}{\{\rho^2+(z-z')^2\}^{3/2}} = -\int_{z+l}^{z-l} \frac{dt}{\{\rho^2+t^2\}^{3/2}}$$

$$= -\frac{1}{\rho^2}\left\{\frac{z-l}{\sqrt{\rho^2+(z-l)^2}} - \frac{z+l}{\sqrt{\rho^2+(z+l)^2}}\right\},$$

$$\int_{-l}^{l} \frac{z-z'}{\{\rho^2+(z-z')^2\}^{3/2}} dz' = -\int_{z+l}^{z-l} \frac{t}{\{\rho^2+t^2\}^{3/2}} dt$$

$$= \frac{1}{\sqrt{\rho^2+(z-l)^2}} - \frac{1}{\sqrt{\rho^2+(z+l)^2}}$$

となるから，電界 $\boldsymbol{E}(\boldsymbol{r})$ は

$$\boldsymbol{E}(\boldsymbol{r}) = \frac{\lambda_0}{4\pi\varepsilon_0}\left[-\frac{\hat{\boldsymbol{\rho}}}{\rho}\left\{\frac{z-l}{\sqrt{\rho^2+(z-l)^2}} - \frac{z+l}{\sqrt{\rho^2+(z+l)^2}}\right\} \right.$$

$$\left. + \hat{\boldsymbol{z}}\left\{\frac{1}{\sqrt{\rho^2+(z-l)^2}} - \frac{1}{\sqrt{\rho^2+(z+l)^2}}\right\}\right] \qquad (3.29)$$

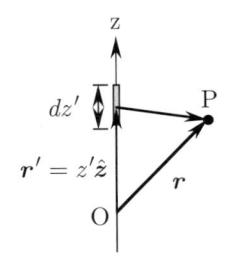

図 3.19 z 軸上の微小区間 $[z', z'+dz']$ に含まれる電荷量は $dQ = \lambda_0 dz'$ であり，点電荷とみなすことができる．なお，点 P の座標と区別するために，電荷のある位置の座標にはプライム記号 '′' を付けていることに注意してほしい．

となる．特別な場合として電荷が無限に分布しているときには，式 (3.29) において $l \to \infty$ として

$$\boldsymbol{E}(\boldsymbol{r}) = \frac{\lambda_0}{2\pi\varepsilon_0} \frac{1}{\rho} \hat{\boldsymbol{\rho}} \qquad (3.30)$$

を得る．このように電界は動径方向 ρ だけの関数となり，かつ動径方向を向く．原点に置かれた点電荷による電界の大きさが，原点からの距離 r の 2 乗に反比例したのに対して，一様な無限長電荷による電界の大きさは動径距離 ρ の 1 乗に反比例することに注意しよう．

（**解法 2: デルタ関数を使った解法**）デルタ関数を使って線上にある電荷分布を表すことによって解くこともできる．電荷分布は式 (3.12) を用いると

$$\rho(\boldsymbol{r}) = \begin{cases} \lambda_0 \, \delta(x)\delta(y), & -l \leq z \leq l, \\ 0, & |z| > l \end{cases}$$

で与えられる．これを式 (3.23) に代入すると

$$\begin{aligned}\boldsymbol{E}(\boldsymbol{r}) &= \frac{1}{4\pi\varepsilon_0} \int_{-l}^{l} \int_{-\infty}^{\infty} \int_{-\infty}^{\infty} \lambda_0 \delta(x')\delta(y') \frac{\boldsymbol{r}-\boldsymbol{r}'}{|\boldsymbol{r}-\boldsymbol{r}'|^3} \, dx' \, dy' \, dz' \\ &= \frac{\lambda_0}{4\pi\varepsilon_0} \int_{-l}^{l} \frac{x\hat{\boldsymbol{x}} + y\hat{\boldsymbol{y}} + (z-z')\hat{\boldsymbol{z}}}{\{x^2 + y^2 + (z-z')^2\}^{3/2}} \, dz'\end{aligned}$$

となる．この結果は，解法 1 の結果 (3.29) と同じである． $\diamond$

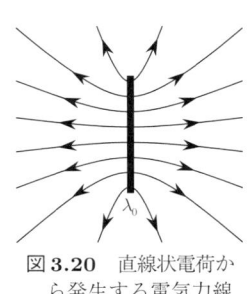

上の例では，密度一定の電荷が無限に分布しているから，全電荷量は無限大になり，現実にはあり得ない．しかし，有限長の電荷分布であっても，十分長ければ，その中心付近における電界はほぼ式 (3.30) のようになると考えてよい．図 3.20 は電荷密度 λ_0 が正の場合の電気力線を描いたものである．中心付近では，電界はほぼ動径方向に向いていることがわかる．$\lambda_0 < 0$ ならば矢印は逆方向を向く．直線状の金属に電荷を与えても電荷は一様に分布するわけではなく，端部付近の密度が中心部に比べて高くなる．しかし電気力線はおおよそ図 3.20 のようになると思ってよい．

図 3.20 直線状電荷から発生する電気力線

例題 3.7 図 3.21 のように，面密度 σ_0 の電荷が半径 a の円板状に一様に分布している．円板の中心 O から垂直に z だけ離れた点 P の電界を求めよ．

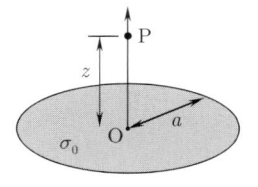

図 3.21 一様な電荷が分布した円板

【解答】 図 3.22 のように座標系をとり，$z > 0$ とする．このとき，点 P は $\boldsymbol{r} = z\hat{\boldsymbol{z}}$ であり，電荷は $\boldsymbol{r}' = \boldsymbol{\rho}' = \rho'\hat{\boldsymbol{\rho}}$ にある．この点を含む微小面積 $dS' = \rho' d\rho' d\phi'$ に含まれる電荷 $dQ = \sigma_0 \, dS' = \sigma_0 \, \rho' d\rho' d\phi'$ による電界は

$$d\boldsymbol{E}(z) = \frac{\sigma_0 \, \rho' d\rho' d\phi'}{4\pi\varepsilon_0} \frac{z\hat{\boldsymbol{z}} - \boldsymbol{\rho}'}{|z\hat{\boldsymbol{z}} - \boldsymbol{\rho}'|^3} = \frac{\sigma_0}{4\pi\varepsilon_0} \frac{z\hat{\boldsymbol{z}} - \rho'\hat{\boldsymbol{x}}\cos\phi' - \rho'\hat{\boldsymbol{y}}\sin\phi'}{(z^2 + \rho'^2)^{3/2}} \rho' d\rho' d\phi'$$

となる．$\cos\phi', \sin\phi'$ を $[0, 2\pi]$ の区間で積分すると明らかにゼロとなるから，x 成分，y 成分はゼロとなる．一方，$\hat{\boldsymbol{z}}$ の項については，例題 3.6 の積分公式を用いて

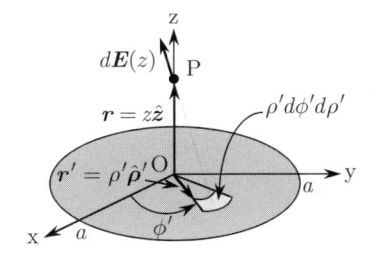

図 **3.22** 電荷のある位置には '*r*' を付けて，任意の点 *r* と区別している．面素 $dS' = \rho' d\rho' d\phi'$ に含まれる電荷量は $dQ = \sigma_0 dS'$ であり，これを点電荷とみなしている．

$$\boldsymbol{E}(z) = \int d\boldsymbol{E}(z) = \frac{\sigma_0 z}{4\pi\varepsilon_0} \int_0^{2\pi} \int_0^a \frac{1}{(z^2+\rho'^2)^{3/2}} \rho' d\rho' d\phi' \hat{\boldsymbol{z}}$$
$$= \frac{\sigma_0 z}{2\varepsilon_0} \left[-\frac{1}{\sqrt{\rho'^2+z^2}} \right]_0^a \hat{\boldsymbol{z}} = \frac{\sigma_0}{2\varepsilon_0} \left(1 - \frac{z}{\sqrt{a^2+z^2}} \right) \hat{\boldsymbol{z}} \tag{3.31}$$

となる．これより，z 軸上の電界は，z 成分しかないことがわかる．この結果は，電荷分布の対称性から当然の結果である．観測点が下半面 ($z<0$) の場合も同様に解くことができ，電界は xy 平面に対称になる．特別な場合として，式 (3.31) の半径 a を無限大とすると

$$\boldsymbol{E}(z) = \pm \frac{\sigma_0}{2\varepsilon_0} \hat{\boldsymbol{z}}, \quad (z \gtrless 0) \tag{3.32}$$

となる．これは，電荷が無限に広い平板状に一様に分布しているとき，電界は平板に垂直で，その大きさが $\sigma_0/2\varepsilon_0$ になることを示している．この結果については後でもう一度説明する．

◇

3.4 電 気 力 線

ごく簡単な場合を除いて，電気力線を正確に描くのは難しい．本節では電気力線がどのような方程式にしたがうかを説明し，簡単な例をとってその方程式の解を求めてみよう．

図 **3.23** のように，電気力線上の点 P(x,y,z) の線素 $d\boldsymbol{l}$ を考える．この点に電荷がなければ，電気力線と線素とは同じ方向を向いているから，電界は線素に比例する．つまり，比例係数を α とすると，$\boldsymbol{E}(x,y,z) = \alpha d\boldsymbol{l}$ と表される．直角座標成分で表すと，$E_x = \alpha dx$, $E_y = \alpha dy$, $E_z = \alpha dz$ となる．これから比例係数 α を消去すると

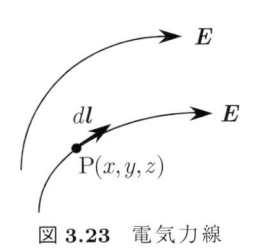

$$\frac{dx}{E_x(x,y,z)} = \frac{dy}{E_y(x,y,z)} = \frac{dz}{E_z(x,y,z)} \tag{3.33}$$

図 **3.23** 電気力線と線素

を得る．これを**電気力線の（微分）方程式**という．

これと全く同様にして，円柱座標系，球座標系に対しても電気力線の方程式を求めることができる．線素は式 (2.52), (2.54) であったから，これらの座標系における電気力線の方程式は

$$\begin{cases} \dfrac{d\rho}{E_\rho(\rho,\phi,z)} = \dfrac{\rho\,d\phi}{E_\phi(\rho,\phi,z)} = \dfrac{dz}{E_z(\rho,\phi,z)} &:\text{円柱座標}\\[2mm] \dfrac{dr}{E_r(r,\theta,\phi)} = \dfrac{r\,d\theta}{E_\theta(r,\theta,\phi)} = \dfrac{r\sin\theta\,d\phi}{E_\phi(r,\theta,\phi)} &:\text{球座標} \end{cases} \quad (3.34)$$

となる.

簡単な例として,図 **3.24** のように x 軸上に 1 列に並んだ n 個の点電荷が作る電気力線を求めてみよう.点 $\mathrm{P}(x,y)$ の電界 $\boldsymbol{E}(\boldsymbol{r})$ は

$$\boldsymbol{E}(\boldsymbol{r}) = \frac{1}{4\pi\varepsilon_0}\sum_{i=1}^{n} Q_i \frac{(x-x_i)\hat{\boldsymbol{x}}+y\hat{\boldsymbol{y}}}{\{(x-x_i)^2+y^2\}^{3/2}} \quad (3.35)$$

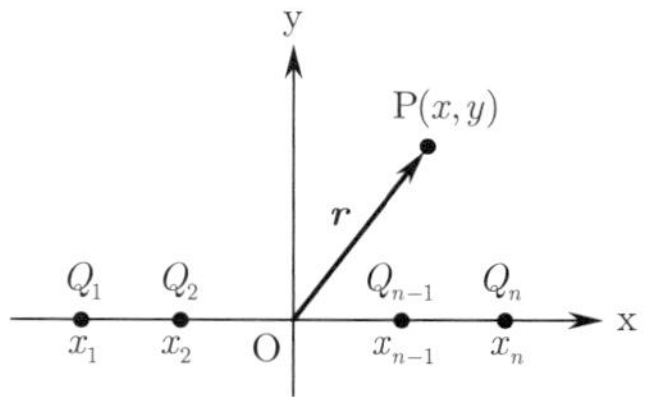

図 3.24 一直線上に並んだ点電荷

で与えられるから,式 (3.33) の分母を払って整理すると,電気力線の方程式は

$$\left(\sum_{i=1}^{n}\frac{Q_i\,y}{\{(x-x_i)^2+y^2\}^{3/2}}\right)dx - \left(\sum_{i=1}^{n}\frac{Q_i(x-x_i)}{\{(x-x_i)^2+y^2\}^{3/2}}\right)dy = 0 \quad (3.36)$$

となる.ここで

$$f(x,y) = \sum_{i=1}^{n} Q_i \frac{x-x_i}{\sqrt{(x-x_i)^2+y^2}} \quad (3.37)$$

とおくと,式 (3.36) の第 1 項は $\dfrac{1}{y}\dfrac{\partial f}{\partial x}$,第 2 項は $-\dfrac{1}{y}\dfrac{\partial f}{\partial y}$ となるから,2.1 節の全微分 df の定義より

$$\text{式 (3.36)} = \frac{1}{y}\left(\frac{\partial f}{\partial x}dx + \frac{\partial f}{\partial y}dy\right) = \frac{1}{y}df = 0 \quad (3.38)$$

となる.関数 $f(x,y)$ の全微分がゼロということは,山の例でいうと,$f(x,y)$ が等高線を表すということであったから,K を任意の定数とすると,電気力線の方程式は

$$f(x,y) = K(\text{一定}) \quad (3.39)$$

で与えられる.任意の電荷配列に対して,上式の曲線の方程式を解析的に求めることは困難であるが,最近では等高線を描くコンピュータソフトウェアが広く普及している.図 3.12 を含めて,本章で示す電気力線の多くもこれを利用して描かれた.

電荷量の異なる点電荷列の電気力線の例を **図 3.25** に示す.図 3.25(a) は 2 つの点電荷の例で,一方が $-Q/5$,他方が $+Q$ の場合である.$+Q$ から出た電気力線の一部は $-Q/5$ に終端し,残りは無限遠に向かって伸びている.図 3.25(b) は $-Q/2, +Q, -Q/2$ の 3 つの点電荷を等間隔に並べた場合で,$+Q$ から出た電気力線は両側の電荷に等分に終端している.この 2 つの例の総電荷量はそれぞれ,$+4Q/5$ と 0 である.すなわち,総電荷量が正なら無

(a) 2個の電荷
(b) 3個の電荷

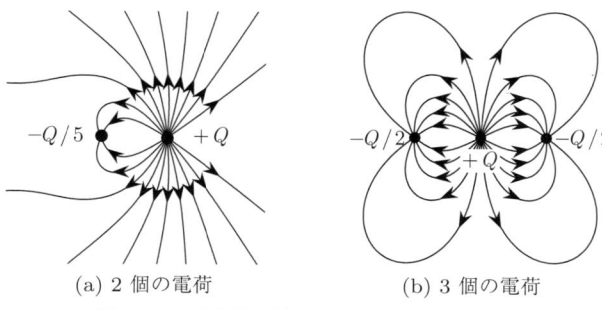

図 3.25 電荷量の異なる点電荷間の電気力線

限遠方まで伸びる電気力線が存在し，総電荷量が 0 なら 1 つの電荷から出た電気力線の総数は他の電荷に終端する電気力線の総数に等しい．このことは図 3.12 の場合でも同様である．また，図 3.25(b) において，$-Q/2$ の電荷だけを囲むような閉曲面を考えると，電気力線はこの閉曲面に入るものだけになる．$-Q/2$ と $+Q$ の両方を囲むようにすると，出てゆく電気力線の数は入ってくる電気力線の数より多い．次節ではこのようなことが一般的にいえるかどうかを考える．

3.5 ガウスの法則

正の電荷から出た電気力線は途中の空間で消滅したり新たに発生したりせずに負の電荷に終わる[†]．そして電気力線上の矢印は電界ベクトルの方向を表す．ここでは電界の強さも表す方法について考える．簡単な例を示そう．図 3.26 のように座標系の中心におかれた点電荷 Q から r だけ離れた球面 S 上の点 r における電界 $\boldsymbol{E}(\boldsymbol{r})$ は

$$\boldsymbol{E}(\boldsymbol{r}) = \frac{Q}{4\pi\varepsilon_0}\frac{1}{r^2}\hat{\boldsymbol{r}} \tag{3.40}$$

と表されるが，新たに

$$\boldsymbol{D}(\boldsymbol{r}) = \varepsilon_0 \boldsymbol{E}(\boldsymbol{r}) \tag{3.41}$$

図 3.26 点電荷による電界 $\boldsymbol{E}$ と電束密度 $\boldsymbol{D}$

なるベクトル量を定義すると

$$\boldsymbol{D}(\boldsymbol{r}) = \frac{Q}{4\pi r^2}\hat{\boldsymbol{r}} \tag{3.42}$$

となる．$\boldsymbol{D}$ は電界と同じ方向を向くベクトルであるが，$4\pi r^2$ が球面 S の表面積であるから，電荷 Q から N_Q 本の力線（電束線という）を引いたとすると，$\boldsymbol{D}$ の大きさは 1 m² あた

[†] 図 3.25(a) で調べたように，有限の範囲にある正負の電荷が等量でない場合には無限遠にその差分の電荷があり，電気力線は無限遠に延びていると考える．

りの電束線の本数，つまり電束線の密度に対応する．このことから，D を **電束密度** (electric flux density) といい，単位は C/m^2 である．また，電束密度と電界とは式 (3.41) のように比例関係にあるから，電界の強さを電束線あるいは電気力線の密度で表すことができる．つまり，電界の強いところは電気力線（電束線）の密度が高く，弱いところではまばらになる．図 3.12 や図 3.25 においても，電荷の付近では電気力線の密度が高く，電荷から離れるにしたがってまばらな電気力線が描かれている．

さて，式 (3.40) より電界の大きさに球面の表面積を掛けると Q/ε_0 となる．すなわち，電荷から発生する電気力線はこの量に比例する．もし，1 C から 1 本の電束線を引いたとすると，Q〔C〕から出る電気力線の数は Q/ε_0 に等しい．これを **ガウスの法則** という．このことは点電荷を中心とする球面に対しての結論であるが，電荷から出た電気力線は途中で消滅したり発生したりすることはないと約束しておいたから，球面でなくてもよいはずである．本節の目的は任意の電荷，任意の面についてガウスの法則が成り立つことを示すことである．

3.5.1 角度と立体角

ガウスの法則を証明するための準備として，角度について説明しよう．一般に使う平面角度の単位は，度〔°〕ではなく，ラジアン (radian) である．**図 3.27** に示すように，原点 O から点 A と B を見込む角度 $\angle AOB = \theta$ とは，原点 O を中心に半径 1 m の円を描いたとき，弧 $\overset{\frown}{CD}$ の長さのことである．また，弧 $\overset{\frown}{AB}$ の長さを L としたとき，$\overset{\frown}{AB}$ と 弧 $\overset{\frown}{CD}$ が平行なら $\theta = L/r$ となることは明らかであろう．

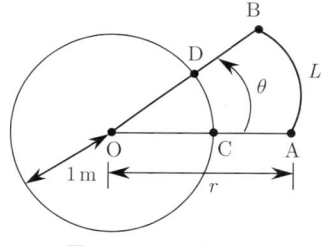

図 3.27 平面角度 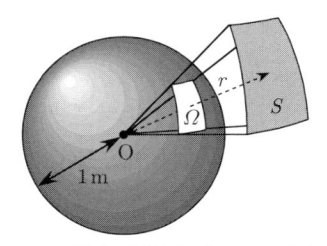 θ **図 3.28** 球面に平行な面 S の立体角 Ω

ここでは平面角の考えを 3 次元に拡張して **立体角** なる量を定義する．**図 3.28** のように，原点 O を中心として半径 1 m の球を考え，O から面 S を見たときに球面上に射影される '面積' Ω を立体角といい，ステラジアン（steradian）〔sr〕という単位を用いる．図 3.28 のように，面 S が球面に平行で原点から r だけ離れているなら，Ω と S とは相似であるから，$\Omega : S = 1 : r^2$，すなわち，$\Omega = S/r^2$ となる．

次に，任意の面 S の立体角を計算する方法について考えよう．図 **3.29** のように，面 S を多数の微小面積に分割し，その 1 つを dS とする．微小面積 dS ごとの立体角 $d\Omega$ を考えて，それを加え合わせれば面 S 全体の立体角となる．球の中心 O から dS をみると四角錐のようになるが，底面は傾いているから，視線に垂直な成分は 2 次以上の微小量を無視すると $dS\cos\theta$ となる．このとき，面積比は $d\Omega : dS\cos\theta = 1 : R^2$ であるから

$$d\Omega = \frac{dS\cos\theta}{R^2} \tag{3.43}$$

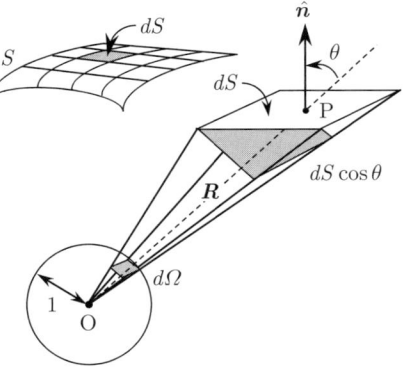

図 **3.29** 微小面積 dS の立体角 $d\Omega$

となる．また，球の中心 O から dS の中心 P へ引いたベクトルを $\boldsymbol{R}$ とすると，式 (3.43) は

$$d\Omega = \frac{\hat{\boldsymbol{R}}\cdot\hat{\boldsymbol{n}}}{R^2}dS = \frac{\boldsymbol{R}\cdot\hat{\boldsymbol{n}}}{R^3}dS \tag{3.44}$$

と書くことができる．ただし $\hat{\boldsymbol{n}}$ は面 dS 上の単位法線ベクトルである．

立体角を定義したい点 O の位置ベクトルを $\boldsymbol{r}_0$，面 S 上の点 $\boldsymbol{r}$ とすると，$\boldsymbol{R} = \boldsymbol{r} - \boldsymbol{r}_0$ となるから，点 $\boldsymbol{r}_0$ から面 S を見たときの立体角 $\Omega(\boldsymbol{r}_0)$ は

$$\Omega(\boldsymbol{r}_0) = \int_S \frac{\boldsymbol{r} - \boldsymbol{r}_0}{|\boldsymbol{r} - \boldsymbol{r}_0|^3} \cdot \hat{\boldsymbol{n}}(\boldsymbol{r})\,dS \tag{3.45}$$

となる．また，どのような形の面であっても S が閉曲面なら，S 内の任意の点から見た立体角は 4π となることは明らかであろう．すなわち**全立体角**は 4π である．

3.5.2　ガウスの法則（積分形）

図 **3.30** のように，点 $\boldsymbol{r}_0$ にある点電荷 Q を囲むように閉曲面 S をとったとき，閉曲面上の点 $\boldsymbol{r}$ の電界は

$$\boldsymbol{E}(\boldsymbol{r}) = \frac{Q}{4\pi\varepsilon_0}\frac{\boldsymbol{r} - \boldsymbol{r}_0}{|\boldsymbol{r} - \boldsymbol{r}_0|^3} \tag{3.46}$$

で与えられる．閉曲面 S を通って出てゆく電気力線の総数を調べるために，電界の法線方向成分を S 全体にわたって積分してみよう．式 (3.44) の $\boldsymbol{R}$ は $\boldsymbol{R} = \boldsymbol{r} - \boldsymbol{r}_0$ であるから

$$\oint_S \boldsymbol{E}(\boldsymbol{r})\cdot\hat{\boldsymbol{n}}(\boldsymbol{r})\,dS = \frac{Q}{4\pi\varepsilon_0}\oint_S \frac{\boldsymbol{r} - \boldsymbol{r}_0}{|\boldsymbol{r} - \boldsymbol{r}_0|^3}\cdot\hat{\boldsymbol{n}}(\boldsymbol{r})\,dS = \frac{Q}{4\pi\varepsilon_0}\oint d\Omega.$$

ここで $\oint d\Omega$ は，点 $\boldsymbol{r}_0$ から閉曲面 S を見た全立体角であるから，その値は 4π となる．すなわち

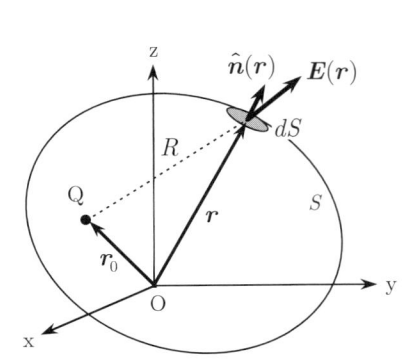

図 3.30 閉曲面 S で囲まれた点電荷 Q

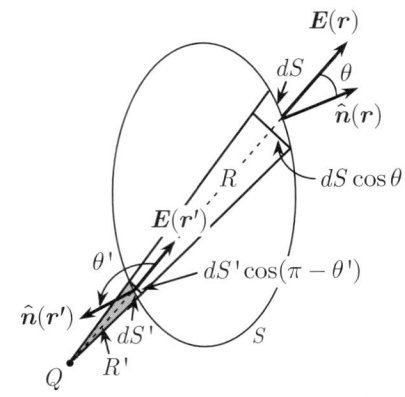

図 3.31 閉曲面 S の外部にある点電荷 Q

$$\oint_S \boldsymbol{E}(\boldsymbol{r}) \cdot \hat{\boldsymbol{n}}(\boldsymbol{r}) \, dS = \frac{Q}{\varepsilon_0} \tag{3.47}$$

を得る．

次に，図 3.31 のように，点電荷 Q をその内部に含まないような閉曲面 S をとったとするとどうなるであろうか．点電荷 Q から面 S を見たとき，S 上の微小面積 dS には，それに相対する微小面積 dS' が必ず存在する．dS, dS' 上の単位法線ベクトルをそれぞれ $\hat{\boldsymbol{n}}(\boldsymbol{r})$, $\hat{\boldsymbol{n}}(\boldsymbol{r}')$ とすると，面積分への寄与は

$$\begin{aligned}
\boldsymbol{E}(\boldsymbol{r}) \cdot \hat{\boldsymbol{n}}(\boldsymbol{r}) \, dS + \boldsymbol{E}(\boldsymbol{r}') \cdot \hat{\boldsymbol{n}}(\boldsymbol{r}') \, dS' &= \frac{Q}{4\pi\varepsilon_0} \left\{ \frac{\boldsymbol{R} \cdot \hat{\boldsymbol{n}}(\boldsymbol{r})}{R^3} dS + \frac{\boldsymbol{R}' \cdot \hat{\boldsymbol{n}}(\boldsymbol{r}')}{R'^3} dS' \right\} \\
&= \frac{Q}{4\pi\varepsilon_0} \left\{ \frac{dS \cos\theta}{R^2} + \frac{dS' \cos\theta'}{R'^2} \right\}
\end{aligned} \tag{3.48}$$

で与えられる．ここで，Q から dS, dS' を見た立体角は明らかに同じ値であるから，$dS \cos\theta = R^2 d\Omega$，$dS' \cos\theta' = R'^2 \{-dS' \cos(\pi - \theta')\} = -R'^2 d\Omega$ となる．すなわち式 (3.48) の和は相殺し合ってゼロになる．したがって，閉曲面 S が点電荷 Q を含まないときには

$$\oint_S \boldsymbol{E}(\boldsymbol{r}) \cdot \hat{\boldsymbol{n}}(\boldsymbol{r}) \, dS = 0 \tag{3.49}$$

となる．

これまでは比較的単純な閉曲面について考えてきたが，図 3.32 のような複雑な閉曲面についても，式 (3.47) と式 (3.49) が成立する．なぜなら，閉曲面内部の電荷 Q から出た電界は閉曲面 S を奇数回通過する．そのとき偶数回目とそれに続く奇数回目（図 3.32 の $2'$ と 2）で外向き法線の方向が逆になるため，それらの寄与は打ち消し合ってゼロとなり，最終的には 1 回分の寄与だけが残るからである．これに対して外部の電荷 q による電気力線は閉曲面を偶数回（図 3.32 の $1'$ と 1，および $2'$ と 2）通過するため，その寄与は打ち消し合ってゼロとなる．また特別の場合として，電界が閉曲面 S に接する場合（図 3.32 の 3）がある．

3.5 ガウスの法則

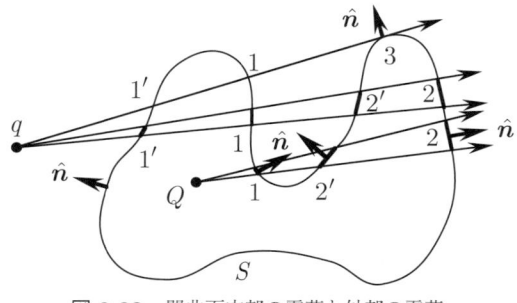

図 3.32 閉曲面内部の電荷と外部の電荷

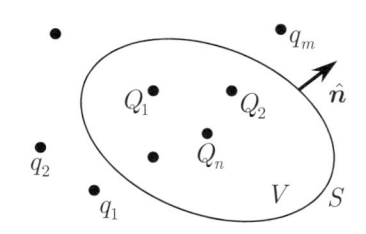

図 3.33 点電荷に対するガウスの法則

この点では電界と曲面の法線ベクトル $\hat{\boldsymbol{n}}$ が直交するので，内積はゼロとなり積分には寄与しない．こうして以下のようにまとめることができる．

> （**点電荷に対するガウスの法則**）図 3.33 のように，閉曲面 S の内部に $Q_1, Q_2, \cdots, Q_n$ があり，その外部に $q_1, q_2, \cdots, q_m$ がある場合には，重ね合わせの原理により
> $$\oint_S \boldsymbol{E}(\boldsymbol{r}) \cdot \hat{\boldsymbol{n}}(\boldsymbol{r}) \, dS = \frac{1}{\varepsilon_0} \sum_{i=1}^n Q_i \tag{3.50}$$
> となる．すなわち**電界 $\boldsymbol{E}(\boldsymbol{r})$ の（外向き）法線成分を閉曲面 S 全体にわたって積分した値は，閉曲面 S の内部に含まれる総電荷量を ε_0 で割ったものに等しい**．

これを**ガウスの法則**（積分形）という．ここで注意してほしいのは，閉曲面 S の外部にある電荷も内部にある電荷も共に S 上に電界を作っているということである．外部の電荷による電界の法線成分による寄与が積分するとゼロになるだけである．なお，ガウスの法則は接線成分の積分がどうなるかについては何も言及していない．

式 (3.50) を電束密度 $\boldsymbol{D}(\boldsymbol{r})$ で表すと，明らかに

$$\oint_S \boldsymbol{D}(\boldsymbol{r}) \cdot \hat{\boldsymbol{n}}(\boldsymbol{r}) \, dS = \sum_{i=1}^n Q_i \tag{3.51}$$

となる．電束密度は $1\,\mathrm{m}^2$ あたりの電気力線の数に対応していたから，左辺の面積分は面 S から出てゆく電気力線の総数に対応する．それが内部の電荷にだけ関係するというのが式 (3.51) の意味である．また，閉曲面 S の外部にある電荷 q_j の電気力線も S に入るが，必ず同じ量だけ出てゆくということも意味している．これがガウスの法則である．

これまでは点電荷に対するガウスの法則を考えてきたが，図 3.34 のように電荷が連続的に分布している場合はどう

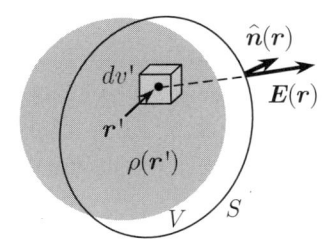

図 3.34 連続電荷分布に対するガウスの法則．

なるであろうか．3.1.2 節で述べたように，微小体積 dv' 内の電荷 $dQ = \rho(\boldsymbol{r}')\,dv'$ は，点電荷と考えてよいから，閉曲面 S で囲まれた体積 V 内の全電荷は

$$Q = \int_V \rho(\boldsymbol{r}')\,dv'$$

となる．このようにして式 (3.50) は，次のように書き換えられる．

(分布電荷に対するガウスの法則)

$$\oint_S \boldsymbol{E}(\boldsymbol{r}) \cdot \hat{\boldsymbol{n}}(\boldsymbol{r})\,dS = \frac{1}{\varepsilon_0} \int_V \rho(\boldsymbol{r}')\,dv' \tag{3.52}$$

ただし V は閉曲面 S によって囲まれる体積である．

点電荷が図 3.33 のように分布しているなら

$$\rho(\boldsymbol{r}) = \sum_{i=1}^n Q_i\,\delta(\boldsymbol{r}-\boldsymbol{r}_i) + \sum_{j=1}^m q_j\,\delta(\boldsymbol{r}-\boldsymbol{r}_j') \tag{3.53}$$

と表される．ここで $\boldsymbol{r}_1', \boldsymbol{r}_2', \cdots, \boldsymbol{r}_m'$ は体積 V の外側にある点である．これを体積 V について積分すると，式 (3.53) の第 2 項はゼロとなるから

$$\int_V \rho(\boldsymbol{r}')\,dv' = \sum_{i=1}^n Q_i \tag{3.54}$$

となる．こうして点電荷の場合でも式 (3.52) は式 (3.50) に一致する．したがって，式 (3.52) のようにガウスの法則を表しておけば，一般性を失うことはない．

3.5.3 ガウスの法則を利用した電界の計算

ガウスの法則 (3.52) は，閉曲面上の電界の法線成分を積分したものと，閉曲面内に含まれる電荷量との関係を述べたものであり，たとえ電荷分布がわかっていたとしても，式 (3.52) から電界 $\boldsymbol{E}(\boldsymbol{r})$ を求めることは一般にはできない．しかし，電荷分布に空間的対称性がある場合には，ガウスの法則を使うことによって，式 (3.23) の積分を実行することなく，極めて簡単に電界 $\boldsymbol{E}(\boldsymbol{r})$ を求めることができる．以下にその例を示そう．

例題 3.8 無限に広い平面に一様な面密度 σ_0 で分布した電荷による電界．

【解答】 図 3.35 のように平面上の任意の点を原点 O とし，平面と垂直方向に z 軸をとる．平面は無限に広いから，x 軸に対しても y 軸に対しても対称である．したがって，電界は z 方向成分だけになる．さらに平面に対しても面対称であるから，電界は平面に対して対称となる．すなわち，$E_z(-z) = -E_z(z)$ となる．このことを考えて**ガウス面**[†]S を図 3.35 のように底面積

[†] ガウスの法則をある閉曲面 S に適用して解析するとき，この閉曲面をガウス面ということがある．

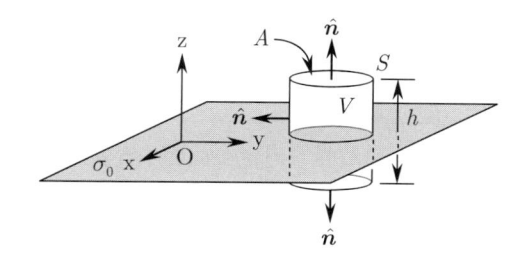

図 **3.35** 無限に広い平面に，一定の面密度 σ_0 で分布した電荷による電界を求めるためのガウス面．ガウス面は底面積 A，高さ h の円筒で，平面を挟むようにする．対称性より電界は z 軸方向成分だけとなる．円筒の側面では単位法線ベクトル $\hat{\bm{n}}$ と電界とは垂直になるから，この面では $\bm{E}\cdot\hat{\bm{n}}=0$．

A，高さ h の円筒とし，平面を挟むようにとるものとする．このとき，円筒の側面では電界と単位法線ベクトル $\hat{\bm{n}}$ は垂直であるから $\bm{E}\cdot\hat{\bm{n}}=0$ となる．また，円筒の上面，下面では単位法線ベクトルの向きが逆であり，V 内に含まれる全電荷量は $A\sigma_0$ であるから，ガウスの法則より

$$\oint_S \bm{E}\cdot\hat{\bm{n}}\,dS = \int_{\text{円筒下面}} \underbrace{\bm{E}\cdot\hat{\bm{n}}}_{-E_z(-h/2)=E_z(h/2)}\,dS + \int_{\text{円筒上面}} \underbrace{\bm{E}\cdot\hat{\bm{n}}}_{E_z(h/2)}\,dS + \int_{\text{円筒側面}} \underbrace{\bm{E}\cdot\hat{\bm{n}}}_{0}\,dS$$

$$= 2AE_z(h/2) = \frac{A\sigma_0}{\varepsilon_0}$$

これより，$E_z(h/2)=\sigma_0/(2\varepsilon_0)$ となる．円筒の高さ h は任意にとることができるから

$$\bm{E}(z) = \pm \frac{\sigma_0}{2\varepsilon_0}\,\hat{\bm{z}}, \quad (z \gtrless 0) \tag{3.55}$$

となる．この結果は，例題 3.7 の式 (3.32) と同じである． ◇

例題 3.9 無限に広い 2 枚の平面上にそれぞれ一様な面密度 $\pm\sigma_0$ で帯電した場合の電界．

【解答】 図 **3.36** のように z 軸をとり，電荷分布 $+\sigma_0$ だけによる電界を求めるためのガウス面を S_1 とすると，上の例題 3.8 から，電荷分布 $+\sigma_0$ の右側の電界は $\bm{E}_0 = \sigma_0/2\varepsilon_0\,\hat{\bm{z}}$，左側では，$-\bm{E}_0$ となる．同様に電荷分布 $-\sigma_0$ だけによる電界を求めるためのガウス面を S_2 とする．この場合，$+\sigma_0 \to -\sigma_0$ と置き換えて考えればよいから，この分布の右側では $-\bm{E}_0$，左側では $\bm{E}_0$ となる．全電界はこれらの電界の重ね合わせであるから，平板間の電界は $2\bm{E}_0$，外側ではゼロとなる．すなわち

$$\bm{E} = \begin{cases} \dfrac{\sigma_0}{\varepsilon_0}\,\hat{\bm{z}}, & \text{平面の間} \\ 0, & \text{外側} \end{cases} \tag{3.56}$$

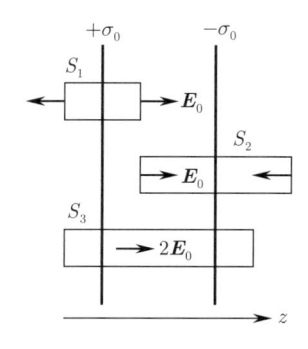

図 **3.36** 電荷分布 $+\sigma_0$，$-\sigma_0$ による電界を求めるためのガウス面 S_1, S_2．S_3 は分布の外側の領域の電界を求めるためのガウス面．2 つの層状電荷分布による電界は，外側の領域であってもそれぞれの分布による電界の重ね合わせであると考えてもよい．

となる．一方，ガウス面 S_3 を考えると，この面内に含まれる電荷量は $A(+\sigma_0) + A(-\sigma_0) = 0$ であるから，電荷分布外部の電界は上の結論と同様にゼロとなる． ◇

例題 3.10 無限に長い直線上に一様な線電荷密度 λ_0 で分布した電荷による電界．

【解答】 この問題は，既に 3.3 節の例題 3.6 でとり上げた．ここではガウスの法則を用いて電界を求めてみよう．図 3.37 のように直線と一致させて z 軸をとったとすると，z 軸に対して軸対称の構造であり，しかも z 軸のどの点をとっても上下に対称であるから，電界は放射状に動径方向を向いているはずである．また，電界の大きさも軸対称になる．

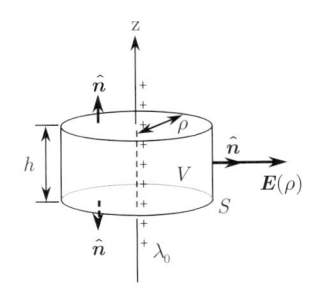

図 3.37 一様な線電荷によって生じる電界．線電荷を中心軸に選び，半径 ρ，高さ h の円筒の表面でガウスの法則を適用する．円筒のフタと底では，電界 $\boldsymbol{E}$ と面の法線 $\hat{\boldsymbol{n}}$ が直交するので内積はゼロとなり，面積分の寄与はなく，側面からの積分だけが寄与する．

中心軸を z 軸とした，高さ h で半径 ρ の円筒を考え，その表面でガウスの法則を適用しよう．円筒のフタと底に立てた法線ベクトル $\hat{\boldsymbol{n}}$ は電界と直交するから，ここからの面積分への寄与はない．一方，側面上では $\hat{\boldsymbol{n}} = \hat{\boldsymbol{\rho}}$ であるから電界と同じ方向を向き，電界はこの面上で一定である．円筒内の全電荷量は $\lambda_0 h$ であるから，ガウスの法則より

$$\oint_S \boldsymbol{E}(\boldsymbol{r}) \cdot \hat{\boldsymbol{n}}(\boldsymbol{r})\, dS = E_\rho(\rho) \int_{\text{円筒側面}} dS = 2\pi\rho h\, E_\rho(\rho) = \frac{1}{\varepsilon_0}\lambda_0 h$$

となる．これと，電界が ρ 方向を向いていることを考慮してベクトルで表すと

$$\boldsymbol{E}(\rho) = E_\rho(\rho)\hat{\boldsymbol{\rho}} = \frac{\lambda_0}{2\pi\varepsilon_0}\frac{1}{\rho}\hat{\boldsymbol{\rho}} \tag{3.57}$$

となり，例題 3.6 の結果 (3.30) と一致する． ◇

例題 3.11 半径 a の球内に，全電荷 Q が一様に分布しているときの電界．

【解答】 電荷分布は点対称であるから，電界も中心 O に対して球対称で，放射方向を向いている．そこで球の中心 O を原点とする半径 r の同心球面 S をとり，これにガウスの法則を適用する．図 3.38(a) は $r \leq a$ の場合，図 3.38(b) は $r > a$ の場合である．どちらの場合も $\hat{\boldsymbol{n}} = \hat{\boldsymbol{r}}$ であり，面 S 上で電界は一定であるから，面積分は

$$\oint_S \boldsymbol{E}(\boldsymbol{r}) \cdot \hat{\boldsymbol{n}}(\boldsymbol{r})\, dS = E_r(r) \oint_S dS = 4\pi r^2 E_r(r)$$

となる．$r \leq a$ の場合には，内部に含まれる総電荷量は，体積電荷密度に半径 r の球の体積を掛ければよいから，$\left(\dfrac{Q}{\frac{4}{3}\pi a^3}\right)\left(\dfrac{4}{3}\pi r^3\right) = \dfrac{r^3}{a^3}Q$ となる．したがって

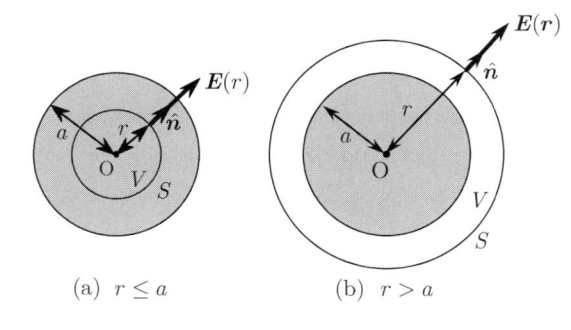

図 3.38 半径 a の球内に一様に分布した電荷によって生じる電界.ガウスの法則を適用する表面の選び方で内部に含まれる電荷量が変化する.

(a) $r \leq a$
(b) $r > a$

$$E_r(\boldsymbol{r}) = \frac{1}{4\pi r^2} \frac{Qr^3}{\varepsilon_0 a^3} = \frac{Qr}{4\pi \varepsilon_0 a^3}.$$

また $r > a$ の場合には,V 内の全電荷は Q であるから

$$E_r(\boldsymbol{r}) = \frac{1}{4\pi r^2} \frac{Q}{\varepsilon_0}$$

両者の結果をまとめると

$$\boldsymbol{E}(\boldsymbol{r}) = E_r(\boldsymbol{r})\hat{\boldsymbol{r}} = \begin{cases} \dfrac{Q}{4\pi\varepsilon_0} \dfrac{r}{a^3} \hat{\boldsymbol{r}}, & (r \leq a), \\ \dfrac{Q}{4\pi\varepsilon_0} \dfrac{1}{r^2} \hat{\boldsymbol{r}}, & (r > a) \end{cases} \tag{3.58}$$

を得る.このように,球内の電界の大きさは中心からの距離に比例する.球内の電界が r^{-2} に比例しないのは,半径 r の値にしたがって球表面が r^2 で増加するのに対して,球内の電荷量が r^3 で増加するためである.なお,この例のように構造が簡単でも,式 (3.23) から直接電界を求めようとすると,非常に複雑な計算が必要になる.

さて,初めての例であるから電気力線を描いて現象を理解してみよう.式 (3.58) を電気力線の方程式 (3.33) に代入すると,球内外共に同じ方程式になり,図 3.13 と同じ電気力線となる.これは明らかに誤りである.$r \leq a$ には電荷があるから,この電荷から電気力線が発生しているはずである.それなのに,この領域で電気力線を描こうとしたのが誤りであったのである.$r > a$ ではかまわない.このように,電気力線はどんな場合でも正確に描けるというわけではないことに注意してほしい. ◇

3.5.4 完全導体

全ての物体は原子でできていて,原子内では原子核の周りを多数の電子が回っているが,外側の軌道を回っている電子の一部が物体中を自由に動きまわるような物質がある.このような物質の代表は**金属** (metal) で,自由に動きまわる電子を**自由電子** (free electron) という[†].自由電子は金属中を自由に動くことができるが,高温に熱したり強い電界をかけたりしない

[†] 銅の原子 1 個につき,1 個の自由電子がある.1 g 中に含まれる原子の数は,アボガドロ数 (6.022 ×10^{23}) を銅の原子量 63.55 で割って,9.476 ×10^{21} 個となる.自由電子もこの数だけある.また,銅の比重は 8.93 g/cm^3 であるから,1 cm^3 あたり 8.462 ×10^{22} 個の自由電子がある.このように金属中の自由電子は一般に数も莫大で,密度も極めて高い.

限り，表面から飛び出すことはない[†1]．金属内には非常に多くの自由電子があるので，弱い電界でも多くの自由電子が移動し，非常に大きな電流が流れる．金属に代表されるように電流を流すことができる物質を総称して**導体** (conductor) というが，通常，導体というときには電流が流れやすい物体のことを指す．そして，その極限の状態にある導体のことを**完全導体** (perfect conductor) という[†2]．これに対して，自由電子がなく（つまり全ての電子が原子内に完全に束縛されている），電流が流れない物質を**不導体**，あるいは**絶縁体** (insulator) という．導体と絶縁体の中間的な物質が**半導体** (semiconductor) である．

さて導体内を動き始めた電子はどうなるであろうか．例えば図 **3.39** のように，導体に電荷 Q を近づけると，電荷 Q による電界のために導体内の電子が力を受けて動き始める．そして力がつり合う場所があるなら，そこで止まるであろう．一部は導体表面に達するかもしれない．しかし，表面から電子は飛び出ることはできないから，そこでいったん止まるかもしれない．もし表面に達した電荷によって電界が生じたとすると，これによって再び導体内の電子が運動し始め，その電子もまた力がつり合うところか，あるいは表面まで達してそこで停止する．これが繰り返され，結局導体内の電子は外部の電荷 Q による電界を完全に打ち消すように，導体内部の力のつり合う場所，あるいは表面に分布することになる．完全導体であれば，どんなに小さな電界が存在しても，その電界によって電子は自由に動くことができるから，完全導体内の電界は完全にゼロにならなければならない．別ないい方をすると，完全導体内の電界をゼロにするように，電荷が分布することになる[†3]．

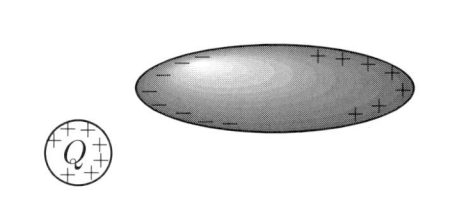

図 3.39 電荷 $Q\,(>0)$ 近くの完全導体．導体には初めから電荷が帯電していなくても，電荷 Q によって生じた電界によって導体表面上に負電荷が誘導される．しかし反対側の表面には等量の正電荷が誘起されており，導体全体としては中性である．これを電荷保存の法則といい，電荷が誘起される現象を静電誘導という．

完全導体の内部に力のつり合う場所の存在を考えたが，そのような場所は本当に存在し得るであろうか．答えはガウスの法則から導かれる．存在するなら図 **3.40** のように電荷 Q_i がその場所にあるはずである．これをとり囲むように閉曲面 S をとると S 上の電界はゼロ

[†1] 電子を物体から真空中や気体中にとり出すことを**電子放出**という．電子放出の方法には，金属を熱する**熱電子放出**，金属に光をあてる**光電子放出**，金属に電子を衝突させる**二次電子放出**，金属に強い電界をかける**強電界放出**がある．光電子とか熱電子という言葉がついているが，飛び出した電子が特別な電子というわけではない．電子放出の技術は，テレビのブラウン管や電子顕微鏡などに応用されている．

[†2] 普通の金属も実用的なレベルでは完全導体と考えてよい．

[†3] 電子が動き出し始めて，最終的に導体内部の電界をゼロにするように電子が再分布するまでの時間は極めて短い．普通の金属の場合には 10^{-20} 秒程度である．しかし，電子1つひとつが高速に動き回っているわけではない．近くにある原子にとり込まれてすぐに中性になってしまうのである．

であるから，ガウスの法則 (3.52) より S 内の全電荷量 Q_i もゼロである．S 内には正の電荷と負の電荷がちょうど同じ量だけあってもよいが，S は任意にとることができるから，再び正の電荷，あるいは負の電荷だけを囲むように S をとることができる．このようにして完全導体内部には結局電界も電荷も存在しないことになり，電荷は表面だけに分布することになるのである．

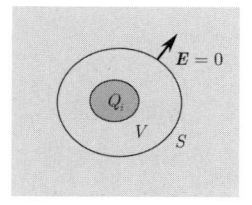

図 **3.40** 完全導体内部に仮定された電荷 Q_i とガウスの法則

導体がもともと中性の場合でも，上に述べたように，導体の近くに電荷を近づけると，導体表面に電荷が現れる．これを**静電誘導** (electrostatic induction) というが，表面に現れる電荷の総量は最初の状態と同じくゼロである．最初からある電荷量が帯電していた場合にも，近くにある別の電荷によって分布は変化するが，総電荷量は変わらない．これを**電荷保存の法則** (conservation law of electric charge) という．

空洞のある導体でも，上と同じ理由で，導体の部分には電界も電荷も存在しないが，空洞表面には電荷が存在できる可能性がある．ガウスの法則だけでは電荷が存在できるか，できないかの答えを出すことはできない．もう 1 つの静電界の基本法則が必要である．空洞のある導体の問題は，その法則を導いてからもう一度議論することにする．

3.5.5 完全導体表面の電界

完全導体の内部には電荷も電界も存在せず，導体表面だけに電荷が分布することを説明したが，導体表面のすぐ外側の電界はどのようになるであろうか．これを知るために，**図 3.41** のように導体表面に平行な底面をもつ微小円筒を考え，これにガウスの法則を適用する．導体表面のすぐ外側の電界は導体表面に垂直である．なぜなら，電界が導体に平行な成分をもったとすると，その電界成分によって表面上の電荷が移動し，結局導体表面に平行な電界の成分を打ち消すように電荷が再分布することになるからである[†]．したがって円筒の側面では，法線ベクトルと電界とは直交し側面か

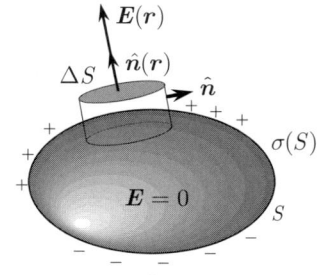

図 **3.41** 導体表面の電界

らの寄与はない．また，完全導体内部にある円筒の底面の部分では，電界がゼロであるから，この面からの寄与もない．円筒のフタの部分では，電界 $E(r)$ は法線ベクトルと同じ方向を向くから，フタの面積を ΔS とすると，式 (3.52) の面積分は $E(r)\Delta S$ となる．一方，円筒内の全電荷は，導体表面の面電荷密度を $\sigma(r)$ とすると $\sigma(r)\Delta S$ であるから，ガウスの法則より，$E(r)\Delta S = \sigma(r)\Delta S/\varepsilon_0$ となる．すなわち，導体表面の電界は

[†] 現時点ではこのような現象論的な説明しかできないが，後の節で正確な説明を行う．

$$\boldsymbol{E}(\boldsymbol{r}) = \frac{\sigma(\boldsymbol{r})}{\varepsilon_0}\hat{\boldsymbol{n}}(\boldsymbol{r}) \tag{3.59}$$

となる．このように，完全導体表面上の電界は，その場所における面電荷密度 $\sigma(\boldsymbol{r})$ に比例し，**表面に垂直**となる．これもクーロンの法則とよばれることがある．

導体表面の電荷には電界が作用しているから，この電荷には力が働くはずであるが，この力は表面上の電荷に式 (3.59) の電界を掛けたものではない．このことはクーロンの法則をもう一度考えて見れば理解できる．すなわち，2 つの点電荷 Q_1, Q_2 による電界は Q_1 による電界 $\boldsymbol{E}_1$ と Q_2 による電界 $\boldsymbol{E}_2$ の和 $\boldsymbol{E}_1 + \boldsymbol{E}_2$ であるが，Q_1 に働くクーロン力は $\boldsymbol{E}_2$ と Q_1 の積 $Q_1 \boldsymbol{E}_2$ であって，$Q_1(\boldsymbol{E}_1 + \boldsymbol{E}_2)$ ではないからである．上の例でも表面電荷 $\sigma(\boldsymbol{r})$ に働く単位面積あたりの力は，点 $\boldsymbol{r}$ 以外の電荷によって作られる電界と $\sigma(\boldsymbol{r})$ の積になる．ではその電界を求めよう．

図 3.42 のように，導体表面の点 $\boldsymbol{r}$ を中心として半径 a の微小面積 S_a をとって，面全体 S を S_a とそれ以外の面 S_b に分けたとする．点 $\boldsymbol{r}$ の電界 $\boldsymbol{E}(\boldsymbol{r})$ は，面 S_a と S_b に存在する電荷からの寄与となるが，全体では式 (3.59) で与えられる．すなわち，式 (3.26) より

$$\frac{\sigma(\boldsymbol{r})}{\varepsilon_0}\hat{\boldsymbol{n}}(\boldsymbol{r}) = \frac{1}{4\pi\varepsilon_0}\int_{S_a}\sigma(\boldsymbol{r}')\frac{\boldsymbol{r}-\boldsymbol{r}'}{|\boldsymbol{r}-\boldsymbol{r}'|^3}dS' + \frac{1}{4\pi\varepsilon_0}\int_{S_b}\sigma(\boldsymbol{r}')\frac{\boldsymbol{r}-\boldsymbol{r}'}{|\boldsymbol{r}-\boldsymbol{r}'|^3}dS' \tag{3.60}$$

となる．$a \to 0$ とすると，上式の第 1 項が点 $\boldsymbol{r}$ にある電荷密度 $\sigma(\boldsymbol{r})$ による電界，第 2 項がこれ以外の電荷による電界ということになる．一方，S_a の半径 a は非常に小さいから，この面内の電荷密度は一定と考えてよい．また，完全導体上の電界は垂直方向成分しかもたないから，S_a 内に含まれる電荷による電界，すなわち式 (3.60) の第 1 項は，例題 3.7 の式 (3.31) において $z=0$, $\hat{\boldsymbol{z}} \to \hat{\boldsymbol{n}}(\boldsymbol{r})$ とおいた電界 $\sigma/(2\varepsilon_0)\hat{\boldsymbol{n}}$ になる．したがって，式 (3.60) から，点 $\boldsymbol{r}$ 以外の電荷による電界は $\sigma/(2\varepsilon_0)\hat{\boldsymbol{n}}$ となる．こうして，完全導体表面の電荷に働く単位面積あたりの力 $\boldsymbol{f}(\boldsymbol{r})$ は，この電界に $\sigma(\boldsymbol{r})$ を掛けて

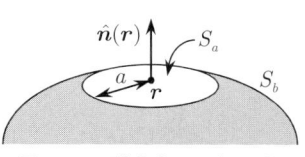

図 3.42 導体表面の点 $\boldsymbol{r}$ を中心とする微小円板 S_a

$$\boldsymbol{f}(\boldsymbol{r}) = \sigma(\boldsymbol{r})\frac{\sigma(\boldsymbol{r})}{2\varepsilon_0}\hat{\boldsymbol{n}}(\boldsymbol{r}) = \frac{\sigma^2(\boldsymbol{r})}{2\varepsilon_0}\hat{\boldsymbol{n}}(\boldsymbol{r}) = \frac{\varepsilon_0}{2}E^2(\boldsymbol{r})\hat{\boldsymbol{n}}(\boldsymbol{r}) \tag{3.61}$$

となる．式 (3.61) は σ の 2 乗に比例するので，電荷の正負に関わらず導体表面には外側方向の力が働く．電界が強ければ電子の強電界放出が起こる．また，金属表面の曲率半径が小さくなると，電荷量は少なくても密度は高くなるから，この部分には大きな力が働くことになる．このことは工学的に重要であるので 3.6.6 項でさらに説明を加える．

導体表面にはこのように外向きの張力が働くが，導体全体に働く力は各点からの張力が打ち消しあって全体としてはゼロとなる．この力は導体自身の電界による力であることから，

自己力 (self force) とよばれるが，点電荷以外の任意の電荷分布に対して自己力がゼロになることを証明できる†（章末問題【12】参照）．

3.5.6 ガウスの法則（微分形）

数学の定理である ガウスの定理 (2.100) を物理法則としての ガウスの法則 (3.52) に適用すると

$$\oint_S \boldsymbol{E}(\boldsymbol{r}) \cdot \hat{\boldsymbol{n}}(\boldsymbol{r}) \, dS = \int_V \nabla \cdot \boldsymbol{E}(\boldsymbol{r}) \, dv = \frac{1}{\varepsilon_0} \int_V \rho(\boldsymbol{r}) \, dv$$

となる．上式の第 2 項，第 3 項を使って

$$\int_V \left\{ \nabla \cdot \boldsymbol{E}(\boldsymbol{r}) - \frac{1}{\varepsilon_0} \rho(\boldsymbol{r}) \right\} dv = 0 \tag{3.62}$$

なる量を考える．体積 V は任意であるから，任意の点 $\boldsymbol{r}$ の周りの微小体積にとれば，式 (3.62) の被積分関数は一定とみなすことができる．任意の微小体積に対してこの等式が成り立つためには，被積分関数がゼロ，すなわち

$$\nabla \cdot \boldsymbol{E}(\boldsymbol{r}) = \frac{1}{\varepsilon_0} \rho(\boldsymbol{r}) \qquad \text{ガウスの法則（微分形）} \tag{3.63}$$

が成り立たなければならない．これを微分形のガウスの法則といい，静電界における基本法則の 1 つである．式 (3.63) を，例えば直角座標成分で表すと

$$\frac{\partial E_x(\boldsymbol{r})}{\partial x} + \frac{\partial E_y(\boldsymbol{r})}{\partial y} + \frac{\partial E_z(\boldsymbol{r})}{\partial z} = \frac{1}{\varepsilon_0} \rho(\boldsymbol{r}) \tag{3.64}$$

となる．

これまでの議論を振り返ると，微分形のガウスの法則とは，数学公式を駆使して式 (3.23) を変形しただけのように思われるが，じつは近接作用の概念を具現化した式の 1 つだということができる．例えば電界が x 方向だけに変化し，$\boldsymbol{E} = E_x(x)\hat{\boldsymbol{x}}$ と 1 変数関数の特別な場合を考えよう．このとき式 (3.64) は $\dfrac{\partial E_x(x)}{\partial x} = \dfrac{\rho(x)}{\varepsilon_0}$ となるから，テーラー展開の公式より

$$E_x(x + \Delta x) \approx E_x(x) + \frac{\partial E_x(x)}{\partial x} \Delta x = E_x(x) + \frac{\rho(x)}{\varepsilon_0} \Delta x \tag{3.65}$$

と書くことができる．これは，$x + \Delta x$ における電界 $E_x(x + \Delta x)$ が，その位置から少し離れた位置 x における電界 $E_x(x)$ と，その位置における電荷分布 $\rho(x)$ によって決まるという式になっている．これは正しく近接作用の概念を表現した式である．これに対して，式 (3.23) は確かに近接作用の概念も暗に含んでいるが，表現としては遠隔作用の考え方のままである．

---

† 電界が時間的に変化する場合は成り立たない．

であるからといって式 (3.23) の価値が下がるわけではない．電荷分布 $\rho(\bm{r})$ がわかれば，式 (3.23) から電界が計算できるのに対して，式 (3.64) だけからでは特殊な場合を除いて電界 $\bm{E}(\bm{r})$ を決定することはできないからである．なぜなら，未知関数は $E_x(\bm{r}), E_y(\bm{r}), E_z(\bm{r})$ の 3 つあるのに対して，方程式は (3.64) の 1 つだけであるからである．したがって，静電界を決定するにはさらに別の条件が必要となる[†1]．これについては今後順を追って説明する．

3.6 電界と電位・静電ポテンシャル

3.6.1 位置エネルギーと電位

静電界のもう 1 つの基本法則を導くために**電位** (electric potential)，あるいは**静電ポテンシャル** (electrostatic potential) という概念を導入する．

力学でポテンシャルというとポテンシャルエネルギー (potential energy)，すなわち位置エネルギーのことである．そこで位置エネルギーとはどういうものであったかを復習してみよう．図 **3.43**(a) のように，点 P_0 を基準とした点 P の位置エネルギー $U(h)$ は $U(h) = mgh$ であった．これは，mg という大きさをもつ重力 $\bm{F}_g$ に逆らう力 $\bm{F} = -\bm{F}_g$ で，質点 m を P_0 から P まで持ち上げるために必要な仕事量であると説明される[†2]．基準点 P_0 は地表に選ぶのが一般的である．地球は非常に大きいから，点 P が地表からそれほど離れていなければこのようなとり扱いができるが，そうでない場合には図 3.43(b) のように万有引力の下で考えなければならない．このときの位置エネルギーも図 3.43(a) の場合と同じように，質量 M の物体と質点に働く万有引力 $\bm{F}_G$ に逆う力 $\bm{F} = -\bm{F}_G$ によって，質点を点 P_0 から点 P まで曲線 C に沿って移動させるために必要な仕事を点 P の位置エネルギー $U(\bm{r})$ と定義した．2 章，2.11.2 項の表記法にしたがえば

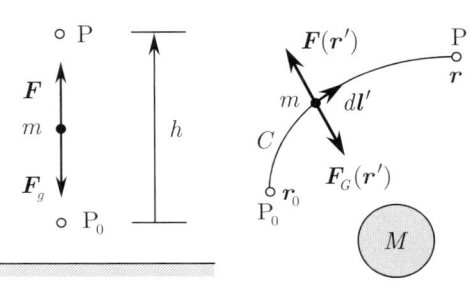

(a) 重 力　　　(b) 万有引力

図 **3.43** 位置エネルギー

[†1] 数学的にいうと，ベクトル関数を一意的に決めるためには，その発散と回転の両方を与えなければならない，という定理に由来する．証明は煩雑なので省略するが，このために静電界の回転に関する条件が必要になるのである．

[†2] これでは力がつり合って質点を動かせないのではないかと疑問を抱くかもしれない．その通りである．この力よりごくわずか大きな力でないといけない．質点を動かし始めるときや止めるときの加速度の影響がないように十分ゆっくり持ち上げるのであるから，数学の言葉でいうと，いわゆる 2 次以上の微小量だけ大きな力を作用させることになる．一般には 2 次以上の微小量は無視してこのように書くのである．

$$U(\boldsymbol{r}) = \int_{\boldsymbol{r}_0}^{\boldsymbol{r}} \boldsymbol{F}(\boldsymbol{r}') \cdot d\boldsymbol{l}' = -\int_{\boldsymbol{r}_0}^{\boldsymbol{r}} \boldsymbol{F}_G(\boldsymbol{r}') \cdot d\boldsymbol{l}' = -\int_{C} \boldsymbol{F}_G(\boldsymbol{r}') \cdot d\boldsymbol{l}' \tag{3.66}$$

となる．この場合の位置エネルギーの基準点 P_0 は物体 M の表面ではなく，無限遠点に選ぶのが一般的である．また，式 (3.66) の $\boldsymbol{r}'$ は曲線 C 上の点を表すと同時に積分変数でもあるから，どんな文字変数を使ってもよい．そこで，式 (3.66) を

$$U(\boldsymbol{r}) = -\int_{\boldsymbol{r}_0}^{\boldsymbol{r}} \boldsymbol{F}_G(\boldsymbol{r}) \cdot d\boldsymbol{l}$$

などと書く場合もあるが混乱はないであろう．

電位も位置エネルギーと同様に定義できる．図 **3.44** のように，電荷 Q から生じた静電界 $\boldsymbol{E}(\boldsymbol{r})$ の中を，微小電荷量 Δq をもつ点電荷を点 $P_0(\boldsymbol{r}_0)$ から別の点 $P(\boldsymbol{r})$ まで曲線 C に沿って移動させるためには，電界 $\boldsymbol{E}(\boldsymbol{r}')$ から受ける力 $\Delta q \boldsymbol{E}(\boldsymbol{r}')$ に逆らう力 $\boldsymbol{F}(\boldsymbol{r}') = -\Delta q \boldsymbol{E}(\boldsymbol{r}')$ によって仕事をしなければならない．微小電荷量を考えたのは，静電誘導によって電荷 Q の分布，すなわち周囲の電界が変わらないようにするためである．曲線 C 上の微小ベクトル線素を $d\boldsymbol{l}'$ とすると，必要な仕事量 W は

$$W = \int_{\boldsymbol{r}_0}^{\boldsymbol{r}} \boldsymbol{F}(\boldsymbol{r}') \cdot d\boldsymbol{l}' = -\Delta q \int_{\boldsymbol{r}_0}^{\boldsymbol{r}} \boldsymbol{E}(\boldsymbol{r}') \cdot d\boldsymbol{l}' \tag{3.67}$$

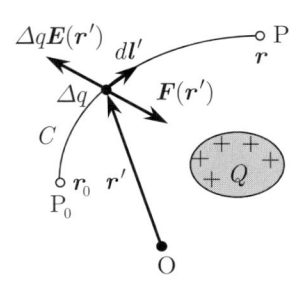

図 **3.44** 分布電荷 Q による電界内で点電荷 Δq を点 P_0 から P まで移動するために必要な仕事．点電荷 Δq は周囲の電界を乱さないほど小さな電荷量である．

で与えられる．$\Delta q = 1$ C，すなわち単位電荷量あたりの仕事量を基準点 P_0 に対する点 P の**電位**，あるいは**静電ポテンシャル**といい，$V(\boldsymbol{r})$ と書く．すなわち，空間内の点 $\boldsymbol{r}$ の電位は

$$V(\boldsymbol{r}) = -\int_{\boldsymbol{r}_0}^{\boldsymbol{r}} \boldsymbol{E}(\boldsymbol{r}') \cdot d\boldsymbol{l}' \tag{3.68}$$

で与えられる．電位は，1 C あたりの仕事量であるから，その単位は $\left[\dfrac{\mathrm{J}}{\mathrm{C}}\right] = \left[\dfrac{\mathrm{Nm}}{\mathrm{As}}\right]$ となる．この電位の単位をボルト〔V〕と定める†．電位の単位を用いると，式 (3.68) より電界の単位は V/m，すなわち 1 m あたりの電位差ということになる．また，$\boldsymbol{r}$ は空間の任意の点としたから，電位は位置（変数）$\boldsymbol{r}$ のスカラ関数となる．

位置エネルギーの場合と同様に，電位の基準点 $P_0(\boldsymbol{r}_0)$ は便宜上，無限遠にとられる．このとき式 (3.68) は

$$V(\boldsymbol{r}) = -\int_{\infty}^{\boldsymbol{r}} \boldsymbol{E}(\boldsymbol{r}') \cdot d\boldsymbol{l}' \tag{3.69}$$

---

† ボルトは電池の発明者であるボルタの名前に因む．

となる．すなわち無限遠方の電位をゼロに選んでいることになる．なお，電位というときにはもっぱらこの式が用いられるが，一様な密度で無限に広がった電荷を考える場合には，無限遠で電位はゼロにならないため，式 (3.68) に戻って基準になる点 P_0 に対する電位を考えることになる．

点 $P(\bm{r})$ は空間内の任意の点としたため，電位 $V(\bm{r})$ は変数 $\bm{r}$ のスカラ関数とみることができたが，任意の点ではなく，ある特別な点 $P_1(\bm{r}_1)$ に選んだとすると，$V_1 = V(\bm{r}_1)$ は特定の数値になる．別の点 $P_2(\bm{r}_1)$ でも同様に $V_2 = V(\bm{r}_2)$ は特定の値になる．$V_{21} = V_2 - V_1$ を V_1 に対する V_2 の電位，あるいは単に**電位差**という．電位差 V_{21} は

$$V_{21} = -\int_{\bm{r}_0}^{\bm{r}_2} \bm{E}(\bm{r}') \cdot d\bm{l}' - \left(-\int_{\bm{r}_0}^{\bm{r}_1} \bm{E}(\bm{r}') \cdot d\bm{l}'\right) = -\int_{\bm{r}_1}^{\bm{r}_2} \bm{E}(\bm{r}') \cdot d\bm{l}' \tag{3.70}$$

となるから，基準点 $\bm{r}_0$ のとり方によらない．

3.6.2 電荷と電位

電位の具体的な表現式を求めよう．まず，図 **3.45** のように，$\bm{r}_1$ にある点電荷 Q_1 による点 $P(\bm{r})$ の電位 $V(\bm{r})$ を求める．ただし，基準点は無限遠とする．Q_1 による曲線 C 上の点 $\bm{r}'$ の電界は

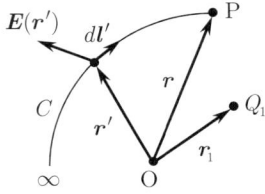

$$\bm{E}(\bm{r}') = \frac{Q_1}{4\pi\varepsilon_0} \frac{\bm{r}' - \bm{r}_1}{|\bm{r}' - \bm{r}_1|^3} \tag{3.71}$$

図 **3.45** 点電荷 Q_1 による電位

で与えられる．式 (3.71) を式 (3.69) に代入すると，線素 $d\bm{l}'$ が $d\bm{l}' = dx'\hat{\bm{x}} + dy'\hat{\bm{y}} + dz'\hat{\bm{z}}$ と表されるから

$$\begin{aligned}V(\bm{r}) &= -\int_\infty^{\bm{r}} \bm{E}(\bm{r}') \cdot d\bm{l}' = -\frac{Q_1}{4\pi\varepsilon_0} \int_\infty^{\bm{r}} \frac{\bm{r}' - \bm{r}_1}{|\bm{r}' - \bm{r}_1|^3} \cdot d\bm{l}' \\ &= -\frac{Q_1}{4\pi\varepsilon_0} \int_\infty^{\bm{r}} \frac{(x' - x_1)\,dx' + (y' - y_1)\,dy' + (z' - z_1)\,dz'}{\{(x' - x_1)^2 + (y' - y_1)^2 + (z' - z_1)^2\}^{3/2}}\end{aligned} \tag{3.72}$$

となる．ここで $R = \sqrt{(x' - x_1)^2 + (y' - y_1)^2 + (z' - z_1)^2}$ と変数変換すると

$$dR = \frac{\partial R}{\partial x'} dx' + \frac{\partial R}{\partial y'} dy' + \frac{\partial R}{\partial z'} dz' = \frac{x' - x_1}{R} dx' + \frac{y' - y_1}{R} dy' + \frac{z' - z_1}{R} dz'$$

となるから，これを式 (3.72) に代入すると

$$V(\bm{r}) = -\frac{Q_1}{4\pi\varepsilon_0} \int_\infty^{R_1} \frac{dR}{R^2} = \frac{Q_1}{4\pi\varepsilon_0} \left[\frac{1}{R}\right]_\infty^{R_1} = \frac{Q_1}{4\pi\varepsilon_0} \frac{1}{R_1} \tag{3.73}$$

を得る．ただし，$R_1 = \sqrt{(x - x_1)^2 + (y - y_1)^2 + (z - z_1)^2} = |\bm{r} - \bm{r}_1|$ である．すなわち，点電荷による任意の点の電位は

$$V(\boldsymbol{r}) = \frac{1}{4\pi\varepsilon_0} \frac{Q_1}{|\boldsymbol{r} - \boldsymbol{r}_1|} \quad \text{(点電荷 } Q_1 \text{ による任意の点 } \boldsymbol{r} \text{ の電位)} \tag{3.74}$$

で与えられる．このように，電位とは元々空間内のある特定の曲線に沿って 1 C の電荷を運ぶために必要な仕事として定義されたが，結局は**経路には無関係**に点 $\boldsymbol{r}$ と点電荷 Q_1 との距離にのみに関係するスカラ関数となる．点電荷による電位 (3.74) は，明らかに Q_1 を中心とした球面上で一定であるから，等電位面は球面となる．また，球の中心では無限大となり，中心を含む面内では大きさが $1/|\boldsymbol{r} - \boldsymbol{r}_1|$ に比例する曲面となる．電荷が n 個あるなら，重ね合わせの原理によって

$$V(\boldsymbol{r}) = \frac{1}{4\pi\varepsilon_0} \sum_{i=1}^{n} \frac{Q_i}{|\boldsymbol{r} - \boldsymbol{r}_i|} \tag{3.75}$$

となる．

図 **3.46**(a) は，x 軸上に並んだ $\mp Q$ [C] の 2 つの点電荷による xy 面内の電位 $V(x,y)$ を示したものである．y 軸を境に右側が正の電位，左側が負の電位になっており，$\pm Q$ の点では $\pm\infty$ となる．また，正確な形は 3.6.4 項

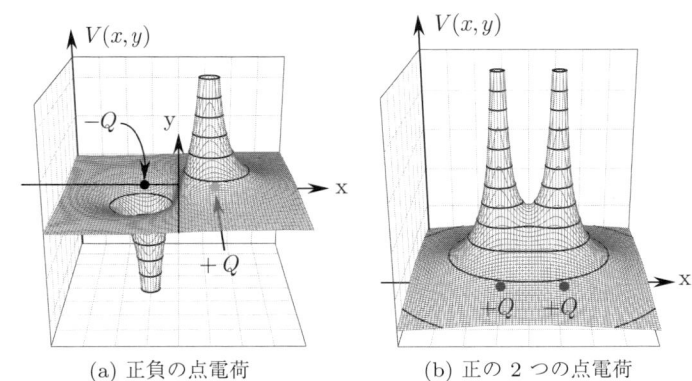

(a) 正負の点電荷 (b) 正の 2 つの点電荷
図 **3.46** x 軸上に並んだ 2 つの点電荷による xy 面内の電位 $V(x,y)$

で示すが，$V(x,y)$ の表面に描かれた実線は等電位線（等高線）で，歪（いびつ）な円のような形をしている．図 3.46(b) は，2 つの電荷の電荷量が共に $+Q$ [C] の場合であり，どの点でも電位は正である．また，電荷間の中心付近では馬の鞍（くら）のようになっている．すなわち，電位はこの点で極値をとる[†]．一方，この点の電界はゼロであったから，電界と電位の微分とは何らかの関係がありそうである．これについても 3.6.4 項で説明する．

体積分布する電荷 $\rho(\boldsymbol{r}')$ による電位は，微小体積 dv' 内の電荷 $\rho(\boldsymbol{r}')\,dv'$ を点電荷とみなして式 (3.74) を適用し，その結果を体積全体で積分すればよい．こうすると体積分布 $\rho(\boldsymbol{r}')$ による電位の表現式は

$$V(\boldsymbol{r}) = \frac{1}{4\pi\varepsilon_0} \int_V \frac{\rho(\boldsymbol{r}')}{|\boldsymbol{r} - \boldsymbol{r}'|} \, dv' \tag{3.76}$$

で与えられる．面電荷密度 $\sigma(\boldsymbol{r}')$，線電荷密度 $\lambda(\boldsymbol{r}')$ による電位についても同様である．

[†] より正確には，鞍部点（あんぶてん）といい，x 方向には極小値，y 方向には極大値をもっている．

3.6.3 電界と保存場

電位は電界を積分する経路には無関係であったから，電位差もまた積分経路には無関係な量である．すなわち，図 3.47 のように積分路 C_1 に沿って電界を積分しても，別の積分路 C_2 に沿って電界を積分しても同じ電位差 V_{21} を与える．したがって，C_2 を逆方向に積分したときの電位差を V_{12} とすると，$V_{12} = -V_{21}$，すなわち $V_{21} + V_{12} = 0$ となる．これを電界の積分の形で表すと

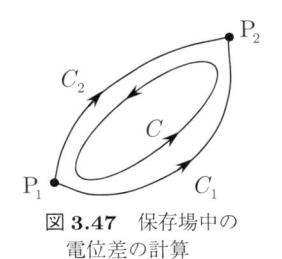

図 3.47 保存場中の電位差の計算

$$V_{21} + V_{12} = -\int_{C_1} \boldsymbol{E}(\boldsymbol{r}) \cdot d\boldsymbol{l} - \int_{-C_2} \boldsymbol{E}(\boldsymbol{r}) \cdot d\boldsymbol{l} = -\oint_C \boldsymbol{E}(\boldsymbol{r}) \cdot d\boldsymbol{l} = 0$$

となる．ただし，C は C_1 と $-C_2$ で作られた図 3.47 のような閉曲線である．これがガウスの法則とならぶ静電界の基本法則の 1 つであり，次のように表される．

積分形で表した静電界の基本法則（保存場の条件）：

$$\oint_C \boldsymbol{E}(\boldsymbol{r}) \cdot d\boldsymbol{l} = 0 \tag{3.77}$$

電界の線積分は 1 C を運ぶのに必要な仕事であったから，閉曲線に沿う仕事がゼロになるということは，ある点から別の点に 1 C の電荷を運ぶときに外部から電界にした仕事と同じ量が，もとの点に帰ってくるとき電界から外部になされることになる．別のいい方をすると，**静電界からエネルギーをとり出すことはできない**ことになる．このような性質をもつ空間を**保存場** (conservative field) といい，式 (3.77) で表される[†].

ガウスの法則のときにそうしたように，積分形で表した基本法則 (3.77) を微分形に変換しよう．空間内の点 $\boldsymbol{r}$ の周りの微小面積 ΔS とその面を囲む閉曲線 ΔC に対し，ストークスの定理 (2.116) を適用すると

$$\oint_{\Delta C} \boldsymbol{E}(\boldsymbol{r}) \cdot d\boldsymbol{l} = \int_{\Delta S} \left\{ \nabla \times \boldsymbol{E}(\boldsymbol{r}) \right\} \cdot \hat{\boldsymbol{n}}(\boldsymbol{r}) \, dS = 0$$

となる．面 ΔS は非常に小さいから，被積分関数は一定とみなすことができる．また，ΔS は任意に選べるから，$\nabla \times \boldsymbol{E}$ と $\hat{\boldsymbol{n}}$ とが垂直にならないように選ぶことができる．したがって，次式が成り立たなければならない．

微分形で表した静電界の基本法則（保存場の条件）：

$$\nabla \times \boldsymbol{E}(\boldsymbol{r}) = 0 \tag{3.78}$$

[†] 力と位置エネルギーについても同じような関係が成り立つことを知っている読者も多いことであろう．

3.6.4 電位と電界

式 (3.69) のように，電位は電界 $\bm{E}$ を線積分することによって得られたが，本節では逆に電位から電界を決定する方法を説明する．図 **3.48** に示すように，空間内の任意の点 P(x,y,z) とその近傍の点 Q$(x+dx,y+dy,z+dz)$ との間の電位差 $dV(\bm{r})$ を考える．点 P から 点 Q へ引いた線素ベクトル $d\bm{l} = dx\hat{\bm{x}} + dy\hat{\bm{y}} + dz\hat{\bm{z}}$ の大きさは，

図 **3.48** 点 P の電位 $V(\bm{r})$ と $d\bm{l}$ だけ離れた点 Q における電位 $V(\bm{r}+d\bm{l})$ との間の電位差 dV

非常に小さいから，この線素ベクトル上で電界は一定としてよい．したがって

$$dV(\bm{r}) = -\bm{E}(\bm{r}) \cdot d\bm{l} \tag{3.79}$$

となる．一方 $dV(\bm{r})$ は 2.9 節で示したように $dV(\bm{r}) = \nabla V(\bm{r}) \cdot d\bm{l}$ であるから，式 (3.79) と比較することにより，電界は**電位の勾配**として与えられ

$$\bm{E}(\bm{r}) = -\nabla V(\bm{r}) \tag{3.80}$$

を得る．

式 (3.80) の意味を考えてみよう．2.9 節で説明したように，スカラ関数 $V(\bm{r})$ の勾配 $\nabla V(\bm{r})$ とは，V の変化率が最大の方向を向き，大きさが最大変化率となるベクトルである．式 (3.80) の右辺は符号が逆であるから，図 **3.49** のように電界 $\bm{E}(\bm{r})$ は電位一定の面，すなわち **等電位面**に垂直で，電位の最急降下方向を向くベクトルである．このことにより，電気力線と等電位面とは垂直である．

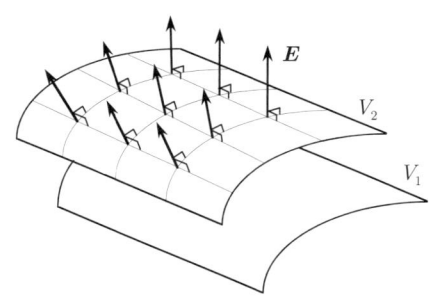

図 **3.49** 等電位面 V_1, $V_2 < V_1$ と電気力線．$V_1 < V_2$ なら電気力線は V_2 から V_1 の方向を向く．

式 (3.80) は次のようにしても確かめることができる．2 章の章末問題【11】(2) より，式 (3.23) は次のように書き換えられる．

$$\begin{aligned}\bm{E}(\bm{r}) &= -\frac{1}{4\pi\varepsilon_0} \int_V \rho(\bm{r}')\nabla\left(\frac{1}{|\bm{r}-\bm{r}'|}\right) dv' = -\frac{1}{4\pi\varepsilon_0} \int_V \nabla\left\{\rho(\bm{r}')\frac{1}{|\bm{r}-\bm{r}'|}\right\} dv' \\ &= -\nabla\left\{\frac{1}{4\pi\varepsilon_0} \int_V \frac{\rho(\bm{r}')}{|\bm{r}-\bm{r}'|} dv'\right\} = -\nabla V(\bm{r})\end{aligned}$$

ここで，∇ が $\bm{r}$ に関する微分を表しており，$\rho(\bm{r}')$ も dv' も共に $\bm{r}'$ の関数であるから ∇ の演算をプライム記号のついた座標に関する積分の前に出すことができることを利用した．

さて，等電位面は一般に閉曲面となるため，一般的な電荷分布に対して電気力線と等電位面を正確に描くのは難しい．ここでは，再び一直線上に並んだ点電荷をとり上げ，等電位面と電気力線がどのようになるかを調べてみよう．3.6.2 項の

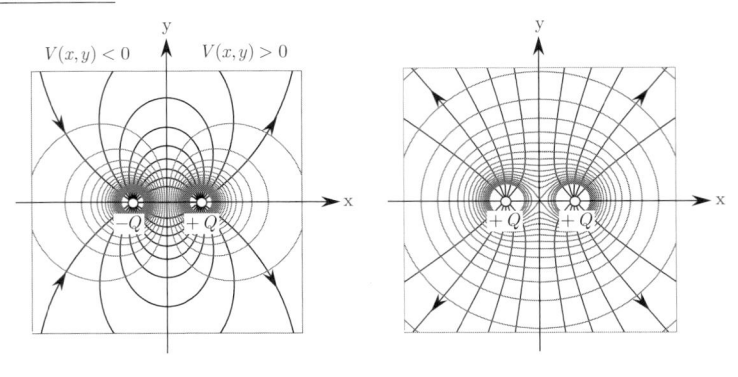

(a) 正負の点電荷　　(b) 正の 2 つの点電荷
図 **3.50**　x 軸上に並んだ点電荷による xy 面内の等電位線と電気力線

図 3.46 と 3.3 節の図 3.12 を合わせて見てほしい．図 **3.50** は，3.4 節の電気力線の方程式 (3.39) と等電位面の方程式 (式 (3.75)= 一定) から計算した xy 面内の電気力線と等電位線である．電気力線は黒の実線，等電位線は灰色の実線で描いており，等電位線間の電位差は一定である．これより，電荷付近の電位が高いところでは等電位線が密集すると共に電気力線の密度も高くなっている．電荷から離れるにしたがって電位も低くなることから等電位線の間隔も大きくなり，電気力線の密度も疎になる．もちろん，電気力線と等電位線はどこでも直交している．

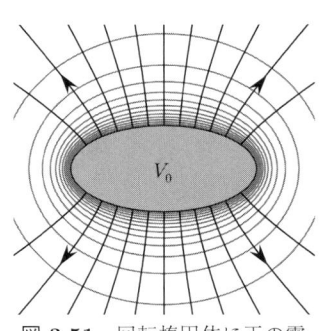

図 **3.51**　回転楕円体に正の電荷を与えたときの電気力線と等電位面．V_0 は導体の電位．

次に完全導体について考える．完全導体内部では電界はゼロであったから，式 (3.80) より**完全導体内の電位はいたるところで一定**ということになる．表面の電位が内部の電位と異なれば，その電位差に対応する電界ができることになるから，**表面の電位も内部と同じ電位**になる．さらに電界は等電位面に垂直であるから**電気力線は必ず完全導体に垂直**になる．回転楕円体の完全導体に正の電荷を与えたときの電気力線と等電位面を図 **3.51** に示す．表面付近では表面電荷に近いため，電位が急激に変化し等電位面の間隔が狭い．表面から離れるにしたがって間隔が広がり，球面に近くなる．このようになる理由は 3.8 節で述べる．ここで注意したいのは導体表面の電荷分布は必ずしも一定ではないということである．電荷分布 $\sigma(\boldsymbol{r})$ は，式 (3.59) と式 (3.80) より

$$\sigma(\boldsymbol{r}) = \varepsilon_0 \boldsymbol{E}(\boldsymbol{r}) \cdot \hat{\boldsymbol{n}}(\boldsymbol{r}) = -\varepsilon_0 \nabla V(\boldsymbol{r}) \cdot \hat{\boldsymbol{n}}(\boldsymbol{r}) = -\varepsilon_0 \left. \frac{\partial V(\boldsymbol{r})}{\partial n} \right|_{導体表面} \tag{3.81}$$

で与えられる．ところが，表面の電界も電位も電荷分布 $\sigma(\boldsymbol{r})$ がわからないと計算できないから，$\sigma(\boldsymbol{r})$ を式 (3.81) によって計算できるのは，5.2 節で述べるような特殊な場合だけであ

る．一般の場合には，式 (3.26) と式 (3.81) より

$$\sigma(\boldsymbol{r}) = \hat{\boldsymbol{n}}(\boldsymbol{r}) \cdot \left\{ \frac{1}{4\pi} \int_S \sigma(\boldsymbol{r}') \frac{\boldsymbol{r}-\boldsymbol{r}'}{|\boldsymbol{r}-\boldsymbol{r}'|^3} dS' \right\} \tag{3.82}$$

あるいは，電位を用いて

$$\frac{1}{4\pi\varepsilon_0} \int_S \frac{\sigma(\boldsymbol{r}')}{|\boldsymbol{r}-\boldsymbol{r}'|} dS' = V_0 \tag{3.83}$$

を解かなければならない．式 (3.82) や式 (3.83) は積分方程式とよばれ，その取り扱いは本書のレベルをはるかに超えるのでこれ以上触れない．注意してほしいのは，導体表面の電荷分布は一般には一定ではなく，**電位が一定になるように分布する**ということである．

さて，2 章で調べたベクトル演算に関する式 (2.125) で示した $\nabla \times \nabla \Psi = 0$ を満たす任意のスカラ関数 Ψ を一般に**スカラポテンシャル**という．式 (3.78) と式 (3.80) からわかるように，電位 V はこの条件を満足するから，電位のことを**静電ポテンシャル**ともいう．物理の分野では電位のことをスカラポテンシャル，あるいは静電ポテンシャルということが多いが，ここで示した電位は電気回路の電位と同じであるから，本書では，$V(\boldsymbol{r})$ という文字を使い，電位という言葉を使うことにする．

電位を決めるためには基準点を決めなければならないことを述べた．つまり，電位には定数の不確定性があることになる．この不確定性をさけるために，一般には電位の基準を無限遠に選んでいるのである．このことは式 (3.80) からも明らかである．なぜなら，式 (3.80) の $V(\boldsymbol{r})$ に定数 V_1 を付け加えて $V(\boldsymbol{r})+V_1$ としても同じ電界 $\boldsymbol{E}(\boldsymbol{r})$ を与えるからである．総電荷量が有限なら，無限遠に電位の基準を決めておけば問題は起こらないが，電荷密度が有限であっても総電荷量が無限大になるような場合には，空間内の適当な位置に電位の基準を設けておかないと電位の計算ができない[†1]．

例題 3.12 例題 3.6 の図 3.18 のような長さ $2l$ の一様線電荷密度 λ_0 の電荷に対する電位を求めよ．なお必要なら次の積分公式を用いよ[†2]．

$$\int \frac{dx}{\sqrt{a^2+x^2}} = \ln\left|x+\sqrt{a^2+x^2}\right|, \quad \int \frac{dx}{x\sqrt{a^2+x^2}} = \frac{1}{|a|}\ln\left|\frac{x}{|a|+\sqrt{a^2+x^2}}\right|$$

[†1] 無限に長いとか，無限に広いというようなことは現実にはありえないのであるから，考える方がおかしいのではないかと考える読者も多いと思う．その通りである．しかし，例えば非常に長い針金上の電荷分布による電界は，無限に長い線電荷による電界で極めてよく近似できる．例題 3.6 で経験したように，有限長の電荷による電界の表現が複雑で，その性質を簡単に把握するのは容易ではない．これに対して，無限に長い場合を考えれば，その性質がよく理解できる．物理や電磁気で理想状態あるいは極限状態を考えることがよくあるが，その利点はここにある．

[†2] 以下本書では，底を e とする自然対数と，底が 10 の常用対数との違いをはっきりさせるために，表記 ln を用いる．すなわち $\ln x = \log_e x$ である．

【解答】 (1) **電界を用いる方法**: 積分経路は任意に選んでよいから，図 3.52 のような z 軸に平行な積分路 C_z を選んでもよいし，ρ 軸に平行な C_ρ を選んでもよい．C_ρ を選んだとすると，例題 3.6 の式 (3.29) より，$z > l$ のとき

$$V(\boldsymbol{r}) = -\int_\infty^\rho \boldsymbol{E}(\boldsymbol{r}) \cdot d\boldsymbol{\rho} = \frac{\lambda_0}{4\pi\varepsilon_0} \left\{ \int_\infty^\rho \frac{z-l}{\rho\sqrt{\rho^2+(z-l)^2}} d\rho - \int_\infty^\rho \frac{z+l}{\rho\sqrt{\rho^2+(z+l)^2}} d\rho \right\}$$

$$= \frac{\lambda_0}{4\pi\varepsilon_0} \left[\ln\left|\frac{z+l+\sqrt{\rho^2+(z+l)^2}}{z-l+\sqrt{\rho^2+(z-l)^2}}\right| \right]_\infty^\rho = \frac{\lambda_0}{4\pi\varepsilon_0} \ln\left|\frac{z+l+\sqrt{\rho^2+(z+l)^2}}{z-l+\sqrt{\rho^2+(z-l)^2}}\right|$$

もう1つの積分路 C_z に関しては $z-l, z+l$ の符号を考えながら計算すると，上と同じ結果を得る．等電位面は $V(\boldsymbol{r}) =$ 一定 から得られ，$z = \pm l$ を焦点とする回転楕円面になる．

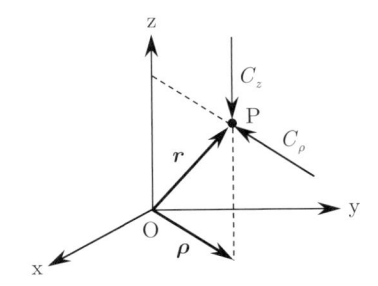

図 3.52 積分路 C_z と C_ρ．どちらを選んでも構わない．なお，C_ρ に沿って $-\rho$ 方向に積分するからといって，線素 $d\boldsymbol{l}$ は $d\boldsymbol{l} = -d\boldsymbol{\rho}$ ではない．線素は増加する方向を向かなければならないから $d\boldsymbol{l} = d\boldsymbol{\rho} = d\rho\hat{\boldsymbol{\rho}}$ である．積分する方向は積分の上端，下端によって考慮されている．C_z についても同様．

(2) **直接計算する方法**: 例題 3.6 と同様に，z 軸上の微小区間 dz' に含まれる電荷 $dQ = \lambda_0 \, dz'$ を点電荷とみなすと，dQ による電位 dV は $dV = dQ/(4\pi\varepsilon_0\sqrt{\rho^2+(z-z')^2})$ となるから，上の積分公式と変数変換 $t = z - z'$ を用いると

$$V(\boldsymbol{r}) = \int_{-l}^{l} dV = \frac{\lambda_0}{4\pi\varepsilon_0} \int_{-l}^{l} \frac{dz'}{\sqrt{\rho^2+(z-z')^2}} = \frac{\lambda_0}{4\pi\varepsilon_0} \int_{z-l}^{z+l} \frac{dt}{\sqrt{\rho^2+t^2}}$$

$$= \frac{\lambda_0}{4\pi\varepsilon_0} \ln\left|\frac{z+l+\sqrt{\rho^2+(z+l)^2}}{z-l+\sqrt{\rho^2+(z-l)^2}}\right| \tag{3.84}$$

となり，(1) と同じ結果を得る．このように一般には電位を先に求めた方が簡単である．なお，上式の勾配を計算すれば例題 3.6 と同じ電界を得る．

　無限に長い一様線電荷の場合の電位は，式 (3.84) からでは計算できない．電荷の総量が無限大であるために，無限遠の電位がゼロにならないためである．このような場合，例えば $\rho = \rho_0$ の電位 V_0 が何らかの方法で与えられていれば，その点からの電位差を決めることができる．例題 3.6 の式 (3.30) より

$$V(\boldsymbol{r}) - V_0 = -\int_{\rho_0}^{\rho} \boldsymbol{E}(\rho') \cdot d\boldsymbol{\rho}' = -\frac{\lambda_0}{2\pi\varepsilon_0} \int_{\rho_0}^{\rho} \frac{d\rho'}{\rho'} = \frac{\lambda_0}{2\pi\varepsilon_0} \ln\frac{\rho_0}{\rho}. \tag{3.85}$$

◇

例題 3.13 半径 a の完全導体球に電荷 Q を与えた．(1) 電界を求めよ．(2) 電位を求めよ．(3) 導体の電位が V_0 であった．表面に働く単位面積あたりの力を求めよ．$V_0 = 30\,000$ V，$a = 10$ cm としたときの値はどうなるか．

【解答】 (1) 与えられた電荷は導体球の表面に均一に分布し，問題は点対称となるから積分形のガウスの法則を用いると便利である．半径 $r \geq a$ の同心球のガウス面 S を考えると，S 上の電界は放射方向を向き，その大きさは一定である．S 内の全電荷量は Q であるから，ガウスの法則より

$$\boldsymbol{E}(\boldsymbol{r}) = \frac{Q}{4\pi\varepsilon_0}\frac{\hat{\boldsymbol{r}}}{r^2} = \frac{Q}{4\pi\varepsilon_0}\frac{\boldsymbol{r}}{r^3} \quad (r \geq a) \tag{3.86}$$

となる．一方球内 ($r < a$) においては，電荷が存在しないから電界はゼロとなる．
(2) 電位は上記 (1) で求めた電界を積分して求めることができて，式 (3.69) より $r \geq a$ については

$$V(\boldsymbol{r}) = -\int_\infty^r \boldsymbol{E}(\boldsymbol{r}') \cdot d\boldsymbol{r}' = -\frac{Q}{4\pi\varepsilon_0}\int_\infty^r \frac{dr'}{r'^2} = -\frac{Q}{4\pi\varepsilon_0}\left[-\frac{1}{r'}\right]_\infty^r = \frac{Q}{4\pi\varepsilon_0 r}. \tag{3.87}$$

また $r < a$ については，積分路を $a \leq r' < \infty$ と $r' < a$ に分けて評価すると

$$V(\boldsymbol{r}) = -\left[\int_\infty^a + \int_a^r\right]\boldsymbol{E}(\boldsymbol{r}') \cdot d\boldsymbol{r}' = \frac{Q}{4\pi\varepsilon_0 a} - \int_a^r 0\, dr' = \frac{Q}{4\pi\varepsilon_0 a} \tag{3.88}$$

となり，球内は球表面と同じ電位であることがわかる．
(3) 上式より $V_0 = \dfrac{Q}{4\pi\varepsilon_0 a}$ であるから，これより電荷 Q を求め，表面電荷密度 σ に直すと $\sigma = Q/(4\pi a^2) = \varepsilon_0 V_0/a$ となる．単位面積あたりの力 f は式 (3.61) より $f = \sigma^2/(2\varepsilon_0) = \varepsilon_0 V_0^2/(2a^2)$ となるから，これに数値を代入すると $f \simeq 0.398$ N/m^2 = 0.398 Pa となる．◇

例題 3.14 半径 a の球内に電荷が一様に分布しているとする．球内外の電位を求めよ．

【解答】 例題 3.11 で球内外の電界が求められているから，これを利用して電位を求める．球外 ($r \geq a$) の電位は，式 (3.58) と式 (3.69) を用いると，式 (3.87) と同様に

$$V(r) = -\int_\infty^r \boldsymbol{E}(\boldsymbol{r}') \cdot d\boldsymbol{r}' = -\frac{Q}{4\pi\varepsilon_0}\int_\infty^r \frac{dr'}{r'^2} = -\frac{Q}{4\pi\varepsilon_0}\left[-\frac{1}{r'}\right]_\infty^r = \frac{Q}{4\pi\varepsilon_0 r} \tag{3.89}$$

となる．ただし Q は球内に含まれる全電荷量である．

球内 ($r < a$) の電位も無限遠からの積分によって与えられるが，式 (3.58) で求めたように球内外の電界の表現式が異なることと，無限遠から球の表面までの積分は，上式 (3.89) において $r = a$ とすればよいことに注意すると

$$\begin{aligned}V(r) &= -\int_\infty^r \boldsymbol{E}(\boldsymbol{r}')\cdot d\boldsymbol{r}' = -\left(\int_\infty^a + \int_a^r\right)\boldsymbol{E}(\boldsymbol{r}')\cdot d\boldsymbol{r}' = \frac{Q}{4\pi\varepsilon_0 a} - \frac{Q}{4\pi\varepsilon_0 a^3}\int_a^r r'\, dr' \\ &= \frac{Q}{4\pi\varepsilon_0 a} - \frac{Q}{4\pi\varepsilon_0 a^3}\left(\frac{r^2}{2} - \frac{a^2}{2}\right) = \frac{Q}{8\pi\varepsilon_0 a}\left(3 - \frac{r^2}{a^2}\right)\end{aligned} \tag{3.90}$$

となる．特別な場合として $r = 0$ とすると，球中心の電位は

$$V(0) = \frac{3Q}{8\pi\varepsilon_0 a}$$

となるから，総電荷量 Q が一定なら $a \to 0$ で電位は無限大になる．これに対して，電荷密度 $\rho = Q/\left(\dfrac{4}{3}\pi a^3\right)$ が一定なら

$$V(0) = \frac{\rho}{2\varepsilon_0}a^2$$

となるから，$a \to 0$ ではゼロとなる. ◇

例題 3.15 面電荷密度 $\pm\sigma_0$ の電荷が図 3.53 のような，距離 d を隔てて平行に置かれた半径 a の 2 枚の円板状に，一様に分布しているとする．中心軸上の点 P の電位を求めよ．特に，$d/a \ll 1$ のとき，両円板間の電位差を求めよ．

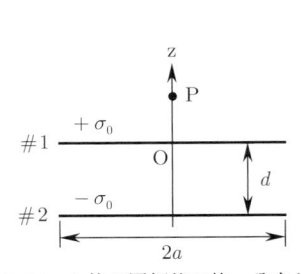

図 3.53 2 枚の円板状に均一分布した電荷 $\pm\sigma_0$

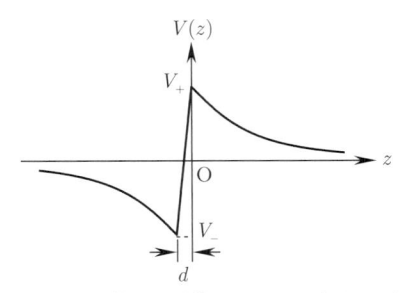

図 3.54 中心軸上の電位．$d \to 0$ の極限では電位が不連続に変化する.

【解答】 まず円板状分布 #1 による電位 $V_1(z)$ を求める．例題 3.7 の図 3.22 の微小電荷 $dQ = \sigma_0\,dS' = \sigma_0\,\rho'\,d\rho'\,d\phi'$ による電位 dV_1 は，式 (3.74) より

$$dV_1(z) = \frac{\sigma_0\,\rho'\,d\rho'\,d\phi'}{4\pi\varepsilon_0}\frac{1}{\sqrt{\rho'^2+z^2}}$$

となるから，この電位を $0 \le \rho' \le a, 0 \le \phi \le 2\pi$ の範囲で積分すると

$$V_1(z) = \int_0^a\int_0^{2\pi}dV_1(z) = \frac{\sigma_0}{2\varepsilon_0}\int_0^a \frac{\rho'}{\sqrt{\rho'^2+z^2}}\,d\rho' = \frac{\sigma_0}{2\varepsilon_0}\left\{\sqrt{a^2+z^2}-|z|\right\}. \quad (3.91)$$

分布 #2 による電位 $V_2(z)$ は上式において $\sigma_0 \to -\sigma_0$, $z \to z+d$ と置き換えればよいから

$$V_2(z) = -\frac{\sigma_0}{2\varepsilon_0}\left\{\sqrt{a^2+(z+d)^2}-|z+d|\right\} \quad (3.92)$$

となり，合成の電位 $V(z) = V_1(z) + V_2(z)$ となる．これを図示すると，図 3.54 のようになる．

次に $d/a \ll 1$ のときには，各円板の電位はそれぞれ

$$V_+ = V(z=0) = \frac{\sigma_0}{2\varepsilon_0}\left(a+d-\sqrt{a^2+d^2}\right) = \frac{\sigma_0 a}{2\varepsilon_0}\left\{1+\frac{d}{a}-\sqrt{1+\left(\frac{d}{a}\right)^2}\right\}$$

$$\sim \frac{\sigma_0 a}{2\varepsilon_0}\left[1+\frac{d}{a}-\left\{1+\frac{1}{2}\left(\frac{d}{a}\right)^2\right\}\right] \sim \frac{\sigma_0 d}{2\varepsilon_0}, \quad (3.93)$$

$$V_- = V(z=-d) = -\frac{\sigma_0}{2\varepsilon_0}\left(a+d-\sqrt{a^2+d^2}\right) = -V_+ \sim -\frac{\sigma_0 d}{2\varepsilon_0} \quad (3.94)$$

と近似できるから，電位差は $V_+ - V_- = \sigma_0 d/\varepsilon_0$ となる．このような正負の電荷の詰まった薄い層を**電気 2 重層**という．詳細は 3.7.2 項で説明する． ◇

3.6.5 空洞のある完全導体と静電遮蔽

完全導体内には電界も電荷もないことは 3.5.4 項で述べたが，空洞のある導体についての答えは出していなかった．この問題を考えてみよう．図 **3.55** のように，空洞を囲む導体内の閉曲面 S を考える．S 上ではどこでも電界はゼロであるから，ガウスの法則より S 内の総電荷量はゼロである．しかし空洞の表面に同量の正，負の電荷があってもかまわない．ガウスの法則からはこう

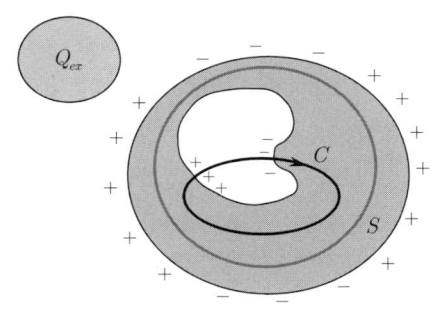

図 3.55 導体内の空洞における電界

いう場合を除外できないのである．そこで，静電界のもう 1 つの基本法則 (3.77) を使って空洞の導体表面には電荷が存在し得ないことを示そう．図 3.55 のように，内面のどこかに正の電荷があり，別のところに負の電荷があったと仮定する．このとき電気力線は空洞内を正の電荷から出て，負の電荷に終わる．そこで，この電気力線に沿って空洞内を横切り負の電荷に達し，再び導体内を通って元に戻る閉曲線 C を考える．正電荷から負電荷に達する電気力線に沿う積分はゼロにならないはずである．導体内部では $\boldsymbol{E}=0$ であるから

$$\oint_C \boldsymbol{E}(\boldsymbol{r}) \cdot d\boldsymbol{l} \neq 0$$

となって，保存場の条件 (3.77) に反する．したがって，中空の空洞内の電界はゼロでなければならない．これより，内面にも電荷は存在しないことになる．このように導体で囲まれていれば，外部の電荷分布がどうであっても内部に電界を作ることはない．このように，導体で囲んで外部の静電的影響を遮断することを**静電遮蔽**(electrostatic shield) という．

静電遮蔽（単にシールドということが多い）によって外部の電界雑音を防いで，電子回路内の電気信号が影響を受けないようにできるため，電気・電子工学の分野は特に重要な技術である．外部の雑音が静電界ではなく，時間的に変化する高周波電磁界である場合には金属の板を超えてわずかに電磁界が侵入するが，急激に小さくなるため実用上の問題は少ない．一方，落雷の危険があるときに，自動車のような金属の囲いの中にいれば，たとえ車に落雷してもその中にいる人は，感電することはなく安全である．安全といっても，落雷の瞬間に強い閃光や衝撃音が出るので，それに驚いてハンドル操作を誤ることもあるので，運転はすべきではない．米国ボストン市にある科学博物館等では，落雷から身を守る静電遮蔽の効果を実演している．

さて，ガウスの法則 (3.63) も保存場の条件 (3.78) もクーロンの距離の逆二乗法則から導出されたものであったから，空洞内に電荷が存在しないという事実も，結局逆 2 乗の法則から導かれたものと考えてよい．キャベンディッシュは，図 **3.56** に示すように，金属球を同心

の金属球で覆い，その両端を導線でつないで外球に電荷を与えても，内球に電荷が移動しないことを確かめた．このことから，帯電した球表面上の電荷によって作られる球内の電界がゼロとなるためには，電位が距離に対して反比例し，電界と電荷による力は，距離の2乗に反比例するという逆2乗の法則が成り立つと結論づけた[†]．キャベンデッシュの実験では，外球と内球を導線で結んだため，それらが等電位となり，空洞のある導体と等価になったのである．上の議論から，導体は球である必要はなかったことは明らかであろう．

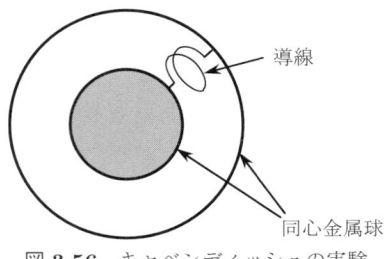

図**3.56** キャベンディッシュの実験

図3.57(a) のように，元々電荷 $+Q$ をもっている導体を別の導体で覆うと，電荷 $+Q$ によって空洞部分に電界が生じる．$+Q$ から出た電気力線は全て外導体の内壁に終わるから，そこに $-Q$ の電荷が誘起される．電荷保存則により，外導体の外壁には内導体と同じだけの電荷 $+Q$ が誘起されたため，外側にも電界が生じる．しかし，外導体の電位を何らかの方法で強制的に一定電位に保つことができたとすると，内導体の電荷量や位置が変わったとしても外導体表面の電荷分布は変わらないから，内部の変化が外部に伝わることはない．これと金属で囲む遮蔽と合わせて静電遮蔽ということもある．

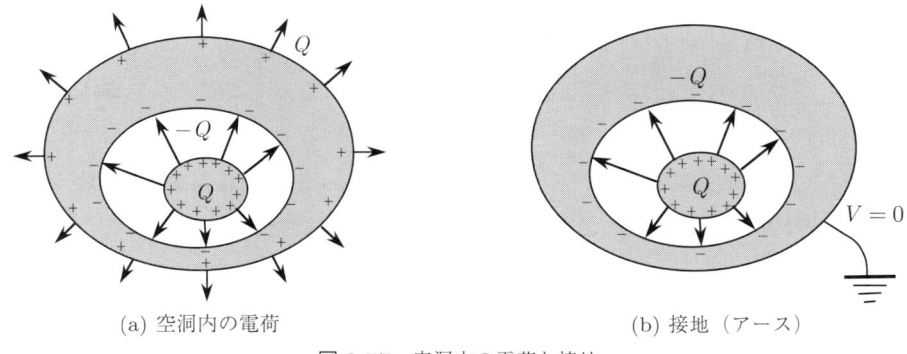

(a) 空洞内の電荷   (b) 接地（アース）

図**3.57** 空洞内の電荷と接地

一方，地球は電位ゼロの非常に大きな導体と考えられるので，図3.57(b) のように外導体を地球につないで外導体の電位 V を $V=0$ とすることができる．このようにすると外壁の電荷は地球に逃げてゆき，外導体の外壁には電荷が現れない．このようにして内部と外部が静電的に完全に分離できる．導体と地球をつなぐことを **接地(アース)**(earth) という．

[†] 詳しい議論は巻末の引用・参考文献 18) を参照.

3.6.6 とがった導体の電界

図 3.58(a) に示すような鋭い突起をもつ導体を帯電させたときの導体の周りの電界の性質を調べてみよう．突起の近くの電界は他の場所よりも大きくなる．この理由は以下のように説明される．

電荷はできるだけ導体表面に広がろうとするため，導体の突起の部分にも電荷が存在する．導体表面の電界は 3.5.5 項で述べたように，導体表面の電荷密度に比例するため，突起部分の電荷の量が少しであっても密度は大きくなる．そのため突起部分の電界が非常に大きくなるのである．では導体表面の曲率と電界とはどのような関係になっているのであろうか．ここではファインマンが用いた図 3.58(b) のような帯電した 2 つの導体球モデルを使って，導体表面の電界と曲率との関係を調べてみよう（巻末の引用・参考文献 2) 参照）．

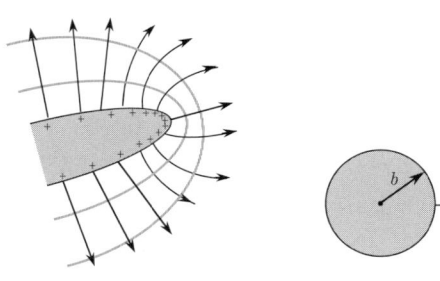

(a) とがった導体　　(b) とがった導体の簡易モデル

図 3.58 とがった導体表面の電界

2 つの導体球は等電位にするために導線で結ばれている．また，このモデルは図 3.58(a) を理想化したものである．さて，半径 a の小さな導体球に Q_a の電荷を与えたとすると

$$V_a = \frac{1}{4\pi\varepsilon_0}\frac{Q_a}{a}, \quad E_a = \frac{1}{4\pi\varepsilon_0}\frac{Q_a}{a^2} \tag{3.95}$$

となる．同様に，半径 b の導体球に電荷 Q_b を与えたとすると，導体表面の電位 V_b，表面の電界 E_b はそれぞれ

$$V_b = \frac{1}{4\pi\varepsilon_0}\frac{Q_b}{b}, \quad E_b = \frac{1}{4\pi\varepsilon_0}\frac{Q_b}{b^2} \tag{3.96}$$

となるが，導線で結んでいるから $V_a = V_b$，すなわち $\dfrac{Q_a}{a} = \dfrac{Q_b}{b}$ したがって

$$\frac{E_a}{E_b} = \frac{Q_a/a^2}{Q_b/b^2} = \frac{b}{a} \geq 1 \tag{3.97}$$

となり，電界は半径に逆比例し，小球の電界の方が強い．すなわち，導体表面の曲率半径が小さいほどその表面の電界は強いことになる．

この結果は工学的に重要である．空気などの気体中に電子やイオンがあると，電界によって加速される．電界が強いと高速の電子が他の分子に衝突し，衝突した分子から新たに電子をはじき出す，その電子もまた電界によって加速され，別の分子を電離させる．これが次々と起こってますます多くの電子と陽イオンができる．この現象を**電子なだれ** (electron avalanche) という．電子なだれが起こると，元々は絶縁体であった気体に大きな電流が流れることにな

る．この現象を**絶縁破壊** (dielectric breakdown) あるいは**気体放電** (gaseous discharge あるいは gas discharge) という．空気の絶縁破壊は気温や湿度などの条件によって異なるが約 30 000 ～ 35 000 V/cm の電界強度で起こるといわれている．電子なだれのきっかけとなる電子は，気体中にもともとあったわずかな電子や，負の電極から式 (3.61) の力によって放出された電子である．後者の場合，その力は上で述べたように曲率半径の 2 乗に逆比例するから，同じ電圧でもとがった部分からは多くの電子が放出されることになる．別のいい方をすると，放電によって流れる電流はとがった部分に集中する[†1]．また，気体放電は，電子の励起や電離が盛んに起こっている状態で，強い光や大きな音が伴うのが一般である．

　気体放電は絶縁破壊の程度に応じて多くの工学的応用技術が開発されている．放電の程度は気体中の電界に比例するから，電極となる針金の先端をできるだけ尖らせるようにすれば比較的低い電圧で放電が起こる．このことは金属の溶接や加工，ガソリンエンジンの点火プラグなどに応用されている．また，初めて原子の姿を見たのは，この原理に基づいた**電界放出顕微鏡**によってであった．

　放電しないようにするためには，表面をできるだけ滑らかにし，電界が異常に強くなる点がないようにしなければならない．例えば，コピー機の多くでは静電誘導によって感光ドラム，あるいは感光フィルムにトナーを付着させているが，でこぼこがあるとそこに電界が集中し，きれいなコピーがとれない．また，雷の稲妻は空気の絶縁を破る火花放電であるが，落雷を防ぐには平らな広い土地に寝そべるのがよい．木の下に避難するのは危険である．尖っているからである．逆に避雷針とは，尖った金属の棒を立てて，そこに落雷を誘導しようとするものであり，役割としては，'避雷針' というよりも '誘雷針' である．

3.7　電気双極子と電気 2 重層

3.7.1　電気双極子

　正負の 2 つの電荷が非常に接近しておかれている場合の電位や電界の性質を調べよう．このように，接近した正負一対の電荷を**電気双極子** (electric dipole) という[†2]．ダイポール (dipole) とは，2 つ (di-) の極 (pole) という意味である．極とは地球の極（南極，北極）という意味もあるし，複素関数論を学んだことのある読者は，関数が無限大になる点であるということを思い出したかもしれない．確かに点電荷のある点で電界も電位も無限大になっている．このようなことから，1 つの点電荷のことを**電気単極子** (electric monopole) という

[†1]　針状の電極の周りに青紫色の発光を伴う**コロナ放電**が観測されることがある．西洋では昔，教会の塔や船のマストの先端に生じるコロナ放電をセントエルモの火とよんだ．
[†2]　詳細は 7 章で学ぶが，磁石は N 極と S 極が対になっていることから，**磁気双極子**という．微小な磁気双極子による磁界の空間分布は電気双極子の電界分布と同じになる．

3.7 電気双極子と電気2重層

こともある．

双極子が重要になるのは原子の双極子である．次節で学ぶように，誘電体内の原子では，導体と違って電子が原子内に強く束縛されていて自由に動くことはできない．ところが原子に電界が加わると，電子は電界と反対方向の力を受けてわずかに変位し，図 3.59(a) のような微小な電気双極子を形成する．外部から作用する電界がなくても，分子固有の形のために電荷がいくらか分離している分子がある．例えば水の分子では，図 3.59(b) のように，酸素原子は負に，2つの水素原子は正に帯電し，非対称に並んでいる．分子の全電荷量はゼロであるが，負の電荷は一方に，正の電荷は他方に局在しているため，2つの傾いた双極子から構成されているように見える．

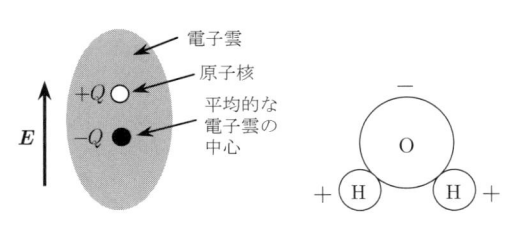

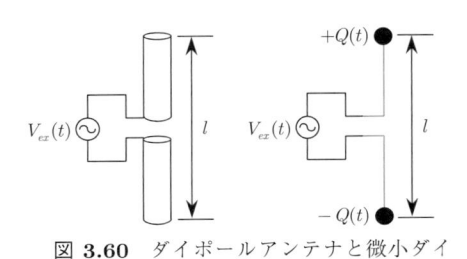

(a) 電界中の原子　　(b) 水分子

図 3.59　双極子の例

工学的に重要な双極子は，図 3.60 に示すような 2 本の金属棒 (pole) からなるダイポールアンテナである．アンテナの長さ l が波長に比べて十分小さいときには，電荷は金属棒内をほとんど移動せず，アンテナの端に蓄積された電荷 Q が時間的に変化する電気双極子のように振る舞う．このため，正確ではないがアンテナ近くの電界は

図 3.60　ダイポールアンテナと微小ダイポールアンテナの電気双極子モデル

静電界と同じような空間分布をする．

さて，図 3.61 のように，距離 d だけ離れた 2 つの点電荷 $-Q$, $+Q$ を結ぶ軸を z 軸にとり，その中点を原点とすると，空間内の任意の点 P の電位は

$$V(\bm{r}) = \frac{1}{4\pi\varepsilon_0} \frac{Q}{\sqrt{x^2+y^2+(z-d/2)^2}}$$
$$- \frac{1}{4\pi\varepsilon_0} \frac{Q}{\sqrt{x^2+y^2+(z+d/2)^2}} \quad (3.98)$$

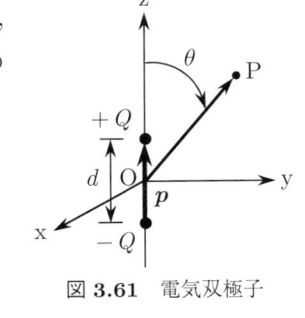

図 3.61　電気双極子

で与えられる．

原点 O から点 P までの距離 $r = \sqrt{x^2+y^2+z^2}$ が電荷間の距離 d に比べて十分大きいとして $(d/r)^2$ 以下の微小量を無視すると

$$x^2 + y^2 + \left(z - \frac{d}{2}\right)^2 = r^2 - dz + \frac{d^2}{4} \simeq r^2\left(1 - d\frac{z}{r^2}\right)$$

となる．さらに二項展開より

$$\frac{1}{\sqrt{x^2+y^2+\left(z-\frac{d}{2}\right)^2}} \simeq \left\{r^2\left(1-d\frac{z}{r^2}\right)\right\}^{-1/2} \simeq \frac{1}{r}\left(1+\frac{d}{2}\frac{z}{r^2}\right) \tag{3.99}$$

と近似される．同様に

$$\frac{1}{\sqrt{x^2+y^2+\left(z+\frac{d}{2}\right)^2}} \simeq \frac{1}{r}\left(1-\frac{d}{2}\frac{z}{r^2}\right) \tag{3.100}$$

となるから，これらを式 (3.98) に代入すると

$$V(\boldsymbol{r}) = \frac{1}{4\pi\varepsilon_0}\frac{z}{r^3}Qd \tag{3.101}$$

を得る．ここで (電荷 × 距離) Qd を**電気双極子モーメント** (electric dipole moment) といい，$p = Qd$ と表す．さらに双極子の軸（z 軸）と位置ベクトル $\boldsymbol{r}$ との角度 θ を用いると，$z = r\cos\theta$ であるから，式 (3.101) は

$$V(\boldsymbol{r}) = \frac{1}{4\pi\varepsilon_0}\frac{p\cos\theta}{r^2} \tag{3.102}$$

と書くことができる．このように電気双極子による電位は，距離 r にではなく，r^2 に逆比例することに注意しよう．

式 (3.102) をベクトル形式で表しておくと便利である．大きさが p で，$-Q$ から $+Q$ へ向かうベクトルを $\boldsymbol{p}$ と定義すると，$p\cos\theta = \boldsymbol{p}\cdot\hat{\boldsymbol{r}}$ であるから，式 (3.102) は

$$V(\boldsymbol{r}) = \frac{1}{4\pi\varepsilon_0}\frac{\boldsymbol{p}\cdot\boldsymbol{r}}{r^3} = \frac{1}{4\pi\varepsilon_0}\frac{\boldsymbol{p}\cdot\hat{\boldsymbol{r}}}{r^2} \tag{3.103}$$

と書くことができる．これまでは z 軸方向を向く電気双極子について考えてきたが，式 (3.103) は任意方向を向く電気双極子についても成り立つことは明らかであろう．

電界 $\boldsymbol{E}(\boldsymbol{r})$ を求めるには，$\boldsymbol{E} = -\nabla V$ を計算すればよい．どのような座標系を用いてもよいが，ここでは直角座標で計算してから，それを球座標に変換しよう．式 (3.103) より

$$\begin{aligned}E_x &= -\frac{\partial V}{\partial x} = -\frac{1}{4\pi\varepsilon_0}\frac{\partial}{\partial x}\left(\frac{p_x x + p_y y + p_z z}{r^3}\right) = -\frac{1}{4\pi\varepsilon_0}\frac{p_x}{r^3} - \frac{\boldsymbol{p}\cdot\boldsymbol{r}}{4\pi\varepsilon_0}\frac{\partial}{\partial x}\left(\frac{1}{r^3}\right)\\ &= -\frac{1}{4\pi\varepsilon_0}\frac{p_x}{r^3} - \frac{\boldsymbol{p}\cdot\boldsymbol{r}}{4\pi\varepsilon_0}\left(-\frac{3}{r^4}\right)\frac{x}{r} = -\frac{1}{4\pi\varepsilon_0}\frac{p_x}{r^3} + \frac{3(\boldsymbol{p}\cdot\boldsymbol{r})}{4\pi\varepsilon_0}\frac{x}{r^5}.\end{aligned}$$

他の成分に関しても同様にできるから，結局電気双極子の作る電界は

$$\boldsymbol{E}(\boldsymbol{r}) = \frac{1}{4\pi\varepsilon_0}\left\{-\frac{\boldsymbol{p}}{r^3} + \frac{3(\boldsymbol{p}\cdot\boldsymbol{r})\boldsymbol{r}}{r^5}\right\} \tag{3.104}$$

となる．このように電気双極子による電界の大きさは $1/r^3$ に比例する．

特に双極子モーメントが，図 3.61 のように z 軸方向を向く場合には，$\boldsymbol{p} = p_z \hat{\boldsymbol{z}}, \hat{\boldsymbol{z}} = \cos\theta \hat{\boldsymbol{r}} - \sin\theta \hat{\boldsymbol{\theta}}$ を式 (3.104) に代入して球座標に変換すると

$$\boldsymbol{E}(\boldsymbol{r}) = \frac{2p_z}{4\pi\varepsilon_0} \frac{\cos\theta}{r^3} \hat{\boldsymbol{r}} + \frac{p_z}{4\pi\varepsilon_0} \frac{\sin\theta}{r^3} \hat{\boldsymbol{\theta}} \qquad (3.105)$$

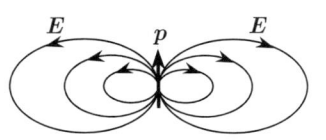

図 3.62 電気双極子の電気力線

となる．すなわち電気双極子の電界は，r 方向と θ 方向成分だけとなり，ϕ 方向成分はない．また，中心からの距離 r と角度 θ の関数となる．3.4 節の電気力線の方程式を解いて電気力線を描くと，電気双極子の電気力線は，双極子を含む断面で図 3.62 のようになる．立体的には双極子を中心軸として回転した分布となる．

3.7.2 電気 2 重層

図 3.63 に示すように，微小間隔 d で接近した面 S 上に面電荷密度 $\pm\sigma$ で電荷が分布しているとき，これを**電気 2 重層** (electric double layer) という．2 重層を電気双極子の集まりと考えれば，単位面積あたりの双極子モーメント $\boldsymbol{w}$ の大きさは $w = \sigma d$ となり，単位法線ベクトル $\hat{\boldsymbol{n}}$ 方向を向いている．

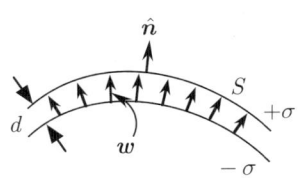

図 3.63 電気 2 重層

電気 2 重層は，電子や荷電粒子が比較的自由に動ける系に電界が印加されたときに形成される．電気分解を行う際の電解液と電極の境界面や半導体の pn 接合面，金属と半導体の接合面などがその例である．また，電気 2 重層は電極付近のイオンの挙動に大きな影響を与えるため，電気化学の分野で特に重要である．一方，例題 3.15 で計算したように，電気 2 重層間の電

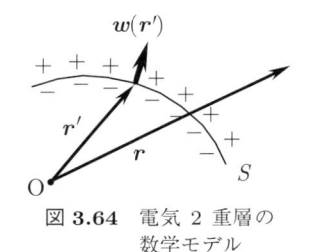

図 3.64 電気 2 重層の数学モデル

位差 $V_+ - V_-$ は面電荷密度 σ と間隔 d に比例するから，電位差が一定なら σ は d に逆比例する．すなわち，電気 2 重層に蓄えられる総電荷量は面積に比例し間隔に逆比例する．したがって，間隔を小さくすればするほど大きな電荷を蓄えることができる[†]．このことは工学的に非常に重要である．詳しくは 3.10 節および 4 章で説明する．

電気 2 重層では層の間の電位差と電荷密度の関係が重要になる．そこでここでは，例題 3.15 と同じことが任意の電荷分布に対しても成り立つかどうか考えてみよう．厚さ d は非常に小さいから，図 3.64 のように，2 枚の層を一枚の面 S として，面上に電気 2 重層のモーメント $\boldsymbol{w}(\boldsymbol{r}')$ が分布しているものと考える．S 上の点 $\boldsymbol{r}'$ を中心に微小半径 a の円板を考えると，電位はこの円板による寄与とそれ以外の電荷による寄与とに分けて考えることができる．円

[†] 1990 年頃より電気 2 重層コンデンサとよばれるコンデンサの開発が盛んになった．電気 2 重層コンデンサとは電解コンデンサの一種であるが，電解液や電極に特別な工夫がなされており，蓄電効率が著しく高いのが特徴である．さらに性能が向上すれば電池としても利用できる可能性がある．

板は非常に小さいとしたから，この円板内で電荷密度は一定と考えられる．したがって，円板の部分の電位差は，例題 3.15 から $w(\boldsymbol{r}')/\varepsilon_0$ となる．円板以外の電荷による電位は，円板の部分を連続的に変化するから電位の不連続性はない．したがって，電気 2 重層の電位差は

$$V_+(\boldsymbol{r}') - V_-(\boldsymbol{r}') = \frac{w(\boldsymbol{r}')}{\varepsilon_0} \tag{3.106}$$

となる．

電気 2 重層外部の電位を求めよう．層上の微小面積 dS' を考えると，$\boldsymbol{w}dS'$ がちょうど電気双極子モーメントに相当するから，この部分による任意の点 $\boldsymbol{r}$ の電位は，式 (3.103) より

$$dV = \frac{1}{4\pi\varepsilon_0}\frac{\boldsymbol{w}(\boldsymbol{r}')\cdot(\boldsymbol{r}-\boldsymbol{r}')}{|\boldsymbol{r}-\boldsymbol{r}'|^3}dS' = \frac{w(\boldsymbol{r}')}{4\pi\varepsilon_0}\frac{\boldsymbol{r}-\boldsymbol{r}'}{|\boldsymbol{r}-\boldsymbol{r}'|^3}\cdot\hat{\boldsymbol{n}}(\boldsymbol{r}')\,dS' \tag{3.107}$$

となる．上式の最後の部分は，式 (3.45) より点 $\boldsymbol{r}$ から dS' を見た立体角に負号を付けたものであるから，面全体の電位は

$$V(\boldsymbol{r}) = \frac{1}{4\pi\varepsilon_0}\int_S w(\boldsymbol{r}')\frac{\boldsymbol{r}-\boldsymbol{r}'}{|\boldsymbol{r}-\boldsymbol{r}'|^3}\cdot\hat{\boldsymbol{n}}(\boldsymbol{r}')\,dS' = -\frac{1}{4\pi\varepsilon_0}\int_S w(\boldsymbol{r}')\,d\Omega \tag{3.108}$$

となる．したがって，電気 2 重層モーメント $\boldsymbol{w}$ が一定であり，面が閉じているなら外部の電位はゼロ，内部の電位はどこでも一定で $-w/\varepsilon_0$ となる．

3.8 多重極展開

電荷がある体積内に分布しているとき，この電荷を遠くから見たときにどのように見えるかを考える．例えば，図 3.59(b) の水分子は中性であるから，十分遠方から見れば水分子による電界はゼロであろう．しかし，電荷が全て 1 点に集中しているわけではないから，少し近づけば，分離した電荷による電界が見えてくるであろう．

図 3.65 のように，電荷の分布している領域が原点 O 付近の体積 V 内に限られているとする．原点 O から点 P までの距離 $r = |\boldsymbol{r}|$ が十分大きく，$r \gg |\boldsymbol{r}'|$ と近似できるとすると

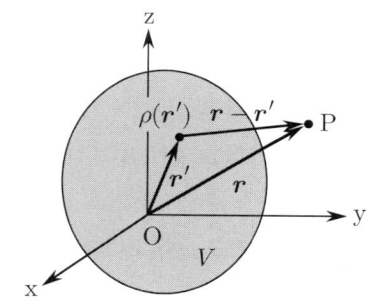

図 3.65 多重極展開．電界を遠方で観測すると，総電荷量をもつ単極子（点電荷）と，その電荷分布に応じた多重極子モーメントの和に展開できる．

$$\begin{aligned}|\boldsymbol{r}-\boldsymbol{r}'|^{-1} &= \{(\boldsymbol{r}-\boldsymbol{r}')\cdot(\boldsymbol{r}-\boldsymbol{r}')\}^{-1/2} = \{r^2 - 2(\boldsymbol{r}\cdot\boldsymbol{r}') + r'^2\}^{-1/2}\\ &= \frac{1}{r}\left\{1 - \frac{2(\boldsymbol{r}\cdot\boldsymbol{r}')-r'^2}{r^2}\right\}^{-1/2} \simeq \frac{1}{r}\left\{1 + \frac{(\boldsymbol{r}\cdot\boldsymbol{r}')}{r^2} + \cdots\right\}\end{aligned} \tag{3.109}$$

を得る．これを式 (3.76) に代入すると

$$V(\boldsymbol{r}) = \frac{1}{4\pi\varepsilon_0}\frac{Q}{r} + \frac{1}{4\pi\varepsilon_0}\frac{\boldsymbol{p}\cdot\boldsymbol{r}}{r^3} + \cdots \tag{3.110}$$

となる．ここで

$$Q = \int_V \rho(\boldsymbol{r}')\,dv' \tag{3.111}$$

は明らかに V 内の全電荷量である．また

$$\boldsymbol{p} = \int_V \rho(\boldsymbol{r}')\boldsymbol{r}'\,dv' \tag{3.112}$$

は電荷分布の原点 O からのずれの平均値を表す量である．したがって，この量は一般に原点 O のとり方によって異なる値をもつ．しかし，特別な場合として式 (3.111) の全電荷がゼロであり，2 つの正負の点電荷からなるとき，すなわち $\rho(\boldsymbol{r}') = +q\delta(\boldsymbol{r}' - \boldsymbol{r}_p) - q\delta(\boldsymbol{r}' - \boldsymbol{r}_m)$ のとき，式 (3.112) は $\boldsymbol{p} = q\boldsymbol{r}_p - q\boldsymbol{r}_m = q(\boldsymbol{r}_p - \boldsymbol{r}_m) = q\boldsymbol{d}$ となり，電気双極子モーメントと一致するから，原点 O の選び方によらない．そこで式 (3.112) を**広義の電気双極子モーメント**とよぶ．

式 (3.110) の右辺第 1 項は原点 O にある点電荷 Q の作る電位であり，第 2 項は電気双極子の作る電位である．このように，式 (3.110) の展開は観測点が原点 O から非常に遠く離れたとき，電荷全体が原点 O に集中した点電荷のように見え，だんだん近づくにつれて，電荷分布の微細な構造が電位に反映されてくるような形の展開になっている．式 (3.110) は双極子までの展開を示したが，近似度を上げればさらに高次の表現を得ることができる（5 章の章末問題【8】参照）．このような近似法を**多重極展開** (multipole expansion) という．

電界 $\boldsymbol{E}(\boldsymbol{r})$ は 3.7 節と同様に計算できて次式を得る．

$$\boldsymbol{E}(\boldsymbol{r}) = -\nabla V(\boldsymbol{r}) = \frac{Q}{4\pi\varepsilon_0}\frac{\boldsymbol{r}}{r^3} + \frac{1}{4\pi\varepsilon_0}\left\{-\frac{\boldsymbol{p}}{r^3} + \frac{3(\boldsymbol{p}\cdot\boldsymbol{r})\boldsymbol{r}}{r^5}\right\} + \cdots \tag{3.113}$$

3.9　静電エネルギーとマクスウェルの静電応力

3.9.1　電荷系の静電エネルギー

空間内のある点 P_i の電位 $V(\mathrm{P}_i)$ とは 1 C の電荷を，電界に逆らって無限遠から P_i までもってくるのに要する仕事量であったから，電荷が幾つあろうと $V(\mathrm{P}_i)$ に Q_i を掛けて総和をとれば電荷系全体に対して外部からなす仕事量，すなわちその電荷系に蓄えられるエネルギーになるはずである．しかしこれでは足しすぎになる．この静電エネルギーについて説明しよう．

図 **3.66** のように点 P_1, P_2 にある 2 つの点電荷 Q_1, Q_2 のもつ静電エネルギーを考えよう．最初に何もないところに電荷 Q_1 を P_1 に運び，次に Q_2 を P_2 に運ぶとする．最初に Q_1 を運ぶときには，周りには他の電荷によって作られた電界がないから，運ぶのに必要な仕事量は $W'_1 = 0$ である．次に Q_2 を P_2 に運ぶときには，電荷 Q_1 の作る電界に逆らって運ぶ（仕事をする）ので，この仕事量 W'_2 は $W'_2 = Q_2 V(P_2) = Q_2 (\frac{Q_1}{4\pi\varepsilon_0 R_{21}})$ となり，総仕事量は

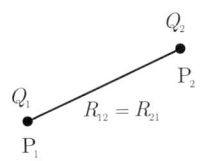

図 **3.66** 2 つの点電荷の静電エネルギー．$R_{12} = R_{21}$ は点電荷間の距離．

$$W'_e = W'_1 + W'_2 = 0 + Q_2 V(P_2) = Q_2 \left(\frac{Q_1}{4\pi\varepsilon_0 R_{21}} \right). \tag{3.114}$$

逆に何もないところに電荷 Q_2 を最初に運んで来るには，仕事は $W''_2 = 0$ であり，次に電荷 Q_1 を無限遠から P_1 に運ぶには，Q_2 の作る電界に逆らって仕事をするから，$W''_1 = Q_1 V(P_1) = Q_1(\frac{Q_2}{4\pi\varepsilon_0 R_{12}})$．よってこの場合の総仕事量は，$R_{12} = R_{21}$ であることを考慮すると

$$W''_e = W''_1 + W''_2 = Q_1 V(P_1) + 0 = \left(\frac{Q_1 Q_2}{4\pi\varepsilon_0 R_{12}} \right) = Q_2 \left(\frac{Q_1}{4\pi\varepsilon_0 R_{21}} \right) = W'_e \tag{3.115}$$

となる．結局どちらを先に運んでも，それに必要な仕事量は等しくなるから，同時に運ぶ形で表すと両者の平均の形：

$$W_e = \frac{W'_e + W''_e}{2} = \frac{1}{2} \Big[Q_1 V(P_1) + Q_2 V(P_2) \Big] \tag{3.116}$$

となる．

式 (3.116) は $n(\geq 2)$ 個の点電荷系に対しても拡張できて

$$W_e = \frac{1}{2} \sum_{i=1}^{n} Q_i V(P_i) \tag{3.117}$$

となる．ここで，$V(P_i)$ は Q_i 以外の電荷による電位であるから

$$V(P_i) = \sum_{\substack{j=1 \\ j \neq i}}^{n} \frac{1}{4\pi\varepsilon_0} \frac{Q_j}{R_{ij}} \tag{3.118}$$

である．また，R_{ij} とは点 P_i と P_j との距離である．このように，点 P_i の電位は，P_i に存在する電荷 Q_i 以外によって作られる電位であるから，点電荷が 1 つしかない場合には定義できない．これについては 3.9.3 項で議論する．

式 (3.117) をさらに図 **3.67** のように密度 $\rho(\boldsymbol{r})$ で分布している電荷の静電エネルギーの表現に拡張する．V 内の点 $\boldsymbol{r}$ に微小体積 dv をとると，この体積内の電荷量は $\rho(\boldsymbol{r})\,dv$ である．式 (3.117) はこの電荷量と電位の積を体積 V 全体にわたって積分することを表しているから

$$W_e = \frac{1}{2}\int_V \rho(\bm{r})V(\bm{r})\,dv \tag{3.119}$$

となる．ここで $V(\bm{r})$ は点 $\bm{r}$ 以外の電荷による電位であるが，例えば点 $\bm{r}$ を中心とする半径 a の微小球を考えると，$V(\bm{r})$ は球内の電荷による電位と球外の電荷による電位との和となる．球内の電荷による電位は，例題 3.14 より，電荷密度 $\rho(\bm{r})$ が有界なら $a \to 0$ でゼロとなるから，式 (3.119) の被積分関数から点 $\bm{r}$ の寄与を除く必要はない．

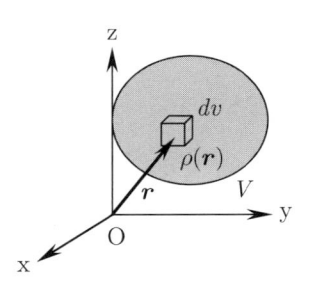

図 3.67 体積分布している電荷の静電エネルギー

例題 3.16 半径 a の球内に一様な体積密度 ρ で分布した電荷のもつ静電エネルギーを求めよ．

【解答】 球内の電位は，既に例題 3.14 で求めた．静電エネルギーを式 (3.119) を用いて電荷分布 ρ とその電位 V から計算するためには，電荷分布があるところだけで積分すればよい．全電荷量を $Q = \dfrac{4}{3}\pi a^3 \rho$ として，静電エネルギーの式 (3.119) に，電位の式 (3.90) を代入して電荷の存在する領域 ($r \leq a$) で積分すると，電荷密度 ρ は一定なので，積分の前に出て

$$W_e = \frac{\rho}{2}\int_0^a \frac{Q}{8\pi\varepsilon_0 a}\left(3 - \frac{r^2}{a^2}\right)4\pi r^2\,dr = \frac{3}{5}\frac{Q^2}{4\pi\varepsilon_0 a} = \frac{4}{15\varepsilon_0}\pi a^5 \rho^2 \tag{3.120}$$

となる． ◇

3.9.2 導体系の静電エネルギー

半径 a の導体球に電荷 Q を与えたときの導体球表面上の電位 $V(a)$ は $V(a) = Q/(4\pi\varepsilon_0 a)$ で与えられるから[†]，$V(a)$ を 1 V だけ上昇させるために必要な電荷量 C は

$$C = \frac{Q}{V(a)} = 4\pi\varepsilon_0 a \tag{3.121}$$

で与えられる．このように，C の値は導体球の半径だけに関係する．この量は，空間に孤立して置かれた一般形状の導体に対しても定義できて，導体表面 S 上の電位を $V(S)$，導体の総電荷量を Q としたとき

$$C = \frac{Q}{V(S)} \tag{3.122}$$

を孤立導体の**静電容量**という．その静電容量の単位はファラッド (farad, F) である．すなわち 1 F とは

[†] 例題 3.13 参照．無限遠を電位の基準としたから，無限遠と導体との電位差（無限遠に対する電圧）といってもよい．

104   3. 真空中の静電界

$$1\,[\mathrm{F}] = 1\left[\frac{\mathrm{C}}{\mathrm{V}}\right] = 1\left[\frac{\mathrm{A}^2\mathrm{s}^2}{\mathrm{N\,m}}\right] \tag{3.123}$$

である．ファラッドの単位を用いると真空の誘電率 ε_0 の単位は，式 (3.121) より [F/m] となり，新 SI 単位系では

$$\varepsilon_0 = 8.854\,187\,8128 \times 10^{-12}\quad\left[\frac{\mathrm{F}}{\mathrm{m}}\right] \tag{3.124}$$

で与えられる†．

さて，最初中性であった導体に電荷 Q を与えるためにはどうしたらよいであろうか．導体に電荷を近づけると，静電誘導によって導体表面に電荷が現れ，誘導電荷との間にクーロン力が働くから，そのままにしておくと電荷が導体に衝突して，火花が飛んだり，電荷が跳ね返ってしまうようなことが起こる．このようにしないためには，導体表面上の電荷分布や電位の変化が無視できるくらい微量な電荷を徐々に導体に運び込まなければならない．そこでまず既に運ばれた電荷量が q であったとする．これにさらに微小電荷 Δq を，図 **3.68** のように無限遠から導体表面 S まで運ぶために，外部からなすべき仕事量 ΔW は，式 (3.67)，式 (3.80) と $\int_\mathrm{A}^\mathrm{B} \nabla V(\bm{r})\cdot d\bm{l} = V(\mathrm{B})-V(\mathrm{A})$ より

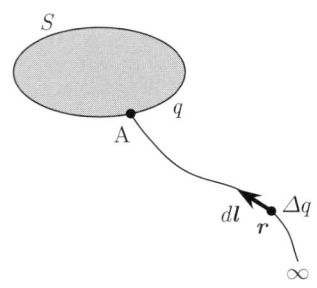

図 **3.68** 静電エネルギーの計算．無限遠点から導体に微小電荷 Δq を次々に運び込み，最終的に電荷 Q にするために必要な仕事量が，その導体のもつ静電エネルギーとなる．

$$\Delta W = -\int_\infty^\mathrm{A} (\Delta q\bm{E}(\bm{r}))\cdot d\bm{l} = \Delta q\int_\infty^\mathrm{A} \nabla V(\bm{r})\cdot d\bm{l} = \Delta q V(S) \tag{3.125}$$

となる．ここで A は導体表面上の任意の点であるが，導体表面のどこでも電位は同じであるから，これを $V(S)$ と記した．また，式 (3.125) の $V(\bm{r})$ は電荷 q によって作られる電位であり，Δq を導体表面に近づけてゆくと，導体表面上の電荷分布が変化し，それにともなって電荷 q の作る電位も変化すると考えられるが，ここではそのような変化が無視できるほど Δq は微小な電荷であると考えている．

式 (3.122) を用いると式 (3.125) は

$$\Delta W = \frac{1}{C}q\,\Delta q \tag{3.126}$$

と表されるから，最初は中性であった導体に次々と電荷を運び込み，最終的に電荷量を Q にするために必要な全仕事量 W は，式 (3.126) を積分することによって得られ

$$W = \int_0^Q dW = \frac{1}{C}\int_0^Q q\,dq = \frac{1}{2}\frac{Q^2}{C} = \frac{1}{2}V(S)Q = \frac{1}{2}CV^2(S) \tag{3.127}$$

---
† 1 F とは非常に大きな値である．例えば，導体球の半径 a を $a = 6\,378.1$ km （地球の赤道半径）とすると，導体球の静電容量は式 (3.121) と式 (3.124) より，$C = 7.096 \times 10^{-4}$ F となる．

となる．そしてこの仕事量が導体のもつ**静電エネルギー**ということになる．

導体が n 個あり，各導体の電荷量を Q_i，電位を V_i とすると，導体系の全静電エネルギーは，重ね合わせの原理により

$$W_e = \frac{1}{2}\sum_{i=1}^{n} Q_i V_i \tag{3.128}$$

となる．

3.9.3 静電エネルギーの電界による表現

式 (3.128) は，静電エネルギーが導体そのものに蓄えられているという表現になっている．しかし近接作用の立場では，このエネルギーは空間に生じた'ゆがみ'のエネルギーとして空間に蓄えられると考える．そこで**図 3.69** のような電荷分布と導体が混在するような系の静電エネルギーを近接作用の考え方に沿った表現式に書き換えよう．この系の静電エネルギーは，重ね合わせの原理により式 (3.119) と式 (3.128) の和となるから

$$W_e = \frac{1}{2}\int_{V_\infty} \rho(\boldsymbol{r})V(\boldsymbol{r})\,dv + \frac{1}{2}\sum_{i=1}^{n} Q_i V_i \tag{3.129}$$

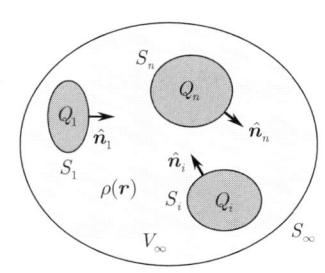

図 3.69 電荷分布と導体．V_∞ は S_∞ に囲まれた体積から導体の部分を除いた体積．電荷は V_∞ 内に分布している．

となる．これにガウスの法則 $\nabla \cdot \boldsymbol{E}(\boldsymbol{r}) = \rho(\boldsymbol{r})/\varepsilon_0$，$\oint_{S_i} \boldsymbol{E}(\boldsymbol{r}) \cdot \hat{\boldsymbol{n}}_i(\boldsymbol{r}) dS_i = Q_i/\varepsilon_0$ を代入し，ベクトル公式 $\nabla \cdot (V\boldsymbol{E}) = V\nabla \cdot \boldsymbol{E} + \boldsymbol{E} \cdot \nabla V$ と $\boldsymbol{E} = -\nabla V$ の関係式を用いると

$$W_e = \frac{\varepsilon_0}{2}\int_{V_\infty} \nabla \cdot (V\boldsymbol{E})\,dv + \frac{\varepsilon_0}{2}\int_{V_\infty} \boldsymbol{E} \cdot \boldsymbol{E}\,dv + \frac{\varepsilon_0}{2}\sum_{i=1}^{n} V_i \oint_{S_i} \boldsymbol{E} \cdot \hat{\boldsymbol{n}}_i\,dS \tag{3.130}$$

となる．ここで V_∞ は S_∞ に囲まれた体積から導体の部分を除いた体積であるから，上式の第 1 項をガウスの定理を用いて面積分に直すと

$$\begin{aligned}\int_{V_\infty} \nabla \cdot (V\boldsymbol{E})\,dv &= \sum_{i=1}^{n}\int_{S_i} V(\boldsymbol{r})\boldsymbol{E}(\boldsymbol{r}) \cdot \hat{\boldsymbol{n}}'_i\,dS + \int_{S_\infty} V(\boldsymbol{r})\boldsymbol{E}(\boldsymbol{r}) \cdot \hat{\boldsymbol{n}}\,dS \\ &= \sum_{i=1}^{n} V_i \int_{S_i} \boldsymbol{E}(\boldsymbol{r}) \cdot \hat{\boldsymbol{n}}'_i\,dS + \int_{S_\infty} V(\boldsymbol{r})\boldsymbol{E}(\boldsymbol{r}) \cdot \hat{\boldsymbol{n}}\,dS\end{aligned} \tag{3.131}$$

となる．ただし，S_i 上で電位が一定であることを利用した．また，式 (3.131) の右辺第 1 項の単位法線ベクトル $\hat{\boldsymbol{n}}'_i$ は，式 (3.130) 右辺第 3 項の単位法線ベクトル $\hat{\boldsymbol{n}}_i$ とは逆向きであるから，これらを足し合わせるとゼロになる．さらに，原点から S_∞ までの距離を r としたとき，3.8 節で述べたように，S_∞ 上の電界および電位の大きさはそれぞれ $1/r^2$，$1/r$ に比

例し，S_∞ の面積は r^2 に比例するから，$S_\infty \to \infty$ としたとき，式 (3.131) の右辺第 2 項はゼロになる．このようにして，静電エネルギー W_e は

$$W_e = \frac{\varepsilon_0}{2} \int_{\text{全空間}} \boldsymbol{E}(\boldsymbol{r}) \cdot \boldsymbol{E}(\boldsymbol{r}) \, dv = \frac{\varepsilon_0}{2} \int_{\text{全空間}} E^2(\boldsymbol{r}) \, dv \tag{3.132}$$

で与えられる．ここで導体内部の電界はゼロであることを利用して，導体外部の空間にわたる積分を導体内部を含む全空間にわたる積分にしてある．式 (3.132) の形式で表された静電エネルギーは，式 (3.127) のそれとは異なり，エネルギーは空間内に蓄えられるという表現になっている．そして，空間内の任意の場所 $\boldsymbol{r}$ におけるエネルギー密度は

$$w_e(\boldsymbol{r}) = \frac{1}{2}\varepsilon_0 \boldsymbol{E}(\boldsymbol{r}) \cdot \boldsymbol{E}(\boldsymbol{r}) = \frac{1}{2}\varepsilon_0 E^2(\boldsymbol{r}) \tag{3.133}$$

で与えられる．

例題 3.17 半径 a の導体球に電荷 Q を与えたときに，導体球がもつ静電エネルギーを求めよ．

【解答】 まず，3.9.2 項の考え方で求めてみよう．式 (3.121) と式 (3.127) より

$$W_e = \frac{1}{2}\frac{Q^2}{C} = \frac{Q^2}{8\pi\varepsilon_0 a} \tag{3.134}$$

となる．次に，3.9.3 項の電界による表現から計算してみよう．導体球外部の電界の大きさは

$$E = \frac{1}{4\pi\varepsilon_0}\frac{Q}{r^2}$$

で与えられ，導体内部の電界はゼロであるから，式 (3.132) より

$$W_e = \frac{\varepsilon_0}{2}\int_a^\infty \left(\frac{1}{4\pi\varepsilon_0}\frac{Q}{r^2}\right)^2 4\pi r^2 \, dr = \frac{Q^2}{8\pi\varepsilon_0}\int_a^\infty \frac{dr}{r^2} = \frac{Q^2}{8\pi\varepsilon_0 a} \tag{3.135}$$

となり，両者とも同じ答えになる． $\diamondsuit$

例題 3.18 半径 a の球内に，一様な体積密度 ρ で電荷が分布したときに，周りに蓄えられている静電エネルギーを求めよ．

【解答】 例題 3.16 と同じ問題を電界から求めてみよう．静電エネルギーを電界を用いて計算するには，電界が存在するすべての領域で式 (3.132) を積分しなければならない．球内外の電界は例題 3.11 で求めたから，この結果 (3.58) を用いて球内 ($0 < r < a$) と球外 ($r \geq a$) に分けて積分を評価すると，全電荷量を $Q = \frac{4}{3}\pi a^3 \rho$ として

$$W_e = \frac{\varepsilon_0}{2}\int_0^a \left(\frac{Q}{4\pi\varepsilon_0}\frac{r}{a^3}\right)^2 4\pi r^2 \, dr + \frac{\varepsilon_0}{2}\int_a^\infty \left(\frac{Q}{4\pi\varepsilon_0}\frac{1}{r^2}\right)^2 4\pi r^2 \, dr$$

$$= \frac{3}{5}\frac{Q^2}{4\pi\varepsilon_0 a} = \frac{4}{15\varepsilon_0}\pi a^5 \rho^2$$

となり，例題 3.16 の結果 (3.120) と等しくなる． ◇

3.9.1 項の方法では点電荷が 1 つだけある場合の静電エネルギーを求めることができなかった．一様な電荷密度の球を考え，その半径 a を $a \to 0$ としたものを点電荷のモデルと考えても，例題 3.16 から，静電エネルギーは無限大になってしまう．電界を使った表現ではどうであろうか．点電荷の電界は

$$E = \frac{1}{4\pi\varepsilon_0}\frac{Q}{r^2}$$

であるから，式 (3.132) より

$$W_e = \frac{\varepsilon_0}{2}\int_0^\infty \left(\frac{1}{4\pi\varepsilon_0}\frac{Q}{r^2}\right)^2 \cdot 4\pi r^2\, dr = -\frac{Q^2}{8\pi\varepsilon_0}\frac{1}{r}\bigg|_0^\infty \tag{3.136}$$

となり，電界を用いた表現でも点電荷のエネルギーは無限大となる．これは 3.9.1 項において，点電荷系から電荷の連続分布の式 (3.119) に拡張する際，電荷密度は有限であると仮定したが，点電荷の電荷密度はそうではないということに起因している．電界を用いた静電エネルギーの表現も結局は式 (3.119) から導かれたものであるから，同じ結果となったのである．

このことから，点電荷の存在とエネルギーが電界に蓄えられているという考えは矛盾するといわざるを得ない．しかし，点電荷であっても 2 つ以上なら問題はない．この矛盾をそれらしく説明するには，点電荷とは実際の電荷を理想化した数学的モデルであり，巨視的な意味での '点' 電荷なのであるから，半径をゼロにすること自体がおかしいのである，といえばよさそうである．実際，素電荷である陽子や電子も有限な半径をもっている．また，このような極微の領域では古典電磁気が成り立たない．じつは点電荷の自己エネルギーの問題は古典電磁気学の範囲では解決できないのである．

3.9.4 マクスウェルの静電応力 *

静電エネルギーは電荷にではなく，空間に生じた 'ゆがみ' に蓄えられると説明した．一方，3.3 節では，空間の 'ゆがみ' とはゼリーの表面にパチンコ玉を置いたときに生じる 'くぼみ' のようなものだと説明した．もちろんこのような例えがなくても空間に生じる 'ゆがみ' を数学的に表現することは可能であるが，やや高度な数学の知識が必要となるため，ここではゼリーのような物質が空間を埋め尽くしていると考えて，'ゆがみのエネルギー' を説明する．

総電荷量 $+Q$ が帯電した導体 #A と $-Q$ が帯電した導体 #B があると，両導体間には引力が働き，電気力線は図 3.70 のように分布する．この電気力線のうち，L_1 と L_2 で囲まれた管状の領域を考え，導体 #A 上の断面積を ΔS_A，導体 #B 上の断面積を ΔS_B とする．ΔS_A から出た電気力線は全て ΔS_B に終わるから，それらの領域の面電荷密度をそれぞれ σ_A, σ_B とすると，$\sigma_B \Delta S_B = -\sigma_A \Delta S_A$ となる．このような電気力線の管をファラデー管

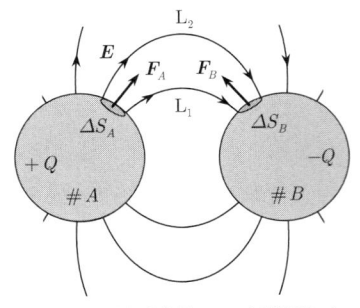

図 3.70 総電荷量 $+Q$ が帯電した導体 #A と $-Q$ が帯電した導体 #B によって生じる電気力線と導体表面の微小面積 ΔS_A, ΔS_B に働く力 $\bm{F}_A$, $\bm{F}_B$.

(Faraday tube) という．一方，3.5.5 項で説明したように，各導体表面には電荷の符号，すなわち電気力線の向きには無関係に外向きの力が働くから，ファラデー管は両端から圧力がかかり，電気力線が縮むように力が働くことになる．

ファラデー管がゼリーのチューブのようなものであったとすると，チューブが縮めばその分断面積が大きくなろうとして，隣接するファラデー管を押すような力が働くはずである．このように，電気力線の方向とそれに直交する力をまとめて**静電応力**という．ここではこの力の空間的分布がどうなるかを調べてみよう．**図 3.71** のように導体 #A の電位を V_A，電界を $\bm{E}_A$，表面近くの等電位面の電位を $V_A > V_1 > V_2 > \cdots$，等電位面上の電界を $\bm{E}_1, \bm{E}_2, \cdots$ とする．さらに，図 3.70 の電気力線 L_1, L_2 で囲まれたファラデー管をこれらの等電位面で分割したときの，各微小ファラデー管を $\#T_A, \#T_1, \cdots$ とし，等電位面上の断面積を ΔS_A, $\Delta S_1, \cdots$，等電位面間の距離を $\Delta h_A, \Delta h_1, \cdots$ とする．また，$\hat{\bm{n}}_A, \hat{\bm{n}}_1, \cdots$ は等電位面上の単位ベクトルである．

3.5.5 項で示したように，導体 #A の表面には

$$\bm{F}_A = \frac{\varepsilon_0}{2} E_A^2 \, \Delta S_A \, \hat{\bm{n}}_A \tag{3.137}$$

の張力が働くから，微小ファラデー管 $\#T_A$ の底面には反作用 $-\bm{F}_A$ の力が働いてつり合いの状態にある．等電位面 V_1 上では

$$\bm{F}_1 = \frac{\varepsilon_0}{2} E_1^2 \, \Delta S_1 \, \hat{\bm{n}}_1 \tag{3.138}$$

の張力が働いていると考えるべきである．なぜなら，5.3.1 項で述べるように，電位 V_1 の等電位面は導体表面で置き換えてもよいからである．このとき，隣接する微小ファラデー管 $\#T_1$ からの反作用 $-\bm{F}_1$ が働く．他の微小ファラデー管 $\#T_1, \#T_2$ でも同様である．次に，微小ファラデー管 $\#T_A$ にガウスの法則を適用すると，上

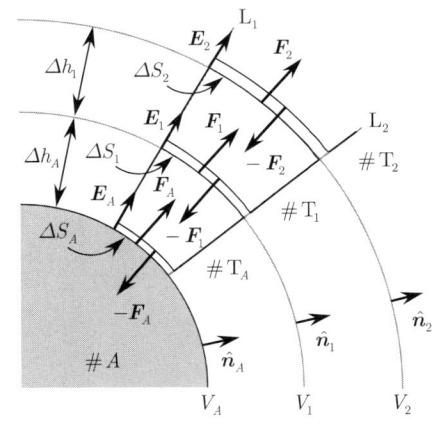

図 3.71 微小ファラデー管．電気力線 L_1 と L_2 で囲まれたファラデー管を等電位面で分割している．力の作用点を記入するため，各微小ファラデー管 $\#T_A, \#T_1, \cdots$ は少しずらして描いてある．

面では電界と単位法線ベクトルが同方向を向き，下面では逆方向を向く．また，側面では法線ベクトルと電界とが直交しており，面内には電荷はないから

3.9 静電エネルギーとマクスウェルの静電応力

$$\oint_{\#\mathrm{T}_A} \boldsymbol{E}\cdot\hat{\boldsymbol{n}}\,dS = -E_A \Delta S_A + E_1 \Delta S_1 = 0$$

となる．他の微小ファラデー管でも同様であるから，結局

$$E_A \Delta S_A = E_1 \Delta S_1, \qquad E_1 \Delta S_1 = E_2 \Delta S_2, \cdots \tag{3.139}$$

を得る．

　管軸方向の張力だけでは力のつり合いがとれない．なぜなら，式 (3.138) と式 (3.139) より

$$F_1 = \frac{\varepsilon_0}{2} E_1^2 \,\Delta S_1 = \frac{\varepsilon_0}{2} E_1 E_A \,\Delta S_A \neq F_A$$

となるからである．実際，張力だけでは電気力線は導体 #A と #B とを結ぶ最短距離の力線になってしまう．そこでファラデーが考えたように，隣り合う電気力線同士が反発し合うと考えてみよう．図 **3.72** のように，上下面の半径がそれぞれ a_1, b_1，高さ Δh_1 の微小ファラデー管 #T_1 に，隣接するファラデー管から側面に垂直に圧力 $\boldsymbol{P}$ が垂直に働いているとする．#T_1 側面の傾きは $(b_1 - a_1)/\Delta h_1$，面積は $\pi(b_1 + a_1)\Delta h_1$ と近似できるから，$\boldsymbol{F}_2$（管軸）方向の力のつり合いは，側面に単位面積あたりに加わる圧力を $\boldsymbol{f}_2$ として

$$-P\frac{b_1 - a_1}{\Delta h_1} = -f_2 \pi (b_1 + a_1)\Delta h_1 \frac{b_1 - a_1}{\Delta h_1} = -f_2 (\Delta S_2 - \Delta S_1) = F_2 - F_1$$

となる．式 (3.139) を用いると $f_2 = \frac{\varepsilon_0}{2} E_1^2 \frac{\Delta S_1}{\Delta S_2} = \frac{\varepsilon_0}{2} E_1 E_2$ を得るが，#T_1 の ΔS_1 と ΔS_2 の中心の電界を $E, \Delta E = E_2 - E_1$ とすると，$E_1 = E - \Delta E/2, E_2 = E + \Delta E/2$ であるから $(\Delta E)^2$ を無視すれば，単位面積あたりの圧力の大きさ f_2 は

$$f_2 = \frac{\varepsilon_0}{2} E^2 \tag{3.140}$$

で与えられる．

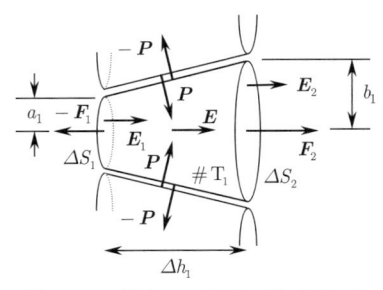

図 **3.72**　微小ファラデー管 #T_1 の側面から働く圧力 $\boldsymbol{P}$

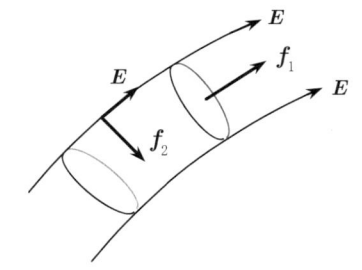

図 **3.73**　マクスウェルの静電応力．電気力線に囲まれたファラデー管に作用する張力 $\boldsymbol{f}_1$ と圧力 $\boldsymbol{f}_2$．それらの大きさは共に単位体積あたりの静電エネルギーに等しい．

以上をまとめると，図 **3.73** のようなファラデー管では，電気力線の方向に張力 f_1 が働き，側面には圧力 f_2 が働くことによって力のつり合いが保たれている．これを**マクスウェルの静電応力** という．またそれらの大きさは共に単位体積あたりの静電エネルギー $\frac{\varepsilon_0}{2}E^2(\boldsymbol{r})$ に等しい．このことは電界という'ゆがみ'にエネルギーが蓄えられているということを表している．この考えのもとで，これまで描いてきた電気力線と力の関係を眺めなおしてみるのもおもしろいであろう．

3.10　コンデンサと静電容量

コンデンサ[†1]とは，図 **3.74** のように $\pm Q$ に帯電した 2 つの導体からなる電気素子で，電気工学にとって最も重要なものの 1 つである[†2]．図 3.74 のように，$\pm Q$ の電荷が帯電しているとき，コンデンサは電気量 Q を蓄えたという．このとき導体 #A から出た電気力線は全て導体 #B に終わる．高校の物理では，導体 #A, #B が互いに平行な平板からなるコンデンサの基本的な性質について学んだが，一般には必ずしも平行平板である必要はない．本節では一般的なコンデンサの電気的性質を議論する．一方，静電容量を大きくする目的で，コンデンサには通常，誘電体（絶縁体）を充填するが，この効果については 4 章で述べることとし，本節では真空中のコンデンサについてだけ考える．

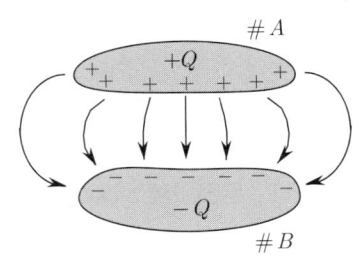

図 3.74　コンデンサ．電荷を蓄える電気素子．静電エネルギーを狭い空間領域に閉じ込める電気素子でもある．

図 3.74 のような 2 個の導体系の場合も，孤立導体と全く同様に，導体間の電位差 V を 1 V 上昇させるために必要な電荷量 Q〔C〕をコンデンサの静電容量 C〔F〕と定義する．すなわち

$$C \equiv \frac{Q}{V} \tag{3.141}$$

コンデンサの物理的な形より，電気回路では図 **3.75** のような記号が用いられる．2 つ以上の導体系に関しても静電容量を考えることができる．この場合の静電容量は 2 つの導体間だけの静電容量を考え，それを組み合わせればよい．その例と等価回路を図 **3.76** に示す．例えば，静電容量 C_{12} とは導体 #3 を考えない（存在しない）ときの，導体 #1 と導体 #2 間の静電容量である．

[†1]　キャパシタ (capacitor) ともいう．電気回路では condenser あるいは capacitor の頭文字をとって，C という記号が用いられる．
[†2]　3.9 節の孤立導体は，無限遠点にもう 1 つの導体があると考えればよい．

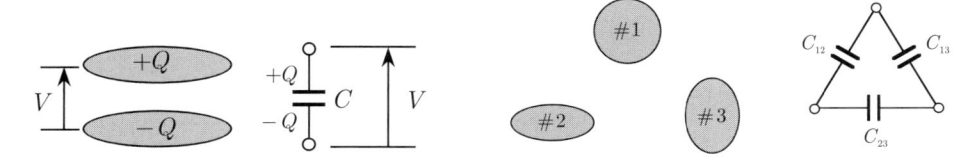

図 3.75 2つの導体で作られたコンデンサとその電気回路表示

図 3.76 3つの導体間の静電容量とその電気回路表示

3.10.1 いろいろな導体系の静電容量

（1） 平行平板導体　図 3.77 のように，距離 d を隔てて平行に置かれた面積 $S = ab$ の 2 枚の導体板の一方に $+Q$，他方に $-Q$ の電荷を与えたとする．導体の面積 S は十分広く，d は非常に小さいとする．すなわち，$a, b \gg d$ とすると，導体間の電界 E は，例題 3.9 の無限に広い極板間の電界とほぼ等しいと考えてよいから

$$E = \frac{\sigma}{\varepsilon_0}. \tag{3.142}$$

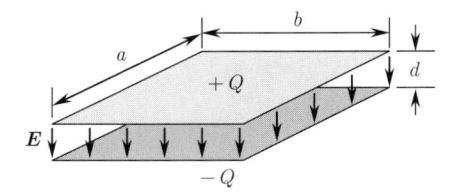

図 3.77 平行平板コンデンサと電界

ここで，$\sigma = Q/S$ は導体板上の面電荷密度である†．導体間の電圧 V は，電界が一定であるから

$$V = Ed = \frac{\sigma}{\varepsilon_0}d = \frac{Qd}{\varepsilon_0 S} \tag{3.143}$$

となり，これより静電容量 C は

$$C = \frac{Q}{V} = \frac{\varepsilon_0 S}{d} \tag{3.144}$$

となる．すなわち，静電容量は極板の面積 S に比例し，極板間の間隔 d に逆比例する．また静電容量は極板間の電位差を 1 V にするために必要な電荷量でもあるから，電位差が一定なら面積が広いほど，間隔が狭いほど多くの電荷が蓄えられることになる．静電エネルギー $\frac{1}{2}CV^2$ も同様である．

図 3.77 には長方形の極板が描かれているが，円形でも平板の面積が S であれば，静電容量の値は式 (3.144) で与えられることは明らかであろう．また，極板が有限であれば，5.2.1 項

---

† 導体板上の電荷は，板の厚みを考慮して厳密にいうと，導体内部には存在できないので，板の上下の表面にそれぞれ分布しているはずである．1 枚の極板しかない場合には，電荷を与えると，上下の面に均一に分布すると予想できるが，2 つの極板に異符号の電荷を与えたから，実際には電荷が引き合うので，ほとんどの電荷は各極板の内側に分布する．したがって，ここでいう電荷密度は極板の内側の値である．もし極板が薄ければ，それぞれの極板の上下面の電荷分布の和と考えても差し支えない．

の図 5.5(b) で示した縁端効果のために,静電容量が若干増えることが知られている.もう少し詳しい解析(巻末の引用・参考文献 3))によると,d だけ離れた一辺が $l\,(\gg d)$ である正方形の平行平板の静電容量は

$$C = \frac{\varepsilon_0 l^2}{d} + \frac{\varepsilon_0 2l}{\pi} \ln \frac{\pi l}{d} \tag{3.145}$$

で与えられる.

(2) 同心球導体 図 **3.78** のように半径 a の内球と,内径 b をもつ外球からなる同心球導体を考える.内球,外球にそれぞれ $+Q$,$-Q$ の電荷を与えた場合の $a \le r \le b$ の電界は,半径 r の球の表面にガウスの法則を適用することによって得られ

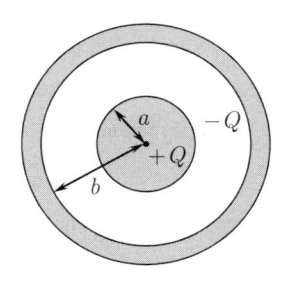

$$\boldsymbol{E}(\boldsymbol{r}) = \frac{Q}{4\pi\varepsilon_0} \frac{\hat{\boldsymbol{r}}}{r^2} \tag{3.146}$$

図 **3.78** 同心球コンデンサ

となる.これより両導体間の電位差 V は

$$V = -\int_b^a \boldsymbol{E}(\boldsymbol{r}) \cdot d\boldsymbol{r} = -\frac{Q}{4\pi\varepsilon_0} \int_b^a \frac{dr}{r^2} = \frac{Q}{4\pi\varepsilon_0} \left(\frac{1}{a} - \frac{1}{b}\right) \tag{3.147}$$

で与えられるから,静電容量 C は

$$C = \frac{Q}{V} = \frac{4\pi\varepsilon_0}{\left(\frac{1}{a} - \frac{1}{b}\right)} = \frac{4\pi\varepsilon_0 ab}{b-a} \tag{3.148}$$

となる.

(3) 同軸円筒導体 図 **3.79** のように,軸方向の長さが l で,半径 a, b の内外円筒からなる同軸円筒導体ついて考える.このような形のコンデンサを実際に使用することはほとんどないが,高周波の電気信号や電力を伝送するための伝送線路としてよく用いられる.伝送線路の特性を等価的な電気回路に置き換えて解析することがよく行われるが,このとき伝送線路の静電容量やインダクタンスの値が必要となる†.

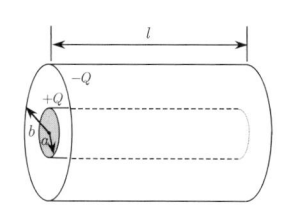

図 **3.79** 同軸円筒導体.高周波の電気信号や電力を伝送する場合には同軸線路とよばれる.

内外導体にそれぞれ $+Q$,$-Q$ の電荷を与えたとする.$l \gg a$ とすると,近似的に無限長同軸導体とみなしてよいから,例題 3.10 のように半径 $\rho\,(a \le \rho \le b)$ の円筒面にガウスの法則を適用する(例題 5.2 のように電位に関するラプラスの方程式を解いてもよい.)と,軸方向単位長あたりの電荷密度 λ_0 は $\lambda_0 = Q/l$ であるから

---

† インダクタンスの計算法については 9 章で述べる.

$$\boldsymbol{E}(\rho) = \frac{Q}{2\pi\varepsilon_0 l \rho}\hat{\boldsymbol{\rho}} \qquad (3.149)$$

を得る．導体間の電位差 V は

$$V = -\int_b^a \boldsymbol{E}(\rho)\cdot d\boldsymbol{\rho} = -\frac{Q}{2\pi\varepsilon_0 l}\int_b^a \frac{d\rho}{\rho} = \frac{Q}{2\pi\varepsilon_0 l}\ln\left(\frac{b}{a}\right) \qquad (3.150)$$

となるから，静電容量は次式で与えられる．

$$C = \frac{Q}{V} = \frac{2\pi\varepsilon_0 l}{\ln(b/a)} \qquad (3.151)$$

（4）平行円筒導体 図 **3.80** のように，平行に置かれた半径 a，長さ l の 2 本の円筒導体 #1, #2 にそれぞれ総電荷量 $\pm Q$ の電荷が帯電しているとする．長さ l が d に比べて十分長い ($l \gg d$) とすると，これらは無限長導体と近似でき，中心軸間の距離 d が半径 a に比べて十分大きい ($d \gg a$) とすれば，線電荷密度 $\lambda_0 = \pm Q/l$ の電荷が一様に分布しているとみなすことができる．したがって，それぞれの電荷による電界は例題 3.10 と全く同様に計算することができる．

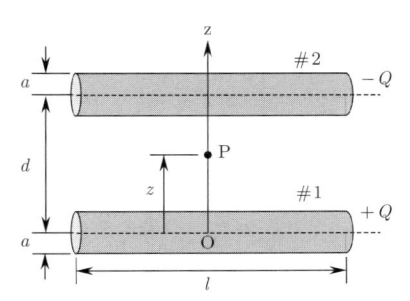

図 3.80 平行円筒導体．高周波電気信号の伝送に用いられ，平行 2 線路，レッヘル線路などとよばれる．

導体 #1 の中心軸から z だけ離れた点 P の合成電界は

$$\boldsymbol{E}(z) = \frac{Q}{2\pi\varepsilon_0 l}\left(\frac{1}{z} + \frac{1}{d-z}\right)\hat{\boldsymbol{z}} \qquad (3.152)$$

となるから，導体 #1, #2 間の電位差は

$$V = -\int_{d-a}^{a} \boldsymbol{E}(z)\cdot d\boldsymbol{z} = -\frac{Q}{2\pi\varepsilon_0 l}\int_{d-a}^{a}\left(\frac{1}{z}+\frac{1}{d-z}\right)dz = \frac{Q}{\pi\varepsilon_0 l}\ln\left(\frac{d-a}{a}\right) \qquad (3.153)$$

で与えられる．したがって，静電容量は

$$C = \frac{Q}{V} = \frac{\pi\varepsilon_0 l}{\ln\left(\frac{d-a}{a}\right)} \approx \frac{\pi\varepsilon_0 l}{\ln\left(\frac{d}{a}\right)} \qquad (3.154)$$

となる．

3.10.2 コンデンサの接続

幾つかのコンデンサを接続すると，全体として 1 個のコンデンサと等価な作用をする．全体としての静電容量を合成静電容量あるいは単に合成容量という．合成容量の計算の仕方はすでに知っているはずであるが，簡単に復習しておこう．

(1) 並列接続　n 個のコンデンサ $C_1, C_2, \cdots, C_n$ を図 **3.81**(a) のように接続した場合を**並列接続** (parallel connection) という．このとき各コンデンサの電圧 V は一定であるから，コンデンサに蓄えられている電荷 $Q_1, Q_2, \cdots, Q_n$ は

$$Q_1 = C_1 V, \quad Q_2 = C_2 V, \quad \cdots, \quad Q_n = C_n V \tag{3.155}$$

であるから，全電荷量 Q は

$$Q = Q_1 + Q_2 + \cdots + Q_n = (C_1 + C_2 + \cdots C_n) V \tag{3.156}$$

となり，合成容量 C は

$$C = \frac{Q}{V} = C_1 + C_2 + \cdots + C_n \tag{3.157}$$

と，各容量の和となる．

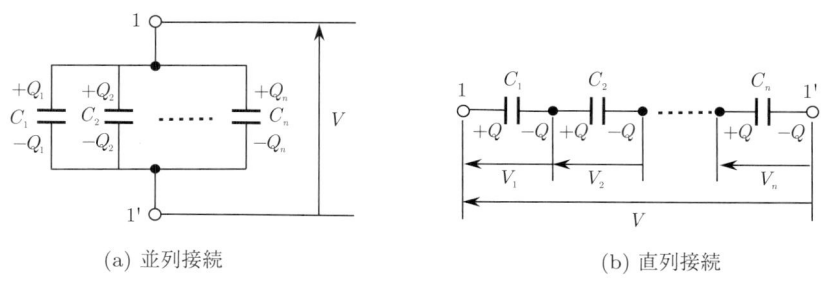

(a) 並列接続　　(b) 直列接続

図 **3.81**　コンデンサの接続

(2) 直列接続　n 個のコンデンサ $C_1, C_2, \cdots, C_n$ を図 3.81(b) のように接続した場合を**直列接続** (series connection) という．このとき，例えば C_1 の左端に電荷 $+Q$ を与えると静電誘導により，各コンデンサには $\pm Q$ の電荷が図のように現れる．そうすると各コンデンサの電圧 $V_1, V_2, \cdots, V_n$ は

$$V_1 = \frac{Q}{C_1}, \quad V_2 = \frac{Q}{C_2}, \quad \cdots, \quad V_n = \frac{Q}{C_n} \tag{3.158}$$

となるから，全電位差 V は

$$V = V_1 + V_2 + \cdots + V_n = \left(\frac{1}{C_1} + \frac{1}{C_2} + \cdots + \frac{1}{C_n} \right) Q \tag{3.159}$$

となるから，合成容量 C は

$$C = \frac{Q}{V} = \frac{1}{\dfrac{1}{C_1} + \dfrac{1}{C_2} + \cdots + \dfrac{1}{C_n}} \tag{3.160}$$

となる．

3.10.3 コンデンサのエネルギーと導体に働く力

コンデンサは導体上に正負の電荷が相対しているから，導体には力が働く．この力を図3.77の平行平板コンデンサを例にとって求めてみよう．電界とは1Cあたりに働く力であったから，上の極板にはEQの大きさの力が下向きに働くと考えそうだがこれは誤りである．なぜなら，3.3節で説明したように，この電界は下の極板による電界を用いるべきであって，上の極板上の電荷による電界を加えてはならないからである．一方，3.5.5項で説明したように上の極板の自己力はゼロになるから，結局は下の極板による電界だけが残る，と考えてもよい．このようにして上の極板には例題3.9より

$$F = Q\left(\frac{Q/S}{2\varepsilon_0}\right) = \frac{Q^2}{2\varepsilon_0 S} \tag{3.161}$$

の力が下向きに働く．3.5.5項の式(3.61)を用いても同じ結果が得られることは明らかであろう．

このような方法でも導体に働く力を求めることはできるが，電荷分布や電界を知る必要がある．ここで述べる方法は，直接このような量を使うのでなく，エネルギーの仮想的な変位量から力を求める方法で，**仮想変位法** (method of virtual work) とよばれる．以下にその方法を説明しよう．

1) 極板に電荷が蓄えられているが，電源は接続されていない場合

図**3.82**のように，電荷Qが蓄えられているコンデンサの極板#2に力$\boldsymbol{F}$が働いて，+z方向にΔzだけ動いたと仮定する†．この力は外部から強制的に加えたのではなくコンデンサ自身の電界による力であるから，静電エネルギーが減少してこの仕事に使われたと考えられる．そこで静電エネルギーの減少分を$-\Delta W_e$とすると

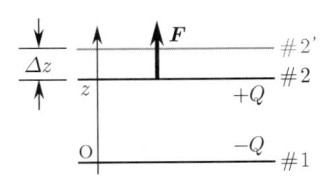

図**3.82** 仮想変位法．蓄えられている電荷Qが一定の場合．

$$F\Delta z = -\Delta W_e \tag{3.162}$$

となる．極板が電源に接続されていないから，極板が変位しても導体上の電荷量Qは変化しない．極板の変位によって変化するのはコンデンサの容量Cである．そこで容量の変化分をΔCとすると静電エネルギーの減少分は

$$-\Delta W_e = \frac{Q^2}{2C} - \frac{Q^2}{2(C+\Delta C)} = \frac{Q^2}{2C}\left\{1 - \left(1 + \frac{\Delta C}{C}\right)^{-1}\right\} \approx \frac{Q^2}{2C^2}\Delta C \tag{3.163}$$

となる．仮想変位Fは$\Delta z \to 0$とした極限として

---

† 既に学んだように，実際に力の働いているのは下向きであるが，座標の増加方向に移動したと仮定した．結果は式(3.165)のように負となり，下向きであることがわかる．

$$F = -\frac{\partial W_e}{\partial z} = \lim_{\Delta z \to 0} -\frac{\Delta W_e}{\Delta z} = \frac{Q^2}{2C^2} \lim_{\Delta z \to 0} \frac{\Delta C}{\Delta z} = \frac{Q^2}{2C^2} \frac{\partial C}{\partial z} = \frac{V^2}{2} \frac{\partial C}{\partial z} \qquad (3.164)$$

で与えられる．特別な場合として平行平板コンデンサを考えると，$C = \varepsilon_0 S/z$ であるから，式 (3.164) に代入すると

$$F = \frac{Q^2}{2C^2} \frac{\partial C}{\partial z} = -\frac{Q^2}{2C^2} \frac{\varepsilon_0 S}{z^2} = -\frac{Q^2}{2\varepsilon_0 S} \qquad (3.165)$$

となって，式 (3.161) に一致する．ここで負号は図 3.82 において，z の増加方向に対して力が負の方向，すなわち下向きに働くことを表している．

2) 極板に電源が接続されている場合

図 **3.83** に示すように，コンデンサに電圧源が接続されていて，電位差 V が一定に保たれている場合には，仮に極板が変位しても電位を一定に保つように，電圧源から電荷が供給される．この供給される電荷量を ΔQ とすると，電圧源から供給されるエネルギーは $\Delta W_0 = V \Delta Q$ である．この供給されたエネルギーがコンデンサ自体のエネルギーの増加分と極板を移動させる仕事になるから

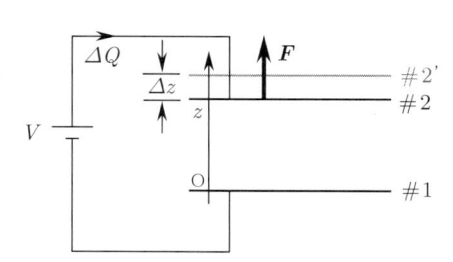

図 **3.83** 仮想変位法．極板間の電位差が一定の場合．

$$\Delta W_0 = V \Delta Q = \Delta W_e + F \Delta z \qquad (3.166)$$

となる．一方，極板が動くと静電容量が変化する．静電エネルギーと電荷の変化分は，静電容量の変化分を ΔC とすると，それぞれ

$$\Delta W_e = \frac{(C + \Delta C) V^2}{2} - \frac{CV^2}{2} = \frac{V^2 \Delta C}{2}, \qquad (3.167)$$

$$\Delta Q = (C + \Delta C) V - CV = V \Delta C \qquad (3.168)$$

で与えられるから，式 (3.167), (3.168) より ΔW_0 は

$$\Delta W_0 = V \Delta Q = V^2 \Delta C = 2 \Delta W_e. \qquad (3.169)$$

これを式 (3.166) に代入すると

$$F \Delta z = \Delta W_0 - \Delta W_e = \Delta W_e = \frac{V^2 \Delta C}{2}, \qquad (3.170)$$

すなわち

$$F = \frac{\partial W_e}{\partial z} = \lim_{\Delta z \to 0} \frac{\Delta W_e}{\Delta z} = \frac{V^2}{2} \lim_{\Delta z \to 0} \frac{\Delta C}{\Delta z} = \frac{V^2}{2} \frac{\partial C}{\partial z} \qquad (3.171)$$

となり，式 (3.164) と一致する．結局電荷 Q が一定に保たれていようと，電圧 V が一定に保たれていようと，コンデンサに働く力は静電容量 C が増加する方向，すなわち導体間の距離が減少する方向に働く．

3.10.4 コンデンサの応用

コンデンサは単に静電エネルギーを蓄える電気素子というばかりではなく，電気回路では重要な働きを担う．抵抗やコイルと組み合わせて色々な特性をもつ回路ができることは電気回路で学んだ通りである．ここではコンデンサの極板に力が働くことを利用した身近な装置を1つだけ簡単に紹介する．

マイクロフォンとは音圧を受けて，その特徴を失わないように電気信号に変換する装置であるが，その代表的なものの1つは図 3.84 に示すようなコンデンサ型（あるいは静電型といわれる）マイクロフォンである．2つの極板 #1, #2 によって平行平板コンデンサをつくり，抵抗 R を介して電圧をかけてある．極板 #1 は固定板，#2 は振動板である．#2 に音圧が加わると，極板間の距離が変化して静電容量が変わるから，抵抗 R には音圧に追従した電流が流れる．このようにして，音を電気信号に変換することができる．コンデンサ型マイクロフォンは構造が簡単で軽量にでき，よい特性をもつため，測定用や放送などの専門的分野でよく用いられている．一方，負荷抵抗 R に電圧を加えると，この信号に対応して振動板 #2 が振動して音を出すことができる．この原理はヘッドフォンに応用されている．

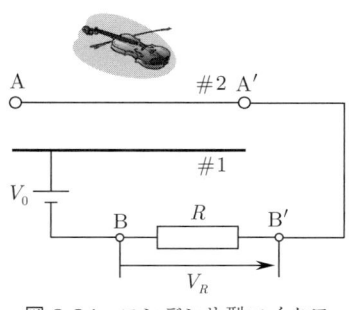

図 3.84 コンデンサ型マイクロフォンの原理

章 末 問 題

【1】 2つの点電荷 $2q$, $-q$ が距離 R だけ離れて固定されている．これらの電荷を結ぶ直線上で $-q$ の外側から電荷 q が2つの固定電荷に近づく．q と $-q$ の距離を $r(>0)$ として，2つの固定電荷が移動電荷 q に及ぼすクーロン力が斥力から引力に変わる境界点を求めよ．

【2】 図 3.85 のように，半径 a の同心円上に4つの点電荷 $Q_1, \cdots, Q_4$ が置かれている．以下の問いに答えよ．
  (1) z 軸上の電界 $\boldsymbol{E}(z)$ を求めよ．
  (2) $Q_1 = Q_2 = Q_3 = Q_4 = Q \geq 0$ のとき，z 軸上の電界 $\boldsymbol{E}(z)$ と，電界の大きさが最大となる z の値を求めよ．
  (3) $Q_1 = Q_3 = Q, Q_2 = Q_4 = -Q$ のとき，z 軸上の電界はどうなるか．

【3】 図 3.86 のように，無限に広い平面に電荷が一様な面電荷密度 σ_0 で分布している．式 (3.26) を用いて任意の点 $\boldsymbol{r}$ の電界 $\boldsymbol{E}(\boldsymbol{r})$ を求め，例題 3.8 の結果と比較せよ．なお，必要なら例題 3.6 の積分公式と次の積分公式を用いよ．

$$\int \frac{dx}{x^2 + c} = \frac{1}{\sqrt{c}} \tan^{-1} \frac{x}{\sqrt{c}}, \quad (c > 0) \tag{3.172}$$

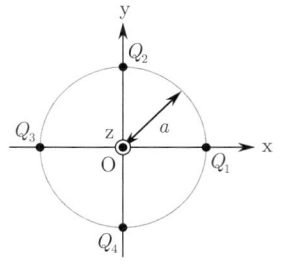

図 3.85 4つの点電荷

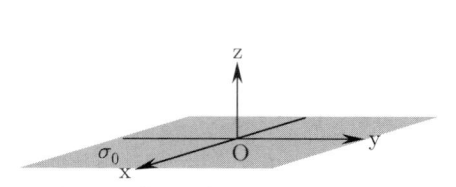

図 3.86 無限平板上の電荷分布

【4】 図 3.87 のように，長さ $2l$ の直線上に線密度 $\lambda(z)$ で電荷が分布しているとき，任意の点 $\bm{r}$ の電界 $\bm{E}(\bm{r})$ を求めよ．
  (1) $\lambda(z) = -\lambda_0 (-l \leq z \leq 0), \lambda_0 (0 \leq z \leq l)$ のとき．
  (2) $\lambda(z) = \lambda_0(z/l)$ のとき．ただし，必要なら次の積分公式を用いよ．

$$\int \frac{x^2}{(x^2+c)^{3/2}}\,dx = -\frac{x}{\sqrt{x^2+c}} + \ln\left|x+\sqrt{x^2+c}\right| \tag{3.173}$$

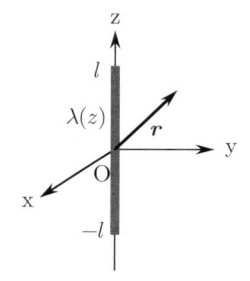

図 3.87 線状電荷分布

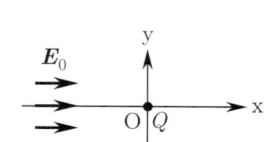

図 3.88 一様な電界中の点電荷

【5】 図 3.88 のように，一様な電界 $\bm{E}_0 = E_0 \hat{\bm{x}}$ の中に点電荷 Q がある．xy 面内の電気力線の方程式は次式で与えられることを示せ．ただし K は定数である．

$$\frac{E_0 y^2}{2} - \frac{Qx}{4\pi\varepsilon_0 \sqrt{x^2+y^2}} = K \tag{3.174}$$

【6】 図 3.87 のように，z 軸上に線密度 $\lambda(z)$ で電荷が分布しているとき，以下の問いに答えよ．
  (1) 電気力線の方程式は次式で与えられることを示せ．ただし K は定数である．

$$f(\rho, z) = \int_{-l}^{l} \lambda(z') \frac{z-z'}{\sqrt{\rho^2 + (z-z')^2}}\,dz' = K \tag{3.175}$$

  (2) $\lambda(z) = \lambda_0 =$ 一定 のとき，電気力線の方程式は K_0 を定数として

$$\sqrt{\rho^2 + (z+l)^2} - \sqrt{\rho^2 + (z-l)^2} = K_0 \tag{3.176}$$

で与えられることを示せ．これは $z = \pm l$ を焦点とする双曲面を表す．

(3) $\lambda(z) = -\lambda_0 (-l \leq z \leq 0)$, $\lambda_0 (0 \leq z \leq l)$ のとき，電気力線の方程式は K_1 を定数として

$$\sqrt{\rho^2 + (z+l)^2} + \sqrt{\rho^2 + (z-l)^2} - 2\sqrt{\rho^2 + z^2} = K_1 \qquad (3.177)$$

となることを示し，その概形を描け．

【7】 図 3.89 のように，面積 S の平板導体 #0, #1, #2 が狭い間隔 d_1, d_2 を隔てて平行に並べてある．#0 に電荷 Q を与えて，#1, #2 を接地した．以下の問いに答えよ．
   (1) 導体板 #0 の両面に誘起される電荷の面密度 σ_1, σ_2 を求めよ．
   (2) #0 – #1, #0 – #2 間の電界の大きさ E_1, E_2 を求めよ．
   (3) #0 の電位 V_0 を求めよ．また $d_1 + d_2 = $ 一定 のとき，V_0 が最大となる間隔 d_1, d_2 を求めよ．

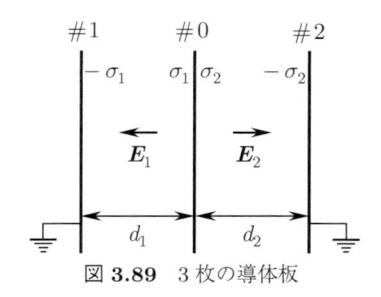

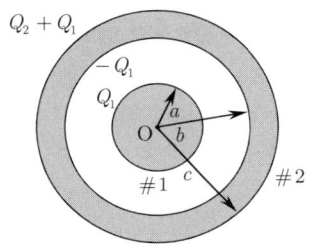

図 3.89 3 枚の導体板

図 3.90 同心球導体

【8】 図 3.90 のような半径 a の内球 #1 と，内，外半径がそれぞれ b, c の外球 #2 とからなる同心球導体がある．内球，外球 のそれぞれに Q_1, Q_2 の電荷を与えたら，内球の表面，外球の内表面，外表面の電荷が図のようになった．その理由を述べよ．また，次の場合：
   (1) 内，外球にそれぞれ電荷 Q_1, Q_2 を与えた場合．
   (2) 内球だけに電荷 Q を与えた場合．
   (3) 外球だけに電荷 Q を与えた場合．
   (4) 内球だけに電荷 Q を与え，外球を接地した場合．
   (5) 外球だけに電荷 Q を与え，内球を接地した場合．
について，(a) 外球外部の電界と電位，(b) 外球の電位，(c) 内球と外球の間の電界と電位，(d) 内球の電位，のそれぞれを求めよ．

【9】 図 3.91 のように，原点 O に対して点対称に電荷が分布している．体積電荷密度を $\rho(r)$ としたとき，任意の点の電界と電位を求めよ．ただし，全電荷量は有限であるとする．また，特別な場合として $\rho(r) = \rho_0 e^{-ar}$ としたときの電界と電位を求めよ．なお，必要なら以下の積分公式を用いよ．

$$\int x e^{-ax} dx = -\frac{1}{a}\left(x + \frac{1}{a}\right)e^{-ax}, \qquad (3.178)$$

$$\int x^2 e^{-ax} dx = -\frac{1}{a}\left(x^2 + \frac{2x}{a} + \frac{2}{a^2}\right)e^{-ax}. \qquad (3.179)$$

【10】 図 3.92 のように，一様な体積電荷密度 ρ_0 をもつ半径 a の球内に半径 b の空洞がある．空洞内の任意の点 P の電界を求めよ．ただし，それぞれの中心 O, O' の距離を d とする．（ヒント：空洞は $+\rho_0$ の電荷と $-\rho_0$ の電荷の和であると考えよ．）

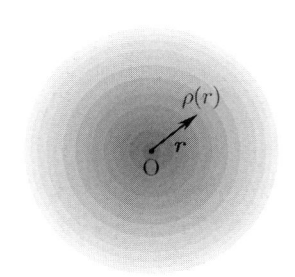

図 3.91 点対称の電荷分布

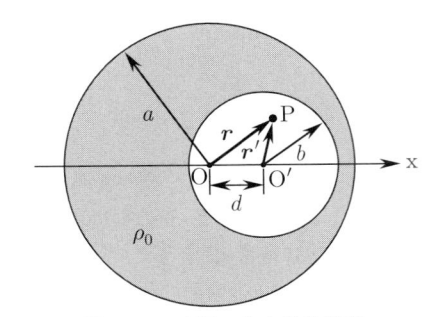

図 3.92 空洞のある球状電荷

【11】 ある閉曲面 S 上の電界を調べたところ，電界はどこでも法線方向を向き，その大きさはどこでも 10 V/m であった．この面内の電荷量を求めよ．ただし閉曲面の面積を S_0 とする．

【12】 半径 a の完全導体球表面に働く単位面積あたりの力を $\boldsymbol{f}$ としたとき，自己力 $\boldsymbol{F}_s = \oint_s \boldsymbol{f}(\boldsymbol{r}) dS$ がゼロになることを示せ．必要なら $\hat{\boldsymbol{r}} = \hat{\boldsymbol{x}} \sin\theta \cos\phi + \hat{\boldsymbol{y}} \sin\theta \sin\phi + \hat{\boldsymbol{z}} \cos\theta$ を利用せよ．

【13】 図 3.93 のように，半径 a の円形ループ導体 C 上に電荷 Q が一様に分布しているとする．円形導体の中心 O から垂直に z だけ離れた点 P の電位と電界を求めよ．

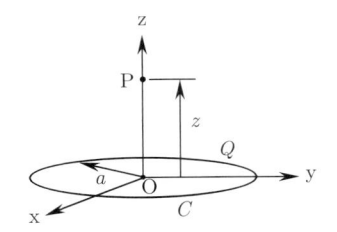

図 3.93 円周 C 上の電荷分布

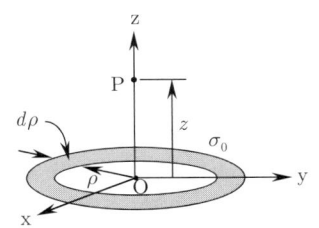

図 3.94 帯状の電荷分布

【14】 図 3.94 のように，内径 ρ，幅 $d\rho$ の薄い帯状に面密度 σ_0 で電荷が一様に分布している．以下の問いに答えよ．

 (1) 問題【13】の結果を利用して，中心 O から垂直に z だけ離れた点 P の電位と電界を求めよ．

 (2) 上問 (1) の結果を利用して，例題 3.7 の結果を導け．

【15】 極板の面積 S の平行平板コンデンサの極板が少し傾き，一端の間隔が $d+a$，他端の間隔が $d-a$ となった．このときの静電容量は近似的に $C \approx \dfrac{\varepsilon_0 S}{d}\left(1 + \dfrac{1}{3}\left(\dfrac{a}{d}\right)^2\right)$ で与えられることを示せ．ただし $a \ll d$ である．必要なら $x \ll 1$ のときの近似式：

$$\ln \frac{1+x}{1-x} \approx 2\left(x + \frac{x^3}{3}\right) \tag{3.180}$$

を用いよ．

　[ヒント] 極板の傾きは小さいと仮定し，電界は平行のままとして極板上の電荷分布の変化を求め，それを積分することによって総電荷量 Q と電位 V から静電容量を計算せよ．

【16】 平行平板導体間，同心球導体間，同軸円筒導体間に蓄えられる静電エネルギーを静電容量から求め，電界から求めた値に一致することを示せ．

【17】 静電容量 C_1, C_2 の 2 つのコンデンサをそれぞれ V_1, V_2 の電圧で帯電させた後，並列に接続した．接続後の電圧と移動した電荷量を求めよ．

4 誘電体中の静電界

　読者はすでに静電界について多くのことを学んだ．静電界の基本的な考え方のほとんどといってもよいくらいである．残っているのは物質の電気的な性質が現れる現象だけである．本章はそれについて学ぶ．電子が移動しやすい物質を**導体** (conductor) という．3章ではその理想的な状態として完全導体について学んだ．（完全）導体は電荷を貯めておく性質があるが，他の導体に接すると両方の電位が等しくなるように一方の導体から他方の導体に電荷が移動する．電子の移動ができない，すなわち電流が流れないような物質で導体をとり囲むことを**絶縁する** (insulate) といい，電流を流さない物質のことを**絶縁体** (insulator, insulating medium)，あるいは**誘電体** (dielectrics) という．どちらも同じものを指すが，絶縁性を強調したいときには絶縁体，誘電性を強調したいときには誘電体という言葉を使う．最近は誘電体という言葉の方が一般的であるので本書でもそのように呼ぶこととする．誘電体の代表は，空気，ガラス，ゴム等であり，実際にはごくわずかに電流が流れるが，本章では理想的な誘電体を考え，誘電体中には電流が流れないとする．これらの物質中の静電界は真空中の静電界とほとんど同じ法則にしたがっており，誘電率とよばれる，物質に特有な定数が違うだけである．

4.1 静電容量と誘電率

　ファラデーは，図 **4.1** のように誘電体を充填させたコンデンサの静電容量 C が真空中の静電容量 C_0 に比べて定数倍だけ大きくなることを発見した．これは誘電体を充填することによって，コンデンサに蓄えられる電荷量を増やすことができることを示しており，応用上極めて重要な事実である．そしてこの定数：

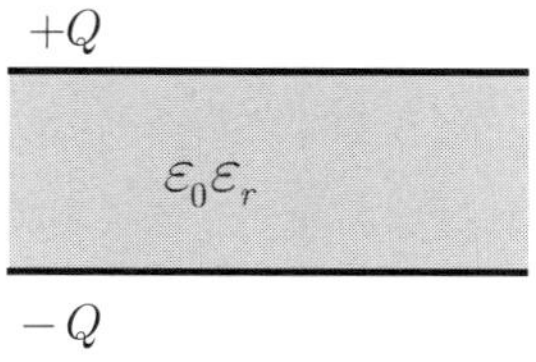

$$\varepsilon_r = \frac{C}{C_0} \tag{4.1}$$

図 4.1 誘電体充填コンデンサ

を誘電体の**比誘電率** (relative permittivity あるいは specific dielectric constant) とよんだ．ファラデーはまた，比誘電率が誘電体の種類にのみ依存し，コンデンサの形状には無関係であることも発見したが，その理論的な根拠は 4.5 節で示す．なお，比誘電率 ε_r と真空の誘電率との積 $\varepsilon = \varepsilon_0 \varepsilon_r$ を誘電体の**誘電率** (permittivity あるいは dielectric constant) という．したがって真空は $\varepsilon_r = 1$ の誘電体とみなすことができる．

表 4.1 各種物質の比誘電率 ε_r の値＊（室温）

気体／液体		固体		その他	
水素	1.00027	アルミナ	8.5	ABS 樹脂	2.44 ～ 3.11
酸素	1.00049	雲母	7.0	ポリ塩化ビニル	2.8 ～ 3.1
窒素	1.00055	NaCl	5.9	テフロン	2.0
二酸化炭素	1.00092	ダイヤモンド	5.68	ナイロン	4.0 ～ 4.7
空気（乾）	1.00052	石英ガラス	3.8	エポキシ樹脂（ガラス繊維）	3.5 ～ 5.0
液体水素	1.23	ソーダガラス	7.5	ガラスエポキシ積層板	4.5 ～ 5.2
液体酸素	1.51	花コウ岩	8	湿地	30
液体窒素	1.45	大理石	8	乾燥地	4
変圧器油	2.2	ボール紙	3.2	砂（乾）	2.5
石油	2.13	シリコンゴム	8.55	氷	3.15 ～ 3.2
水（20°C）†	80.36	天然ゴム	2.4	雪 ‡	1.2 ～ 2.7

† 温度や周波数，不純物の種類や濃度によって大きく変化する．
‡ 水が滴るようなみぞれを除く．
＊ 出典は 国立天文台 編：理科年表 (平成 21 年版), 丸善 (2009),
電子情報通信学会 編：アンテナ工学ハンドブック (第 2 版), オーム社 (2008)

表 4.1 に主な誘電体の比誘電率を示す．空気を含む多くの気体は $\varepsilon_r \approx 1$ であるから，おおむね真空とみなしてもよい．工学的に広く使われている物質や身近な物質の誘電率も示してあるが，これらの値は温度や周波数によって変化する†．また，水の誘電率は非常に大きいので，誘電体の含水率によっても変化することに注意してほしい．

4.2 分極と分極ベクトル

コンデンサの静電容量 C は，蓄えられた電荷量 Q と極板間の電位差 V の比として $C = Q/V$ で定義されているから，誘電体を挿入したとき静電容量が真空中のそれに比べて ε_r 倍になるということは，同一の電荷量 Q に対して，電位差 V が真空に比べて $1/\varepsilon_r$ 倍になることを意味している．電圧は電界の大きさに比例するから，電界も $1/\varepsilon_r$ 倍 になる．

どうしてこのようなことが起こるのであろうか．これを調べるには原子の様子を調べなければならない．よく知られているように，全ての物質は原子から構成されている．その原子は正電荷をもつ重い原子核と，負の電荷をもつ軽い電子からなっており，電気的に中性の原子では，図 4.2(a) のように正の電荷をもつ原子核の周りを同じ量だけの負電荷をもつ電子がほぼ同心円状の軌道を回っていると考えて良い．そして，誘電体の特徴は，全ての電子が原子核に強く拘束されていて，物質内を自由に動き回れるような電子，すなわち自由電子がないことである．このために電流が流れない．

このような中性の原子に電界が印加されると，クーロン力によって軽い電子は電界の方向とは逆の正極側に，重い原子核は少しだけ負極側に引き寄せられる．そうすると図 4.2(b) の

---
† 周波数に対して誘電率が変化するとき，この誘電体は**周波数分散性**をもつという．すべての誘電体は，多かれ少なかれ周波数分散性をもっている．

4.2 分極と分極ベクトル

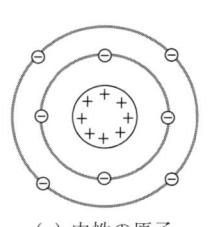

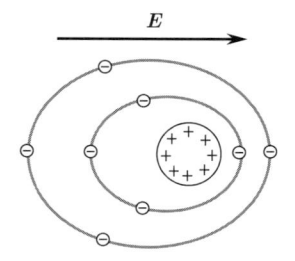

(a) 中性の原子　　(b) 印加電界による電子の移動　　(c) 正負電荷の重心

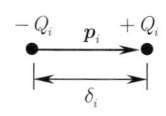

図 4.2　原子の分極（電子軌道モデル）

ように，負の電荷の重心がずれて，原子核の正電荷の重心と一致しなくなる．このような電荷分布は，3章，3.7節で述べたように，少し遠くから見ると図4.2(c)のような電気双極子と考えてよい．原子や分子の電荷分布が中性の状態から，電界によって少し変位することを**分極** (polarization) といい，分極によって現れた電荷を**分極電荷** (polarization charge) という．

図 4.2(c) のように，分極電荷を Q_i，電子の重心から原子核へ向かうベクトルを $\boldsymbol{\delta}_i$ とすると原子1つあたりの双極子モーメント $\boldsymbol{p}_i$ は $\boldsymbol{p}_i = Q_i \boldsymbol{\delta}_i$ で与えられる．単位体積内の原子の数を N とし，単位体積あたりの双極子モーメントを大文字の $\boldsymbol{P}$ と書くと，$\boldsymbol{P}$ は

$$\boldsymbol{P} = \sum_{i=1}^{N} \boldsymbol{p}_i = \sum_{i=1}^{N} Q_i \boldsymbol{\delta}_i \tag{4.2}$$

で与えられる．これを**分極ベクトル**という．$\boldsymbol{P}$ の単位は明らかに $\mathrm{C/m^2}$ であり，面電荷密度と同じ単位になる．また，分極ベクトル $\boldsymbol{P}$ は，分極した負の電荷から正の電荷方向を向き，印加電界 $\boldsymbol{E}$ と同じ方向を向いていることに注意してほしい．

原子の種類が同一で一様に分布しているなら，誘電体内の電気双極子は図 4.3 のように規則的に並ぶであろう．このように分極した多くの原子間の小さな隙間の電界は，誘電体に印加された電界 $\boldsymbol{E}$ とその周りの多くの分極した原子の作る電界が合わさったものであり，例え規則的に並んでいても極めて複雑になる．このような微視的な電界を**局所電界**あるいは**分子電界**という†．この分子電界は物質の微視的な性質を決めており，

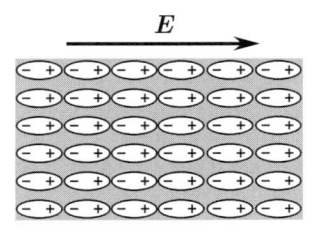

図 4.3　外部電界が印加されたときの誘電体内の電気双極子

物性工学における重要な課題の1つである．しかし，本書で扱う古典電磁気学では原子や分子の微細構造ではなく，物質の平均的な電気的性質だけ問題にするのであるから，もう少し粗っぽい巨視的な目で見てもよいであろう．つまり，誘電体内の数千億あるいは数兆個の原子を含む領域を考えて，その領域における平均的な電荷や電界を考えることにする．この領域は，原子や分子のスケールで見れば大きな領域ではあるが，3章，3.1節で述べたように，

---

†　分子電界については4.9節でもう少し微視的な見方から考察する．

誘電体 1cm³ あたりにはアボガドロ数程度の天文学的な数の原子や分子が含まれているから，巨視的に見れば非常に小さな領域である．図 4.3 をこのような見方で見直したとき，電気双極子は非常に接近しているから，隣り合う正負の電荷は互いに打ち消し合い，結局は両端の分極電荷だけが残ることになる．

このことを分極電荷に着目して説明すると以下のようになる．誘電体が中性ということは，それに含まれる等量の正の電荷と負の電荷がちょうど重なり合っている状態である．これに外部から電界が印加されると，図 4.4 のように中和していた電荷が少しだけずれて正負の電荷が表面に現れる．重なり合った部分には等量の正の電荷と負の電荷が

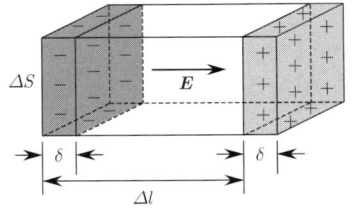

図 4.4 微小誘電体内の分極

あるので中性のままである．図 4.2 で示したように，実際に移動するのは軽い電子の方であるが，正の電荷が移動しても負の電荷が移動しても相対的には同じであるから，本書では分極とは正の電荷が少しだけ移動するものだと考えることにする．

式 (4.2) の N は単位体積あたりの双極子の数であったから，体積電荷密度が一定なら NQ は体積電荷密度である．これが図 4.4 のように電界方向に δ だけ移動するから，電界に垂直な断面を ΔS とすると，移動する正の電荷量は $NQ\Delta S\delta$ となる．一方，分極ベクトルの大きさは $P = NQ\delta = (NQ\Delta S\delta)/\Delta S$ となるが，分子の $NQ\Delta S\delta$ は電界に垂直な断面 ΔS を通過した電荷量であるから，P は面電荷密度に等しい．すなわち，式 (4.2) の分極ベクトルとは，電界の方向を向き，その大きさが単位面積あたりの分極電荷になるベクトルであるということができる．

ここまでは一様な誘電体について考えてきたが，同じ原子でできていたとしても密度が異なっていたり，異なる幾つかの物質が混在しているから，一般的には図 4.5 のような不均質な誘電率 $\varepsilon(r)$ をもつ物質を考える必要がある．したがって，分極ベクトル P も場所 r の関数となる．このような場合には，誘電体を一様であるとみなせるくらい小さな体積 ΔV_i に分割し，各微小体積ごとに図 4.4 のような分極電荷の移動を考えればよ

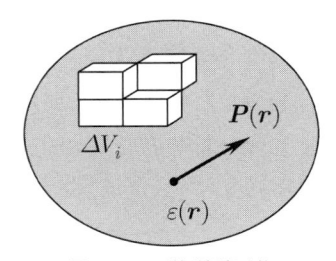

図 4.5 不均質誘電体

い．また，特別な誘電体を除いて，どの場所でも $P(r)$ は電界 $E(r)$ に比例すると考えてよい．この比例係数は電子の変位のしやすさに関係し，物質を作っている原子の種類に依存する．以下では，この比例係数と誘電率とがどのような関係になっているかを順を追って説明する．

4.3 分極電荷とコンデンサの中の電界

図 4.6 のように，コンデンサの両導体に与えられた面密度 $\pm\sigma_e$ [†1]の電荷によってコンデンサ内には電界 $\boldsymbol{E}_e$ ができる．前節のように，この電界によって誘電体表面には面密度 $\pm\sigma_d$ の分極電荷が現れる[†2]．分極電荷は電界が印加されないと誘起されないから，与えられた電荷 σ_e とは性質がちがう．そこで分極電荷と区別するために σ_e を**真電荷** (true charge) という[†3]．分極電荷によって生ずる電界 $\boldsymbol{E}_d$ は，真電荷による電界 $\boldsymbol{E}_e$ と向きが反対であるから，コンデンサの中の全電界は，真空中のコンデンサ内の電界 $\boldsymbol{E}_e$ よりも弱くなる．これで，コンデンサに誘電体を充填すると電界が弱くなる定性的な説明ができたので，次は定量的な説明をする．

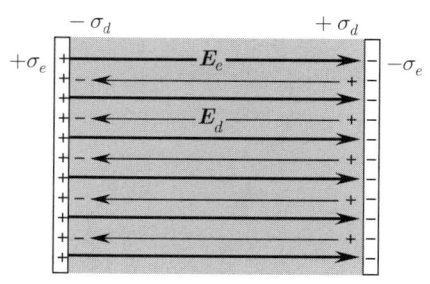

図 4.6 平行平板コンデンサ極板上の真電荷 σ_e と充填誘電体表面に現れる分極電荷 σ_d．電界 $\boldsymbol{E}_e$，$\boldsymbol{E}_d$ はそれぞれ真電荷と分極電荷が作る電界．

図 4.6 のように極板と誘電体が接する面には面密度 $\pm(\sigma_e - \sigma_d)$ の電荷が分布している．誘電体とは図 4.2 のように真空中にある分極電荷で置き換えて考えてよかったから，平行平板コンデンサ内の電界は 3 章，例題 3.9 より

$$E = \frac{\sigma_e - \sigma_d}{\varepsilon_0} \tag{4.3}$$

となる．分極電荷の面電荷密度 σ_d は，前節の考察より分極ベクトルの大きさ P に等しいから，上式は

$$E = \frac{\sigma_e - P}{\varepsilon_0} \tag{4.4}$$

と書き換えることができる．

分極ベクトル $\boldsymbol{P}$ は 式 (4.2) のように電子の変位距離 $\boldsymbol{\delta}_i$ に比例するから，電界 $\boldsymbol{E}$ にも比例するであろう．すなわち

[†1] 真電荷は true charge の略であるから，σ_t と書くべきかもしれないが，全電荷 (total charge) と混同しやすいので，本書では electric charge の 'e' を添え字とすることにした．また，8 章では磁荷 (magnetic charge) を考える．magnetic に対する electric という意味からも真電荷の添え字を 'e' とした．

[†2] 分極電荷は polarization charge であるから，σ_p と書くべきかもしれないが，polarization には偏波という意味もあるので，誘電体 dielectrics の 'd' を添え字に選んだ．

[†3] 真電荷は，導体内を自由に動き回ることができるので，**自由電荷** (free charge) ともよばれる．真電荷と分極電荷の和 $(\sigma_e - \sigma_d)$ を自由電荷，あるいは，式 (4.3) のようにこれが実際の電界の源であることから**みかけの電荷** (apparent charge) とよぶこともある．混同をさけるために，本書では自由電荷という言葉もみかけの電荷という言葉も使わないことにする．

$$\boldsymbol{P} = \varepsilon_0 \chi_e \boldsymbol{E} \tag{4.5}$$

と書ける．これは多くの誘電体で正しいことが実験的に確かめられている．式 (4.5) の比例係数 $\varepsilon_0\chi_e$ を**分極率** (susceptibility) あるいは**電気感受率** (electric susceptibility) といい，χ_e を**電気比感受率** (relative electric susceptibility) という．式 (4.5) を式 (4.4) に代入して電界についてまとめると

$$E = \frac{\sigma_e}{\varepsilon_0} \frac{1}{1+\chi_e} \tag{4.6}$$

となる．σ_e/ε_0 は真空中の電界であったから，誘電体を充填することにより電界は $1/(1+\chi_e)$ 倍に弱くなる．次に，平行平板コンデンサの電極間の距離を d，電極の面積を S とすると，電極間の電圧 V は

$$V = Ed = \frac{\sigma_e}{\varepsilon_0} \frac{1}{1+\chi_e} d \tag{4.7}$$

となる．コンデンサの全真電荷は $\sigma_e S$ であるから，静電容量 C は

$$C = (1+\chi_e)\frac{\varepsilon_0 S}{d} \tag{4.8}$$

となる．真空の静電容量は $C_0 = \varepsilon_0 S/d$ であるから，$(1+\chi_e)$ 倍だけ静電容量が増加することになる．このようにしてファラデーの実験事実が証明できた．式 (4.1) と比較すると，誘電体の比誘電率は

$$\varepsilon_r = 1 + \chi_e \tag{4.9}$$

であり，これは物質の性質だけに依存した量である．コンデンサの形によらないことは次の節で証明しよう．誘電率 $\varepsilon = \varepsilon_0 \varepsilon_r$ を用いると，誘電体が充填された平行平板コンデンサの静電容量 C は式 (4.8) より

$$C = \frac{\varepsilon S}{d} \tag{4.10}$$

となる．3 章，式 (3.144) と比較すると，真空中の誘電率 ε_0 を誘電体の誘電率 ε に置き換えるだけでよいことがわかる．

4.4 誘電体中の静電界の基本法則

4.4.1 分極電荷に対するガウスの法則

誘電体中の静電界の基本法則を導くために，分極電荷についてもう少し考察を加えよう．前節までは分極電荷が一様である場合であったが，今度は分極が場所によって異なる場合である．このようなことはあり得る．物質が場所によって異なったり，原子の密度が異なったりする場合があり得るからである．

4.4 誘電体中の静電界の基本法則

4.2節で述べたように，誘電体の分極とは，重なり合って中性になっていた等量の正負の電荷のうち，正の電荷が電界方向にわずかにずれて分極電荷が誘電体の表面に現れる現象であった．そして，分極ベクトル $\boldsymbol{P}$ とは電界 $\boldsymbol{E}$ の方向を向き，その大きさが電界に垂直な面に分布する分極電荷の面密度に等しくなるベクトルであった．したがって，図 4.7 のような任意の微小面積 ΔS を通過する分極電荷密度 σ_d は，誘電体表面から外向きの法線 $\hat{\boldsymbol{n}}$ を用いて

$$\sigma_d = \boldsymbol{P} \cdot \hat{\boldsymbol{n}} \tag{4.11}$$

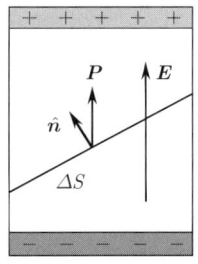

図 4.7 微小面積 ΔS を通過する分極電荷

となる．

次に図 4.8 のような閉曲面 S 内にある分極電荷の総量を求めてみよう．閉曲面 S 上の単位法線ベクトルを $\hat{\boldsymbol{n}}$ とすれば，S から出てゆく総電荷量は面電荷密度 (4.11) を曲面上で積分すればよい．S 内の電荷量はこの分だけ減ることになるから，電荷保存則より V に含まれる分極電荷量の総量 Q_d は

$$Q_d = -\oint_S \boldsymbol{P}(\boldsymbol{r}) \cdot \hat{\boldsymbol{n}}(\boldsymbol{r}) \, dS \tag{4.12}$$

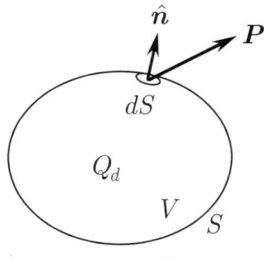

図 4.8 分極電荷に対するガウスの法則

で与えられる．上式を分極電荷の体積電荷分布 $\rho_d(\boldsymbol{r})$ とガウスの定理を用いて変形すると

$$Q_d = \int_V \rho_d(\boldsymbol{r}) \, dv = -\oint_S \boldsymbol{P}(\boldsymbol{r}) \cdot \hat{\boldsymbol{n}}(\boldsymbol{r}) \, dS = -\int_V \nabla \cdot \boldsymbol{P}(\boldsymbol{r}) \, dv \tag{4.13}$$

となる．これより分極電荷に関する**ガウスの法則（微分形）**：

$$\nabla \cdot \boldsymbol{P}(\boldsymbol{r}) = -\rho_d(\boldsymbol{r}) \tag{4.14}$$

を得る．すなわち，分極 $\boldsymbol{P}$ が一様でないと，その発散量だけの電荷が誘電体内に現れる．分極電荷といえども電界の源となる現実の電荷であることを強調しておこう．

例題 4.1 図 4.9 のように，一様な体積密度 $\pm \rho_0$ の球状分極電荷が中心距離 Δd だけ離れて重なり合っているものとする．分極ベクトル $\boldsymbol{P}$ と重なり合った部分の点 P における電界を求めよ．

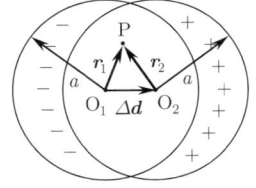

図 4.9 重なり合った分極電荷球

【解答】 一様な分極電荷が Δd だけ変位した場合であるから，式 (4.2) より，$\boldsymbol{P} = \rho_0 \Delta \boldsymbol{d}$ である．次に，正の分極電荷による点 P($r_2 < a$) の電界 $\boldsymbol{E}^{(+)}$ は，例題 3.11 の式 (3.58) にお

いて $\rho_0 = Q/(4/3\pi a^3)$, $r = r_2$ と置けばよい．同様に負の分極電荷による電界 $E^{(-)}$ は，$\rho_0 = -Q/(4/3\pi a^3)$, $r = r_1$ と置けばよい．したがって，合成電界 E は

$$E = E^{(+)} + E^{(-)} = \frac{\rho_0}{3\varepsilon_0}r_2 - \frac{\rho_0}{3\varepsilon_0}r_1 = -\frac{\rho_0}{3\varepsilon_0}\Delta d = -\frac{P}{3\varepsilon_0} \tag{4.15}$$

となる． ◇

4.4.2 電束密度とガウスの法則

電荷だけに着目すれば，誘電体とは分極電荷を発生させているにすぎず，その周りは真空であると考えてよいから，静電界に対するガウスの法則：

$$\nabla \cdot E(r) = \frac{\rho(r)}{\varepsilon_0} \tag{4.16}$$

が成立する．ここで右辺の $\rho(r)$ は電界の源になるすべての電荷であり，真電荷 $\rho_e(r)$ と分極電荷 $\rho_d(r)$ の和，$\rho(r) = \rho_e(r) + \rho_d(r)$ で与えられる．式 (4.14) を使うと，式 (4.16) は

$$\nabla \cdot E(r) = \frac{1}{\varepsilon_0}[\rho_e(r) + \rho_d(r)] = \frac{1}{\varepsilon_0}[\rho_e(r) - \nabla \cdot P(r)] \tag{4.17}$$

あるいは少し変形して

$$\nabla \cdot [\varepsilon_0 E(r) + P(r)] = \rho_e(r) \tag{4.18}$$

と書くことができる．ここで

$$D(r) = \varepsilon_0 E(r) + P(r) \tag{4.19}$$

とおき，この新しい場を**電束密度** (electric flux density)，あるいは**電気変位** (electric displacement) という[†]．電束密度 $D(r)$ を用いると，式 (4.18) は

$$\nabla \cdot D(r) = \rho_e(r) \tag{4.20}$$

となる．これも**ガウスの法則**とよばれる．積分形式で表すと

$$\oint_S D(r) \cdot \hat{n}(r)\, dS = \int_V \rho_e(r) dV = Q_e \tag{4.21}$$

となる．式 (4.20) あるいは 式 (4.21) は便利な式である．なぜなら，ρ_e や Q_e は真電荷であり，分極を意識することなく電束密度や電界が一意的に決まりそうだからである．しかし，そうはうまくゆかない．静電界を規定する方程式は，ガウスの法則と電界に対する保存場の条件：

[†] 電束密度とは，3.5 節で説明したように電気力線の密度に対応することから名づけられた．誘電体がなければ $P = 0$ だから，この場合には真空中の電束密度に一致する．

$$\nabla \times \boldsymbol{E}(\boldsymbol{r}) = 0 \tag{4.22}$$

の 2 つである．未知数は $\boldsymbol{E}$ と $\boldsymbol{D}$ と $\boldsymbol{P}$ の 3 つあるから，これだけでは解けず，もう 1 つの条件が必要になる．式 (4.5) と 式 (4.19) より，$\boldsymbol{D}$ と $\boldsymbol{E}$ とは

$$\boldsymbol{D}(\boldsymbol{r}) = \varepsilon_0 \boldsymbol{E}(\boldsymbol{r}) + \boldsymbol{P}(\boldsymbol{r}) = \varepsilon_0 \varepsilon_r(\boldsymbol{r}) \boldsymbol{E}(\boldsymbol{r}) = \varepsilon(\boldsymbol{r}) \boldsymbol{E}(\boldsymbol{r}) \tag{4.23}$$

の関係で結ばれている．これを**補助方程式**という．ここで，誘電率は一般に場所の関数となるから $\varepsilon(\boldsymbol{r})$ と記して位置の関数であることを強調した．このように補助方程式を使うことによって，未知数を電界 $\boldsymbol{E}$ あるいは電束密度 $\boldsymbol{D}$ だけとすることができる．一方，補助方程式を使わなくても，式 (4.16) と 式 (4.22) は，未知数が $\boldsymbol{E}$ だけの方程式であるから，これらだけで十分ではないかと思われるかもしれない．しかしこのときには式 (4.17) からわかるように分極電荷 ρ_d，すなわち分極 $\boldsymbol{P}$ がどのように分布するかがわかっていなければならない．

式 (4.23) の $\boldsymbol{D} = \varepsilon \boldsymbol{E}$ は，誘電体の物性を ε の中に繰り込んで考えようとするものであり，多くの誘電体では正しい．本書で扱う誘電体もこのような線形媒質であるとする．しかし誘電体の物性はそれほど簡単ではない．例えば電界 $\boldsymbol{E}$ が大きくなると $\boldsymbol{D}$ は $\boldsymbol{E}$ に比例しなくなる．また，$\boldsymbol{D}$ と $\boldsymbol{E}$ が異なる方向を向くような誘電体も存在する．このような誘電体の例は後に示す．

例題 4.2 図 4.10 のように，誘電率 ε の一様な誘電体中に，真電荷が面密度 σ_e で分布した無限に広い平板がある．周囲の電束密度，電界および平板表面に誘起される分極電荷を求めよ．

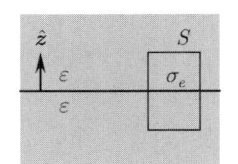

図 4.10　誘電体中に置かれた帯電した無限平板

【解答】面対称性より電束密度も電界も平板に垂直な方向を向く．図のように閉曲面 S をとり，ガウスの法則 (4.21) を適用すると，3 章，例題 3.8 の電界の計算と全く同じようにして電束密度 $\boldsymbol{D}$ を求めることができて

$$\boldsymbol{D}(z) = \pm \frac{\sigma_e}{2} \hat{\boldsymbol{z}}, \quad z \gtrless 0 \tag{4.24}$$

を得る．電界は $\boldsymbol{E}(z) = \boldsymbol{D}(z)/\varepsilon$ であり，分極ベクトルは $\boldsymbol{P} = \boldsymbol{D} - \varepsilon_0 \boldsymbol{E} = \boldsymbol{D} - (\varepsilon_0/\varepsilon)\boldsymbol{D} = (1 - \varepsilon_0/\varepsilon)\boldsymbol{D}$ である．式 (4.11) の単位法線ベクトルは，誘電体側から外向きのベクトルであるから，平板上面，下面に誘起される分極電荷の面密度は

$$\sigma_d = \boldsymbol{P} \cdot \hat{\boldsymbol{n}} = \pm \left(1 - \frac{\varepsilon_0}{\varepsilon}\right) \frac{\sigma_e}{2} \hat{\boldsymbol{z}} \cdot (\mp \hat{\boldsymbol{z}}) = -\left(1 - \frac{\varepsilon_0}{\varepsilon}\right) \frac{\sigma_e}{2}, \quad z \gtrless 0 \tag{4.25}$$

となり，平板上の真電荷 σ_e と反対符号の電荷が，誘電体表面に誘起される．　　◇

例題 4.3 図 4.11 のように，誘電率 ε の一様な誘電体中に点電荷（真電荷）Q_e がある．電束密度および電界を求めよ．

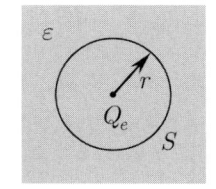

図 4.11 誘電体中の点電荷

【解答】 電界は，点電荷 Q_e に対して点対称であるから，図のように半径 r の閉曲面 S をとると，電束密度は S 上の任意の点で一定で動径方向 $\hat{\boldsymbol{r}}$ を向く．この閉曲面 S に対して，ガウスの法則 (4.21) を適用すると，電束密度 $\boldsymbol{D}$ は

$$\boldsymbol{D}(r) = \frac{Q_e}{4\pi r^2} \hat{\boldsymbol{r}} \tag{4.26}$$

となる．上式は真空中の電束密度 (3.42) と同じである．電界は $\boldsymbol{E}(r) = \boldsymbol{D}(r)/\varepsilon$ より

$$\boldsymbol{E}(r) = \frac{Q_e}{4\pi \varepsilon r^2} \hat{\boldsymbol{r}} \tag{4.27}$$

となり，真空中の電界 (3.40) の ε_0 を誘電体の誘電率 ε に置き換えたものになる． ◇

例題 4.4 誘電率 ε の一様な誘電体媒質中に，図 4.12 のような半径 a の導体球があり，その表面に真電荷 Q_e が一様に分布している．周囲の電束密度，電界および導体表面に誘起される分極電荷を求めよ．

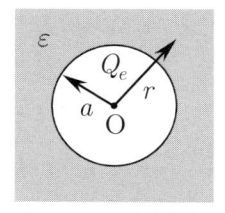

図 4.12 誘電体中の導体球

【解答】 導体球の中心 O に対して点対称であるから，例題 4.3 と同じように半径 $r > a$ の閉曲面 S をとると，電束密度は S 上の任意の点で一定で動径方向 $\hat{\boldsymbol{r}}$ を向く．S にガウスの法則 (4.21) を適用すると，電束密度 $\boldsymbol{D}$ は

$$\boldsymbol{D}(r) = \frac{Q_e}{4\pi r^2} \hat{\boldsymbol{r}} \tag{4.28}$$

となる．電界は $\boldsymbol{E}(r) = \boldsymbol{D}(r)/\varepsilon$ である．また導体表面に対して誘電体に誘起される分極電荷の面密度は，式 (4.11) において $\hat{\boldsymbol{n}} = -\hat{\boldsymbol{r}}$, $r = a$ とおけば

$$\sigma_d = \boldsymbol{P} \cdot (-\hat{\boldsymbol{r}}) = -\left\{\boldsymbol{D}(a) - \varepsilon_0 \boldsymbol{E}(a)\right\} \cdot \hat{\boldsymbol{r}} = -\frac{Q_e}{4\pi a^2}\left(1 - \frac{\varepsilon_0}{\varepsilon}\right) \tag{4.29}$$

となる．ここで誘電体境界から外向きの法線 $\hat{\boldsymbol{n}}$ は，球の内部に向いていることに注意する． ◇

4.4.3 静電エネルギー

誘電体中の**静電エネルギー**は，3 章 3.9 節と全く同様に導出することができるので，導出は読者の演習問題として結果だけを示すと

$$W_e = \frac{1}{2} \int_{\text{全空間}} \boldsymbol{D}(\boldsymbol{r}) \cdot \boldsymbol{E}(\boldsymbol{r}) \, dv = \frac{1}{2} \int_{\text{全空間}} \varepsilon(\boldsymbol{r}) E^2(\boldsymbol{r}) \, dv \tag{4.30}$$

となる．

式 (4.30) は次のように考えても導くことができる．誘電体は，外部から与えられた電界，または真電荷が作る電界によって作られた分極電荷の集合体と考えられるから，誘電体のある空間とは真電荷と分極電荷が混在して分布している状態と考えることができる．したがって，誘電体中の静電エネルギーは，真電荷による静電エネルギーと分極電荷によるエネルギーの和となる．まず後者のエネルギーを求めるために，電界 E 内にある 1 つの微小電気双極子がもつエネルギー W_i を考えよう．図 **4.13** のように負の電荷の位置を r_i，電位を $V(r_i)$ とする．正の電荷の位置は $r_i + \delta_i$ であるから，この電荷系のエネルギー Δw_i は

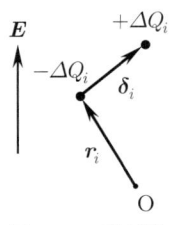

図 **4.13** 電気双極子のエネルギー

$$\Delta w_i = \Delta Q_i V(r_i + \delta_i) - \Delta Q_i V(r_i) = \Delta Q_i \{\nabla V(r_i) \cdot \delta_i\}$$
$$= \{\Delta Q_i \delta_i\} \cdot \nabla V(r_i) = -\Delta p_i \cdot E(r_i) \tag{4.31}$$

となる．ただし，双極子モーメントを $\Delta p_i = \Delta Q_i \delta_i$ とし，$E = -\nabla V$ を用いた．

式 (4.31) の電位 V は電界 E に逆らって電荷 ΔQ_i を運ぶために要する仕事であるが，真電荷による電界が分極電荷を作るから，そのために必要な仕事は式 (4.31) の符号を反転させればよい．したがって，単位体積あたり N 個の電気双極子がある場合のエネルギー Δw は

$$\Delta w = \sum_{i=1}^{N} \Delta w_i = E \cdot \Delta P = \varepsilon_0 \chi_e E \cdot \Delta E = \frac{1}{2} \Delta (E \cdot \varepsilon_0 \chi_e E) = \frac{1}{2} \Delta (E \cdot P)$$

となる．これを積分して $w = \frac{1}{2} E \cdot P$ を得る．ここで式 (4.5) の関係式 $P = \varepsilon_0 \chi_e E$ と，微分に関するベクトル公式：

$$\Delta(E \cdot E) = \Delta E \cdot E + E \cdot \Delta E = 2(E \cdot \Delta E) \tag{4.32}$$

を用いた．真空中の静電エネルギーを表す式 (3.133) にこの値を加えたものを改めて w_e とおくと

$$w_e = \frac{1}{2} \varepsilon_0 E \cdot E + \frac{1}{2} E \cdot P = \frac{1}{2} (\varepsilon_0 E + P) \cdot E = \frac{1}{2} D \cdot E \tag{4.33}$$

となる．これは単位体積あたりの静電エネルギーであるから，式 (4.33) を体積積分して式 (4.30) を得る．

4.5 一様な誘電体中の電界とコンデンサの容量

図 4.14 のように，一様な誘電体で満たされた空間に，体積密度 $\rho_e(\boldsymbol{r})$ の真電荷と，面密度 σ_e の真電荷が分布する導体 S があるとする．まず，$\varepsilon = \varepsilon_0$ とした真空中の場合の電界を $\boldsymbol{E}_0(\boldsymbol{r})$ とすると，$\boldsymbol{E}_0$ は

$$\nabla \cdot \boldsymbol{E}_0(\boldsymbol{r}) = \frac{\rho_e(\boldsymbol{r})}{\varepsilon_0}, \ \nabla \times \boldsymbol{E}_0(\boldsymbol{r}) = 0, \ \boldsymbol{E}_0(S) = \frac{\sigma_e}{\varepsilon_0}\hat{\boldsymbol{n}} \quad (4.34)$$

を満たす．一方，誘電率 ε の誘電体中の電界 $\boldsymbol{E}(\boldsymbol{r})$ は，式 (4.20)，式 (4.21) と，$\boldsymbol{D} = \varepsilon_0 \varepsilon_r \boldsymbol{E}$ より

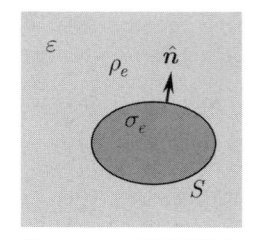

図 4.14 一様誘電体中の電界

$$\nabla \cdot \left[\varepsilon_r \boldsymbol{E}(\boldsymbol{r})\right] = \frac{\rho_e(\boldsymbol{r})}{\varepsilon_0}, \quad \nabla \times \boldsymbol{E}(\boldsymbol{r}) = 0, \quad \boldsymbol{E}(S) = \frac{\sigma_e}{\varepsilon}\hat{\boldsymbol{n}} \quad (4.35)$$

を満足する．第 3 式は 3 章，3.5.5 項と同様に，ガウスの法則 (4.21) を導体表面に適用することによって求めたものである．

ε_r が一定だとすると，式 (4.35) の第 2 式と第 3 式の両辺に ε_r を掛けて

$$\nabla \cdot \left[\varepsilon_r \boldsymbol{E}(\boldsymbol{r})\right] = \frac{\rho_e(\boldsymbol{r})}{\varepsilon_0}, \quad \nabla \times \left[\varepsilon_r \boldsymbol{E}(\boldsymbol{r})\right] = 0, \quad \varepsilon_r \boldsymbol{E}(S) = \frac{\sigma_e}{\varepsilon_0}\hat{\boldsymbol{n}} \quad (4.36)$$

を得る．このように $\boldsymbol{E}_0$ と $\varepsilon_r \boldsymbol{E}$ に関する方程式 (4.34) と式 (4.36) は，全く同じ式であるから，$\varepsilon_r \boldsymbol{E} = \boldsymbol{E}_0$ である．すなわち，誘電率が全空間で一定なら誘電体中の電界は真空の電界に比べて $1/\varepsilon_r$ 倍になる．前節の例題 4.3 〜 例題 4.4 は全てこの例である．電圧は電界の線積分であるから電圧も同じだけ小さくなる．したがって誘電体を充填したコンデンサの容量は，形によらず真空のコンデンサよりも ε_r 倍だけ大きくなる．平行平板コンデンサの場合は，誘電体が極板の間だけに充填されているから，厳密な意味で一様な誘電体が全空間にある場合とは異なる．しかし後の 5 章，図 5.5(b) に示す縁端効果が無視できるくらい小さくて，電界が極板間にだけ集中しているとみなせるなら，上の性質が近似的に成り立っていると考えてよい．このようにして 4.1 節で述べたファラデーの実験結果が理論的に裏づけられたことになる．すなわち，**誘電率 ε の一様な誘電体で満たされたコンデンサの容量は，縁端効果が無視できるほど小さいなら，ε_0 を ε に置き換えればよい**．

上の結果より，図 4.15 のように，一様な誘電体中の真電荷分布 ρ_e による電界および電位は，3 章の式 (3.23)，式 (3.76) の ε_0 を ε に置き換えればよいから

$$V(\boldsymbol{r}) = \frac{1}{4\pi\varepsilon} \int_V \frac{\rho_e(\boldsymbol{r}')}{|\boldsymbol{r} - \boldsymbol{r}'|} dv', \quad (4.37)$$

$$\boldsymbol{E}(\boldsymbol{r}) = \frac{1}{4\pi\varepsilon} \int_V \frac{\boldsymbol{r} - \boldsymbol{r}'}{|\boldsymbol{r} - \boldsymbol{r}'|^3} \rho_e(\boldsymbol{r}') dv' \quad (4.38)$$

となることは明らかであろう．

点電荷間に働くクーロン力も同様に

$$F(r_0) = \frac{Q_0 Q_1}{4\pi\varepsilon} \frac{r_0 - r_1}{|r_0 - r_1|^3} \tag{4.39}$$

となる．これを式 (3.15) の真空中のクーロン力と比較すると，その大きさは $1/\varepsilon_r$ 倍だけ小さくなっている．このように，分極が電界に比例するような媒質では，電荷間に働く力が $1/\varepsilon_r$ 倍だけ小さくなる．このように力が弱くなる理由は，これまでに述べてきたことからわかるように，分極によって点（真）電荷の周りにそれと反対符号の分極電荷が発生して，点電荷の電荷量を実効的に減少させるからである．水の場合，$\varepsilon_r \approx 80$ であるから，水を隔てた点電荷間に働く力は，真空中に比べて約 $1/80$ に減少する．食塩の結晶が水に溶けやすいのは，Na イオンと Cl イオンの間に水の分子が入り込み，イオン同士を結び付けているクーロン力を減少させるからである．これほど単純なことばかりではないが，化学的現象は電気の知識によって説明できることが少なくない．

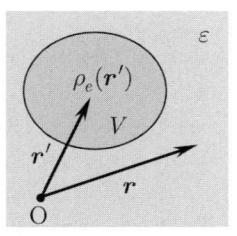

図 **4.15** 一様誘電体中の真電荷による電界と電位

4.6 境界条件

電界は誘電率によって変化するから，誘電率が異なる 2 つの誘電体が接している場合は，それぞれの誘電率がたとえ一定でも，境界面では誘電率が不連続に変化する．そこで，この節では電界や電束密度が誘電体境界でどのような条件を満足しなければならないかを調べよう．この条件を**境界条件** (boundary condition) というが，微分方程式の境界条件のように勝手に与えられるものではなく，電界や電束密度が満たすべき物理的条件であることに注意してほしい．

4.6.1 電束密度と電界

図 **4.16** のように誘電率 $\varepsilon_1, \varepsilon_2$ の誘電体が境界面 #I で接しており，境界面上には面密度 σ_e の真電荷が分布しているものとする．まず，電束密度に関する境界条件を導こう．図 4.16 に示すように，境界面をはさむような微小面積 ΔS の底面と高さ h の側面 ΔS_s をもつ円筒状の閉曲面 S を考え，これにガウスの法則

$$\oint_S D(r) \cdot \hat{n}(r) \, dS = Q_e \tag{4.40}$$

を適用する．$\Delta S, \Delta S_s$ は非常に小さいとしたから，それらの面上で電束密度は一定と考えられる．したがって (4.40) は

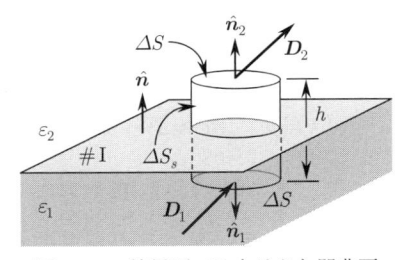

図 **4.16** 境界面 #I をはさむ閉曲面

$$\oint_S \boldsymbol{D}(\boldsymbol{r}) \cdot \hat{\boldsymbol{n}}(\boldsymbol{r})\, dS \approx \boldsymbol{D}_1 \cdot \hat{\boldsymbol{n}}_1 \Delta S + \boldsymbol{D}_2 \cdot \hat{\boldsymbol{n}}_2 \Delta S + \delta(h) = \sigma_e \Delta S \tag{4.41}$$

となる．上式の $\delta(h)$ は側面 ΔS_s の寄与であるが，$h \to 0$ とすると，$\Delta S_s \to 0$ となるから，このとき $\delta(h)$ もゼロとなる．したがって $\hat{\boldsymbol{n}}_2 = -\hat{\boldsymbol{n}}_1 = \hat{\boldsymbol{n}}$ ととれば

境界面に真電荷が分布するとき：
$$\left\{\boldsymbol{D}_2(\boldsymbol{r}) - \boldsymbol{D}_1(\boldsymbol{r})\right\} \cdot \hat{\boldsymbol{n}}(\boldsymbol{r}) = \sigma_e(\boldsymbol{r}) \tag{4.42}$$

を得る．すなわち電束密度の法線成分の不連続分は境界面上の真電荷面密度に等しい．図 4.16 の閉曲面は境界 #I の任意の点 $\boldsymbol{r}$ を囲むようにとってよいから，ΔS を十分小さくとれば，式 (4.42) はその点で成立する条件である．このことを強調するために $\boldsymbol{r}$ を書き入れた．以下も同様であるが，やや煩雑となるので特に強調したい場合を除き省略することにする．

実際の場合，誘電体の境界面に真電荷が分布することはほとんどない．この場合，式 (4.42) は

境界面に真電荷がないとき：
$$(\boldsymbol{D}_2 - \boldsymbol{D}_1) \cdot \hat{\boldsymbol{n}} = 0, \quad \text{あるいは} \quad \boldsymbol{D}_2 \cdot \hat{\boldsymbol{n}} = \boldsymbol{D}_1 \cdot \hat{\boldsymbol{n}} \tag{4.43}$$

となる．すなわち，境界面に真電荷がないなら**電束密度 $\boldsymbol{D}$ の法線成分は境界で連続**である．

式 (4.43) を電界で書き換えると

$$\varepsilon_1 \boldsymbol{E}_1 \cdot \hat{\boldsymbol{n}} = \varepsilon_2 \boldsymbol{E}_2 \cdot \hat{\boldsymbol{n}}, \quad \text{あるいは} \quad \boldsymbol{E}_2 \cdot \hat{\boldsymbol{n}} = \frac{\varepsilon_1}{\varepsilon_2} \boldsymbol{E}_1 \cdot \hat{\boldsymbol{n}} \tag{4.44}$$

となるから，真電荷が境界に分布していなくても**電界 $\boldsymbol{E}$ の法線成分は不連続になる**．

次に電界の接線成分について調べよう．図 4.17 のように，誘電体の境界をはさむ微小長方形の閉曲線 C に保存場の条件式 (3.77) を適用する．このとき，閉曲線の各部の長さは非常に短いから

$$\oint_C \boldsymbol{E}(\boldsymbol{r}) \cdot d\boldsymbol{l} \approx \boldsymbol{E}_1 \cdot \hat{\boldsymbol{t}}_1 \Delta l + \boldsymbol{E}_2 \cdot \hat{\boldsymbol{t}}_2 \Delta l + \delta(h) = 0$$

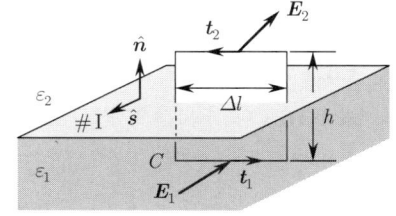

図 4.17　境界面 #I をはさむ閉曲線 C

となる．ここで，$\hat{\boldsymbol{t}}_1, \hat{\boldsymbol{t}}_2$ は境界に平行な単位ベクトルであり，$\delta(h)$ は側辺からの寄与である．したがって $h \to 0$ とすればゼロとなるから，$\hat{\boldsymbol{t}} = \hat{\boldsymbol{t}}_2 = -\hat{\boldsymbol{t}}_1$ とすると

$$(\boldsymbol{E}_2 - \boldsymbol{E}_1) \cdot \hat{\boldsymbol{t}} = 0, \quad \text{あるいは} \quad \boldsymbol{E}_2 \cdot \hat{\boldsymbol{t}} = \boldsymbol{E}_1 \cdot \hat{\boldsymbol{t}} \tag{4.45}$$

を得る．すなわち**電界 $\boldsymbol{E}$ の接線成分は連続**である．

式 (4.45) を電束密度で表すと

$$\left(\frac{1}{\varepsilon_2}\boldsymbol{D}_2 - \frac{1}{\varepsilon_1}\boldsymbol{D}_1\right)\cdot\hat{\boldsymbol{t}} = 0, \quad \text{あるいは} \quad \boldsymbol{D}_2\cdot\hat{\boldsymbol{t}} = \frac{\varepsilon_2}{\varepsilon_1}\boldsymbol{D}_1\cdot\hat{\boldsymbol{t}} \tag{4.46}$$

となるから，**電束密度の接線成分は不連続**である．

本質的には同じであるが，電界の接線成分の連続性を表す方法として，単位法線ベクトル $\hat{\boldsymbol{n}}$ を用いた表現式が用いられることがたびたびある．そこで式 (4.45) を少し変形しておく．図 4.17 のように境界に沿う単位ベクトル $\hat{\boldsymbol{s}}$ を用いると，$\hat{\boldsymbol{t}} = \hat{\boldsymbol{s}}\times\hat{\boldsymbol{n}}$ となる．ベクトル公式 $\boldsymbol{A}\cdot\hat{\boldsymbol{t}} = \boldsymbol{A}\cdot(\hat{\boldsymbol{s}}\times\hat{\boldsymbol{n}}) = \hat{\boldsymbol{s}}\cdot(\hat{\boldsymbol{n}}\times\boldsymbol{A})$ を用いると式 (4.45) は以下のように書き換えることができる．

$$\hat{\boldsymbol{n}}\times(\boldsymbol{E}_2 - \boldsymbol{E}_1) = 0, \quad \text{あるいは} \quad \hat{\boldsymbol{n}}\times\boldsymbol{E}_2 = \hat{\boldsymbol{n}}\times\boldsymbol{E}_1 \tag{4.47}$$

式 (4.42) と式 (4.45) より電界，あるいは電束密度の**境界面における屈折の法則**を導くことができる．図 **4.18** において，電界の接線成分の連続性から $E_1\sin\theta_1 = E_2\sin\theta_2$ が成立する．また電束密度の法線成分の連続性から $\varepsilon_1 E_1\cos\theta_1 = \varepsilon_2 E_2\cos\theta_2$ となるから，これらより

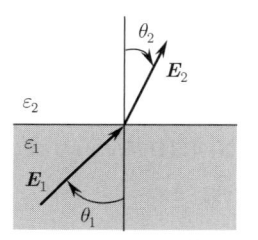

$$\text{屈折の法則}: \frac{\tan\theta_2}{\tan\theta_1} = \frac{\varepsilon_2}{\varepsilon_1} \tag{4.48}$$

図 **4.18** 屈折の法則

を得る[†]．例えば，$\varepsilon_1 = \varepsilon_0, \varepsilon_2 = 3\varepsilon_0, \theta_1 = 30°$ とすると，$\theta_2 = 60°$ となる．

4.6.2 電　　　位

電界 $\boldsymbol{E}$ と電位 V の間には $\boldsymbol{E} = -\nabla V$ なる関係があるから，上で求めた境界条件を電位によって表しておく．境界面をはさんで誘電率 $\varepsilon_1, \varepsilon_2$ 側の電位をそれぞれ V_1, V_2 とすると，式 (4.42) は

$$\varepsilon_1(\boldsymbol{r})\frac{\partial V_1(\boldsymbol{r})}{\partial n} - \varepsilon_2(\boldsymbol{r})\frac{\partial V_2(\boldsymbol{r})}{\partial n} = \sigma_e \tag{4.49}$$

となる．ただし $\dfrac{\partial V}{\partial n} = \nabla V\cdot\hat{\boldsymbol{n}}$ であり，$\hat{\boldsymbol{n}}$ は境界面上の単位ベクトルで，誘電率 ε_1 の誘電体から ε_2 の誘電体へ向かう方向を向く．境界面に真電荷がないなら，式 (4.49) の右辺をゼロとすればよい．

次に，式 (4.45) は $\nabla(V_1 - V_2)\cdot\hat{\boldsymbol{t}} = 0$ となるから，t について積分することにより $V_1 - V_2 = $ 一定 と書き換えられるが，V_1, V_2 はそれぞれ電界に逆らって単位電荷を無限遠から境界面を

[†] この式は，電気力線の接続方向について表したもので，同じ名前がついているが，電磁波（光）の進行方向（進行方向は通常，電界や磁界と垂直）に対する屈折の法則とは異なることに注意してほしい．

はさんだ隣り合う 2 点まで運んでくるに要する仕事であり，経路に無関係であったから，境界上の電荷分布が閉曲面状の電気 2 重層のようになっていなければ

$$V_1(\boldsymbol{r}) = V_2(\boldsymbol{r}) \tag{4.50}$$

となる．

電界が境界面に垂直な成分だけなら式 (4.49) の条件だけでよく，平行な成分だけをもつなら式 (4.50) だけでよいということに注意してほしい．両方の成分をもつならもちろん両方の条件が必要である．

4.6.3 完全導体表面

図 4.17 および図 4.18 において，誘電率 ε_1 の誘電体を完全導体で置き換える．3.5.4 項で説明したように完全導体内の電界はゼロであるから，$\boldsymbol{E} = -\nabla V$ より，周囲に誘電体があっても電位は一定である．すなわち，図 4.19 のように添え字 '2' を省略すると，式 (4.47), (4.50) は，導体表面において

$$\hat{\boldsymbol{n}} \times \boldsymbol{E} = 0, \quad V = 一定 \tag{4.51}$$

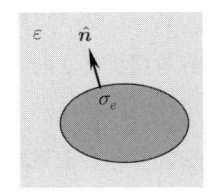

図 4.19 完全導体表面の境界条件

となる．上の第 1 式は，電界および電束密度が完全導体表面で垂直になることを表している．これは 3.5.5 項と同じ結論である．また，式 (4.42), (4.49) は次のように書き換えられる．

$$\boldsymbol{D} \cdot \hat{\boldsymbol{n}} = \sigma_e, \quad あるいは \quad \boldsymbol{E} \cdot \hat{\boldsymbol{n}} = \frac{\sigma_e}{\varepsilon}, \quad \frac{\partial V}{\partial n} = -\frac{\sigma_e}{\varepsilon} \tag{4.52}$$

4.6.4 平行平板コンデンサへの応用

この節で導いた境界条件を利用して解く簡単な例を幾つか示そう．まず，図 4.20 のように，面積 S の平行な極板間が，厚さが d_1, d_2 で誘電率が $\varepsilon_1, \varepsilon_2$ の非常に薄い誘電体 #1, #2 で満たされているとする．極板に面密度 $\pm\sigma_e$ の電荷を与えたとき縁端効果を無視すれば，電束密度も電界も上の極板から下の極板の方向に向き，それぞれの誘電体内では一定と考えられる．電束密度は境界面 #I に垂直

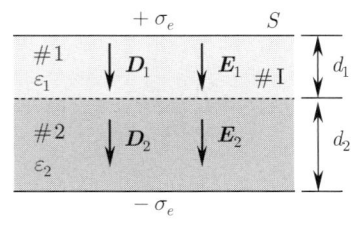

図 4.20 2 枚の誘電体が平行に挿入された平行平板コンデンサ

だから，電束密度の連続性よりこの面の上下でその値は等しい．すなわち，$D_1 = D_2 = \sigma_e$ である．電界は $E_1 = D_1/\varepsilon_1 = \sigma_e/\varepsilon_1$, $E_2 = D_2/\varepsilon_2 = \sigma_e/\varepsilon_2$ となる．極板間の電位差 V は

$$V = E_1 d_1 + E_2 d_2 = \sigma_e \left(\frac{d_1}{\varepsilon_1} + \frac{d_2}{\varepsilon_2} \right) \tag{4.53}$$

となるから，静電容量 C の逆数は

$$\frac{1}{C} = \frac{V}{\sigma_e S} = \frac{1}{\frac{\varepsilon_1 S}{d_1}} + \frac{1}{\frac{\varepsilon_2 S}{d_2}} \tag{4.54}$$

となる．

上式は明らかに，静電容量 $C_1 = \varepsilon_1 S/d_1$ と $C_2 = \varepsilon_2 S/d_2$ の 2 つのコンデンサの直列接続を表している．これは次のように考えることができる．電界は境界面 #I に垂直であるから，この面は等電位面である．したがってここに無限に薄い導体極板を置いても周囲の電界を乱すことはない．こうすると仮想的な極板と上下の極板の間でコンデンサ C_1, C_2 を独立に考えることができる．仮想極板は共通だから，**図 4.21** のように容量 C_1, C_2 のコンデンサが直列に接続された等価回路に書くことができる．

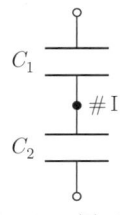

図 4.21 図 4.20 の等価回路

コンデンサ内の電束密度 $\boldsymbol{D}$，電界 $\boldsymbol{E}$，分極 $\boldsymbol{P}$ の様子を知るために，比誘電率 $\varepsilon_r = 2$ の誘電体を極板間に半分つめた場合を考えてみよう．このとき上の結果から $D_1 = D_2 = \sigma_e$，$E_2 = D_2/(\varepsilon_r \varepsilon_0) = \sigma_e/(2\varepsilon_0) = E_1/2$，$P_2 = D_2 - \varepsilon_0 E_2 = \sigma_e/2$ となる．したがって電束密度 $\boldsymbol{D}$ は図 **4.22**(a) のように誘電体境界で連続となり，真空中の電界 $\boldsymbol{E}_1$ はその 1/2 が分極 $\boldsymbol{P}_2$ に終端し，誘電体内の電界 $\boldsymbol{E}_2$ は真空中の 1/2 になる．この様子を示したのが，図 4.22(b),(c) である．この図では (a) 電束線，(b) 電気力線，そして (c) 分極ベクトルが，$\boldsymbol{D} = \varepsilon_0 \boldsymbol{E} + \boldsymbol{P}$ と次元が揃うように，電気力線は ε_0 倍している．ただし，ここで示した力線は理解を助けるために模式的に描いたものあり，必ずしも正確ではないことに注意してほしい．また，$\oplus, \ominus$ は力線の始点，終点の電荷の極性を示す記号であり，点電荷が誘起されているという意味ではない．真電荷は極板上に，分極電荷は誘電体の上下面に一様に分布している．

(a) 電束線 (b) 電気力線 (c) 分極ベクトル

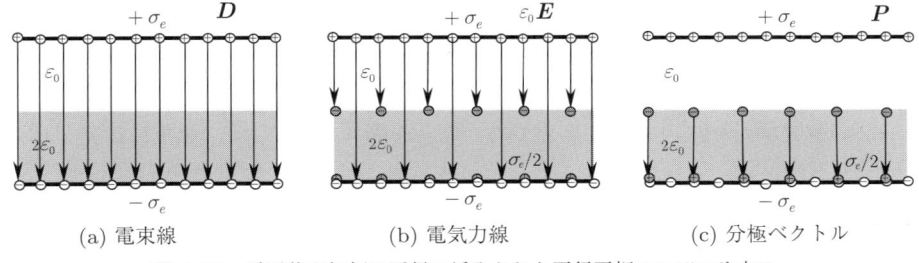

図 4.22 誘電体が極板に平行に挿入された平行平板コンデンサ内の各力線の様子．(a) 電束線 = (b) 電気力線 + (c) 分極ベクトル

4. 誘電体中の静電界

次に，図 **4.23** のように，面積 $S = S_1 + S_2$，間隔 d の平行平板電極に真電荷 Q_e を与えた．誘電率 $\varepsilon_1, \varepsilon_2$ の誘電体 #1, #2 が極板と接する面の面積をそれぞれ S_1, S_2 とする．この問題では電界が境界 #I と平行になるから，電界で考えるべき問題である．#1, #2 内の電界は一定であり，境界面に平行だから，電界の接線成分の連続性より $\boldsymbol{E}_1 = \boldsymbol{E}_2$ であり，極板間の電位差を V とすると，$E_1 = E_2 = V/d$

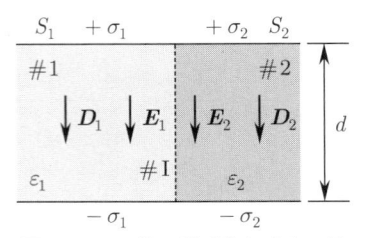

図 **4.23** 2 枚の誘電体が垂直に挿入された平行平板コンデンサ

となる．#1, #2 内の電束密度はそれぞれ $D_1 = \varepsilon_1 E_1 = \varepsilon_1 V/d$, $D_2 = \varepsilon_2 V/d$ となるから，S_1, S_2 上の真電荷密度は式 (4.52) より，$\sigma_1 = D_1 = \varepsilon_1 V/d$, $\sigma_2 = D_2 = \varepsilon_2 V/d$ となる．したがって，極板 S 全体の電荷量 Q_e は

$$Q_e = \sigma_1 S_1 + \sigma_2 S_2 = \left(\frac{\varepsilon_1 S_1}{d} + \frac{\varepsilon_2 S_2}{d}\right) V$$

で与えられる．したがって，静電容量 C は

$$C = \frac{Q_e}{V} = \frac{\varepsilon_1 S_1}{d} + \frac{\varepsilon_2 S_2}{d} \tag{4.55}$$

となる．

上式は，静電容量 $C_1 = \varepsilon_1 S_1/d$, $C_2 = \varepsilon_2 S_2/d$ の 2 つのコンデンサを並列接続したときの合成容量である．このことは以下のように説明することができる．上下の極板は等電位であるから，極板 S_1 の部分と S_2 の部分を切り離して導線で結んでもよい．これはまさしく図 **4.24** のように静電容量 C_1, C_2 のコンデンサの並列接続である．

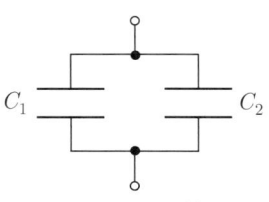

図 **4.24** 図 4.23 の等価回路

先の例と同様に，コンデンサ内の電束密度 $\boldsymbol{D}$，電界 $\boldsymbol{E}$，分極 $\boldsymbol{P}$ の様子を知るために，比誘電率 $\varepsilon_r = 2$ の誘電体を極板と垂直に半分つめた場合を図 **4.25** に示す．極板に電荷を与えると

(a) 電束線   (b) 電気力線   (c) 分極ベクトル

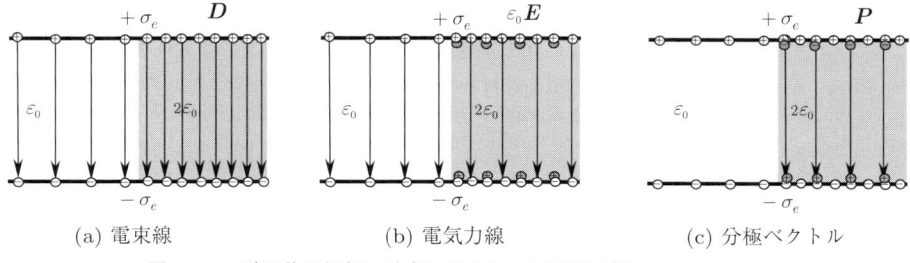

図 **4.25** 誘電体が極板に垂直に挿入された平行平板コンデンサ内の各力線の様子．(a) 電束線＝ (b) 電気力線＋ (c) 分極ベクトル

誘電体の影響により，極板上の電荷分布は，均一ではなく誘電体側に偏る．全体の電荷密度を σ_e とすると $\sigma_e = \sigma_1 + \sigma_2$ であり，それぞれの領域で $D_1 = \varepsilon_0 E_1 = \sigma_1$, $D_2 = 2\varepsilon_0 E_2 = \sigma_2$．境界面で電界が連続である条件から $E_1 = \sigma_1/\varepsilon_0 = E_2 = \sigma_2/(2\varepsilon_0)$，すなわち $2\sigma_1 = \sigma_2$ となる．電界 $\boldsymbol{E}$ は誘電体境界で連続であるが，誘電体の充填された電極部分には真空部分の電極に比べ2倍の電荷が集中している．そのため電束密度 $\boldsymbol{D}$ も2倍の密度となる．誘電体を水平に入れた図4.22と比較して力線の様子を観察してほしい．

4.6.5 導体球と誘電体が混在する問題への応用

図4.26のように，誘電率 ε_2 の誘電体中に，真電荷 Q_e が帯電した半径 a の導体球があり，その導体球は，厚さ $b-a$，誘電率 ε_1 の誘電体で被覆されているとする．電界は，導体球の中心に関して明らかに点対称であり，電束密度は誘電体の境界で連続で，いずれも半径方向を向いているから，中心からの距離を r としたとき，$r \geq a$ の空間のいたるところで

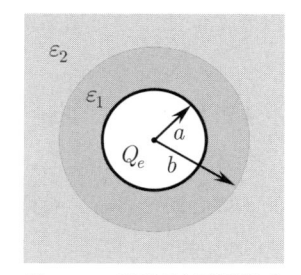

$$\boldsymbol{D}(r) = \frac{1}{4\pi}\frac{Q_e}{r^2}\hat{\boldsymbol{r}} \tag{4.56}$$

図4.26 誘電体被覆導体球

となる．したがって誘電率 ε_1, ε_2 の誘電体中の電界 $\boldsymbol{E}_1$, $\boldsymbol{E}_2$ はそれぞれ

$$\boldsymbol{E}_1(r) = \frac{1}{4\pi\varepsilon_1}\frac{Q_e}{r^2}\hat{\boldsymbol{r}}, \quad \boldsymbol{E}_2(r) = \frac{1}{4\pi\varepsilon_2}\frac{Q_e}{r^2}\hat{\boldsymbol{r}} \tag{4.57}$$

となる．

次に，図4.27のように，半径 a の導体球が誘電率 ε_1, ε_2 の誘電体のちょうど境界面にある場合を考える．電界は放射方向を向き，境界面に平行になるから，電界 $\boldsymbol{E}$ が誘電体のいたるところで共通となり，境界上部の電束密度は $\boldsymbol{D}_2 = \varepsilon_2 \boldsymbol{E}$，下部では $\boldsymbol{D}_1 = \varepsilon_1 \boldsymbol{E}$ となる．そこで図4.28のような半径 $r > a$ の閉曲面 $S = S_1 + S_2$ で導体球を囲むと，ガウスの法則より

$$\oint_S \boldsymbol{D}\cdot\hat{\boldsymbol{n}}\,dS = \varepsilon_1 \int_{S_1} E(r)\,dS + \varepsilon_2 \int_{S_2} E(r)\,dS$$
$$= \varepsilon_1 \cdot 2\pi r^2 E + \varepsilon_2 \cdot 2\pi r^2 E = Q_e \tag{4.58}$$

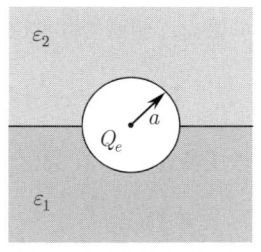

図4.27 誘電体境界にある導体球

となるから

$$\boldsymbol{E}(r) = \frac{1}{\varepsilon_1 + \varepsilon_2}\frac{Q_e}{2\pi r^2}\hat{\boldsymbol{r}} \tag{4.59}$$

を得る．電束密度はそれぞれ次式で与えられる．

$$\boldsymbol{D}_1(r) = \frac{\varepsilon_1}{\varepsilon_1+\varepsilon_2}\frac{Q_e}{2\pi r^2}\hat{\boldsymbol{r}}, \quad \boldsymbol{D}_2(r) = \frac{\varepsilon_2}{\varepsilon_1+\varepsilon_2}\frac{Q_e}{2\pi r^2}\hat{\boldsymbol{r}} \tag{4.60}$$

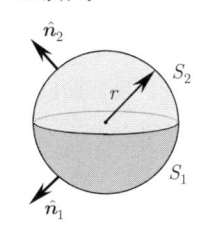

図4.28 半径 r の閉曲面 $S = S_1 + S_2$

4.7 誘電体に働く力 *

誘電体に働く力を求める有力な手段は 3 章，3.10.3 項で述べた仮想変位法であるが，初心者にとっては，'仮想的に力が働いたとしたら' という考え方にやや違和感を感じるかもしれない．図 4.20 や図 4.26 のように誘電体の境界と電界が垂直になる場合には，境界面に分極電荷が現れて，これにクーロン力が働くが，図 4.23 や図 4.27 のように平行な場合には分極電荷は誘起されない[†]．ここでは 3.9.4 項で述べた静電応力を使って誘電体に働く力を求め，仮想変位法と同じ結果が得られることを示す．

4.7.1 静電応力

誘電体中であっても，3.9.4 項の図 3.70 のようなファラデー管を考えることができる．導体表面の電荷密度 σ_e は式 (4.52) より電束密度 D の法線成分によって与えられ，静電エネルギーは式 (4.30) となるから，誘電体中では $\varepsilon_0 E$ を D で置き換えればよい．したがって，図 4.29 のようなファラデー管の微小部分に働く力は，電界に垂直な面では単位体積あたり

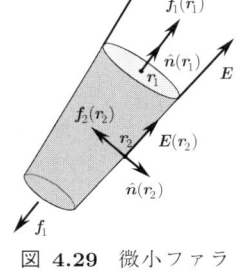

$$f_1(r_1) = \frac{1}{2}(D(r_1) \cdot E(r_1))\,\hat{n}(r_1) \tag{4.61}$$

図 4.29 微小ファラデー管に働く力

の張力，側面では単位体積あたり

$$f_2(r_2) = -\frac{1}{2}(D(r_2) \cdot E(r_2))\,\hat{n}(r_2) \tag{4.62}$$

の圧縮力となる．また，これらの力は隣り合うファラデー管による反作用とつり合っている．

4.7.2 誘電体境界に働く力

（1）電界が境界面に垂直な場合　2 種類の誘電体の境界に電界が垂直になっている場合に境界面に働く力を求めよう．境界面に働く力を求めるには，図 4.30 のように境界を仮想的に左右に移動してその間に仮想的な物体 #I を考え，#I に働く力を考えると便利であった．電束密度 D は境界面の両端で連続だから，#1 の断面 S_1 に働く単位面積あたりの力 f_1 は，式 (4.61) より

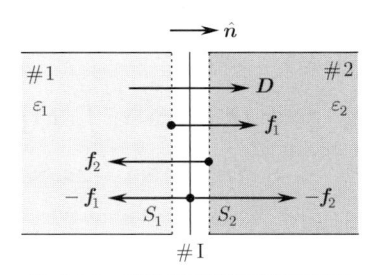

図 4.30 電界が誘電体境界面に垂直な場合に境界面 #I に働く力．誘電率が大きい方から小さい方へ力が働く．

[†] 正確には，縁端効果により境界面に垂直な電界成分が生じるため分極電荷がわずかに誘起される．

$$\boldsymbol{f}_1 = \frac{1}{2}(\boldsymbol{E}_1 \cdot \boldsymbol{D})\,\hat{\boldsymbol{n}} = \frac{1}{2\varepsilon_1}D^2\hat{\boldsymbol{n}} \tag{4.63}$$

となる．ここで $\hat{\boldsymbol{n}}$ は電界方向を向く単位ベクトルであり，#1 から #2 に向かうとした．#2 の断面 S_2 に働く単位面積あたりの力 $\boldsymbol{f}_2$ も同様に

$$\boldsymbol{f}_2 = \frac{1}{2}(\boldsymbol{E}_2 \cdot \boldsymbol{D})\,(-\hat{\boldsymbol{n}}) = -\frac{1}{2\varepsilon_2}D^2\hat{\boldsymbol{n}} \tag{4.64}$$

で与えられる．さて，S_1 が #I に接した場合には #I には $\boldsymbol{f}_1$ の反作用 $-\boldsymbol{f}_1$ が働く．同様に，S_2 が #I に接した場合には $\boldsymbol{f}_2$ の反作用 $-\boldsymbol{f}_2$ が働く．したがって，#I，すなわち境界面に作用する全体の力は，単位面積あたり

$$\boldsymbol{f} = (-\boldsymbol{f}_1) + (-\boldsymbol{f}_2) = \frac{1}{2}\left(\frac{1}{\varepsilon_2} - \frac{1}{\varepsilon_1}\right)D^2\,\hat{\boldsymbol{n}} \tag{4.65}$$

となる．$\varepsilon_1 > \varepsilon_2$ の場合，上式は $\hat{\boldsymbol{n}}$ 方向を向く．逆の場合は $-\hat{\boldsymbol{n}}$ 方向を向く．すなわち，境界面には誘電率が大きい方から小さい方に力が働く．

図 4.20 の平行平板コンデンサの場合，$D = \sigma_e$ であるから，式 (4.65) は

$$\boldsymbol{f} = \frac{1}{2}\left(\frac{1}{\varepsilon_2} - \frac{1}{\varepsilon_1}\right)\sigma_e^2\,\hat{\boldsymbol{n}} \tag{4.66}$$

となる．これを仮想変位法によって確認してみよう．上の極板から下の極板に向かって z 軸をとり，#1 の厚さを z とすると，コンデンサに蓄えられる静電エネルギー W_e は

$$W_e = \frac{1}{2}E_1 D S z + \frac{1}{2}E_2 D S(d-z) = \frac{S}{2}\frac{\sigma_e^2}{\varepsilon_1}z + \frac{S}{2}\frac{\sigma_e^2}{\varepsilon_2}(d-z) \tag{4.67}$$

となるから，境界面に働く z 軸方向を向く力 F は

$$F = -\frac{dW_e}{dz} = -\frac{S}{2}\frac{\sigma_e^2}{\varepsilon_1} + \frac{S}{2}\frac{\sigma_e^2}{\varepsilon_2} = \frac{1}{2}\left(\frac{1}{\varepsilon_2} - \frac{1}{\varepsilon_1}\right)\sigma_e^2 S = fS \tag{4.68}$$

となり，単位面積あたりの力は静電応力を用いた値 (4.66) に等しくなる．

（2） 電界が境界面に平行な場合 図 **4.31** のように，電界が境界面に平行になっている場合を考える．この場合，誘電体 #1, #2 中の電界 $\boldsymbol{E}$ が境界面で連続である．断面 S_1 に働く単位面積あたりの力 $\boldsymbol{f}_1$ は式 (4.62) より，

$$\boldsymbol{f}_1 = \frac{1}{2}(\boldsymbol{D}_1 \cdot \boldsymbol{E})\,(-\hat{\boldsymbol{n}}) = -\frac{\varepsilon_1}{2}E^2\hat{\boldsymbol{n}} \tag{4.69}$$

で与えられる．断面 S_2 に働く単位面積あたりの力 $\boldsymbol{f}_2$ も同様に

$$\boldsymbol{f}_2 = \frac{1}{2}(\boldsymbol{D}_2 \cdot \boldsymbol{E})\,\hat{\boldsymbol{n}} = \frac{\varepsilon_2}{2}E^2\hat{\boldsymbol{n}} \tag{4.70}$$

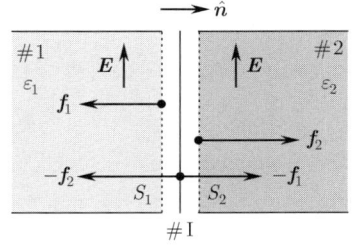

図 **4.31** 電界が誘電体境界面に平行な場合に境界面に働く力．電界が垂直な場合と同じく誘電率が大きい方から小さい方へ力が働く．

となる．仮想物体 #I, すなわち境界面に働く力はこれらの力の反作用であるから，単位面積あたりの力は

$$f = (-f_1) + (-f_2) = \frac{1}{2}(\varepsilon_1 - \varepsilon_2)E^2 \hat{n} \tag{4.71}$$

となる．この場合も式 (4.65) と同様に，境界面には誘電率が大きい方から小さい方向の力が働く．

図 4.23 の平行平板コンデンサを例にとって，式 (4.71) が仮想変位法からも導くことができることを示す．コンデンサの左端に座標の原点を，水平方向に x 軸をとる．極板 $S = S_1 + S_2$ は長方形であるとして奥行き方向の長さを b, x 軸方向の長さを a とする．また，誘電体 #1 の厚さを x とすると，$S_1 = bx$, $S_2 = b(a-x)$ であるから，コンデンサに蓄えられる静電エネルギー W_e は

$$W_e = \frac{1}{2}ED_1S_1d + \frac{1}{2}ED_2S_2d = \frac{1}{2}\varepsilon_1 E^2 bdx + \frac{1}{2}\varepsilon_2 E^2 bd(a-x) \tag{4.72}$$

となる．この表現は極板間の電位差を一定にした場合に相当するから，x 軸方向へ働く力 F は

$$F = \frac{dW_e}{dx} = \frac{1}{2}(\varepsilon_1 - \varepsilon_2)E^2 bd \tag{4.73}$$

となる．bd は境界面の面積であるから，単位面積あたりの力は式 (4.71) に一致する．

4.8 コンデンサに働く力と MEMS

MEMS（メムス）とは **M**icro **E**lectro **M**echanical **S**ystem の頭文字をとったもので，センサ，アクチュエータ (actuator)[†1]，集積回路 (Integrated Circuits, IC) などの電子部品をシリコン基板や有機材料などの上に集積したデバイスの総称で，今世紀に入って一大産業に発展した電気と機械の融合技術である．自動車のエアバック用加速度センサや携帯電話の高周波スイッチ，あるいはカプセル内視鏡やインクジェットプリンタのヘッドなどが身近なものである．一方日本には，機械工学（メカニクス，**mecha**nics）と電子工学（エレクトロニクス，elec**tronics**）を合成した和製英語，**メカトロニクス** (mechatronics) という言葉があるが[†2]，ほぼ同意語であると思ってよい．

[†1] 本来の意味は '運動させるもの，作動装置' という意味であり，入力エネルギーを機械的運動に変換する装置のことである．一般には電気エネルギーを機械運動に変換する装置，という意味に使われることが多い．モータがその代表である．この他に圧力や磁気エネルギー，あるいは光エネルギーを入力エネルギーとするアクチュエータもある．

[†2] 当初はある電気メーカの商標として登録された言葉であるが，その後広く使われ，近年は海外でも通じるようになった．

MEMS の詳細は専門書で補っていただくことにして，本節では MEMS でよく使われている静電アクチュエータの駆動原理であるコンデンサに働く力について説明する．

4.8.1 コンデンサの極板に働く力

図 **4.32** のような誘電体が充填された平行平板コンデンサの極板に働く力を考える．このコンデンサの静電容量 C は 4.5 節で述べたように，真空中の静電容量の表現式の中の ε_0 を誘電体の誘電率 ε に書き換えればよいから，$C = \varepsilon S/z$ となる．

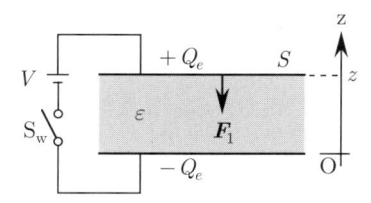

図 **4.32** 誘電体が挿入されたコンデンサの極板に働く力

極板に働く力 $\boldsymbol{F}_1$ は 3 章，3.10.3 項の説明と全く同じように求めることができて，図 4.32 のスイッチ S_w が閉じていて電圧 V が一定である場合も，スイッチ S_w が開いていて真電荷 Q_e が一定の場合も共に

$$\boldsymbol{F}_1 = \frac{V^2}{2}\frac{dC}{dz}\hat{\boldsymbol{z}} = \frac{Q_e^2}{2C^2}\frac{dC}{dz}\hat{\boldsymbol{z}} = -\frac{V^2}{2}\frac{\varepsilon S}{z^2}\hat{\boldsymbol{z}} = -\frac{Q_e^2}{2\varepsilon S}\hat{\boldsymbol{z}} \qquad (4.74)$$

となる．極板間の距離 z を小さくしすぎると，式 (4.74) の右辺第 3 式より極板間の引力が増大して誘電体が耐えきれなくなり，コンデンサが破壊されてしまう．このときコンデンサ内では放電が起こるが，この限界の電圧（電位差）を**耐電圧**という．スイッチ S_w を切った場合は，式 (4.74) の右辺第 4 式から極板間に働く力 $\boldsymbol{F}_1$ は，距離には無関係のように思われるが，電荷 Q_e はスイッチ S_w を閉じたときに帯電した電荷であり，$Q_e = CV = \varepsilon S V/z$ より，電圧に比例し，極板間の距離に逆比例するから同じことが起こる．誘電体をはさむと，分極電荷のために極板上の電荷間の引力は小さくなるから耐電圧は大きくなる．しかし実際の誘電体材料は完全な絶縁体ではなく，微弱ながら電流が誘電体内を流れるため，極板間に強い電圧がかかると，放電してしまうことがある．したがってコンデンサに充填する誘電体の選び方には注意が必要である．

次に，図 **4.33** のように上の極板 #2 が x 軸方向へずれた場合に，#2 に働く力 $\boldsymbol{F}_1$ と $\boldsymbol{F}_2$ を求める．ただしここでは，S_w は閉じられており，極板間の電圧 V が一定に保たれているとする．縁端効果が無視できるとすると，コンデンサの静電容量 $C(x, z)$ は

$$C(x, z) = \frac{\varepsilon(a-x)b}{z} \qquad (4.75)$$

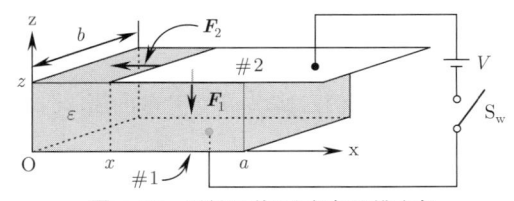

図 **4.33** 平行にずれた極板に働く力

であるから，$\boldsymbol{F}_1$, $\boldsymbol{F}_2$ はそれぞれ

144   4. 誘電体中の静電界

$$\boldsymbol{F}_1 = \frac{\partial}{\partial z}\left\{\frac{1}{2}C(x,z)V^2\right\}\hat{\boldsymbol{z}} = -\frac{V^2}{2}\frac{\varepsilon(a-x)b}{z^2}\hat{\boldsymbol{z}} \tag{4.76}$$

$$\boldsymbol{F}_2 = \frac{\partial}{\partial x}\left\{\frac{1}{2}C(x,z)V^2\right\}\hat{\boldsymbol{x}} = -\frac{V^2}{2}\frac{\varepsilon b}{z}\hat{\boldsymbol{x}} \tag{4.77}$$

で与えられる．このように極板 #2 には極板#1 と互いに引き合う垂直方向の力と，ずれている極板を元の位置に戻すような水平方向の力が働き，それらの大きさは共に電圧 V の2乗に比例し，前者は極板間の距離の2乗に，後者は距離に反比例する．また，その大きさの比は $|F_2/F_1| = z/(a-x)$ となるが，一般のコンデンサでは $z \ll a$ であるから，x が小さい範囲では $|F_2/F_1| \ll 1$ となる[†]．

4.8.2 コンデンサ内の誘電体に働く力

図 4.33 は導体極板がずれた場合であったが，今度は図 **4.34** のように，面積 $S = ab$ の導体極板 #1, #2 の間に極板と同じ形で厚さ d，誘電率 ε の誘電体板を挿入する．このとき．誘電体を引き込もうとする力が働く．この力を求めよう．ただし極板 #1, #2 の間の電位差を V とする．

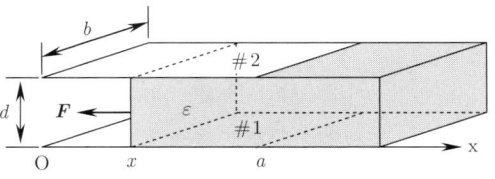

図 **4.34** コンデンサが誘電体板を引き込む力

コンデンサの左端に座標の原点を，水平方向に x 軸をとる．極板間が真空になっている部分の長さを $x(>0)$，静電容量を $C_1(x)$ とし，誘電率が入っている部分の静電容量を $C_2(x)$ とすると，全容量 $C(x)$ はこれらを並列に接続したものであるから

$$C(x) = C_1(x) + C_2(x) = \frac{\varepsilon_0 bx}{d} + \frac{\varepsilon(a-x)b}{d} = \frac{\varepsilon S}{d} - \frac{b}{d}(\varepsilon - \varepsilon_0)x \tag{4.78}$$

となる．したがって，誘電体に働く力は

$$\boldsymbol{F} = \frac{\partial}{\partial x}\left\{\frac{V^2}{2}C(x)\right\}\hat{\boldsymbol{x}} = -\frac{V^2}{2}\frac{b}{d}(\varepsilon - \varepsilon_0)\hat{\boldsymbol{x}} \tag{4.79}$$

となり，誘電体板はコンデンサの内部に引き込まれる．

4.8.3 簡単な静電アクチュエータ

実際の静電アクチュエータは小形化や駆動力向上の目的で巧みな構造になっているが，ここでは簡単な構造でその原理を説明する．

[†] x が大きくなると縁端効果が無視できなくなる．下の極板 #1 と誘電体が横方向に十分長いなら，式 (4.76), (4.77) が成り立つと考えてよい．

最初の例は，図 **4.35** のようにコンデンサの極板に誘電体のアームをとり付けたものである．Arm-1，Arm-1' の左端を固定し，コンデンサの極板 1-1' に電圧をかけると極板間に力が加わり，アームがあたかもピンセットのように動く．極板間に働く力は 4.8.1 項で説明したように電圧の 2 乗に比例するから，B-B' の間隔や力を電圧によって制御できることになる．また，B-B' が他の電子回路につながれた電極であるなら，スイッチとして利用することもできる．端子 2-2' 間に電圧を加えて図 4.33 のような極板の横方向に働く力を利用することもできる．この場合の力は 4.8.1 項で示したように，極板が平行な場合に比べて小さいので，何枚かの極板をくし状にして駆動力の増強を図るのが一般である．

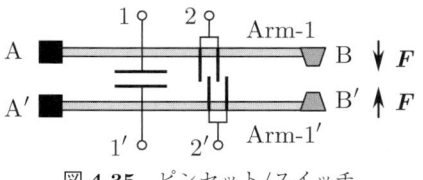

図 **4.35** ピンセット/スイッチ

次の例は，図 **4.36** に示すような，くし型極板の一方を固定し，他方をばねを介して固定した静電アクチュエータである．極板に電圧を加えると極板を引き付けるような力が働くが，ばねの吸引力によって引き戻されようとする．電圧を図のように時間的に適当な周期で加えると，極板の上下振動をさせることができる．

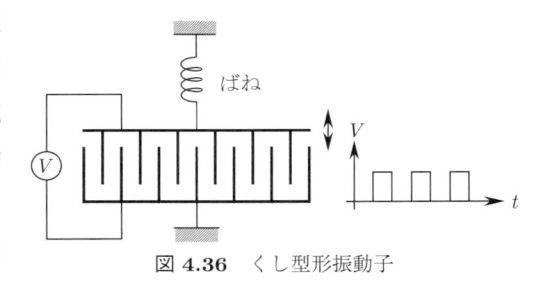

図 **4.36** くし型形振動子

コンデンサの極板や誘電体に働く力を利用して，モータやセンサなど，さまざまなアクチュエータが考案されているが，主要な部分は半導体集積回路の作製技術によって作られている．また，シリコンは集積回路の電気材料というばかりではなく機械的な特性も良いため，MEMS の多くはシリコン基板上に作られる．

4.9　誘電体のやや微視的考察 *

これまでは誘電体を巨視的な観点から眺めて誘電率という定数にくりこんで取り扱ってきた．本節では，分極がおこる機構について微視的観点から簡単に説明を加えることにする．ただし，これを正確に理解するためには統計力学や量子力学等の知識を必要とするため，定性的な説明にとどめることにする．

4.9.1 極性分子と非極性分子

分極がおこる機構の中で最も簡単なものは,気体の分極である.気体の分極には2つの型がある.酸素のような気体の分子は,図4.37のように,一対の対称な原子でできており,正の電荷分布と負の電荷をもつ電子雲の'重心'が一致している.このため分子固有の双極子モーメントをもたない.このことから**非極性分子** (nonpolar molecule) とよばれる.O_2 の他に H_2, N_2 のような対称性分子や H_e, N_e のような単原子分子もこの部類にはいる.

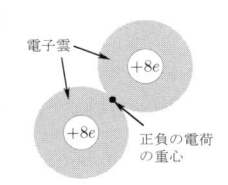

図4.37 非極性分子(酸素分子)

これに対して,図4.38のような水の分子では,正の電荷の中心が水素側にあり,負の電荷の中心は酸素側に少し偏移して正の電荷の重心と負の電荷の重心とは一致しない.このため,分子の構造に起因した**永久電気双極子モーメント** p_0 をもつ.このような分子を**極性分子** (polar molecule) という.

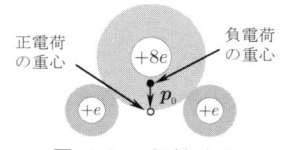

図4.38 極性分子(水分子)

4.9.2 電子分極

非極性分子の中で,最も単純なヘリウムやネオンのような単原子分子について考えてみよう.これは分極の起こる機構として 4.2 節で例に出したものである.このような分子が電界内にあると,図4.2(b)のように,電子は電界の方向に引かれ,原子核はその反対方向に斥けられる.このように平均的な電荷の中心はわずかに変位して双極子モーメントができる.電界が弱ければ電位の量,すなわち双極子モーメントは電界に比例する.双極子モーメントを作る電子分布の変位を**電子分極** (electronic polarization) という.

電子分極に起因する比誘電率がどれ位になるかを正確に見積もるには,量子力学の知識が必要であるのでこの程度の説明にとどめる.いずれにせよ,**電子分極では電界が弱ければ分極が電界に比例する**という事実が大切である.電子は軽いので電界が時間的に激しく変動してもこの性質は保たれると考えてよい.

4.9.3 配向分極

永久双極子モーメント p_0 をもつ極性分子を考える.電界がなければ,図4.39(a)のように各双極子は勝手な方向を向いているから,単位体積あたりの正味のモーメントはゼロである.しかし,電界 E が働くと2つのことが起こる.電子に力が働くために生じる電子分極と,電界が双極子を整列させるために生じる現象である.後者を**配向分極** (orientation polarization) といい,電子分極に比べると非常に大きい効果であるため,ここでは配向分極だけを考えることにする.

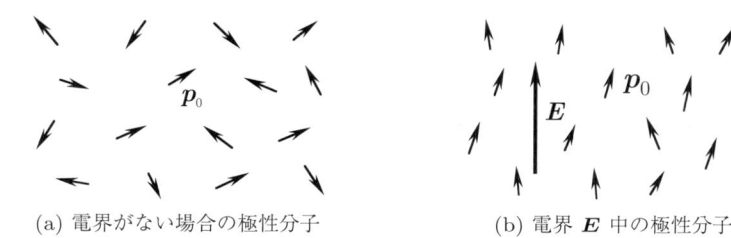

(a) 電界がない場合の極性分子　　(b) 電界 E 中の極性分子

図 4.39 極性分子の分極

物質内部の双極子が全て電界方向を向けば，非常に大きな分極になるが，通常の温度と電界の下ではこういうことは起こらない．分子が熱運動しながら互いに衝突して勝手な方向を向こうとするためである．しかし，図 4.39(b) のように幾らかは電界方向を向く成分が残る．どれくらい分極が残るかは，統計力学の知識を借りなければならないので詳細は省略して結果だけを示すと，配向分極に伴う分極ベクトル P は

$$P = \frac{Np_0^2}{3k}\frac{1}{T}E \tag{4.80}$$

となる．ここで k はボルツマン定数，N は単位体積あたりの分子の数，T は絶対温度である．このように分極は電界 E に比例するから，普通の誘電体のようにふるまう．また，分極は温度に逆比例するが，温度が高くなると分子の熱運動が激しくなり，双極子が勝手な方向を向こうとするから当然予想されることである．分極の大きさ P が $1/T$ に比例することを**キュリーの法則**という．

極性分極の誘電体のもう 1 つの性質は，印加する電界の周波数によって特性が異なるということである．分子の慣性モーメントのために，重い分子が電界を向くのに時間がかかる．電界の振動する周波数が，マイクロ波あるいはそれ以上に高いと，分子が電界の振動についていけないため，誘電率への極性分子の寄与が減る．これに対して電子の慣性は小さいので電子分極の度合いは可視光の周波数まで大体同じ値となる．

4.9.4　分　子　電　界

流体のように密度の高い物体では分極 P は大きくなるので，ある原子あるいは分子に働く力は，近くにある原子や分子の分極に影響される．そこで図 4.40 のように，分極している分子間の点 A におかれた原子，あるいは分子に作用する微視的な電界を考え，これを E_L と書く．この分子電界 E_L は外部から印加された電界と，誘電体に存在する多数の分極分子の作る微視的な電界との重ね合わせである．この微視的な電界を作っている分子の配列は，点 A に

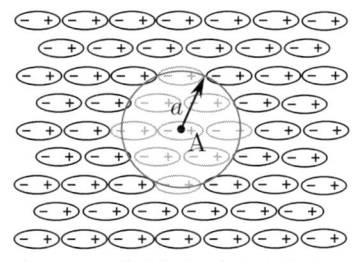

図 4.40　誘電体内の点 A におかれた原子あるいは分子に作用する微視的な電界

置かれた原子あるいは分子の作る電界によって変化し，その配列の変化がまた点 A における電界を変化させる．このような相互作用による影響は，原子または分子の置かれている点 A の近傍で著しい．したがって，このような複雑な構造をもつ分子電界 $\bm{E}_L$ を厳密に求めることは極めて困難である．

ローレンツ (Lorentz) は，この分子電界 $\bm{E}_L$ を次のように近似的に計算した．図 4.40 のように，点 A を中心としてかなり多くの分子を含む半径 a の球を考える．この球の外部の分子に対しては，点 A にある分極分子の電界の影響は小さいと考えて無視する．次に分子は連続的に分布しているとして，それを巨視的に扱えるものとする．球内の分子が点 A に作る電界は極めて複雑であるが，ローレンツはこれらの分子分極の総電荷量はゼロになっていると考えた．このとき，点 A にできる電界は図 **4.41** のような誘電体媒質中にできた空洞内の電界となる．この空洞内の電界 $\bm{E}_L$ は，図 4.41 のように誘電体内の電界 $\bm{E}$ から，一様に分極した誘電体球による電界 $\bm{E}_{1p}$ を引けばよい．電界 $\bm{E}_{1p}$ は，例題 4.1 において $\Delta d \ll a$ の場合であり，式 (4.15) を用いると[†]，

$$\bm{E}_L = \bm{E} - \bm{E}_{1p} = \bm{E} + \frac{1}{3\varepsilon_0}\bm{P} \tag{4.81}$$

と書くことができる．式 (4.81) を特に**ローレンツの電界**という．この結果は，空洞の半径に関係していないことに注意しよう．分極 $\bm{P}$ はその点における電界 $\bm{E}$ を用いて $\bm{P} = (\varepsilon - \varepsilon_0)\bm{E}$ と表されるから，この式を式 (4.81) に代入すると，分子電界 $\bm{E}_L$ は

$$\bm{E}_L = \bm{E} + \frac{1}{3\varepsilon_0}\bm{P} = \bm{E} + \frac{1}{3\varepsilon_0}(\varepsilon - \varepsilon_0)\bm{E} = \frac{\varepsilon + 2\varepsilon_0}{3\varepsilon_0}\bm{E} \tag{4.82}$$

と表すことができる．

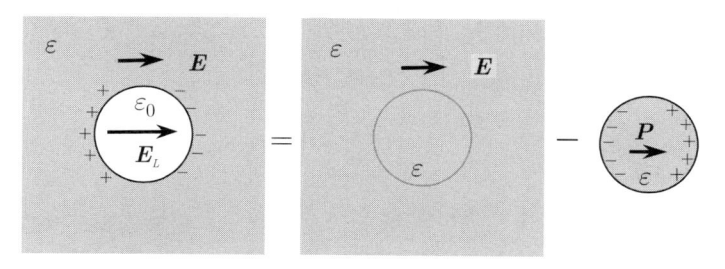

図 **4.41** ローレンツ電界 $\bm{E}_L$ の計算法

式 (4.82) の分子電界 $\bm{E}_L$ が，誘電体内の 1 つの分子に作用したとき，その分子は分極して電気双極子を作る．その双極子モーメントを $\bm{p}$ とすると $\bm{p} = \alpha \bm{E}_L$ となる．ここで α は 1 個あたりの分子分極率とよばれる定数である．$\bm{p}$ に単位体積あたりの分子数 N を掛けて，

[†] 5 章で示すように境界値問題として厳密に解くこともできる．式 (5.112) も合わせて参照してほしい．

巨視的な意味の微小体積にわたって平均したものが分極ベクトル $\boldsymbol{P}$ であるから $\boldsymbol{P}=N\alpha\boldsymbol{E}_L$ となる．また，$\boldsymbol{P}=(\varepsilon-\varepsilon_0)\boldsymbol{E}$ であるから，式 (4.82) を用いると

$$\boldsymbol{P}=(\varepsilon-\varepsilon_0)\boldsymbol{E}=N\alpha\frac{\varepsilon+2\varepsilon_0}{3\varepsilon_0}\boldsymbol{E}$$

を得る．上式の係数を比較して

$$\frac{\varepsilon-\varepsilon_0}{\varepsilon+2\varepsilon_0}=\frac{N\alpha}{3\varepsilon_0} \tag{4.83}$$

となる．これは**クラウジウス–モソッチ (Clausius-Mossotti) の関係式**とよばれ，誘電率 ε が，分子分極率 α と密度 N の積によって表されることを示している．この式は液体のような誘電体に対して精度よく成り立つ式である．また，屈折率 $n^2=\varepsilon/\varepsilon_0$ を使って，式 (4.83) を書き換えると

$$\frac{n^2-1}{n^2+2}=\frac{N\alpha}{3\varepsilon_0} \tag{4.84}$$

となる．この関係式を**ローレンス–ローレンツ (Lorenz-Lorentz) の式**という．

4.9.5 特殊な誘電体

これまでは主に気体と液体の分極について述べてきたが，表 4.1 に示したような固体内でも同じようなことが起こっていると考えてよい．しかし，固体の誘電体の中には特殊な現象を起こすものがある．ここでは代表的なものだけを簡単に紹介する．

液体の状態で強い電界をかけると分極して双極子ができ，その液体を急激に冷やすと，分極が残ったまま固まって固体となるため，この固体は永久双極子モーメントをもつことになる．このような固体を**エレクトレット (electret)** という．エレクトレットの表面に生じた永久分極電荷により，両側に導体の電極を近づけると，真電荷が誘起されて電源として利用することができる．最近では，高分子材料を使って安定したエレクトレットができるようになり，マイクロフォンや MEMS に応用されている．

結晶のような固体でもその内部に永久双極子モーメントをもつ．普通の状態では空気中のイオンがその表面に付着しているため中性のように振舞うが，例えばこのような誘電体に熱が加わると熱膨張のため，双極子モーメントが変化し，表面に電荷が現れる．この現象を**ピロ電気効果 (pyro electric effect)** という．また，結晶を曲げても電荷が現れる．この現象を**ピエゾ電気効果 (piezo electric effect)** という．この効果を利用した多くの圧電素子開発されている．ガス器具の点火装置が身近なものであるが，インクジェットプリンタや MEMS にも使われている．ピエゾ効果を表す天然材料としては石英などがあるが，現在ではジルコニウム酸–チタン酸鉛（PZT）が最もよく使われている．また，石英よりも数段高いピエゾ電圧を示す高分子有機材料も開発されている．

150   4. 誘電体中の静電界

大きな永久双極子モーメントをもつ誘電体を特に**強誘電体** (ferroelectric) という．鉄 (ferro) の性質である**強磁性体** (ferromagnetic) にちなむ名前であり，非常に大きな比誘電率をもつのが特徴である．このような物質では，分極は電界には比例しないで，電界の複雑な関数となる．また，分極の方向も電界とは一致しないのが一般である．前者を非線形誘電体，後者を異方性誘電体という．なお，強誘電体の物性については 8 章で述べる磁性体の議論から類推できる事柄も多いので，ここでは省略する．

章 末 問 題

【1】 図 4.42 のように，誘電率 ε の一様な誘電体の表面に面密度 σ_e で真電荷が分布している．以下の問いに答えよ．
  (1) $z > 0$ の真空中の電束密度と $z < 0$ の誘電体中の電束密度は共に誘電体表面に垂直で互いに反対方向を向いており，その大きさは等しい．その理由を簡単に述べよ．
  (2) 電束密度に関する積分形のガウスの法則を利用して，電束密度を求めよ．さらに，電界および分極ベクトルを求めよ．
  (3) 誘電体表面に誘起される分極電荷密度を求めよ．
  (4) 誘電体中の誘電率が $\varepsilon(z)$ となった場合の電束密度と電界を求めよ．また，誘電体表面の分極電荷密度を求めよ．

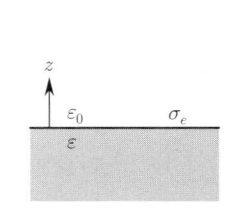

図 4.42 誘電体境界上の電荷分布

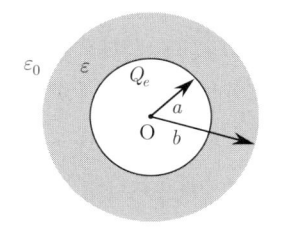

図 4.43 誘電体層で覆った導体球

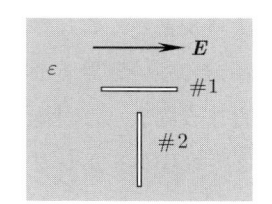

図 4.44 誘電体内の薄い空洞

【2】 図 4.43 のように，真電荷 Q_e が一様に分布した半径 a の導体球を誘電率 ε，半径 $b (b > a)$ の一様な誘電体で囲んだ．以下の問いに答えよ．ただし，誘電体球外部は真空であるとする．
  (1) 各領域の電束密度 D，電界 E，分極ベクトル P および電位 V を求めよ．
  (2) 導体表面および誘電体表面に誘起される分極電荷の面密度を求めよ．
  (3) 誘電体球外部 $(r > b)$ の電界は，誘電体のあるなしにかかわらず変わらない．その理由を述べよ．

【3】 図 4.44 のように誘電率 ε の一様な誘電体内に，電界 E に平行な空洞 #1 と垂直な空洞 #2 がある．それぞれの空洞は非常に薄いとする．各空洞内の電界を求めよ．

【4】 距離 d だけ離れた面積 S をもつ平行平板極板間に同じ底面積をもつ厚さ $b (< d)$ で，比誘電率 ε_r の誘電体を入れた．このとき挿入した誘電体を極板と垂直に上下に移動させても，平行平板コンデンサの静電容量は変化しないことを示せ．

【5】 極板間の間隔が d, 面積が S である平行平板コンデンサの極板間に，図 **4.45** のように高さが $d/2$, 底面積が $S/2$, 比誘電率 ε_r の誘電体をつめた．このときの静電容量は，元の静電容量の何倍になるか．縁端効果は無視して考えてよいとする．

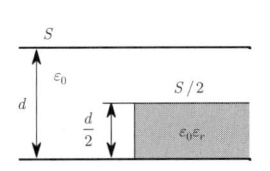

図 **4.45** 部分的に装荷された平行平板コンデンサ

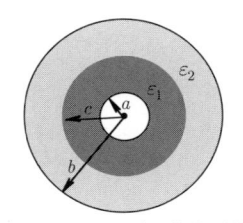

図 **4.46** 2つの誘電体を層状につめた同心導体球

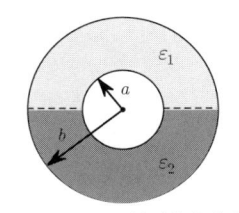

図 **4.47** 2つの誘電体を半空間につめた同心導体球

【6】 図 **4.46** のような内球の半径が a, 外球の内径が b の同心導体球の間に誘電率 $\varepsilon_1, \varepsilon_2$ の2種類の誘電体が積層されており，その境界面の半径が c であるとする．以下の問いに答えよ．
  (1) 内球と外球の間の静電容量 C を求めよ．
  (2) 異なる誘電体層をもつ別々の静電容量 C_1 と C_2 の2つのコンデンサを用いて等価回路を描き，C_1 と C_2 の表現式を記せ．
  (3) 極板間に働く力を求めよ．
  (4) 誘電体境界に働く力を求めよ．

【7】 図 **4.47** のように，半径 a の導体球と内径 b の同心導体球からなるコンデンサがあり，内外導体球の間に，誘電率がそれぞれ $\varepsilon_1, \varepsilon_2$ の誘電体が半分ずつ充塡されているとする．問題【6】と同じ小問 (1) ～ (4) に答えよ．

【8】 図 **4.46**, 図 **4.47** のような断面をもつ長さ L の同軸コンデンサの静電容量を求めよ．

【9】 図 **4.48** のように，長さ a, 奥行き b の長方形平行平板コンデンサに厚さ t, 誘電率 ε の誘電体が挿入されているものとする．誘電体を引き込む力を求めよ．また，誘電体の代わりに完全導体を挿入した場合はどうなるか．

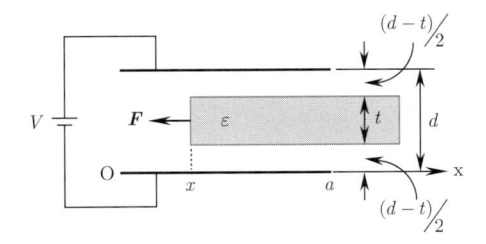

図 **4.48** 平行平板内に引き込まれる誘電体

5 静電界に関する境界値問題

電荷分布があらかじめ与えられていれば，その周りに生じる電位や電界は3章や4章で示した電荷分布と観測点までの距離に関する積分を計算すれば求めることができる．積分を解析的に求めることができない場合には，電子計算機を用いて数値的に計算すればよい．したがって何も問題なさそうであるが，実際には導体球のような対称性のある問題を除いて正確な電荷分布を知ることは難しい．電荷分布は勝手に与えられるものではなく，電位や電界に関する境界条件によって決まるからである．そこで本章では，静電界の問題を解く正統的でかつ一般的な方法を紹介する．これは電位が満足する微分方程式を境界条件の下で解く方法である．電位が求められると，電界は電位の勾配から計算することができる．このような微分方程式を使って厳密に解くことができるのは境界が簡単な形状の場合に限られてしまうが，基本的な電界の性質を知る上で重要である．また，最近では複雑な問題でも電子計算機を使って数値的に解く手法が開発されており，静電界が関わる多くの分野で利用されている．

5.1 静電界の基本法則

クーロンの実験事実から出発し，静電界 $\boldsymbol{E}(\boldsymbol{r})$ の基本的な性質を調べてきた．そして静電界は次のガウスの法則と保存場の条件にまとめられると述べた．

$$\nabla \cdot \boldsymbol{E}(\boldsymbol{r}) = \frac{\rho(\boldsymbol{r})}{\varepsilon_0}, \tag{5.1}$$

$$\nabla \times \boldsymbol{E}(\boldsymbol{r}) = 0. \tag{5.2}$$

式 (5.1), (5.2) を電界 $\boldsymbol{E} = E_x \hat{\boldsymbol{x}} + E_y \hat{\boldsymbol{y}} + E_z \hat{\boldsymbol{z}}$ に関する連立微分方程式と見ると，未知数が E_x, E_y, E_z の3つであるのに対して，方程式は式 (5.1) の1つ，式 (5.2) の3つで，計4つあるから，方程式の数が多すぎて解がないのではないかと心配になる．本節の前半では，この心配は不要で，静電界の問題は1つのスカラ関数に関する微分方程式を解く問題に帰着できることを述べる．一方，式 (5.1), (5.2) が基本法則なら，これらからクーロンの法則が導けるはずである．後半ではこれについて説明する．

5.1.1 真空中におけるポアソンの方程式とラプラスの方程式

任意のスカラ関数 $\Psi(\boldsymbol{r})$ に対して $\nabla \times \nabla \Psi \equiv 0$ が成り立つ．これと式 (5.2) を比較すれば，$\boldsymbol{E} = \nabla \Psi$ と選ぶことにより，任意のスカラ関数 Ψ の勾配から作られたベクトル $\boldsymbol{E}$ が式 (5.2) を自動的に満足することがわかる．また，Ψ は任意に選んでよいから，Ψ を式 (3.68) で定義した電位関数 $V(\boldsymbol{r})$ とすると

$$\boldsymbol{E}(\boldsymbol{r}) = -\nabla V(\boldsymbol{r}) \tag{5.3}$$

を得る．ここで負号を付けたのは数学的には単なる便宜上のことであり，物理的には電位関数と電界の関係に一致させるようにしたいためである．

式 (5.3) を式 (5.1) に代入して，2 章，2.12 節で導入した**ラプラス演算子** $\nabla \cdot \nabla = \nabla^2$ を使うと，電位 $V(\boldsymbol{r})$ は

$$\nabla \cdot \nabla V(\boldsymbol{r}) = \nabla^2 V(\boldsymbol{r}) = -\frac{1}{\varepsilon_0} \rho(\boldsymbol{r}) \tag{5.4}$$

を満足する．式 (5.4) を**ポアソン (Poisson) の方程式**という．また，右辺の電荷密度がゼロとなる場所で成立する微分方程式：

$$\nabla^2 V(\boldsymbol{r}) = 0 \tag{5.5}$$

を**ラプラス (Laplace) の方程式**という．

式 (5.4) あるいは式 (5.5) の偏微分方程式を与えられた境界条件の下に解いて電位 $V(\boldsymbol{r})$ を求め，その結果を式 (5.3) に代入すれば静電界 $\boldsymbol{E}(\boldsymbol{r})$ を計算することができる．これが静電界を求める最も正統的かつ一般的な方法である．このようにして，電界に関する連立偏微分方程式 (5.1), (5.2) が 1 つの偏微分方程式を解く問題に帰着された．また，電位 $V(\boldsymbol{r})$ はスカラ量であるから，ベクトル量である電界 $\boldsymbol{E}(\boldsymbol{r})$ を求めるよりも一般に簡単である．

5.1.2 誘電体中におけるポアソンの方程式とラプラスの方程式

誘電率が場所によって変化する不均質誘電体中のガウスの法則は

$$\nabla \cdot \boldsymbol{D}(\boldsymbol{r}) = \nabla \cdot \left\{ \varepsilon(\boldsymbol{r}) \boldsymbol{E}(\boldsymbol{r}) \right\} = \rho_e(\boldsymbol{r}) \tag{5.6}$$

で与えられる．右辺の電荷密度 $\rho_e(\boldsymbol{r})$ は，4.4 節で説明したように，分極電荷を含まない真電荷の体積密度分布である．もう 1 つの条件である保存場の条件は，誘電体中であっても式 (5.2) と同じであるから，電界 $\boldsymbol{E}(\boldsymbol{r})$ と電位 $V(\boldsymbol{r})$ の関係は式 (5.3) によって与えられる．ベクトル公式 $\nabla \cdot (\varepsilon \boldsymbol{E}) = \nabla \varepsilon \cdot \boldsymbol{E} + \varepsilon \nabla \cdot \boldsymbol{E}$ と式 (5.3) を用いると，電位に関する次の微分方程

式を得る．

$$\nabla^2 V(\boldsymbol{r}) + \frac{\nabla \varepsilon(\boldsymbol{r})}{\varepsilon(\boldsymbol{r})} \cdot \nabla V(\boldsymbol{r}) = -\frac{\rho_e(\boldsymbol{r})}{\varepsilon(\boldsymbol{r})} \tag{5.7}$$

式 (5.7) を解いて電位 $V(\boldsymbol{r})$ を求め，その結果を式 (5.3) に代入して，静電界 $\boldsymbol{E}(\boldsymbol{r})$ を決定するという手続きは，真空中の静電界を決めるときと全く同じである．ただし，$\varepsilon(\boldsymbol{r})$ が場所の関数だから，式 (5.7) を解くのは真空中よりもずっと難しい．

誘電率が一定であるなら $\nabla \varepsilon(\boldsymbol{r}) = 0$ であるから，式 (5.7) は

$$\nabla^2 V(\boldsymbol{r}) = -\frac{1}{\varepsilon} \rho_e(\boldsymbol{r}) \tag{5.8}$$

となる．これは真空中のポアソンの方程式 (5.4) において ε_0 を ε に置き換えただけであり，同じく**ポアソンの方程式**とよばれる．また，式 (5.8) において $\rho_e = 0$ とした微分方程式

$$\nabla^2 V(\boldsymbol{r}) = 0 \tag{5.9}$$

も真空中と同じく**ラプラスの方程式**という．

式 (5.4) と式 (5.8) を比較すると，真空中の答えを知っていれば ε_0 の項を ε に置き換えるだけで誘電体中の答えがわかりそうである．図 5.1 のように一様な誘電体が接している場合でも，各領域で満足する微分方程式は誘電率の値が違うだけであるから，解の基本的な形は同じであろうが，境界では 4.6 節で示した境界条件を満足しなければならない．したがって，たとえ誘電率が部分的に一定であっても，誘電体の問題は真空の問題より難しい．また，厳密に解ける問題は特殊な場合に限られる．

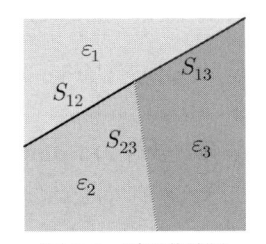

図 **5.1** 誘電体境界

5.1.3 ポアソンの方程式の解 *

ポアソンの方程式 (5.4) を偏微分方程式という観点から見ると，これは非斉次（非同次）方程式であるから，その解は非斉次方程式 (5.4) の 1 つの特解と斉次（同次）方程式 (5.5) の一般解との和で表される．ここではそれらがどのような形で表され，物理的にどのように解釈できるかを説明する．

2 章の式 (2.133) で導入した 2 つのスカラ関数 $\varPhi, \varPsi$ に対するグリーンの定理：

$$\begin{aligned}
\oint_{S_t} & \left[\varPhi(\boldsymbol{r}') \nabla' \varPsi(\boldsymbol{r}') - \varPsi(\boldsymbol{r}') \nabla' \varPhi(\boldsymbol{r}') \right] \cdot \hat{\boldsymbol{n}}(\boldsymbol{r}') \, dS' \\
& = \int_{V_t} \left[\varPhi(\boldsymbol{r}') \nabla'^2 \varPsi(\boldsymbol{r}') - \varPsi(\boldsymbol{r}') \nabla'^2 \varPhi(\boldsymbol{r}') \right] dv'
\end{aligned} \tag{5.10}$$

5.1 静電界の基本法則

を図 **5.2** に示すような領域 V_t に適用する．ただし，便宜上積分変数は r' とした．また，∇' は r' に対する微分演算子である．V_t を囲む閉曲面は $S_t = S_1 + S_2 + S_a + S$ で，S_1 と S_2 とは互いに平行でその間隔は非常に小さいものとする．また，S_a は点 r を中心とする半径 a の球面とする．

S_1 と S_2 との距離をゼロにした極限では，それらの面上における関数値は同じで，単位法線ベクトル $\hat{n}$ は互いに反対方向を向いているから，打ち消し合い，式 (5.10) の左辺は

$$\oint_{S_t} = \int_{S_a} + \int_S$$

となる．次に

$$\Psi(\boldsymbol{r}) = \frac{1}{|\boldsymbol{r}-\boldsymbol{r}'|} \tag{5.11}$$

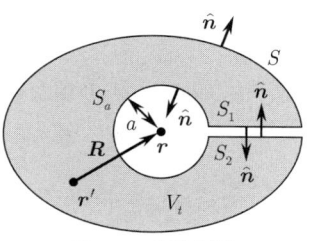

図 **5.2** 積分領域

とおくと，V_t 内では $\boldsymbol{r} \neq \boldsymbol{r}'$ であるから

$$\nabla'^2 \Psi(\boldsymbol{r}) = \nabla'^2 \left(\frac{1}{|\boldsymbol{r}-\boldsymbol{r}'|} \right) = 0 \tag{5.12}$$

となり†，式 (5.10) は

$$\int_{S_a+S} \left[\frac{\nabla'\Phi(\boldsymbol{r}')}{|\boldsymbol{r}-\boldsymbol{r}'|} - \Phi(\boldsymbol{r}')\nabla'\left(\frac{1}{|\boldsymbol{r}-\boldsymbol{r}'|}\right) \right] \cdot \hat{n}(\boldsymbol{r}')\,dS' = \int_{V_t} \frac{\nabla'^2 \Phi(\boldsymbol{r}')}{|\boldsymbol{r}-\boldsymbol{r}'|}\,dv' \tag{5.13}$$

と変形できる．ここで，S_a は r を中心とする半径 a の球面であったから，S_a 上で $\boldsymbol{r} = \boldsymbol{r}' + a\hat{\boldsymbol{R}} = \boldsymbol{r}' + a\hat{\boldsymbol{n}}$ である．したがって，式 (5.13) の S_a に関する積分は $a \to 0$ の極限では

$$\int_{S_a}\left[\frac{\nabla'\Phi(\boldsymbol{r}')}{|\boldsymbol{r}-\boldsymbol{r}'|} - \Phi(\boldsymbol{r}')\frac{\boldsymbol{r}-\boldsymbol{r}'}{|\boldsymbol{r}-\boldsymbol{r}'|^3}\right]\cdot\hat{\boldsymbol{R}}\,dS' = \int_{S_a}\left[\frac{1}{a}\frac{\partial\Phi(\boldsymbol{r}-a\hat{\boldsymbol{R}})}{\partial R} - \frac{\Phi(\boldsymbol{r}-a\hat{\boldsymbol{R}})}{a^2}\right]dS'$$

$$\to \left[\frac{1}{a}\frac{\partial\Phi(\boldsymbol{r}-a\hat{\boldsymbol{R}})}{\partial R} - \frac{\Phi(\boldsymbol{r}-a\hat{\boldsymbol{R}})}{a^2}\right](4\pi a^2) \to -4\pi\Phi(\boldsymbol{r})$$

となる．これを式 (5.13) に代入し，S で囲まれた体積を V と書き改めると

$$\Phi(\boldsymbol{r}) = -\frac{1}{4\pi}\int_V \frac{\nabla'^2\Phi(\boldsymbol{r}')}{|\boldsymbol{r}-\boldsymbol{r}'|}\,dv' + \frac{1}{4\pi}\oint_S\left[\frac{\nabla'\Phi(\boldsymbol{r}')}{|\boldsymbol{r}-\boldsymbol{r}'|} - \Phi(\boldsymbol{r}')\frac{\boldsymbol{r}-\boldsymbol{r}'}{|\boldsymbol{r}-\boldsymbol{r}'|^3}\right]\cdot\hat{n}(\boldsymbol{r}')\,dS' \tag{5.14}$$

を得る．

Φ として電位 V を選び，図 **5.3** のように電荷分布 $\rho(\boldsymbol{r}')$ だけを囲むような閉曲面 S に式 (5.14) を適用すると

$$V(\boldsymbol{r}) = \frac{1}{4\pi\varepsilon_0}\int_V \frac{\rho(\boldsymbol{r}')}{|\boldsymbol{r}-\boldsymbol{r}'|}\,dv' + \frac{1}{4\pi}\oint_S\left[\frac{\nabla'V(\boldsymbol{r}')}{|\boldsymbol{r}-\boldsymbol{r}'|} - V(\boldsymbol{r}')\frac{\boldsymbol{r}-\boldsymbol{r}'}{|\boldsymbol{r}-\boldsymbol{r}'|^3}\right]\cdot\hat{n}(\boldsymbol{r}')\,dS' \tag{5.15}$$

を得る．これがポアソンの方程式の解である．

---
† 2 章の章末問題 【11】 (2) と 【14】 (2) を利用して確認せよ．

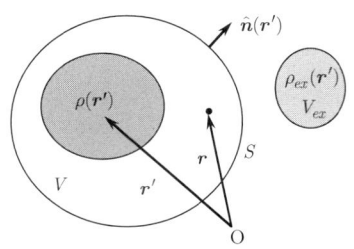

図 5.3 ポアソンの方程式の解

図 5.3 の点 r の電位は，体積 V 内に含まれる電荷 $\rho(r')$ による電位と S の外にある電荷 $\rho_{ex}(r')$ による電位の和であるが，式 (5.15) の右辺第 1 項は明らかに電荷 $\rho(r')$ による電位である．したがって，第 2 項は $\rho_{ex}(r)$ によって作られる電位であると解釈できる．この電位はもちろんラプラスの方程式を満たすから，第 2 項は斉次方程式の解である．すなわち，第 1 項が非斉次方程式（ポアソンの方程式）の特解，第 2 項が一般解（ラプラスの方程式の解）であると解釈できる．さらに，式 (5.15) の第 2 項を $V_h(r)$ とし，

$$\sigma_S(r') = \varepsilon_0 \hat{n}(r') \cdot \nabla' V(r'), \quad w_S(r') = -\varepsilon_0 \hat{n}(r') V(r') \tag{5.16}$$

とおくと，$V_h(r)$ は

$$V_h(r) = \frac{1}{4\pi\varepsilon_0} \oint_S \left[\frac{\sigma_S(r')}{|r-r'|} + w_S(r') \cdot \frac{r-r'}{|r-r'|^3} \right] dS' \tag{5.17}$$

と表すことができる．第 1 項は面電荷密度 $\sigma_S(r')$ による電位，第 2 項は 3.7.2 項で学んだ電気 2 重層 $w_S(r')$ による電位である．すなわち，V の外側にある電荷による寄与は S 上の仮想面電荷と仮想電気 2 重層の双極子モーメント密度に置き換えることができる．重要であるので念のため繰り返すと，任意の閉曲面 S によって囲まれた体積 V 内の電位 $V(r)$ は V 内の電荷 $\rho(r')$ による電位：

$$V_s(r) = \frac{1}{4\pi\varepsilon_0} \int_V \frac{\rho(r')}{|r-r'|} dv' \tag{5.18}$$

と V の外部にある電荷 ρ_{ex} による電位 $V_h(r)$ の和：

$$V(r) = V_s(r) + V_h(r) \tag{5.19}$$

によって与えられ，$V_h(r)$ は閉曲面 S 上の等価面電荷密度と電気 2 重層によって置き換えられる．もちろん $V_h(r)$ は

$$V_h(r) = \frac{1}{4\pi\varepsilon_0} \int_{V_{ex}} \frac{\rho_{ex}(r')}{|r-r'|} dv' \tag{5.20}$$

と表すこともできる．

$\rho_{ex} \equiv 0$，あるいは ρ_{ex} も含むように閉曲面 S をとり，S に含まれる全電荷を改めて $\rho(r')$ とすると

$$V(r) = V_s(r) = \frac{1}{4\pi\varepsilon_0} \int_V \frac{\rho(r')}{|r-r'|} dv' \tag{5.21}$$

となる．このように空間にある全ての電荷を考えるなら，ポアソンの方程式の解は特解 $V_s(r)$ だけでよい．このとき電界 $E(r)$ は式 (5.3) より計算できて，∇ が点 r に関する演算であることに注意すると

$$E(r) = -\frac{1}{4\pi\varepsilon_0}\nabla\left\{\int_V \frac{\rho(r')}{|r-r'|}dv'\right\} = -\frac{1}{4\pi\varepsilon_0}\int_V \rho(r')\nabla\left\{\frac{1}{|r-r'|}\right\}dv'$$
$$= \frac{1}{4\pi\varepsilon_0}\int_V \rho(r')\frac{r-r'}{|r-r'|^3}dv' \tag{5.22}$$

となり，クーロンの法則を導けたことになる．式 (5.20) の一般解 $V_h(r)$ に対応する電界 E_h も式 (5.22) の計算と同様にできて

$$\begin{aligned}E_h(r) = &\frac{1}{4\pi\varepsilon_0}\oint_S \sigma_S(r')\frac{r-r'}{|r-r'|^3}dS'\\ &+ \frac{1}{4\pi\varepsilon_0}\oint_S \left[3\frac{\{w_S(r')\cdot(r-r')\}(r-r')}{|r-r'|^5} - \frac{w_S(r')}{|r-r'|^3}\right]dS'\end{aligned} \tag{5.23}$$

となる．導出は読者の演習問題とする．

5.2 境界値問題

電荷分布 $\rho(r)$ があらかじめ与えられていれば，電位や電界を求めることは比較的容易である．しかし，電荷分布は電位や電界に課せられた境界条件によって決まるため，正確な電荷分布を知ることは一般に難しい．与えられた境界条件をもとにポアソンの方程式あるいはラプラスの方程式を解いて空間内の電位や電界を求める問題を静電界の**境界値問題** (boundary value problem) という．厳密な形で解析的に解くことができる境界値問題の例は極めて少ないが，厳密な解を知っていれば多少複雑な問題に出会ったときでも，どのような解になるかをある程度予測できる．また，そのようにできなくてもどのような手順で解いていったらよいかの指針を得ることができる．そこで本節では，ごく簡単な例から始めて境界値問題解法の一端を紹介する．

5.2.1 1 変数の境界値問題

図 5.4 のように，$x=0$, $x=d$ に置かれた平行平板電極間に，一様な体積電荷密度 ρ_0 の電荷が分布している．電極の電位をそれぞれ 0, V_0 としたときの電極間の電位，電界および極板上に誘起される電荷密度を求めてみよう．

図のように座標を選べば，電位 $V(r)$ は x だけの関数 $V(x)$ となる．このときポアソンの方程式 (5.4) は

$$\frac{d^2V(x)}{dx^2} = -\frac{\rho_0}{\varepsilon_0} \quad (0 < x < d) \tag{5.24}$$

となる．これを 2 回積分すると，K_1, K_2 を任意定数として

$$V(x) = K_1 + K_2 x - \frac{\rho_0}{2\varepsilon_0}x^2$$

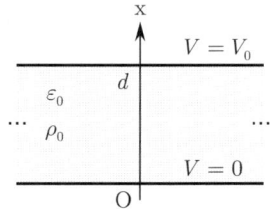

図 5.4 一様な電荷が分布した平行極板

を得る．ここで与えられた条件 $V(x=0)=0, V(x=d)=V_0$ を代入して未定係数 K_1, K_2 を求め，整理すると電位 $V(x)$ は以下のようになる．

$$V(x) = \left(\frac{V_0}{d} + \frac{\rho_0}{2\varepsilon_0}d\right)x - \frac{\rho_0}{2\varepsilon_0}x^2 \tag{5.25}$$

電界 $\boldsymbol{E}$ は式 (5.3) から

$$\boldsymbol{E}(x) = -\frac{dV}{dx}\hat{\boldsymbol{x}} = -\left(\frac{V_0}{d} + \frac{\rho_0}{2\varepsilon_0}d - \frac{\rho_0}{\varepsilon_0}x\right)\hat{\boldsymbol{x}} \tag{5.26}$$

となる．

上下の電極の内側の表面電荷分布は，式 (3.59) より以下のように求めることができる．

$$\sigma(x=d) = \varepsilon_0 \boldsymbol{E} \cdot (-\hat{\boldsymbol{x}})\Big|_{x=d} = \frac{\varepsilon_0 V_0}{d} - \frac{\rho_0 d}{2},$$

$$\sigma(x=0) = \varepsilon_0 \boldsymbol{E} \cdot \hat{\boldsymbol{x}}\Big|_{x=0} = -\frac{\varepsilon_0 V_0}{d} - \frac{\rho_0 d}{2}$$

電極間が真空の場合には上式で $\rho_0 = 0$ とおけばよいから，電位と電界はそれぞれ

$$V(x) = \frac{V_0}{d}x, \qquad \boldsymbol{E}(x) = -\frac{V_0}{d}\hat{\boldsymbol{x}} \tag{5.27}$$

となる．すなわち，電界は一定で $-x$ 方向に向き，等電位面はこれに垂直になる．この様子を示したものが図 5.5(a) である．これに対して電極が有限の大きさになると，3.6.6 項で学んだように電極端部のとがった部分の電荷密度が高くなり，その影響で電界が縁端付近に集中するようになる．これを極板の**縁端効果** (fringe effect) という．図 5.5(b) は，極板が有限な場合の電位分布と電界分布を計算した例である．縁端効果のために外側の極板にもわずかながら電界が漏れ出ている．なお，極板の面積が極板間の距離に比べて十分大きい場合には，縁端効果を無視することができ，無限大の極板に対する答えを近似的に用いることができる．

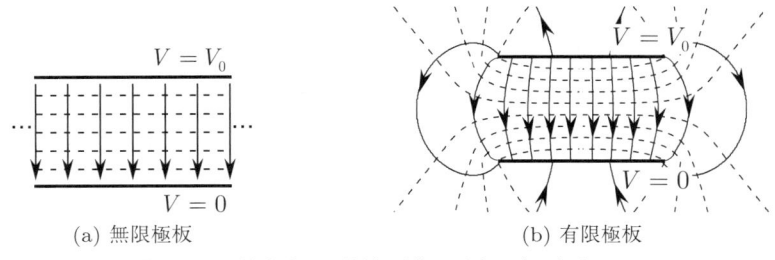

(a) 無限極板   (b) 有限極板

図 5.5 平行極板の電界と電位の分布．有限極板上の電荷分布は一定と仮定した

例題 5.1 厚さ d の極板間に，図 5.6 に示すような誘電率 $\varepsilon(x) = \varepsilon_0 e^{ax}$ の誘電体を充填した．誘電体内の電位分布を求めよ．ただし，極板間には真電荷はないものとする．

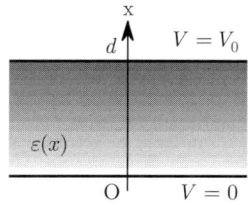

5.2 境界値問題

図 5.6 一次元不均質誘電体．電界 $\boldsymbol{E}(x) = -dV(x)/dx\,\hat{\boldsymbol{x}}$, 電束密度 $\boldsymbol{D}(x) = \varepsilon(x)\boldsymbol{E}(x)$, 分極ベクトル $\boldsymbol{P}(x) = \boldsymbol{D}(x) - \varepsilon_0 \boldsymbol{E}(x)$ および分極電荷分布 $\rho_d(x) = -\nabla\cdot\boldsymbol{P}(x)$ は全て電位 (5.28) から計算することができる．

【解答】x 軸方向にだけ変化するから，式 (5.7) の $\nabla\varepsilon, \nabla V$ はそれぞれ $\nabla\varepsilon = \dfrac{d\varepsilon}{dx}\hat{\boldsymbol{x}}$, $\nabla V = \dfrac{dV}{dx}\hat{\boldsymbol{x}}$ となり，式 (5.7) は

$$\frac{d^2V}{dx^2} + a\frac{dV}{dx} = 0$$

となる．これを積分すると，K_1 を任意の定数として

$$\frac{dV}{dx} + aV = K_1$$

を得る．この微分方程式の解は 2 章，2.13.2 項より

$$V(x) = K_2 e^{-ax} + \frac{K_1}{a}$$

となるから，これに $V(0) = 0, V(d) = V_0$ を代入して未定係数 K_1, K_2 を定めると次式を得る．

$$V(x) = V_0 \frac{1 - e^{-ax}}{1 - e^{-ad}} \tag{5.28}$$

◇

例題 5.2 図 5.7 のように，z 軸方向に無限に長い同軸線路がある．内導体の電位を V_0，外導体の電位をゼロとしたとき，導体間の電位，電界および導体表面に誘起される電荷密度を求めよ．

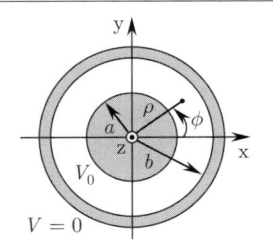

図 5.7 z 方向に無限に長い同軸線路．軸対称性より電位は ρ にだけ依存し，ϕ には無関係になる．

【解答】z 軸に対して軸対称であるから ϕ 方向の電位の変化はない．また，同軸線路は無限に長いから z 軸方向にも変化はない．従ってラプラスの方程式は 2 章，式 (2.117) より

$$\nabla^2 V = \frac{1}{\rho}\frac{\partial}{\partial\rho}\left(\rho\frac{\partial V}{\partial\rho}\right) = 0$$

となる．これは容易に積分できて，K_1, K_2 を任意定数とすると

$$V(\rho) = K_1 \ln\rho + K_2$$

となる．これに $V(a) = V_0, V(b) = 0$ を代入して未定係数 K_1, K_2 を定めると電位 $V(\rho)$ は

$$V(\rho) = \frac{V_0}{\ln(a/b)} \ln\left(\frac{\rho}{b}\right) \tag{5.29}$$

と表される．電界 $\boldsymbol{E}$ は式 (5.3) から円柱座標表示 (2.83) を用いて

$$\boldsymbol{E}(\boldsymbol{r}) = -\nabla V(\boldsymbol{r}) = -\frac{\partial V}{\partial \rho}\hat{\boldsymbol{\rho}} = \frac{V_0}{\ln(b/a)}\frac{1}{\rho}\hat{\boldsymbol{\rho}} \tag{5.30}$$

となる．また内導体表面 ($\rho = a$) と外導体内側表面 ($\rho = b$) の電荷密度はそれぞれ，

$$\sigma_a = \varepsilon_0 \boldsymbol{E}(\rho)\cdot\hat{\boldsymbol{\rho}}\Big|_{\rho=a} = \frac{\varepsilon_0 V_0}{a\ln(b/a)}, \quad \sigma_b = \varepsilon_0 \boldsymbol{E}(\rho)\cdot(-\hat{\boldsymbol{\rho}})\Big|_{\rho=b} = -\frac{\varepsilon_0 V_0}{b\ln(b/a)} \tag{5.31}$$

で与えられる． $\diamondsuit$

例題 5.3 一定の電位 V_0 をもつ半径 a の導体球の周りの電位と電界を求めよ．

【解答】 球の中心に原点をとると，原点に対して点対称であるから $\dfrac{\partial}{\partial \theta} = \dfrac{\partial}{\partial \phi} = 0$ となる．このときラプラスの方程式は，式 (2.117) より

$$\nabla^2 V(\boldsymbol{r}) = \frac{1}{r^2}\frac{\partial}{\partial r}\left(r^2 \frac{\partial V}{\partial r}\right) = 0$$

となる．これを解くと

$$V(r) = \frac{K_1}{r} + K_2$$

となる．ただし，K_1, K_2 は任意定数である．ここで，$r \to \infty$ で $V = 0$ であるとすると，$K_2 = 0$ となる．また，$V(a) = V_0$ より $K_1 = V_0 a$ となるから

$$V(r) = \frac{a}{r}V_0 \tag{5.32}$$

を得る．電界 $\boldsymbol{E}$ は，式 (5.3) の球座標表示 (2.84) より

$$\boldsymbol{E}(\boldsymbol{r}) = -\nabla V(\boldsymbol{r}) = -\frac{\partial V}{\partial r}\hat{\boldsymbol{r}} = \frac{a}{r^2}V_0 \hat{\boldsymbol{r}} \tag{5.33}$$

となる．球表面の電荷密度は

$$\sigma = \varepsilon_0 \boldsymbol{E}(a)\cdot\hat{\boldsymbol{r}} = \varepsilon_0 \frac{V_0}{a} \tag{5.34}$$

となるから，球の全電荷量 $Q = 4\pi a^2 \sigma = 4\pi a \varepsilon_0 V_0$ を用いて電位と電界を表すと

$$V(r) = \frac{Q}{4\pi\varepsilon_0}\frac{1}{r}, \qquad \boldsymbol{E}(\boldsymbol{r}) = \frac{Q}{4\pi\varepsilon_0}\frac{1}{r^2}\hat{\boldsymbol{r}} \tag{5.35}$$

となる．このように金属球外部の電位も電界も点電荷のそれらと同じになる． $\diamondsuit$

5.2.2 変 数 分 離 法 *

3次元空間のポアソンやラプラスの偏微分方程式を解くことは，前項の 1 次元の問題に比べるとはるかに難しい．ここでは偏微分方程式を解く最も標準的な方法である**変数分離法**

(separation of variables) を説明する．最初に直角座標における一般解の導出法を示し，続いて円筒座標，球座標の座標系について述べるが，円筒座標や球座標でラプラスの方程式を解くときには特殊関数の知識が必要になる．本書ではそれについても必要最小限の範囲で説明する†．

（1）　直角座標系　　直交座標系のラプラスの方程式は

$$\Delta V = \nabla^2 V = \frac{\partial^2 V}{\partial x^2} + \frac{\partial^2 V}{\partial y^2} + \frac{\partial^2 V}{\partial z^2} = 0 \tag{5.36}$$

で与えられる．ここで解 $V(x,y,z)$ が，各座標成分 x,y,z それぞれに関係した関数の積：

$$V(x,y,z) = X(x)Y(y)Z(z) \tag{5.37}$$

と表されると仮定する．式 (5.37) を式 (5.36) に代入し，さらに両辺を $V = XYZ$ で割ると

$$\frac{X''(x)}{X(x)} + \frac{Y''(y)}{Y(y)} + \frac{Z''(z)}{Z(z)} = 0 \tag{5.38}$$

を得る．ここで $''$ はそれぞれの変数についての 2 階微分を表す．式 (5.38) において，$X''(x)/X(x)$ は x のみの関数である．同様に $Y''(y)/Y(y)$, $Z''(z)/Z(z)$ はそれぞれ y だけの，z だけの関数である．それらの和がゼロになり得るのは，それぞれの関数が定数のときしかありえない．なぜなら，式 (5.38) を例えば $X''(x)/X(x) = -Y''(y)/Y(y) - Z''(z)/Z(z)$ と書き換えると，左辺は x の関数，右辺は y と z の関数であり，それらが等号で結ばれるためには，各項が定数とならなければならないからである．したがって

$$\frac{X''(x)}{X(x)} = -k_x^2, \quad \frac{Y''(y)}{Y(y)} = -k_y^2, \quad \frac{Z''(z)}{Z(z)} = -k_z^2 \tag{5.39}$$

とおくことができる．ただし k_x, k_y, k_z は

$$k_x^2 + k_y^2 + k_z^2 = 0 \tag{5.40}$$

を満足する定数である．

式 (5.39) の解は 2 章，2.13.3 項より

$$X(x) = \begin{cases} K_1 + K_2 x, & (k_x = 0), \\ K_3 \sin(k_x x) + K_4 \cos(k_x x), & (k_x \neq 0) \end{cases} \tag{5.41}$$

で与えられる．関数 $Y(y), Z(z)$ についても同様であるから，求めるラプラスの方程式 (5.36) の解 $V(x,y,z)$ は，それらの積で与えられる．このような偏微分方程式の解法を**変数分離法**という．

---

† 本書で用いる特殊関数については巻末の引用・参考文献 1), 7) などを参照してほしい．

（2） 円柱座標系

円柱座標系のラプラスの方程式：

$$\frac{1}{\rho}\frac{\partial}{\partial \rho}\left(\rho\frac{\partial V}{\partial \rho}\right) + \frac{1}{\rho^2}\frac{\partial^2 V}{\partial \phi^2} + \frac{\partial^2 V}{\partial z^2} = 0 \tag{5.42}$$

を変数分離法を用いて解いてみよう．直角座標系のときと同じように ρ, ϕ, z を変数分離して

$$V(\rho, \phi, z) = F(\rho)\Phi(\phi)Z(z) \tag{5.43}$$

とおく．式 (5.42) に代入して，さらに両辺を V で割ると

$$\frac{1}{F(\rho)}\frac{1}{\rho}\frac{d}{d\rho}\left(\rho\frac{dF}{d\rho}\right) + \frac{1}{\rho^2}\frac{1}{\Phi(\phi)}\frac{d^2\Phi}{d\phi^2} = -\frac{1}{Z(z)}\frac{d^2Z}{dz^2} \tag{5.44}$$

を得る．左辺は ρ, ϕ の関数であり，右辺は z のみの関数であるから，これらが任意の ρ, ϕ, z に関して等しくなるためには，これらが共に定数でなければならない．この定数を $-k_z^2$ とすると

$$\frac{1}{F(\rho)}\frac{1}{\rho}\frac{d}{d\rho}\left(\rho\frac{dF}{d\rho}\right) + \frac{1}{\rho^2}\frac{1}{\Phi(\phi)}\frac{d^2\Phi}{d\phi^2} = -k_z^2, \tag{5.45}$$

$$\frac{1}{Z(z)}\frac{d^2Z}{dz^2} = k_z^2 \tag{5.46}$$

となる．式 (5.46) の解は，直角座標と同様にして解くことができ，$k_z \neq 0$ のとき，K_1, K_2 を定数として

$$Z(z) = K_1 e^{k_z z} + K_2 e^{-k_z z} \tag{5.47}$$

と表される．一方，式 (5.45) の両辺に ρ^2 を掛けてまとめると

$$\frac{1}{F(\rho)}\rho\frac{d}{d\rho}\left(\rho\frac{dF}{d\rho}\right) + k_z^2\rho^2 = -\frac{1}{\Phi(\phi)}\frac{d^2\Phi}{d\phi^2} \tag{5.48}$$

となる．これも上と同様の理由により，両辺は定数にならなければならない．この定数を k_ϕ^2 とおくと

$$\frac{d^2\Phi(\phi)}{d\phi^2} = -k_\phi^2 \Phi(\phi) \tag{5.49}$$

となる．この方程式の基本解は $e^{\pm jk_\phi\phi}$ であるが，$\phi = 0$ と $\phi = 2\pi$ でポテンシャルは同じ値でなければならないから，k_ϕ は整数 n でなければならない．したがって式 (5.49) の解は C_n, D_n を定数として

$$\Phi(\phi) = C_n \sin n\phi + D_n \cos n\phi \tag{5.50}$$

となる．こうして式 (5.48) は

$$\frac{1}{\rho}\frac{d}{d\rho}\left(\rho\frac{dF}{d\rho}\right) + \left(k_z^2 - \frac{n^2}{\rho^2}\right)F = 0 \tag{5.51}$$

となる．この方程式はベッセル (Bessel) の微分方程式とよばれ，その解はベッセル関数で表される．本章で示す例では，ベッセル関数は出てこないので，その詳細は省略するが†，式 (5.51) の解は A_n, B_n を定数として

$$F(\rho) = A_n J_n(k_z \rho) + B_n N_n(k_z \rho) \tag{5.52}$$

と表される．したがって，式 (5.43) は

$$V(\rho, \phi, z) = \left\{ A_n J_n(k_z \rho) + B_n N_n(k_z \rho) \right\} \cdot \left\{ C_n \sin n\phi + D_n \cos n\phi \right\}$$
$$\cdot \left\{ K_1 e^{k_z z} + K_z e^{-k_z z} \right\} \tag{5.53}$$

で与えられる．それぞれの整数 n についての解がラプラスの方程式の解であるから，それらの和もまたラプラスの方程式の解であることは明らかであろう．

（3）球座標系　　球座標のラプラスの方程式：

$$\frac{1}{r^2}\frac{\partial}{\partial r}\left(r^2 \frac{\partial V}{\partial r}\right) + \frac{1}{r^2 \sin\theta}\frac{\partial}{\partial \theta}\left(\sin\theta \frac{\partial V}{\partial \theta}\right) + \frac{1}{r^2 \sin^2\theta}\frac{\partial^2 V}{\partial \phi^2} = 0 \tag{5.54}$$

を上と同様に解いてみよう．まず，

$$V(r, \theta, \phi) = \frac{U(r)}{r} P(\theta) \Phi(\phi) \tag{5.55}$$

とおく．このように変数 r に関して $1/r$ を外に出しておくのは，後で出てくる関数 $U(r)$ に対する微分方程式を簡単にするためである．式 (5.55) を式 (5.54) に代入すると

$$P(\theta)\Phi(\phi)\frac{d^2 U}{dr^2} + \frac{U(r)\Phi(\phi)}{r^2 \sin\theta}\frac{d}{d\theta}\left(\sin\theta \frac{dP}{d\theta}\right) + \frac{U(r)P(\theta)}{r^2 \sin^2\theta}\frac{d^2\Phi}{d\phi^2} = 0$$

となるから，これに $r^2 \sin^2\theta/(UP\Phi)$ を掛けて整理すると

$$r^2 \sin^2\theta \left\{ \frac{1}{U(r)}\frac{d^2 U}{dr^2} + \frac{1}{r^2 \sin\theta}\frac{1}{P(\theta)}\frac{d}{d\theta}\left(\sin\theta \frac{dP}{d\theta}\right) \right\} = -\frac{1}{\Phi(\phi)}\frac{d^2\Phi}{d\phi^2} \tag{5.56}$$

を得る．ここで左辺は r, θ の関数であり，右辺は ϕ のみの関数である．この両辺が任意の r, θ, ϕ に対して等しくなるためには，これらが共に定数でなければならない．また，電位 $V(r, \theta, \phi)$ が，円柱座標のときと同様に ϕ に関して周期関数となるためには，その定数は整数でなければならない．そこでこれを m とおけば

---

† ベッセル関数は、二次元の波動の伝搬を表示するのに用いられる関数である．バネの振動のように一次元の波動は三角関数で表現できて理想的にはいつまでたっても振動が続く．これに対して，水面に石を落としたときにできる波紋や太鼓の革の振動は径方向に伝搬するにしたがって振動面が広がり振幅は小さくなる．ここで用いた関数表示 $J_n(\chi), N_n(\chi)$ はちょうど $\cos x, \sin x$ に対応し，引数 χ が大きくなると振動しながら減衰する性質をもつ．なお，$J_n(\chi)$ を第 1 種円柱関数，あるいは単にベッセル関数，$N_n(\chi)$ を第 2 種円柱関数，あるいはノイマン (Neumann) 関数という．また，ノイマン関数 $N_n(\chi)$ を $Y_n(\chi)$ と書く場合も少なくない．

$$r^2 \sin^2 \theta \left\{ \frac{1}{U(r)} \frac{d^2 U}{dr^2} + \frac{1}{r^2 \sin \theta} \frac{1}{P(\theta)} \frac{d}{d\theta} \left(\sin \theta \frac{dP}{d\theta} \right) \right\} = m^2, \tag{5.57}$$

$$-\frac{1}{\Phi(\phi)} \frac{d^2 \Phi}{d\phi^2} = m^2 \tag{5.58}$$

となる．式 (5.58) は容易に解け，C_m, D_m を定数として

$$\Phi(\phi) = C_m e^{jm\phi} + D_m e^{-jm\phi} \tag{5.59}$$

となる．一方，式 (5.57) は

$$\frac{1}{P(\theta)} \frac{1}{\sin \theta} \frac{d}{d\theta} \left(\sin \theta \frac{dP}{d\theta} \right) - \frac{m^2}{\sin^2 \theta} = -r^2 \frac{1}{U(r)} \frac{d^2 U}{dr^2} \tag{5.60}$$

と変形できるから，$P(\theta), U(r)$ も変数分離できて，その分離定数を $n(n+1)$ とすると

$$\frac{1}{\sin \theta} \frac{d}{d\theta} \left(\sin \theta \frac{dP}{d\theta} \right) + \left\{ n(n+1) - \frac{m^2}{\sin^2 \theta} \right\} P = 0, \tag{5.61}$$

$$\frac{d^2 U}{dr^2} - \frac{n(n+1)}{r^2} U = 0 \tag{5.62}$$

となる．式 (5.62) は容易に解けて，A_n, B_n を定数として

$$U(r) = A_n r^{n+1} + B_n \frac{1}{r^n} \tag{5.63}$$

を得る．

式 (5.61) は，ルジャンドル (**Legendre**) の陪微分方程式とよばれる微分方程式で，その基本解は，ルジャンドル陪関数 (associated Legendre function) とよばれ，$P_n^m(\cos \theta)$ と $Q_n^m(\cos \theta)$ によって表される．これらの解のうち，$Q_n^m(1) = \infty$ であるので，$Q_n^m(\cos \theta)$ を解に含めると，ポテンシャルは z 軸上で常に無限大となる．このようなことは物理的にありえないから，$Q_n^m(\cos \theta)$ を解に選ぶことはできない．こうして，θ に関する解は，$P_n^m(\cos \theta)$ だけが選ばれる．$m = 0$ については添え字の m を省略し，単にルジャンドル関数 (Legendre function) といい $P_n(\cos \theta)$ と書く．この関数 $P_n(\cos \theta)$ は，後の 5.2.4 項で用いるが，数項は以下のように与えられる．

$$\begin{cases} P_0(\cos \theta) = 1, & P_1(\cos \theta) = \cos \theta, \\ P_2(\cos \theta) = \dfrac{3 \cos^2 \theta - 1}{2}, & P_3(\cos \theta) = \dfrac{5 \cos^3 \theta - 3 \cos \theta}{2} \\ P_4(\cos \theta) = \dfrac{35 \cos^4 \theta - 30 \cos^2 \theta + 3}{8}, & \cdots \end{cases} \tag{5.64}$$

これに対して $P_n^m(\cos \theta)$ の具体的な形は

$$\begin{cases} P_1^1(\cos \theta) = \sin \theta, & P_2^1(\cos \theta) = 3 \sin \theta \cos \theta, \\ P_2^2(\cos \theta) = 3 \sin^2 \theta, & P_3^1(\cos \theta) = (3/8)(\sin \theta + 5 \sin 3\theta), \cdots \end{cases} \tag{5.65}$$

である．また

$$P_n^m(\cos\theta) = 0, \qquad |m| > n \tag{5.66}$$

という性質をもつ．

以上をまとめると，式 (5.55) は

$$V(r,\theta,\phi) = \left(A_n r^n + \frac{B_n}{r^{n+1}}\right)\left(C_m e^{jm\phi} + D_m e^{-jm\phi}\right) P_n^m(\cos\theta) \tag{5.67}$$

となる．もちろん n,m についての和もラプラスの方程式の解である．

5.2.3 方形境界中の静電界 *

ラプラスの方程式に対する境界値問題の具体例を示そう．図 5.8 のように z 軸方向に無限に長い方形導体を考え，その境界の電位が

$$V(x,y) = \begin{cases} 0, & (x=0,\ 0 \le y \le b), \\ V_0, & (x=a,\ 0 \le y \le b), \\ 0, & (y=0,\ 0 \le x < a), \\ 0, & (y=b,\ 0 \le x < a) \end{cases} \tag{5.68}$$

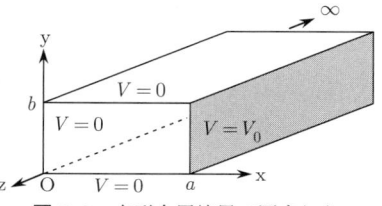

図 5.8 方形金属境界で囲まれた空間の電位分布

で与えられたときの境界内部の電位を求めよう．

z 方向には無限に長いから z 方向への変化はない．すなわち，$\dfrac{\partial V}{\partial z} = 0$ である．したがってラプラスの方程式は

$$\frac{\partial^2 V}{\partial x^2} + \frac{\partial^2 V}{\partial y^2} = 0 \tag{5.69}$$

となる．この方程式の解は 5.2.2 項で説明した変数分離法を用いて解くことができ

$$V(x,y) = \{A_x \sin(k_x x) + B_x \cos(k_x x)\}\{A_y \sin(k_y y) + B_y \cos(k_y y)\} \tag{5.70}$$

で与えられる．ただし，係数 k_x, k_y は，$k_x^2 + k_y^2 = 0$ を満足する定数である．あとは境界条件を満足するように未定係数 A_x, B_x, A_y, B_y を決めればよい．

まず $y=0$ と $y=b$ の面上では $V=0$ であるので，式 (5.70) から

$$\{A_x \sin(k_x x) + B_x \cos(k_x x)\} B_y = 0,$$

$$\{A_x \sin(k_x x) + B_x \cos(k_x x)\} A_y \sin(k_y b) = 0.$$

x の値にかかわらずこの条件が成り立つためには $B_y = 0$ かつ $\sin(k_y b) = 0$ でなければならない[†]．したがって

[†] もちろん $A_y = 0$ でも条件は満たすが，こうすると解全体がゼロになってしまう．

$$k_y = \frac{n\pi}{b}, \quad n = 1, 2, \cdots \tag{5.71}$$

となる必要がある．$n=0$ でも上式を満足するが，その解は除外する[†]．

次に x 方向の条件を考える．$x=0$ とすると，$B_x A_y \sin\left(\frac{n\pi}{b}\right) = 0$ であるから，$B_x = 0$. また，$k_x^2 + k_y^2 = 0$ より，$k_x = \pm jn\pi/b$ となるから，これらを式 (5.70) に代入すると，結局

$$V(x,y) = C \sinh\left(\frac{n\pi}{b}x\right) \sin\left(\frac{n\pi}{b}y\right)$$

を得る．上式は，任意の $n > 1$ についてラプラス方程式の解となるから，n についての和も解である．すなわち，一般解は

$$V(x,y) = \sum_{n=1}^{\infty} C_n \sinh\left(\frac{n\pi}{b}x\right) \sin\left(\frac{n\pi}{b}y\right) \tag{5.72}$$

で与えられる．ただし，C_n は未定係数である．

未定係数 C_n は，$x=a$ における条件より決定される．式 (5.72) に $x=a$ の条件をいれると

$$V_0 = \sum_{n=1}^{\infty} C_n \sinh\left(\frac{n\pi}{b}a\right) \sin\left(\frac{n\pi}{b}y\right) = \sum_{n=1}^{\infty} D_n \sin\left(\frac{n\pi}{b}y\right) \tag{5.73}$$

ただし

$$D_n = C_n \sinh\left(\frac{n\pi}{b}a\right) \tag{5.74}$$

である．式 (5.73) はフーリエ級数の表現になっているから，その係数 D_n は容易に求めることができる．復習をかねて計算してみよう．式 (5.73) の両辺に $\sin(m\pi y/b)$ を掛けて y について $0 \le y \le b$ で積分すると，左辺は

$$\int_0^b V_0 \sin\left(\frac{m\pi}{b}y\right) dy = \begin{cases} 0, & (m = \text{偶数}), \\ \dfrac{2b}{m\pi} V_0, & (m = \text{奇数}) \end{cases} \tag{5.75}$$

となる．また，三角関数の直交性に関する積分公式：

$$\int_0^{\pi} \sin nx \sin mx \, dx = \begin{cases} \dfrac{1}{2}, & (n = m \ne 0), \\ 0, & (\text{それ以外}) \end{cases} \tag{5.76}$$

を利用すると，式 (5.73) の右辺は，$n=m$ となる項だけを残してゼロとなり

$$\int_0^b \sin\left(\frac{m\pi}{b}y\right) \sum_{n=1}^{\infty} D_n \sin\left(\frac{n\pi}{b}y\right) dy = \frac{b}{2} D_m$$

[†] その理由を考えよ．ヒント：$n=0$ のとき，$k_x = k_y = 0$ となることを考え，その解を求めて境界条件を代入してみよ．

を得る．すなわち，整数 m が偶数 ($m=2p$) のときゼロ，奇数 ($m=2p-1$) のときのみ値をもつ．まとめると

$$V(x,y) = \frac{4V_0}{\pi} \sum_{p=1}^{\infty} \frac{1}{2p-1} \frac{\sinh\frac{(2p-1)\pi x}{b}}{\sinh\frac{(2p-1)\pi a}{b}} \sin\frac{(2p-1)\pi y}{b} \tag{5.77}$$

を得る．

5.2.4 一様な電界中に置かれた導体球 *

図 5.9 のように，電位 V_0 の導体球に z 軸方向を向いた一様な電界 $\boldsymbol{E}_0 = E_0\hat{\boldsymbol{z}}$ が印加されると，導体表面には電荷が誘起され，この誘起電荷によって新たな電界 $\boldsymbol{E}_s$ が作られる．したがって，導体外部の全電界は印加電界 $\boldsymbol{E}_0$ と誘起電界 $\boldsymbol{E}_s$ との和になる．ここでは，この電界と表面に誘起される電荷を求めてみよう．

印加電界 $\boldsymbol{E}_0$ の電位の基準を導体球の中心にとると，この電界に対応した電位 V_f は

$$\begin{aligned}V_f &= -\int_0^z \boldsymbol{E}_0 \cdot d\boldsymbol{z} = -E_0 z = -E_0 r\cos\theta \\ &= -E_0\, r\, P_1(\cos\theta)\end{aligned} \tag{5.78}$$

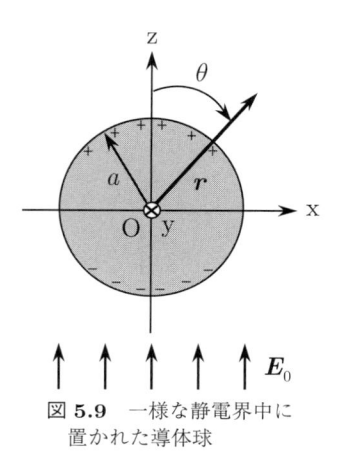

図 5.9 一様な静電界中に置かれた導体球

で与えられる．

次に，導体球に誘起された電荷による電位 V_s を考える．球の問題であるから，もちろん球座標系で考えるのが便利である．球座標系における電位の一般形は式 (5.67) で与えられるが，z 軸に対しては軸対称であるから ϕ には無関係になる．すなわち，$m=0$ である．また，$r\to\infty$ のとき V_s はゼロにならなければならないから，$A_n=0$ としなければならない．したがって

$$V_s(r,\theta) = \sum_{n=0}^{\infty} \frac{B_n}{r^{n+1}} P_n(\cos\theta) \tag{5.79}$$

となる．このようにして，導体球外部の電位は式 (5.78) と式 (5.79) より

$$V(r,\theta) = V_f + V_s(r,\theta) = -E_0 r P_1(\cos\theta) + \sum_{n=0}^{\infty} \frac{B_n}{r^{n+1}} P_n(\cos\theta) \tag{5.80}$$

で与えられる．

未定係数 B_n を決定しよう．導体表面 ($r=a$) の電位は V_0 であるから，式 (5.80) より

$$V_0 = -E_0 a P_1(\cos\theta) + \frac{B_0}{a} + \frac{B_1}{a^2} P_1(\cos\theta) + \sum_{n=2}^{\infty} \frac{B_n}{a^{n+1}} P_n(\cos\theta).$$

となる．これが θ に無関係に成り立つためには，$P_n(\cos\theta)$ の各係数がゼロとならなければならないから

$$B_0 = aV_0, \qquad \frac{B_1}{a^2} - E_0 a = 0, \qquad B_n = 0 \ (n \geq 2)$$

を得る．これを (5.80) に代入すると，電位は

$$V(r,\theta) = V_0 \frac{a}{r} + E_0 \left(\frac{a^3}{r^2} - r\right) \cos\theta \tag{5.81}$$

と表される．上式の第 1 項は原点に $Q_0 = 4\pi\varepsilon_0 aV_0$ の電荷がある場合，あるいは Q_0 の電荷が導体球表面に一様に分布した場合の電位，第 2 項は導体表面に誘起された電荷による電位と解釈することができる．電界は $\boldsymbol{E} = -\nabla V$ より

$$\begin{aligned}\boldsymbol{E}(r,\theta) &= -\frac{\partial V}{\partial r}\hat{\boldsymbol{r}} - \frac{1}{r}\frac{\partial V}{\partial \theta}\hat{\boldsymbol{\theta}} \\ &= \left\{V_0\frac{a}{r^2} + E_0\left(1 + \frac{2a^3}{r^3}\right)\cos\theta\right\}\hat{\boldsymbol{r}} + E_0\left(\frac{a^3}{r^3} - 1\right)\sin\theta\,\hat{\boldsymbol{\theta}}\end{aligned} \tag{5.82}$$

となる．

 $V_0 \neq 0$ のとき，3.4 節の電気力線の方程式を解くにはやや煩雑な計算を必要とする．$V_0 = 0$ の場合は比較的容易に解くことができて，図 **5.10** のような電気力線を描くことができる．この図には式 (5.81) より求めた等電位面も同時に描いてある．印加電界 $\boldsymbol{E}_0$ によって導体球の底面側に負の電荷が誘起され，反対側に正の電荷が誘起されるために図 5.10 のような電気力線になる．

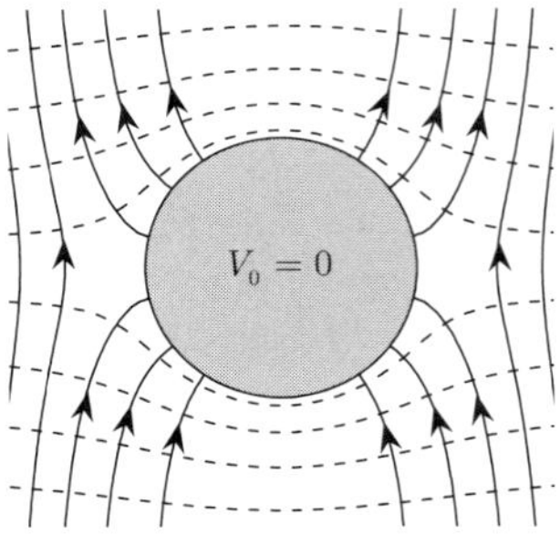

図 **5.10** $V_0 = 0$ の場合の電気力線と等電位面

最後に導体球に誘起される全電荷を求めよう．導体球表面の電荷密度は，式 (3.59) と式 (5.82) より

$$\sigma(\theta) = \varepsilon_0 \boldsymbol{E}(a,\theta) \cdot \hat{\boldsymbol{r}} = \varepsilon_0 \frac{V_0}{a} + 3\varepsilon_0 E_0 \cos\theta \tag{5.83}$$

で与えられる．全電荷 Q は球面全体で $\sigma(\theta)$ を積分すればよいから

$$Q = \oint_S \sigma(\theta)\,dS = \int_0^\pi \int_0^{2\pi} \sigma(\theta) a^2 \sin\theta\,d\phi\,d\theta = 4\pi\varepsilon_0 aV_0 = Q_0 \tag{5.84}$$

となる．これは電荷保存則により当然の結果で，電位を V_0 に保つために元々導体球に蓄えられていた電荷 Q_0 は電界が印加された後でも変化しない．

5.2.5 点電荷の電界中に置かれた導体球 *

図 5.11 のように，半径 a の完全導体球の中心から距離 $d(>a)$ の位置に点電荷 Q があるとき，この導体球の周りの電位分布を求めよう．ただし，導体球の電位は V_0 であったとする．

導体球の中心に座標の原点をとり，中心と電荷を結ぶ線を z 軸にとると，点電荷による電位 $V_f(\boldsymbol{r})$ は

$$V_f(\boldsymbol{r}) = \frac{Q}{4\pi\varepsilon_0}\frac{1}{R} \tag{5.85}$$

で与えられる．ここで $R = \sqrt{x^2+y^2+(z-d)^2} = \sqrt{r^2+d^2-2rd\cos\theta}$ である．さらに数学公式：

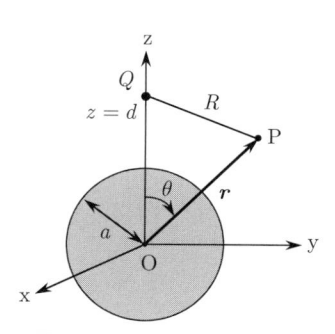

図 5.11 点電荷の電界中に置かれた導体球

$$\frac{1}{R} = \begin{cases} \dfrac{1}{d}\sum_{n=0}^{\infty}\left(\dfrac{r}{d}\right)^n P_n(\cos\theta), & d > r, \\ \dfrac{1}{r}\sum_{n=0}^{\infty}\left(\dfrac{d}{r}\right)^n P_n(\cos\theta), & r > d \end{cases} \tag{5.86}$$

を用いると，式 (5.85) は

$$V_f(r,\theta) = \begin{cases} \dfrac{Q}{4\pi\varepsilon_0}\sum_{n=0}^{\infty}\dfrac{r^n}{d^{n+1}} P_n(\cos\theta), & r < d, \\ \dfrac{Q}{4\pi\varepsilon_0}\sum_{n=0}^{\infty}\dfrac{d^n}{r^{n+1}} P_n(\cos\theta), & r > d \end{cases} \tag{5.87}$$

と表される．次に，電荷 Q によって誘起される導体上の電荷は，問題の対称性から z 軸に対して軸対称になる．したがって，この電荷による電位 V_s もまた軸対称になる．すなわち，ラプラスの方程式の一般解 (5.67) において $m=0$ でなければならない．また，導体球上の全電荷量は有限であるから，無限遠点 $r\to\infty$ で電位はゼロになる．この条件を満たすには $A_n=0$ でなければならない．このようにして結局，電位 V_s は

$$V_s(r,\theta) = \sum_{n=0}^{\infty}\frac{B_n}{r^{n+1}} P_n(\cos\theta) \tag{5.88}$$

と表される．ただし B_n は未定係数である．

導体球の電位は V_0 であったから式 (5.87), (5.88) に $r=a<d$ を代入すると

$$V_f(a,\theta) + V_s(a,\theta) = \sum_{n=0}^{\infty}\left[\frac{Q}{4\pi\varepsilon_0}\frac{1}{d}\left(\frac{a}{d}\right)^n + \frac{B_n}{a^{n+1}}\right]P_n(\cos\theta)$$

$$= \frac{Q}{4\pi\varepsilon_0}\frac{1}{d} + \frac{B_0}{a} + \sum_{n=1}^{\infty}\left[\frac{Q}{4\pi\varepsilon_0}\frac{1}{d}\left(\frac{a}{d}\right)^n + \frac{B_n}{a^{n+1}}\right]P_n(\cos\theta) = V_0.$$

となる．上式が任意の θ について成り立つためには

$$B_0 = aV_0 - \frac{Q}{4\pi\varepsilon_0}\frac{a}{d}, \qquad B_n = -\frac{Q}{4\pi\varepsilon_0}\frac{a^{2n+1}}{d^{n+1}}, \quad (n \geq 1)$$

でなければならない．これを式 (5.88) に代入すると

$$\begin{aligned}
V_s(\boldsymbol{r}) &= \frac{aV_0}{r} - \frac{Q}{4\pi\varepsilon_0}\sum_{n=0}^{\infty}\frac{a^{2n+1}}{d^{n+1}}\frac{P_n(\cos\theta)}{r^{n+1}} \\
&= \frac{(4\pi\varepsilon_0 aV_0)}{4\pi\varepsilon_0}\frac{1}{r} + \frac{(-Qa/d)}{4\pi\varepsilon_0}\sum_{n=0}^{\infty}\left(\frac{a^2}{d}\right)^n\frac{P_n(\cos\theta)}{r^{n+1}}
\end{aligned} \qquad (5.89)$$

となる．ここで

$$Q' = -Q\frac{a}{d}, \quad Q'' = 4\pi\varepsilon_0 aV_0 \qquad (5.90)$$

とおき，式 (5.89) の右辺第 2 項と式 (5.87) を比較すると

$$V_s(\boldsymbol{r}) = \frac{Q'}{4\pi\varepsilon_0}\frac{1}{R'} + \frac{Q''}{4\pi\varepsilon_0}\frac{1}{r} \qquad (5.91)$$

を得る．ただし $R' = \sqrt{x^2 + y^2 + (z - a^2/d)^2}$ である．

式 (5.91) は，導体球に誘導される電荷による電位が，図 **5.12** のように $z = a^2/d$ に置かれた電荷 Q' による電位と原点に置かれた電荷 Q'' による電位との和に等しいことを意味している[†]．また，電荷 Q によって導体球に $Q' + Q''$ の電荷が誘起されることを示している．したがって，導体球に初めから電荷 Q_0 が帯電していたなら，電荷保存則によって $Q_0 = Q' + Q''$ となる．このとき，導体の電位 V_0 は，式 (5.90) より

$$V_0 = \frac{Q''}{4\pi\varepsilon_0 a} = \frac{Q_0 - Q'}{4\pi\varepsilon_0 a} = \frac{Q_0}{4\pi\varepsilon_0 a} + \frac{Q}{4\pi\varepsilon_0 d} \qquad (5.92)$$

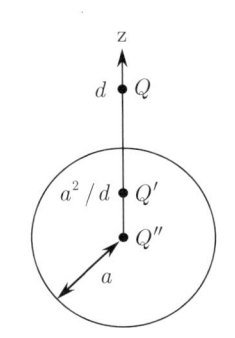

図 **5.12** 導体球の電位と等価な電位を与える電荷 Q'，Q''

となる．また，接地したとすると $V_0 = 0$ であるから $Q'' = 0$. すなわち $Q_0 - Q' = Q_0 + aQ/d$ の電荷が地面に逃げて行き，導体球には $Q' = -aQ/d$ だけが残る．

5.2.6 誘電体中の導体球

4 章，4.6.5 項でとりあげたものと同じ問題をラプラスの方程式を用いて解いてみよう．

[†] この電荷のことを影像電荷といい，影像電荷とその位置を求める手法を影像法という．これについては 5.3 節で説明する．

5.2 境界値問題

（1）電界が誘電体境界に垂直な場合 図5.13のように導体球の中心を原点とした座標系をとる．点対称の問題であるから，電位 V は r だけの関数である．また，真電荷 Q_e は導体球表面だけにあり，$r > a$ の空間には存在しないとすると，電位 V はラプラスの方程式

$$\nabla^2 V = \frac{1}{r^2}\frac{\partial}{\partial r}\left(r^2 \frac{\partial V}{\partial r}\right) = 0, \quad (r > a) \tag{5.93}$$

を満足する．両辺を2回積分すると，A, B を任意の定数として $V(r) = -A/r + B$ となるが，電荷の総量が有限の場合には $r \to \infty$ で $V = 0$ とならなければならないから，$r > a$ の領域では $B = 0$ である．したがって，電位は A_1, B_1, A_2 を定数として

$$V(r) = V_1(r) = -\frac{A_1}{r} + B_1, (a \leq r \leq b), \quad V(r) = V_2(r) = -\frac{A_2}{r}, (b \leq r) \tag{5.94}$$

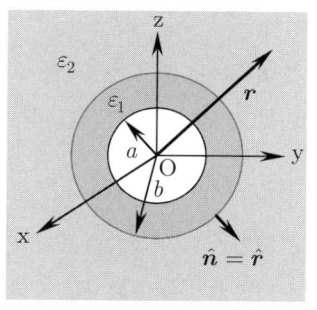

図 5.13 誘電体被覆導体球

と表される．

導体球表面の真電荷面密度 σ_e は式 (4.52) より

$$\sigma_e = -\varepsilon_1 \left(\frac{\partial V_1}{\partial r}\right)_{r=a} = \varepsilon_1 \frac{A_1}{a^2} \tag{5.95}$$

となるから，定数 A_1 は $A_1 = -a^2 \sigma_e/\varepsilon_1 = -Q_e/(4\pi\varepsilon_1)$ となる．境界面に真電荷はないとしたから，境界条件 (4.49) より $\varepsilon_1 A_1 = \varepsilon_2 A_2$ となる．これらを式 (5.94) に代入して

$$V_1(r) = \frac{Q_e}{4\pi\varepsilon_1 r} + B_1, \quad V_2(r) = \frac{Q_e}{4\pi\varepsilon_2 r} \tag{5.96}$$

を得る．式 (4.57) は上式を $\boldsymbol{E} = -\nabla V$ に代入することによって得られる．なお，未定係数 B_1 は境界条件 $V_1(b) = V_2(b)$ から決定される．

（2）電界が誘電体境界に平行な場合 図5.14のように導体球の中心を原点とする座標系をとると，z 軸に対して軸対称であるから電位 V は ϕ に無関係である．ま

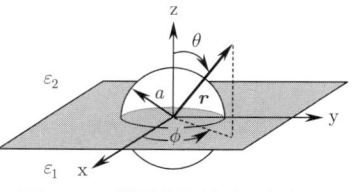

図 5.14 誘電体境界面に中心がある導体球

た，$\theta = \pi/2$ に境界があるから，θ の関数となる．そこで5.2.4項と同様に，電位を

$$V(r, \theta) = \sum_{n=0}^{\infty} \frac{B_n}{r^{n+1}} P_n(\theta) = \frac{B_0}{r} + \sum_{n=1}^{\infty} \frac{B_n}{r^{n+1}} P_n(\theta) \tag{5.97}$$

と置く．式 (5.97) に $r = a$ を代入すると，導体表面 ($r = a$) の電位は一定であるのに対して第2項は θ の関数となるから，$B_n = 0, (n \geq 1)$ でなければならない．これは $z > 0$ の領域でも，$z < 0$ の領域でも同じである．$r \geq a$ の境界上では電位が等しいから，係数 B_0 はどちらの領域でも等しい．したがって，電位および電界は $r \geq a$ の全ての領域で

$$V(r) = \frac{B_0}{r}, \qquad \boldsymbol{E}(r) = -\nabla V = \frac{B_0}{r^2}\hat{\boldsymbol{r}} \tag{5.98}$$

となる．次に $z > 0$, $z < 0$ の電束密度 $\boldsymbol{D}_2$, $\boldsymbol{D}_1$ はそれぞれ $\boldsymbol{D}_2(r) = \varepsilon_2 \boldsymbol{E}(r)$, $\boldsymbol{D}_1(r) = \varepsilon_1 \boldsymbol{E}(r)$ で与えられる．導体表面上の真電荷密度は，式 (4.52) からそれぞれ

$$\sigma_e^{(1)} = D_1(a) = \varepsilon_1 \frac{B_0}{a^2}, \qquad \sigma_e^{(2)} = D_2(a) = \varepsilon_2 \frac{B_0}{a^2} \tag{5.99}$$

となるから，全電荷量を Q_e とすると $Q_e = 2\pi a^2 \sigma_e^{(1)} + 2\pi a^2 \sigma_e^{(2)} = 2\pi(\varepsilon_1 + \varepsilon_2)B_0$ である．これより係数 B_0 を求めて式 (5.98) に代入することにより 4.6.5 項の式 (4.59), (4.60) を得る．

5.2.7 一様な電界中に置かれた誘電体球 *

図 5.15 のように，誘電率 ε_2 の誘電体の中に半径 a，誘電率 ε_1 の誘電体球があり，それに一様な電界 $\boldsymbol{E}_0$ が印加されているものとする．このときの電位および電界を求めよう．ただし，球の表面には真電荷はないものとする．この問題は 5.2.4 項の導体を誘電体に置き換えた問題であり，解き方も非常によく似ている．違うのは誘電体球内部の電位を考えることと表面の境界条件の取り扱い方だけである．

電界 $\boldsymbol{E}_0$ の電位の基準を原点 O にとると，この電界の電位 V_f は，5.2.4 項と同様に $V_f = -E_0 z = -E_0 r P_1(\cos\theta)$ であるから，球外の電位 V_2 は

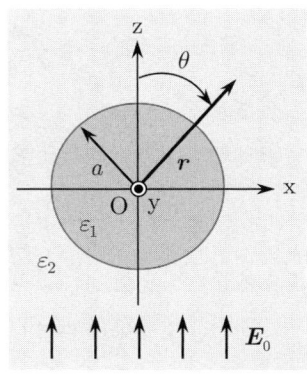

図 5.15　一様な電界中に置かれた誘電体球

$$V_2(r,\theta) = -E_0 r P_1(\cos\theta) + \sum_{n=0}^{\infty} \frac{B_n}{r^{n+1}} P_n(\cos\theta) \tag{5.100}$$

で与えられる．球内の電位 V_1 は $r = 0$ で有限でなければならないから，式 (5.67) より

$$V_1(r,\theta) = \sum_{n=0}^{\infty} A_n r^n P_n(\cos\theta) \tag{5.101}$$

誘電体球表面の境界条件は，式 (4.49) と式 (4.50) から

$$\varepsilon_2 \left.\frac{\partial V_2(r,\theta)}{\partial r}\right|_{r=a} = \varepsilon_1 \left.\frac{\partial V_1(r,\theta)}{\partial r}\right|_{r=a}, \qquad V_2(a,\theta) = V_1(a,\theta) \tag{5.102}$$

となる．まず第 1 式から

$$-\varepsilon_2 E_0 P_1(\cos\theta) - \varepsilon_2 \sum_{n=0}^{\infty} B_n \frac{n+1}{a^{n+2}} P_n(\cos\theta) = \varepsilon_1 \sum_{n=1}^{\infty} A_n n a^{n-1} P_n(\cos\theta)$$

を得る．これをルジャンドル関数 $P_n(\cos\theta)$ のそれぞれの次数 n についてまとめると

5.2 境界値問題

$$\frac{\varepsilon_2}{a^2}B_0 + \left(\varepsilon_2 E_0 + \frac{2\varepsilon_2}{a^3}B_1 + \varepsilon_1 A_1\right)P_1(\cos\theta)$$
$$+ \sum_{n=2}^{\infty}\left(\frac{\varepsilon_2(n+1)}{a^{n+2}}B_n + \varepsilon_1 n a^{n-1} A_n\right)P_n(\cos\theta) = 0$$

となる．これが任意の θ について成り立つためには

$$B_0 = 0, \quad A_1 = -\frac{\varepsilon_2}{\varepsilon_1}\left(E_0 + \frac{2}{a^3}B_1\right), \quad A_n = -\frac{\varepsilon_2}{\varepsilon_1}\frac{n+1}{n}\frac{B_n}{a^{2n+1}}, \ (n \geq 2) \quad (5.103)$$

でなければならない．

次に式 (5.102) の第 2 式から

$$\frac{B_0}{a} + \left(-E_0 a + \frac{B_1}{a^2}\right)P_1(\cos\theta) + \sum_{n=2}^{\infty}\frac{B_n}{a^{n+1}}P_n(\cos\theta)$$
$$= A_0 + A_1 a P_1(\cos\theta) + \sum_{n=2}^{\infty}A_n a^n P_n(\cos\theta)$$

が得られる．これが任意の θ に対して成り立つためには

$$A_0 = \frac{B_0}{a}, \quad A_1 = -E_0 + \frac{B_1}{a^3}, \quad A_n = \frac{B_n}{a^{2n+1}}, \quad (n \geq 2) \tag{5.104}$$

でなければならない．したがって，式 (5.103) と (5.104) より

$$\begin{cases} A_1 = -\dfrac{3\varepsilon_2}{\varepsilon_1 + 2\varepsilon_2}E_0, \quad B_1 = \dfrac{\varepsilon_1 - \varepsilon_2}{\varepsilon_1 + 2\varepsilon_2}E_0 a^3, \\ A_0 = B_0 = 0, \quad A_n = B_n = 0, \quad (n \geq 2) \end{cases} \tag{5.105}$$

を得る．このようにして，全ての未定係数が決定したから，式 (5.105) を式 (5.100), (5.101) に代入してまとめると

$$V_2(r,\theta) = -E_0 r\cos\theta + \frac{\varepsilon_1 - \varepsilon_2}{\varepsilon_1 + 2\varepsilon_2}E_0 a^3 \frac{\cos\theta}{r^2}, \tag{5.106}$$

$$V_1(r,\theta) = -\frac{3\varepsilon_2}{\varepsilon_1 + 2\varepsilon_2}E_0 r\cos\theta = -\frac{3\varepsilon_2}{\varepsilon_1 + 2\varepsilon_2}E_0 z \tag{5.107}$$

となる．V_2 の第 1 項は印加電界に対する電位であり，第 2 項は誘電体球に誘起された分極電荷による電位である．この項は 3 章，式 (3.102) と同じ形をしているから，誘電体球はあたかも電気双極子のように振る舞う．

球内の電界 $\boldsymbol{E}_1$ は，式 (5.107) より

$$\boldsymbol{E}_1 = -\frac{\partial V_1(z)}{\partial z}\hat{\boldsymbol{z}} = \frac{3\varepsilon_2}{\varepsilon_1 + 2\varepsilon_2}E_0 \hat{\boldsymbol{z}} = \frac{3\varepsilon_2}{\varepsilon_1 + 2\varepsilon_2}\boldsymbol{E}_0 \tag{5.108}$$

となり，印加電界 $\boldsymbol{E}_0$ と同じ方向を向く一定電界となる．式 (5.108) の値は球の半径に無関係で誘電率だけによって決まることに注意してほしい．また，$\varepsilon_1/\varepsilon_2 < 1$，すなわち誘電率が

大きい誘電体から小さい誘電体に電界が入ると，誘電体球内の電界は最大 1.5 倍に大きくなることがわかる．$\varepsilon_1/\varepsilon_2 > 1$ なら逆である．なぜこのようになるかは，分極電荷がどのようにできるかを考えれば理解できるであろう．この結果は工学的にも重要である．例えば，電力送電に使われる高電圧変圧器内には絶縁破壊による放電を防ぐ目的で絶縁油（液体の誘電体）が封入されている．この絶縁油（誘電率 ε_2）中に気泡（誘電率 $\varepsilon_1 = \varepsilon_0$）が入っていると，気泡中で電界が強くなるため，絶縁破壊を起こしやすくなる．

球外部の電界 $\boldsymbol{E}_2$ は，式 (5.106) の V_2 を用いて $\boldsymbol{E}_2 = -\nabla V_2$ から次式のようになる．

$$\boldsymbol{E}_2(\boldsymbol{r}) = \boldsymbol{E}_0 + \frac{\varepsilon_1 - \varepsilon_2}{\varepsilon_1 + 2\varepsilon_2} E_0 a^3 \left(2\frac{\cos\theta}{r^3} \hat{\boldsymbol{r}} + \frac{\sin\theta}{r^3} \hat{\boldsymbol{\theta}} \right). \tag{5.109}$$

誘電体球内外の電束線，電気力線，分極ベクトルと等電位面の様子を，真空中に置かれた誘電体球について具体的に調べてみよう．図 **5.16** は，図の下方から上方へ向かって一様電界が印加された真空中 ($\varepsilon_2 = \varepsilon_0$) に，比誘電率 $\varepsilon_r = 5$ をもつ誘電体球 ($\varepsilon_1 = 5\varepsilon_0$) がある場合の力線や等電位面を示している．図 5.16(a) の黒の実線が電束線で，下から上に向いている．図 4.22 や図 4.25 で示した平行平板内に挿入した誘電体平板の周りの電界の様子と比較してほしい．図 (a) に示した電束線も (b) に示した電気力線も両方ともあたかも球に引き寄せられるような軌跡を描いているが，等電位面（図 (b) の破線）は誘電体球を避けるように分布している．誘電体球内の分極により，その分極電荷の分だけ電気力線は不連続となる[†]．一方，電束線は分極電荷の影響を受けないので，球内外で連続である．球内の誘電分極（図 (c)）は，式 (5.108) から一様で z 軸の方向を向く．球の誘電率が大きくなると，図 5.10 で示した完全導体の場合に近くなり，電界は球表面にほぼ垂直となる．

球内の電界 $\boldsymbol{E}_1$ は印加電界 $\boldsymbol{E}_0$ と誘電体球に誘起された分極電荷による電界 $\boldsymbol{E}_{1p}$ の和となるが，誘電体球の下面には負の分極電荷が，上面には正の分極電荷が誘起されるから，分極電荷による電界は印加電界 $\boldsymbol{E}_0$ と反対向きになる．式 (5.108) において $\varepsilon_2 = \varepsilon_0$ とおくと

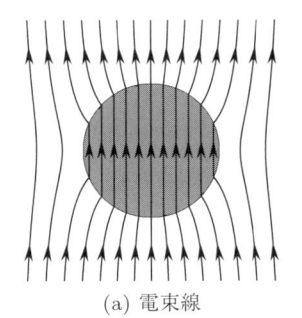

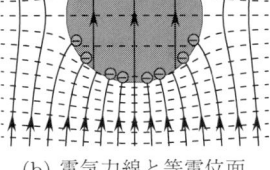

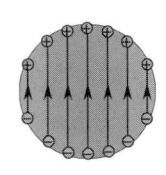

(a) 電束線 (b) 電気力線と等電位面 (c) 分極ベクトル

図 5.16 　一様な電界が印加された真空中に置かれた誘電体球の周りの電束線，電気力線，等電位面と分極ベクトル．$\varepsilon_1 = 5\varepsilon_0, \varepsilon_2 = \varepsilon_0$

[†] 分極電荷は球の表面に連続的に分布する．⊕, ⊖ とは電気力線，分極ベクトルの始点，終点における分極電荷の極性を示すための記号であって，点電荷が誘起されるという意味ではない．

$$\boldsymbol{E}_1 = \frac{3\varepsilon_0}{2\varepsilon_0 + \varepsilon_1}\boldsymbol{E}_0 = \boldsymbol{E}_0 + \frac{\varepsilon_0 - \varepsilon_1}{2\varepsilon_0 + \varepsilon_1}\boldsymbol{E}_0 = \boldsymbol{E}_0 + \boldsymbol{E}_{1p} \tag{5.110}$$

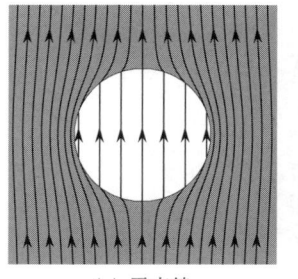

となり，第2項の電界 $\boldsymbol{E}_{1p} = \dfrac{\varepsilon_0 - \varepsilon_1}{2\varepsilon_0 + \varepsilon_1}\boldsymbol{E}_0$ が分極電荷による電界である．ここで $\varepsilon_0 - \varepsilon_1 < 0$ であるから，$\boldsymbol{E}_{1p}$ は $\boldsymbol{E}_0$ と反対向きである．誘電体球の分極ベクトル $\boldsymbol{P}$ は，式 (4.5) の定義から，その場における電界 $\boldsymbol{E}_1$ の式 (5.110) を用いて

$$\boldsymbol{P} = \varepsilon_0 \chi_e \boldsymbol{E}_1 = (\varepsilon_1 - \varepsilon_0)\boldsymbol{E}_1 = \frac{3\varepsilon_0(\varepsilon_1 - \varepsilon_0)}{2\varepsilon_0 + \varepsilon_1}\boldsymbol{E}_0 \tag{5.111}$$

と表されるから，分極が作る電界 $\boldsymbol{E}_{1p}$ を分極ベクトル $\boldsymbol{P}$ で表すと

$$\boldsymbol{E}_{1p} = -\frac{\boldsymbol{P}}{3\varepsilon_0} \tag{5.112}$$

となる．一方，誘電体球外部の電界は式 (5.109) において $\varepsilon_2 = \varepsilon_0$ とおいて得られるが，右辺の第2項が分極電荷によって作られる電界であり，これを $\boldsymbol{E}_{2p}$ と記すと

$$\boldsymbol{E}_{2p} = \frac{\varepsilon_1 - \varepsilon_0}{2\varepsilon_0 + \varepsilon_1} E_0 a^3 \left(2\frac{\cos\theta}{r^3}\hat{\boldsymbol{r}} + \frac{\sin\theta}{r^3}\hat{\boldsymbol{\theta}} \right) \tag{5.113}$$

となる．この式と3章で導出した双極子モーメントによる電界の式 (3.105) と比較すると，分極した誘電体球はちょうど球中心に双極子モーメント $\boldsymbol{p} = 4\pi a^3 \dfrac{\varepsilon_1 - \varepsilon_0}{2\varepsilon_0 + \varepsilon_1}\boldsymbol{E}_0$ がある場合の電界と等しくなる．この結果から一様電界中におかれた誘電体球の問題は等価的な双極子モーメントを考えることによって解くこともできる．

誘電体中の空洞の問題は $\varepsilon_1 = \varepsilon_0$ とすればよい．等電位面や力線の様子は，図 5.17 のようになる．電束線（図 5.17(a) の実線）と電気力線（図 5.17(b) の実線）は図の下方から，あたかも誘電体球を避けるように上方に延びているのに対し，等電位面（図 (b) の破線）は逆に球に引き付けられているように分布する．この分布の様子は，ちょうど図 5.16 で示した誘電率が大きい誘電体球の例と対照的である．空洞内部の電界は式 (5.108) より

$$\boldsymbol{E}_1 = \frac{3\varepsilon_2}{\varepsilon_0 + 2\varepsilon_2}\boldsymbol{E}_0 = \boldsymbol{E}_0 + \frac{\varepsilon_2 - \varepsilon_0}{\varepsilon_0 + 2\varepsilon_2}\boldsymbol{E}_0 = \boldsymbol{E}_0 + \boldsymbol{E}_{3p} \tag{5.114}$$

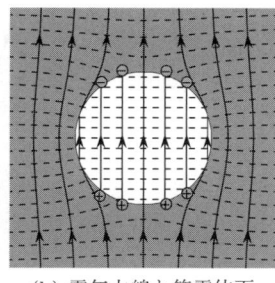

(a) 電束線　　(b) 電気力線と等電位面　　(c) 分極ベクトル

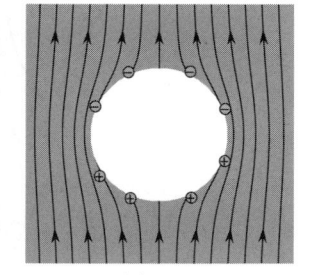

図 5.17 一様な電界が印加された誘電体空間内におかれた球状気泡の周りの電束線，電気力線，等電位面と分極ベクトル．$\varepsilon_1 = \varepsilon_0, \varepsilon_2 = 5\varepsilon_0$.

となる．$\varepsilon_2 - \varepsilon_0 > 0$ だから分極電荷による電界 $\bm{E}_{3p}$ は，印加電界と同方向を向き，球壁に誘導された誘導分極電荷の影響を受けて強くなっている．分極ベクトルや空洞外部の電界などについても同様に計算できるので読者自ら確かめてほしい．

5.3　電気影像法

本節と次に続く節は，静電界の解法という観点からはやや特殊な方法である．しかし静電界の基本的な性質を使っており，覚えておくとアンテナや伝送線路を理解する上で有用である．そこで本書では最も基本的な事項だけをとり上げて簡単に説明する．

5.3.1　影像法とは

図 **5.18** は $+Q$, $-Q$ の 2 つの電荷による電界と等電位面を描いたものであり，描画範囲は異なるものの図 3.50(a) と同じものである．この図において，電位 V_A の等電位面を考える．この面の形にぴったり一致するように完全導体の金属箔をおき，もとの問題と同じ電位 V_A にすると，空間内の等電位面も電気力線も全く変化しない．金属箔は閉じているから，3.6.4 項，3.6.5 項で述べた通り，図 **5.19** のように内部を金属で満たしてしまっても，内部に空洞があってもかまわない．すなわち，図 5.18 の解と図 5.19 の解は全く同じになる．このようにして，図 5.19 のような導体近くに点電荷の問題の答えを，図 5.18 の答えから知ることができる．図 5.19 の問題では，$-Q$ の電荷を導体内部に仮想的に置くことになるので，この電荷を**影像電荷** (image charge) といい，こうした影像電荷を用いて電界を求める方法を**影像法** (image method) という．以下に例を挙げて説明するが，導体をおいた効果を表す影像電荷は，ちょうど導体の位置に鏡を置いたときに映る鏡像の位置に相当することから，影像電荷を**鏡像電荷**，影像法を**鏡像法**ということもある．

読者は，どのようにして影像電荷を見つけたらよいのか不安に思うかもしれない．数学的

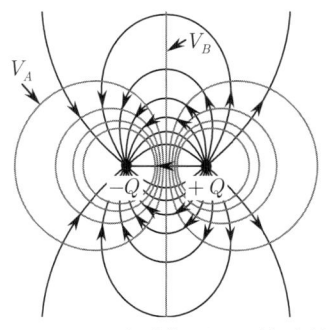

図 **5.18**　$\pm Q$ の点電荷による電気力線と等電位面

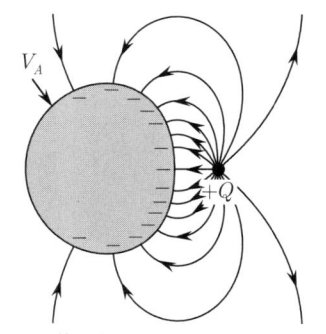

図 **5.19**　等電位面 V_A と同じ形をした完全導体と周囲の等電位面及び電気力線

5.3 電気影像法

には，電荷分布と境界条件が与えられると，それを満足する電位・電界分布はただ一通りに決まるという解の**唯一性**があるため，境界条件さえ満足するように影像電荷をおけば必ず正しい答えになるのである．後は経験だけである．

5.3.2 無限平面導体と点電荷

影像法の最も簡単な応用例は，図 5.18 の等電位面 V_B を使う例である．この面は正負の点電荷のちょうど真ん中にあるので $V_B = 0$ である．従ってこの問題は，**図 5.20** のような無限に広い接地導体面から d だけ離れた点に置かれた点電荷 Q の問題に対応し，トムソン (W. Thomson) によって最初に影像法を用いて解かれた[†]．この場合，影像電荷は $z = -d$ に置かれ，その電荷量は $-Q$ である．$z \geq 0$ の空間における電界，電位は Q による電界と影像電荷による電界の和となる．$z < 0$ は完全導体であるからもちろん電界はゼロである．また，接地されているから電位もゼロである．

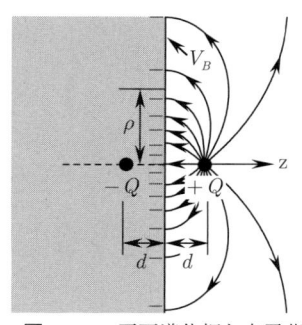

図 5.20 平面導体板と点電荷

このようにして電位や電界はわかったが，実際に電界を作っているのは仮想的な影像電荷ではなく，導体面上に誘起された電荷のはずである．この電荷分布を求めてみよう．図 5.20 のように座標系をとると，$z \geq 0$ の任意の点 $\boldsymbol{r}$ における電界は

$$\boldsymbol{E}(x,y,z) = \frac{Q}{4\pi\varepsilon_0}\left[\frac{x\hat{\boldsymbol{x}} + y\hat{\boldsymbol{y}} + (z-d)\hat{\boldsymbol{z}}}{\{x^2 + y^2 + (z-d)^2\}^{3/2}} - \frac{x\hat{\boldsymbol{x}} + y\hat{\boldsymbol{y}} + (z+d)\hat{\boldsymbol{z}}}{\{x^2 + y^2 + (z+d)^2\}^{3/2}}\right] \quad (5.115)$$

で与えられる．完全導体表面の電界は $z = 0$ とすればよいから，$\rho = \sqrt{x^2 + y^2}$ とおくと

$$\boldsymbol{E}(\rho, 0) = -\frac{Qd}{2\pi\varepsilon_0}\frac{1}{(\rho^2 + d^2)^{3/2}}\hat{\boldsymbol{z}} \quad (5.116)$$

となる．したがって，面電荷密度 $\sigma(\rho)$ は式 (3.59) を用いて

$$\sigma(\rho) = \varepsilon_0 \boldsymbol{E}(\rho, 0) \cdot \hat{\boldsymbol{z}} = -\frac{Qd}{2\pi}\frac{1}{(\rho^2 + d^2)^{3/2}} \quad (5.117)$$

となる．このように導体表面に誘起される電荷は軸対象に分布し，中心から離れるに従って小さくなる．

導体表面に誘起された全電荷量を求めるために，**図 5.21** のような扇形の微小面積を考えると，この微小面積内の電荷量 dQ は $dQ = \sigma(\rho)\rho\,d\rho d\phi$ であるから，導体表面全体にわたって積分すると

[†] トムソンは，古典物理学の幅広い分野で顕著な業績や貢献を残し，爵位を得てケルヴィン (Kelvin) 卿と称した．彼の名前は絶対温度の単位〔K〕に使われている．

178   5. 静電界に関する境界値問題

$$\int_0^{2\pi}\int_0^\infty \sigma(\rho)\,\rho\,d\rho\,d\phi = -Qd\int_0^\infty \frac{\rho\,d\rho}{(\rho^2+d^2)^{3/2}}$$
$$= Qd\left[\frac{1}{\sqrt{\rho^2+d^2}}\right]_0^\infty = -Q \tag{5.118}$$

図 5.21 微小面積

となり，影像電荷の電荷量と等しくなる．

次に導体表面に誘起された電荷に働く力を求めよう．単位面積あたりに働く力は，3.5.5 項の式 (3.61) と式 (5.117) より

$$\boldsymbol{f}(\rho) = \frac{\sigma^2(\rho)}{2\varepsilon_0}\hat{\boldsymbol{z}} = \frac{Q^2 d^2}{8\pi^2\varepsilon_0}\frac{1}{(\rho^2+d^2)^3}\hat{\boldsymbol{z}} \tag{5.119}$$

となるから，導体面全体で受ける力は

$$\boldsymbol{F} = \int_0^{2\pi}\int_0^\infty \boldsymbol{f}(\rho)\,\rho\,d\rho\,d\phi = \frac{Q^2 d^2}{4\pi\varepsilon_0}\left[-\frac{1}{4}\frac{1}{(\rho^2+d^2)^2}\right]_0^\infty \hat{\boldsymbol{z}} = \frac{1}{4\pi\varepsilon_0}\frac{Q^2}{(2d)^2}\hat{\boldsymbol{z}} \tag{5.120}$$

となり，距離に $2d$ だけ離れた影像電荷 $-Q$ に働く力と同じになる．

5.3.3 無限平面導体とその他の電荷分布

電荷が線状に分布していたとしても，微小区間に分けて考えれば，その区間に含まれる電荷は点電荷と考えることができるから，平面導体に対する線電荷の影像電荷も点電荷の影像電荷から容易に推察することができる．

図 5.22 は無限平面導体に水平な線電荷と垂直な線電荷の影像電荷を描いたものである．白抜きの部分には正の電荷，黒塗りの部分には負の電荷が分布している．このような影像電荷になることは容易に理解できるであろう．興味深いのは h が非常に小さい場合である．導体平板に水平な線電荷がある場合，影像電荷も導体表面近く

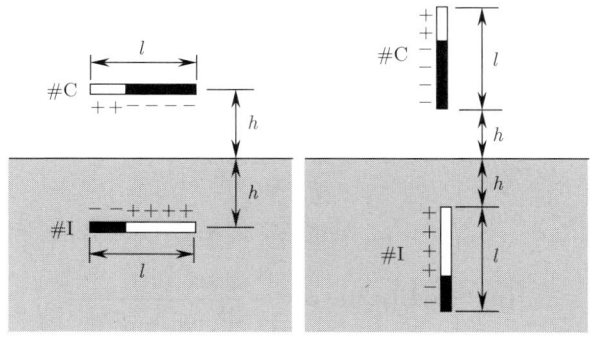

図 5.22 線状電荷 #C とその影像電荷 #I．白抜きの部分には正の電荷，黒塗りの部分には負の電荷が分布している．

にできるため，あたかも長さ l の電気 2 重層のようになる．さらに $h \to 0$ の極限では元の電荷分布 #C と影像電荷 #I とが互いに打ち消し合って，電界はゼロになる．これに対して垂直な電荷分布では，正負に分布した長さ $2l$ の電荷分布による電界が作られる．アンテナの分野では，一方向に電波を放射させる目的で導体板を使うことがたびたびある．このときも

5.3 電気影像法

導体板の影響は影像アンテナによって置き換えられるが，それを考える上でも図 5.22 が基本になる．

無線通信や電力送電の分野では大地の影響を考えなければならないことが多い．大地は損失性の誘電体であるが，おおよその性質を知るには完全導体と置き換えても差し支えない．また，地球レベルの話をするときは導体球と近似されることもあるが，通常は無限導体平板で置き換えて考えることが多い．一方，送電線の大地による影響を議論する場合には，電界分布や電気力線で考えるよりも電気回路で置き換えて考えた方が本質をよく理解できる場合が少なくない．この場合，送電線間あるいは大地と送電線との間の静電容量や 9 章で述べるインダクタンスを計算しておく必要がある．これらの計算には電気影像法が便利である[†]．

例えば，図 5.23 のように，大地から高さ h のところに平行に導体線路あるいは平板をおいて電荷を与えると，大地との間に静電容量が発生する．電界の値は，大地に関して対称な位置にもう一枚の平行線路あるいは平板をおいた距離 $2h$ のコンデンサと等価になり，3.10 節の結果を利用して，容量は 2 倍となる．

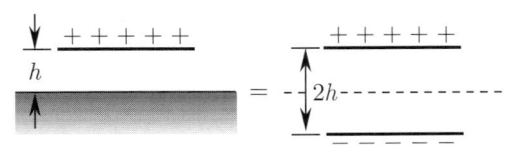

図 5.23 大地と平板あるいは線路間との静電容量

2 枚の接地した半無限平板を接続して作った楔(くさび)状空間にある電荷の問題も，それぞれの平板に対して影像電荷を考えることにより解くことができる．図 5.24(a) に示すように，2 枚の平板が直角に接続されている場合には，電荷 1 つに対して影像電荷は 3 つ必要になる．それぞれの電荷の符号に注意してほしい．この考えを拡張すれば，図 5.24(b) に示すように，n を正の整数として，楔の開き角 α が $\alpha = \pi/n$ のときには，影像電荷を有限個置くことによって導体平板の効果を表すことができる．それ以外の開き角の場合は，影像電荷がうまく重ならないので影像法は適用ができない．影像法で解析できる空間は，あくまでも最初に与えられた空間内であり，ほかの影像空間では正しい答えは得られない．

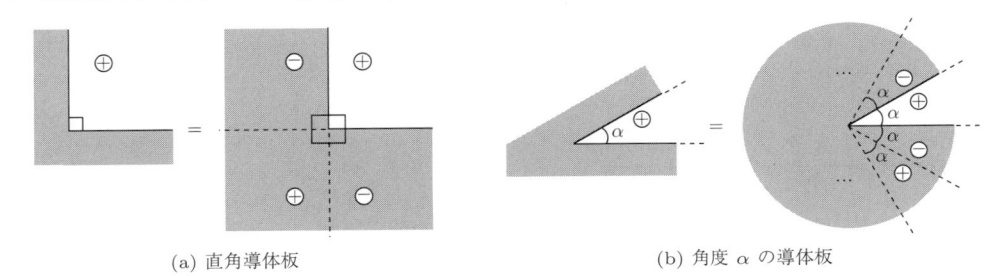

(a) 直角導体板   (b) 角度 α の導体板

図 5.24 2 枚の半無限導体板で作られた楔状空間内の電荷とその影像電荷

[†] 大地を誘電体として扱う場合の影像法については，5.3.5 項で学習する．

5.3.4　導体球と点電荷

導体球と点電荷の問題は導体板の問題に次いで標準的な問題である．図 5.25 に示すように半径 a の導体球の中心 O から $d(>a)$ だけ離れた点に点電荷 Q が置かれているものとする．原点 O と点電荷 Q を結ぶ軸を x 軸に選ぶと，この問題は x 軸に対して軸対称であるから，影像電荷は x 軸上に置かれる．導体球の中心に Q'' の影像電荷を置けば，孤立導体球表面の電位を一定にできる．しかし電荷 Q の影響を受けて導体球表面上に誘起される電荷は球表面上で均一にならない．この不均一な分布を表すためには，もう 1 つの影像電荷を置かなければならない．これはちょうど球面状の鏡に映る電荷の鏡像の形が歪んでいる効果を表しており，球状の鏡をとり去った場合の鏡像の位置は，球の中心位置ではないことを示している．そこで，図 5.25 に示すように，この影像電荷の電荷量を Q' とし，球の中心から d' の位置に置いたとする．このとき，球表面の点 P(x,y,z) の電位 V_P は

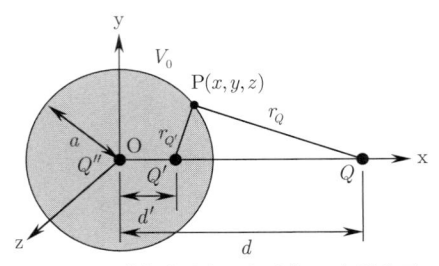

図 5.25　導体球近くの点電荷 Q と影像電荷 Q', Q''

$$V_\mathrm{P} = \frac{1}{4\pi\varepsilon_0}\frac{Q}{r_Q} + \frac{1}{4\pi\varepsilon_0}\frac{Q'}{r_{Q'}} + \frac{1}{4\pi\varepsilon_0}\frac{Q''}{a} = \frac{1}{4\pi\varepsilon_0}\left(\frac{Q}{r_Q} + \frac{Q'}{r_{Q'}} + \frac{Q''}{a}\right) \tag{5.121}$$

となる．第 1 項は電荷 Q による電位，第 2 項と第 3 項が影像電荷による電位である．

導体球表面上で V_P が一定値 V_0 をとるためには，式 (5.121) の第 1 項と第 2 項との和がゼロになればよいから，$Q'/r_{Q'} = -Q/r_Q$，すなわち

$$-\frac{Q'}{Q} = \frac{r_{Q'}}{r_Q} = \frac{\sqrt{(x-d')^2 + y^2 + z^2}}{\sqrt{(x-d)^2 + y^2 + z^2}} = 一定 = A \tag{5.122}$$

を満たすような影像電荷 Q' とその位置 d' を求めればよい．式 (5.122) を (x,y,z) に対して解くと

$$(x-\alpha)^2 + y^2 + z^2 = \alpha^2 - \beta \tag{5.123}$$

を得る．ただし

$$\alpha = \frac{d' - A^2 d}{1 - A^2}, \quad \beta = \frac{d'^2 - A^2 d^2}{1 - A^2} \tag{5.124}$$

である．式 (5.123) は中心 $(\alpha, 0, 0)$，半径 $\sqrt{\alpha^2 - \beta}$ の球の方程式であるから，球の中心が原点，半径が a になるようにするためには，$\alpha = 0, \beta = -a^2$ とすればよい．これと式 (5.124) より

$$d' = \frac{a^2}{d}, \quad A\left(=-\frac{Q'}{Q}\right) = \frac{a}{d}, \quad \text{すなわち} \quad Q' = -\frac{a}{d}Q \tag{5.125}$$

を得る．このようにして影像電荷の電荷量 Q' とその位置が決まったことになる．この結果は 5.2.5 項の結果と同じである．

導体球にもともと電荷はなかったとすると，電荷保存の法則から $Q' + Q'' = 0$, すなわち

$$Q'' = -Q' = \frac{a}{d}Q \tag{5.126}$$

となる．導体球の電位は式 (5.121) に上式の結果 (5.126) を代入して

$$V_0 = \frac{1}{4\pi\varepsilon_0}\frac{Q''}{a} = \frac{1}{4\pi\varepsilon_0}\frac{Q}{d} \tag{5.127}$$

となるから，$Q'' = aQ/d$ であることがわかる．これに対して，もし導体球が接地されているなら，$V_0 = 0$ であるから，$Q'' = 0$ である．すなわち接地したために，aQ/d だけの電荷が接地側に流れ出て，球表面に負の電荷が分布し，その電荷総量は影像電荷 $Q' = -aQ/d$ と同量となる．$d = 2a$ の場合の電気力線と等電位面を図 5.26 に示す．

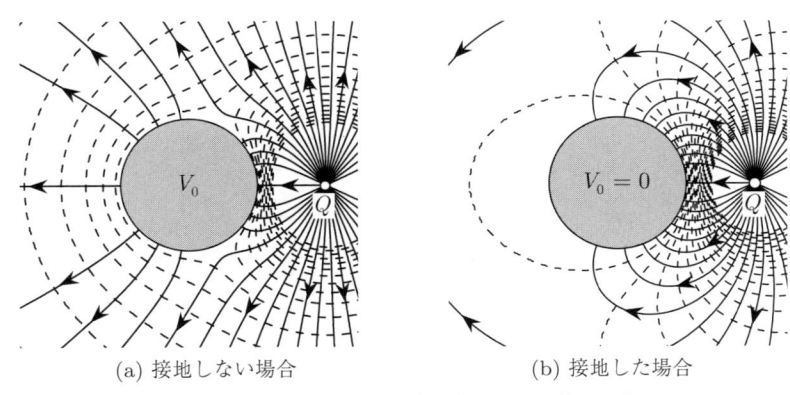

(a) 接地しない場合   (b) 接地した場合

図 **5.26** 導体球の近くの点電荷によって作られた電気力線と等電位面

5.3.5 誘電体平面境界の近くの点電荷

誘電体に対する問題でも影像法が使える場合がある．ここではその代表的な例を示しておく．図 **5.27** に示すように，誘電率 $\varepsilon_1, \varepsilon_2$ の 2 種類の誘電体が $z = 0$ の平面で接しており，この面から $z = d$ の位置に点電荷 Q_e が置かれているものとする．

領域 #1, #2 の電位をそれぞれ $V_1(\boldsymbol{r}), V_2(\boldsymbol{r})$ とする．境界面上で電位の満たすべき条件は，式 (4.49) と式 (4.50) より

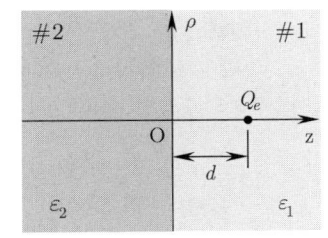

図 **5.27** 誘電体境界面から d だけ離れた点に置かれた点電荷 Q_e

$$\varepsilon_1 \frac{\partial V_1(x,y,z)}{\partial z}\bigg|_{z=0} = \varepsilon_2 \frac{\partial V_2(x,y,z)}{\partial z}\bigg|_{z=0}, \quad V_1(x,y,z)\bigg|_{z=0} = V_2(x,y,z)\bigg|_{z=0} \tag{5.128}$$

である．

誘電体境界には分極電荷が誘起されるから，領域 #1 の電位 $V_1(\boldsymbol{r})$ は真電荷 Q_e による電位と分極電荷による電位の和となる．これに対して領域 #2 には電荷が存在しないから，電位 $V_2(\boldsymbol{r})$ は分極電荷による電位と考えることができる．そして分極電荷の効果は境界条件 (5.128) を満たすように各電位関数の中に組み入れられる．一方，境界面に分布した電荷の寄与は，5.3.2 項で述べたように境界面の反対側にある影像電荷によって置き換えられる．本項でもそのように考える．求められた結果がポアソンの方程式と境界条件を満たせば，それは正しい結果である．

(a) 領域 #1 に観測者がいると，$z=0$ に境界があることはわかるが，その向こう $(z<0)$ 側はどうなっているかよくわからない．そこで水面に映る影像電荷を考える．もし完全導体の境界（鏡）なら，影像電荷は $-Q_e$ となるが，誘電体であるため，像は不完全で影像電荷は $-Q_e$ とはならないであろう．そこで図 **5.28**(a) のように，領域 #1 の任意の点 P(x,y,z) の電位 $V_1(\boldsymbol{r})$ は，点電荷 Q_e と $z=-d'$ においた影像電荷 Q_e' によって与えられると考える．ただし誘電率は全空間で ε_1 とする．

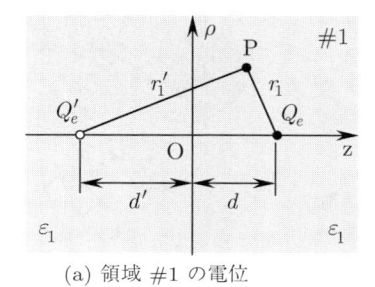

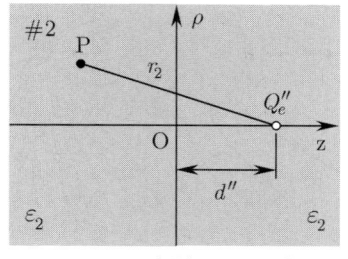

(a) 領域 #1 の電位　　　　　(b) 領域 #2 の電位

図 **5.28**　誘電体境界面に対する影像電荷

(b) 領域 #2 にいる観測者は，領域 #1 にある電荷が透過してぼんやり見えているくらいしかわからない．そこで図 5.28(b) のように，領域 #2 の任意の点 P(x,y,z) の電位 $V_2(\boldsymbol{r})$ は，$z=d''$ においた影像電荷 Q_e'' によって与えられると考える．ここで領域 #2 の観測者は，領域 #1 の誘電率を知らないから，全空間で誘電率は ε_2 とする†．

上のような仮定をすると，電位 $V_1(\boldsymbol{r}), V_2(\boldsymbol{r})$ は

$$V_1(\boldsymbol{r}) = \frac{1}{4\pi\varepsilon_1}\left(\frac{Q_e}{r_1} + \frac{Q_e'}{r_1'}\right), \quad V_2(\boldsymbol{r}) = \frac{1}{4\pi\varepsilon_2}\frac{Q_e''}{r_2} \tag{5.129}$$

と表される．ただし $r_1 = \sqrt{x^2+y^2+(z-d)^2} = \sqrt{\rho^2+(z-d)^2}$, $r_1' = \sqrt{\rho^2+(z+d')^2}$, $r_2 = \sqrt{\rho^2+(z-d'')^2}$ である．式 (5.129) を境界条件 (5.128) に代入すると

---

† 誘電率を全空間で ε_1 と考えてもよい．そのように仮定して境界条件を満足するように解くと，最終的には誘電率を全空間で ε_2 とおいて得られる結果と同じになる．

$$\frac{1}{\varepsilon_1}\left(\frac{Q_e}{\sqrt{\rho^2+d^2}}+\frac{Q'_e}{\sqrt{\rho^2+d'^2}}\right)=\frac{1}{\varepsilon_2}\frac{Q''_e}{\sqrt{\rho^2+d''^2}}, \tag{5.130}$$

$$\frac{-dQ_e}{(\rho^2+d^2)^{3/2}}+\frac{d'Q'_e}{(\rho^2+d'^2)^{3/2}}=-\frac{d''Q''_e}{(\rho^2+d''^2)^{3/2}} \tag{5.131}$$

を得る．この両式が任意の ρ について成り立つためには $d'=d''=d$ でなければならない．これを再び式 (5.130), (5.131) に代入して整理すると $Q'_e=-kQ_e$, $Q''_e=(1+k)Q_e$ となる．ただし

$$k=\frac{\varepsilon_2-\varepsilon_1}{\varepsilon_2+\varepsilon_1} \tag{5.132}$$

である．このようにして，領域 #1, #2 の電位 $V_1(\boldsymbol{r})$, $V_2(\boldsymbol{r})$ は

$$V_1(\boldsymbol{r})=\frac{1}{4\pi\varepsilon_1}\left(\frac{Q_e}{\sqrt{x^2+y^2+(z-d)^2}}-\frac{kQ_e}{\sqrt{x^2+y^2+(z+d)^2}}\right), \tag{5.133}$$

$$V_2(\boldsymbol{r})=\frac{1}{4\pi\varepsilon_2}\frac{(1+k)Q_e}{\sqrt{x^2+y^2+(z-d)^2}} \tag{5.134}$$

となる．上記の例題において，$\varepsilon_2\to\infty$ とすると，$k=1$ であるから，$V_2=0$, $Q'_e=-Q_e$ となり，5.3.2 項で扱った完全導体の場合の問題に帰着する．

5.4　等 角 写 像 法 *

z 軸に沿って無限に長い電荷分布による電位は z には無関係である．このような問題を 2 次元問題という[†1]．z 方向に一様な 2 次元問題では $\dfrac{\partial V}{\partial z}=0$ であるから，ラプラスの方程式 (5.5) は

$$\frac{\partial^2 V}{\partial x^2}+\frac{\partial^2 V}{\partial y^2}=0 \tag{5.135}$$

となる．式 (5.135) が複素関数論の講義で学んだ**調和関数**であることに気づいた読者も多いであろう．実際，2 次元の静電界の問題の中には複素関数の性質を利用して解ける問題も少なくない．ここではそれについて説明するが，2 次元に限られるし，結局は間接的方法であるので簡単に紹介する程度にとどめる．

5.4.1　コーシー・リーマンの関係式

x, y を実数として 複素数 $z=x+jy$ を作ったとき[†2]，z を複素変数という．これに

[†1] 無限に長い電荷分布というのは，無限大の電荷が必要になり，実際には実現不可能である．しかし軸方向に十分長い問題を考える場合には，その断面における電荷や電界の分布の様子をこの 2 次元問題の結果から推定することができるので都合がよい．有限長の問題を解くのは非常に難しい．問題の解法に気をとられて本質を見失わないようにしてほしい．

[†2] z 軸上の点 z と混同することはないであろう．電気の分野では i を電流の記号として用いることが多いので，虚数単位を j と書く．

対して，もう 1 つの複素数 $w = u(x,y) + jv(x,y)$ が z の値に対応して決まるとき，w を z の複素関数とよび，$w = f(z)$ と表す．例えば $f(z) = z^2 = (x^2 - y^2) + j2xy$ や $f(z) = e^z = e^x \cos y + je^x \sin y$ などである．

複素関数 $f(z)$ の導関数は実関数の微分と全く同様に

$$f'(z) = \frac{df}{dz} = \lim_{\Delta z \to 0} \frac{f(z+\Delta z) - f(z)}{\Delta z} \tag{5.136}$$

によって定義される．さらに，$f(z) = u(x,y) + jv(x,y)$ と表されるから，$f(z)$ が微分可能であるための条件を $u(x,y)$ と $v(x,y)$ に対する条件として表してみよう．式(5.136)において，$\Delta z = \Delta x + j\Delta y \to 0$ であるから，$\Delta z = \Delta x \to 0$ としても，$\Delta z = j\Delta y \to 0$ としても導関数は等しくならなくてはならない．まず，実軸に沿って z に近づけた場合，$\Delta z = \Delta x$ であるから

$$\begin{aligned} f'(z) &= \lim_{\Delta x \to 0} \frac{f(z+\Delta x) - f(z)}{\Delta x} \\ &= \lim_{\Delta x \to 0} \left[\frac{u(x+\Delta x, y) - u(x,y)}{\Delta x} + j\frac{v(x+\Delta x, y) - v(x,y)}{\Delta x} \right] \\ &= \frac{\partial u(x,y)}{\partial x} + j\frac{\partial v(x,y)}{\partial x} \end{aligned} \tag{5.137}$$

となる．同様に $\Delta z = j\Delta y$ とすると

$$\begin{aligned} f'(z) &= \lim_{\Delta y \to 0} \frac{f(z+j\Delta y) - f(z)}{j\Delta y} \\ &= \lim_{\Delta y \to 0} \left[\frac{u(x, y+\Delta y) - u(x,y)}{j\Delta y} + j\frac{v(x, y+\Delta y) - v(x,y)}{j\Delta y} \right] \\ &= -j\frac{\partial u(x,y)}{\partial y} + \frac{\partial v(x,y)}{\partial y} \end{aligned} \tag{5.138}$$

となる．したがって，両式の結果が等しくなるためには

$$\frac{\partial u(x,y)}{\partial x} = \frac{\partial v(x,y)}{\partial y}, \qquad \frac{\partial u(x,y)}{\partial y} = -\frac{\partial v(x,y)}{\partial x} \tag{5.139}$$

とならなければならない．これを**コーシー・リーマン (Cauchy-Riemann) の関係式**という．

5.4.2 複素関数と静電界

以上のようにして複素関数 $f(z)$ が微分可能ならば，コーシー・リーマンの関係式が成り立つことが示された．ここでは直角座標 (x,y) を用いて説明したが，2 次元の極座標 (ρ, ϕ) を用いても式(5.139)に対応する極座標に関するコーシー・リーマンの関係式を導くことができる[†]．さらに，式(5.139)より

[†] 詳しくは例えば巻末の引用・参考文献 10) 参照．

$$\frac{\partial^2 u(x,y)}{\partial x^2} + \frac{\partial^2 u(x,y)}{\partial y^2} = 0, \qquad \frac{\partial^2 v(x,y)}{\partial x^2} + \frac{\partial^2 v(x,y)}{\partial y^2} = 0 \qquad (5.140)$$

を得る．このようにして，任意の微分可能な関数 $f(z) = u(x,y) + jv(x,y)$ の実部と虚部は共にラプラスの方程式を満たすから，電位関数 $V(x,y)$ として $u(x,y)$ を使ってもよいし，$v(x,y)$ でもよい．すなわち，任意の微分可能な関数 $f(z)$ に対して，その実部も虚部も静電ポテンシャル関数となり得る．

それでは，u, v のうち，どちらか一方を電位に選んだとすると，もう一方はどのような物理量を表すであろうか．2章，2.9節より，$u(x,y) = $ 一定 の曲線に垂直なベクトルは ∇u，$v(x,y) = $ 一定 の曲線に垂直なベクトルは ∇v で与えられたから，式 (5.139) を用いると

$$\nabla u \cdot \nabla v = \frac{\partial u}{\partial x}\frac{\partial v}{\partial x} + \frac{\partial u}{\partial y}\frac{\partial v}{\partial y} = \frac{\partial u}{\partial x}\left(-\frac{\partial u}{\partial y}\right) + \frac{\partial u}{\partial y}\frac{\partial u}{\partial x} = 0 \qquad (5.141)$$

となり互いに直交する．すなわち，u, v の一方が電位を表すなら，他方は電気力線を表すことになる．

例を示そう．$f(z) = z^2$ とすると，$u(x,y) = x^2 - y^2, v(x,y) = 2xy$ である．$u(x,y) = $ 一定 の曲線と $v(x,y) = $ 一定 の曲線を図 5.29 に示す．ただし x–y 平面全体ではなく一部のみを描いている．$u(x,y)$ を電位に選んだ場合には，$u = 0$ の直線は接地された導体表面を表すから，図 5.29 は直角に曲がった凹形導体の等電位線と電気力線を表していることになる．

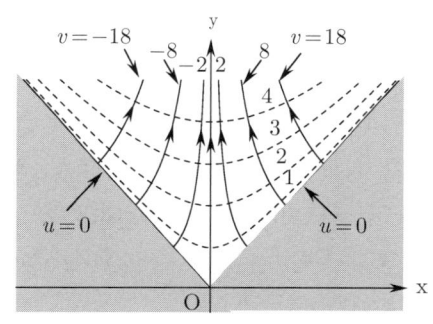

図 5.29　接地した 2 枚の直角導体板の等電位線と電気力線

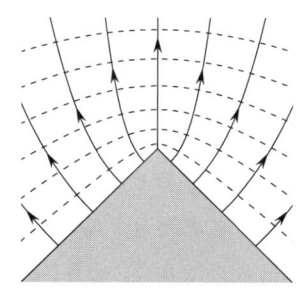

図 5.30　接地された直角楔の等電位線と電気力線

次の例は $f(z) = z^{2/3}$ とした場合である．図 5.30 に $u = $ 一定 の曲線を点線で，$v = $ 一定 とした曲線を実線で示す．この例は，くさび角が直角となるくさび形導体を接地した場合の電気力線と等電位線を表している．

このように，複素関数を利用した静電界の解析法を **等角写像法** (conformal mapping) という[†]．簡単な関数で電位や電界分布の様子を知ることができる点では有益であるが，解こうと

[†] 関数 $w = f(z)$ は z と w との対応関係を表しており，これを **写像** (mapping) という．$f(z)$ が微分可能であり，かつ点 z_0 で $f'(z_0) \neq 0$ であれば，z_0 を交点とする 2 本の曲線の交わる角度と，$w = f(z)$ によって w 面内に写像された曲線の交わる角度は等しいことが証明できる．このことから，この写像を特に '等角' 写像という．詳しくは巻末の引用・参考文献 10) 参照．

する問題に合致するような複素関数を前もって見つけることは難しい．また，解法は 2 次元に限られ，一般の 3 次元の問題には応用できない．

5.5 ラプラスの方程式の近似解法 *

これまで調べてきたように，電位 $V(\boldsymbol{r})$ を求めるためには，ポアソンの方程式やラプラスの方程式を解けばよい．しかし問題にしている空間が複雑な形状をしているときには厳密に解くことはできない．例えば，図 5.31 のように極板の形状が複雑で，極板間の電界や静電容量が容易には計算できない場合がある．このような場合には，電子計算機を用いた数値計算に頼らざるを得ない．ここでは数値計算が精度よくできるための基本原理について説明する．

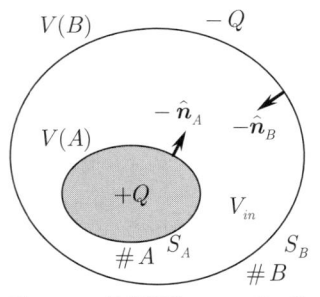

図 5.31 任意形状のコンデンサ

次のような積分：
$$W(\Psi) = \frac{\varepsilon_0}{2} \int_{V_{in}} \nabla \Psi(\boldsymbol{r}) \cdot \nabla \Psi(\boldsymbol{r})\, dv = \frac{\varepsilon_0}{2} \int_{V_{in}} \left\{ \nabla \Psi(\boldsymbol{r}) \right\}^2 dv \tag{5.142}$$
を考える．もし関数 $\Psi(\boldsymbol{r})$ が電位 $V(\boldsymbol{r})$ なら，$W(\Psi)$ は静電エネルギーを表す．この積分は 1 つの数値であるが，関数 $\Psi(\boldsymbol{r})$ が別の関数になれば別の値をとる．独立変数 $\boldsymbol{r}$ の関数ではなく，関数 $\Psi(\boldsymbol{r})$ の関数になることから，**汎関数** (functional) という．

関数 $\Psi(\boldsymbol{r})$ は電位 $V(\boldsymbol{r})$ からわずかに異なる関数とし，$\Psi(\boldsymbol{r}) = V(\boldsymbol{r}) + \eta(\boldsymbol{r})$ とおく．ただし $\eta(\boldsymbol{r})$ は滑らかな関数で，その大きさは $V(\boldsymbol{r})$ に比べて非常に小さいとする．また，導体 #A，#B の表面 S_A, S_B でゼロになるとする．すなわち，関数 $\Psi(\boldsymbol{r})$ は S_A, S_B 上で電位そのものになるとする．このとき，式 (5.142) の被積分関数は $(\nabla \Psi)^2 = (\nabla V)^2 + 2\nabla V \cdot \nabla \eta + (\nabla \eta)^2$ となるが，第 3 項は非常に小さいので無視することができる．さらに，数学公式 $\nabla \cdot (\eta \nabla V) = \eta \nabla^2 V + \nabla \eta \cdot \nabla V$ を用いて変形すると
$$W(V + \eta) = \frac{\varepsilon_0}{2} \int_{V_{in}} \left\{ V(\boldsymbol{r}) \right\}^2 dv + \varepsilon_0 \int_{V_{in}} \nabla \cdot \left\{ \eta(\boldsymbol{r}) \nabla V(\boldsymbol{r}) \right\} dv$$
$$\quad - \varepsilon_0 \eta \int_{V_{in}} \nabla^2 V(\boldsymbol{r})\, dv. \tag{5.143}$$

上式の右辺第 1 項は静電エネルギーである．また V_{in} 内には電荷がないから $\nabla^2 V = 0$ であり，第 3 項はゼロとなる．従って，もとの静電エネルギーとの差は
$$\delta W = W(V + \eta) - W(V) = \varepsilon_0 \oint_{S_A + S_B} \eta(\boldsymbol{r}) \nabla V(\boldsymbol{r}) \cdot \hat{\boldsymbol{n}}\, dS \tag{5.144}$$
となる．ただし，ガウスの定理を用いて第 2 項を表面 S_A と S_B 上の表面積分に変換した．面 S_A, S_B 上で η はゼロになる関数であったから，上式の右辺はゼロになり $\delta W = 0$ を得

る．すなわち，静電エネルギーは必ず最小値をとる．別のいい方をすると，$V(S_A) = $ 一定，$V(S_B) = $ 一定 という条件の下で $\nabla^2 V = 0$ となる電位関数 $V(\boldsymbol{r})$ を求める問題は，$\Psi(S_A) = V(S_A), \Psi(S_B) = V(S_B)$ という条件の下で，式 (5.142) の汎関数 $W(\Psi)$ を最小にする関数 $\Psi(\boldsymbol{r})$ を見つける問題と等価になる．このような方法を**変分法** (variational method) といい，おおざっぱな関数 Ψ を選んでも精度のよい静電容量が計算できる保証を与えるもので，有限要素法とよばれる数値計算の基本原理となっている．

既に 3 章で厳密に計算した同心球コンデンサの静電容量を例にとって，どれくらい実用性があるかを検証してみよう．図 3.78 に示した同心球のコンデンサは，形状が点対称であるから，内外導体間の電位は r だけの関数となる．そこで例えば r に関する 2 次関数：

$$\Psi(r) = V(a) + \alpha(r-a) + \beta(r-a)^2 \tag{5.145}$$

で $\Psi(r)$ を表してみる．ただし，α, β は任意の未定定数であり，$V(a)$ は内球の電位である．外球の電位を $V(b)$ とすると，$\Psi(b) = V(b)$ でなければならないから，$\alpha = \dfrac{V(b) - V(a)}{b-a} - \beta(b-a)$ となる．

次に，式 (5.145) を式 (5.142) に代入して積分を実行すると β に関する 2 次方程式になる．式 (5.145) の関数 Ψ が電位についてのよい近似関数となるためには，式 (5.142) の積分は β に関しても最小にならなければならないから，$\dfrac{dW}{d\beta} = 0$ の条件から β を定め，この β の値を用いて

$$\frac{1}{2} C \{V(b) - V(a)\}^2 = W(\Psi(\beta)) \tag{5.146}$$

より静電容量 C の近似解が求められる．このようにして

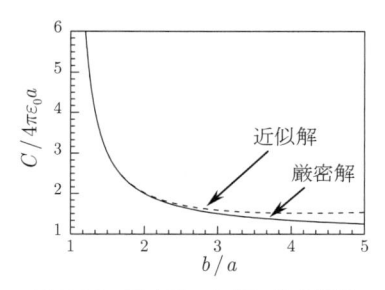

図 **5.32** 同心球コンデンサの静電容量の近似値

求めた電位の近似解 (5.145) を用いて計算した静電容量と，厳密解 (3.148) による結果を図 **5.32** に示す．電位の形を厳密解とはかなり異なる比較的簡単な関数で近似したにもかかわらず，$b/a < 3$ においてはよい近似解が得られていることがわかる．

章 末 問 題

【1】 図 **5.33** で示すように，接地された金属壁で囲まれた $x > 0, y > 0$ の四半空間中の点 $\mathrm{P}(a, a, 0)$ に点電荷 Q がある．電荷に加わる力の大きさと方向を求めよ．

【2】 電位 $V(\boldsymbol{r})$ が次式で与えられている．次の問いに答えよ．ただし $a > 0$ である．

$$V(\boldsymbol{r}) = \frac{1}{4\pi\varepsilon_0} \frac{e^{-r/a}}{r} \tag{5.147}$$

(1) 体積電荷密度 $\rho(r)$ を求めよ．

図 5.33 四半空間中の電荷

図 5.34 金属－半導体の接触

図 5.35 絶縁層を介した半導体

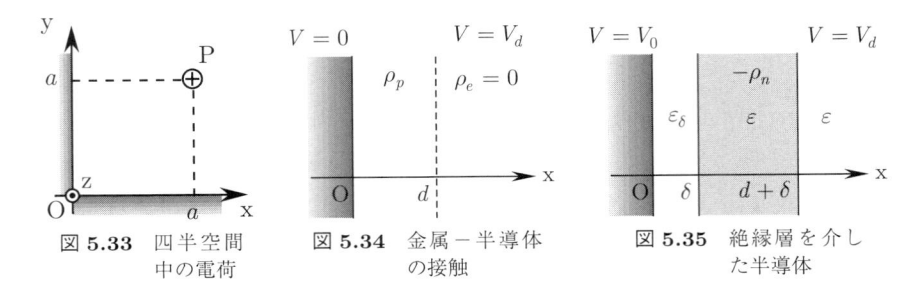

(2) 電界を求めよ．
(3) ガウスの法則を用いて空間内の全電荷量を求めよ．
(4) (1) で求めた体積電荷密度を全空間で積分した電荷量と前問 (3) との結果を比較して，式 (5.147) のポテンシャルを与えている電荷はどのように分布しているかを示せ．

【3】 図 5.34 のように電位 $V=0$ の金属に誘電率 ε の半導体が接しており，$0 \leq x \leq d$ の区間には $\rho_p =$ 一定 > 0 の電荷が分布しているとする．また，$d < x$ では電荷が無く，電位は $V_d =$ 一定 であるとする．$0 \leq x \leq d$ の電位分布 $V(x)$ を求めよ．なお，$d < x$ にある自由電子が金属側に移るためには，**拡散電位** (diffusion potential) V_d の**障壁** (barrier) を超えなければならない．この電位は半導体表面付近の電荷分布 ρ_p の存在によって生じるため，厚さ d の表面層を**空間電荷層** (space charge layer)，あるいは**障壁層** (barrier layer) という．また，この層内には電子が存在しないことから**空乏層** (depletion layer) ともよばれる．

【4】 図 5.35 のように，電位 $V = V_0$ の金属に誘電率 ε_δ，厚さ δ の絶縁層を介して，厚さ d，密度 $-\rho_n < 0$ の一様な電荷が分布している．$0 \leq x \leq d + \delta$ の電位分布 $V(x)$ を求めよ．ただし $x > d + \delta$ の領域の電位は $V_d =$ 一定 とする．

【5】 図 5.36 のように，間隔 d の平行電極間に一様な体積密度分布 $\pm \rho_0$ 電荷が分布している．電極の電位をそれぞれ $0, V_0$ としたときの電位分布と電界の分布を求めよ．

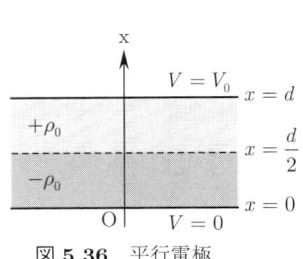

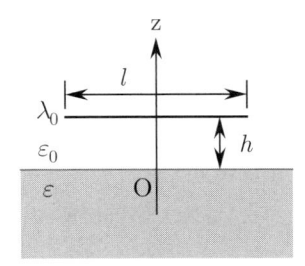

図 5.36 平行電極

図 5.37 半空間境界近くの線状電荷

【6】 4 章の 4.6.4 項で示した並行平板コンデンサの直列，並列接続の電位分布について，ラプラスの方程式を具体的に解くことにより，合成静電容量の結果の式 (4.54), (4.55) を求めよ．ただし縁端効果は無視して考えてよい．

【7】 図 5.37 のように，真空と誘電率 ε の誘電体が $z = 0$ の面で接しており，表面から h の位置に長さ l，線密度 λ_0 の一様な真電荷が水平に分布しているとする．このとき，真空中および誘電体内の電位と電界を求めよ．

【8】 数学公式

$$\frac{1}{|\boldsymbol{r}-\boldsymbol{r}'|} = \frac{1}{r}\sum_{n=0}^{\infty}\left(\frac{r'}{r}\right)^n P_n(\cos\gamma), \qquad r > r' \tag{5.148}$$

を使って以下の問いに答えよ．ただし γ は $\boldsymbol{r}$ と $\boldsymbol{r}'$ との間の角度であり，$\boldsymbol{r}\cdot\boldsymbol{r}' = rr'\cos\gamma$ の関係がある．

(1) 電位の多重極展開は一般に

$$V(\boldsymbol{r}) = \sum_{n=0}^{\infty} V_n(\boldsymbol{r}) = \frac{1}{4\pi\varepsilon_0}\sum_{n=0}^{\infty}\frac{1}{r^{n+1}}\int_V \rho(\boldsymbol{r}')r'^n P_n\left(\frac{\boldsymbol{r}\cdot\boldsymbol{r}'}{rr'}\right)dv' \tag{5.149}$$

と表されることを示せ．

(2) $V_0(\boldsymbol{r})$, $V_1(\boldsymbol{r})$ はそれぞれ点電荷による電位，電気双極子による電位であることを示せ．

(3) $V_2(\boldsymbol{r})$ を求めよ．

【9】 図 5.38 のように，誘電率 ε_2 の無限に広い誘電体中に，誘電率 ε_1 の誘電体球がある．誘電体球の中心から距離 d の位置に点電荷 Q_e を置いたときの電位および電界を求めよ．

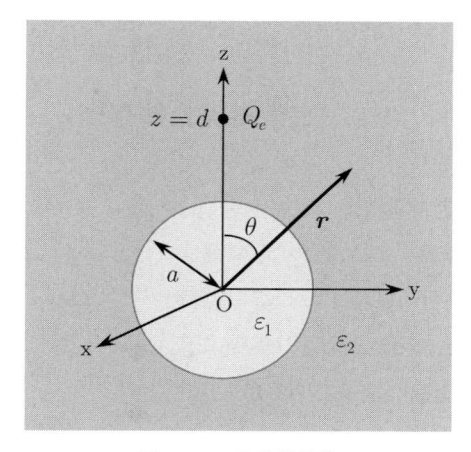

図 5.38 球状誘電体

6 定常電流

　これまでは電荷が静止している場合の電界に関する議論をしてきたが，本章以降は電荷が運動する場合の現象を取り扱う．今日では電荷の移動そのものが'電流'であるということは当然と思われているが，それが直接確かめられたのは 1876 年と古典的な電磁界の理論が完成した後のことである．また，電流が流れると周りに磁界ができるともよく知られた事実である．どのように磁界ができるかについては 7 章以降で議論することとし，本章では導体内に流れる電流，中でも電流が流れ始めてから十分時間が経ち，方向も大きさも時間的に変化しないような電流の性質について詳しく説明する．

6.1 定常電流と保存則

6.1.1 導体内の電子と定常電流

　電位の異なる 2 点間を導線[†1]で結ぶと，正の電荷が高電位の点から低電位の点に移動する．この電荷の流れを，**電流** (electric current) という．実際に導体内を流れるのは負の電荷をもつ電子であるから，上のように定義された電流の方向は，電子の流れと反対向きである．ここでは金属内の電子の運動を調べて，この電流がどのようなものであるかを考えよう．電位差を生じている 2 点間には電界があるから，電子はこの電界 E によって加速される．しかし実際には 図 **6.1** に示すように，勝手な方向に熱振動している陽イオンや不純物原子と衝突しながら減速と加速を繰り返して電界と反対向きに進んでいると考えられる[†2]．一方，金属内で自由に移動できる電子（自由電子）の数は，例えば銅の場合，3.5.4 項の脚注に示したように，

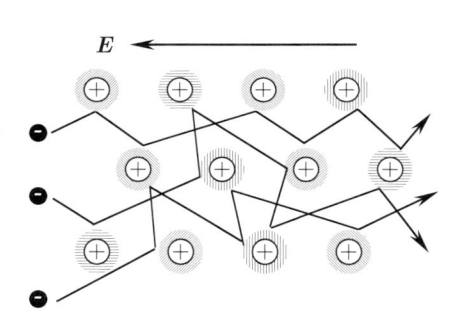

図 **6.1** 導体内の自由電子の運動．斜線は原子が熱運動していることを表す．

[†1] ここで考えている導線とは，銅やアルミニウム製の金属導線で，前章で考えていた完全導体ではない．
[†2] 原子が規則的に配列されていたとすると，電子は散乱されることはないということが量子力学から証明できる．したがって，電子が衝突によって減速されるということの本質は，熱運動によって原子の不規則な'ずれ'が生じて電子が散乱されるためである．熱振動は温度の上昇と共に激しくなるから，それにともなって'ずれ'も大きくなり，電子が散乱される割合も大きくなる．一方，アルミナやゴムのような誘電体では自由電子そのものがほとんどない．

1 cm^3 あたり約 8.46×10^{22} 個と莫大で，密度も非常に高い．したがって，電子1つひとつの運動を微視的に考えるよりも，それらの平均的な運動を巨視的に考えるべきである．電子は図6.1のように $-\bm{E}$ 方向に加速度を受けると共に，衝突によって反対方向に加速度を受けていると考えてよい．衝突する割合は電子の平均的な速度 $\bm{v}$ に比例するはずであるから，その比例係数を k，電子の質量を m，電荷量を $-e$ とすると，運動方程式は

$$m\frac{d\bm{v}}{dt} = -e\bm{E} - k\bm{v} \tag{6.1}$$

と表される†．$\bm{E}$ が時間に無関係な定数ベクトルなら，式(6.1)は2.13.2項に示したように容易に解けて

$$\bm{v} = -\frac{e}{k}\bm{E} + \bm{C}e^{-(k/m)t} \tag{6.2}$$

となる．ここで $\bm{C}$ は任意の定数ベクトルである．$\tau = m/k$ とおけば，上式の第2項は $\bm{C}e^{-t/\tau}$ となるから，τ は時間の単位となり，**緩和時間** (relaxation time) とよばれる．電子が原子に衝突する割合が大きくなると k が大きくなるから，τ は電子が原子に衝突しないで加速度を受けている時間と解釈できる．このことから**平均自由時間** (mean free time) ともよばれる．

τ に比べて時間 t が十分経過した**定常状態** ($t \to \infty$) を考えると，電子の速度は式(6.2)より

$$\bm{v} = -\frac{e}{k}\bm{E} = -\frac{e\tau}{m}\bm{E} \tag{6.3}$$

となる．すなわち，電子は電気力線に沿って逆方向に等速運動をする．本章で考える電流とは，このように静電界が印加されてから十分時間が経って電子の運動が定常状態になり，多くの電子が一定の速度で移動するような電流である．この電流を**定常電流**

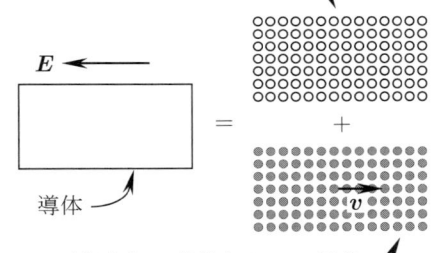

図 **6.2** 巨視的な導体内自由電子の運動

(stationary current) といい，電気回路の**直流** (direct current) に対応する．また，電流が流れ始めてから定常状態になるまでの電流を**過渡電流** (transient current) という．定常電流の電子の流れを巨視的な見方で模式的に描くと図**6.2**のようになる．導体内には正の電荷と負の電荷が超高密度でぴったり重なって中性になっているが，これに電界を印加すると重い正の電荷は動かずに軽い負の電荷だけが電界に比例する平均速度 $\bm{v}$ で電界と逆方向に動く．負の電荷が動いても移動した先には正電荷があるから，全体としては中性のままである．なお，導体を流れる電流を特に**導電電流** (conduction current) あるいは**伝導電流**という．

---
† 空気抵抗を受けながら自由落下する質点と同じ運動方程式になることに注意しよう．質点の運動との類似性から電子がどのような運動をするかは容易に予測できるであろう．

式 (6.3) の v を電子の**ドリフト速度** (drift velocity) という．また，$\mu = e\tau/m$ を**移動度** (mobility) といい，電子の動きやすさを表す量である．これは特に電気物性や半導体の分野で重要な量である．

6.1.2 電流と電流密度

電流の担い手である**キャリア** (carrier) は，金属の場合は負の電荷をもった自由電子であるが，電解質溶液の場合は溶けている陽イオンや陰イオンである．このようにキャリアは正の場合もあれば負の場合もあるが，6.1.1 項の初めで述べたように，正の電荷が流れる方向を電流の正の向きと定義する．そしてその強さは，ある断面を単位時間 (1 秒間) に通過する電荷量であると定義される．単位はアンペア〔A〕である．したがってアンペアの単位は，電荷量〔C〕を時間〔s〕で割った〔C/s〕となる．当初 SI 単位系では電流の強さ〔A〕を基本単位としていたが，2019 年からは，〔C〕を基本単位として〔C/s〕で電流の強さを定義するようになった．

図 **6.3** のように，Δt の時間内に断面 S を通過する電荷量を ΔQ としたとき，電流 I は

$$I = \frac{\Delta Q}{\Delta t} \tag{6.4}$$

と定義される†．ここでキャリアの電荷量を q，単位体積あたりの電荷の数を N とすると，体積電荷密度 ρ_e は $\rho_e = Nq$ となるから，図 6.3 のように 断面積 ΔS の電荷が Δt の間に Δx だけ移動したとすると，S を通過した電荷の量は $\Delta Q = \rho_e \Delta S \Delta x = Nqv\Delta S\Delta t$ となる．これより電流 I は

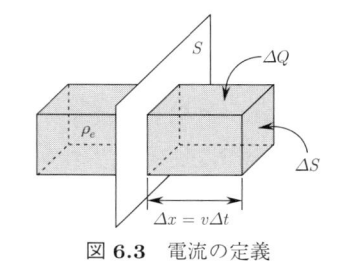

図 **6.3** 電流の定義

$$I = \frac{\Delta Q}{\Delta t} = \rho_e \Delta S v = Nq\Delta S v \tag{6.5}$$

で与えられる．定常電流では $v =$ 一定 であるから，I もまた時間に無関係な一定値となる．

単位面積あたりの電流，すなわち $J_e = I/\Delta S$ を**電流密度** (electric current density) と定義すると，式 (6.5) より電流密度は速度に比例するから，スカラ量ではなくベクトル量となる．電流も速度に比例するが，元々の定義は式 (6.4) であるからスカラ量である．そこで電流密度をベクトル $\boldsymbol{J}_e(\boldsymbol{r})$ で表すと

$$\boldsymbol{J}_e(\boldsymbol{r}) = \rho_e(\boldsymbol{r})\boldsymbol{v}(\boldsymbol{r}) \tag{6.6}$$

となる．v は電荷の速度であったから，任意の位置ベクトル $\boldsymbol{r}$ の関数と書くのは誤りのよ

---

† この電荷は真電荷だから，4 章のように，添え字 'e' を付けて $\Delta Q_e, I_e$ と表現すべきかもしれないが，混乱することはないと考えられるので，後の章で必要な文字だけに添え字 'e' を付けることにする．

うに思えるが，多数の電荷の平均速度であり，場所によって変わってもよい．また，式 (6.3) のように電界に比例するから，このように表しておくことにする．

例題 6.1 半径 1 mm の銅線に 1 A の電流が流れている．自由電子の速さ v を求めよ．ただし電子の電荷量を 1.60×10^{-19} C とせよ．

【解答】 3.5.4 項の脚注に示したように，1 cm^3 あたり約 8.46×10^{22} 個の自由電子があるから，電子の速さ v は式 (6.5) より

$$v = \frac{I}{Nq\Delta S} = \frac{1}{8.46 \times 10^{22} \times 1.60 \times 10^{-19} \times 3.14 \times 0.1^2} = 2.35 \times 10^{-3} \text{ [cm/s]}$$

となる．この速度は，1 m を進むのに 12 時間もかかってしまう速さである．このように自由電子の平均速度は一般的に非常に遅い．電気回路にはスイッチを入れた瞬間に電流が流れるから，自由電子 1 つひとつが導線の端から端まで到達することによって電流が流れるという考え方は明らかに誤りである．図 6.2 のように導体には正の電荷と負の電荷（自由電子）とが等量だけ詰まっており，スイッチを入れた瞬間から自由電子だけが押しやられて電流が流れると考えるのが妥当である． ◇

6.1.3 定常電流の保存則

図 6.4 のように，電流密度 $\boldsymbol{J}_e$ が微小面積 ΔS を斜めに横切るとき，ΔS を通過する電流 $\Delta I(\boldsymbol{r})$ がどうなるかを考える．ベクトル $\boldsymbol{J}_e$ は法線ベクトル $\hat{\boldsymbol{n}}$ 成分と ΔS に沿う成分に分解できるが，後者の成分は面 ΔS に沿って流れるだけで通過することはない．したがって ΔS を正味の意味で通過するのは法線成分となる．すなわち

$$\Delta I(\boldsymbol{r}) = \boldsymbol{J}_e(\boldsymbol{r}) \cdot \hat{\boldsymbol{n}}(\boldsymbol{r}) \Delta S \tag{6.7}$$

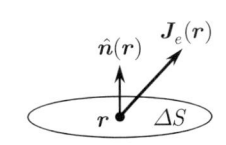

図 6.4 ΔS を通過する電流

となる．これより，曲面 S を通過する電流 I は次式で与えられる．

$$I = \int_S \boldsymbol{J}_e(\boldsymbol{r}) \cdot \hat{\boldsymbol{n}}(\boldsymbol{r}) \, dS \tag{6.8}$$

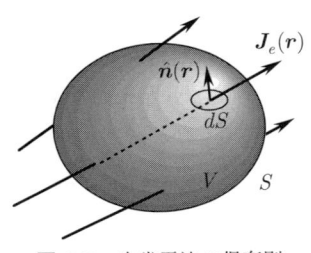

図 6.5 定常電流の保存則

物理の基本法則の 1 つである電荷保存則によれば，電荷が移動しても総量は一定不変である．すなわち，電荷は発生したり消滅したりすることはない．そこで，図 6.5 のように閉曲面 S の一部から電流が流入し，他の一部から流出しているような場合を考える．流出量の方が大きければ電荷保存則より S 内部の電荷はそれに見合うだけ減少しなければならない．ところが定常電流の場合は 6.1.1 項で説明したように，正の電荷と負の電荷が重なり合っていて常に中性である．すなわち S 内部の正味の電荷量は常にゼロであ

る．したがって，S に流れ込んだ電流と等しい量だけ流れ出る．まとめると，流れ込む電流と流れ出る電流は等しい．これを**定常電流の保存則**という．

定常電流の保存則の表現式を得るのは簡単である．図 6.5 のように閉曲面 S 上に微小面積 dS をとると，ここから外向きに流れ出る電流は式 (6.7) から，$\bm{J}_e \cdot \hat{\bm{n}}\, dS$ で与えられるから，これを閉曲面全体にわたって総和をとれば，結局

$$\oint_S \bm{J}_e(\bm{r}) \cdot \hat{\bm{n}}(\bm{r})\, dS = 0 \tag{6.9}$$

と表される．これにガウスの定理を利用して微分形に直すと次式を得る．

$$\nabla \cdot \bm{J}_e(\bm{r}) = 0 \tag{6.10}$$

6.2 オームの法則

6.2.1 オームの実験則

図 **6.6** に示すような断面積 S の導体に定常電流 I が流れているとする．l だけ離れた導線上の 2 点 P_1, P_2 間の電位差を $V = V_1 - V_2$ ($V_1 > V_2$) としたとき，電流 I は，電位差 V に比例することが**オーム** (G.S. Ohm) の詳細な実験によって明らかにされた．比例定数を $1/R$ としたとき

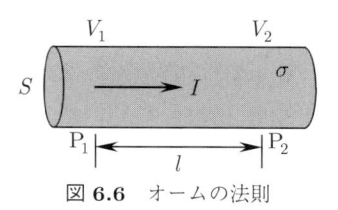

図 **6.6** オームの法則

$$\text{オームの法則：}\quad I = \frac{V}{R} \tag{6.11}$$

を**オームの法則** (Ohm's law) という[†1]．また，定数 R を**電気抵抗** (electric resistance)，あるいは単に**抵抗**という．オームの実験によると，抵抗の値は導線の長さ l に比例し，断面積 S に反比例する．すなわち

$$R = \rho \frac{l}{S} = \frac{1}{\sigma} \frac{l}{S} \tag{6.12}$$

となる．ここで比例定数 ρ は導体の形や大きさによらない物質特有の定数であり，**抵抗率** (resistivity) とよばれる．また，その逆数 $\sigma = 1/\rho$ を**電気伝導率** (electric conductivity) あるいは**導電率** (conductivity) という．最近は抵抗率 ρ を用いず，電流の流れやすさを示す導電率 σ が用いられることが多い[†2]．さて前章までに説明してきた静電的現象においては，完

[†1] オームの法則は 1827 年に彼の著書の中で発表されたが．この法則の定性的な内容は 1805 年にリヒターが既に示していたという記録もある．電流の記号に使う I は，オームが最初に '強さ' という意味のドイツ語の頭文字からとったといわれている

[†2] 導電率を表す記号として γ も使われることがある．

表 6.1　各種物質の導電率 *（20° C）　単位：S/m

金属		誘電体	
銀	6.22×10^7	アルミナ	$10^{-12} \sim 10^{-9}$
銅	5.87×10^7	雲母	$\sim 10^{-13}$
金	4.47×10^7	石英ガラス	$< 10^{-16}$
アルミニウム	3.66×10^7	大理石	$10^{-9} \sim 10^{-7}$
タングステン	1.87×10^7	シリコンゴム	$10^{-13} \sim 10^{-12}$
亜鉛	1.67×10^7	天然ゴム	$10^{-15} \sim 10^{-13}$
純鉄	9.92×10^6	絶縁油	$10^{-15} \sim 10^{-11}$
スズ	8.48×10^6	テフロン	$10^{-19} \sim 10^{-15}$
鉛	4.81×10^6	ナイロン	$10^{-13} \sim 10^{-8}$
水銀	1.04×10^6	ポリ塩化ビニル	$2 \times 10^{-13} \sim 2 \times 10^{-7}$
ニクロム	9.30×10^5	エポキシ	$10^{-13} \sim 10^{-12}$

＊ 国立天文台 編：理科年表（平成 21 年度版），丸善 (2009)
　掲載のデータをもとに 20° C に換算した値

全導体に帯電した電荷は常にその表面に分布していた．電荷の流れが電流であるならば，その電流は導線の表面を流れるのではないかと考えるのはごく自然である．もしそうだとすれば，電気抵抗は式 (6.12) のように導線の断面積に反比例するのではなく，導線の半径（周囲長）に反比例するはずである．しかしオームの実験では，電気抵抗は断面積に反比例し，電流は導体内を流れるという結論を与えている．これは 6.1.1 項で述べたように，導体を流れる電流の原因が表面電荷ではなく，導体内部に存在する自由電子にあったことによる[†1]．自由電子が多いほど大きな電流が流れるから，これが電流の流れやすさの指標である導電率に現れるのである．**表 6.1** は幾つかの物質の導電率の値である．金属では導電率が非常に大きく，誘電体では非常に小さい．

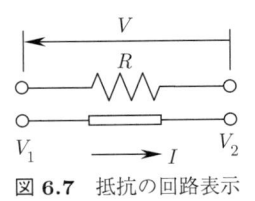

電気抵抗 R の単位は，式 (6.11) に基づき次のように決められる．すなわち 1 V の電位差の 2 点間を流れる電流の強さが 1 A であるとき，その 2 点間の導体の電気抵抗を 1 オーム〔Ω〕とする．このとき抵抗率 ρ の単位は，〔Ωm〕であるが，現在は，組立単位としてジーメンス〔S(= 1/Ω)〕が採用されているから[†2]，抵抗率 ρ の単位は〔m/S〕とするのが適当である．したがって導電率 σ の単位は，抵抗率の単位の逆数の〔S/m〕となる．

図 6.7 抵抗の回路表示

抵抗を電気回路の記号で表すと **図 6.7** のようになる．従来は抵抗の記号として，ジグザグの記号を用いていたが，最近は CAD (Computer Assisted Drafting) で描きやすいように簡単な細長い四角形で表されるようになった．また，電気回路では左側の電位 V_1 が V_2 に比

[†1] 自由電子が時間的に激しく変動すると電流は導体表面近くを流れるようになる．この現象については 11.1.2 項で詳しく述べる．
[†2] ジーメンスは，抵抗 R の逆数である**コンダクタンス** (conductance) $G = 1/R$ の単位であるが，オーム (ohm) の逆さスペルのモー (mho)〔℧〕という単位が使われることもある．シャレの利いた名づけ方である．

べて高いことを図のように矢印で表すことがある．このように電位の高い方向と電流の方向とが逆になることに注意しよう．

例題 6.2 (1) 半径 1 mm，長さ 1 m の銅線の抵抗値を求めよ．(2) 厚さ 1 μm，幅 0.5 mm，長さ 1 mm の炭素皮膜の抵抗値を求めよ．ただし，炭素皮膜の導電率 σ を $\sigma = 6 \times 10^4$ S/m とする．

【解答】 式 (6.12) と表 6.1 より

$$R_{銅線} = \frac{1}{5.87 \times 10^7 \times 3.14 \times (10^{-3})^2} = 5.43 \times 10^{-3} \ \Omega \tag{6.13}$$

$$R_{炭素皮膜} = \frac{1 \times 10^{-3}}{6 \times 10^4 \times 1 \times 10^{-6} \times 0.5 \times 10^{-3}} = 33.3 \ \Omega \tag{6.14}$$

◇

図 6.8 に現在よく使われている抵抗器の概観とその内部の様子を示す．図6.8(a) は抵抗体の両端にリード線の付いた金属キャップをはめ込み絶縁塗装してある．抵抗体はセラミック棒に炭素系の皮膜を焼き付けるか，あるいは金属皮膜や金属系酸化皮膜を蒸着させたものである．特に炭素系の皮膜を用いたものを**カーボン抵抗**といい，最も一般的で安価な抵抗器である．抵抗の大きさは抵抗体にらせん状の溝を切って目的の値にするようにしている．このらせん状の溝は，抵抗値にインダクタンス分を与えるため，周波数が高い回路で使用するときには，注意が必要である．これに対して図6.8(b) は一般に**チップ抵抗**とよばれる抵抗器である．リード線がないことや小形であるため，回路基板の表面実装に適しており，携帯電話機等の小形電子機器に広く使われている．大きさは数 mm，あるいはそれ以下のものがある．抵抗体には図 6.8(a) と同様にセラミック基板上に炭素系や金属系の材料を蒸着したものが用いられる．この他にも目的に応じて多種多様な抵抗器がある．興味のある方は専門書を参考にしてほしい．

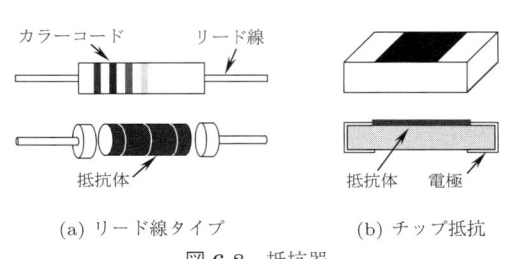

図 6.8 抵抗器

6.2.2 近接作用の考えに基づくオームの法則

式 (6.11) で表されたオームの法則は，距離 l を隔てた 2 点間の電位差と電流に関する法則である．その意味では遠隔作用的法則であるといえる．そこでここでは，式 (6.11) を近接作用の考えに適合した形式に書き直そう．

図 6.9 のように断面積 ΔS，長さ Δx の微小な円筒を考え，その全電気抵抗を ΔR とす

る．電流 I が流れる方向を x 軸にとり，この微小円筒部分にオームの法則 (6.11) と式 (6.12) を適用すると

$$V(x) - V(x + \Delta x) = \Delta R\, I = \frac{1}{\sigma}\frac{\Delta x}{\Delta S} I \tag{6.15}$$

となる．左辺は $-\dfrac{dV}{dx}\Delta x$ と近似できるから，電流密度 $J_e = I/\Delta S$ は

$$J_e \approx -\sigma \frac{dV}{dx} \tag{6.16}$$

と表すことができる．これまでは x 方向に流れる電流を考えてきたが，y, z 方向に流れる電流についても同様にできるから，式 (6.16) は次式のように拡張できる．

$$\boldsymbol{J}_e(\boldsymbol{r}) = -\sigma \nabla V(\boldsymbol{r}) \tag{6.17}$$

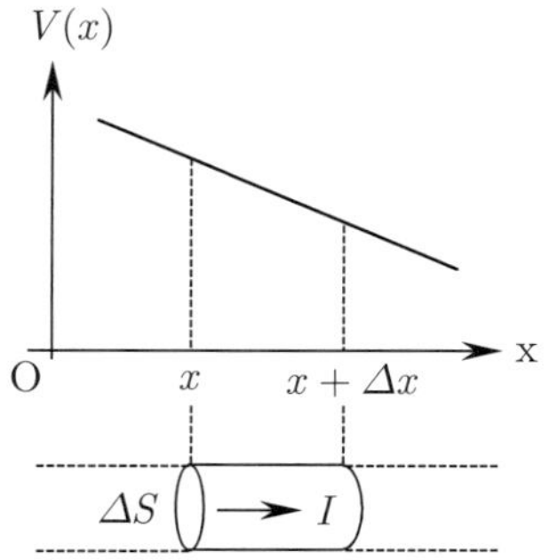

図 6.9 微小円筒に対するオームの法則

さらに電界 $\boldsymbol{E}$ と電圧 V の関係

$$\boldsymbol{E}(\boldsymbol{r}) = -\nabla V(\boldsymbol{r}) \tag{6.18}$$

を用いると，式 (6.17) は

$$\boldsymbol{J}_e(\boldsymbol{r}) = \sigma(\boldsymbol{r})\boldsymbol{E}(\boldsymbol{r}) \tag{6.19}$$

と書くことができる．ここで $\boldsymbol{E}(\boldsymbol{r})$ は式 (6.18) で定義したように，導体内の電位の傾きによって生じる電界であり，3 章のような電荷によって生じる電界ではないことに注意しよう．式 (6.19) は導体内に電界 $\boldsymbol{E}(\boldsymbol{r})$ があると，その場所に電流密度 $\boldsymbol{J}_e(\boldsymbol{r})$ が発生することを表しているから，近接作用の立場にたった**オームの法則**である[†]．なお，導電率が不均質であっても導出の過程は全く同じであるから，式 (6.19) では導電率 σ を場所 $\boldsymbol{r}$ の関数として記述している．

さて，物質中の単位体積あたりの自由電子数を N とすると，自由電子の電荷密度は $\rho_e = -eN$ で与えられるから，式 (6.6) と式 (6.3) より

$$\boldsymbol{J}_e = eN\boldsymbol{v} = \frac{Ne^2\tau}{m}\boldsymbol{E} \tag{6.20}$$

となる．式 (6.19) と比較すると，この式がオームの法則に他ならないことがわかる．このとき導電率 σ は

[†] 式 (6.17) において，V を温度，σ を熱伝導率，$\boldsymbol{J}_e$ を熱流速密度に置き換えると，式 (6.17) は定常状態における熱伝導の方程式そのものであり，物体内の熱の流れは，温度勾配に比例するということを表している．

$$\sigma = \frac{Ne^2\tau}{m} \tag{6.21}$$

で与えられる．このように導電率は自由電子の密度 N に比例する．金属は誘電体に比べて自由電子の密度が極めて高いから，表 6.1 のように導電率が大きくなるのである．

6.2.3 ジュールの法則

図 6.6 において，低電位 V_2 の点 P_2 から高電位 V_1 の点 P_1 まで，点電荷 Q を移動させるために必要な仕事量 W は

$$W = Q(V_1 - V_2) = QV \tag{6.22}$$

で与えられる．逆に高電位の点 P_1 にある電荷 Q が低電位の点 P_2 に移動するときには，電界が外部に対して式 (6.22) だけの量の仕事をすることになる．一方，導体上の 2 点間には電流 I が流れ，単位時間あたり Q の電荷を移動させる電界が生じている．したがって，単位時間あたり

$$P = \frac{dW}{dt} = \frac{dQ}{dt}V = IV \tag{6.23}$$

だけの仕事をすることになる．P は単位時間あたりのエネルギーで，**電力** (electric power) とよばれ，その単位はワット〔W(=J/s)〕である．このエネルギーは 2 点間で消費され熱に変わる．この熱損失を**ジュール熱** (Joule heat)，あるいは**オーム損** (Ohmic loss) という．オームの法則 (6.11) を用いると，式 (6.23) は

$$P = RI^2 = \frac{V^2}{R} \tag{6.24}$$

と表される．式 (6.23) あるいは (6.24) をジュールの法則 (Joule's law) という．なお，熱はカロリー†〔cal〕の単位 (1 cal = 4.184 J) で表すことが多い．式 (6.24) を単位を含めて表すと

$$P = RI^2 \,[\text{W}] = RI^2 \,[\text{J/s}] \approx 0.239 \, RI^2 \,[\text{cal/s}] \tag{6.25}$$

となる．

式 (6.23) のジュールの法則を近接作用の立場に適合した形に書き直そう．図 6.9 のように断面積 ΔS，長さ Δx の微小円筒を考えると，単位体積あたりの消費電力は

$$p = \frac{P}{\Delta S \Delta x} = \frac{I}{\Delta S} \frac{V(x) - V(x + \Delta x)}{\Delta x} = -J_e \frac{dV}{dx}$$

---

† 1 カロリーとは，1 グラムの純粋な水を 1°C だけ上昇させるのに必要な熱量である．

となる．右辺の $-\dfrac{dV}{dx}$ は電界 $\boldsymbol{E}$ の x 成分であるから，上式を一般形に直すのは簡単であり，単位体積あたりに消費される電力は次式によって与えられる．

> ジュールの法則（微分形式）： $p(\boldsymbol{r}) = \boldsymbol{J}(\boldsymbol{r}) \cdot \boldsymbol{E}(\boldsymbol{r}) = \sigma(\boldsymbol{r}) E^2(\boldsymbol{r})$　　　　(6.26)

ジュール熱を利用した電気製品は多い．実際には交流が使われるが，白熱電灯や電気ストーブ，電熱器などが身近なものである．前者は電球内のフィラメントに発生するジュール熱によって光を発生させるものであり，後者は直接熱の形で利用するものである．取り扱いが簡単で不純物を発生しない等の利点がある．一方，送電線や電気機器の配線には一般に銅が用いられる．例題 6.2 で示したように，銅には小さいながらも抵抗があるために電流が流れると熱が発生する．この熱は全く無駄になる熱である．単位時間あたりの消費エネルギーを，銅に生じる損失という意味で**銅損** (copper loss) という．また，導体の絶縁物として紙やプラスチックなどの有機物が用いられるが，銅損によって熱が発生するとそれらが変形したり，激しい場合には燃え出すことがある．電気機器ではこのようなことが起こらないように熱設計することも重要である．

例題 6.3　500 W の電熱器に 100 V の電圧を加えた．(1) 流れる電流と電熱器の抵抗を求めよ．(2) この電熱器で 1 ℓ の水を 20°C から 100°C まで上昇させるために必要な時間を求めよ．ただし，電熱器で発生した熱の 50 % が水温を上げるために費やされたとする．

【解答】　(1) 式 (6.23) より，$I = 500/100 = 5$ A，抵抗 R はオームの法則より $R = 100/5 = 20$ Ω．(2) 1 ℓ の水を 20°C から 100°C まで上昇させるために必要なエネルギー W は $W = 1\,000 \times (100 - 20) \times 4.184 = 3.347\,2 \times 10^5$ J．電熱器の電力の半分 250 W がこれに使われたから，所要時間は $t = 3.347\,2 \times 10^5/250 \approx 1\,339$ 秒 ≈ 22 分．　　　　　　◇

6.3　起電力がある場合のオームの法則

6.3.1　起　電　力

抵抗のある導線の 2 点間に電位差があればオームの法則にしたがって電流が流れるが，電位差を一定に保つような外部回路がなければ，その電流は一瞬のうちにゼロになってしまう．このことはオームの法則からも証明できる．図 6.10 のような閉じた回路を考え，その内部の閉曲線 C に沿ってオームの法則 (6.19) を適用し，式 (6.18) を用いると

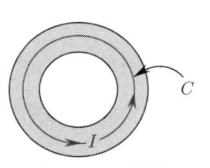

図 6.10　閉路

$$\oint_C \frac{1}{\sigma(\boldsymbol{r})} \boldsymbol{J}_e(\boldsymbol{r}) \cdot d\boldsymbol{l} = \oint_C \boldsymbol{E}(\boldsymbol{r}) \cdot d\boldsymbol{l} = -\oint_C \nabla V(\boldsymbol{r}) \cdot d\boldsymbol{l} = 0 \tag{6.27}$$

となる．閉曲線 C を電流の方向と一致させるようにとれば，左辺は正の値になるから，$\boldsymbol{J}_e \equiv 0$ でなければならない．この矛盾は，閉路 C の全ての場所でオームの法則 (6.19) が成立するとしたことによる．したがって，図 6.10 のような閉路に電流が流れ続けるためには，その電流を流す原因が回路のどこかになければならない．

長時間にわたって電流を流し続けられる装置を **電池** (battery) という．本節では，電流の磁気作用が発見されるきっかけとなった **ボルタの電池** を例にとって，電池の内部でどのようなことが起こっているかを説明する†．

図 **6.11** はボルタの電池の概略であり，希硫酸 (H_2SO_4) の溶液中に亜鉛 (Zn) 板と銅 (Cu) 板が挿入されている．希硫酸は $H_2SO_4 \to 2H^+ + SO_4^{2-}$ のように電離している．亜鉛板の Zn 原子はイオン化傾向が大きいために

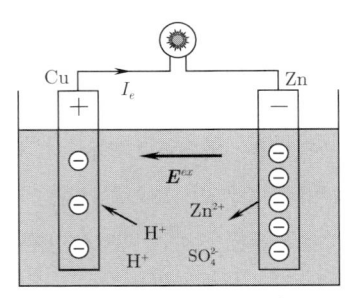

図 **6.11** ボルタの電池

$Zn \to Zn^{2+} + 2e^-$ のように電離し，溶液中には Zn^{2+} が溶け出すと共に亜鉛板には $2e^-$ の電子が残る．その結果，亜鉛板は負に帯電して電位が下がる．しかし電位が下がれば，クーロン力によって溶液中に溶け出していた Zn^{2+} 原子が亜鉛板に引き戻されるため，ある一定の電位差になると電離がとまる．亜鉛板と溶液との接触面に生じるこの電位差のことを **接触電位差** (contact potential difference) という．つまり亜鉛板の電位は溶液の電位より低くなる．一方，銅板について考えると，Cu 原子のイオン化傾向は非常に小さいため，ほとんど電離はしないで，銅板は溶液よりわずかに電位が下がるだけである．銅板と溶液との接触電位差は亜鉛板のそれよりも高いため，銅板は陽極，亜鉛板は陰極となり，両極板間には電位差が生じる．

電池の両端を導線で結ぶと，電位が等しくなろうとして亜鉛板（陰極）から銅板（陽極）へ電子が移動する．陽極に達した電子は銅板付近にある H^+ と中和し H_2 が発生する．一方，陰極の亜鉛板では，電子が移動して少なくなったことにより，亜鉛板からは Zn^{2+} が溶け出しやすくなる．Zn^{2+} の溶け出しにより接触電位が下がるから，電位差を一定に保つように作用する．このようにして，電子は導線中を亜鉛板（陰極）から銅板（陽極）に向かって移動し続ける．電流で考えると，一定の電流が陽極から陰極に流れる．

溶液中の Zn^{2+} は陰極から溶液内に溶け続けるため，溶液中では，陰極から陽極へ向かう正イオンの移動が生じる．正イオンを移動させている力は，電気的な力とは全く違う化学的

---

† 最近では，**光起電力効果** (photovoltaic effect) を利用して，光のエネルギーを直接電気エネルギーに変換する太陽電池 (solar cell) や，水素と酸素を反応させて電気エネルギーを得る燃料電池 (fuel cell) などが広く普及している．どちらも材料や方式によって多くの種類がある．

な（あるいは溶液自体の流れに伴う機械的な）力によるものである．そこで溶液中の正イオンの移動のもとになる力を $\boldsymbol{F}^{ex}$ とし，1 C あたりの力を $\boldsymbol{E}^{ex}$ と表すと，この $\boldsymbol{E}^{ex}$ は電界と同じ単位をもつ．しかし，静電界とは性質の全く異なる電界であり，電池内で陰極から陽極へ向かうベクトルである．この電界 $\boldsymbol{E}^{ex}$ が 1 C の電荷を陰極から陽極まで運ぶ仕事量は

$$V^{ex} = \int_C \boldsymbol{E}^{ex}(\boldsymbol{r}) \cdot d\boldsymbol{l} \tag{6.28}$$

で与えられる．ここで経路 C は溶液中を陰極から陽極へ正のイオンが移動する経路である．式 (6.28) の V^{ex} は電位の単位〔V〕をもつため，一般に **起電力** (electromotive force) といい電池の能力を示す 1 つの指針になる量である．起電 '力' という言葉は，力学における '力' ではない．電気を起こす力，というような意味である．

一方，陽極の方が電位が高いから，溶液中には $\boldsymbol{E}^{ex}$ とは逆向きの陽極から陰極に向かう電界 $\boldsymbol{E}$ もある．電池を抵抗につなぐと，図 6.12 (a) のような電流 I が流れるが，この電流を流しているのは $\boldsymbol{E}^{ex}$ と $\boldsymbol{E}$ による和，$\boldsymbol{E} + \boldsymbol{E}^{ex}$ である．また電池内には溶液の導電率に対応した抵抗分がある．これを **内部抵抗** (internal resistance) という．図 6.12 (a) を電気回路に直すと図 (b) のようになる．1-1' 間の電圧が電池の両極の端子電圧であるが，電流が流れていないときは起電力と等しいが，電流が流れると，内部抵抗 R^{ex} による電圧降下のために，端子電圧は起電力 V^{ex} より小さくなる．

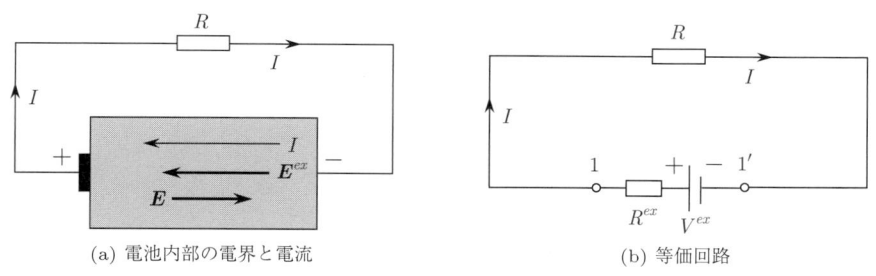

(a) 電池内部の電界と電流　　　(b) 等価回路

図 6.12 起電力のある電気回路

6.3.2 オームの法則

起電力がある場合のオームの法則は

$$\boldsymbol{J}_e(\boldsymbol{r}) = \sigma(\boldsymbol{r}) \left[\boldsymbol{E}(\boldsymbol{r}) + \boldsymbol{E}^{ex}(\boldsymbol{r}) \right] \tag{6.29}$$

と書き換えられなければならない．電界 $\boldsymbol{E}^{ex}$ は前項で述べたように，陽イオンを陰極から陽極に運ぶための化学的な力に対応する電界である．そのため，式 (6.18) のように電位の勾配としては表せない非保存的な電界である．

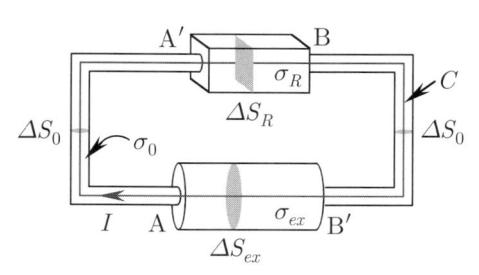

図 6.13 起電力がある電気回路

式 (6.29) を図 **6.13** のような閉曲線 C に沿って積分すると

$$\oint_C \frac{1}{\sigma(\boldsymbol{r})} \boldsymbol{J}_e(\boldsymbol{r}) \cdot d\boldsymbol{l} = \oint_C \boldsymbol{E}(\boldsymbol{r}) \cdot d\boldsymbol{l} + \oint_C \boldsymbol{E}^{ex}(\boldsymbol{r}) \cdot d\boldsymbol{l}$$

$$= -\oint_C \nabla V(\boldsymbol{r}) \cdot d\boldsymbol{l} + \int_{C_{ex}} \boldsymbol{E}^{ex}(\boldsymbol{r}) \cdot d\boldsymbol{l} = V^{ex} \tag{6.30}$$

となる．上式の左辺は閉路の断面積を $\Delta S(\boldsymbol{r})$ とすると，式 (6.12) により

$$\oint_C \frac{1}{\sigma(\boldsymbol{r})} \boldsymbol{J}_e(\boldsymbol{r}) \cdot d\boldsymbol{l} = \oint_C \left[\boldsymbol{J}_e(\boldsymbol{r}) \cdot \hat{\boldsymbol{l}} \Delta S(\boldsymbol{r}) \right] \frac{dl}{\sigma(\boldsymbol{r}) \Delta S(\boldsymbol{r})} = I \oint_C dR(\boldsymbol{r})$$

$$= I \left[\int_A^{A'} dR + \int_{A'}^{B} dR + \int_B^{B'} dR + \int_{B'}^{A} dR \right] = (R_0 + R + R_{ex}) I \tag{6.31}$$

となる．ここで電流保存則より ΔS を通過する電流は，どこでも一定であるという性質を用いた．また R_0 は導線部分 A-A′ および B-B′ の抵抗，R_{ex} は電源部分の内部抵抗である．このようにして，起電力 V_{ex} を含む閉路におけるオームの法則は

$$V^{ex} = (R_0 + R + R_{ex}) I \tag{6.32}$$

となる．$R_0 I$，RI および $R_{ex} I$ は起電力 V^{ex} と電圧の上昇方向が逆になることから**逆起電力** (back electromotive force) ともよばれる．なお，導線の抵抗 R_0，内部抵抗 R_{ex} は抵抗器の抵抗 R に比べて非常に小さいことが多い．このとき式 (6.32) は $V^{ex} = RI$ となる．

6.4　定常電流の空間分布

6.4.1　定常電流の境界値問題

定常電流の基本方程式：

$$\begin{cases} \nabla \cdot \boldsymbol{J}_e(\boldsymbol{r}) = 0, \\ \boldsymbol{E}(\boldsymbol{r}) = -\nabla V(\boldsymbol{r}), \quad \text{あるいは} \quad \nabla \times \boldsymbol{E}(\boldsymbol{r}) = 0, \\ \boldsymbol{J}_e(\boldsymbol{r}) = \sigma(\boldsymbol{r}) \Big[\boldsymbol{E}(\boldsymbol{r}) + \boldsymbol{E}^{ex}(\boldsymbol{r}) \Big] \end{cases} \tag{6.33}$$

が与えられたから，これから定常電流の空間分布を決定する問題を考えてみよう．

式 (6.33) の第 2 式を第 3 式に代入すると

$$\boldsymbol{J}_e(\boldsymbol{r}) = \sigma(\boldsymbol{r}) \Big[-\nabla V(\boldsymbol{r}) + \boldsymbol{E}^{ex}(\boldsymbol{r}) \Big] \tag{6.34}$$

さらにこれを式 (6.33) の第 1 式に代入すると

$$\nabla \cdot \Big[\sigma(\boldsymbol{r}) \nabla V(\boldsymbol{r}) \Big] = \nabla \cdot \Big[\sigma(\boldsymbol{r}) \boldsymbol{E}^{ex}(\boldsymbol{r}) \Big] \tag{6.35}$$

を得る．特に導電率 σ が場所によらない定数であるときには

$$\nabla^2 V(\boldsymbol{r}) = \nabla \cdot \boldsymbol{E}^{ex}(\boldsymbol{r}) \tag{6.36}$$

となる．これは $-\varepsilon \nabla \cdot \boldsymbol{E}^{ex}$ を等価的な電荷分布とみなしたときのポアソンの方程式と全く同じ式となるから，数学的な解法の手順も 5.2 節と同様である．

式 (6.35) あるいは式 (6.36) は導体内部を規定する方程式であるが，図 **6.14** のように導体表面 S が $\sigma = 0$ の空間と接している場合は，電流は S から流れ出ないから $\boldsymbol{J}_e \cdot \hat{\boldsymbol{n}} = 0$ となる．これを式 (6.34) に適用すると

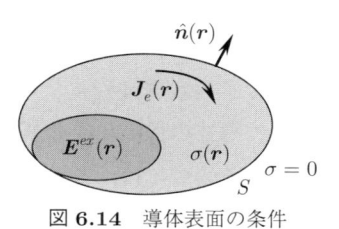

$$\frac{\partial V(\boldsymbol{r})}{\partial n} = \boldsymbol{E}^{ex}(\boldsymbol{r}) \cdot \hat{\boldsymbol{n}}(\boldsymbol{r}) \tag{6.37}$$

図 **6.14** 導体表面の条件

となる．特に外部起電力がなければ

$$\frac{\partial V(\boldsymbol{r})}{\partial n} = 0 \tag{6.38}$$

となる．したがって，式 (6.35) あるいは式 (6.36) を式 (6.37) か式 (6.38) のもとで解けば導体内の定常電流を決定することができる．

6.4.2 境 界 条 件

式 (6.35) を解くにあたって，もし導電率の異なる導体が図 **6.15** のように接しているときには，そこでの電流分布を決めるための境界条件が必要になる．導出の仕方は 4.6 節と全く同様にできるため，結果だけを示すと以下のようになる．

まず $\nabla \cdot \boldsymbol{J}_e = 0$ より電流の法線成分は連続で

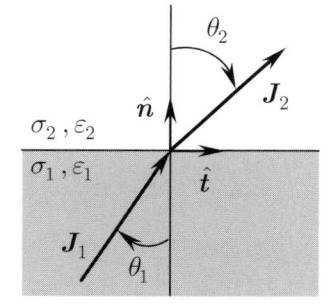

$$(\boldsymbol{J}_2 - \boldsymbol{J}_1) \cdot \hat{\boldsymbol{n}} = 0 \tag{6.39}$$

が成り立つ．これを電界を用いて表すと，境界面上に外部起電力がないときには

図 **6.15** 電流の屈折

$$(\sigma_2 \boldsymbol{E}_2 - \sigma_1 \boldsymbol{E}_1) \cdot \hat{\boldsymbol{n}} = 0 \tag{6.40}$$

となる．一方，$\nabla \times \boldsymbol{E} = 0$ より電界の接線成分は連続であり

$$(\boldsymbol{E}_2 - \boldsymbol{E}_1) \cdot \hat{\boldsymbol{t}} = 0, \tag{6.41}$$

あるいは

$$\left(\frac{\boldsymbol{J}_2}{\sigma_2} - \frac{\boldsymbol{J}_1}{\sigma_1}\right) \cdot \hat{\boldsymbol{t}} = 0 \tag{6.42}$$

が成り立つ．これらを組み合わせると

$$\text{定常電流に関する屈折の法則：} \quad \frac{\tan\theta_1}{\tan\theta_2} = \frac{\sigma_1}{\sigma_2} \tag{6.43}$$

が得られる．

さて，式 (6.21) のように導電率は，導体の自由電子密度 N と平均自由時間 τ に関係したから，導体の種類が異なれば電荷の移動量も異なる．したがって，異なる導電率の導体が接している場合には，各導体を移動する電荷の過不足分が境界に蓄積されるはずである．その表面電荷密度を σ_e とすると，その値はガウスの法則 $\nabla\cdot\boldsymbol{D}=\rho_e$ より求められ，4 章の式 (4.42)，すなわち $(\boldsymbol{D}_2-\boldsymbol{D}_1)\cdot\hat{\boldsymbol{n}}=\sigma_e$ となる．これを電流密度で表すと

$$\sigma_e = (\varepsilon_2\boldsymbol{E}_2 - \varepsilon_1\boldsymbol{E}_1)\cdot\hat{\boldsymbol{n}} = \left(\frac{\varepsilon_2}{\sigma_2}\boldsymbol{J}_2 - \frac{\varepsilon_1}{\sigma_1}\boldsymbol{J}_1\right)\cdot\hat{\boldsymbol{n}} = \left(\frac{\varepsilon_2}{\sigma_2} - \frac{\varepsilon_1}{\sigma_1}\right)J_n \tag{6.44}$$

を得る．ただし，$J_n = \boldsymbol{J}_1\cdot\hat{\boldsymbol{n}} = \boldsymbol{J}_2\cdot\hat{\boldsymbol{n}}$ である．式 (6.44) より，境界に電荷が蓄積されない条件は $\varepsilon_1/\sigma_1 = \varepsilon_2/\sigma_2$ であり，このときに限って定常電流の屈折の法則 (6.43) と静電界の屈折の法則 (4.48) が一致する．

図 6.16 のように，σ_1 の領域が完全導体なら，$\sigma_1\to\infty$ であるから，式 (6.42) より電流 $\boldsymbol{J}_2$ の接線成分はゼロ，すなわち，電流は完全導体に垂直な成分のみをもつ．また，$\boldsymbol{E}_2 = \boldsymbol{J}_2/\sigma_2$ であるから，電界も垂直成分のみをもつ．さらに，式 (6.44) より導体表面上の電荷密度は

$$\sigma_e = \varepsilon_2\boldsymbol{E}_2\cdot\hat{\boldsymbol{n}} = \frac{\varepsilon_2}{\sigma_2}\boldsymbol{J}_2\cdot\hat{\boldsymbol{n}} \tag{6.45}$$

となる．

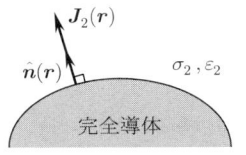

図 6.16 完全導体表面の境界条件

次に，図 6.17 のように，$\sigma_2 = 0$ の誘電体と導体とが接している場合を考える．誘電体には電流が流れないから $\boldsymbol{J}_2 = 0$ であり，式 (6.39) より $\boldsymbol{J}_1\cdot\hat{\boldsymbol{n}} = 0$ となる．これは定常電流が流れ出さない条件であると同時に定常電流が境界に沿って流れることを意味している．また，式 (6.40) より，$\boldsymbol{E}_1\cdot\hat{\boldsymbol{n}} = 0$ となるから導体の境界内面では電界の接線成分だけをもつ．このとき，導体の外表面に誘起される真電荷密度は式 (6.44) より

$$\sigma_e = \varepsilon_2\boldsymbol{E}_2\cdot\hat{\boldsymbol{n}} \tag{6.46}$$

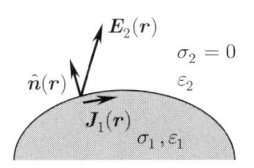

図 6.17 誘電体と導体の境界における条件

と完全導体の場合と同じになる．完全導体の場合は $\boldsymbol{E}_2$ と $\hat{\boldsymbol{n}}$ とは平行であるため表面に沿う電流はないが，σ_1 が有限の値をもつ場合には $\boldsymbol{E}_2$ の接線成分によって導体表面に電流が誘

例題 6.4 図 6.18 のような完全導体の同心球電極 #A, #B 間に，導電率 σ，誘電率 ε の物質を挿入した．両電極間の抵抗を求めよ．

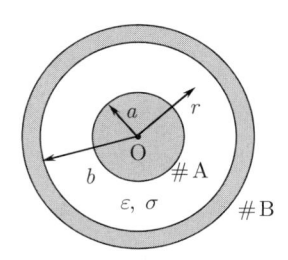

図 6.18 導電性の媒質をつめた同心球コンデンサ

【解答】 電極間には起電力はないから，式 (6.36) より電極間の電位 V はラプラスの方程式 $\nabla^2 V(\boldsymbol{r}) = 0$ を満足する．同心球の問題であり，中心 O の周りに球対称であるから，ラプラスの方程式の一般解は，5 章の例題 5.3 と同様に未定係数 K_1, K_2 を用いて

$$V(r) = \frac{K_1}{r} + K_2$$

となる．これより電流密度は

$$\boldsymbol{J}_e(r) = \sigma \boldsymbol{E} = -\sigma \nabla V = -\sigma \frac{\partial V}{\partial r} \hat{\boldsymbol{r}} = \sigma \frac{K_1}{r^2} \hat{\boldsymbol{r}}$$

となる．ここで半径 a の内球より流れ出す電流の総量を I とすると $I = J_e(a) 4\pi a^2 = 4\pi\sigma K_1$ となり，未定係数 K_1 が電流 I によって表される．これを用いると

$$V(r) = \frac{I}{4\pi\sigma} \frac{1}{r} + K_2.$$

電極間の電位差 V は

$$V = V(a) - V(b) = \frac{I}{4\pi\sigma} \left(\frac{1}{a} - \frac{1}{b} \right) \tag{6.47}$$

で与えられ，未定係数 K_2 は必要ない．この結果から，電気抵抗 R は

$$R = \frac{V}{I} = \frac{1}{4\pi\sigma} \left(\frac{1}{a} - \frac{1}{b} \right). \tag{6.48}$$

◇

6.4.3 一様な空間における定常電流の場と静電界

起電力のない一様な導体内部の定常電流の空間的分布を決定する基本法則は

$$\nabla \cdot \boldsymbol{J}_e(\boldsymbol{r}) = 0, \quad \boldsymbol{J}_e(\boldsymbol{r}) = \sigma \boldsymbol{E}(\boldsymbol{r}), \quad \nabla \times \boldsymbol{E}(\boldsymbol{r}) = 0 \tag{6.49}$$

である．これと，真電荷分布 $\rho_e(\boldsymbol{r}) = 0$ の場所で成立する静電界の基本方程式：

$$\nabla \cdot \boldsymbol{D}(\boldsymbol{r}) = 0, \quad \boldsymbol{D}(\boldsymbol{r}) = \varepsilon \boldsymbol{E}_{st}(\boldsymbol{r}), \quad \nabla \times \boldsymbol{E}_{st}(\boldsymbol{r}) = 0 \tag{6.50}$$

とを比較すると極めて類似している．したがって定常電流の場と静電界との間には何らかの

関係がありそうである．なお式 (6.50) において静電界を $E_{st}(r)$ と書いたのは，式 (6.49) における導体中の電界 $E(r)$ と区別するためである．さて，ε も σ も一定だから，式 (6.49)，(6.50) を電界だけで表すと

$$\begin{cases} \nabla \cdot E(r) = 0, & \nabla \times E(r) = 0 \\ \nabla \cdot E_{st}(r) = 0, & \nabla \times E_{st}(r) = 0 \end{cases} \tag{6.51}$$

となり，全く同じ方程式となる．したがって式 (6.51) が同一の境界条件を満足するなら，導体内の電界と静電界とは同一の関数で表されることになる．すなわち，$E(r) \equiv E_{st}(r)$ である．このとき，式 (6.49) から

$$J_e(r) = \sigma(r) E_{st}(r) \tag{6.52}$$

の関係が得られる．

ところで，複雑な形の電極間の静電界を解析的に求めることは極めて困難であり，静電界を測定することも実際問題としては難しい．そこで同じ形の電解質溶液の中に漬けて電極間に微弱な電流を流し，この電流分布 $J_e(r)$ を測定する．すると式 (6.52) の関係を利用して静電界 $E_{st}(r)$ を知ることができる．これを**電解槽法**といい，静電界を実験的に調べたいときに用いられてきた．最近は電子計算機によって，精密な静電界分布の予測が可能になっているため，このような実験的手法を用いることはめったにない．

6.4.4　静電容量と抵抗

いままでは，完全な絶縁体でできたコンデンサについて調べてきたが，実際の絶縁体は不完全で，わずかながら導電性をもっている．このような回路素子は，コンデンサとしての役目と抵抗としての役目の両方を兼ね備えていることになり，等価回路では，静電容量 C と抵抗 R（あるいは逆数であるコンダクタンス G）の並列回路として扱われる．式 (6.52) の関係に基づいて，**図 6.19** に示すような，導電性をもつ不完全コンデンサの静電容量 C と抵抗 R との関係を求めてみよう．

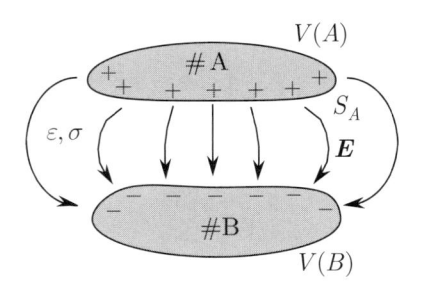

図 6.19　C と R の関係

表面積 S_A をもつ完全導体の電極 #A 上の電荷密度を $\sigma_A(r)$，全電荷を Q，#A から流出する全電流を I とし，電極間は誘電率 ε, 導電率 σ の媒質で満たされているとする．3.5.2 項のガウスの法則 (3.52)，式 (6.19) および式 (6.52) を，電極 #A の表面 S_A に適用すると

$$Q = \oint_{S_A} \sigma_A(\boldsymbol{r})\, dS = \varepsilon \oint_{S_A} \boldsymbol{E}_{st}(\boldsymbol{r}) \cdot \hat{\boldsymbol{n}}(\boldsymbol{r})\, dS = \varepsilon \oint_{S_A} \boldsymbol{E}(\boldsymbol{r}) \cdot \hat{\boldsymbol{n}}(\boldsymbol{r})\, dS$$
$$= \frac{\varepsilon}{\sigma} \oint_{S_A} \boldsymbol{J}(\boldsymbol{r}) \cdot \hat{\boldsymbol{n}}(\boldsymbol{r})\, dS = \frac{\varepsilon}{\sigma} I \tag{6.53}$$

となる．式 (6.53) の両辺を電極間の電位差 $V = V(\mathrm{A}) - V(\mathrm{B})$ で割ると，左辺は静電容量 C，右辺の I/V は $1/R$ であるから

$$RC = \frac{\varepsilon}{\sigma} \tag{6.54}$$

の関係を得る．この関係を使えば，C, R の一方がわかれば，他方は式 (6.54) より直ちに求められる．例題 6.4 で導出した同心球コンデンサの抵抗 R の式 (6.48) と 3 章の同心球のコンデンサの静電容量 C の式 (3.148) から，式 (6.54) が成り立っていることが確認できる．

6.4.5 外部起電力による電界 *

6.1 節において定常電流だけが流れているのなら，この電流による電界は生じないことを述べた．一方，6.3.2 項では，**外部電界** $\boldsymbol{E}^{ex}$ は電荷分布のような働きをすることを述べた．したがって，図 6.14 の閉曲面 S の外部には，この等価的な電荷による電界が生じるはずである．この電界の性質を調べてみよう．

式 (6.36) の解は，5.1.3 項で述べたポアソン方程式の解の求め方と全く同様にできて

$$V(\boldsymbol{r}) = -\frac{1}{4\pi\varepsilon} \int_V \frac{\rho(\boldsymbol{r}')}{|\boldsymbol{r} - \boldsymbol{r}'|}\, dv' \tag{6.55}$$

となる．したがって $\rho(\boldsymbol{r}) = \varepsilon \nabla \cdot \boldsymbol{E}^{ex}(\boldsymbol{r})$ が恒等的にゼロでない領域があるなら，電界が発生する．どのような性質をもつかを調べるために，式 (6.55) を 3.8 節と同様に多重極展開すると

$$V(\boldsymbol{r}) = -\frac{1}{4\pi\varepsilon}\left[\frac{q}{r} + \frac{\boldsymbol{p} \cdot \boldsymbol{r}}{r^3} + \cdots\right] \tag{6.56}$$

を得る．ただし

$$q = \int_V \rho(\boldsymbol{r})\, dv, \quad \boldsymbol{p} = \int_V \boldsymbol{r}\rho(\boldsymbol{r})\, dv \tag{6.57}$$

である．上式の q は

$$q = \int_V \varepsilon \nabla \cdot \boldsymbol{E}^{ex}(\boldsymbol{r})\, dv = \oint_S \varepsilon \boldsymbol{E}^{ex}(\boldsymbol{r}) \cdot \hat{\boldsymbol{n}}(\boldsymbol{r})\, dS$$

と変形できる．$\boldsymbol{E}^{ex}$ は限られた領域 V 内にだけあるとしたから，その表面 S で $\boldsymbol{E}^{ex} \cdot \hat{\boldsymbol{n}} = 0$ である．したがって，上式はゼロにならなければならない．

次に $\boldsymbol{p}$ は以下のように計算される．まず，数学公式 $\nabla\cdot\left[x\boldsymbol{E}^{ex}(\boldsymbol{r})\right]=\hat{\boldsymbol{x}}\cdot\boldsymbol{E}^{ex}(\boldsymbol{r})+x\nabla\cdot\boldsymbol{E}^{ex}(\boldsymbol{r})$ の両辺を体積積分し，ガウスの定理を使うと

$$\int_V \nabla\cdot\left[x\boldsymbol{E}^{ex}(\boldsymbol{r})\right]dv = \oint_S x\boldsymbol{E}^{ex}(\boldsymbol{r})\cdot\hat{\boldsymbol{n}}(\boldsymbol{r})\,dS$$
$$= \int_V \left[\hat{\boldsymbol{x}}\cdot\boldsymbol{E}^{ex}(\boldsymbol{r})+x\nabla\cdot\boldsymbol{E}^{ex}(\boldsymbol{r})\right]dv \tag{6.58}$$

となる．$\boldsymbol{E}^{ex}$ が V 内の限られた領域内にあるから，S 上で $\boldsymbol{E}^{ex}\cdot\hat{\boldsymbol{n}}=0$ であるから

$$\int_V x\nabla\cdot\boldsymbol{E}^{ex}(\boldsymbol{r})\,dv = -\int_V \hat{\boldsymbol{x}}\cdot\boldsymbol{E}^{ex}(\boldsymbol{r})\,dv \tag{6.59}$$

を得る．y,z についても同様の式が成り立つから，それらを加え合わせると次式が成り立つ．

$$\int_V \boldsymbol{r}\nabla\cdot\boldsymbol{E}^{ex}(\boldsymbol{r})\,dv = -\int_V \boldsymbol{E}^{ex}(\boldsymbol{r})\,dv \tag{6.60}$$

これを用いると，式 (6.57) の $\boldsymbol{p}$ は

$$\boldsymbol{p} = -\int_V \varepsilon\boldsymbol{E}^{ex}(\boldsymbol{r})\,dv \tag{6.61}$$

となる．

以上の計算より，微分方程式 (6.36) の解 (6.55) は

$$V(\boldsymbol{r}) = -\frac{1}{4\pi\varepsilon}\frac{\boldsymbol{p}\cdot\boldsymbol{r}}{r^3} + \cdots \tag{6.62}$$

となる．すなわち外部起電力による電界は点電荷の成分がなく，双極子モーメントによる電界成分が主要成分となる．したがって，図 **6.20** のような回路では，電源内の電界 $\boldsymbol{E}^{ex}$ の作る等価的な

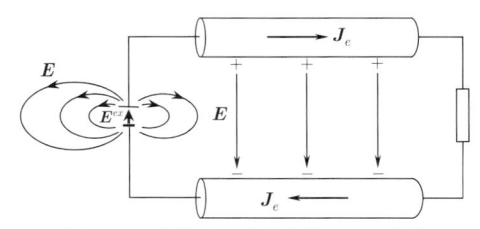

図 **6.20** 電池内の外部電界による電界

双極子による電界が生じる．導電率が非常に大きければ電界は導体にほぼ垂直になり，結局図のような電界ができる．この電界は純粋な静電界であり，導体表面に垂直となるから導体表面に誘起された電荷が移動するようなことはない．

6.5 キルヒホッフの法則

非常に簡単な回路の場合には，オームの法則を用いて導体内の電流分布を計算することができるが，回路に分岐点があるような少し複雑な回路になるとオームの法則だけでは回路内の電流の分布を決めることはできない．1849 年，キルヒホッフ (G. Kirchhoff) は，どんな複雑な回路の場合でも回路内の電流の分布を決めることのできる法則を発見した．ここでは抵抗と電池だけで構成される直流回路をとり上げて**キルヒホッフの法則**を説明する．

キルヒホッフの法則を具体的に示す前に幾つか言葉を定義しておこう．**図 6.21** のような回路において，導線をつないだ箇所を**節点** (node) または**接続点** (junction point) という．図中の点 A, B, C, D などがそれである．2 つの節点を直接結ぶ AB, CD などの線を**枝** (branch) または**枝路**という．幾つかの枝を通して一周する回路，例えば図中の ABCDA, ABCA などを**網目** (mesh)，**環路** (loop)，または**閉路** (closed path) という．このような回路に関して次の法則が成り立つ．

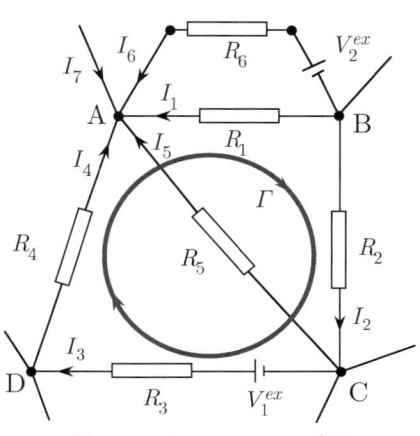

図 6.21 キルヒホッフの法則

キルヒホッフの第 1 法則：回路の任意の節点において，その点に流入する電流を正，そこから流出する電流を負とすると，これらの電流の代数和はゼロである．すなわち

$$\sum_i I_i = 0 \tag{6.63}$$

キルヒホッフの第 2 法則：回路内の任意の閉路を一定の方向に回る向きを指定しておき，その向きと同じ方向の電流は正，反対方向の電流は負とし，起電力は電流を正方向に流そうとするときを正とし，反対方向に流そうとするときを負とする．こう約束すると，この閉路における起電力の代数和は，その閉路における電圧降下（逆起電力）の代数和に等しい．すなわち

$$\sum_i V_i^{ex} = \sum_i R_i I_i \tag{6.64}$$

これを**キルヒホッフの法則**という．証明してみよう．

図 6.21 の節点 A を拡大したものが**図 6.22** である．節点 A を囲むように閉曲面 S をとり，定常電流の保存則 (6.9) を適用すると，電流が流れているのは導体を切る面 S_1, S_6, S_7, S_4, S_5 上だけであるから

$$\oint_S \boldsymbol{J}_e(\boldsymbol{r}) \cdot \hat{\boldsymbol{n}}\, dS = \int_{S_1} \boldsymbol{J}_e(\boldsymbol{r}) \cdot \hat{\boldsymbol{n}}_1\, dS + \int_{S_6} + \cdots + \int_{S_5}$$
$$= -\left(I_1 + I_6 + \cdots + I_5\right) = 0 \tag{6.65}$$

このようにして第 1 法則が証明できた．すなわち，第 1 法則は電流の保存則を回路の節点に流入する電流に適用したものといえる．

第 2 法則は，6.3 節で示した起電力がある場合のオームの法則を，図 6.21 に示すような閉路 $\varGamma$: ABCD に適用したものである[†]．これは式 (6.28) の閉曲線が任意にとれることによる．したがって，図 6.21 の場合には

$$V_1^{ex} = R_1(-I_1) + R_2 I_2 + R_3 I_3 + R_4 I_4$$

となる．閉路はどのようにでもとれるので，独立な閉路を選んで第 2 法則を適用することができる．キルヒホッフの法則を適用して回路内の電流を求める問題は電気回路で十分演習しているはずであるから，これ以上述べないことにするが，本質だけは理解してほしい．

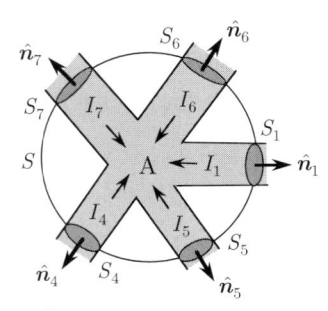

図 6.22 キルヒホッフの第 1 法則

さて，キルヒホッフの法則の本質は電流保存則とオームの法則である．定常電流に関してはこれらが確かに成り立っているが，交流電流に関してはどうであろうか．読者は既に交流回路でもキルヒホッフの法則を使って電気回路の問題を解いているのであるが，じつは厳密な意味でキルヒホッフの法則は成り立っているわけではない．しかし，読者が扱うような周波数の範囲では実用的に見て十分な精度で成り立っていると考えて差し支えない．キルヒホッフの法則がどの程度まで使えるかについては 11 章で述べる．

6.6 導体の熱作用

電磁気学からはやや逸脱するが，工学上重要だと思われる導体と温度に関する現象を簡単に紹介する．

（1）温度と電気抵抗　金属導体の温度が上がると，それを構成する原子の熱運動が激

[†] どのように回路を選んだら便利であるかについては，電気回路，特にグラフ理論の問題である．

しくなり，電子が衝突する割合が増えるため電気抵抗は大きくなる[†1]．この抵抗値は金属の種類によって異なるが，絶対温度を T としたとき

$$R(T) = R_0\bigl[1 + \alpha(T - T_0)\bigr] \tag{6.66}$$

で近似できることが多い．ここで R_0 は $T = T_0$ における抵抗値である．また，α をその**温度係数**という．逆に温度を下げると抵抗は小さくなる．金，銀，銅などの良導体がこの性質をもつ．しかし，絶対零度においても完全にゼロにはならない．これは不確定性理論によって絶対零度でも原子の不規則な運動が残るからである．一方，鉄やマンガンなどの磁性をもった不純物を極微量だけ含む金属では，温度を下げてゆくと抵抗値も小さくなってゆくが，ある温度以下では上昇に転じる現象がある．これを**近藤効果**という．

これに対して，水銀を臨界温度 $-269°C = 4K$ 以下に冷やすと電気抵抗がゼロになる．この状態を**超伝導** (superconductivity) 状態という[†2]．超伝導状態になると電気抵抗がゼロになるばかりではなく，磁界を物質内に進入させないという特徴をもつ．これを**マイスナー効果** (Meissner effect) という．したがって，下から磁界を印加すると超伝導体を浮上させることができる．これが超伝導と完全導体との違いである．超伝導体は完全導体でもあるが，完全導体は超伝導体とはいえない．マイスナー効果があるとは限らないからである．超伝導現象は量子力学的効果によって起きていると考えられているが，完全には未解決である．一方，20世紀末に高温超伝導体が相次いで発見されてからは，室温程度の温度で機能する超伝導体があるのではないかと期待されている．なお，金，銀，銅などの良導体は超伝導にならない．

（2）ゼーベック効果 図 **6.23**(a) のように異なる2種類の金属 A, B を接合し，接合部に温度差を与えると，起電力が発生して電流 I が流れる．この現象を**ゼーベック効果** (Seebeck effect) あるいは**熱電効果**といい，発生した起電力を熱起電力，電流を熱電流という．この現象は電子の熱拡散の度合いが金属の種類よって異なるために生じるものと考えられている．ゼーベック効果を**熱電対** (thermocouple) 温度計に利用するには，図 6.23(b) のように，一方の端子間に電圧計を接続すればよい．このとき端子間には温度差 $T_H - T_L$ に比例する電圧 V_{AB} が発生するため，T_L を基準温度に保っておけば，もう一方の接合点における温度を知ることができる．熱電対としてよく用いられる金属対は，（ニッケル・

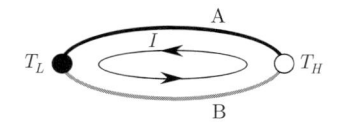

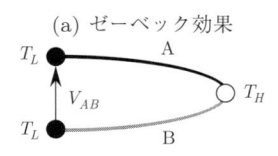

(a) ゼーベック効果

(b) 熱電対

図 **6.23** ゼーベック効果と熱電対

[†1] 半導体の場合は温度の上昇と共にキャリアの運動エネルギーが増えて，平均自由行程が長くなるため抵抗が小さくなる．

[†2] 工学分野では**超電導**と書くこともある．液体窒素の沸点である $-196°C = 77K$ 以上で超伝導現象を起こす物体を**高温超伝導体** (high temperature superconductor) という．

212   6. 定 常 電 流

クロム合金）−（ニッケル合金）や（白金ロジウム合金）−（白金）等である．

（３）ペルティエ効果　　ゼーベック効果の逆で，電圧から温度差を作り出す現象をペルティエ効果 (Peltier effect) という．図 6.23(a) のように電流を流すと，接合点 T_H において熱を放出し，T_L で熱を吸収する．電流を逆向きにするとその関係が逆になる．そして発熱量 Q_{TH} は流れる電流 I に比例する．また，ペルティエ効果は金属と半導体を接触させても起こる．

冷却効率は高くないが，装置が小形にできることや騒音・振動を発生しないことから，コンピュータの CPU の冷却や車の小形冷温庫などに応用されている．また熱電対などを用いることにより発熱・冷却の自動温度調整が容易なことから，電子冷熱装置（恒温槽）にも使われている．

章 末 問 題

【1】断面積 1 mm^2 の銅線に 5 A の定常電流が流れているものとする．銅の中の自由電子の密度が 8.46×10^{28} 個/m^3 であるとき以下の問いに答えよ．ただし，銅の導電率を 5.87×10^7 S/m，電子の電荷量を -1.60×10^{-19} C, 質量を 9.11×10^{-31} kg とする．
 (1) 導線中の電界の大きさを求めよ．
 (2) ドリフト速度，緩和時間を求めよ．

【2】直径 1 mm，長さ 1 m の抵抗が 50 mΩ であった．この導線の導電率はいくらか．

【3】図 6.24 のように，長さ l，幅 w，高さ h_1, h_2 の 2 種類の抵抗体を重ねあわせた．それぞれの導電率 σ_1, σ_2 とするとき，以下の問いに答えよ．
 (1) 完全導体の電極 #1, #1' を抵抗体の上下から接触させた．端子 1-1' 間の抵抗を求めよ．
 (2) 電極 #1, #1' をとり外し，電極 #2, #2' を抵抗体の左右から接触させた．端子 2-2' 間の抵抗を求めよ．

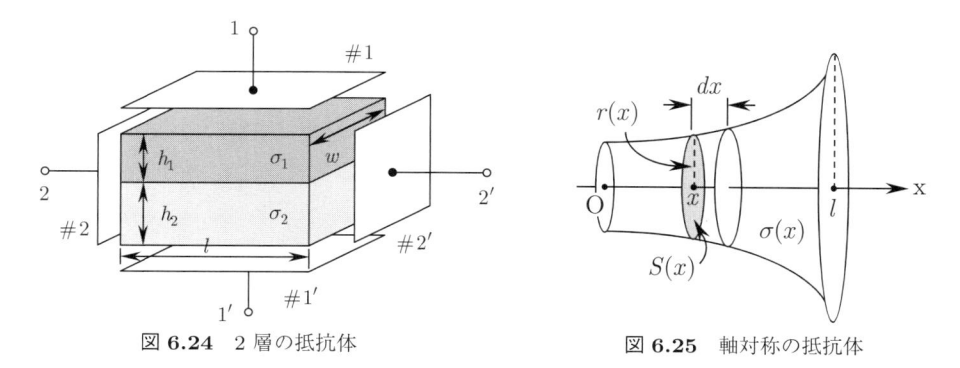

図 6.24 2 層の抵抗体

図 6.25 軸対称の抵抗体

【4】図 6.25 のように，長さ l で，x 軸に対して軸対称な抵抗体がある．導電率を $\sigma(x)$ としたとき以下の問いに答えよ．

(1) 微小部分 dx の抵抗値 dR と全抵抗 R を求めよ．
(2) 半径 $r(x)$ が $r(x) = a + \dfrac{b-a}{l}x$ で与えられる円錐形導体の全抵抗を求めよ．ただし，$\sigma(x)$ は一定 (σ_0) とする．

【5】電力工学の分野では，電力消費量の単位として電力〔W〕と時間（秒ではなく，1時間）を掛けた，ワット時〔Wh〕が用いられる．1 Wh とは何ジュールか．

【6】起電力 V，内部抵抗 r の電源に抵抗 R の負荷を接続した．負荷に供給される電力が最大となる負荷抵抗 R と内部抵抗 r の関係と最大電力を求めよ．

【7】内導体の半径 a，外導体の内半径 b の非常に長い同心円筒状の電極間に，導電率 σ の媒質が満たされているとする．単位長さあたりの抵抗を求めよ．

【8】図 6.26 のように，極板の面積 S，間隔 d の平行平板コンデンサに，電圧 V の電源をつないだ．極板間に充填された媒質の誘電率を ε，導電率を σ としたとき以下の問いに答えよ．
(1) 極板間の抵抗 R と極板間に流れる（直流）電流 I を求めよ．
(2) コンデンサの容量 C を求め，$RC = \varepsilon/\sigma$ が成り立つことを確かめよ．
(3) このコンデンサの等価回路を示せ．

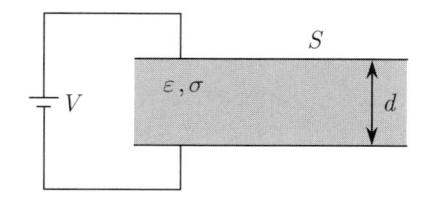

図 6.26 媒質を充填した平行平板コンデンサ

【9】静電容量が 20 μF の平行平板コンデンサがある．200 V の電圧をかけたとき 100 mA の電流が流れた．コンデンサに充填された媒質の比誘電率が 2 であるとき，この媒質の導電率を求めよ．

【10】図 6.27 のように，n 個の抵抗 $R_1, R_2, \cdots R_n$ を直列に接続したときの合成抵抗と，並列に接続したときの合成抵抗をキルヒホッフの法則を用いて導出せよ．

(a) 直列接続 (b) 並列接続
図 6.27 抵抗の接続

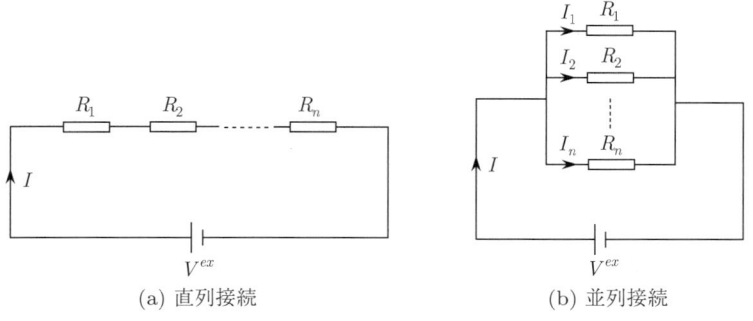

7 真空中の静磁界

磁石は鉄釘を引き付ける．磁石には N 極と S 極があり，N 極同士，S 極同士は反発し合い，N 極と S 極は互いに引き付け合う．方位磁石の N 極は北を向き，S 極は南を向く†．この現象は電荷間に働くクーロン力によく似ている．このため，電荷に対応させて磁荷というものを仮想的に考えれば，静電界との類似性から磁気の現象を理解できそうである．しかし序章で述べたように電荷とは異なり，磁荷を単独でとり出すことはできない．これが真電荷と本質的に異なる点である．一方，1820 年にエルステッド (H. Oersted) が電流の流れる導線の近くに置かれた方位磁石が動くことを発見して，電流には磁石と同じ磁気作用があることを明らかにした．このようなことから，まず電流による磁気作用について説明してから物質の磁性について考える方がわかりやすいと考える．本章では主に定常電流による真空中の磁気現象について考える．

7.1 磁石による磁気作用と電流による磁気作用

7.1.1 磁石による磁気作用と磁界

紙の上に砂鉄をまき，下から磁石を近づけると，砂鉄は図 7.1 のような模様を描いて大部分は磁石の両端付近に付着する．このように吸引力が最も強い部分を**磁極** (magnetic pole) といい，この磁石を方位磁石として使ったときに北を向く磁極を N 極 (north pole)，南を向く磁極を S 極 (south pole) という．また，電荷の例にならって磁極の強さに対応した**磁荷** (magnetic charge) というものがあると考え，N 極の磁荷を正，S 極の磁荷を負と定めると，図 7.1 の砂鉄の模様に沿って N 極から S 極に向かう曲線は 3 章，図 3.12(a) の電気力線に似る．このことから，この曲線を**磁力線** (magnetic lines of force, または lines of magnetic force) という．

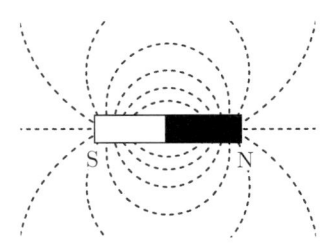

図 7.1 磁石近くの砂鉄

---

† 方位磁石は，磁針，コンパス，羅針盤などともいう．N 極が北を指すのは，地球が大きな磁石になっていて，北極付近に S 極が，南極付近に N 極があるためである．地球の磁気を地磁気という．地磁気の向きは正確には南北ではなく，太陽の活動によっても場所によっても異なることが知られている．また，地球の長い歴史の間には何度も地磁気が逆転したことが知られている．現在は年々弱くなる傾向にあるが，この程度の変動はさほど珍しいことではない．

7.1 磁石による磁気作用と電流による磁気作用

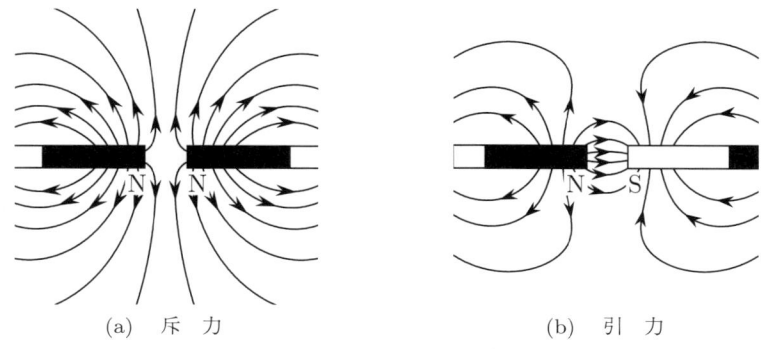

(a) 斥力 (b) 引力

図 **7.2** 磁石間に働く磁力線と力

磁荷と磁力線の関係をこのように定めると，2 つの磁石の磁極付近の磁力線は図 **7.2** のようになる[†1]．図 7.2(a) は N 極同士が接近した場合の磁力線でそれらの間には斥力が働く．これに対して図 7.2(b) は N 極と S 極が接近している場合で引力が働く．これらの現象は，静電界との類似性より次のように考えることができる．磁石があると，周りの空間に磁気的 'ゆがみ' が生じ，そのゆがんだ状態の空間に別の磁極を持ち込んだために力が働く．磁石による 'ゆがみ' のことを**磁界**，あるいは**磁場** (共に magnetic field) という．特に磁界が時間的に変化しない場合を**静磁界** (magnetostatic field) という．このように電荷による静電界と磁石による静磁界には大きな類似性がある．しかし，磁石をいかに細分しても分割してできた磁石には必ず N 極と S 極が現れるから，正負の磁荷を切り離して自由にとり出すことはできない．したがって，磁荷は真電荷ではなく分極電荷に対応しているということができる．なお，SI 単位系では磁荷の単位に Wb(**ウェーバ**) を用いる[†2]が，Wb という単位がどのようなものであるかは 7.2 節で述べる．

十分に長い棒磁石を用いれば磁石自身の磁極間に働く力は非常に小さくなり，近似的に正負の磁荷を別々に考えることができる．クーロンは，図 **7.3** のように距離 R だけ離れた磁荷 Q_m, Q'_m に働く力を精密に測定した．その結果を SI 単位系で表すと

$$F = \frac{1}{4\pi\mu_0}\frac{Q_m Q'_m}{R^2} \tag{7.1}$$

図 **7.3** 磁気に関するクーロンの法則

となる．これを**磁気に関するクーロンの法則**という．ここで μ_0 を**真空の透磁率** (permeability) といい，近似的に

$$\mu_0 = 1.256\,637\,062\,12 \times 10^{-6} \approx 4\pi \times 10^{-7} \quad \left[\frac{\mathrm{Wb}^2}{\mathrm{Nm}^2}\right] \tag{7.2}$$

[†1] 図 7.1 と図 7.2 は，磁荷が棒磁石全体にわたって直線的に変化する場合の磁力線である．磁極に点磁荷があるなら電気力線と全く同じになる．
[†2] ウェーバは科学者 W.E. Weber の名前に因む．

となる[†1]．式 (7.1) と電荷に関するクーロンの法則 (3.14) との類似性に注目しよう．電界は 1 C の電荷に働く力として定義されたから，磁界も 1 Wb の磁荷に働く力として定義できそうである．古くはそのようにした教科書もなくはないが，式 (7.1) の磁荷 Q_m, Q'_m とは磁極の強さに対応させて仮想的に考えた量であって電荷のような実体ではない．したがって，このような磁界の定義の仕方には本質的な点で難がある．そこで本書では電流に働く力をもとにして磁界を定義することにする．

7.1.2 定常電流による磁気作用

19 世紀初頭にボルタの電池が発明されると，長時間にわたって安定した電流を流す実験が可能になった．1820 年，エルステッドは学生の前で導線に電流を流す実験を行った際に，南北に張った導線の近くにたまたまあった方位磁石が，図 7.4 のように動くことを発見した．この実験は電流が磁石と同じ磁気作用を引き起こすこと意味している[†2]．前章のはじめに述べたように，電荷の流れが電流であることが直接確かめられたのはずっと後のことであるが，このように予想していた科学者も少なくはなかった．このためエルステッドの発見は，電気的現象と磁気的現象との間に何らかの関連があることを示唆するものとして当時の人々に大きな衝撃を与えた．

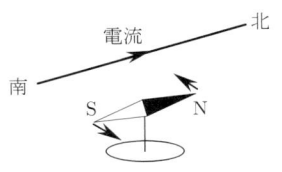

図 7.4 エルステッドの実験

エルステッドの実験結果を直線的に流れる定常電流に応用すると，導線を中心とした半径 ρ の同心円上の方位磁石は，すべて 図 7.5(a) のような方向に向く．このことは

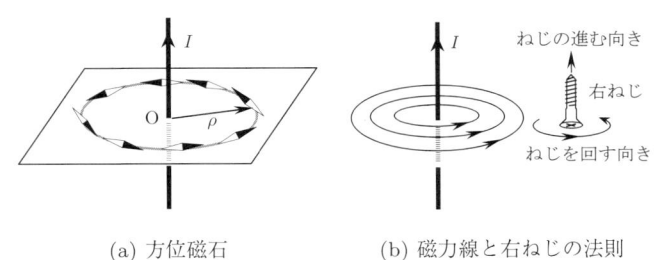

(a) 方位磁石　　(b) 磁力線と右ねじの法則
図 7.5 直線状定常電流の周りの磁界

電流による磁界が図 7.5(b) に示したように電流をとり巻くようにできることを示している．磁界の向きは，電流の向きに右ねじを進めるとき，右ねじを回す向きになることから，これを**アンペアの右ねじの法則** (Ampere's right-hand rule) あるいは単に**右ねじの法則**という．

[†1] 旧 SI 単位系では $4\pi \times 10^{-7}$ Wb^2/(Nm^2) であり，10 桁程度は一致している．透磁率の単位は，9 章で定義するインダクタンスの単位 H（ヘンリー）を使って H/m と表すのが普通である．ヘンリーの名前は科学者 J. Henry に因む．

[†2] 6 章で述べたように電流とは電荷の移動であるから，電流による磁気作用とは電荷の運動に起因するものであり，本質的には相対論的な効果である．一方，物質の磁性は量子論的効果が顕著な現象である．どちらも電磁気学を一通り終えてからでないと理解は困難であると考えられるので，本書ではここで述べるような実験事実をもとに磁気作用を考えてゆくことにする．相対性理論や量子力学的効果による磁気現象については巻末の引用・参考文献 2) あるいは 4) を参照してほしい．

右ねじの法則を円形電流に応用すると，図 7.6(a) のような磁力線を描くことができる．また，導線を円筒状に巻いたコイルをソレノイド (solenoid) といい，ソレノイドに電流を流したときの磁界の様子もまた右ねじの法則によって知ることができる．ソレノイドの磁力線を示したものが図 7.6(b) である．図 7.1 と比較すると，ソレノイドの外部では棒磁石と同じような磁力線ができていることがわかる．一方，図 7.6(a) の磁力線はコイン状の磁石による磁力線に似ている．

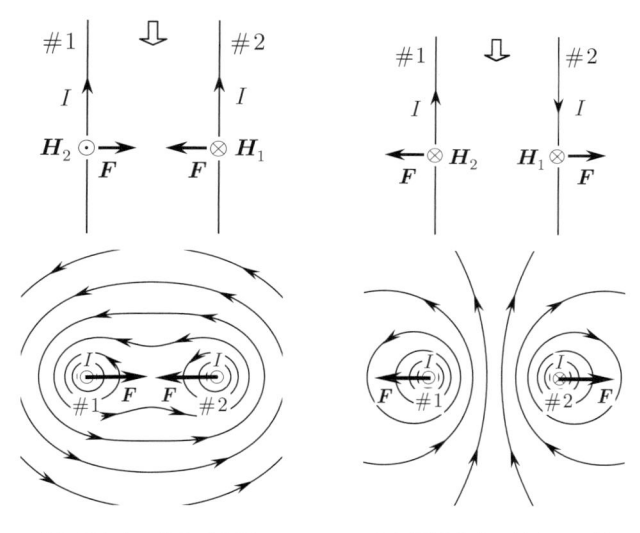

(a) 円形電流　　(b) ソレノイド
図 7.6　円形電流とソレノイドによる磁力線

エルステッドの発見を聞いたアンペア (A.M. Ampére)[†1] は直ちに電流間に働く力の研究を開始し，図 7.7 のように同方向に流れる平行電流間には引力が，反対方向に流れる電流には斥力が働くことを発見した．エルステッドの発見は電流による磁界が磁石に力を及ぼすというものであったが，アンペアの発見は電流にも力を及ぼすというものである．この力は，同符号の電荷間の斥力，異符号電荷間の引力とは反対の関係にあることから，静電的な力とは別種の力であることを意味している．また

(a) 同方向に流れる電流　　(b) 反対方向に流れる電流
図 7.7　電流に働く力と矢印（⇓）の方向から見た磁力線．記号 ⊙ は紙面から読者へ向かう方向，⊗ は読者から紙面へ向かう方向を表す．H_1, H_2 はそれぞれ電流 #1, #2 による磁界の方向を表す．

力の方向は，電流の流れる方向を向くベクトルと磁界とのベクトル積[†2]の方向，すなわち電流の方向から磁界の方向に右ねじを回したときに，ねじの進む方向を向いていることに気づくであろう．これがアンペアによって発見された力を指示する関係であるが，その定量的な関係は 7.2 節で述べる．

[†1] 母国語の発音を重視してアンペールとよぶこともある．電流の単位〔A〕の元となったフランスの科学者である．

[†2] 2.4 節参照．

なぜこのような力が働くかは，図 3.12 に描いた電気力線と図 7.7 の磁力線を比較すると容易に想像できるであろう．電荷間に働く力の原因は空間内の静電気的な'ゆがみ'にあるとし，図 3.12(a) のように異符号の電荷間には電気力線が縮むことによって引力が働き，図 3.12(b) のような同符号の電荷間には電気力線同士が反発し合うことによって斥力が働くと説明した．磁気現象における力も電界を磁界，電気力線を磁力線に置き換えれば静電界と同じように説明することができる．すなわち，図 7.7(a) のように，電流が同方向に流れる場合には磁力線が両方の電流をとり巻くように渦状にできるため，磁力線が縮もうとして引力が働く．これに対して反対方向に流れる電流による磁力線は図 7.7(b) のように，個々の電流をとり囲むようにできるため，磁力線同士が反発し合って斥力が働く[†]．

7.1.3 磁石と電流

これまでに述べてきたように，磁石も電流も共に磁界を作り，磁界中に置かれた磁石にも電流にも力が働く．後者の現象を図示すると 図 7.8 のようになる．図 7.8(a) は磁石による磁界中に置かれた電流に働く力であり，図 7.8(b) は導線をらせん状に巻いたソレノイドコイルによる磁界中に置いたときに電流に働く力である．このことからアンペアは，磁石の内部には永久に流れ続ける電流があり，

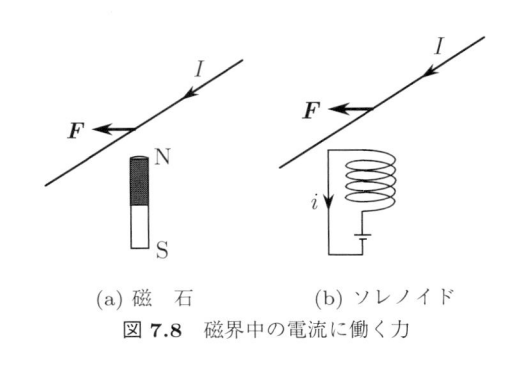

(a) 磁　石　　　(b) ソレノイド
図 7.8　磁界中の電流に働く力

このために磁界ができるのだと考えた．磁石の内部の現象については 8 章で述べることとし，本章では図 7.8 のように，磁界中に置かれた電流に働く力から考えることにする．

7.2　アンペアの力とその応用

7.2.1　アンペアの力と磁束密度

磁界強度に比例し磁界の方向を向くベクトルを B とする．アンペアの実験によると，静磁界中に置かれた定常電流 I に働く力 ΔF は，図 7.9(a) のように I と B によって作られる面 Γ に垂直で，I から B の方向に右ねじを回したとき，右ねじの進む方向を向く．すなわち，ΔF は電流の流れる方向を向く線素ベクトル Δl と B とのベクトル積で与えられる方向を向く．なぜこのような方向の力が働くかは，図 7.9(b) に示す電流に垂直な面内の磁力線の様子を見れば明らかであろう．磁力線は電流の下の部分で密度が高く，上の部分ではま

[†] このような力もまた静電界と同じようにマクスウェルの応力とよばれる．

(a) 電流に働く力　　(b) 磁力線

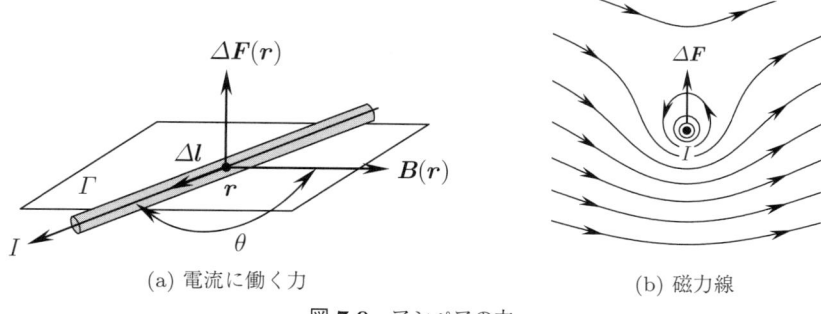

図 7.9 アンペアの力

ばらである．7.1.2 項で述べたように，磁力線同士は互いに反発し合う応力が働くから，全体としては磁力線が密な方向から疎の方向に力が働くことになる．

さて，アンペアの実験によると，導線の微小長さ Δl の部分に働く力の大きさ ΔF は $I\Delta l \sin\theta$ と磁界の強さに比例する．そこでまず，これまで曖昧なまま使っていたベクトル量 $\bm{B}$ を定義しておく．定常電流の流れている導線と磁界との角度を変化させて導線に作用する力が最大になったとき，すなわち $\theta = 90°$ のときに導線の長さ Δl の部分に作用する力の大きさを ΔF としたとき，$\bm{B}$ の大きさを

$$B = \frac{\Delta F}{I \Delta l} \tag{7.3}$$

と定義する．方向は磁界と同じ方向とする．このようにして大きさと方向が定義されベクトル量 $\bm{B}$ は一般に場所 $\bm{r}$ の関数であるから，$\bm{B}(\bm{r})$ と記し，**磁束密度** (magnetic flux density) とよぶ[†1]．力の方向は線素ベクトル $\Delta\bm{l}$ と $\bm{B}$ とのベクトル積の方向であったから，磁束密度 $\bm{B}(\bm{r})$ の磁界中の電流 I に作用する力 $\Delta\bm{F}$ は結局

$$\Delta\bm{F}(\bm{r}) = I\Delta\bm{l} \times \bm{B}(\bm{r}) \tag{7.4}$$

と表される．ここで $\bm{r}$ は空間の勝手な点ではなく導線上の点を表す位置ベクトルである．式 (7.4) の力 $\Delta\bm{F}(\bm{r})$ を**アンペアの力**という[†2]．なお，式 (7.4) 右辺の $\bm{B}$ には定常電流自身の作る磁束密度は含まれていないことに注意してほしい．

式 (7.3) から，磁束密度の単位は N/(Am) であるが，SI 単位系では，これを**テスラ** (tesla) といい T で表す[†3]．すなわち 1 T = 1 N/(Am) である．歴史的には，当初**磁束** (magnetic

---

[†1] $\bm{B}$ を磁界とよばずに磁束密度とよぶのは歴史的理由による．真空中や多くの物質中では磁束密度 $\bm{B}$ と，この後すぐに定義する磁界 $\bm{H}$ とは定数が異なるだけであるが，鉄などの強磁性体の中では振る舞いが大きく異なる．先に学んだ電界 $\bm{E}$ と電束密度 $\bm{D}$ の関係に似ている．

[†2] 左手の中指の方向を電流 I の方向，人差し指の方向を磁束密度 $\bm{B}$ の方向とすると，力 $\Delta\bm{F}$ はそれらに垂直な親指の方向になる．これを**フレミング左手の法則**という．しかし最近はもっぱらアンペアの力といいフレミング左手の法則という言葉を使うことは少ない．ベクトルの外積を知っている読者にとっては，方向だけを指示するフレミングの法則はむしろ不便なものであろう．

[†3] 磁束密度の単位として**ガウス**〔G〕(gauss) を用いることもある．1T=10 000 G である．

flux) という物理量を考え，その単位として磁荷と同じ Wb を用いて 1 Wb = 1 Nm/A と表した．Wb を用いると B の単位 T は，1 m^2 あたりの磁束，すなわち 1 T = 1 Wb/m^2 となる．このことから B を**磁束密度**という．

7.2.2 モータと磁界

モータ (motor) とは本来'動かすもの'を意味し，**電動機** (electric motor) に限定された言葉ではないが，電気の分野ではもっぱらこれを指す．モータはアンペアの力が発見されると直ちにその原型ができたといっても良い．その後多種多様なモータが開発され，今日では自動車のガソリンエンジンにとって代わろうとしている．ここで述べるのは最も基本的なモータの原理である．

図 **7.10**(a) のように，定常電流 I の流れている長方形ループに磁束密度 B の一様な磁界が印加されたとすると，ループは図のようなアンペアの力を受けて軸 O-O' を中心に回転を始める．力の大きさは $F = IBb$ である．また，ループを回転させるトルクの大きさ T は，図 7.10(b) より腕の長さが $a\cos\phi = a\sin\theta$ となることから $T = IBab\sin\theta$ で与えられる．さらにトルクはベクトル量であるから，$S = ab$ をループの面積，$\hat{\boldsymbol{n}}$ をループ面の単位法線ベクトルとして新たなベクトル $\boldsymbol{m}$ を

$$\boldsymbol{m} = \mu_0 I S \hat{\boldsymbol{n}} \tag{7.5}$$

と定義すると，トルク $\boldsymbol{T}$ は

$$\boldsymbol{T} = \boldsymbol{m} \times \left(\frac{\boldsymbol{B}}{\mu_0}\right) = \boldsymbol{m} \times \boldsymbol{H} \tag{7.6}$$

で与えられる．ただし

$$\boldsymbol{H} = \frac{\boldsymbol{B}}{\mu_0} \tag{7.7}$$

である．式 (7.7) は真空中の**磁界ベクトル**または**磁場ベクトル**（共に magnetic field vector）の定義である．また，式 (7.5) の $\boldsymbol{m}$ を**磁気双極子モーメント** (magnetic dipole moment)

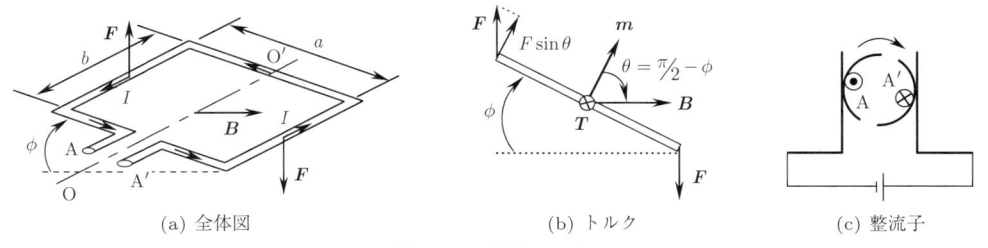

(a) 全体図　　(b) トルク　　(c) 整流子

図 **7.10** 直流モータ

という[†].

　回転を始めたループは $\phi = 90°$ ($\theta = 0°$) でトルクがゼロとなるため，そこで停止してしまいそうであるが，ループには質量があるから，慣性のため $\phi = 90°$ でも突然には止まらず $\phi > 90°$ となる．こうなるとループを元に戻すようなアンペアの力が再び働くが，端子 A-A' に図 7.10(c) のような半円筒状の金属性**整流子** (commutator) を固定させておいて $\phi > 90°$ になったときに電流を反転させるようにしておけば，コイルはいつまでも回り続ける．$\phi = 270°$ のときも同様である．これがいわゆる**直流モータ**の原理である．

　同じ考えを使って感度の良い電気測定器を作ることができる．コイルの巻き数を 1 巻きではなく何回も巻いておけば，同じ電流でも大きなトルクが働くから，ごくわずかな電流でもコイルが回転する．回転角が小さいときには電流の大きさに比例するから，針をコイルにとり付けておけば微弱電流を回転角と対応させて測定することができる．このような装置を**検流計**というが，**電圧計**も**電流計**も原理は同じである．

　さて，式 (7.7) で定義した磁界 $\boldsymbol{H}$ がどのような単位をもつかを考えてみよう．前項の最後で述べたように，1 Wb = 1 Nm/A であったから，真空の透磁率 μ_0 の単位は式 (7.1) より [Wb^2/(Nm^2)] = [N/A^2] となる．したがって磁界の単位は，式 (7.7) から [N/(Am)·A^2/N] = [A/m] となる．

7.3　ローレンツ力とその応用

7.3.1　アンペアの力とローレンツ力

　電流は電荷の流れであるから，式 (7.4) のアンペアの力を運動する電荷に作用する力として表すことができるはずである．**図 7.11** のように導線内の点 $\boldsymbol{r}$ を含む微小領域を考え，それに作用するアンペアの力を調べてみよう．微小領域に流れる電流の電流密度を $\boldsymbol{J}_e(\boldsymbol{r})$，その断面積を ΔS，長さを Δl とすると $I\Delta l = \boldsymbol{J}_e(\boldsymbol{r})\Delta S\Delta l$ となるから，単位体積あたりの力を $\boldsymbol{f}(\boldsymbol{r}) = \boldsymbol{F}(\boldsymbol{r})/(\Delta S\,\Delta l)$ とすると

$$\boldsymbol{f}(\boldsymbol{r}) = \boldsymbol{J}_e(\boldsymbol{r}) \times \boldsymbol{B}(\boldsymbol{r}) \tag{7.8}$$

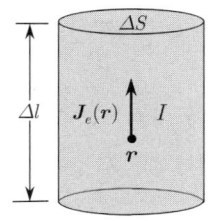

図 7.11　導体内の微小領域に流れる電流

を得る．さらに電流として流れる電荷の電荷密度を $\rho_e(\boldsymbol{r})$，電荷の流れる速度ベクトルを $\boldsymbol{v}$ とすると，6.1 節で説明したように，$\boldsymbol{J}_e(\boldsymbol{r}) = \rho_e(\boldsymbol{r})\boldsymbol{v}$ となるから，式 (7.8) は

$$\boldsymbol{f}(\boldsymbol{r}) = \rho_e(\boldsymbol{r})\boldsymbol{v} \times \boldsymbol{B}(\boldsymbol{r}) \tag{7.9}$$

[†] $\boldsymbol{m} = IS\hat{\boldsymbol{n}}$ と定義する教科書もある．このとき $\boldsymbol{T} = \boldsymbol{m} \times \boldsymbol{B}$ である．一般的な電流分布に対する磁気双極子モーメントについては 7.5.3 項で述べる．

と書き換えることができる．

磁束密度 $\boldsymbol{B}(\boldsymbol{r})$ と共に静電界 $\boldsymbol{E}(\boldsymbol{r})$ が存在すれば，電荷分布 $\rho_e(\boldsymbol{r})$ には単位体積あたり $\rho_e(\boldsymbol{r})\boldsymbol{E}(\boldsymbol{r})$ のクーロン力も働くから，式 (7.9) は

$$\boldsymbol{f}(\boldsymbol{r}) = \rho_e(\boldsymbol{r})\Big[\boldsymbol{E}(\boldsymbol{r}) + \boldsymbol{v}\times\boldsymbol{B}(\boldsymbol{r})\Big] \tag{7.10}$$

となる．したがって，体積 V 内に分布している全電荷に作用する力 $\boldsymbol{F}_{\text{total}}$ は

$$\boldsymbol{F}_{\text{total}} = \int_V \boldsymbol{f}(\boldsymbol{r}')\,dv' = \int_V \rho_e(\boldsymbol{r}')\Big[\boldsymbol{E}(\boldsymbol{r}') + \boldsymbol{v}\times\boldsymbol{B}(\boldsymbol{r}')\Big]\,dv' \tag{7.11}$$

で与えられる[†1]．

体積 V 内の位置 $\boldsymbol{r}$ に 1 つの点電荷 q だけがあるなら，電荷密度 $\rho_e(\boldsymbol{r}')$ は $\rho_e(\boldsymbol{r}') = q\delta(\boldsymbol{r}'-\boldsymbol{r})$ と表されるから，これを式 (7.11) に代入して体積積分を実行すると，デルタ関数の性質により体積 V 中の 1 点 $\boldsymbol{r}$ のみの値が積分の寄与として残り

$$\boldsymbol{F}(\boldsymbol{r}) = q\boldsymbol{E}(\boldsymbol{r}) + q\boldsymbol{v}\times\boldsymbol{B}(\boldsymbol{r}) \tag{7.12}$$

を得る．これが点電荷 q に働く力であり，**ローレンツ力** (Lorentz force) という[†2]．なお，式 (7.12) の右辺の静電界と静磁界には点電荷 q 自身が作る電界と磁界を含んでいないことに注意しよう．電荷が加速度運動すると電界も磁界も時間的に変化し，電磁波が発生するが，この場合には電荷自身の作る電界と磁界とを考慮しなければならない．このことは 10 章で述べるが，ローレンツ力 (7.12) はこのような場合でも正しい．

ローレンツ力 (7.12) が点電荷に作用すると，電荷は運動を開始する．点電荷の質量を m とすると，運動方程式は

$$m\frac{d\boldsymbol{v}(t)}{dt} = q\boldsymbol{E}\Big(\boldsymbol{r}(t)\Big) + q\boldsymbol{v}(t)\times\boldsymbol{B}\Big(\boldsymbol{r}(t)\Big) \tag{7.13}$$

と表される．ここで $\boldsymbol{v}(t) = \dfrac{d\boldsymbol{r}(t)}{dt}$ である．また点電荷の位置座標を表す文字を $\boldsymbol{r}$ ではなく，$\boldsymbol{r}(t)$ としたのは，力の作用している点が空間の任意の点ではなく，電荷の位置する点であり，その点は電荷が運動するために時々刻々変化しているということを強調するためである．

電界や磁界が場所によって変化し，式 (7.13) のようにそれらが $\boldsymbol{r}(t)$ の関数になっているときには，式 (7.13) の微分方程式は $\boldsymbol{r}(t)$ に関する非線形微分方程式になって，これを解くことは難しい．しかし，それらが $\boldsymbol{r}$ に依存しないような特別に簡単な場合には厳密に解くことができ，点電荷の電磁界内での運動の様子を知ることができる．以下にそのような簡単な例を示すが，注意しておくべきことは，電荷が運動するとそれによって時間的に変化する電

[†1] 積分変数を $\boldsymbol{r}'$ としたが混乱はないであろう．
[†2] 教科書によっては，電界 $\boldsymbol{E}$ を含まない $\boldsymbol{F}(\boldsymbol{r}) = q\boldsymbol{v}\times\boldsymbol{B}(\boldsymbol{r})$ をローレンツ力といい，式 (7.12) をローレンツ・クーロン力といって区別することがある．

磁界が発生し，もともとの静電界，静磁界を乱すということである．ここで扱うのはそれらの効果が無視できるほど小さいと近似できる場合である．

例題 7.1 図 7.12 のように，z 軸を向く一様な電界 $\bm{E}$ に，質量 m，電荷量 q の点電荷が初速度 $\bm{v}_0$ で垂直に入射した．電荷の軌跡を求めよ．ただし，電荷は時刻 $t=0$ で原点 O にあったものとする．

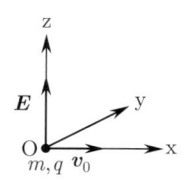

図 7.12 一様な電界に垂直に入射する点電荷

【解答】 運動方程式は，式 (7.13) より

$$m\frac{d\bm{v}}{dt} = q\bm{E}$$

となり，これを成分ごとに表すと

$$m\frac{dv_x}{dt} = 0, \qquad m\frac{dv_y}{dt} = 0, \qquad m\frac{dv_z}{dt} = qE \tag{7.14}$$

となる．これらの微分方程式は容易に解けて，C_x, C_y, C_z を定数として

$$v_x = C_x, \qquad v_y = C_y, \qquad v_z = \frac{qE}{m}t + C_z \tag{7.15}$$

となるが，$t=0$ で $v_x = v_0, v_y = v_z = 0$ であるから，$C_x = v_0, C_y = C_z = 0$．こうして

$$v_x = \frac{dx}{dt} = v_0, \qquad v_y = \frac{dy}{dt} = 0, \qquad v_z = \frac{dz}{dt} = \frac{qE}{m}t.$$

これらを積分すると，X_0, Y_0, Z_0 を定数として

$$x = v_0 t + X_0, \qquad y = Y_0, \qquad z = \frac{qE}{2m}t^2 + Z_0$$

を得る．$t=0$ で原点にあったから，$X_0 = Y_0 = Z_0 = 0$ となり，電荷は zx 面内を運動することとなる．その座標は

$$x = v_0 t, \qquad z = \frac{qE}{2m}t^2 \tag{7.16}$$

で与えられる．式 (7.16) から時間 t を消去して電荷の軌跡を求めると

$$z = \frac{qE}{2mv_0^2}x^2 \tag{7.17}$$

となる．この式は x に関する放物線の方程式で，質点の自由落下の問題と同じ形である． ◇

例題 7.2 図 7.13 のように，z 軸を向く一様な磁束密度 $\bm{B}$ の磁界に，質量 m，電荷量 q の点電荷が初速度 $\bm{v}_0$ で垂直に入射した．電荷は時刻 $t=0$ で原点 O にあったとして電荷の軌跡を求めよ．

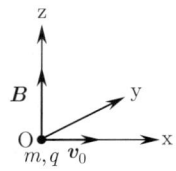

図 7.13 一様な磁界に垂直に入射する点電荷

7. 真空中の静磁界

【解答】 点電荷の運動方程式は，式 (7.13) より

$$m\frac{d\boldsymbol{v}}{dt} = q\boldsymbol{v} \times \boldsymbol{B}$$

で与えられる．上式を成分ごとに表すと

$$m\frac{dv_x(t)}{dt} = qBv_y(t), \tag{7.18}$$

$$m\frac{dv_y(t)}{dt} = -qBv_x(t), \tag{7.19}$$

$$m\frac{dv_z(t)}{dt} = 0 \tag{7.20}$$

となる．まず式 (7.20) を積分すると，$v_z(t) = C$（一定）となるが，初速度の z 成分はゼロであったから $C = 0$ である．さらに積分すると $z =$ 一定 となるが，電荷は $t = 0$ で原点にあるという条件よりこの定数もゼロとなる．したがって，点電荷は xy 面内を運動する．

次に，式 (7.18) の両辺を t で微分して式 (7.19) を代入すると v_x だけの微分方程式を得る．同様に式 (7.19) の両辺を t で微分して式 (7.18) を代入すると v_y についての微分方程式を得る．それらの微分方程式は

$$\frac{d^2v_x(t)}{dt^2} + \omega^2 v_x(t) = 0, \qquad \frac{d^2v_y(t)}{dt^2} + \omega^2 v_y(t) = 0 \tag{7.21}$$

と全く同じ方程式となる．ただし $\omega = qB/m$ である．式 (7.21) の一般解は 2.13.3 項で示したように，A_1, A_2, C_1, C_2 を定数として

$$v_x(t) = A_1 \sin\omega t + A_2 \cos\omega t, \qquad v_y(t) = C_1 \sin\omega t + C_2 \cos\omega t$$

で与えられるが，初期条件 $v_x(t=0) = v_0$，$v_y(t=0) = 0$ より $A_2 = v_0, C_2 = 0$ となるから

$$v_x(t) = A_1 \sin\omega t + v_0 \cos\omega t, \qquad v_y(t) = C_1 \sin\omega t.$$

これを式 (7.18) に代入すると

$$m\omega\bigl[A_1 \cos\omega t - v_0 \sin\omega t\bigr] = qBC_1 \sin\omega t$$

となるから，これが任意の t について成り立つためには $A_1 = 0, C_1 = -v_0$ でなければならない．したがって初期条件を満たす解は

$$v_x(t) = v_0 \cos\omega t, \qquad v_y(t) = -v_0 \sin\omega t \tag{7.22}$$

と求められる．これと $v_z(t) = 0$ から

$$v^2(t) = v_x^2(t) + v_y^2(t) + v_z^2(t) = v_0^2 （一定） \tag{7.23}$$

を得る．すなわち点電荷の速度は一定に保たれる．したがってその運動エネルギーも変化しない．これは磁界による力 $q\boldsymbol{v} \times \boldsymbol{B}$ が点電荷の運動方向と常に垂直であり，磁界が点電荷に仕事をすることがないためである．

次に，式 (7.22) を積分して初期条件 $x(t=0) = 0, y(t=0) = 0$ を代入すると

$$x(t) = \frac{v_0}{\omega} \sin \omega t, \qquad y(t) = \frac{v_0}{\omega} (\cos \omega t - 1) \tag{7.24}$$

を得る．これらの式を組み合わせると

$$x^2(t) + \left[y(t) + \frac{v_0}{\omega} \right]^2 = \left(\frac{v_0}{\omega} \right)^2 \tag{7.25}$$

となるから，点電荷は **図 7.14** のように $x = 0, y = -v_0/\omega$ を中心として円運動をする．このような運動を**サイクロトロン運動** (cyclotron motion) という†．円軌道の半径 a は

$$a = \frac{v_0}{\omega} = \frac{mv_0}{qB} \tag{7.26}$$

で与えられ，円運動の周期 T は

$$T = \frac{2\pi a}{v} = \frac{2\pi m}{qB} \tag{7.27}$$

となり，この値は点電荷の速度 v_0 に無関係となる．式 (7.26) の半径を**ラーマー半径** (Larmor radius) といい，$\omega = 2\pi/T = eB/m$ を**サイクロトロン角周波数** (cyclotron angular frequency) あるいは**ラーマー角周波数**という． ◇

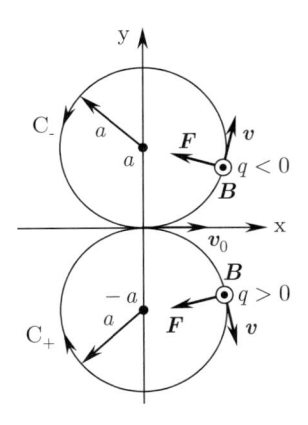

図 7.14 サイクロトロン運動の軌跡．C_+ は正の電荷 $(q > 0)$，C_- は負の電荷 $(q < 0)$ の軌跡．電荷はローレンツ力 $\boldsymbol{F} = q\boldsymbol{v} \times \boldsymbol{B}$ が向心力となり等速円運動をする．ラーマー半径 a は初速度に比例し磁束密度に反比例する．周期は初速度に無関係で磁束密度に反比例する．

上の例題は電荷が磁界に垂直に入射する場合であったが，垂直でない場合はどうなるかを考えてみよう．ローレンツ力 $\boldsymbol{F} = q\boldsymbol{v} \times \boldsymbol{B}$ は必ず磁界に垂直になるから，磁界方向には力が働かない．したがって，磁界に垂直な面では上の例で示したような等速円運動をし，磁界の方向には等速運動する．このため電荷は **図 7.15** のようにらせん運動をする．

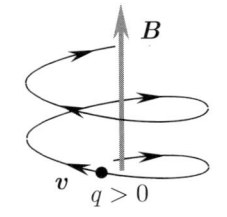

オーロラは，太陽から飛来した荷電粒子が地磁気の磁力線に沿って図 7.15 のような，らせん運動をして地球の極付近に移動し，空気中の分子と衝突して発光する現象である．

図 7.15 正電荷のらせん運動

---

† サイクロトロンとは原子核や素粒子の研究などに使われる粒子加速器の 1 つである．この例題で述べたように粒子を円運動させておいて，サイクロトロン角周波数と同じ角周波数の交流電界をさらに印加すれば半周期ごとに粒子を加速させることができる．

7.3.2 ブラウン管

ローレンツ力を利用した電子機器の1つに**ブラウン管**がある[†]．ブラウン管はテレビやパソコン等の表示装置として用いられてきた電子装置で，家庭で見かけることは最近少なくなったが，それでも測定器の表示装置としては依然としてよく用いられている．ここではブラウン管の基本的な原理を簡単に説明する．

図 7.16 は静電偏向型ブラウン管を示したものである．陰極から出た電子は陽極電圧（加速電圧）V_A によって加速され，偏向板に飛び込む．電子が偏向板の入り口 O に達したときの速度を v_0 とすると，エネルギー保存則より

$$eV_A = \frac{1}{2}mv_0^2$$

となる．したがって，電子は初速度

$$v_0 = \sqrt{\frac{2eV_A}{m}} \quad (7.28)$$

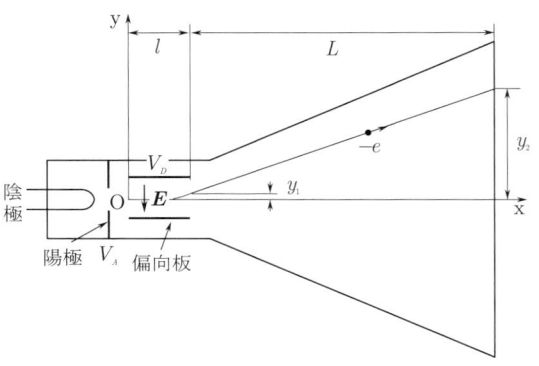

図 7.16 静電偏向型ブラウン管

で偏向板に飛び込むことになる．偏向板内の電界は一定であるから，電子は例題 7.1 のように y 軸方向に放物運動し，その電子の軌跡は

$$y = \frac{eE}{2mv_0^2}x^2 \quad (7.29)$$

となる．偏向板の電圧を V_D，間隔を d とすると，出口における偏向距離 y_1 は，$E = V_D/d$ と式 (7.28) より

$$y_1 = \frac{eEl^2}{2mv_0^2} = \frac{V_D l^2}{4dV_A} \quad (7.30)$$

となる．また，この点における放物線の勾配 g は式 (7.29) より

$$g = \left.\frac{dy}{dx}\right|_{x=l} = \frac{V_D l}{2V_A d} \quad (7.31)$$

で与えられる．偏向板を出れば，電子には力が働かないので，電子は偏向板の出口における速度で直線運動する．すなわち，$x \geq l$ の領域における軌跡は $y = g(x-l) + y_1$ となる．したがって蛍光面 $x = l + L$ での偏向距離 y_2 は式 (7.30) と式 (7.31) より

$$y_2 = \frac{V_D l}{2V_A d}\left(L + \frac{l}{2}\right) \quad (7.32)$$

[†] 英語では，発明者の名前から Braun tube, cathode-ray tube, または CRT と略称される．

となる．このように偏向距離 y_2 は偏向電圧 V_D に比例するため，V_D によって偏向距離を容易に制御することができる．静電偏向型のブラウン管はオシロスコープなどに用いられている．

磁界を使っても電子を偏向させることができる．偏向板の代わりに図 **7.17** のように，磁束密度 $\boldsymbol{B}$ の磁界が紙面から読者の方に（z 軸方向）に向いているようなブラウン管を**電磁偏向型ブラウン管**といい，テレビやパソコンのモニター用ブラウン管として用いられている．

静電偏向型ブラウン管のときと同じように陰極から出た電子が加速され，初期速度 v_0 で磁界の領域に入射するものとす

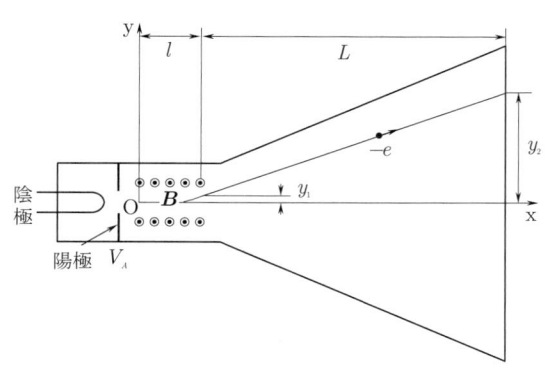

図 7.17 電磁偏向型ブラウン管

る．例題 7.2 で述べたように，電子は磁界中を図 7.14 の C_- のような軌道を描く．ラーマー半径 a が l に比べて非常に大きいなら，磁界の出口 $x = l$ での偏向距離 y_1 は

$$y_1 = a - \sqrt{a^2 - l^2} = a - a\left(1 - \frac{l^2}{a^2}\right)^{1/2} \approx a - a\left(1 - \frac{l^2}{2a^2}\right)$$

$$= \frac{l^2}{2a} = \frac{eBl^2}{2mv_0} = \frac{Bl^2}{2}\sqrt{\frac{e}{2mV_A}} \tag{7.33}$$

と近似できる．$x = l$ での電子軌跡の勾配 g も同様に近似して

$$g = \left.\frac{dy}{dt}\right|_{x=l} = \frac{l}{\sqrt{a^2 - l^2}} = \frac{l}{a}\left(1 - \frac{l^2}{a^2}\right)^{-1/2} \approx \frac{l}{a} = \frac{eBl}{mv_0} = Bl\sqrt{\frac{e}{2mV_A}} \tag{7.34}$$

となる．$x \geq l$ の領域では磁界がないから，電子は直線運動し，電界偏向型と同様に蛍光面での偏向距離 y_2 は

$$y_2 = gL + y_1 = Bl\sqrt{\frac{e}{2mV_A}}\left(L + \frac{l}{2}\right) \tag{7.35}$$

となる．こうして偏向距離は磁束密度に比例するが，磁束密度はコイルに流す電流に比例するから，電磁偏向型ブラウン管ではコイルに流す電流によって制御できることになる．

7.3.3 ホール効果

ローレンツ力に起因する現象に**ホール効果** (Hall effect) がある．図 **7.18** のように，導体あるいは半導体に電流を流し，垂直に磁界をかけると，電流と磁界の両方に垂直な方向に電界が生じる．この現象をホール効果といい，生じる電界を**ホール電界**という．ホール効果の原因とホール電界の大きさを求めてみよう．

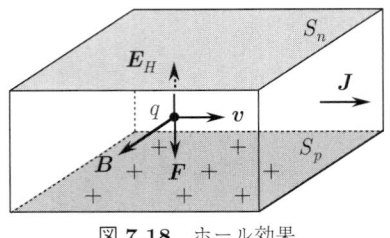

図 **7.18** ホール効果

電荷 $q > 0$ の電荷が速度 v で一方向に運動する定常電流を考える．電荷 q にはローレンツ力 $\bm{F} = q\bm{v} \times \bm{B}$ が働く．このため電荷は，面 S_p 方向に力を受け，面 S_p に正の電荷が集まる．この電荷によって S_n 上には負の電荷が誘起されるから，面 S_p から面 S_n 方向に電界 $\bm{E}_H$ が生じる．この電界を**ホール電界**という．電界 $\bm{E}_H$ が生じると，電荷には S_p から S_n 方向へクーロン力 $q\bm{E}_H$ の力が働き，これがローレンツ力 $\bm{F}$ とつり合ったとき，電荷は $\bm{J}$ 方向に直進し，これ以上の電荷の蓄積はなくなる．つり合いの条件 $q\bm{E}_H - q\bm{v} \times \bm{B} = 0$ から，ホール電界は

$$\bm{E}_H = \bm{B} \times \bm{v} \tag{7.36}$$

となる．一方，単位体積あたり N 個の電荷があるとすると，電流密度 $\bm{J}$ は $\bm{J} = Nq\bm{v}$ であるから，式 (7.36) に代入して

$$\bm{E}_H = \frac{1}{Nq}\bm{B} \times \bm{J} = R_H \bm{B} \times \bm{J} \tag{7.37}$$

と書くことができる．ここで $R_H = 1/(Nq)$ を**ホール係数**という．また，極板 S_n と S_p の間に誘起される電圧を**ホール電圧**といい，E_H と極板間の距離との積で与えられる．ここでは正の電荷が電流のキャリアとしたが，電子が電流のキャリアならホール係数の符号が異なる．

極板 S_p と S_n との間の電圧と $\bm{J}$ 方向に流れる電流を測定することによって磁界の大きさがわかるので，主に磁界センサとして利用されている．一方，金属の場合には，キャリア密度 N が非常に大きいためホール電圧が非常に小さくなる．このため実用化されているホール素子にはもっぱら半導体が用いられている．半導体の場合には，結晶の熱振動のよるキャリアの散乱や，キャリアの速度が一定でなく，ある統計分布をしていることなどを考慮しなければならないため，ホール係数を正確に求めることは極めて困難であるが

$$R_H = \frac{\gamma_H}{Nq} \tag{7.38}$$

となることが知られている．ここで γ_H を**散乱因子**という．さて，ホール電界 $\bm{E}_H$ によって $\bm{E}_H$ 方向に流れる電流について考えてみよう．半導体材料の導電率を σ とすると，この電流の電流密度 $\bm{J}_H$ は

$$\boldsymbol{J}_H = \sigma \boldsymbol{E}_H = \sigma R_H \boldsymbol{B} \times \boldsymbol{J} \tag{7.39}$$

で与えられる．ここで $\mu_H = \sigma R_H$ を**ホール移動度** (Hall mobility) というが，式 (6.21) と式 (7.38) より

$$\mu_H = \sigma R_H = \left(\frac{q\tau}{m}\right)\gamma_H \tag{7.40}$$

と書き換えられる．上式の $q\tau/m$ はキャリアの移動度（ドリフト速度）である．このように，ホール電圧は半導体材料の移動度に比例するため，ホール素子としては移動度が大きい III-V 族化合物半導体が用いられる．InSb, InAs, GaAs などが代表例である．

7.4　ビオ・サバールの法則

前節では電流による磁界や磁力線がどのようにできるかを定性的に説明した．本節では定量的な磁界の計算法を説明しよう．ビオ (J. Biot) とサバール (F. Savart) は，エルステッドの発見を聞くと直ぐに非常に長い直線状定常電流の周りに生じる磁界の強さを精密に測定した．その結果，定常電流の周りの磁束密度の強さ B は，電流の強さ I に比例し，導線からの距離 ρ に逆比例することを発見した．この結果を SI 単位系で表すと

$$B(\rho) = \frac{\mu_0}{2\pi}\frac{I}{\rho} \tag{7.41}$$

となる．この結果を例題 3.6 と例題 3.10 で示したような無限に長い直線状電荷の作る静電界：

$$E_\rho(\rho) = \frac{1}{2\pi\varepsilon_0}\frac{\lambda_0}{\rho} \tag{7.42}$$

と比較すると，興味ある類似点に気づくであろう．すなわち，式 (7.41) の右辺は (7.42) の λ_0/ε_0 を $\mu_0 I$ に置き換えたものに等しい．ただし，式 (7.42) の電界は，直線状電荷を軸として放射状に広がっているのに対して，式 (7.41) の磁界は図 7.5(b) に示すように直線状電流を中心軸として同心円状になっており，右ねじの法則を満足するような向きになっている．これが電界と磁界の方向の違いであるが，それらの大きさは共に中心軸からの距離に逆比例している．

このような類似性から，いったん 3.3 節に戻って式 (7.42) の導き方を復習してみよう．式 (7.42) は，まず図 **7.19** (a) のように微小区間 dz' 内に含まれる電荷 $dQ = \lambda_0 dz'$ を点電荷とみなして静電界 $d\boldsymbol{E}$ を求め，次にその ρ 成分

$$dE_\rho(\rho) = \frac{1}{4\pi\varepsilon_0}\frac{\lambda_0 \sin\theta\, dz'}{R^2} \tag{7.43}$$

を線電荷全体にわたって積分することによって得られたものである．このことは，式 (7.41)

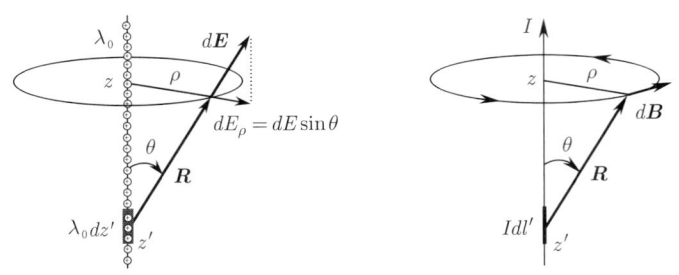

(a) 直線状電荷による静電界　　(b) 直線状電流による静磁界

図 7.19 電荷による静電界と電流による静磁界

も 図 7.19 (b) に示すように導線上の微小部分の電流 $Idl' = Idz'$ の作る磁束密度：

$$dB(\rho) = \frac{\mu_0}{4\pi} \frac{I \sin\theta \, dl'}{R^2} \tag{7.44}$$

を導線全体にわたって積分したものであることを示唆している．実際，$R = \sqrt{\rho^2 + (z-z')^2}$，$\sin\theta = \rho/R$ であるから

$$B(\rho) = \int_{-\infty}^{\infty} dB = \frac{\mu_0 I \rho}{4\pi} \int_{-\infty}^{\infty} \frac{dz'}{\{\rho^2 + (z-z')^2\}^{3/2}}$$

$$= -\frac{\mu_0 I \rho}{4\pi} \frac{1}{\rho^2} \left[\frac{z-z'}{\sqrt{\rho^2+(z-z')^2}} \right]_{-\infty}^{\infty} = \frac{\mu_0 I}{2\pi} \frac{1}{\rho}$$

となって，式 (7.41) に一致する．

式 (7.44) の角度 θ は図 7.19(b) のように電流 I とベクトル $\boldsymbol{R}$ のなす角度である．そこで線素ベクトルを電流と同じ方向にとると $d\boldsymbol{l'} \times \boldsymbol{R}$ の大きさは $dl' R \sin\theta$ で，向きは $d\boldsymbol{B}$ 方向を向く．したがって式 (7.44) をベクトル形式で表すと

$$d\boldsymbol{B} = \frac{\mu_0}{4\pi} \frac{I d\boldsymbol{l'} \times \boldsymbol{R}}{R^3} \tag{7.45}$$

となる．これを**ビオ・サバールの法則** (Biot-Savart's law) という．

ビオ・サバールの法則を微小線電流からの磁束密度として導いたが，微小線電流をとり出して電流から切り離してしまうと電流そのものが流れなくなってしまう．したがって，微小線電流だけが単独に存在するという状態はあり得ない[†1]．それにもかかわらず微小線電流というものが考えられた理由の1つは，ビオ・サバールの法則が発見された 1820 年当時の物理学者の多くが電流を電荷の流れとは考えずに，導線の各部分が微小な磁石のようになっており，これが磁界を作る原因になっていると考えていたためである[†2]．しかし，微小電流の存在を仮定するこ

[†1] 電流が時間的に変化する場合は存在し得る．これについては 10 章で述べる．
[†2] 今日は逆で，磁石は微小電流の集まりだと考えている．詳細は 8 章で述べる．

とによって電流全体の作る磁界を微小電流の作る微小な磁界に分解して考えることができ，これによって任意の形で流れる電流の作る磁界を計算できるようになったという意味で実用上極めて有効な仮定である．

注意してほしいのは，磁束密度 B が本来物理的に意味をもつのは式 (7.45) ではなく，それを 図 **7.20** に示す定常電流の閉曲線 C の全体にわたって線積分した

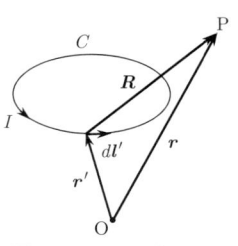

図 **7.20** ループ電流が点 P に作る磁界

$$B(r) = \frac{\mu_0 I}{4\pi} \oint_C dl' \times \frac{r - r'}{|r - r'|^3} \tag{7.46}$$

であることである．したがって式 (7.45) のビオ・サバールの法則とは，閉曲線 C に流れる電流による磁束密度のうち，dl' 部分からの寄与 dB だけを表したものであると考えるべきである．今後も途中で途切れた電流の例がたびたび出てくるが，本当は閉じた電流であり，その一部の寄与だけを議論していると考えてほしい．

式 (7.46) と，閉曲線 C 上に線電荷密度 λ で一様に分布した電荷による電界：

$$E(r) = \frac{\lambda}{4\pi\varepsilon_0} \oint_C dl' \frac{r - r'}{|r - r'|^3} \tag{7.47}$$

を比較すると，表現の類似性に気づく．電界と磁界との違いは，線素 dl' と観測点 P の位置ベクトル r とのベクトル積になるか，それとも線素との単なる積になるかの違いである．ベクトル積になることによって，図 7.19(b) のように電流の周りを回転するような磁界ができる．これに対して電界は，電荷を中心として放射状にできる．

例題 7.3 図 **7.21** のような長さ $l = l_1 + l_2$ の直線状電流の作る磁束密度を求めよ．

【解答】 図 7.21 のように電流の流れている直線と z 軸を一致させると，z 軸に対して軸対称となるから，円柱座標系を用いるのが便利である．$r = \rho\hat{\rho} + z\hat{z}$, $r' = z'\hat{z}$, $dl' = dz'\hat{z}$ であるから $dl' \times (r - r') = dz'\hat{z} \times \{\rho\hat{\rho} + (z - z')\hat{z}\} = \rho dz'\hat{\phi}$．これを式 (7.46) に代入し，$\hat{\phi}$ も ρ も z' に無関係であることから，z' に関する積分の前に出すと

$$B(r) = \frac{\mu_0 I}{4\pi} \rho\hat{\phi} \int_{-l_1}^{l_2} \frac{dz'}{\{\rho^2 + (z - z')^2\}^{3/2}} = -\frac{\mu_0 I}{4\pi} \rho\hat{\phi} \int_{z+l_1}^{z-l_2} \frac{d\alpha}{\{\rho^2 + \alpha^2\}^{3/2}} \tag{7.48}$$

を得る．この積分は例題 3.6 に用いた公式により

$$B(r) = \frac{\mu_0 I}{4\pi} \frac{1}{\rho} \left\{ \frac{z + l_1}{\sqrt{\rho^2 + (z + l_1)^2}} - \frac{z - l_2}{\sqrt{\rho^2 + (z - l_2)^2}} \right\} \hat{\phi} \tag{7.49}$$

と計算できる．式 (7.49) において $l_1 \to \infty, l_2 \to \infty$ とすると，無限に長い線状定常電流による磁束密度は

232   7. 真空中の静磁界

$$\boldsymbol{B}(\boldsymbol{r}) = \frac{\mu_0 I}{2\pi\rho} \hat{\boldsymbol{\phi}} \tag{7.50}$$

となり，ビオ・サバールの実験結果 (7.41) に一致する． ◇

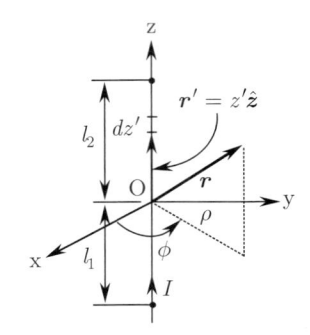

図 **7.21** 直線状の電流が作る磁界

例題 7.4 図 **7.22** のような半径 a の円形電流が中心軸上に作る磁束密度を求めよ．

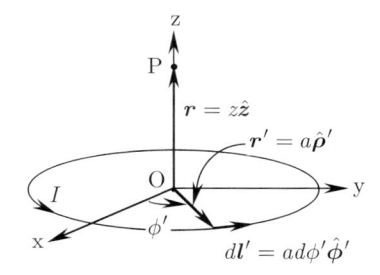

図 **7.22** 円形ループ状電流がループ中心軸上の点 P に作る磁束密度

【解答】 図 7.22 のように座標系をとると，例題 7.3 と同様に z 軸に関して軸対称であるから円柱座標を用いる．$\boldsymbol{r} = z\hat{\boldsymbol{z}}$, $\boldsymbol{r}' = a\hat{\boldsymbol{\rho}}'$, $d\boldsymbol{l}' = ad\phi'\hat{\boldsymbol{\phi}}'$ であるから $d\boldsymbol{l}' \times (\boldsymbol{r} - \boldsymbol{r}') = ad\phi'\hat{\boldsymbol{\phi}}' \times (z\hat{\boldsymbol{z}} - a\hat{\boldsymbol{\rho}}') = ad\phi'(z\hat{\boldsymbol{\rho}}' + a\hat{\boldsymbol{z}}) = ad\phi'\{z(\cos\phi'\hat{\boldsymbol{x}} + \sin\phi'\hat{\boldsymbol{y}}) + a\hat{\boldsymbol{z}}\}$．これを式 (7.46) に代入すると

$$\begin{aligned}\boldsymbol{B}(z) &= \frac{\mu_0 I}{4\pi} \int_0^{2\pi} \frac{z(\cos\phi'\hat{\boldsymbol{x}} + \sin\phi'\hat{\boldsymbol{y}}) + a\hat{\boldsymbol{z}}}{(z^2 + a^2)^{3/2}} ad\phi' \\ &= \frac{\mu_0 I}{4\pi} \frac{a}{(z^2 + a^2)^{3/2}} \int_0^{2\pi} \{z(\cos\phi'\hat{\boldsymbol{x}} + \sin\phi'\hat{\boldsymbol{y}}) + a\hat{\boldsymbol{z}}\} d\phi' \\ &= \frac{\mu_0 I}{4\pi} \frac{a^2}{(z^2 + a^2)^{3/2}} \hat{\boldsymbol{z}} \int_0^{2\pi} d\phi' = \frac{\mu_0 I}{2} \frac{a^2}{(z^2 + a^2)^{3/2}} \hat{\boldsymbol{z}}.\end{aligned} \tag{7.51}$$

特に $z = 0$ の場合は

$$\boldsymbol{B}(z = 0) = \frac{\mu_0 I}{2a} \hat{\boldsymbol{z}} \tag{7.52}$$

となる．なお中心 (z) 軸上では上式のように簡単な表現になるが，任意の点の磁束密度は初等関数だけでは表すことができない． ◇

例題 7.5 図 **7.23** のように，半径 a，全長 $2l$ の円筒ソレノイドに電流 I が流れている．ソレノイドの中心軸上の磁束密度を求めよ．また，ソレノイドが無限に長いときにはどうなるか．ただし，導線は単位長あたり n で極めて密に巻かれているものとする．

【解答】 中心軸上の点 z' の位置に幅 dz' の微小区間を考えると，この微小区間の円形ループに流れる電流は $nI\,dz'$ となる．この微小電流が軸上の点 z に作る磁束密度は，式 (7.51) より

$$dB = \frac{\mu_0 n I a^2}{2} \frac{dz'}{\{a^2 + (z-z')^2\}^{3/2}}$$

で与えられる．これを積分すると

$$B(z) = \frac{\mu_0 n I a^2}{2} \int_{-l}^{l} \frac{dz'}{\{a^2 + (z-z')^2\}^{3/2}} = \frac{\mu_0 n I}{2} \left[\frac{t}{\sqrt{a^2+t^2}}\right]_{t=z-l}^{t=z+l}$$

$$= \frac{\mu_0 n I}{2}\left\{\frac{l+z}{\sqrt{a^2+(l+z)^2}} + \frac{l-z}{\sqrt{a^2+(l-z)^2}}\right\} \tag{7.53}$$

を得る．

特にソレノイドが無限に長いとする．式 (7.53) において $l \to \infty$ の極限をとると

$$B(z) = \mu_0 n I \tag{7.54}$$

となる．すなわち，無限長ソレノイドの中心軸上の磁束密度は場所によらず一定であり，電流の強さ I と単位長あたりの巻き数 n に比例する． ◇

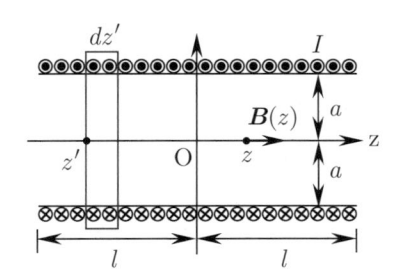

図 7.23 全長 $2l$ の円筒ソレノイドの中心軸上に作られる磁束密度

7.5 ベクトルポテンシャル

7.5.1 磁束密度とベクトルポテンシャル

式 (7.46) のビオ・サバールの法則は，線状回路 C に流れる定常電流 I によって作られる磁束密度を与える表現式であった．ここではまず，これを図 **7.24** のように密度 $\boldsymbol{J}_e$ の電流が体積分布する場合に拡張する．電流が流れる方向に長さ $d\boldsymbol{l}'$，電流に垂直に断面積 dS' の微小体積を考えると，$I\,d\boldsymbol{l}' = \boldsymbol{J}_e\,dS'\,dl' = \boldsymbol{J}_e\,dv'$ であるから，式 (7.46) は

$$\boldsymbol{B}(\boldsymbol{r}) = \frac{\mu_0}{4\pi} \int_V \boldsymbol{J}_e(\boldsymbol{r}') \times \frac{\boldsymbol{r}-\boldsymbol{r}'}{|\boldsymbol{r}-\boldsymbol{r}'|^3} dv' \tag{7.55}$$

と変形できる．ここで V は電流の流れている領域を全て含む体積である．

3章でも式 (7.55) に似た場の表現が現れたことを思い出してほしい．それは，図 7.24 の体積 V 内に体積密度 $\rho(\boldsymbol{r})$ で電荷が分布している場合の電界：

$$\boldsymbol{E}(\boldsymbol{r}) = \frac{1}{4\pi\varepsilon_0} \int_V \rho(\boldsymbol{r}') \frac{\boldsymbol{r}-\boldsymbol{r}'}{|\boldsymbol{r}-\boldsymbol{r}'|^3} dv'$$

である．一方，電界の計算という観点からいえば，右辺の積分を直接計算するよりもまず，電位：

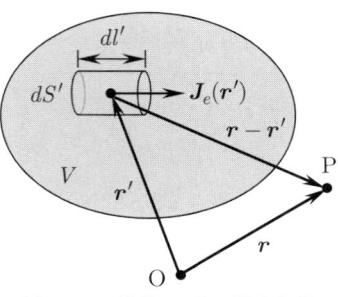

$$V(\boldsymbol{r}) = \frac{1}{4\pi\varepsilon_0} \int_V \frac{\rho(\boldsymbol{r}')}{|\boldsymbol{r}-\boldsymbol{r}'|} dv'$$

図 **7.24** 体積 V 内の微小体積

を計算しておいて，$\boldsymbol{E}(\boldsymbol{r}) = -\nabla V(\boldsymbol{r})$ から電界を求める方がはるかに容易であった．そこでここでも，電界 $\boldsymbol{E}$ と電位 V のような磁束密度 $\boldsymbol{B}$ に対応する関数があるかどうかを考えてみよう．2章の章末問題の式 (2.158) から

$$\nabla \left(\frac{1}{|\boldsymbol{r}-\boldsymbol{r}'|} \right) = -\frac{\boldsymbol{r}-\boldsymbol{r}'}{|\boldsymbol{r}-\boldsymbol{r}'|^3} \tag{7.56}$$

である．次に，任意の関数 $\boldsymbol{F}(\boldsymbol{r}), \psi(\boldsymbol{r})$ に関するベクトル公式：$\nabla \times (\boldsymbol{F}\psi) = \nabla\psi \times \boldsymbol{F} + \psi \nabla \times \boldsymbol{F}$ を用いると，式 (7.55) の被積分関数は

$$\boldsymbol{J}_e(\boldsymbol{r}') \times \frac{\boldsymbol{r}-\boldsymbol{r}'}{|\boldsymbol{r}-\boldsymbol{r}'|^3} = \nabla \left(\frac{1}{|\boldsymbol{r}-\boldsymbol{r}'|} \right) \times \boldsymbol{J}_e(\boldsymbol{r}') = \nabla \times \left\{ \frac{\boldsymbol{J}_e(\boldsymbol{r}')}{|\boldsymbol{r}-\boldsymbol{r}'|} \right\} - \frac{\nabla \times \boldsymbol{J}_e(\boldsymbol{r}')}{|\boldsymbol{r}-\boldsymbol{r}'|}$$

となる．ここで ∇ は $\boldsymbol{r}$ に対する微分演算子であり，$\boldsymbol{J}_e(\boldsymbol{r}')$ が $\boldsymbol{r}'$ の関数であることに注意すると，$\nabla \times \boldsymbol{J}_e(\boldsymbol{r}') = 0$ となる．また，式 (7.55) の微小体積要素 dv' も $\boldsymbol{r}'$ の関数であり $\boldsymbol{r}$ には無関係であるから，演算子 ∇ は積分の外に出すことができて，式 (7.55) は

$$\boldsymbol{B}(\boldsymbol{r}) = \nabla \times \left\{ \frac{\mu_0}{4\pi} \int_V \frac{\boldsymbol{J}_e(\boldsymbol{r}')}{|\boldsymbol{r}-\boldsymbol{r}'|} dv' \right\}$$

と書き換えることができる．そこで

$$\boldsymbol{A}(\boldsymbol{r}) = \frac{\mu_0}{4\pi} \int_V \frac{\boldsymbol{J}_e(\boldsymbol{r}')}{|\boldsymbol{r}-\boldsymbol{r}'|} dv' \tag{7.57}$$

とおくと，磁束密度 $\boldsymbol{B}$ は

$$\boldsymbol{B}(\boldsymbol{r}) = \nabla \times \boldsymbol{A}(\boldsymbol{r}) \tag{7.58}$$

と表すことができる．このように磁束密度 $\boldsymbol{B}$ はベクトル関数 $\boldsymbol{A}$ の微分演算によって与え

られる．これは電界 E がスカラポテンシャル V の微分演算 $-\nabla V$ によって与えられるのに対応している．このことから，式 (7.57) のベクトル関数 $A(r)$ をベクトルポテンシャル (vector potential) という．なお，線状回路に対するベクトルポテンシャルは

$$A(r) = \frac{\mu_0 I}{4\pi} \oint_C \frac{dl'}{|r-r'|} \tag{7.59}$$

となることは明らかであろう．

式 (7.57) と式 (7.55) を比較すれば明らかなように，ベクトルポテンシャル A の計算の方が磁束密度 B の計算よりもはるかに簡単そうである．このため，ベクトルポテンシャルを計算してから式 (7.58) の微分演算をして磁束密度を求めるのがよさそうである．一方，ベクトルポテンシャルだけ知っていても磁束密度がわからなければ，本書で述べる古典電磁気学の範囲では電荷や電流に働く力を知ることはできない．このため長い間，ベクトルポテンシャルは，磁束を求めるための補助関数にすぎないと考えられてきた．しかし 1986 年，日立製作所の外村 彰博士によって，ベクトルポテンシャルとは観測し得る物理的実在であることが実証された[†]．

例題 7.6 例題 7.3 の図 7.21 のように，長さ $l = (l_1 + l_2)$ の直線状電流が作るベクトルポテンシャル A と磁束密度 B を求めよ．

【解答】 $dl' = dz'\hat{z}$ であるから，ベクトルポテンシャルは z 成分だけとなる．また，$|r-r'| = \sqrt{\rho^2 + (z-z')^2}$ であるから，$z - z' = t$ と変数変換して

$$\begin{aligned}
A_z &= \frac{\mu_0 I}{4\pi} \int_{-l_1}^{l_2} \frac{dz'}{\sqrt{\rho^2 + (z-z')^2}} = -\frac{\mu_0 I}{4\pi} \int_{z+l_1}^{z-l_2} \frac{dt}{\sqrt{\rho^2 + t^2}} \\
&= -\frac{\mu_0 I}{4\pi} \left[\ln |t + \sqrt{\rho^2 + t^2}| \right]_{z+l_1}^{z-l_2} = \frac{\mu_0 I}{4\pi} \ln \left| \frac{z+l_1 + \sqrt{\rho^2 + (z+l_1)^2}}{z-l_2 + \sqrt{\rho^2 + (z-l_2)^2}} \right|.
\end{aligned} \tag{7.60}$$

磁束密度 B は，式 (7.58) と式 (2.112) から $A_\rho = A_\phi = 0$ を代入して

$$B_\rho = \frac{1}{\rho}\frac{\partial A_z}{\partial \phi} - \frac{\partial A_\phi}{\partial z} = 0, \quad B_z = \frac{1}{\rho}\frac{\partial (\rho A_\phi)}{\partial \rho} - \frac{1}{\rho}\frac{\partial A_\rho}{\partial \phi} = 0, \tag{7.61}$$

$$B_\phi = \frac{\partial A_\rho}{\partial z} - \frac{\partial A_z}{\partial \rho} = -\frac{\partial A_z}{\partial \rho} = \frac{\mu_0 I}{4\pi\rho} \left\{ \frac{z+l_1}{\sqrt{\rho^2+(z+l_1)^2}} - \frac{z-l_2}{\sqrt{\rho^2+(z-l_2)^2}} \right\} \tag{7.62}$$

となり，式 (7.49) に一致する．ここで注意してほしいのは，無限長電流による磁束密度は式 (7.62) において $l_1 = l_2 \to \infty$ とすれば求められるが，式 (7.60) のベクトルポテンシャルは無限大になってしまうことである．これは例題 3.12 の線状電荷によるスカラポテンシャルと静電界との

[†] スカラポテンシャルも同様である．特に量子力学的効果が顕著に現れる領域では，いまやポテンシャルの方が電界や磁界よりも本質的に重要な物理量だと考えられるようになった．詳しくは巻末の参考文献 13) を参照してほしい．また，長い間論争が絶えなかった **AB 効果** (Aharanov-Bohm effect) に決着をつけたという意味でもその意義は大きい．AB 効果については巻末の参考文献 2) も参照してほしい．

236   7. 真空中の静磁界

関係と同じである．このように無限長電流による磁束密度を求めるには，まず有限長電流によるベクトルポテンシャルがどうなるかを考える必要がある． ◇

例題 7.7 例題 7.4 の図 7.22 に示す半径 a の円形ループ電流が作る任意の点 $\boldsymbol{r}$ におけるベクトルポテンシャルと，$|\boldsymbol{r}| \gg a$ の点における磁束密度を求めよ．

【解答】 式 (7.59) において，$\boldsymbol{r}' = a\hat{\boldsymbol{\rho}}$, $d\boldsymbol{l}' = ad\phi'\hat{\boldsymbol{\phi}}'$ である．$|\boldsymbol{r} - \boldsymbol{r}'|$ も ϕ' の関数であることに注意して $|\boldsymbol{r} - \boldsymbol{r}'| = f(\phi') = \sqrt{z^2 + \rho^2 + a^2 - 2a\rho\cos(\phi - \phi')}$ とおくと

$$\boldsymbol{A}(\boldsymbol{r}) = \frac{\mu_0 I}{4\pi} \int_0^{2\pi} \frac{a\hat{\boldsymbol{\phi}}'}{f(\phi')} d\phi'$$

となる．$\hat{\boldsymbol{\phi}}'$ は ϕ' の関数であるから，積分の外には出せない．そこで式 (2.18) を用いて $\hat{\boldsymbol{\phi}}' = -\hat{\boldsymbol{x}}\sin\phi' + \hat{\boldsymbol{y}}\cos\phi' = -\sin\phi'(\hat{\boldsymbol{\rho}}\cos\phi - \hat{\boldsymbol{\phi}}\sin\phi) + \cos\phi'(\hat{\boldsymbol{\rho}}\sin\phi + \hat{\boldsymbol{\phi}}\cos\phi) = \hat{\boldsymbol{\rho}}\sin(\phi - \phi') + \hat{\boldsymbol{\phi}}\cos(\phi - \phi')$ と書き換えると，$\hat{\boldsymbol{\rho}}, \hat{\boldsymbol{\phi}}$ は ϕ' には無関係であるから積分の外に出すことができて，$A_z(\boldsymbol{r}) = 0$ および

$$A_\rho(\boldsymbol{r}) = \frac{\mu_0 I a}{4\pi} \int_0^{2\pi} \frac{\sin(\phi - \phi')}{f(\phi')} d\phi', \quad A_\phi(\boldsymbol{r}) = \frac{\mu_0 I a}{4\pi} \int_0^{2\pi} \frac{\cos(\phi - \phi')}{f(\phi')} d\phi'$$

を得る．まず A_ρ については $t = \cos(\phi - \phi')$ とおけば明らかに $A_\rho = 0$ となる．次に A_ϕ については $\alpha = \phi - \phi'$ とおき，$\cos\alpha$ が 2π の周期関数であることに注意すると

$$A_\phi(\rho, z) = \frac{\mu_0 I a}{4\pi} \int_0^{2\pi} \frac{\cos\alpha}{\sqrt{z^2 + \rho^2 + a^2 - 2a\rho\cos\alpha}} d\alpha \tag{7.63}$$

と変形することができる．さらに $\alpha = 2u + \pi$ とおくと，式 (7.63) は楕円関数で表されるから[†]，ここでは，これ以上変形しない．

円形電流の中心 O から十分遠く，$r \gg a$ が成り立つような点での磁束密度を求める．式 (7.63) 中の被積分関数の分母は

$$(r^2 - 2a\rho\cos\alpha + a^2)^{-1/2} = \frac{1}{r}\{1 - (2a\rho\cos\alpha)/r^2 + (a/r)^2\}^{-1/2}$$
$$\approx \frac{1}{r}\left(1 - \frac{2a\rho\cos\alpha}{r^2}\right)^{-1/2} \approx \frac{1}{r}\left(1 + \frac{a\rho\cos\alpha}{r^2}\right)$$

と近似できるから

$$A_\phi(\rho, z) = \frac{\mu_0 I a}{4\pi r} \int_0^{2\pi} \left[1 + \frac{\rho a}{r^2}\cos\alpha\right]\cos\alpha\, d\alpha = \frac{\mu_0 I a^2}{4}\frac{\rho}{r^3}$$

となる．次に磁束密度は円柱座標の回転の表現式 (2.112) を用いて

$$B_\rho(\rho, z) = \frac{1}{\rho}\frac{\partial A_z}{\partial \phi} - \frac{\partial A_\phi}{\partial z} = -\frac{\partial A_\phi}{\partial z} = -\frac{\mu_0 I a^2}{4}\frac{\partial}{\partial z}\left\{\frac{\rho}{(z^2 + \rho^2)^{3/2}}\right\}$$
$$= \frac{3\mu_0 I a^2}{4}\frac{\rho z}{(z^2 + \rho^2)^{5/2}} = \frac{3}{4}\mu_0 I a^2 \frac{\sin\theta\cos\theta}{r^3}, \tag{7.64}$$

[†] 第 1 種楕円積分 $K(k) = \int_0^{\pi/2} \frac{du}{\sqrt{1 - k^2\sin^2 u}}$ と第 2 種楕円積分 $E(k) = \int_0^{\pi/2}\sqrt{1 - k^2\sin^2 u}\, du$ の和で表される．楕円積分は初等関数で表すことができない．

$$B_\phi(\rho,z) = \frac{\partial A_\rho}{\partial z} - \frac{\partial A_z}{\partial \rho} = 0, \tag{7.65}$$

$$B_z(\rho,z) = \frac{1}{\rho}\frac{\partial (\rho A_\phi)}{\partial \rho} - \frac{1}{\rho}\frac{\partial A_\rho}{\partial \phi} = \frac{1}{\rho}\frac{\partial (\rho A_\phi)}{\partial \rho} = \frac{\mu_0 I a^2}{4}\frac{1}{\rho}\frac{\partial}{\partial \rho}\left\{\frac{\rho^2}{(z^2+\rho^2)^{3/2}}\right\}$$

$$= \frac{\mu_0 I a^2}{2}\frac{1}{r^3} - \frac{3}{4}\mu_0 I a^2\frac{\rho^2}{r^5} = \frac{\mu_0 I a^2}{2}\frac{1}{r^3} - \frac{3}{4}\mu_0 I a^2\frac{\sin^2\theta}{r^3} \tag{7.66}$$

となる．このままでは見通しが悪いので球座標で表しておく．$B_r = B_\rho \sin\theta + B_z \cos\theta$，$B_\theta = B_\rho \cos\theta - B_z \sin\theta$ より

$$\boldsymbol{B}(\boldsymbol{r}) = \frac{2m_z}{4\pi}\frac{\cos\theta}{r^3}\hat{\boldsymbol{r}} + \frac{m_z}{4\pi}\frac{\sin\theta}{r^3}\hat{\boldsymbol{\theta}} = \frac{1}{4\pi}\left\{-\frac{\boldsymbol{m}}{r^3} + \frac{3(\boldsymbol{m}\cdot\boldsymbol{r})\boldsymbol{r}}{r^5}\right\} \tag{7.67}$$

となる．ただし $\boldsymbol{m} = m_z\hat{\boldsymbol{z}} = \mu_0 I S\hat{\boldsymbol{z}} = \mu_0 I\pi a^2\,\hat{\boldsymbol{z}}$ は円形ループ電流の磁気双極子モーメントである．この式 (7.67) と 3.7.1 項で述べた z 方向を向く電気双極子モーメント $\boldsymbol{p} = p_z\hat{\boldsymbol{z}}$ によって作られた電界の式 (3.105)：

$$\boldsymbol{E}(\boldsymbol{r}) = \frac{2p_z}{4\pi\varepsilon_0}\frac{\cos\theta}{r^3}\hat{\boldsymbol{r}} + \frac{p_z}{4\pi\varepsilon_0}\frac{\sin\theta}{r^3}\hat{\boldsymbol{\theta}} = \frac{1}{4\pi\varepsilon_0}\left\{-\frac{\boldsymbol{p}}{r^3} + \frac{3(\boldsymbol{p}\cdot\boldsymbol{r})\boldsymbol{r}}{r^5}\right\}$$

を比較するとそれらの間の類似性が極めて高いことがわかる．図 **7.25** に磁気双極子による磁束密度と電気双極子による電界を示す．これらは全く同じ成分をもち，それらによる磁力線と電気力線の形も全く同じになる．電気力線の様子は図 3.62 を参照してほしい．なお，これらの結果は 8 章で磁石の磁気現象を説明するときに用いる． ◇

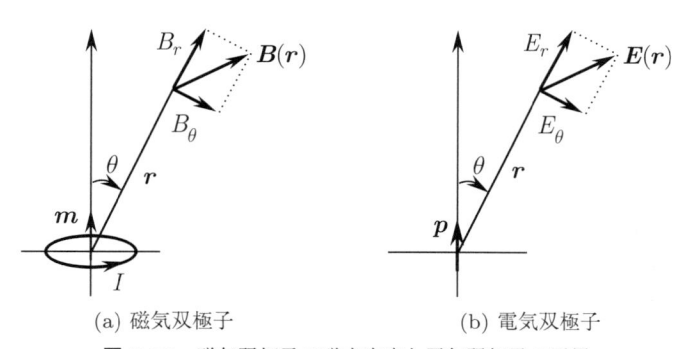

(a) 磁気双極子　　(b) 電気双極子

図 **7.25** 磁気双極子の磁束密度と電気双極子の電界

例題 7.8 例題 7.7 の結果を用いて，半径 a の無限長ソレノイド内外の磁束密度を求めよ．ただし，単位長の巻き数を n とし，必要なら次の積分公式を用いよ．

$$\int_0^\pi \frac{dx}{c \pm b\cos x} = \frac{\pi}{\sqrt{c^2-b^2}}, \quad (c^2 > b^2)$$

【解答】　この問題では電流が無限の長さにわたって流れるから，例題 7.6 で述べたようにまず有限長のソレノイドについて考える．例題 7.5 で用いた図 7.23 のように，原点 O から z' だけ離

れた位置に幅 dz' の微小区間を考えると，dz' 内に流れる電流の大きさは $nI\,dz'$ となるから，この円形ループ電流によるベクトルポテンシャルは式 (7.63) から

$$dA_\phi(\rho,z) = \frac{\mu_0 nIa\,dz'}{4\pi}\int_0^{2\pi}\frac{\cos\alpha}{\sqrt{(z-z')^2+\rho^2+a^2-2a\rho\cos\alpha}}\,d\alpha$$

となる．したがって $\beta = \rho^2 + a^2 - 2a\rho\cos\alpha$ とおくと，長さ $2l$ のソレノイドによるベクトルポテンシャルは

$$\begin{aligned}A_\phi(\rho,z) &= \int dA_\phi(\rho,z) = \frac{\mu_0 nIa}{4\pi}\int_0^{2\pi}d\alpha\,\cos\alpha\int_{-l}^{l}\frac{dz'}{\sqrt{(z-z')^2+\beta}}\\
&= \frac{\mu_0 Ina}{4\pi}\int_0^{2\pi}d\alpha\,\cos\alpha\Big[\log\big\{(z+l)+\sqrt{(z+l)^2+\beta}\big\}\\
&\qquad\qquad\qquad -\log\big\{(z-l)+\sqrt{(z-l)^2+\beta}\big\}\Big]\end{aligned} \quad (7.68)$$

となる．さらに部分積分をすると

$$A_\phi(\rho,z) = \frac{\mu_0 Ina^2}{4\pi}\rho\int_0^{2\pi}\frac{\sin^2\alpha}{\beta}\left(\frac{z+l}{\sqrt{(z+l)^2+\beta}}-\frac{z-l}{\sqrt{(z-l)^2+\beta}}\right)d\alpha \quad (7.69)$$

を得る．また，式 (7.68) から

$$\frac{\partial A_\phi}{\partial \rho} = -\frac{\mu_0 nIa}{4\pi}\int_0^{2\pi}\frac{(\rho-a\cos\alpha)\cos\alpha}{\beta}\left(\frac{z+l}{\sqrt{(z+l)^2+\beta}}-\frac{z-l}{\sqrt{(z-l)^2+\beta}}\right)d\alpha. \quad (7.70)$$

式 (7.69), (7.70) において $l \to \infty$ とすると，それらは ρ だけの関数となるから磁束密度は z 成分だけとなる．ここで $b = 2(\rho/a)$, $c = 1 + (\rho/a)^2$ とおくと

$$\begin{aligned}B_z(\rho) &= \frac{1}{\rho}A_\phi + \frac{\partial A_\phi}{\partial \rho} = \frac{\mu_0 Ina}{2\pi}\int_0^{2\pi}\frac{a\sin^2\alpha-\cos\alpha(\rho-a\cos\alpha)}{\beta}d\alpha\\
&= \frac{\mu_0 In}{4\pi}\int_0^{2\pi}\left(1-\frac{a^2-\rho^2}{\rho^2+a^2-2a\rho\cos\alpha}\right)d\alpha\\
&= \frac{\mu_0 In}{4\pi}\left[2\pi+\left(1-\frac{\rho^2}{a^2}\right)\left\{\int_0^\pi\frac{d\alpha}{c-b\cos\alpha}+\int_0^\pi\frac{d\alpha}{c+b\cos\alpha}\right\}\right]\\
&= \frac{\mu_0 In}{2}\left\{1+\frac{1-(\rho/a)^2}{|1-(\rho/a)^2|}\right\}\end{aligned} \quad (7.71)$$

となる．ρ と a の大小関係と絶対値に注意すれば，上式は容易に

$$B_z(\rho) = \mu_0 nI,\quad (\rho<a),\qquad B_z(\rho) = 0,\quad (\rho>a) \quad (7.72)$$

となることがわかる．すなわちソレノイド内部の磁束密度は z 方向に一様で，その大きさは $\mu_0 nI$，外部の磁束密度はゼロになる．これは，ソレノイドが無限に長いために内部の磁力線が外部に漏れることがないからである． ◇

7.5.2 ベクトルポテンシャルの不定性とゲージ *

3 章において，電位（スカラポテンシャル）には定数だけの不定性があることを述べた．すな

わち，スカラポテンシャル $V(\boldsymbol{r})$ に定数 V_0 を加えた新たなポテンシャル $V'(\boldsymbol{r}) = V(\boldsymbol{r}) + V_0$ も同じ電界を与える．$\nabla V_0 = 0$ であるからである．同じことがベクトルポテンシャル $\boldsymbol{A}(\boldsymbol{r})$ についても起こる．$\boldsymbol{B} = \nabla \times \boldsymbol{A}$ であるから，ベクトル $\boldsymbol{A}$ に，ある定数ベクトル $\boldsymbol{A}_0$ を加えても同じ磁束密度 $\boldsymbol{B}$ を与える．しかし $\boldsymbol{A}$ についてはさらに不定性がある．任意の滑らかな関数 $\psi(\boldsymbol{r})$ を考え

$$\boldsymbol{A}'(\boldsymbol{r}) = \boldsymbol{A}(\boldsymbol{r}) + \nabla \psi(\boldsymbol{r}) \tag{7.73}$$

としても，ベクトル関数の性質 $\nabla \times \nabla \psi(\boldsymbol{r}) = 0$ から $\nabla \times \boldsymbol{A}'(\boldsymbol{r}) = \boldsymbol{B}(\boldsymbol{r})$ と同じ磁束密度を与えるからである．そこで式 (7.73) を一種の尺度変換と考えて，これを**ゲージ変換** (gauge transformation) という．つまり，磁束密度 $\boldsymbol{B}(\boldsymbol{r})$ は式 (7.73) のようなゲージ変換に関して不変である．それでは，静磁界の場合にはどのようなゲージを用いたらよいであろうか．これについての正確な答えを出すことは困難であるが，最も簡単そうで便利な選び方をすればよいであろう．例えば

$$\nabla \cdot \boldsymbol{A}(\boldsymbol{r}) = 0 \tag{7.74}$$

とするのが便利である．式 (7.74) を**クーロンゲージ** (Coulomb gauge) という．実際，ベクトル公式 $\nabla \cdot (\psi \boldsymbol{J}_e) = \nabla \psi \cdot \boldsymbol{J}_e + \psi \nabla \cdot \boldsymbol{J}_e$ を使い，∇ が $\boldsymbol{r}$ に関する演算，$\boldsymbol{J}_e(\boldsymbol{r}')$ が $\boldsymbol{r}'$ の関数で $\boldsymbol{r}$ には無関係であることに注意すると，式 (7.57) より

$$\nabla \cdot \boldsymbol{A}(\boldsymbol{r}) = \frac{\mu_0}{4\pi} \int_V \nabla \cdot \left\{ \frac{\boldsymbol{J}_e(\boldsymbol{r}')}{|\boldsymbol{r} - \boldsymbol{r}'|} \right\} dv' = \frac{\mu_0}{4\pi} \int_V \left[\frac{\nabla \cdot \boldsymbol{J}_e(\boldsymbol{r}')}{|\boldsymbol{r} - \boldsymbol{r}'|} + \boldsymbol{J}_e(\boldsymbol{r}') \cdot \nabla \left(\frac{1}{|\boldsymbol{r} - \boldsymbol{r}'|} \right) \right] dv'$$
$$= \frac{\mu_0}{4\pi} \int_V \boldsymbol{J}_e(\boldsymbol{r}') \cdot \nabla \left(\frac{1}{|\boldsymbol{r} - \boldsymbol{r}'|} \right) dv'.$$

さらに

$$\nabla \left(\frac{1}{|\boldsymbol{r} - \boldsymbol{r}'|} \right) = -\nabla' \left(\frac{1}{|\boldsymbol{r} - \boldsymbol{r}'|} \right) \tag{7.75}$$

と，点 $\boldsymbol{r}'$ における定常電流の保存則 $\nabla' \cdot \boldsymbol{J}_e(\boldsymbol{r}') = 0$，ベクトル公式 $\nabla' \cdot (\psi \boldsymbol{J}_e) = \nabla' \psi \cdot \boldsymbol{J}_e + \psi \nabla' \cdot \boldsymbol{J}_e$ およびガウスの定理を用いると

$$\nabla \cdot \boldsymbol{A}(\boldsymbol{r}) = -\frac{\mu_0}{4\pi} \int_V \boldsymbol{J}_e(\boldsymbol{r}') \cdot \nabla' \left(\frac{1}{|\boldsymbol{r} - \boldsymbol{r}'|} \right) dv'$$
$$= \frac{\mu_0}{4\pi} \int_V \left[\nabla' \cdot \left\{ \frac{\boldsymbol{J}_e(\boldsymbol{r}')}{|\boldsymbol{r} - \boldsymbol{r}'|} \right\} - \frac{\nabla' \cdot \boldsymbol{J}_e(\boldsymbol{r}')}{|\boldsymbol{r} - \boldsymbol{r}'|} \right] dv' = \frac{\mu_0}{4\pi} \oint_S \frac{\boldsymbol{J}_e(\boldsymbol{r}') \cdot \hat{\boldsymbol{n}}(\boldsymbol{r}')}{|\boldsymbol{r} - \boldsymbol{r}'|} dS'$$

を得る．電流は全て体積 V 内を流れているとしたから，その表面 S から流れ出るような電流はない．すなわち $\boldsymbol{J}_e(\boldsymbol{r}') \cdot \hat{\boldsymbol{n}}(\boldsymbol{r}') = 0$ であり，よって上式の積分はゼロとなる．このようにして式 (7.74) が成り立つ．

7.5.3 ベクトルポテンシャルの多重極展開 *

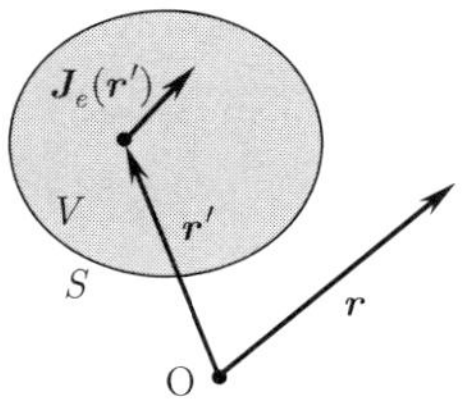

電流が図 **7.26** のように有限領域 V 内に流れているとき，そこから十分遠い点 r でのベクトルポテンシャル $A(r)$ と磁束密度 $B(r)$ の性質を調べる．このためにまず，式 (7.57) の $1/|r-r'|$ の項を 3.8 節の式 (3.109) と同じように

$$\frac{1}{|r-r'|} \approx \frac{1}{r}\left(1 + \frac{r \cdot r'}{r^2} + \cdots \right)$$

図 **7.26** 有限領域を流れる電流

と近似すると

$$A(r) = \frac{\mu_0}{4\pi}\left[\frac{1}{r}\int_V J_e(r')\,dv' + \frac{1}{r^3}\int_V (r \cdot r')J_e(r')\,dv' + \cdots \right] \qquad (7.76)$$

を得る．ここで $\nabla' \cdot J_e(r') = 0$ を利用すると $\nabla' \cdot [x'J_e(r')] = \hat{x}' \cdot J_e(r') + x'\nabla' \cdot J_e(r') = J_{ex}(r')$ となるから，ガウスの定理を適用すると

$$\int_V J_{ex}(r')\,dv' = \int_V \nabla' \cdot [x'J_e(r')]\,dv' = \oint_S x'J_e(r') \cdot \hat{n}(r')\,dS'$$

となるが，電流は V 内だけにあるとしたから，その表面から流出する電流はない．すなわち S 上で $J_e \cdot \hat{n} = 0$ となる．他の成分についても同様にできるから，結局

$$\int_V J_e(r')\,dv' = 0 \qquad (7.77)$$

となって，式 (7.76) の右辺第 1 項はゼロとなる．

次に，式 (7.76) の右辺第 2 項について考える．まずベクトル公式 $(r' \times J_e) \times r = (r \cdot r')J_e - (r \cdot J_e)r'$ より

$$\int_V (r \cdot r')J_e(r')\,dv' - \int_V [r \cdot J_e(r')]r'\,dv' = \left[\int_V r' \times J_e(r')\,dv'\right] \times r \qquad (7.78)$$

となるが

$$\begin{aligned}
\nabla' \cdot [x'(r \cdot r')J_e(r')] &= x'(r \cdot r')\nabla' \cdot J_e(r') + J_e(r') \cdot \nabla'[x'(r \cdot r')] \\
&= x'(r \cdot r')\nabla' \cdot J_e(r') + J_e(r') \cdot [\hat{x}(r \cdot r') + x'\nabla'(xx' + yy' + zz')] \\
&= x'(r \cdot r')\nabla' \cdot J_e(r') + (r \cdot r')J_{ex}(r') + x'[r \cdot J_e(r')] \\
&= (r \cdot r')J_{ex}(r') + x'[r \cdot J_e(r')]
\end{aligned}$$

の両辺の体積積分をとると，左辺はガウスの定理を利用して面積積分に変換できる．この面積分は上と同じ理由によってゼロとなる．y, z 成分についても同様にできるから，結局次の式が成り立つ．

$$\int_V (r \cdot r')J_e(r')\,dv' + \int_V [r \cdot J_e(r')]r'\,dv' = 0. \qquad (7.79)$$

式 (7.79) を式 (7.78) に代入すると

$$\int_V (\boldsymbol{r}\cdot\boldsymbol{r}')\boldsymbol{J}_e(\boldsymbol{r}')\,dv' = \frac{1}{2}\left[\int_V \boldsymbol{r}'\times\boldsymbol{J}_e(\boldsymbol{r}')\,dv'\right]\times\boldsymbol{r} \tag{7.80}$$

となるから

$$\boldsymbol{m} = \frac{\mu_0}{2}\int_V \boldsymbol{r}'\times\boldsymbol{J}_e(\boldsymbol{r}')\,dv' \tag{7.81}$$

とおいて，式 (7.80) を式 (7.76) に代入すると

$$\boldsymbol{A}(\boldsymbol{r}) = \frac{1}{4\pi}\frac{\boldsymbol{m}\times\boldsymbol{r}}{r^3} + \cdots \tag{7.82}$$

を得る．すなわち，遠方領域におけるベクトルポテンシャルの主要項は，$1/r$ に比例する項ではなく $1/r^2$ に比例する項となる．

式 (7.82) から磁束密度を求めてみよう．$\boldsymbol{m}\times\boldsymbol{r} = (m_y z - m_z y)\hat{\boldsymbol{x}} + (m_z x - m_x z)\hat{\boldsymbol{y}} + (m_x y - m_y x)\hat{\boldsymbol{z}}$ であるから

$$\begin{aligned}\boldsymbol{B}(\boldsymbol{r}) &= \frac{1}{4\pi}\left\{\frac{\partial}{\partial y}\left(\frac{m_x y - m_y x}{r^3}\right) - \frac{\partial}{\partial z}\left(\frac{m_z x - m_x z}{r^3}\right)\right\}\hat{\boldsymbol{x}} + \cdots \\ &= \frac{1}{4\pi}\left[2\frac{m_x}{r^3} - \frac{3}{r^5}\left\{m_x(r^2 - x^2) - x(m_y y + m_z z)\right\}\right]\hat{\boldsymbol{x}} + \cdots\end{aligned}$$

すなわち

$$\boldsymbol{B}(\boldsymbol{r}) = \frac{1}{4\pi}\left\{-\frac{\boldsymbol{m}}{r^3} + \frac{3(\boldsymbol{m}\cdot\boldsymbol{r})\boldsymbol{r}}{r^5}\right\} + \cdots \tag{7.83}$$

となる．上式と例題 7.7 の式 (7.67) とは同じ式であるから，式 (7.81) によって定義されるベクトル $\boldsymbol{m}$ は，任意の電流分布に対する磁気双極子モーメントであると解釈できる．

特別な場合として 図 **7.27** のように，電流が 1 つの閉曲線 C に沿って流れる線状電流であるときを考えよう．原点 O をこの曲線によって囲まれた平面上にとり，電流の強さを I とすると，$\boldsymbol{J}_e(\boldsymbol{r}')dv' = J_e dS' d\boldsymbol{l}' = I d\boldsymbol{l}'$ であるから

$$\boldsymbol{m} = \frac{\mu_0 I}{2}\oint_C \boldsymbol{r}'\times d\boldsymbol{l}'. \tag{7.84}$$

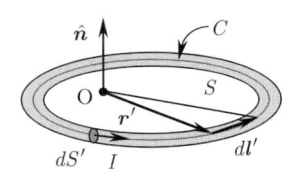

図 **7.27** ループ電流の磁気双極子モーメント

上式中の被積分関数 $(\boldsymbol{r}'\times d\boldsymbol{l}')/2$ は，原点 O と $d\boldsymbol{l}'$ の作る微小三角形の面積に等しく，法線ベクトル $\hat{\boldsymbol{n}}$ 方向を向くベクトルになる．したがってこれを C 全体で積分すれば，C によって囲まれた面の面積 S に等しく，$\hat{\boldsymbol{n}}$ 方向を向くベクトルになる．すなわち，微小ループ電流の磁気双極子モーメントはループ C の形に無関係に

$$\boldsymbol{m} = \mu_0 I S \hat{\boldsymbol{n}} \tag{7.85}$$

で与えられる．

例題 7.9 図 7.28 のように，質量 m_q の点電荷 q が xy 面内を半径 a，角速度 ω で回転している．磁気双極子モーメント $\boldsymbol{m}$ を求めよ．

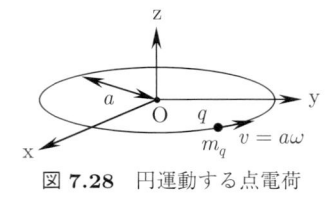

図 7.28 円運動する点電荷

【解答】 電流 I は円軌道に垂直な面を毎秒通過する電荷量で与えられる．電荷の速度を v とすると，電荷が円軌道を 1 周するに要する時間は $2\pi a/v$ 秒である．つまり電荷は $v/(2\pi a) = \omega/(2\pi)$ で 1 回転する．したがって，電流は $I = q\omega/(2\pi)$ で与えられる．これを式 (7.85) に代入すると

$$\boldsymbol{m} = \mu_0 \pi a^2 I \,\hat{\boldsymbol{z}} = \frac{1}{2}\mu_0 q \omega a^2 \,\hat{\boldsymbol{z}} = \frac{\mu_0 q}{2 m_q} \boldsymbol{L} \tag{7.86}$$

となる．ここで $\boldsymbol{L} = m_q a^2 \omega \hat{\boldsymbol{z}}$ は 2.11.1 項で定義した角運動量である．なお，この電荷が電子であれば，各運動量 $\boldsymbol{L}$ が量子化される．詳細は巻末の引用・参考文献 2), 4) を参照してほしい． ◇

例題 7.10 図 7.29 のように一様な体積電荷密度 ρ_e をもつ半径 a の球が，z 軸を中心に角速度 ω で回転している．磁気双極子モーメント $\boldsymbol{m}$ を求めよ．必要なら次の積分公式を用いよ．

$$\int \sin^3 x \, dx = \frac{1}{3}\cos^3 x - \cos x$$

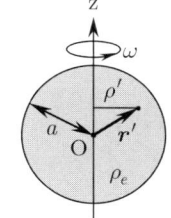

図 7.29 回転する球電荷

【解答】 球内の点 $\boldsymbol{r}'$ の速度を $\boldsymbol{v}'$，点 $\boldsymbol{r}'$ と z 軸までの距離を ρ' とすると，この点での電流密度は $\boldsymbol{J}_e = \rho_e \boldsymbol{v}' = \rho_e \rho' \omega \hat{\boldsymbol{\phi}}$ となるから，式 (7.81) の被積分関数は $\boldsymbol{r}' \times \boldsymbol{J}_e(\boldsymbol{r}') = -\rho_e \omega \rho' r' \hat{\boldsymbol{\theta}}' = -\rho_e \omega r'^2 \hat{\boldsymbol{\theta}}' \sin\theta' = -\rho_e \omega r'^2 \sin\theta' (\hat{\boldsymbol{x}}\cos\theta'\cos\phi' + \hat{\boldsymbol{y}}\cos\theta'\sin\phi' - \hat{\boldsymbol{z}}\sin\theta')$ で与えられる．また，$dv' = r'^2 \sin\theta' \, dr' \, d\theta' \, d\phi'$ であるから，式 (7.81) より

$$\boldsymbol{m} = -\frac{\mu_0 \rho_e \omega}{2} \int_0^a r'^4 \, dr' \int_0^\pi d\theta' \int_0^{2\pi} \sin^2\theta' (\hat{\boldsymbol{x}}\cos\theta'\cos\phi' + \hat{\boldsymbol{y}}\cos\theta'\sin\phi' - \hat{\boldsymbol{z}}\sin\theta') \, d\phi'$$

$$= \frac{\pi \mu_0 \rho_e \omega a^5}{5} \hat{\boldsymbol{z}} \int_0^\pi \sin^3\theta' \, d\theta' = \frac{4\pi \mu_0 \rho_e \omega a^5}{15} \hat{\boldsymbol{z}} = \mu_0 \frac{a^2 \omega}{5} Q \hat{\boldsymbol{z}}$$

となる．ここで $Q = \frac{4}{3}\pi a^3 \rho_e$ は球の全電荷量である．さらに密度一定の剛体球の質量を M としたとき，角運動量は $\boldsymbol{L} = \frac{2}{5}Ma^2\omega\hat{\boldsymbol{z}}$ となるから，上式は $\boldsymbol{m} = \frac{\mu_0 Q}{2M}\boldsymbol{L}$ と表される．例題 7.9 の結果と比較してほしい．また，これを電子のスピンによる磁気双極子モーメントと考えると矛盾が生じる．正確な値はディラックによる電子の相対論的量子力学によって明らかにされ，$\boldsymbol{m} = \frac{\mu_0 Q}{2M}(2\boldsymbol{L})$ であることがわかっている．詳細は巻末の引用・参考文献 2), 4) を参照してほしい． ◇

7.6 静磁界におけるガウスの法則

7.6.1 ガウスの法則

式 (7.58) とベクトル関数の性質 $\nabla \cdot \nabla \times \boldsymbol{A} = 0$ より

$$\nabla \cdot \boldsymbol{B}(\boldsymbol{r}) = 0 \tag{7.87}$$

を得る．式 (7.87) は静磁界を規定する基本法則の 1 つで，**静磁界に対するガウスの法則**という．式 (7.87) を 3 章の静電界 $\boldsymbol{E}$ に対するガウスの法則 (3.63)，あるいは 4 章の電束密度 $\boldsymbol{D}$ に対するガウスの法則 (4.20) と比較すると，式 (7.87) は真電荷密度 $\rho_e(\boldsymbol{r})$ に対応する真磁荷密度 $\rho_m(\boldsymbol{r})$ というものがゼロであることを示している．磁荷密度とは適当な微小体積を考えたときの単位体積あたりの磁荷の総量であるから，どんな微小体積を考えても正の磁荷と負の磁荷が同量だけあるということは，結局，正の真磁荷も負の真磁荷も単独では存在できないことを意味している．なお，式 (7.87) のようにどの場所でも発散がゼロであるベクトルを**ソレノイドベクトル** (solenoid vector) という．

7.6.2 磁束線と磁力線

3.4 節と全く同様にすると，各点における磁束密度 $\boldsymbol{B}$ の方向を連続に接続した曲線群を描くことができる．この曲線を**磁束線** (lines of magnetic flux) という．磁束密度に比例した本数の磁束線を描くとすると，図 **7.30** のような面 S を通過する磁束線の本数が

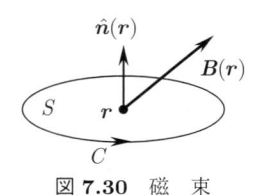

$$\Phi = \int_S \boldsymbol{B}(\boldsymbol{r}) \cdot \hat{\boldsymbol{n}}(\boldsymbol{r}) \, dS \tag{7.88}$$

図 7.30 磁 束

に比例するようにすればよい．式 (7.88) がいままであいまいに使っていた**磁束**の定義で，単位は〔Wb(=Tm^2)〕である．また，$\boldsymbol{B} = \nabla \times \boldsymbol{A}$ であるから，ストークスの定理を用いると，式 (7.88) はベクトルポテンシャル $\boldsymbol{A}$ を用いて

$$\Phi = \oint_C \boldsymbol{A}(\boldsymbol{r}) \cdot d\boldsymbol{l} \tag{7.89}$$

と表すこともできる．

一方，式 (7.87) を体積積分すると，ガウスの定理より

$$\oint_S \boldsymbol{B}(\boldsymbol{r}) \cdot \hat{\boldsymbol{n}}(\boldsymbol{r}) \, dS = 0 \tag{7.90}$$

となるから，閉曲面に入ってくる磁束の量と出てゆく磁束の量は等しい．S は空間の任意の点を囲む微小閉曲面としてもよいから，磁束密度ベクトルはどこでも連続で，磁束線は必ず閉曲線となる．また真空中では $H = B/\mu_0$ であるから，真空中の磁束線と磁力線

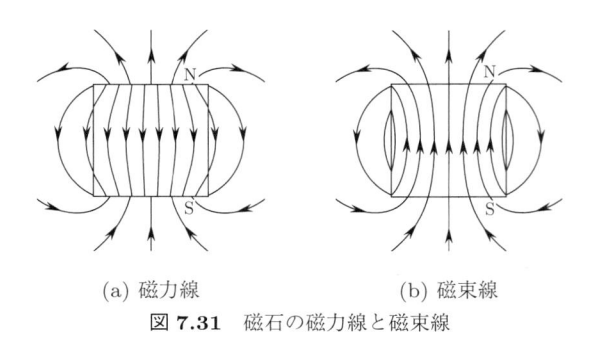

(a) 磁力線　　　(b) 磁束線

図 **7.31**　磁石の磁力線と磁束線

は同じ曲線となる．7.1.2 項で示した図 7.6 や図 7.7 の磁力線はこのようにして描いた．このように，電流だけしかない場合には磁束線と磁力線は同じ閉曲線になる．これに対して磁石の磁力線は 図 **7.31**(a) のように N 極から出て S 極に向かう磁極部分では不連続になるのに対して，磁束線は図 7.31(b) のように至る所で連続になる．この違いは，電気分極 P があるときの電界 E と電束密度 D の分布の違いと同様である．詳細は 8 章で述べる．

7.7　アンペアの法則

静電界 E を規定する基本法則は，その発散量を与えるガウスの法則 $\nabla \cdot E(r) = \rho(r)/\varepsilon_0$ と，回転に関する法則 $\nabla \times E(r) = 0$ の 2 つであった．磁界の発散についてのガウスの法則はすでに導いたから，$\nabla \times B(r)$ がどうなるかを考えよう．

7.7.1　ビオ・サバールの法則とアンペアの法則

静電界では，電界

$$E(r) = \frac{1}{4\pi\varepsilon_0} \int_V \rho(r') \frac{r - r'}{|r - r'|^3} dv'$$

を任意の閉曲線 C に沿って周回積分するとゼロになることから，ストークスの定理を用いて $\nabla \times E(r) = 0$ を導いた．静磁界ではこの手順ではうまく行かない．そこで $\nabla \times B$ を直接計算する．ベクトル公式 $\nabla \times \nabla \times A = \nabla(\nabla \cdot A) - \nabla^2 A$ とベクトルポテンシャル A の発散に対する性質 (7.74) を用いると

$$\nabla \times B(r) = \nabla \times \nabla \times A(r) = \nabla\big(\nabla \cdot A(r)\big) - \nabla^2 A(r) = -\nabla^2 A(r) \quad (7.91)$$

となる．これを直角座標成分で表すと

$$\Big[\nabla \times B\Big]_x = -\nabla^2 A_x, \quad \Big[\nabla \times B\Big]_y = -\nabla^2 A_y, \quad \Big[\nabla \times B\Big]_z = -\nabla^2 A_z \quad (7.92)$$

と 3 成分とも全く同じ形をしているから，x 成分についてだけ考えてみよう．

式 (7.92) 右辺の $\nabla^2 A_x$ に式 (7.57) を代入すると

$$\nabla^2 A_x(\boldsymbol{r}) = \nabla^2 \left\{ \frac{\mu_0}{4\pi} \int_V \frac{J_{ex}(\boldsymbol{r}')}{|\boldsymbol{r}-\boldsymbol{r}'|} dv' \right\} \tag{7.93}$$

となる．一方，3 章で述べたように体積電荷分布 $\rho(\boldsymbol{r}')$ による電位 $V(\boldsymbol{r})$ は

$$V(\boldsymbol{r}) = \frac{1}{4\pi\varepsilon_0} \int_V \frac{\rho(\boldsymbol{r}')}{|\boldsymbol{r}-\boldsymbol{r}'|} dv'$$

であり，ポアソンの方程式 $\nabla^2 V(\boldsymbol{r}) = -\rho(\boldsymbol{r})/\varepsilon_0$ を満たすから

$$\nabla^2 V(\boldsymbol{r}) = \nabla^2 \left\{ \frac{1}{4\pi\varepsilon_0} \int_V \frac{\rho(\boldsymbol{r}')}{|\boldsymbol{r}-\boldsymbol{r}'|} dv' \right\} = -\frac{\rho(\boldsymbol{r})}{\varepsilon_0} \tag{7.94}$$

と書ける．式 (7.93) と式 (7.94) は $\rho(\boldsymbol{r}')/\varepsilon_0$ を $\mu_0 J_{ex}(\boldsymbol{r}')$ に置き換えれば，全く同じ式になっている．したがって $\nabla^2 A_x$ は

$$\nabla^2 A_x(\boldsymbol{r}) = -\mu_0 J_{ex}(\boldsymbol{r}) = -[\nabla \times \boldsymbol{B}]_x \tag{7.95}$$

となる．他の成分も全く同様に計算できるから，これらをまとめて

$$\nabla \times \boldsymbol{B}(\boldsymbol{r}) = \mu_0 \boldsymbol{J}_e(\boldsymbol{r}) \tag{7.96}$$

を得る．これを**微分形のアンペアの法則** (Ampére's circuital law) という．

結局，真空中の静磁界を規定する基本法則は，式 (7.87) と式 (7.96) であり

$$\nabla \cdot \boldsymbol{B}(\boldsymbol{r}) = 0, \qquad \nabla \times \boldsymbol{B}(\boldsymbol{r}) = \mu_0 \boldsymbol{J}_e(\boldsymbol{r}) \tag{7.97}$$

で与えられる．式 (7.96) はビオ・サバールの法則から導かれたものであるが，近接作用の立場では逆に，ビオ・サバールの法則とは静電界におけるクーロンの法則と同様に，補助法則の 1 つであると考える．それならば，アンペアの法則 (7.96) からビオ・サバールの法則が導かれるはずである．式 (7.96) に $\boldsymbol{B} = \nabla \times \boldsymbol{A}$ を代入し，$\nabla \cdot \boldsymbol{A} = 0$ を代入すると

$$\nabla^2 \boldsymbol{A}(\boldsymbol{r}) = -\mu_0 \boldsymbol{J}_e(\boldsymbol{r}) \tag{7.98}$$

を得る．この微分方程式の各成分はポアソンの方程式と同じであるから，その解は 5.1.3 項と同様にして求めることができて，全ての電流を囲むように体積 V をとると

$$\boldsymbol{A}(\boldsymbol{r}) = \frac{\mu_0}{4\pi} \int_V \frac{\boldsymbol{J}_e(\boldsymbol{r}')}{|\boldsymbol{r}-\boldsymbol{r}'|} dv' \tag{7.99}$$

を得る[†]．これを $\boldsymbol{B} = \nabla \times \boldsymbol{A}$ に代入し，∇ が $\boldsymbol{r}$ に関する微分であることに注意すると

[†] 体積 V は任意にとることも可能であるが，この場合，V の外にある電流による寄与は V 表面のベクトルポテンシャルの積分によって表される．詳細は巻末の引用・参考文献 1), 4) を参照してほしい．

$$\boldsymbol{B}(\boldsymbol{r}) = \frac{\mu_0}{4\pi} \int_V \nabla \times \left\{ \frac{\boldsymbol{J}_e(\boldsymbol{r}')}{|\boldsymbol{r}-\boldsymbol{r}'|} \right\} dv' = \frac{\mu_0}{4\pi} \int_V \nabla \left(\frac{1}{|\boldsymbol{r}-\boldsymbol{r}'|} \right) \times \boldsymbol{J}_e(\boldsymbol{r}') \, dv'$$
$$= \frac{\mu_0}{4\pi} \int_V \boldsymbol{J}_e(\boldsymbol{r}') \times \frac{\boldsymbol{r}-\boldsymbol{r}'}{|\boldsymbol{r}-\boldsymbol{r}'|^3} \, dv' \tag{7.100}$$

を得る．これは正しく 7.4 節のビオ・サバールの法則である．このように，アンペアの法則とビオ・サバールの法則とは等価であるといえる．表現が異なるだけである．すなわち，ビオ・サバールの法則は静電界におけるクーロンの法則に対応する遠隔作用に基づく静磁界の表現であり，微分形のアンペアの法則は近接作用に基づく静磁界の表現である．

7.7.2 積分形のアンペアの法則

図 **7.32** のような定常電流を囲む閉曲線 C を考える．この閉曲線によって囲まれた任意の曲面 S 上で式 (7.96) の面積分を行い，ストークスの定理を用いると

$$\int_S \nabla' \times \boldsymbol{B}(\boldsymbol{r}') \cdot \hat{\boldsymbol{n}} \, dS' = \oint_C \boldsymbol{B}(\boldsymbol{r}) \cdot d\boldsymbol{l}$$
$$= \mu_0 \int_S \boldsymbol{J}_e(\boldsymbol{r}') \cdot \hat{\boldsymbol{n}}(\boldsymbol{r}) \, dS' = \mu_0 I \tag{7.101}$$

を得る．式 (7.101) の右辺の積分は，曲面 S を通過する全電流 I であり，**閉曲線 C を貫く電流**，**閉曲線 C に鎖交する電流**あるいは**閉曲線 C が囲む電流**などという．こうして式 (7.101) は

$$\oint_C \boldsymbol{B}(\boldsymbol{r}) \cdot d\boldsymbol{l} = \mu_0 I \tag{7.102}$$

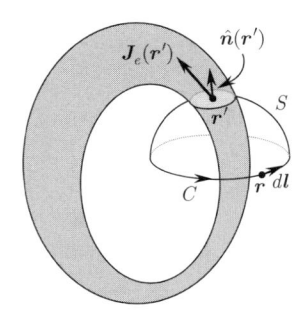

図 **7.32** 積分形のアンペアの法則

となる．これを**積分形のアンペアの法則**という．

式 (7.102) 右辺の '閉曲線 C に鎖交する電流' I とは，図 7.32 のように単位法線ベクトル $\hat{\boldsymbol{n}}$ の方向に流れる全電流であるから，一般には電流密度の $\hat{\boldsymbol{n}}$ 方向成分を面積分する必要がある．しかし，図 **7.33** のような線状電流の場合には代数和でよい．すなわち閉曲線 C に沿って右ねじを回すとき，ねじの進行方向に流れる電流を正，反対方向に流れる電流を負として，それらの総和：

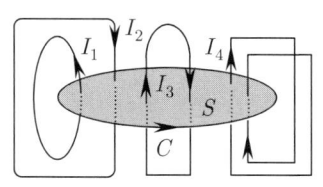

図 **7.33** 閉曲線 C に鎖交する電流

$$I = I_1 - I_2 + (I_3 - I_3) + 2I_4 = I_1 - I_2 + 2I_4 \tag{7.103}$$

7.7 アンペアの法則

となる．念のため注意しておきたいのは図 7.34 のような有限長の電流を考える場合である．7.4 節でも注意したように有限長の定常電流は存在し得ないが，便宜上考えることがある．図 7.34 のように電流 I は面 S を通過しているが S' は通過していない．したがって，この場合'閉曲線 C に鎖交する電流'は不確定である．図 7.33 のように電流が閉じているなら，S に対しても S' に対しても共に式 (7.103) が成り立つ．

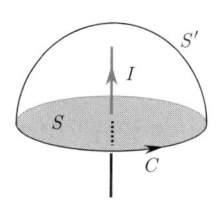

図 7.34　有限長電流

7.7.3　アンペアの法則を利用した静磁界の計算

定常電流に空間的な対称性がある場合には，ビオ・サバールの法則を用いなくても積分形のアンペアの法則を利用すると静磁界を容易に求めることができる．例を示しながらその計算法を説明する[†]．

例題 7.11　図 7.35 のように半径 a の無限に長い円筒導体内を一様な密度で定常電流が流れているとする．全電流を I としたとき円筒導体外部及び内部の磁束密度を求めよ．

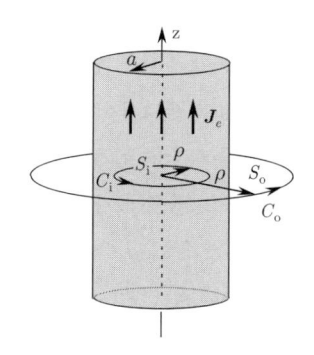

図 7.35　円筒導体内を一様に流れる電流による磁束密度．閉曲線 C_i, C_o は，それぞれ z 軸を中心とする半径 $\rho < a$, $\rho > a$ の円．磁束密度は軸対称性より C_i, C_o 上で一定である．

【解答】　円筒の中心軸 z に対して対称であるから，z 軸を中心とする半径 ρ の円周上で磁束密度は一定であり，右ねじの法則より円周方向を向く．この磁束密度を $B_\phi(\rho)$ とすると，$\rho > a$ の閉曲線 C_o に関する式 (7.102) の左辺は $2\pi\rho B_\phi(\rho)$ となる．右辺は全電流 I となるから

$$B_\phi(\rho) = \frac{\mu_0 I}{2\pi\rho} \tag{7.104}$$

を得る．これは無限に長い直線状電流による静磁界の磁束密度と同じである．次に $\rho < a$ の閉曲線 C_i を貫く電流は $J_e \times (\pi\rho^2) = I/(\pi a^2) \times (\pi\rho^2) = I\rho^2/a^2$ であるから，上と同様にして

$$B_\phi(\rho) = \frac{\mu_0 I \rho}{2\pi a^2} \tag{7.105}$$

[†]　電荷分布に空間的な対称性がある場合には積分形のガウスの法則を利用すると静電界を容易に求めることができた．3.5.3 項を参照してほしい．

例題 7.12 図 7.36 のような単位長あたりの巻き数 n, 半径 a の無限長円筒ソレノイド内外の磁束密度を求めよ.

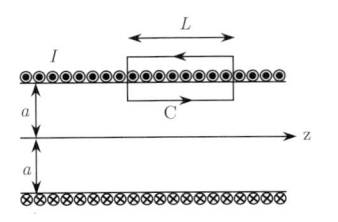

図 7.36 無限長ソレノイド内外の磁束密度

【解答】 ソレノイドのピッチが十分小さいとすれば, ソレノイドは無限に長いから磁界がソレノイドの端から外部に漏れるようなことはない. したがって, 例題 7.5 で求めたように, ソレノイド外部の磁束密度はゼロである. また右ねじの法則よりソレノイド内の磁界は z 方向を向き, どこでも一定になる. そこで図 7.36 のような閉曲線 C をとると, C を貫く全電流は nLI であり, 式 (7.102) の左辺は $B_z L$ となる. したがって $B_z = \mu_0 n I$ となる. この結果は例題 7.8 の式 (7.72) と同じであるが, 計算はここで示した方法が格段に簡単である. ◇

静電界中に置かれた導体の表面には, 6.4.2 項で説明したように, 真電荷が誘起されるから, 表面に沿う電界成分によって表面にだけ定常電流が流れる. このような電流をどのように扱ったらよいかを考えるために, 図 7.37 のように幅 a, 厚さ Δt の非常に薄い領域を電流 I が紙面から読者の方向に流れている場合を考える. 電流密度は $J_e = I/(a\Delta t)$ であるから, $\Delta t \to 0$ とすると無限大になってしまう. そこで新たに**面電流密度** (surface current density) なる量を

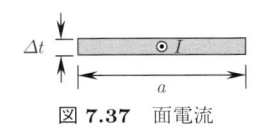

$$\boldsymbol{K}_e = \lim_{\Delta t \to 0} \Delta t \boldsymbol{J}_e \tag{7.106}$$

図 7.37 面電流

と定義する†. 単位は A/m である. また, 式 (7.106) は面電荷密度を σ_e, 電荷の速度を $\boldsymbol{v}$ としたとき $\boldsymbol{K}_e = \sigma_e \boldsymbol{v}$ に対応する.

面電流密度によるベクトルポテンシャルが次式で与えられることは明らかであろう.

$$\boldsymbol{A}(\boldsymbol{r}) = \frac{\mu_0}{4\pi} \int_S \frac{\boldsymbol{K}_e(\boldsymbol{r}')}{|\boldsymbol{r} - \boldsymbol{r}'|} dS' \tag{7.107}$$

---

† $\boldsymbol{J}_e$ を面電流密度と区別するため体積電流密度という場合がある.

例題 7.13 図 **7.38** のように無限に広い平板上を面電流密度 $\boldsymbol{K}_e = K_e \hat{\boldsymbol{x}}$ の定常電流が流れている．磁束密度を求めよ．

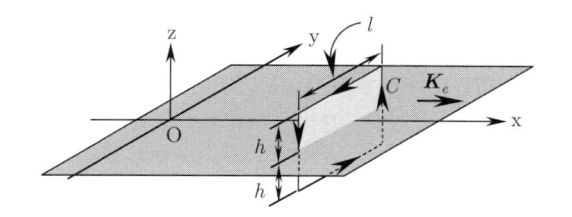

図 7.38 無限に広い平板を一様な面電流密度 $\boldsymbol{K}_e = K_e \hat{\boldsymbol{x}}$ で流れる電流．磁束密度は閉曲線 C に積分形のアンペアの法則を適用することによって求められる．

【**解答**】 面対称性と右ねじの法則より磁束密度は面に平行であり，$z > 0$ の領域では $-y$ 方向を，$z < 0$ の領域では y 方向を向く．そこで，図のような閉曲線に積分形のアンペアの法則 (7.102) 適用すると，左辺は $2B_y l$，C に鎖交する全電流は $I = K_e l$ となる．したがって，$B_y = \mu_0 K_e / 2$ となる． ◇

7.8 定常電流に働く力

7.8.1 コイル間に働く力

図 **7.39** のように定常電流 I_1, I_2 がそれぞれコイル C_1, C_2 を流れているとき，両コイル間に働く力を求めよう．C_2 に働く力は定常電流 I_1 によるコイル C_2 上の磁束密度をビオ・サバールの法則 (7.45) によって求め，次に電流素片 $I_2 d\boldsymbol{l}_2$ に作用する力をアンペアの法則 (7.4) によって計算して C_2 全体にわたって総和をとればよい．

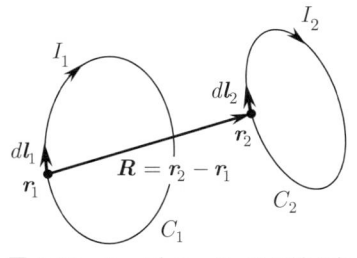

図 7.39 ループ C_1, C_2 間に働く力

コイル C_1 上の電流素片 $I_1 d\boldsymbol{l}_1$ が，コイル C_2 上の点 $\boldsymbol{r}_2$ に作る磁束密度 $d\boldsymbol{B}_1(\boldsymbol{r}_2)$ は式 (7.45) より

$$d\boldsymbol{B}_1(\boldsymbol{r}_2) = \frac{\mu_0 I_1}{4\pi} \frac{d\boldsymbol{l}_1 \times \boldsymbol{R}}{R^3} \tag{7.108}$$

で与えられる．ただし $\boldsymbol{R} = \boldsymbol{r}_2 - \boldsymbol{r}_1$ である．この磁束密度が電流素片 $I_2 d\boldsymbol{l}_2$ に作用する力 $d\boldsymbol{F}_2$ は式 (7.4) より

$$d\boldsymbol{F}_2 = I_2 d\boldsymbol{l}_2 \times d\boldsymbol{B}_1(\boldsymbol{r}_2) \tag{7.109}$$

と表される．したがって式 (7.108) を式 (7.109) に代入すると

$$dF_2 = \frac{\mu_0 I_1 I_2}{4\pi} \frac{dl_2 \times (dl_1 \times \boldsymbol{R})}{R^3} \tag{7.110}$$

を得る．逆に，コイル C_2 上の電流素片 $I_2 dl_2$ がコイル C_1 上の点 $\boldsymbol{r}_1$ に作る磁束密度 $d\boldsymbol{B}_2(\boldsymbol{r}_1)$ は

$$d\boldsymbol{B}_2(\boldsymbol{r}_1) = \frac{\mu_0 I_2}{4\pi} \frac{dl_2 \times (-\boldsymbol{R})}{R^3}$$

であり，これがコイル C_1 上の電流素片 $I_1 dl_1$ に作用する力 $d\boldsymbol{F}_1$ は

$$d\boldsymbol{F}_1 = I_1 dl_1 \times d\boldsymbol{B}_2(\boldsymbol{r}_1) = -\frac{\mu_0 I_1 I_2}{4\pi} \frac{dl_1 \times (dl_2 \times \boldsymbol{R})}{R^3} \tag{7.111}$$

で与えられる．ここでベクトル公式：$\boldsymbol{A} \times (\boldsymbol{B} \times \boldsymbol{C}) = \boldsymbol{B}(\boldsymbol{A} \cdot \boldsymbol{C}) - \boldsymbol{C}(\boldsymbol{A} \cdot \boldsymbol{B})$ を用いると，式 (7.110), (7.111) はそれぞれ

$$\begin{cases} d\boldsymbol{F}_1 = -\dfrac{\mu_0 I_1 I_2}{4\pi} \left[\dfrac{dl_2(dl_1 \cdot \boldsymbol{R})}{R^3} - \dfrac{(dl_1 \cdot dl_2)\boldsymbol{R}}{R^3} \right], \\ d\boldsymbol{F}_2 = +\dfrac{\mu_0 I_1 I_2}{4\pi} \left[\dfrac{dl_1(dl_2 \cdot \boldsymbol{R})}{R^3} - \dfrac{(dl_1 \cdot dl_2)\boldsymbol{R}}{R^3} \right] \end{cases} \tag{7.112}$$

と変形される．これらを C_1, C_2 全体にわたって積分すれば，コイル C_1 に働く力 $\boldsymbol{F}_1$, C_2 に働く力 $\boldsymbol{F}_2$ を求めることができる．例えば C_1 に作用する力を求めるために，式 (7.112) の第 1 式の右辺第 1 項を C_1 上で積分するとき，dl_2 が $\boldsymbol{r}_2$ の関数であり $\boldsymbol{r}_1$ には無関係であることを考慮すると

$$dl_2 \oint_{C_1} \frac{\boldsymbol{R}}{R^3} \cdot dl_1 = dl_2 \oint_{C_1} \frac{\boldsymbol{r}_2 - \boldsymbol{r}_1}{|\boldsymbol{r}_2 - \boldsymbol{r}_1|^3} \cdot dl_1 \tag{7.113}$$

の形の積分が現れる．ここで $\boldsymbol{r}_1$ に関する微分を ∇_1 と表すと

$$\frac{\boldsymbol{r}_2 - \boldsymbol{r}_1}{|\boldsymbol{r}_2 - \boldsymbol{r}_1|^3} = \nabla_1 \left(\frac{1}{|\boldsymbol{r}_2 - \boldsymbol{r}_1|} \right)$$

となるから，式 (7.113) の積分は

$$\oint_{C_1} \nabla_1 \left(\frac{1}{|\boldsymbol{r}_2 - \boldsymbol{r}_1|} \right) \cdot dl_1 \tag{7.114}$$

と変形できる．ところがストークスの定理より，任意のスカラ関数 ψ について

$$\oint_C \nabla \psi(\boldsymbol{r}) \cdot dl = \int_S \nabla \times \nabla \psi(\boldsymbol{r}) \cdot \hat{\boldsymbol{n}} \, dS = 0$$

なる性質があるから，結局式 (7.113) の積分はゼロになる．同様のことがコイル C_2 の積分についてもいえるので，式 (7.112) の右辺の第 1 項はゼロとなり

$$\begin{cases} \boldsymbol{F}_1 = \dfrac{\mu_0 I_1 I_2}{4\pi} \oint_{C_1} \oint_{C_2} \dfrac{(dl_1 \cdot dl_2)\boldsymbol{R}}{R^3}, \\ \boldsymbol{F}_2 = -\dfrac{\mu_0 I_1 I_2}{4\pi} \oint_{C_1} \oint_{C_2} \dfrac{(dl_1 \cdot dl_2)\boldsymbol{R}}{R^3} \end{cases} \tag{7.115}$$

と表される．すなわち，$\boldsymbol{F}_1 = -\boldsymbol{F}_2$ である．これはコイルが直接接触していなくてもコイル全体に作用する力は作用・反作用の法則を満たすことを表している．

7.8.2 電流の単位

ここまで議論を進めてくると，最初に紹介した平行な線状導体に流れる定常電流に働く力の具体的な表現式を求めることができる．図 7.40 のように，平行な直線電流 I_1, I_2 が距離 R だけ隔てて同じ向きに流れている場合を考える．I_1 が #2 上に作る磁束密度の強さは，式 (7.50) より

$$B_1(R) = \frac{\mu_0}{2\pi} \frac{I_1}{R}$$

で与えられる．その方向は図 7.40 に示すように読者から紙面に向かう方向である．この磁束密度が定常電流 I_2 の単位長さあたりに作用する力の大きさは

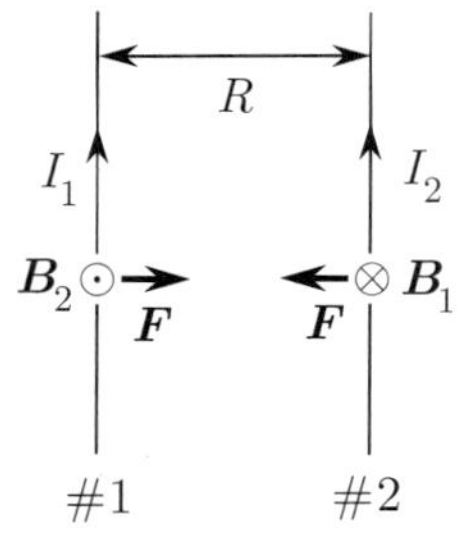

$$F = \frac{\mu_0}{2\pi} \frac{I_1 I_2}{R} \qquad [\text{N/m}] \tag{7.116}$$

であり，その方向は I_1 に向かう方向となる．I_2 が逆向きに流れているなら I_1 から離れる方向を向く．

さて，6.1.2 項で述べたように，当初 SI 単位系では電流が基本量であって，1948 年からは，直線状の平行電流に作用する力によって定義されていた．すなわち，真空中で距離 1 m を隔てて置かれた 2 本の同じ強さの平行な定常電流間に作用する力が，1 m あたり 2×10^{-7} N であるとき，電流の強さを 1 A と定義していた．しかし，2019 年からは，電気素量 e を正確に $1.602\,176\,634 \times 10^{-19}$ C と定め，1 秒あたり 1 C の電荷を流す電流の強さを 1 A と定義し直された．

図 7.40 同じ向きに流れる平行線状電流に働く力

章 末 問 題

【1】図 7.41 のように，xy 面内の長方形ループ Γ を一様な電流 I が流れており，Γ に垂直に磁束密度

$$\boldsymbol{B}(x,y) = B_0 \left(1 + k\frac{xy}{ab}\right) \hat{\boldsymbol{z}}$$

が印加された．ただし $B_0 > 0, k > 0$ は定数である．以下の問いに答えよ．
 (1) 4 つの辺 A–B, B–C, C–D, D–A 上の任意の点に働く単位長あたりの力を求めよ．
 (2) 4 つの辺 A–B, B–C, C–D, D–A に働く力を求めよ．
 (3) ループ Γ 全体に働く力を求めよ．

【2】図 7.42 のように，一様な電界と磁界が直交している空間に質量 m，電荷量 q の点電荷が，$t = 0$ で原点 O にあったとする．$t \geq 0$ での点電荷の軌跡を求めよ．ただし初速度はゼロとする．

252   7. 真空中の静磁界

図 7.41 長方形ループ

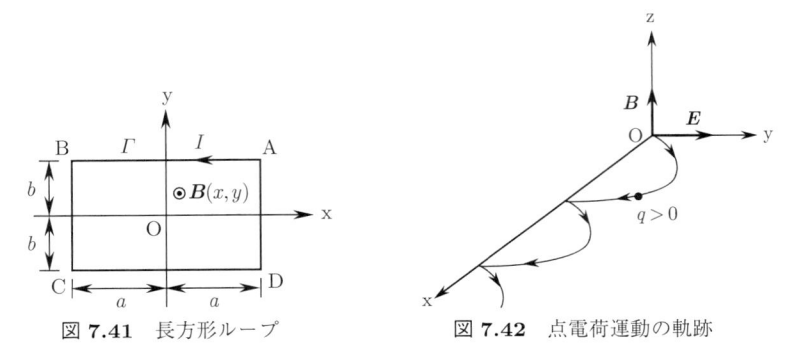

図 7.42 点電荷運動の軌跡

【3】 図 7.43 のように，距離 $2d$ を隔てて無限に長い直線状電流 I_1, I_2 が共に z 軸方向に流れているとする．任意の点の磁束密度を求めよ．また，I_2 が $-z$ 軸方向に流れている場合はどうなるかを示せ．

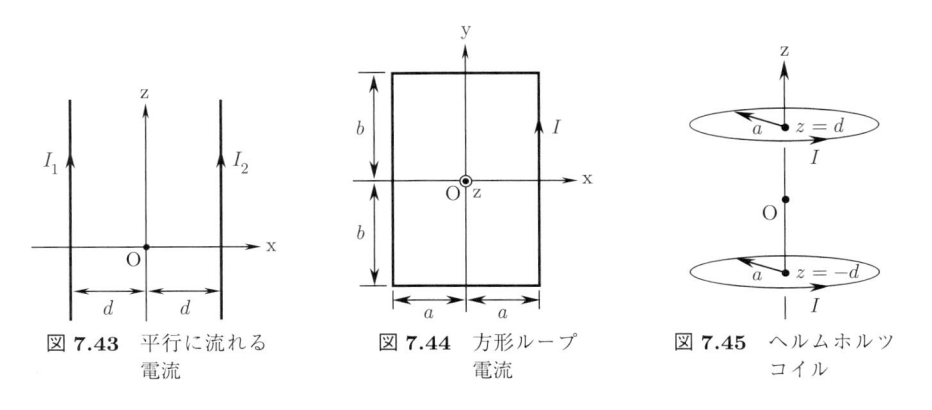

図 7.43 平行に流れる電流

図 7.44 方形ループ電流

図 7.45 ヘルムホルツコイル

【4】 図 7.44 のように，各辺の長さが $2a, 2b$ の長方形導線に一様な定常電流が流れている．以下の問いに答えよ．
 (1) この回路を含む xy 面内における磁束密度を求めよ．
 (2) $a = b$ のとき，原点 O の磁束密度を求めよ．

【5】 図 7.45 のように，距離 $2d$ を隔てた半径 a の 2 つの円形ループに同方向の電流 I が流れている．中心軸上の磁束密度を求めよ．また，特別な場合として $d = a$ としたとき，中点 O 付近にはほぼ一様な磁束密度の磁界ができることを示せ（ヒント：$|z| \ll a$ と近似せよ）．この一対のコイルを**ヘルムホルツコイル** (Helmholtz coil) という

【6】 電流が z 方向だけに流れているとき，磁束線は $A_z = $ 一定 と置くことにより求められることを示せ．また，ϕ 方向だけに流れている場合は $A_\phi = $ 一定 という曲線になる．

【7】 図 7.46 のように，幅 $2a$ の無限に薄い導体板に電流 I が z 軸方向に流れている．以下の問いに答えよ．
 (1) 面電流密度を求めよ．
 (2) 任意の点の磁束密度を求めよ．
 (3) $a \to \infty$ のときの磁束密度を求めよ．

【8】 図 7.47 のように，無限長の直線電流 I_1 に平行に長方形ループがある．ループに流れる電流を I_2 としたとき，ループに働く力を求めよ．

図 7.46 導体板上の電流

図 7.47 ループに働く力

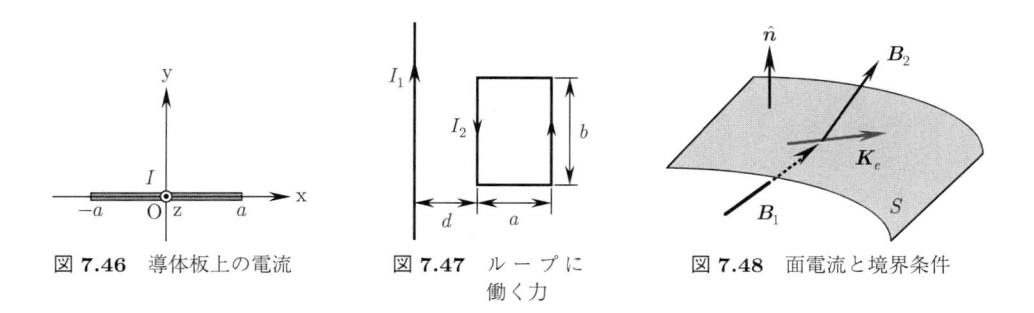

図 7.48 面電流と境界条件

【9】 図 7.48 のように，面 S 上に面電流 $\boldsymbol{K}_e$ が流れている．面 S の両側の磁束密度を $\boldsymbol{B}_1$, $\boldsymbol{B}_2$ としたとき，$\hat{\boldsymbol{n}} \cdot (\boldsymbol{B}_2 - \boldsymbol{B}_1) = 0$ と $\hat{\boldsymbol{n}} \times (\boldsymbol{B}_2 - \boldsymbol{B}_1) = \mu_0 \boldsymbol{K}_e$ が成り立つことを示せ．（ヒント：4.6 節の境界条件の導出を参照しながら，磁束密度に関する積分形のガウスの法則と積分形のアンペアの法則を利用せよ．）

【10】 図 7.49 のように，半径 a の無限長円筒導体内部にその中心軸 z から d だけ離れた位置に中心軸をもつ半径 b の円筒空洞がある．導体に一様な密度 J_e の電流が z 軸方向に流れているとき，空洞内の磁束密度を求めよ（ヒント：空洞に流れる電流はゼロである．これは z 方向に一様な密度で流れる電流と，逆方向に同じ電流密度で流れる電流との和である．）

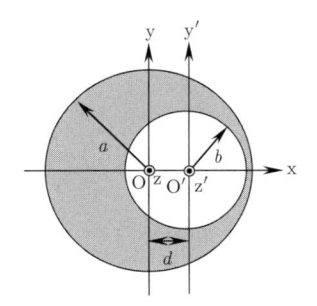

図 7.49 空洞のある導体

8 磁性体中の静磁界

　鉄釘同士は引き付け合わないのに，磁石を近づけると釘は磁石に引き付けられる．また，鉄の棒に導線を巻いて電流を流すと強い磁石になり多くの鉄釘を引き付ける．このような磁気現象は小学校や中学校の理科の実験でも経験してよく知っている事実である．本章ではなぜこのようなことが起こるのかを説明すると共に，その工学的応用例を紹介する．一方，銅やプラスチックなどに磁石を近づけても何も起こらない．また，物質によっては外部の磁界と逆向きに磁化が起こることがある．このように物質の磁性は複雑であり，正確に記述しようとすると物質の原子構造までに立ち入って量子力学的な議論が必要となる．これは本書の範囲をはるかに超えるため，ここでは誘電体の分極との比較を通してやや現象論的な説明にとどめることにする．ただし，古い教科書にあるように磁気の原因を'磁荷'に求めるのではなく，できるだけ本質が理解できるような説明に努める．

8.1 物 質 の 磁 化

8.1.1 磁化と磁性体

　図 8.1(a) のように鉄釘を磁石の S 極に近づけると，鉄釘は磁石に引き付けられ，磁石の S 極に引き付けられた鉄釘の部分には N 極が，それと反対部分には S 極が現れる．このように外部からの磁界（この例では磁石による磁界）によって物質（この例では鉄釘）が，磁気的性質を帯びることを**磁化** (magnetization) といい，磁化を起こす物質を**磁性体** (magnetic material) という．また，この現象は 3 章の静電誘導に似ていることから**磁気誘導**とよばれる．一方，前章で述べたように電流を流したソレノイドコイルも磁石と同様に鉄片を引き付けるが，図 8.1(b) のようにソレノイドに鉄の芯を挿入するとさらにより多くの釘を引き付ける．すなわち強い磁石になる．これは以下のように説明される．磁性体も磁石と同様に小さな磁石の集合体であり，普通の状態では微小磁石が勝手な方向を向いているため磁性を示さないが，図 8.1(b) のようにソレノイドコイルに電流 I_e が流れて鉄芯内部に

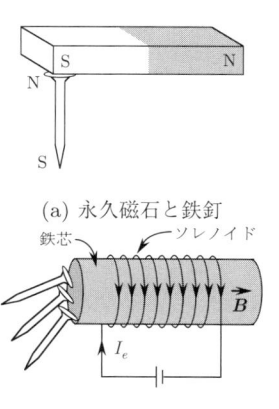

(a) 永久磁石と鉄釘

(b) 電磁石と鉄釘
図 8.1　磁気誘導

磁束密度 B の磁界が発生すると，勝手な方向を向いていた微小磁石が B の方向に揃おうとするために，磁束密度が増大する．このような性質を示す磁性体を**常磁性体** (paramagnetic material) という．そして微小磁石の磁性が非常に強い鉄やニッケルなどを，特に**強磁性体** (ferromagnetic material) という．なお，強磁性体は外部磁界をとり去っても磁化の状態を保つ性質があり，これを**永久磁石** (permanent magnet) という†．これに対して微小磁石の方向が B と反対向きになる物体を**反磁性体** (diamagnetic material) という．8.4.3 項で示すように，全ての物質は非常に弱い反磁性の性質をもっているが，通常の状態で比較的大きな反磁性を示す物質はビスマス (Bismuth, 元素記号は Bi) である．

磁性体に磁石を近づけたときに誘起される磁荷の極性を誘電体の分極と比較すると興味深い．図 **8.2**(a) は誘電体の分極によって現れる分極電荷を示したもので，4 章で述べたように，常に真電荷と反対符号の分極電荷が誘起される．図 8.2(b) の常磁性体に誘起される誘導磁荷は，磁石の磁荷と反対符号の磁荷であり，誘電体分極の符号関係と同じである．これに対して図 8.2(c) の反磁性の場合には，誘起される磁荷の符号は常磁性体と反対になる．

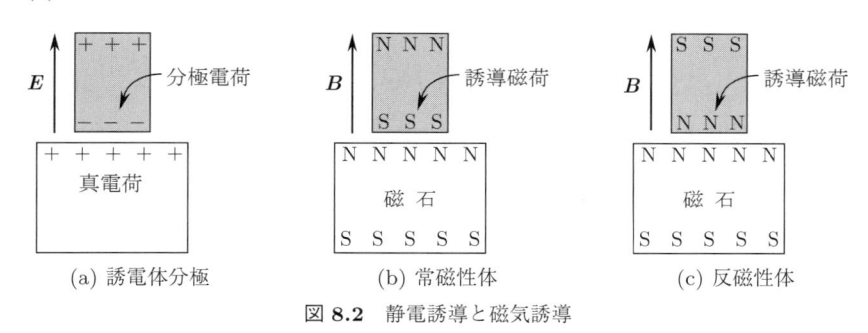

図 **8.2** 静電誘導と磁気誘導

8.1.2 磁気の担い手

磁化の原因を磁性体内部の微小磁石であるとした説明は現象論的には理解しやすいが，すべての物質は原子でできており，さらに原子は原子核とその周りを回る電子からできている，ということを既に学んでいる読者にとっては違和感を感じるであろう．一方，電荷をもつ電子が回転しているということは微小な電流が流れることと等価であり，7 章で学んだように微小電流が作る磁界は磁石の作る磁界によく似ていた．したがって，それらが全く等しいということがいえれば，微小磁石と微小電流とは現象論的には等価であることがいえる．こうして正確ではない微小磁石という考え方にも正当性が与えられることになる．そこで本節では，微小磁石による磁束密度と微小電流による磁束密度を求めてみる．

---

† 外部磁界がゼロになっても磁化が残る，という意味であり，'永久' に磁石になるという意味ではない．一般に時間の経過と共に磁化はゆっくり弱くなる．

実在はしないが，真磁荷 Q'_m を仮想的に考えて磁気に関するクーロンの法則 (7.1) より

$$\boldsymbol{F}(\boldsymbol{r}) = Q'_m \boldsymbol{H}(\boldsymbol{r}) \tag{8.1}$$

によってベクトル量 $\boldsymbol{H}$ を定義する．このとき $\boldsymbol{H}$ の単位は 7.2.1 項より，[N/Wb] = [N$\frac{A}{Nm}$]
= [A/m] である．一方，前章の式 (7.7) で定義した真空中の磁界 $\boldsymbol{H} = \boldsymbol{B}/\mu_0$ の単位は，
7.2.2 項で述べたように [A/m] である．したがって，式 (8.1) で定義したベクトル $\boldsymbol{H}$ は
$\boldsymbol{H} = \boldsymbol{B}/\mu_0$ で定義した**磁界**と同じものであると解釈できる．

図 8.3 のように，長さ d の微小磁石の N 極，S 極にそれぞれ正負の真磁荷 $\pm Q_m$ があるものとする．この構造は電気双極子に似ていることから**磁気双極子** (magnetic dipole) という．磁気双極子による磁界は，電界の定義と磁界の定義 (8.1) が同じであることから，3.7.1 項と全く同様に計算できて，$\boldsymbol{B} = \mu_0 \boldsymbol{H}$ は

$$\boldsymbol{B}(\boldsymbol{r}) = \frac{1}{4\pi}\left\{-\frac{\boldsymbol{p}_m}{r^3} + \frac{3(\boldsymbol{p}_m \cdot \boldsymbol{r})\boldsymbol{r}}{r^5}\right\} \tag{8.2}$$

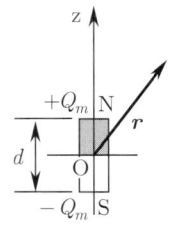

図 8.3 磁気双極子 $\boldsymbol{p}_m$

となる．ここで $\boldsymbol{p}_m = Q_m d\hat{\boldsymbol{z}}$ であり，単位は [Wb m] = [$\frac{Nm}{A}$m] = [$\frac{Nm^2}{A}$] である．

一方，図 8.4 のような磁気双極子モーメント $\boldsymbol{m} = \mu_0 I \pi a^2 \hat{\boldsymbol{z}}$ の微小円形ループ電流による磁束密度は例題 7.7 より

$$\boldsymbol{B}(\boldsymbol{r}) = \frac{1}{4\pi}\left\{-\frac{\boldsymbol{m}}{r^3} + \frac{3(\boldsymbol{m} \cdot \boldsymbol{r})\boldsymbol{r}}{r^5}\right\} \tag{8.3}$$

で与えられる．式 (8.3) は式 (8.2) と全く同じ形である．また，磁気双極子モーメント $\boldsymbol{m}$ の単位は [$\frac{N}{A^2}Am^2$] = [$\frac{N}{A}m^2$] であり，$\boldsymbol{p}_m$ と同じ単位である．したがって，$\boldsymbol{m}$ と $\boldsymbol{p}_m$ とは等価なものであると考えるのが合理的である．このことから，$\boldsymbol{p}_m$ も磁気双極子モーメントといい，今後はこれらを区別しないことにする．なお，これまでは円形電流で議論して

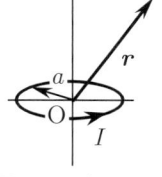

図 8.4 微小円形ループ電流

きたが，7.5.3 項で述べたように，面 S がどんな形であっても面積が十分小さければ，閉電流 I の磁気双極子モーメントの大きさは $m = \mu_0 I S$ で与えられる．

以上の議論から，**微小磁石は微小ループ電流と等価である**．そして微小電流の磁気双極子モーメントは $m = \mu_0 I S$ で与えられる．一方，すべての物質は原子でできているから，図 8.5 のようなボーアの原子模型を用いて，電子の公転軌道運動による磁気双極子モーメント m_{orbit} の値を求めてみよう．電子の質量を m_e，電荷量を $-e$，角運動量を $\boldsymbol{L}_{\text{orbit}}$ とすると，例題 7.9 より

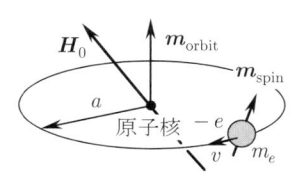

図 8.5 ボーアの原子模型．m_{orbit} は電子の軌道運動に伴う磁気双極子モーメント．

$$\bm{m}_{\text{orbit}} = -\frac{\mu_0 e}{2m_e} \bm{L}_{\text{orbit}} \tag{8.4}$$

となる．古典力学の範囲では，角運動量は $L_{\text{orbit}} = am_e v$ で与えられるが，**ボーアの量子条件**によると，角運動量 L_{orbit} がとり得る値は離散的で，$L_{\text{orbit}} = \hbar\sqrt{l(l+1)}, (l = 0, 1, \cdots, n)$ となることが知られている．ここで $\hbar = \dfrac{h}{2\pi}$，l は方位量子数，n は主量子数，$h = 6.626 \times 10^{34}$ Js は**プランク定数**である．また，外部磁界 $\bm{H}_0$ が印加されると，その方向の角運動量のとり得る値は $\hbar$ の整数倍だけが許されて，磁気双極子モーメントは

$$m_{\text{orbit}} = -\frac{\mu_0 e \hbar}{2m_e} j, \qquad j = -l, -l+1, \cdots, 0, \cdots, l-1, l \tag{8.5}$$

となる．ここで $\mu_B = \dfrac{\mu_0 e \hbar}{2m_e} \approx 1.16 \times 10^{-29}$ Wb·m は，磁気双極子モーメントの単位となる量で，**ボーア磁子** (Bohr magneton) とよばれる．また，式 (8.5) より，ボーア磁子も磁気モーメント m_{orbit} も電子の軌道半径 a には無関係であることに注意してほしい．

図 8.5 に示したように，原子は $\bm{m}_{\text{orbit}}$ の他に電子固有の磁気双極子モーメント $\bm{m}_{\text{spin}}$ をもつ．この量は例題 7.10 で示したような電子の自転という古典的な考えでは説明できないが，歴史的な経緯からスピン (spin, 軸を中心に回す，自転) という名前が付いている[†]．量子論によれば，電子のスピンによる磁気双極子モーメント $\bm{m}_{\text{spin}}$ は

$$\bm{m}_{\text{spin}} = -\frac{\mu_0 e}{m_e} \bm{L}_{\text{spin}} \tag{8.6}$$

で与えられ，角運動量も $L_{\text{spin}} = \sqrt{|s(s+1)|}\hbar$ と量子化される．ここでスピン量子数 s は $1/2, -1/2$ のいずれかの値をとる．また，外部磁界方向成分は $-\hbar/2, +\hbar/2$ のいずれかの値しかとりえない．

原子内には幾つもの電子があるから，原子全体の磁気双極子モーメント $\bm{m}$ はそれぞれの電子のスピン磁気双極子モーメントと軌道磁気双極子モーメントの合成したものになり

$$\bm{m} = -g\left(\frac{e}{2m_e}\right) \bm{L} \tag{8.7}$$

と表される．ここで g は原子の状態に固有な因子であり，純粋な電子の軌道運動については 1，純粋なスピンについては 2 となる．また，一般の原子のような複雑な系についてはその中間の値をとることが知られている．なお，係数 g を**ジャイロ磁気係数** (gyromagnetic ratio)，あるいは**ランデの g 係数** (Landé g-factor) という．原子核もスピン角運動量に伴う磁気双極子モーメントをもっているが，質量が大きいので $\mu_B/1\,000$ 程度と小さい．したがって特別の場合を除いて考える必要はない．g 係数の値，すなわち $\bm{m}_{\text{orbit}}, \bm{m}_{\text{spin}}$ のどちらがその主要成分になるかは原子の電子軌道構造や物質の状態によって異なり，その説明には量子力学

[†] 電子のスピンやスピン磁気モーメント (spin magnetic moment) の詳細については巻末の引用・参考文献 2) を参照のこと．

の深い知識が必要となる．そこで本書では，詳細には触れずに磁気の担い手は原子あるいは分子のもつ合成磁気双極子モーメント $\boldsymbol{m}$ にあるとして議論を進めることにする．

8.1.3 磁化ベクトルと磁化電流

7.5.3 項では，座標の原点付近にだけ流れている電流から十分離れた点のベクトルポテンシャルの表現を求めたが，$r' \ll r$ という近似は相対的なものであるから，電流が点とみなせるほど微小な体積内にだけ流れているなら 7.5.3 項で得られた結果は厳密なものであると考えてよい．式 (7.82) は原点にある磁気双極子モーメントによる厳密なベクトルポテンシャルであるから，図 8.6 のように点 $\boldsymbol{r}'$ にある磁気双極子モーメントによるベクトルポテンシャルは次式によって与えられる．

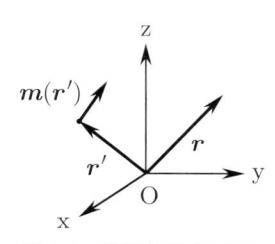

図 8.6 磁気双極子によるベクトルポテンシャル

$$\boldsymbol{A}(\boldsymbol{r}) = \frac{1}{4\pi} \boldsymbol{m}(\boldsymbol{r}') \times \frac{\boldsymbol{r} - \boldsymbol{r}'}{|\boldsymbol{r} - \boldsymbol{r}'|^3} \tag{8.8}$$

前項で述べたように，磁化の担い手は原子 1 つひとつの磁気双極子であるが，磁性体の 1 cm^3 あたり，おおよそアボガドロ数 (6.022×10^{23}) 程度と天文学的な数の原子があるから，1 つひとつを考えるよりも巨視的な意味で平均化した磁気双極子を磁気の担い手と考えるのが便利である．そこで，微小体積内の単位体積あたり N 個の磁気双極子モーメント $\boldsymbol{m}_i$ があるものとし，単位体積あたりの磁気双極子モーメントを考える．このベクトル量を $\boldsymbol{M}$ と定義すると

$$\boldsymbol{M} = \sum_{i=1}^{N} \boldsymbol{m}_i \tag{8.9}$$

と表される．これを**磁化ベクトル**あるいは単に**磁化** (magnetization) という．磁気双極子モーメントは磁性体の種類や密度によって変化するので一般には場所の関数となる．そこで，特別な場合を除いてこれ以降 $\boldsymbol{M}(\boldsymbol{r})$ と表すことにする．

磁化ベクトル $\boldsymbol{M}(\boldsymbol{r})$ によるベクトルポテンシャルを求めるために図 8.6 の点 $\boldsymbol{r}'$ を中心に微小体積 dv' を考えると，微小体積内の磁気双極子モーメントは $\boldsymbol{m}(\boldsymbol{r}') = \boldsymbol{M}(\boldsymbol{r}')\, dv'$ となるから，体積 V 内の全磁化ベクトルによるベクトルポテンシャルは式 (8.8) より

$$\boldsymbol{A}(\boldsymbol{r}) = \frac{1}{4\pi} \int_V \boldsymbol{M}(\boldsymbol{r}') \times \frac{\boldsymbol{r} - \boldsymbol{r}'}{|\boldsymbol{r} - \boldsymbol{r}'|^3}\, dv' = \frac{1}{4\pi} \int_V \boldsymbol{M}(\boldsymbol{r}') \times \nabla' \left(\frac{1}{|\boldsymbol{r} - \boldsymbol{r}'|} \right) dv' \tag{8.10}$$

と表される．さらに 2 章のベクトル公式 (2.123) を用いて

$$\boldsymbol{M}(\boldsymbol{r}') \times \nabla' \left(\frac{1}{|\boldsymbol{r} - \boldsymbol{r}'|} \right) = \frac{\nabla' \times \boldsymbol{M}(\boldsymbol{r}')}{|\boldsymbol{r} - \boldsymbol{r}'|} - \nabla' \times \left\{ \frac{\boldsymbol{M}(\boldsymbol{r}')}{|\boldsymbol{r} - \boldsymbol{r}'|} \right\}$$

と変形し，第2項の体積積分を式 (2.128) を用いて面積分に変換すると

$$A(r) = \frac{1}{4\pi} \int_V \frac{\nabla' \times M(r')}{|r-r'|} dv' + \frac{1}{4\pi} \oint_S \frac{M(r') \times \hat{n}(r')}{|r-r'|} dS' \tag{8.11}$$

を得る．この式と，体積電流密度 $J_e(r)$ によるベクトルポテンシャルの式 (7.57) と面電流密度 $K_e(r)$ に対するベクトルポテンシャルの式 (7.107)：

$$A(r) = \frac{\mu_0}{4\pi} \int_V \frac{J_e(r')}{|r-r'|} dv', \qquad A(r) = \frac{\mu_0}{4\pi} \int_S \frac{K_e(r')}{|r-r'|} dv'$$

とを比較すると，$\nabla \times M(r)/\mu_0$ と $M(r) \times \hat{n}(r)/\mu_0$ とは共に電流と同じ作用をすることがわかる．そこでこれらを磁化電流とよぶことにする．

すなわち 図 8.7 のような磁性体内には体積磁化電流

$$J_m(r) = \frac{1}{\mu_0} \nabla \times M(r) \tag{8.12}$$

が流れ，その表面には面磁化電流

$$K_m(r) = \frac{1}{\mu_0} M(r) \times \hat{n}(r) \tag{8.13}$$

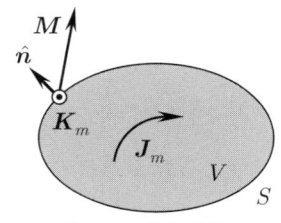

図 8.7 磁化電流

が流れているとみなすことができる．これらの電流は元々電子の軌道運動とスピンに基づく磁気双極子によって生じた等価的な電流であるから，とり出すことのできない電流であるということに注意してほしい．

8.1.4 一様柱状磁性体の磁界 *

ここでは一様な磁化ベクトルをもつ柱状磁性体を例にとって，磁化と磁化電流の関係について考察を加えることにするが，本論に入る前に，図 8.8 のような導電電流 I_e が流れる閉ループ C による磁界について考える．C によって囲まれた面を面積 ΔS_i の無数の微小面積に分割し，全ての微小ループに同じ電流 I_e を仮想的に流したとすると，微小ループの隣り合う電流は互いに打ち消し合って，全体としては閉ループ C に流れる電流だけが残る．各微小ループはモーメント $m_i = \mu_0 I_e \Delta S_i$ の磁気双極子に置き換えることができるから，各磁

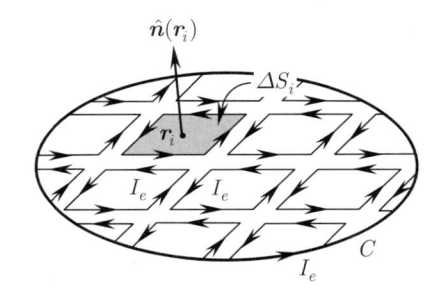

図 8.8 線状閉ループ電流の分割．分割した微小ループに流れる電流は隣り合う微小ループの電流と打ち消し合って，結局は閉ループ C に流れる電流だけが残る．また，各微小ループは磁気双極子に置き換えられる．

気双極子によるベクトルポテンシャルの総和をとり，式 (8.8) と 2 章のベクトル公式 (2.136) を用いると

$$\boldsymbol{A}(\boldsymbol{r}) = \lim_{N \to \infty} \sum_{i=1}^{N} \left[\frac{1}{4\pi} \left\{ \mu_0 I_e \Delta S_i \hat{\boldsymbol{n}}(\boldsymbol{r}_i) \right\} \times \frac{\boldsymbol{r} - \boldsymbol{r}_i}{|\boldsymbol{r} - \boldsymbol{r}_i|^3} \right] = \frac{\mu_0 I_e}{4\pi} \int_S \hat{\boldsymbol{n}}(\boldsymbol{r}') \times \frac{\boldsymbol{r} - \boldsymbol{r}'}{|\boldsymbol{r} - \boldsymbol{r}'|^3} dS'$$

$$= \frac{\mu_0 I_e}{4\pi} \int_S \hat{\boldsymbol{n}}(\boldsymbol{r}') \times \nabla' \left(\frac{1}{|\boldsymbol{r} - \boldsymbol{r}'|} \right) dS' = \frac{\mu_0 I_e}{4\pi} \oint_C \frac{d\boldsymbol{l}'}{|\boldsymbol{r} - \boldsymbol{r}'|} \qquad (8.14)$$

を得る．上式は 7.5 節のビオ・サバールの法則から導いたベクトルポテンシャル (7.59) に一致するから，任意の閉ループ電流は磁気双極子に置き換えることができるといえる．

図 **8.9** のような磁化ベクトルが一定の柱状磁性体を考える．磁化ベクトルは z 方向を向く定ベクトルだから，磁化電流は側面にだけに流れ，表面磁化電流を $\boldsymbol{K}_m$ とすれば

$$\boldsymbol{A}(\boldsymbol{r}) = \frac{\mu_0}{4\pi} \int_{側面} \frac{\boldsymbol{K}_m(\boldsymbol{r}')}{|\boldsymbol{r} - \boldsymbol{r}'|} dS' \qquad (8.15)$$

で与えられる．このベクトルポテンシャルを磁気双極子モーメントの表現に直してみる．$z = z'$ の側面に幅 $\Delta z'$ の帯を考えると，この面には $I_m = K_m \Delta z' = M \Delta z'/\mu_0$ の閉ループ磁化電流が流れる．この電流によるベクトルポテンシャルは図 8.8 と同じように断面内を細かな面積に分割して考えれ

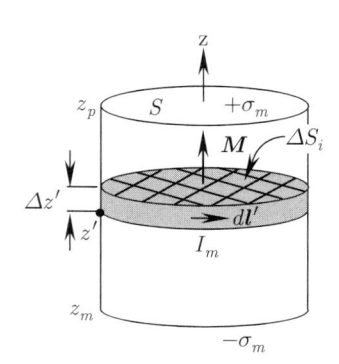

図 **8.9**　一様な柱状磁性体

ば，微小磁気モーメントの総和として表される．微小面積の部分の磁気双極子モーメントは $\boldsymbol{m}_i = M \Delta S_i \Delta z' = M \Delta S_i \Delta z' \hat{\boldsymbol{z}}$ であるから

$$\Delta \boldsymbol{A}(\boldsymbol{r}) = \lim_{N \to \infty} \sum_{i=1}^{N} \left[\frac{1}{4\pi} \left\{ M \Delta S_i \Delta z' \hat{\boldsymbol{z}} \right\} \times \frac{\boldsymbol{r} - \boldsymbol{r}_i}{|\boldsymbol{r} - \boldsymbol{r}_i|^3} \right] = \frac{\Delta z'}{4\pi} \hat{\boldsymbol{z}} \times \int_S M \frac{\boldsymbol{r} - \boldsymbol{r}'}{|\boldsymbol{r} - \boldsymbol{r}'|^3} dS'$$

$$= -\frac{\Delta z'}{4\pi} \hat{\boldsymbol{z}} \times \nabla \left\{ \int_S \frac{M}{|\boldsymbol{r} - \boldsymbol{r}'|} dS' \right\} = -\Delta z' \hat{\boldsymbol{z}} \times \nabla \Psi(\boldsymbol{r}, z')$$

となる．ここで

$$\Psi(\boldsymbol{r}, z') = \frac{1}{4\pi} \int_S \frac{\boldsymbol{M} \cdot \hat{\boldsymbol{z}}}{|\boldsymbol{r} - \boldsymbol{r}'|} dS' \qquad (8.16)$$

である．$\Delta z'$ の帯の部分による磁束密度 $\Delta \boldsymbol{B}$ を求めるために，2 章のベクトル公式 (2.124) を利用し，さらに，$\nabla^2 \Psi = 0$ と $\dfrac{\partial \Psi}{\partial z} = -\dfrac{\partial \Psi}{\partial z'}$ であることに注意すると

$$\Delta \boldsymbol{B}(\boldsymbol{r}) = \nabla \times \left\{ \Delta \boldsymbol{A}(\boldsymbol{r}) \right\} = -\Delta z' \nabla \times \left\{ \hat{\boldsymbol{z}} \times \nabla \Psi \right\} = \Delta z' \frac{\partial}{\partial z} \nabla \Psi$$

$$= \nabla \left\{ \Delta z' \frac{\partial \Psi}{\partial z} \right\} = -\nabla \left\{ \Delta z' \frac{\partial \Psi}{\partial z'} \right\}$$

となる．$\Delta z'$ と dz' は同一視してよいから，最後のカッコ内は Ψ の全微分となる．したがって，磁性体全体の磁束密度は

$$B(r) = \int_{z_m}^{z_p} \Delta B = -\nabla\Big\{\Psi(r, z_p) - \Psi(r, z_m)\Big\} \tag{8.17}$$

で与えられる．すなわち，図 8.9 のような一様な柱状磁性体の側面に流れる面磁化電流は上下面の磁化 $\sigma_m = \pm M$ に置き換えて考えることができる．また，式 (8.17) は磁束密度ベクトルがスカラ関数 Ψ の勾配によって与えられることを示している．これは電界とスカラポテンシャル（電位）の関係と同じである．8.5 節を読んでから本項を読み返すと，磁化と磁化電流に対する理解がより深まるものと考える．

8.2 磁性体に対する基本法則

8.2.1 アンペアの法則と静磁界の基本法則

磁性体中には密度 J_m の磁化電流が流れ，導電電流と同じ磁気作用を示すから，前章のアンペアの法則 (7.96) は

$$\nabla \times B(r) = \mu_0\Big[J_e(r) + J_m(r)\Big] \tag{8.18}$$

と書き換えなければならない．これに式 (8.12) を代入してまとめると

$$\nabla \times \Big[B(r) - M(r)\Big] = \mu_0 J_e(r) \tag{8.19}$$

となる．そこで

$$H(r) \equiv \frac{1}{\mu_0}\Big[B(r) - M(r)\Big] \tag{8.20}$$

によって新しい場 $H(r)$ を導入する．磁性体の外側では $H = B/\mu_0$ となり，式 (7.7) で定義した真空中の磁界そのものになるから，式 (8.20) は磁性体中の**磁界** (magnetic field) である．この磁界 $H(r)$ を用いるとアンペアの法則は

$$\nabla \times H(r) = J_e(r) \tag{8.21}$$

となる．式 (8.21) には媒質を規定する定数が出てこないのでこの方が使いやすい．このため，式 (8.21) の方をアンペアの法則とよぶことが多い．

このようにして，磁性体中の静磁界を規定する基本法則は，式 (8.21) と式 (7.66) より

$$\nabla \times H(r) = J_e(r), \quad \nabla \cdot B(r) = 0 \tag{8.22}$$

であることがわかる．第 2 式が真空中と全く同じ形であるのは，磁性体の存在が式 (8.12) の

磁化電流 J_m の存在によって代表され，その他は真空の場合と何の変わりもないからである．
式 (8.22) をストークスの定理とガウスの定理を使って積分形に変形すると

$$\oint_C \bm{H}(\bm{r}) \cdot d\bm{l} = I_e, \qquad \oint_S \bm{B}(\bm{r}) \cdot \hat{\bm{n}}(\bm{r}) = 0 \tag{8.23}$$

となる．ここで I_e は図 **8.10** のように磁性体があっても閉曲線を貫く全導電電流である．すなわち，磁性体中の磁化電流は磁束密度 $\bm{B}$ には寄与するが，磁界 $\bm{H}$ には無関係である．

さて，式 (8.20) は

$$\bm{B}(\bm{r}) = \mu_0 \bm{H}(\bm{r}) + \bm{M}(\bm{r}) \tag{8.24}$$

と表される．これと誘電体中の静電界の関係式

$$\bm{D}(\bm{r}) = \varepsilon_0 \bm{E}(\bm{r}) + \bm{P}(\bm{r}) \tag{8.25}$$

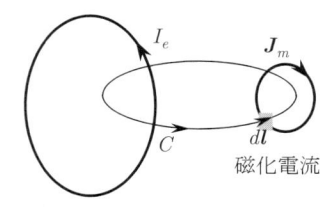

図 **8.10** 磁性体中のアンペアの法則

と比較してみると，$\bm{B}$ は $\bm{D}$ に，$\bm{H}$ は $\bm{E}$ に，そして $\bm{M}$ は $\bm{P}$ に対応する．古い教科書ではこのような対応関係を重視する．この立場では電界 $\bm{E}$ と磁界 $\bm{H}$ とが基本的な場であって，電束密度 $\bm{D}$ と磁束密度 $\bm{B}$ とが物質の存在によって現れる補助的な場であるということになる．そして，真電荷 q_e が作る場が電束密度 $\bm{D}$ であると同様に，本当は存在しないが，仮想的に考えた真磁荷 q_m が作る場が磁束密度 $\bm{B}$ ということになる．しかしながら，本書の考え方では，式 (8.20) と (8.25) との対応関係から，$\bm{B}$ は $\bm{E}$ に，$\bm{H}$ は $\bm{D}$ に対応するとし，$\bm{B}$ と $\bm{E}$ が $\bm{H}$ と $\bm{D}$ よりも基本的な場であるとしている．これは真磁荷というものが実在せず，磁界の源は常に電流であるという事実に基づく対応関係である．また，説明は省略するが，特殊相対性理論においても後者の方がより合理的であるということもその理由になっている．

8.2.2 物質と透磁率

静電界中にある多くの物質で，分極 $\bm{P}$ は電界に比例し $\bm{P} = \varepsilon_0 \chi_e \bm{E}$ の関係が成立した．これと同様，多くの磁性体についても

$$\bm{M}(\bm{r}) = \mu_0 \chi_m \bm{H}(\bm{r}) \tag{8.26}$$

の関係が成立する．この比例係数 $\mu_0 \chi_m$ を**磁化率** (magnetic susceptibility)，χ_m を**比磁化率** (relative magnetic susceptibility) という．静電界の場合 χ_e は常に正の値をとるのに対し，χ_m は正負のいずれの値もとり得て，χ_m が正のときは常磁性体あるいは強磁性体，χ_m が負のときが反磁性体である．表 **8.1** に主な磁性体の比磁化率を示す．このように，多くの常磁性体や反磁性体では $|\chi_m| \ll 1$ であるので，実用上は強磁性体だけを磁性体として扱って，その他の物質は真空と同様，非磁性体として扱うことが少なくない．

表 8.1　各種の物質の比磁化率 χ_m

常磁性体		反磁性体		強磁性体	
空気	3.64×10^{-7}	水素	-2.50×10^{-5}	コバルト	$88 \sim 188$
酸素	1.35×10^{-4}	ビスマス	-1.68×10^{-5}	ニッケル	$125 \sim 380$
硫酸銅	7.35×10^{-5}	水	-9.04×10^{-6}	純鉄[†]	$200 \sim 8\,000$
アルミニウム	7.66×10^{-5}	銅	-1.42×10^{-6}	ケイ素鋼[†]	$500 \sim 7\,000$
プラチナ	1.23×10^{-5}	グラファイト	-3.77×10^{-5}	パーマロイ[†]	$8\,000 \sim 6 \times 10^6$

[†] 磁界の大きさによって大きく変化するので，初期比透磁率 μ_i/μ_0 と最大比透磁率 μ_m/μ_0 の範囲を示した（図 8.24 参照.）. $\mu_r = 1 + \chi_m$ であるから強磁性体の比透磁率もほぼ同じ値である.

* 出典は 国立天文台 編：理科年表 (平成 21 年版)，丸善 (2009)；
玉虫 他，編：理化学辞典 (第 3 版)，岩波書店 (1971).

式 (8.26) を式 (8.24) に代入すると

$$\boldsymbol{B}(\boldsymbol{r}) = \mu_0(1 + \chi_m)\boldsymbol{H}(\boldsymbol{r}) = \mu_0 \mu_r \boldsymbol{H}(\boldsymbol{r}) = \mu \boldsymbol{H}(\boldsymbol{r}) \tag{8.27}$$

と表される．ここで $\mu_r = 1 + \chi_m$ を**比透磁率** (relative magnetic permeability)，$\mu = \mu_0 \mu_r$ を**透磁率** (magnetic permeability) という．このようにして磁性体中の基本法則は

$$\nabla \times \boldsymbol{H}(\boldsymbol{r}) = \boldsymbol{J}_e(\boldsymbol{r}), \qquad \nabla \cdot \boldsymbol{B}(\boldsymbol{r}) = 0 \tag{8.28}$$

であるが，透磁率 μ が一定なら $\nabla \times \boldsymbol{B} = \mu \boldsymbol{J}_e$ と書くこともできる．これと真空中の基本法則 (7.97) と比較すると，式 (7.97) の μ_0 が定数 μ に置き換わっただけであるから，一様な磁性体中の磁束密度と磁界は

$$\boldsymbol{B}(\boldsymbol{r}) = \frac{\mu}{4\pi} \int_V \boldsymbol{J}_e(\boldsymbol{r}') \times \frac{\boldsymbol{r} - \boldsymbol{r}'}{|\boldsymbol{r} - \boldsymbol{r}'|^3} \, dv', \quad \boldsymbol{H}(\boldsymbol{r}) = \frac{1}{4\pi} \int_V \boldsymbol{J}_e(\boldsymbol{r}') \times \frac{\boldsymbol{r} - \boldsymbol{r}'}{|\boldsymbol{r} - \boldsymbol{r}'|^3} \, dv' \tag{8.29}$$

で与えられる．このように導電電流による磁界 $\boldsymbol{H}(\boldsymbol{r})$ は磁性体のあるなしに関係なく，真空中と同じ値をとる．

8.2.3　境界条件

図 8.11 のように 2 種類の磁性体が接している境界において磁界と磁束密度が満足すべき条件を求めよう．ただし，磁性体には導電電流も永久磁化もないとする[†]．この条件は誘電体境界に真電荷がないときの静電界の法則と比較することによって簡単に求めることができる．

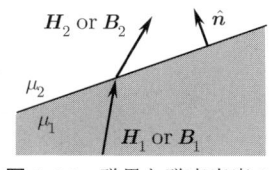

図 8.11　磁界と磁束密度の境界条件

誘電体中の静電界と磁性体中の静磁界はそれぞれ

[†] 永久磁化および永久磁石の磁性については 8.5 節を参照．合わせて 8.4.2 項の強磁性体の磁性についても参照のこと．

8. 磁性体中の静磁界

$$\begin{cases} \nabla \times \boldsymbol{E}(\boldsymbol{r}) = 0, \\ \nabla \cdot \boldsymbol{D}(\boldsymbol{r}) = 0, \\ \boldsymbol{D}(\boldsymbol{r}) = \varepsilon \boldsymbol{E}(\boldsymbol{r}) \end{cases} \quad \begin{cases} \nabla \times \boldsymbol{H}(\boldsymbol{r}) = 0, \\ \nabla \cdot \boldsymbol{B}(\boldsymbol{r}) = 0, \\ \boldsymbol{B}(\boldsymbol{r}) = \mu \boldsymbol{H}(\boldsymbol{r}) \end{cases} \tag{8.30}$$

を満足する．これらを比較すると，静磁界における磁界 $\boldsymbol{H}$ が静電界における電界 $\boldsymbol{E}$ に対応し，磁束密度 $\boldsymbol{B}$ が電束密度 $\boldsymbol{D}$ が対応していることから，磁性体内の法則は静電界の法則における ε を μ に置き換えればよいことがわかる．したがって，磁界および磁束密度に関する境界条件は 4.6 節の結果を用いて

$$\hat{\boldsymbol{n}} \cdot (\boldsymbol{B}_2 - \boldsymbol{B}_1) = 0 \tag{8.31}$$

$$\hat{\boldsymbol{n}} \times (\boldsymbol{H}_2 - \boldsymbol{H}_1) = 0 \tag{8.32}$$

となる．すなわち，**磁界 $\boldsymbol{H}$ の接線成分は連続であり，磁束密度 $\boldsymbol{B}$ の法線成分は連続である**．

式 (8.31), (8.32) の境界条件によって磁力線あるいは磁束線は，境界で 図 **8.12**(a) のように屈折する．このときの屈折の法則も静電界の屈折の法則と全く同じになり

$$\frac{\tan \theta_2}{\tan \theta_1} = \frac{\mu_2}{\mu_1} \tag{8.33}$$

で与えられる．図 8.12(b) のように，上部が空気で，下部が高透磁率の磁性体であるときの磁力線の様子を調べてみよう．$\mu_1 \gg \mu_2 = \mu_0$ であるから，$\theta_2 \ll \theta_1$ となる．したがって，磁性体の中ではほとんど境界に平行な磁力線でも，空気中に出るときにはほとんど垂直になって漏れてゆく．逆に磁力線が空気中から磁性体の中に入るときには，直角に近い角度で入射しても磁性体の中ではほとんど境界面に平行になり，その結果磁束密度は表面付近で著しく大きくなる．

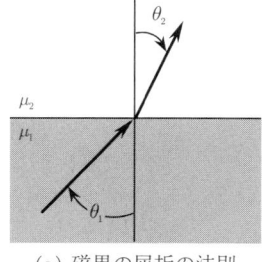

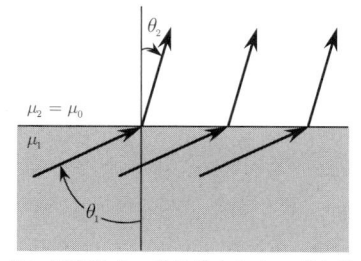

(a) 磁界の屈折の法則   (b) 高透磁率の磁性体から出る磁力線

図 **8.12** 磁界に関する屈折の法則

8.2.4 磁　　　位

導電電流が流れていない領域で磁界 $\boldsymbol{H}$ は $\nabla \times \boldsymbol{H} = 0$ を満足する．この性質は 3.6 節で述べた静電界の性質と同じであるから

$$\boldsymbol{H}(\boldsymbol{r}) = -\nabla V^*(\boldsymbol{r}) \tag{8.34}$$

となるようなスカラ関数 $V^*(\boldsymbol{r})$ を考えることができる．このスカラ関数 $V^*(\boldsymbol{r})$ を静電界における電位に対応させて**磁位** (magnetic potential) という．

透磁率 μ が一定ならば，式 (8.34) を $\nabla \cdot \boldsymbol{B} = \mu \nabla \cdot \boldsymbol{H} = 0$ に代入することによって，磁位に関するラプラスの方程式：

$$\nabla^2 V^*(\boldsymbol{r}) = 0 \tag{8.35}$$

を得る．これを適当な境界条件の下に解くことによって $V^*(\boldsymbol{r})$ を決定し，その結果を式 (8.34) に代入すれば磁界 $\boldsymbol{H}(\boldsymbol{r})$ を求めることができる．これは静電界における電界の求め方と全く同じ手順である．図 8.11 のような磁性体の境界では，式 (8.31), (8.32) より

$$\frac{\partial V_1^*}{\partial t} = \frac{\partial V_2^*}{\partial t}, \qquad \mu_1 \frac{\partial V_1^*}{\partial n} = \mu_2 \frac{\partial V_2^*}{\partial n} \tag{8.36}$$

が成り立つ．ここで t は境界面に沿った接線方向の変数，n は境界面と垂直な法線方向の変数を表す．これもまた静電界の電位に対する条件と類似のものである．

以上のことから，導電電流が流れていても，それ以外の領域なら磁位を考えることによって静電界と全く同じように議論ができそうである．そこで**図 8.13** のような導電電流の流れていない点 P_2 の点 P_1 に対する磁位 V_{21}^* がどうなるかを考えてみよう．磁位と磁界の関係は式 (8.34) で与えられたから，静電位と同様に V_{21}^* は $-\boldsymbol{H}$ を点 P_1 から P_2 まで積分する積分路には無関係に

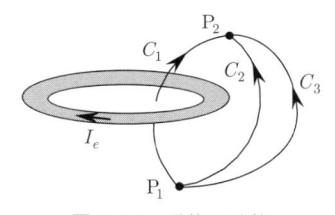

図 8.13 磁位の計算

一意的に決まるはずである．ところが，アンペアの法則により閉曲線 $C = C_2 - C_1$ に沿って磁界を積分した値は，それに鎖交する導電電流 I_e になるから，積分路 C_1 に沿って積分した値と C_2 に沿って積分した値とは I_e だけ異なる．これに対して C_2 に沿った積分と C_3 に沿った積分の値は等しい．このように，導電電流がある場合の磁位を考えるときには細心の注意が必要である．

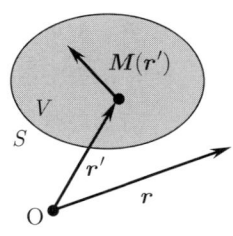

図 8.14 磁化による磁位

導電電流がどこにもなくて磁性体だけがある場合には，磁位を用いると便利である．例えば，図 **8.14** のように体積 V に含まれる磁化 $\boldsymbol{M}(\boldsymbol{r}')$ による点 $\boldsymbol{r}$ の磁位 $V^*(\boldsymbol{r})$ は，点 $\boldsymbol{r}'$ の周りの微小体積 dv' に含まれる磁気双極子モーメントが $\boldsymbol{M}(\boldsymbol{r}')\,dv'$ となることから，3.7.1 項と全く同様に計算できて次式で与えられる．

$$V^*(\boldsymbol{r}) = \frac{1}{4\pi\mu_0} \int_V \boldsymbol{M}(\boldsymbol{r}') \cdot \frac{\boldsymbol{r} - \boldsymbol{r}'}{|\boldsymbol{r} - \boldsymbol{r}'|^3} \, dv' \tag{8.37}$$

8.2.5 磁性体中の磁気エネルギー

磁性体だけがある空間を考えるなら磁荷と磁位を考えてよかったから，4.4.3 項の誘電体中の静電エネルギーの導出と全く同じ手順で磁気エネルギーを求めることができる．単位体積あたりの微小磁化 $\Delta\boldsymbol{M}$ のもつ磁気エネルギーは $\boldsymbol{H} \cdot \{\Delta\boldsymbol{M} + \mu_0\Delta\boldsymbol{H}\} = \boldsymbol{H} \cdot \Delta\boldsymbol{B}$ となるから，単位体積あたりの磁気エネルギー w_m は

$$w_m = \int_0^B \boldsymbol{H} \cdot d\boldsymbol{B} \tag{8.38}$$

で与えられる．特に式 (8.27) のように $\boldsymbol{B}$ と $\boldsymbol{H}$ とが比例するような磁性体に対しては次のようになる．

$$w_m = \frac{1}{2}\boldsymbol{B} \cdot \boldsymbol{H} = \frac{1}{2}\mu H^2 = \frac{1}{2}\frac{B^2}{\mu} \tag{8.39}$$

8.3 磁 気 回 路

6 章で述べたように，電気回路内の電界分布や電流分布を詳細に知るよりも電圧・電流という量で考えた方が，その本質を的確に把握することができた．本節では，磁性体でできている回路についても同じような取り扱いができることを説明する．

導体内部における定常電流を決める基本方程式と，磁性体内における磁束密度の分布を与える基本方程式：

$$\begin{cases} \boldsymbol{E}(\boldsymbol{r}) = -\nabla V(\boldsymbol{r}), \\ \boldsymbol{J}_e(\boldsymbol{r}) = \sigma \boldsymbol{E}(\boldsymbol{r}), \\ \nabla \cdot \boldsymbol{J}_e(\boldsymbol{r}) = 0, \\ I = \int_S \boldsymbol{J}_e(\boldsymbol{r}) \cdot \hat{\boldsymbol{n}}(\boldsymbol{r}) \, dS \end{cases} \quad \begin{cases} \boldsymbol{H}(\boldsymbol{r}) = -\nabla V^*(\boldsymbol{r}), \\ \boldsymbol{B}(\boldsymbol{r}) = \mu \boldsymbol{H}(\boldsymbol{r}), \\ \nabla \cdot \boldsymbol{B}(\boldsymbol{r}) = 0, \\ \Phi = \int_S \boldsymbol{B}(\boldsymbol{r}) \cdot \hat{\boldsymbol{n}}(\boldsymbol{r}) \, dS \end{cases} \tag{8.40}$$

とを比較すると，$V \leftrightarrow V^*$, $\boldsymbol{E} \leftrightarrow \boldsymbol{H}$, $\boldsymbol{J}_e \leftrightarrow \boldsymbol{B}$, $\sigma \leftrightarrow \mu$, $I \leftrightarrow \Phi$ なる対応があることに気づく．この対応関係より，電気回路の導線に流れる電流 I は磁性体内の磁束 Φ に対応し，それらは共に閉曲線を形成する．$\boldsymbol{J} = \sigma\boldsymbol{E}$ はオームの法則であったから，$\boldsymbol{B} = \mu\boldsymbol{H}$ を磁気に関するオームの法則とみなすと，μ は導電率 σ のような役割を果たす．このような性質をもつ磁性体で構成された回路を**磁気回路**という．

磁気回路の性質を調べるために，まず図 **8.15** のような環状磁性体内の任意の 2 点，A, B 間の磁界 $\boldsymbol{H}$ を線積分した値：

8.3 磁気回路

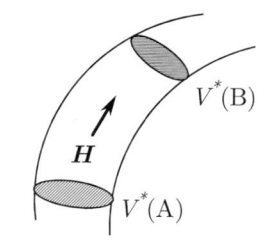

図 8.15 磁束管と磁位

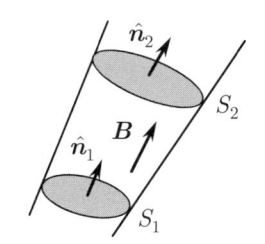

図 8.16 磁気回路内の磁束

$$V_{\mathrm{AB}}^* \equiv -\int_B^A \boldsymbol{H}(\boldsymbol{r}) \cdot d\boldsymbol{l} = \int_A^B \boldsymbol{H}(\boldsymbol{r}) \cdot d\boldsymbol{l} = V^*(\mathrm{A}) - V^*(\mathrm{B}) \tag{8.41}$$

を A, B 間の**磁位差**とよぶ．これは式 (3.68) で定義した電気回路の電位差に対応するものである．また，電位差は起電力ともよばれるため，V_{AB}^* を**起磁力** (magnetomotive force または magnetmotance) ともよぶ．

磁束 $\varPhi$ は磁性体から外部に漏れ出さないと仮定すると，**図 8.16** のような 2 つの断面 S_1, S_2 に鎖交する磁束は明らかに等しい．すなわち，磁気回路に沿って磁束は一定である．そこで式 (8.41) を磁束 $\varPhi$ を使って変形すると

$$V_{\mathrm{AB}}^* = \int_A^B \boldsymbol{H}(\boldsymbol{r}) \cdot d\boldsymbol{l} = \int_A^B H(\boldsymbol{r}) dl = \int_A^B \frac{\varPhi dl}{\mu S} = \varPhi \int_A^B \frac{dl}{\mu S} \tag{8.42}$$

となるから

$$R_{\mathrm{AB}}^* = \int_A^B \frac{dl}{\mu S} \tag{8.43}$$

とおくと，式 (8.42) は

$$V_{\mathrm{AB}}^* = R_{\mathrm{AB}}^* \varPhi \tag{8.44}$$

と変形できる．これは式 (6.11) の電気回路に関するオームの法則に対応していることから**磁気回路に関するオームの法則**という．また R_{AB}^* を A, B 間の**磁気抵抗** (magnetic resistance または reluctance) という†．磁気抵抗の単位は式 (8.44) より〔A/Wb〕もしくは後で定義するインダクタンスの単位を使えば，〔1/H〕である．特に回路の断面 S の形が一定のときには

$$R_{\mathrm{AB}}^* = \frac{l_{\mathrm{AB}}}{\mu S} \tag{8.45}$$

---
† 電気抵抗 R の逆数は，コンダクタンス G とよばれるのに対し，磁気抵抗 R^* の逆数は，パーミアンス (permeance) とよばれる．

268   8. 磁性体中の静磁界

となる．ここで l_{AB} は磁力線に沿う点 A, B 間の長さである．電気抵抗の値 (6.12) と比較するとその類似性に驚くであろう．

式 (8.44) は，磁気回路内の 2 点間の起磁力と磁束の関係を表すものであるが，磁気回路の磁束を生じさせるものは一般に電流である．そこで，電流に鎖交するように磁気回路内に任意の閉曲線 C をとり，アンペアの法則を適用すると

$$V_{ex}^* = \oint_C \boldsymbol{H}(\boldsymbol{r}) \cdot d\boldsymbol{l} = nI \tag{8.46}$$

となる．ここで I は磁気回路をとりまくコイルに流れる電流の強さであり，n はコイルの全巻き数である．また，左辺の起磁力 V_{ex}^* の単位はアンペアである†．回路の全磁気抵抗を R^* とすると，外部起磁力 V_{ex}^* があるときのオームの法則は

$$V_{ex}^* = R^* \Phi \tag{8.47}$$

と書き換えられる．

表 8.2 電気回路と磁気回路の対応

電気回路	磁気回路
起電力，電位差 $V = RI$	起磁力，磁位差 $V^* = R^*\Phi$
電界 E	磁界 H
電流 I	磁束 Φ
電流密度 $J = \sigma E$	磁束密度 $B = \mu H$
導電率 σ	透磁率 μ
電気抵抗 R	磁気抵抗 R^*
コンダクタンス $G = 1/R$	パーミアンス $1/R^*$

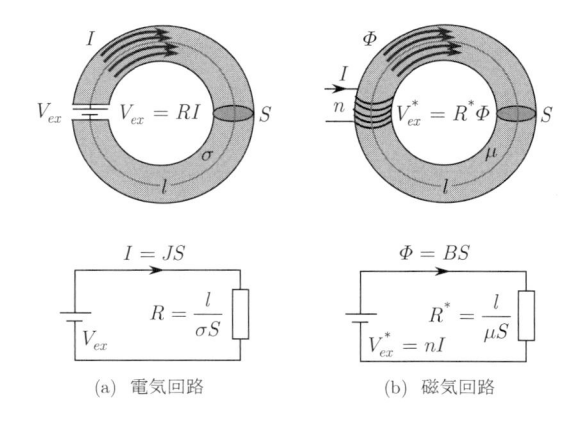

図 8.17 電気回路と磁気回路の対応．長さ l，断面積 S のドーナツ状の抵抗体に印加した電圧 V と電流 I の関係は，同じサイズの磁性体に印加した起磁力 V_{ex}^* と磁束 Φ の関係に対応している．

---

† 起磁力は，通常コイル状に巻いてある導線に電流が流れて作られるので，巻き数を考えてアンペア・ターン (ampere-turn) とよぶこともある．時間的に変化しない，またはゆっくり変化する電流の場合には，n 巻きの効果は n 倍の電流強度と考えてよい．しかし時間的に激しく変化する電流を流すと，ループ導線間の相互作用により単純な n 倍の効果ではなくなる．このような場合は本書では取り扱わない．

電気回路と磁気回路において使われる言葉と物理量の対応関係を **表 8.2** にまとめた．**図 8.17** はそれらの具体的な回路と等価回路の例を示したものである．これらの回路を比較しながら磁気回路の計算の仕方を復習してみよう．まず，コイルの巻き数 n と電流の強さ I がわかると，式 (8.46) より起磁力 V_{ex}^* を計算することができる．これは電気回路の電圧 V_{ex} に対応するものである．回路の磁気抵抗を R^* として式 (8.47) に代入すれば回路に流れる磁束 Φ を求めることができる．

このように磁気回路は電気回路に対応させて考えることができるから，電気回路に対する **キルヒホッフの法則** は磁気回路についても成り立つ．まとめると以下のようになる．

第 1 法則： 回路の任意の節点において，その点に流入する磁束を正，そこから流出する磁束を負とすると，これらの磁束の代数和はゼロである．すなわち

$$\sum_i \Phi_i = 0. \tag{8.48}$$

第 2 法則： 回路内の任意の閉路を一定方向に回る向きを指定しておき，その向きと同じ方向の磁束は正，反対方向の磁束は負とする．起磁力は，磁束を正に流そうとするときを正，反対方向に流そうとするときを負とする．このように約束すると，閉路における起磁力の代数和は，その閉路における逆起磁力の代数和に等しい．すなわち

$$\sum_i V_i^* = \sum_i R_i^* \Phi_i. \tag{8.49}$$

ところで，電流 I は電気回路の導線内を流れ，磁束 Φ は磁気回路の磁路に沿って流れる．磁路の磁気抵抗 R^* は磁路の透磁率 μ に反比例するから μ が大きい方が磁気抵抗は小さく磁路の磁束密度が大きい．しかし磁路となる鉄心等の材料の比透磁率 μ_r は，表 8.1 に示したようにせいぜい数千〜数万程度であるから，磁束は鉄心の中を全て通るわけではなく，周りの空間にも僅かに漏れる[†]．したがって上のような磁気回路の計算は近似的な計算であるといわざるを得ない．この点は電気回路の電流と大きく違うところである．最近では磁気回路の計算に計算機が用いられるが，上のような計算手法の価値が失われたわけではない．

例題 8.1 図 8.18 のように，透磁率 μ のドーナツ形鉄心にコイルを n 回巻いて電流 I を流したとする．鉄心の断面積 S は，鉄心長に比べて十分小さいとして鉄心中にできる磁界と磁束の大きさを求めよ．ただし，中心軸の半径を a とする．

[†] こうした磁束の漏れを **漏れ磁束** (leakage magnetic flux) とよぶ．

270   8. 磁性体中の静磁界

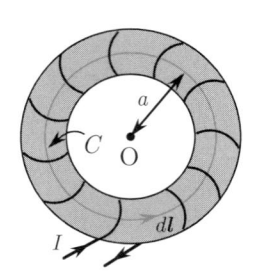

図 8.18 ドーナツ形ソレノイダルコイル

【解答】 起磁力は $V_{ex}^* = nI$ で与えられる．コイル中心 O から等距離となる円形閉曲線 C 上で磁界 H は一定であり，鉄心の断面積が小さければ，磁路の全長は中心軸上の長さで近似することができ，$V_{ex}^* = nI = 2\pi a H$ となるから，これより

$$H = \frac{nI}{2\pi a} \tag{8.50}$$

を得る．次に磁気抵抗は，コイルの断面積を S とすれば近似的に $R^* = 2\pi a/(\mu S)$ となるから，磁束 Φ は

$$\Phi = \frac{V^*}{R^*} = \frac{\mu S nI}{2\pi a}. \tag{8.51}$$

また，単位長あたりの巻き数を n_0 とすると，$n = 2\pi a n_0$ であるから $\Phi = n_0 \mu S I$ となる． ◇

例題 8.2 図 8.19(a) に示すように，断面積 S，長さ l_1，比透磁率 μ_r のドーナツ状鉄心に，幅 l_2 の小さなギャップ（すき間）がある．この鉄心に導線を n 回巻いて，電流 I を流したとき，鉄心内にできる磁束を求めよ．

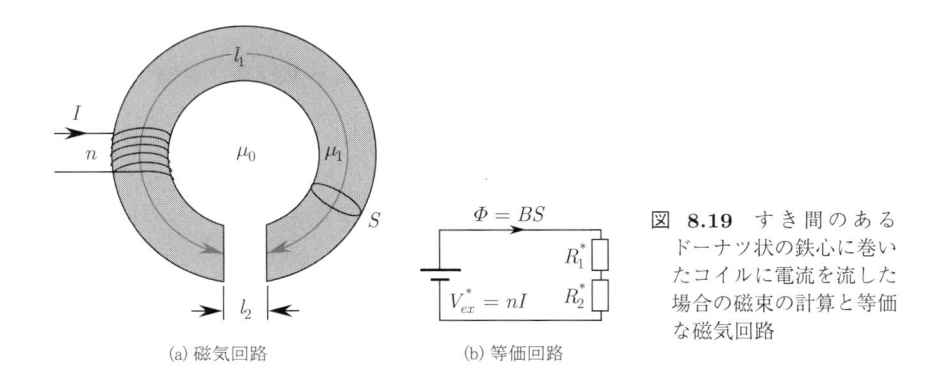

(a) 磁気回路   (b) 等価回路

図 8.19 すき間のあるドーナツ状の鉄心に巻いたコイルに電流を流した場合の磁束の計算と等価な磁気回路

【解答】 図 8.19(a) においてギャップ長 l_2 は十分小さいから弧の長さに等しいとしてよい．鉄心とそのギャップで作られた磁気回路を考えると，図 8.19(b) の等価回路のように鉄心の磁気抵抗 R_1^* とギャップの磁気抵抗 R_2^* が直列接続されていることになる．ギャップの長さが小さく，ギャップ中を磁束がほとんど漏れることなく鉄心と同じ断面積を通過すると考えると，全磁気抵抗 R^* は式 (8.45) より

$$R^* = R_1^* + R_2^* = \frac{l_1}{\mu_1 S} + \frac{l_2}{\mu_0 S} = \frac{1}{\mu_0 S}\left(\frac{l_1}{\mu_r} + l_2\right) \tag{8.52}$$

ただし，$\mu_1 = \mu_0 \mu_r$ である．磁束 Φ は，式 (8.47) から

$$\Phi = \frac{V^*}{R^*} = \frac{\mu_0 SnI}{l_1/\mu_r + l_2} \tag{8.53}$$

となる．以上のように，鉄心中もギャップ中も磁束 Φ は同じ大きさである．したがって磁束密度 B も等しい．磁界 $H = B/\mu$ はギャップでは鉄心中の μ_r 倍の強さとなっている． $\diamondsuit$

例題 8.3 図 8.20 に示すような，断面が長方形の鉄心 (透磁率 μ) に導線を密に n 回巻いたソレノイドコイルがある．

(1) コイルに電流 I を流したときの半径 $r(a \leq r \leq b)$ の円周状にできる磁界と磁束密度の大きさを求めよ．

(2) 上の (1) の磁束密度を断面にわたって積分して全磁束を求めよ．

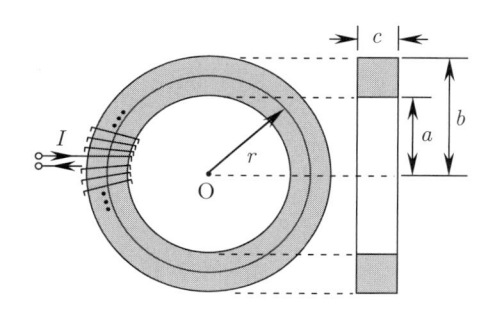

図 8.20 方形断面をもつソレノイドコイル

(3) 磁気抵抗を式 (8.47) から求めよ．

(4) 磁気回路の長さが断面中心軸の長さ，すなわち $2\pi\dfrac{a+b}{2}$ であるとして，磁気抵抗を求めよ．

(5) (3) の結果から断面が薄いときの近似 $(b - a \ll b + a)$ をすると，(4) の結果が導かれることを示せ．

【解答】 (1) 磁界 H は式 (8.50) と同様である．したがって

$$H = \frac{nI}{2\pi r}, \qquad B = \mu H = \frac{\mu nI}{2\pi r}. \tag{8.54}$$

(2) 半径 r と $r + dr$ との間の鉄心の断面積 dS は，$dS = c\,dr$ である．よって全磁束 Φ は断面積にわたって磁束密度 B を積分して

$$\Phi = \int B\,dS = \int_a^b Bc\,dr = \frac{\mu cnI}{2\pi}\int_a^b \frac{dr}{r} = \frac{\mu cnI}{2\pi}\ln\left(\frac{b}{a}\right). \tag{8.55}$$

(3) 磁気抵抗 R_m は，式 (8.47) から

$$R^* = \frac{V^*}{\Phi} = \frac{nI}{\dfrac{\mu cnI}{2\pi}\ln\left(\dfrac{b}{a}\right)} = \frac{2\pi}{\mu c \ln(b/a)}. \tag{8.56}$$

(4) 磁気回路の平均な長さが $l = 2\pi\dfrac{a+b}{2}$，断面積が $S = c(b-a)$ と考えれば，磁気抵抗の大きさは，式 (8.45) から近似的に

$$R^* = \frac{2\pi\dfrac{a+b}{2}}{\mu c(b-a)} = \frac{\pi(b+a)}{\mu c(b-a)}. \tag{8.57}$$

(5) 最初に式 (8.56) 内に含まれる対数関数に注目して

$$\ln\left(\frac{b}{a}\right) = \ln\left(\frac{\frac{b+a}{2} + \frac{b-a}{2}}{\frac{b+a}{2} - \frac{b-a}{2}}\right) = \ln\left(\frac{1 + \frac{b-a}{b+a}}{1 - \frac{b-a}{b+a}}\right) \tag{8.58}$$

と変形する．$b - a \ll b + a$，すなわち $(b-a)/(b+a) \ll 1$ となるから，変数 x が 1 より十分小さいときの対数関数に対する級数展開式：

$$\frac{1}{2}\ln\left(\frac{1+x}{1-x}\right) = x + \frac{x^3}{3} + \frac{x^5}{5} + \cdots \tag{8.59}$$

を用いると

$$\frac{1}{2}\ln\left(\frac{b}{a}\right) = \frac{1}{2}\ln\left(\frac{1 + \frac{b-a}{b+a}}{1 - \frac{b-a}{b+a}}\right) = \left(\frac{b-a}{b+a}\right)\left\{1 + \frac{1}{3}\left(\frac{b-a}{b+a}\right)^2 + \cdots\right\} \tag{8.60}$$

と近似できる．こうして磁気抵抗 R^* は，式 (8.56) から

$$R^* = \frac{2\pi}{\mu c \ln(b/a)} = \frac{\pi(b+a)}{\mu c(b-a)}\left\{1 + \frac{1}{3}\left(\frac{b-a}{b+a}\right)^2 + \cdots\right\}^{-1}$$

$$\simeq \frac{\pi(b+a)}{\mu c(b-a)}\left\{1 - \frac{1}{3}\left(\frac{b-a}{b+a}\right)^2 + \cdots\right\} \tag{8.61}$$

となる．ここで $\frac{1}{3}\left(\frac{b-a}{b+a}\right)^2$ 以上の高次項を省略すれば，(4) で導いた磁束の中心の磁束密度の値で近似して導出した結果 (8.57) と等しくなることがわかる． ◇

8.4 物質の磁性

物質の磁性について少しだけ説明を追加しておこう．8.1.2 項で説明したように磁気の担い手は原子の磁気双極子であるが，その本質を理解するためには物質の構造にまで立ち入って量子力学的に説明しなければならない．ここでは磁気双極子の振る舞いをもとに物質の磁性を現象論的に説明する．

8.4.1 常 磁 性 体

常磁性を示すような物質の原子には磁気的に特別な役割を果たす電子はない．このため原子の磁気双極子は外部磁界に応じて比較的自由にその向きを変えることができる．この物体に外部磁界が印加されていなければ原子や分子は不規則な熱運動をしていて，磁気双極子は図 **8.21** (a) のように，全くばらばらな方向を向いている．したがって，巨視的な意味における平均値はゼロになる．

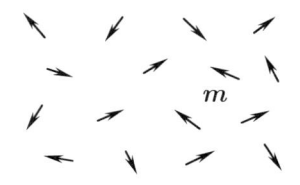

(a) 磁界がない場合

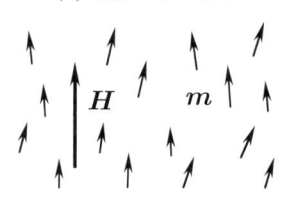

(b) 磁界 $\boldsymbol{H}$ 内
図 **8.21** 常磁性体中の磁気双極子

ところが 図 8.21 (b) のように外部磁界がかかると多くの磁気双極子は磁界の方向に向こうとする．このようにして磁化される．

温度が高くなると熱エネルギーによって磁気双極子の向きがばらばらになろうとするから磁化率が減少する．逆に温度が下がると増大する．このような機構に基づいて磁化を生ずる物体が常磁性体であり，比磁化率 χ_m と絶対温度 T との間には

$$\chi_m = \frac{\text{定数}}{T} \tag{8.62}$$

なる関係がある．この法則を**キュリーの法則**という．気体では酸素などがこの性質をもっていて，χ_m は表 8.1 に示したように，10^{-4} 程度の大きさである．固体ではアルミニウムやプラチナがこの部類に属していて χ_m は 10^{-5} 程度の大きさである．したがって，実用的には比透磁率は 1 と考えてよい．

常磁性体中の磁束密度や磁化ベクトルの様子を知るために，比磁化率を $\chi_m = 2$ とした場合の球形磁性体の磁束線，磁力線および磁化ベクトルを図 **8.22** に示す．下方から磁性体に磁界が印加されると底面の部分には S 極が誘起され，上面には N 極が現れる．このため，球内に印加磁界と反対方向の磁界が誘起され，全体としては磁界が弱くなる．なお，図 8.22(b) の磁力線を描くにあたっては，磁束と単位を合わせるために $\mu_0 \boldsymbol{H}$ として描いてある．また，磁界や磁化ベクトルは 5.2.4 項と同様にして計算できる．

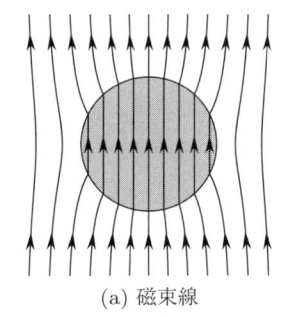

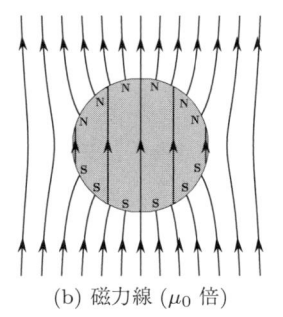

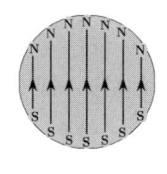

(a) 磁束線　　(b) 磁力線 (μ_0 倍)　　(c) 磁化ベクトル

図 **8.22**　比磁化率 $\chi_m = 2$ をもつ球磁性体に一様な磁界を印加した場合の磁束線，磁力線および磁化ベクトル．(a) 磁束線 = (b) 磁力線 + (c) 磁化ベクトルの関係となる．

8.4.2 強磁性体

強磁性体の代表は鉄，ニッケル，コバルトであるが，日常よく目にするのは鉄である．一言で鉄といっても一般には鉄と他の元素を含む合金であることが多く，その物性は合金元素の種類や量によって大きく変わる．そのため，個々の鉄合金の物性について考えていては強磁性の本質を理解することは困難である．そこで本節では，純粋に近い多結晶の鉄を例にとって強磁性体の磁気的性質を現象論的に説明することにする．

鉄の表面をよく磨いて顕微鏡で観察すると，図 **8.23**(a) のように約 $10 \sim 20\,\mu\mathrm{m}$ の不規則な形をした結晶を見ることができる．さらに個々の結晶内では図 8.23(b) のような幾つかの区域に分かれており，各区域の中では磁化の向きが揃っている[†1]．そして，区域同士の磁化の向きは大体反対になっていて，結晶全体では磁化が相殺している．このような区域を**磁区** (magnetic domain)，磁区の境界を**磁壁** (magnetic wall) という．なぜこのような磁区に分かれていて，なぜ磁区内で磁化の向きが揃っているかを説明するには原子の構造にまで立ち入って量子力学的に考察しなければならないので，詳細は巻末の引用・参考文献 2), 4) および 12) に譲ることにする．ここでは図 8.23(a) のような構造の鉄片に外部から磁界を印加したときにどのような磁気的現象が起きるかだけを考えることにする[†2]．

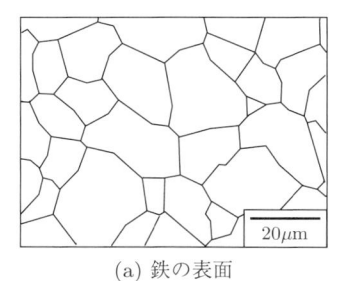

(a) 鉄の表面　　(b) 結晶内の磁区と磁化

図 **8.23**　鉄の表面と結晶内の磁区

鉄に磁界 $\boldsymbol{H}$ を印加すると，結晶内の磁化に力が働き，磁化は磁界の方向を向こうとする．このため磁界の方向に磁化されていた磁区が動き出して，隣の磁区を侵食しつつ大きく成長してゆく．これに対して反対方向を向いていた別の磁区は小さくなろうとする．この磁壁の移動は印加磁界が非常に弱い限り可逆的である．また，磁束密度 $\boldsymbol{B}$ は $\boldsymbol{B} = \mu_0 \boldsymbol{H} + \boldsymbol{M}$ で与えられるから磁界方向の磁束密度は少し大きくなる．図 **8.24** のように横軸に印加磁界の大きさ，縦軸に磁束密度の大きさをとると，この領域はちょうど原点 O 付近に対応する．

印加磁界を強くすると，磁壁の移動がさらに大きくなって結晶中の不純物や欠陥にぶつかり移動が困難となるが，磁界をさらに強くしてある限界を超えると突然滑り出したり，別の磁区が急回転して磁界の方向を向くようになるため，磁束密度が急激に増加する．このような急な変化は，磁区の機械的限界を超えた瞬間に起こるため，図 8.24 の曲線を拡大してみると，連続的に変化するのではなく階段状になる．この現象を**バルクハウンゼン効果** (Barkhaunsen effect) という．一方，磁化の急激な動きがあるということは磁化によって作られる磁界も急激に変化するということである．磁界が変化するとそれを妨げるように起電力が発生して結

[†1] 鉄などの場合はこれが自発的に起きているので，**自発磁化** (spontaneous magnetization) という．複数の小さな結晶単位で磁化の向きが揃っていることも多い．
[†2] 鉄単結晶の磁区内部で磁化が揃っている主な理由は，鉄原子の 3d 軌道上にある 4 つの不対電子のスピン磁気双極子モーメントとパウリの排他律にある．

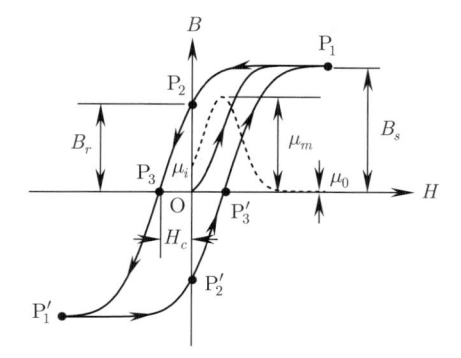

図 8.24 ヒステリシス曲線．磁性体材料に磁界を印加しても，磁性体材料は磁界の大きさに比例して磁化されない．

晶内にうず状の電流が生じる†．このため，ジュール熱が発生すると同時に電気的な雑音が発生する．これは微弱な信号を扱う通信などの分野では大きな問題になることがある．また，急な磁壁の移動が起きれば結晶の形が変わることもある．このため，磁壁が動くたびに小さな音が発生する．

さらに磁界を強くすると，ほとんど全ての磁化が磁界の方向に向いてしまって，それ以上磁界を強くしても磁化は大きくならずに飽和状態になる．このときの磁化の値 M_s を **飽和磁化** (saturation magnetization)，磁束密度の値 B_s を **飽和磁束密度** (saturation magnetic flux density) という．また，それ以上の磁界に対しては $B = \mu_0 H + M_s$ となるから B は依然として H に比例するが，$\mu_0 = 4\pi \times 10^{-7} \ll 1$ であるから，図 8.24 のように磁束密度もほぼ飽和したような状態となる．このように磁化されていない鉄に磁界を印加して徐々に強くしてゆくと，磁束密度は最初可逆的に少し大きくなり，次に非可逆的に大きくなり，そしてゆっくり飽和して図 8.24 の OP_1 のような曲線を描く．

印加磁界を弱くしていったときのことを考える．一方向に揃っていた磁化はばらばらな状態に戻ろうとするから，それに伴って磁壁の移動が起こる．移動していた磁壁は簡単には元に戻らず，しかも移動によって磁壁の形も変わってしまっているから，図 8.24 の B は $P_1 O$ に沿っては引き返さずに $P_1 P_2$ に沿って減少する．そして $H = 0$ にしても $B = 0$ とはならずに $B = \overline{OP_2} = B_r = M_r$ だけの磁化が残る．この磁化 M_r を **残留磁化** (residual magnetization) といい，それに対応する磁束密度 $B_r = M_r$ を **残留磁気** (residual magnetism) あるいは **残留磁束密度** (residual magnetic flux density) という．この過程においても磁界を強くしていったときと同様に，磁界の急激な変化に伴う電流が流れてジュール熱が発生したり，結晶の一部が変形することによる音の発生によってエネルギーが失われる．

さらに反対方向に磁界を大きくしてゆくと，$H = \overline{OP_3} = H_c$ の点で $B = 0$ となる．このことは磁性体の中に磁化 $_BM_c = -\mu_0 H_c$ が残っているということであり，H_c を **保磁力**

---

† ファラデーの電磁誘導である．詳細は 9 章を参照．

(coercive force) とよんでいる†．H をさらに負の方向に大きくすると，B は $P_3\,P_1'$ に沿って飽和してゆく．飽和点 P_1' から H を順次負から正にしてゆくと，B は原点 O に関して $P_1\,P_2'\,P_3'\,P_1$ と対称な経路に沿って P_1 にもどる．このように強磁性体の磁気現象は過去の経歴によって決まるので，このことを**磁気履歴**あるいは**磁気ヒステリシス現象** (magnetic hysterisis phenomena) といい，$B-H$ 曲線が描く閉曲線を**履歴曲線**あるいは**ヒステリシス曲線**という．また，磁区の移動が困難で広い面積のヒステリシスループを描く，すなわち保磁力が大きい磁性体を**硬磁性体**といい，小さい磁性体を**軟磁性体**という．

図 8.24 には，OP_1 における磁界 H に対する磁束密度 B の変化率である微分透磁率 $\mu = \dfrac{dB}{dH}$ を破線で示してある．磁界がゼロのときの初期透磁率 μ_i から出発し，最大透磁率 μ_m を経て真空の透磁率 μ_0 となる．表 8.1 に示したように強磁性体の初期透磁率も最大透磁率も μ_0 に比べて非常に大きい．

$\chi_m = 1\,000$ の磁性体球に一様な磁界が印加された場合の磁束線，磁力線および磁化ベクトルを図 **8.25** に示す．磁性体球表面に誘起された強い磁荷によって球内には印加磁界と逆方向の磁界が発生するので，球内の磁界はほとんどゼロになっている．この磁力線の様子 (図 8.25(b)) は，導体球の周りの電気力線の様子 (図 5.10) に類似している．図 8.22 の比磁化率が小さい場合と比較しながら磁力線のでき方や磁化の大きさを考察してみてほしい．

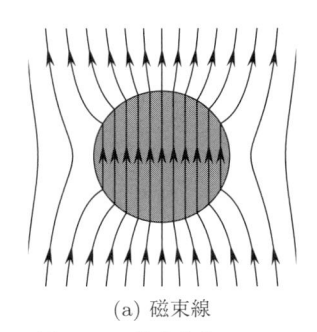

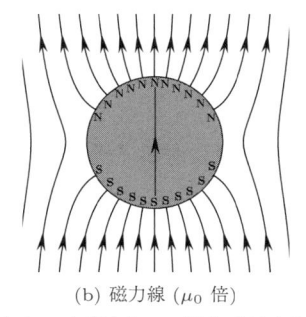

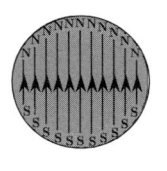

(a) 磁束線　　(b) 磁力線 (μ_0 倍)　　(c) 磁化ベクトル

図 **8.25**　比磁化率 $\chi_m = 1\,000$ をもつ球磁性体に一様な磁界を印加したの磁束線，磁力線および磁化ベクトル．(a) 磁束線 ＝ (b) 磁力線 ＋ (c) 磁化ベクトル の関係となる．

さて，原子は熱運動しているから，温度が極めて高くなるとせっかく向きの揃っていた磁区内の磁化，正確には鉄原子のスピンの配列も崩れてしまう．そしてある臨界温度 T_C 以上の温度になると，規則的なスピンの配列も完全に崩れてしまって磁気双極子が勝手な方向を向いて強磁性の性質が失われる．この温度 T_C を**キュリー (Curie) 温度**といって，これ以上

---

† 磁化 M をゼロにして磁化されていない状態にするために必要な磁界 $_MH_c$ を保磁力と定義する場合もある．磁束密度をゼロにするために必要な磁界 H_c と比べると，一般に $_MH_c > H_c$ である．純鉄の場合は $H_c = 50\sim90$ A/m 程度と比較的大きく，パーマロイでは $H_c = 0.16\sim 4$ A/m と非常に小さい．

の温度では常磁性体としての性質しかもたないようになる．鉄の場合，$T_C \approx 1,043\mathrm{K}$ である．キュリー温度以上では，比磁化率 χ_m は

$$\chi_m = \frac{\text{定数}}{T - T_C} \tag{8.63}$$

と表され，これを**キュリー・ワイスの法則** という．

強磁性の本質は電子のスピンの向きが揃う，すなわち **図 8.26** (a) のように磁気双極子が一定方向を向くことにある．磁気的な秩序現象としては，強磁性のほかに反強磁性といわれるものがある．これはスピンの向きが図 8.26 (b) のように交互に反対になっているもので，強磁性と同じように自発磁化をもっているが，部分的な磁化は互いに打ち消し合って全体としては磁化はなく常磁性を示す．しかし，この常磁性は式 (8.62) には従わない．代表的な物質は，酸化マンガン，酸化ニッケルやクロムなどである．反強磁性体に似てはいるが，図 8.26 (c) のように，磁気双極子モーメントの大きさが異なる物質がある．このような磁性体を**フェリ磁性体** (ferrimagnetic material) という．フェライト ($MOFe_2O_3$) やマグネタイト (Fe_3O_4) などが代表的な物質である．

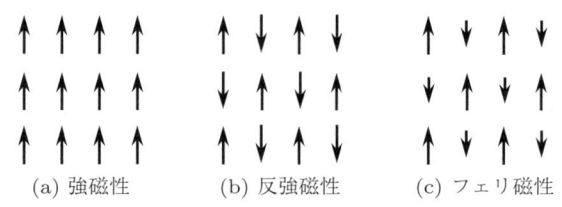

図 8.26 強磁性，反強磁性およびフェリ磁性を示す磁性体材料内の磁気双極子の様子

8.4.3 反 磁 性 体

ビスマスや銅の原子は，軌道磁気双極子モーメントとスピン磁気双極子モーメントが打ち消し合っていて，原子固有の磁気双極子モーメントをもっていない．これらの物質に外部から磁界が加わったときに電子の軌道磁気双極子モーメントがどのようになるかを古典論の範囲で考えてみよう．

図 8.27 反磁性

簡単のために水素原子を考えると，図 **8.27** のように 1 個の重い陽子の周りを電荷 $-e$ の電子がクーロン引力の下に半径 a の円周上を回転している．電子の回転面を xy 平面にとり，電子の角速度を ω_0 とすると，電子に作用する遠心力 $m_e a \omega_0^2$ とクーロン引力とはつり合っているから

$$m_e a \omega_0^2 = \frac{e^2}{4\pi\varepsilon_0 a^2} \tag{8.64}$$

となる．この原子に z 軸方向を向く一様な外部磁界 $\boldsymbol{H}_0$ を印加すると，電子はローレンツ力 $-e\mu_0(\boldsymbol{v}\times\boldsymbol{H}_0)$ を受けて角速度が変化する．このときの角速度を $\omega(=v/a)$ とすると，力の釣り合いの式は

$$m_e a\omega^2 = \frac{e^2}{4\pi\varepsilon_0 a^2} - e\mu_0 a\omega H_0 \tag{8.65}$$

で与えられる．式 (8.64), (8.65) より $m_e a\omega^2 + e\mu_0 a\omega H_0 = m_e a\omega_0^2$ となるが，外部磁界の大きさ H_0 は小さく，それに伴う角運動量の変化 $\Delta\omega=\omega-\omega_0$ もまた小さいとして $\Delta^2\omega$ 以下を無視すると

$$\Delta\omega = -\frac{e\mu_0}{2m_e}H_0 \tag{8.66}$$

を得る．電子の軌道運動による磁気双極子モーメントは 7 章，例題 7.9 で示したように，$m=-\mu_0 ea^2\omega/2$ で与えられるから，角速度の変化に伴う磁気モーメントの変化 Δm は $\Delta m = -\mu_0 ea^2\Delta\omega/2$ となる．これに式 (8.66) を代入すると

$$\Delta m = -\frac{e^2\mu_0^2 H_0}{4m_e}a^2 \tag{8.67}$$

を得る．ここで注意すべきことは，e の符号に関係なく Δm は負の量であって，外部磁界 H_0 とは逆向きの磁気モーメントであることである．これが反磁性の原因である．Δm が負になる原因は，外部磁界 H_0 が働くとその効果を打ち消そうとする慣性力が作用することによる．したがって反磁性は物質の種類に関係なく存在する一般的な性質である．

よく見かける物質の比磁化率 χ_m は表 8.1 に示すように -10^{-5} 程度なのに対して，特定の金属や化合物を超低温に冷却すると比磁化率 χ_m が $\chi_m=-1$ となり，**図 8.28** のように外部からの磁力線を遮断して内部の磁界をゼロにする．これを**マイスナー効果** (Meissner effect) あるいは**完全反磁性** (perfect diamagnetism, superdiamagnetism) という．このとき電気抵抗もゼロになるので，このような状態にある物質を**超電導体** (superconductor) という[†]．

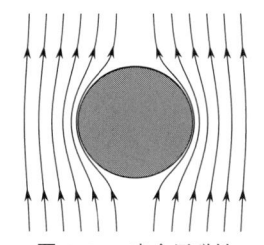

図 8.28 完全反磁性

8.5 永久磁石

8.5.1 永久磁化

図 8.1(b) に示した電磁石の磁気誘導現象をもう一度考えてみよう．導電電流 I_e によって

[†] 超電導体は，超電導量子干渉計 (SQUID, Superconducting QUantum Interface Device)，磁気共鳴画像装置 (MRI, Magnetic Resonance Imaging) や磁気シールドなどに利用されている．物理では超伝導と表記される．超電導現象は 1911 年にオランダの物理学者**オンネス** (H. K. Onnes) により発見された．主な超電導体とその転移温度は以下の通り．水銀 (Hg)：4.2K，ニオブチタン (NbTi)：10K，ニオブスズ (Nb_3Sn)：18K，SmFeAs：43K，$YBa_2Cu_3O_7$(YBCO)：92K．

8.5 永久磁石

磁性体内に磁界 $H_0(r)$ が発生し，これによって磁化 $M(r)$ が誘起される．誘起された磁気双極子の分布はさらに磁界を誘起して，それがまた磁化を促進する．こうしてできあがった磁界 $H(r)$ と磁化 $M(r)$ との間には式 (8.26) の関係 $M(r) = \mu_0 \chi_m H(r)$ が成立する．したがって，導電電流 I_e にともなう外部磁界 H_0 をゼロとすれば，それにともなって H もまたゼロになり，磁化 M もゼロになる．ところが鉄などの強磁性体では，8.4.2 項で説明したように，外部磁界 H_0 をゼロにしてもなお磁化を保っている．これが**永久磁石**である．外部磁界と共に消える磁化を**誘導磁化** (induced magnetization) とよび，$M_i(r)$ と表すことにする．これについては式 (8.26) の関係が成り立つ．外部磁化を消しても残留する磁化を**永久磁化** (permanent magnetization) とよび，$M_p(r)$ と表す．このとき全磁化 $M(r)$ は

$$M(r) = M_i(r) + M_p(r) \tag{8.68}$$

と分離して書くことができる．磁束密度は式 (8.24) より

$$\begin{aligned} B(r) &= \mu_0 H(r) + M(r) = \mu_0(1+\chi_m)H(r) + M_p(r) \\ &= \mu H(r) + M_p(r) \end{aligned} \tag{8.69}$$

で与えられ，μ が一定なら

$$\nabla \cdot B(r) = \mu \nabla \cdot H(r) + \nabla \cdot M_p(r) = 0$$

なる関係を満たす．したがって，永久磁石内部の磁界 $H(r)$ は

$$\nabla \times H(r) = 0, \qquad \nabla \cdot H(r) = \frac{\rho_m(r)}{\mu} \tag{8.70}$$

の2つの方程式を満たす．ただし

$$\rho_m(r) = -\nabla \cdot M_p(r) \tag{8.71}$$

である．式 (8.70) は ε が一定の場合の誘電体中の静電界に関する基本方程式 (4.35) と全く同じであるからその解の形も同じになり，永久磁化による磁界および磁位は次式で与えられる．

$$H(r) = \frac{1}{4\pi\mu} \int_V \rho_m(r') \frac{r-r'}{|r-r'|^3} dv', \qquad V^*(r) = \frac{1}{4\pi\mu} \int_V \frac{\rho_m(r')}{|r-r'|} dv' \tag{8.72}$$

また，$H(r) = -\nabla V^*(r)$ の関係式が成り立つ．

特別な場合として $M_p =$ 一定 とすると，式 (8.71) より $\rho_m = 0$ だから，一様な永久磁化による磁界はゼロになってしまう．実際には永久磁石の表面に磁化が現れるから，このようなことはない．つまり，式 (8.72) の表現をそのまま使うには，磁性体表面の永久磁化 M_p の不連続の効果を体積積分の中に組み入れて計算しなければならない．この計算を任意形状の磁性体に対して行うのは実際上煩雑である．そこで式 (8.72) を表面の不連続性を考慮した表現に直しておこう．

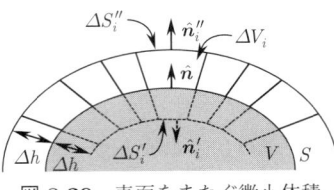

図 8.29 表面をまたぐ微小体積

永久磁化は V の外ではゼロであるから，式 (8.72) の体積 V を図 8.29 のように磁性体表面 S より少しだけ広くとっておいてもかまわない．次に表面をまたぐような体積をとり，これをさらに無数の微小体積 ΔV_i に分割する．各微小体積において，$\nabla \cdot \boldsymbol{M}_p$ と微小体積 ΔV_i の積は発散の定義より

$$\nabla \cdot \boldsymbol{M}_p \Delta V_i \approx \oint_{\Delta V_i \text{の表面}} \boldsymbol{M}_p(\boldsymbol{r}) \cdot \hat{\boldsymbol{n}} \, dS = \boldsymbol{M}_p \cdot \hat{\boldsymbol{n}}'' \Delta S_i'' + \boldsymbol{M}_p \cdot \hat{\boldsymbol{n}}' \Delta S_i' + \text{側面の寄与}$$

と表される．$\Delta S_i''$ 上で $\boldsymbol{M}_p = 0$ であるから，右辺第 1 項はゼロである．第 3 項は隣り合う微小体積同士で相殺し合う．第 2 項の $\hat{\boldsymbol{n}}'$ は $\Delta h \to 0$ のとき $-\hat{\boldsymbol{n}}$ となるから，式 (8.72) は結局

$$V^*(\boldsymbol{r}) = \frac{1}{4\pi\mu} \int_V \frac{-\nabla' \cdot \boldsymbol{M}_p(\boldsymbol{r}')}{|\boldsymbol{r}-\boldsymbol{r}'|} dv' + \frac{1}{4\pi\mu} \oint_S \frac{\boldsymbol{M}_p(\boldsymbol{r}') \cdot \hat{\boldsymbol{n}}(\boldsymbol{r}')}{|\boldsymbol{r}-\boldsymbol{r}'|} dS' \tag{8.73}$$

と変形できる．ここで

$$\sigma_m(\boldsymbol{r}) = \boldsymbol{M}_p(\boldsymbol{r}) \cdot \hat{\boldsymbol{n}}(\boldsymbol{r}) \tag{8.74}$$

は永久磁石表面に誘起される面磁化密度である．さらにベクトル公式

$$\nabla' \cdot \left[\frac{\boldsymbol{M}_p(\boldsymbol{r}')}{|\boldsymbol{r}-\boldsymbol{r}'|} \right] = \frac{\nabla' \cdot \boldsymbol{M}_p(\boldsymbol{r}')}{|\boldsymbol{r}-\boldsymbol{r}'|} + \boldsymbol{M}_p(\boldsymbol{r}') \cdot \nabla' \left(\frac{1}{|\boldsymbol{r}-\boldsymbol{r}'|} \right)$$
$$= \frac{\nabla' \cdot \boldsymbol{M}_p(\boldsymbol{r}')}{|\boldsymbol{r}-\boldsymbol{r}'|} + \boldsymbol{M}_p(\boldsymbol{r}') \cdot \frac{\boldsymbol{r}-\boldsymbol{r}'}{|\boldsymbol{r}-\boldsymbol{r}'|^3}$$

を式 (8.73) の第 1 項に代入し，ガウスの定理を使って体積積分を面積積分に変換すると，式 (8.37) を得る．

8.5.2 永久磁石による磁界

図 8.30 のような永久磁化 $\boldsymbol{M}_p(\boldsymbol{r})$ をもつ永久磁石による磁界の様子を調べよう．外部磁界 $\boldsymbol{H}_0$ がないとすると，磁束密度 $\boldsymbol{B}(\boldsymbol{r})$ は

$$\boldsymbol{B}(\boldsymbol{r}) = \begin{cases} \mu_0 \boldsymbol{H}(\boldsymbol{r}) + \boldsymbol{M}_p(\boldsymbol{r}), & \text{磁石内部} \\ \mu_0 \boldsymbol{H}(\boldsymbol{r}), & \text{磁石外部} \end{cases} \tag{8.75}$$

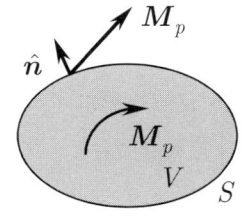

図 8.30 永久磁石

となる．永久磁石による磁界は永久磁化に対する磁化電流 $\boldsymbol{J}_m(\boldsymbol{r})$，$\boldsymbol{K}_m(\boldsymbol{r})$ を考えることによって 8.1.3 項のようにして求めることもできるし，式 (8.71)，式 (8.74) で与えられる体積磁化密度 $\rho_m(\boldsymbol{r})$ と面磁化密度 $\sigma_m(\boldsymbol{r})$ を考えても求めることができる．もちろん式 (8.37) を用いて永久磁化 $\boldsymbol{M}_p(\boldsymbol{r})$ から直接磁位を計算することもできる．

8.5 永久磁石

特別な場合として，永久磁化が一定の場合を考える．このとき，永久磁石表面 S 上には磁化電流 $\boldsymbol{K}_m(\boldsymbol{r}) = \boldsymbol{M}_p(\boldsymbol{r}) \times \hat{\boldsymbol{n}}(\boldsymbol{r})/\mu_0$ が流れる．一方，式 (8.73) より面密度 $\sigma_m(\boldsymbol{r}) = \boldsymbol{M}_p(\boldsymbol{r}) \cdot \hat{\boldsymbol{n}}(\boldsymbol{r})$ の磁荷を考えてもよい．$\sigma_m(\boldsymbol{r})$ による磁位は磁石の内外を問わず

$$V^*(\boldsymbol{r}) = \frac{1}{4\pi\mu_0} \oint_S \frac{\sigma_m(\boldsymbol{r}')}{|\boldsymbol{r}-\boldsymbol{r}'|} dS' = \frac{1}{4\pi\mu_0} \oint_S \frac{\boldsymbol{M}_p(\boldsymbol{r}') \cdot \hat{\boldsymbol{n}}(\boldsymbol{r}')}{|\boldsymbol{r}-\boldsymbol{r}'|} dS' \tag{8.76}$$

で与えられる．磁界 $\boldsymbol{H}(\boldsymbol{r})$ は $\boldsymbol{H}(\boldsymbol{r}) = -\nabla V^*(\boldsymbol{r})$ より計算することができる．磁束密度 $\boldsymbol{B}(\boldsymbol{r})$ はこの結果を式 (8.75) に代入することによって求めることができる．また，磁化電流 $\boldsymbol{K}_m$ によるベクトルポテンシャルは

$$\boldsymbol{A}(\boldsymbol{r}) = \frac{\mu_0}{4\pi} \oint_S \frac{\boldsymbol{K}_m(\boldsymbol{r}')}{|\boldsymbol{r}-\boldsymbol{r}'|} dS' = \frac{1}{4\pi} \oint_S \frac{\boldsymbol{M}_p(\boldsymbol{r}') \times \hat{\boldsymbol{n}}(\boldsymbol{r}')}{|\boldsymbol{r}-\boldsymbol{r}'|} dS' \tag{8.77}$$

で与えられ，磁束密度は $\boldsymbol{B}(\boldsymbol{r}) = \nabla \times \boldsymbol{A}(\boldsymbol{r})$ より計算することができる．以上の議論を 8.1.4 項と比較すると，8.1.4 項で考えたスカラ関数 Ψ は $\Psi = \mu_0 V^*$ であったことがわかる．

8.5.3 球磁石

永久磁石内外の磁束密度と磁界の分布の様子を調べるために，図 8.31(a) に示すような一様に磁化された半径 a の球磁石を考えよう．この問題は正確に磁界を計算できる数少ない例の 1 つでありいろいろな方法で解くことができる．5 章, 5.2 節と同様に磁位 $V^*(\boldsymbol{r})$ に対する境界値問題として扱ってもよいし，前項の磁化電流や磁荷分布を用いてもよい．ここでは 5 章で学んだ誘電体球からの類推から影像法を用いて解いてみよう．

5 章, 5.2.7 項で学んだように，一様な分極ベクトルをもつ誘電体球内の電束密度も電界も共に分極と同じ方向になる．この誘電体の分極との類推から，永久磁化 $\boldsymbol{M}_p$ の方向を z 軸にとれば，球磁石内部の磁束密度 $\boldsymbol{B}^{\text{in}}$ と磁界 $\boldsymbol{H}^{\text{in}}$ は，永久磁化と同様に z 方向に一様と考えられる[†]．そこで $\boldsymbol{B}^{\text{in}} = B^{\text{in}}\hat{\boldsymbol{z}}$, $\boldsymbol{H}^{\text{in}} = H^{\text{in}}\hat{\boldsymbol{z}}$ とおく．一方，球磁石外部の磁界もまた誘電体球

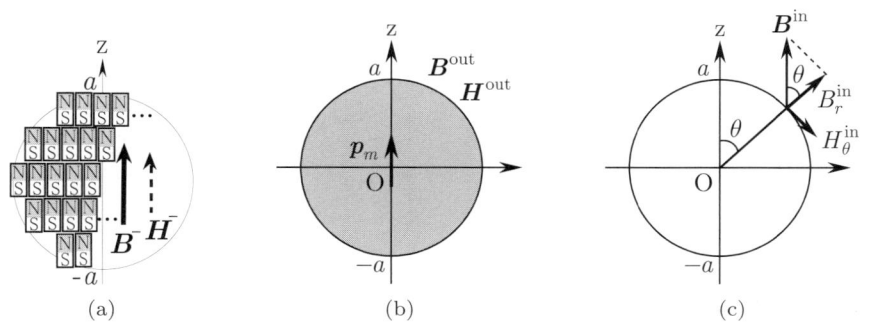

図 8.31 球磁石の周りの磁界の計算法．(a) 一様に磁化された球磁石．(b) 球磁石外の磁界を求めるために原点 O に置かれた等価磁気モーメント $\boldsymbol{p}_m$．(c) 球表面における B_r と H_θ．

[†] すぐあとの計算結果から，磁界は $-z$ 方向を向くことがわかるので，最初から $-z$ 方向を向くとして解

に対する電界の類推から，図8.31(b) のように原点 O に置かれた磁気双極子モーメント $\boldsymbol{p}_m$ による磁界と同じであると予想できる．磁気双極子モーメントの大きさは球表面における境界条件から求めればよい．z 方向を向いた大きさ p_m の磁気双極子モーメントによる磁束密度 $\boldsymbol{B}^{\mathrm{in}}$ は，式 (8.2) で求められているので，球表面 ($r=a$) 上において磁束密度の法線成分と磁界の接線成分は等しいとおくと，図8.31(c) を参照にして

$$B_r^{\mathrm{out}} = \frac{2p_m \cos\theta}{4\pi a^3} = B_r^{\mathrm{in}} = B^{\mathrm{in}} \cos\theta, \tag{8.78}$$

$$H_\theta^{\mathrm{out}} = \frac{1}{\mu_0} B_\theta^{\mathrm{out}} = \frac{p_m \sin\theta}{4\pi\mu_0 a^3} = H_\theta^{\mathrm{in}} = -H^{\mathrm{in}} \sin\theta \tag{8.79}$$

となる．両式から

$$B^{\mathrm{in}} = \frac{p_m}{2\pi a^3} = -2\mu_0 H^{\mathrm{in}} \tag{8.80}$$

を得る．球磁石内では一様磁化 $\boldsymbol{M}_p (= M_p \hat{\boldsymbol{z}})$ があるので磁束密度は $\boldsymbol{B}^{\mathrm{in}} = \mu_0 \boldsymbol{H}^{\mathrm{in}} + \boldsymbol{M}_p$ と表されるから，式 (8.80) より $B^{\mathrm{in}} = \mu_0 H^{\mathrm{in}} + M_p = -2\mu_0 H^{\mathrm{in}}$ となる．これより p_m，B^{in} および H^{in} を永久磁化 M_p を用いて表すと

$$p_m = \frac{4\pi a^3}{3} M_p, \quad B^{\mathrm{in}} = \frac{2}{3} M_p, \quad H^{\mathrm{in}} = -\frac{1}{3\mu_0} M_p. \tag{8.81}$$

この結果から，原点にある等価的な磁気双極子モーメントの大きさ p_m は，磁化 M_p に半径 a の球体積を掛けたものになっていることがわかる．磁石内の磁束密度は，磁化の 2/3 倍，磁界は磁化の $-1/3\mu_0$ 倍の大きさである．この結果をもとに球磁石内外の磁束線，磁力線ならびに磁化ベクトルを描くと **図 8.32** のようになる．ただし，磁力線は他の 2 つと次元を揃えるために μ_0 倍している．磁束密度 $\boldsymbol{B}$ は磁石の表面で連続であるが，磁界 $\boldsymbol{H}$ は磁化 $\boldsymbol{M}_p$ の影響で不連続となっている．また磁石の外部では，磁束線と磁力線は同じ形をしているが，磁石内では，反対の方向を向き，磁化の 1/3 を打ち消すように働いていることに注意すべき

(a) 磁束線   (b) 磁力線 (μ_0 倍)   (c) 磁化ベクトル

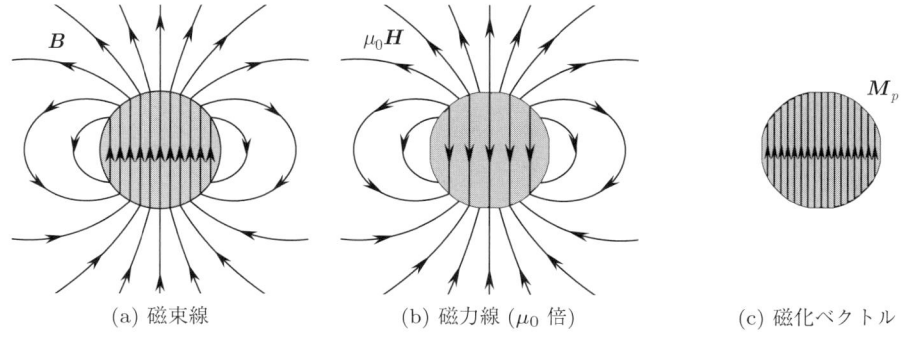

図 8.32 球磁石の周りの磁束線，磁力線 (μ_0 倍)，ならびに磁化ベクトルの様子．(a) 磁束線 = (b) 磁力線 + (c) 磁気ベクトル の関係がある．

いてもよい．

である．これを**自己減磁作用** (self demagnetization) という．この作用のために実際の永久磁石は時間が経つにつれて次第に弱くなってしまう．これを防ぐには磁石の両端を別の鉄の棒でつなげればよい[†1]．こうすると磁化が端部に現れないので磁化の強さが保たれる．

8.6 磁性体の応用

本書でも簡単に触れるモータや発電機はもちろんのこと，テレビや冷蔵庫，電子レンジなどの身近な電化製品にも多くの磁性体が使われている．電化製品ばかりではなく，エレベータや電気自動車用のモータ，読者が持ち歩く携帯情報端末用のハードディスクにも目的に応じた特性をもつ磁性材料が使われている．これらの詳細については磁性材料の専門書に譲ることにして，ここでは磁気記録・再生の原理と磁気シールドについて簡単に説明する．

8.6.1 磁気記録

鉄などが磁石になるということは，磁化されたということを覚えているということであり，記憶素子に使えるということを意味する[†2]．したがって，記録される側はこのような特性をもつことが重要である．このためには残留磁化と保磁力が大きな磁性体がよい．ところが 8.5.3 項で述べたように，自己減磁作用によって残留磁化は徐々に小さくなってしまうから，保磁力の方がむしろ重要になる．このような目的で開発された磁性体としては，コバルト系フェライト等がある．一方，記憶しようとする側は小さな信号でも大きな磁界を発生して，記録される側の磁性体を効率よく磁化するような特性をもつ必要がある．したがって保磁力も残留磁化も一般には小さい方がよい．Fe − Ni の合金であるパーマロイ (permalloy) やこれにモリブデン (Mo, Molybdenum) を加えたスーパーマロイ (supermalloy) 等がこれにあたる．

図 **8.33** に磁気記録・再生装置の原理を示す．これは磁性体膜を水平方向に磁化することから水平磁気記録方式という[†3]．記録ヘッドは先端に狭いギャップが設けられた磁性体コアと巻き線からなる．記録電流によって生じた磁束はギャップ部分で漏れ出し，これによって記録媒体（テープ）が磁化される．磁化の向きは電流の向きに対応する．再生ヘッドにはテープに記録された磁化による磁束が生じるが，9 章で述べるファラデーの法則により，磁束の時間的変化に比例する誘導電圧が再生電圧としてとり出される．つまり，磁化そのものを再生しているのではなく，磁化の変化を読んでいることになる．したがって再生のためにはテー

[†1] 磁気の回路を閉じておくことに対応する．
[†2] 創世記の計算機メモリは半導体ではなく，小さな磁石であった．
[†3] 磁性体膜を垂直方向に磁化する記録方式もある．これを垂直磁気記録方式といい，1975 年に東北大学の岩崎俊一 教授によって提唱された．21 世紀に入るとこの方式を利用した大容量のハードディスクドライブが商用化されるなど著しい進歩を遂げ，いまや携帯情報機器にはなくてはならないものになっている．

284   8. 磁性体中の静磁界

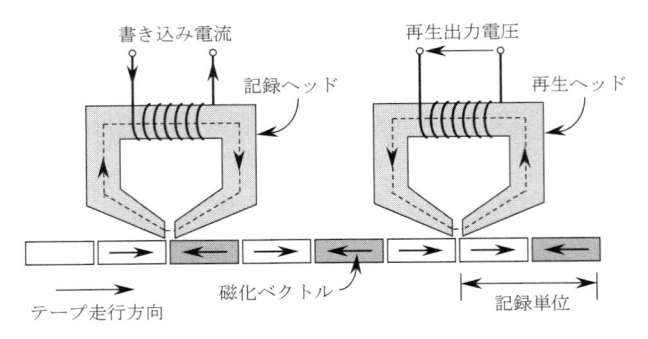

図 **8.33** 磁気記録・再生の原理

プがある速度で移動していることが不可欠である．磁気記録装置を電磁気学的にいうと，記録過程はアンペアの法則，再生過程はファラデーの法則を利用したものであるということになる．

8.6.2 磁気シールド

静電界のシールドは金属で囲めばよかったが，表 8.1 に示したように多くの金属の比透磁率はほぼ 1 なので，このような金属で囲んでも静磁界のシールドはできない．その代わり，大きな透磁率の磁性体で囲めば図 **8.34**(a) のように外部の磁界は周囲の磁性体に集中するので，外部磁界の影響を抑えることができる．鉄やパーマロイは大きな透磁率をもつが，それほど大きくないので静電シールドに比べるとかなり不完全なものになる．これに対して最近では，図 8.34(b) のように超電導体の完全反磁性を利用した磁気シールドも実用されているが，高額な冷却装置が必要になることから特殊な超微小磁界の測定装置や医療用以外には一般に普及していない．

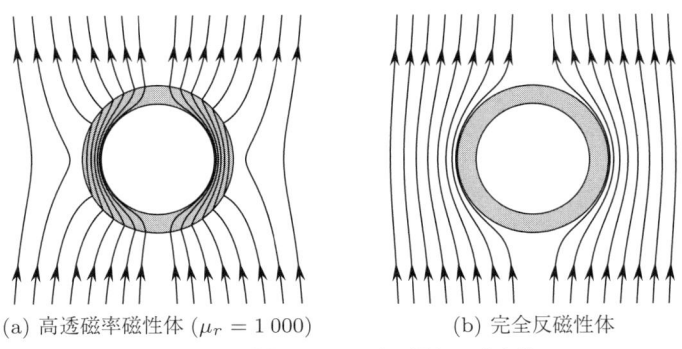

(a) 高透磁率磁性体 ($\mu_r = 1\,000$)   (b) 完全反磁性体

図 **8.34** 磁気シールド球の周りの磁束線

章 末 問 題

【1】 磁界中の微小磁性体に働く力について以下の問いに答えよ．
 (1) $f(r)$ を任意のベクトル関数とする．$f(r+\Delta l) \approx f(r) + (\Delta l \cdot \nabla)f(r)$ となることを示せ．また，これを利用して図 8.35(a) のように静磁界中に置かれた磁気双極子に働く力が $F(r) = (m \cdot \nabla)H(r)$ と表されることを示せ．
 (2) 磁気双極子モーメント $m = m\hat{x}$ の微小磁性体が図 8.35(b), (c) のように並んでいる．磁性体間に働く力を求めよ．

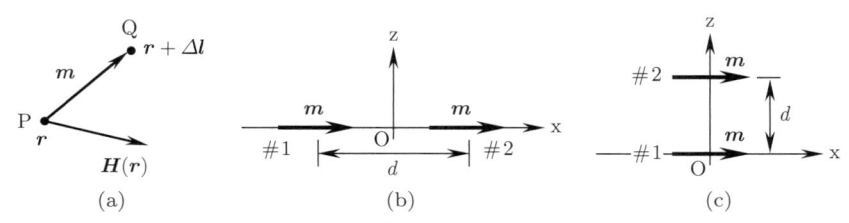

図 8.35 磁界内の磁気双極子モーメントに働く力

【2】 図 8.36 のようなドーナツ状のチューブに導線が密に巻かれたソレノイドコイルがある．ソレノイド内部が空気の場合と比透磁率 μ_r の磁性体の場合について，ソレノイド中心部分の磁界と磁束密度を求めよ．ただし，原点 O からソレノイド中心までの距離を r，導線の全巻き数を n，流れる電流を I とする．

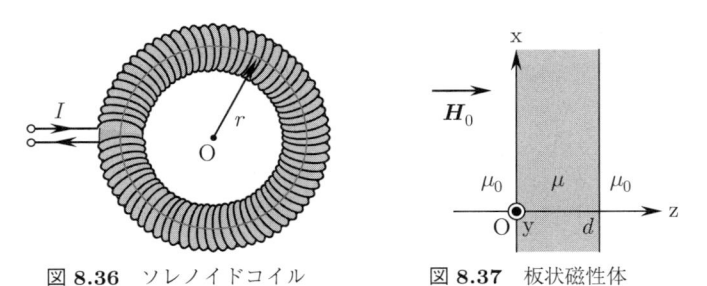

図 8.36 ソレノイドコイル　　図 8.37 板状磁性体

【3】 図 8.37 に示すように，透磁率 μ の板状磁性体に垂直に一様な磁界 H_0 が印加された．(1) 磁性体内外の磁界，(2) 磁化，(3) 磁性体表面に誘起される面磁荷密度を求めよ．

【4】 半径 a の内導体と内径 b の外導体からなる同軸線路に導電電流 I_e が互いに逆向きに流れている．両導体間に図 8.38(a), (b) のように磁性体が充填されたときの磁性体内部の磁界と磁束密度を求めよ．

【5】 図 8.39(a) に示すような透磁率 μ の鉄心がある．この鉄心に (b) から (e) のように巻数 n のコイルを巻いて電流 I を流したとき，中央の鉄心部における磁束 Φ を求めよ．ただし磁気回路としての磁路の長さは，近似的に鉄心の中心線の長さと考えてよいとする．

【6】 図 8.40 のように微小断面 ΔS の永久磁石が環状になっている．永久磁化 M_p が中心軸 C に沿って一定であるとき，磁石外部に生じる磁界はゼロであることを示せ．

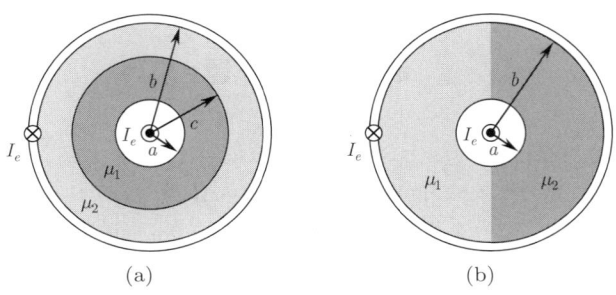

図 8.38 同軸線路中に充填された磁性体

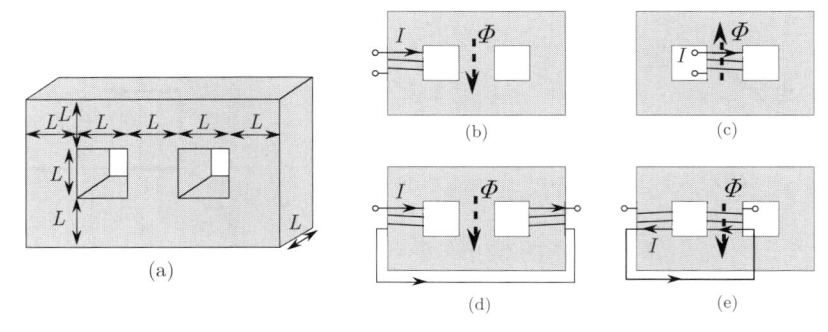

図 8.39 鉄心とコイル

【7】 図 8.41 のような半径 a の円形断面 S, 長さ l の永久磁石がある. 磁石内の永久磁化 $\boldsymbol{M}_p$ は一定で中心軸 z 方向を向いている. 中心軸上の磁界と磁束密度を (1) 端面に生じる面磁化密度, (2) 側面に流れる磁化電流を用いることによって求めよ.

【8】 図 8.42 のように, 比透磁率 μ_r, 外径 b, 内径 a の中空球磁性体に z 軸方向を向いた一様な磁界 $\boldsymbol{H}_0$ を印加した. 中空部分の磁界 $\boldsymbol{H}_{\rm in}$ は次式で与えられることを示せ.

$$\boldsymbol{H}_{\rm in}(\boldsymbol{r}) = \frac{1}{1 + \dfrac{2(1-\mu_r)^2}{9\mu_r}\left\{1-\left(\dfrac{a}{b}\right)^3\right\}} \boldsymbol{H}_0 \tag{8.82}$$

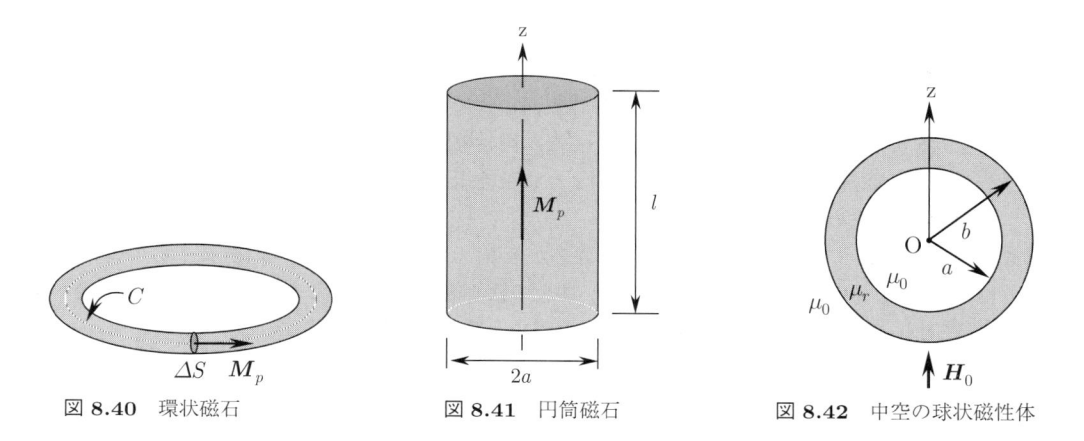

図 8.40 環状磁石

図 8.41 円筒磁石

図 8.42 中空の球状磁性体

9 電磁誘導

　本章では電磁気学における最も重要な現象の 1 つである電磁誘導について説明する．この現象は，既に高校の物理で学んでいる現象で，回路に鎖交する磁束が時間的に変化すると，その変化の割合に比例した起電力が発生するという現象である．前章までは，電界と磁界は独立な現象であった．しかしこの章以降は，電界と磁界が相互に結合する現象を取り扱うことになる．電磁誘導現象は**ファラデー** (M. Faraday) によって 1831 年に発見されたが，その後この原理に基づいて発電機や変圧器などが発明されると，第 2 次産業革命とあいまって電気エネルギーを大量に利用する現代流の生活様式が幕を開けた．本章では，ファラデーの電磁誘導の法則とはどのようなものであるかを定量的に説明すると共に，幾つかの応用例を簡単に紹介する．さらに，電気回路の基本素子であるインダクタンスについて説明する．ファラデーはさらに一歩飛躍して，回路導体があってもなくても電磁誘導によって空間に電界が発生すると考えた．この考えは次の章で説明する現象と結びついて電磁波の発見につながってゆくことになる．

9.1　ファラデーの電磁誘導の法則

　電流が磁気現象を引き起こすというエルステッドの発見は当時の人々に大きな衝撃をもって伝えられた．ファラデーもその一人であったが，ファラデーは逆に磁界がもとになって回路に電流を誘起させることができるのではないかと考えて実験を開始し，1831 年，ついに**電磁誘導** (electromagnetic induction) 現象を発見した．このときの実験装置は **図 9.1** に示すように，1 個の鉄の

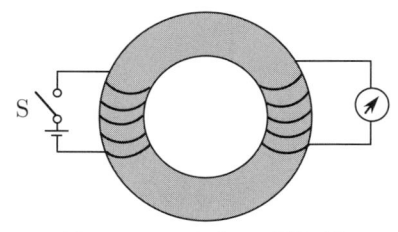

図 **9.1**　ファラデーの実験 (1)

環に 2 つのコイルを巻きつけたものであった．スイッチ S を閉じてコイルに流れる電流を一定に保っておくと，鉄環内に生じる磁界は一定であり，もう 1 つのコイルには電流は流れない．しかし，スイッチ S を開いたり，閉じたりして磁界が急激に変化する瞬間にコイルに電流が流れることを発見したのである．この発見をきっかけにして，ファラデーは **図 9.2** (a), (b), (c) のように

(a)　コイルの近くに磁石をおき，その磁石を動かしたとき

288   9. 電 磁 誘 導

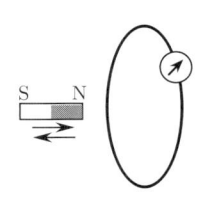

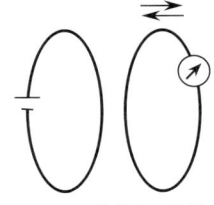

(a) 磁石を動かした場合   (b) コイルを動かした場合   (c) 交流電流を流した場合

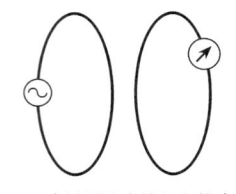

図 **9.2** ファラデーの実験 (2)

(b) 一方のコイルに一定の強さの電流を流しておき，もう一方のコイルを移動したとき

(c) 一方のコイルの電流の強さを変化させたとき．例えば，交流電流を流したときに電流が流れることを示した．このとき流れる電流を，**誘導電流** (induced current または induction current) という．これらの現象に共通していることは，コイルを貫く磁界が時間的に変化することである．また，電流が流れるためにはコイル内に電圧が生じていなければならず，この電圧のことを**誘導起電力** (induced electromagnetic force) あるいは**誘導電圧** (induced voltage または induction voltage) という．

レンツ (H. Lenz) は，誘導起電力 $V_{em}(t)$ と磁束 $\Phi(t)$ との関係を詳細に実験し，回路に鎖交する磁束が時間的に変化すると，その変化を妨げるような方向に電流を流す起電力が誘導されることを見出した．これを**レンツの法則**という．ここで磁束とは図 **9.3** のような回路 C_L に囲まれた面 S_L 上の磁束密度 $\bm{B}(\bm{r},t)$ を積分したもので

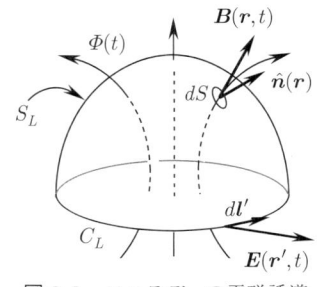

$$\Phi(t) = \int_{S_L} \bm{B}(\bm{r},t) \cdot \hat{\bm{n}}(\bm{r}) \, dS \tag{9.1}$$

図 **9.3** ファラデーの電磁誘導の法則

で与えられる．レンツの法則を数式で表したのは**ノイマン** (F. Neumann) で，SI 単位系では

$$V_{em}(t) = -\frac{d\Phi(t)}{dt} \tag{9.2}$$

となる．式 (9.2) の負号は，図 9.3 に示すように回路 C_L に誘起される起電力を磁束密度 $\bm{B}$ に対して右回りのときを正にしたためである．これはレンツの法則を反映させたものである．

ノイマンの式 (9.2) における起電力 V_{em} は，磁束の変化によってコイル内にできた電界 $\bm{E}$ に起因するものと考えられるから

$$V_{em}(t) = \oint_{C_L} \bm{E}(\bm{r}',t) \cdot d\bm{l}' \tag{9.3}$$

と表すことができる．このとき，式 (9.3) の右辺の電界 $\bm{E}$ はポテンシャル V を用いて $\bm{E} = -\nabla V$ と表すことのできないものであることに注意しよう．なぜなら，もしこのように表さ

れたとすると，経路 C_L に沿った一回りの線積分の値が，常にゼロになってしまうからである．またレンツの実験が直接示しているのは，導線コイル内部に起電力，すなわち電界が発生するということであって，それ以外の空間については何ら言及していない．これに対してファラデーは，導線回路 C_L の存否にかかわらず，磁束の時間的な変化に伴って空間内の任意の点に電界が発生すると考えた．そして，たまたまその電界内にコイル C_L があるために導線内の電荷 q に $q\bm{E}$ なる力が働いて電流が流れるとしたのである．この重要な考えを定式化するために，式 (9.3) の C_L を空間内の任意の閉曲線 C に置き換え，C によって囲まれた任意の曲面を S とする．このとき，式 (9.2) は

$$\oint_C \bm{E}(\bm{r}',t)\cdot d\bm{l}' = -\frac{d}{dt}\int_S \bm{B}(\bm{r},t)\cdot\hat{\bm{n}}(\bm{r})\,dS = -\int_S \frac{\partial \bm{B}(\bm{r},t)}{\partial t}\cdot\hat{\bm{n}}(\bm{r})\,dS \qquad (9.4)$$

と表される．ただし閉曲線 C と曲面 S とは時間 t に関して変化しないものとした．左辺はストークスの定理より

$$\oint_C \bm{E}(\bm{r}',t)\cdot d\bm{l}' = \int_S \left[\nabla\times\bm{E}(\bm{r},t)\right]\cdot\hat{\bm{n}}(\bm{r})\,dS$$

と変形できるから，式 (9.4) は

$$\int_S \left[\nabla\times\bm{E}(\bm{r},t) + \frac{\partial \bm{B}(\bm{r},t)}{\partial t}\right]\cdot\hat{\bm{n}}(\bm{r})\,dS = 0$$

となる．これが任意の曲面 S に対して成り立つためには，被積分関数がゼロ，すなわち

$$\nabla\times\bm{E}(\bm{r},t) + \frac{\partial \bm{B}(\bm{r},t)}{\partial t} = 0 \qquad (9.5)$$

が成立しなければならない．これが任意の場所 $\bm{r}$ における磁束密度 $\bm{B}(\bm{r},t)$ の時間的変化に伴って，その場所に発生する電界 $\bm{E}(\bm{r},t)$ を与える法則であり，微分形の**ファラデーの法則** (Faraday's law) あるいは**ファラデーの電磁誘導の法則** (Faraday's law of electromagnetic induction) などという．なお，式 (9.2) はファラデーの実験事実をまとめたものであることから，ノイマンの法則とはいわずにこれもファラデーの電磁誘導の法則とよんでいる．

例題 9.1 図 9.4 のような抵抗 R が接続された面積 S の円形回路 C に，磁束密度 $B(t) = B_0\left(1 - e^{-\alpha t}\right)$ の磁界を垂直に印加した．回路に流れる電流を求めよ．ただし，図の矢印の方向を電流の正の向きとする．

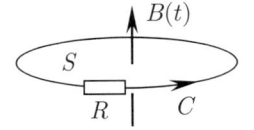

図 9.4 円形回路．矢印を電流の正の向きとする．

【**解答**】 磁束は $\Phi(t) = SB(t)$ で与えられるから，式 (9.2) より

$$V_{em}(t) = -\frac{d\Phi(t)}{dt} = -SB_0\alpha e^{-\alpha t}$$

の起電力が回路に誘起される．したがって，流れる電流 $I(t)$ は

$$I(t) = \frac{V_{em}(t)}{R} = -\frac{SB_0\alpha}{R}e^{-\alpha t}$$

となる. ◇

例題 9.2 図 **9.5**(a) のように，z 軸を共通とする 2 つの円形回路 #1, #2 がある．#1 に電流 I_e を流して z 軸方向に速さ v で等速運動させた．#2 は例題 9.1 の図 9.4 と同じ回路で，$z = 0$ に静止しているものとする．#2 に流れる電流を求めよ．ただし，#1 は時刻 $t = 0$ で $z = 0$ に到達するものとし，#2 の断面積 S は，#1 のそれに比べて十分小さいとする．

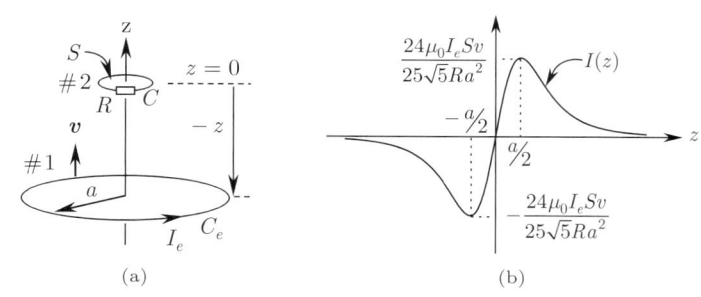

図 **9.5** 2 つの円形ループ回路と誘導電流

【解答】 7 章，例題 7.4 と $z = vt$ より，#1 中心の磁束密度は

$$\boldsymbol{B}(t) = \frac{\mu_0 I_e}{2}\frac{a^2}{(z^2+a^2)^{3/2}}\hat{\boldsymbol{z}} = \frac{\mu_0 I_e}{2}\frac{a^2}{(v^2t^2+a^2)^{3/2}}\hat{\boldsymbol{z}}$$

で与えられる．S は非常に小さいとしたから，S 内で磁束密度は一定と考えてよい．したがって，磁束は $\varPhi(t) = SB(t)$ で与えられ，#2 に流れる電流 $I(t)$ は式 (9.2) を用いて

$$I(t) = -\frac{1}{R}\frac{d\varPhi}{dt} = \frac{3\mu_0 I_e S a^2 v}{2R}\frac{z}{(z^2+a^2)^{5/2}} = \frac{3\mu_0 I_e S a^2}{2R}\frac{v^2 t}{(v^2t^2+a^2)^{5/2}} \tag{9.6}$$

となる．#1 の位置 $z(=vt)$ に対する電流 I を図 9.5(b) に示す．#1 が #2 に近づいているときには，磁束が増加するからそれを妨げる方向に電流が流れ，遠ざかるときには磁束が減少するからそれを補う方向に電流が流れる．$-a/2 \leq z \leq a/2$ はその遷移区間である． ◇

9.2　運動する導体に発生する起電力

前節では閉曲線 C が静止していて，それを貫く磁束 $\varPhi$ が時間的に変化する場合を考えたが，場所によって変化する磁界の中を回路 C が移動する場合にも，C に鎖交する磁束は時間的に変化する．また磁界が一定でも回路の一部が時間的に変形すれば，鎖交磁束も変化する．本節ではこのような場合にどのようなことが起きるかを考える．

まず最初に磁界は場所の関数ではあるが，時間的には変化しないとする．この磁界の中を**図 9.6** のようなコイル C が速度 v で運動するものとする．微小時間 Δt 後に移動したコイルを C' とし，C, C' によって囲まれた面をそれぞれ S, S' とすると，Δt 時間内の磁束の増加分 $\Delta \Phi$ は

$$\Delta \Phi = \int_{S'} \boldsymbol{B}(\boldsymbol{r}') \cdot \hat{\boldsymbol{n}}'(\boldsymbol{r}') \, dS' - \int_S \boldsymbol{B}(\boldsymbol{r}) \cdot \hat{\boldsymbol{n}}(\boldsymbol{r}) \, dS \tag{9.7}$$

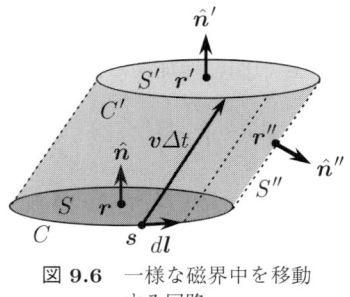

図 9.6 一様な磁界中を移動する回路

となる．ところで $\nabla \cdot \boldsymbol{B}(\boldsymbol{r}) = 0$ を S, S'，および C, C' によって作られる側面 S'' を加えた閉曲面に適用すると

$$-\int_S \boldsymbol{B}(\boldsymbol{r}) \cdot \hat{\boldsymbol{n}}(\boldsymbol{r}) \, dS + \int_{S'} \boldsymbol{B}(\boldsymbol{r}') \cdot \hat{\boldsymbol{n}}'(\boldsymbol{r}') \, dS' + \int_{S''} \boldsymbol{B}(\boldsymbol{r}'') \cdot \hat{\boldsymbol{n}}''(\boldsymbol{r}'') \, dS'' = 0 \tag{9.8}$$

となるから，これを式 (9.7) に代入し，ベクトル公式 $\boldsymbol{a} \cdot (\boldsymbol{b} \times \boldsymbol{c}) = \boldsymbol{b} \cdot (\boldsymbol{c} \times \boldsymbol{a})$ を用いると

$$\Delta \Phi = -\int_{S''} \boldsymbol{B}(\boldsymbol{r}'') \cdot \hat{\boldsymbol{n}}'' \, dS'' = -\oint_C \boldsymbol{B}(\boldsymbol{s}) \cdot (d\boldsymbol{l} \times \boldsymbol{v} \Delta t)$$
$$= -\Delta t \oint_C (\boldsymbol{v}(t) \times \boldsymbol{B}(\boldsymbol{s})) \cdot d\boldsymbol{l} \tag{9.9}$$

したがって，式 (9.2) より回路 C が速度 v で運動することによって生じる起電力 V_{em} は

$$V_{em}(t) = \oint_C \left[\boldsymbol{v} \times \boldsymbol{B}(\boldsymbol{r}) \right] \cdot d\boldsymbol{l} \tag{9.10}$$

で与えられる．さらに式 (9.3) より，運動する回路内には

$$\boldsymbol{E}(\boldsymbol{r}) = \boldsymbol{v} \times \boldsymbol{B}(\boldsymbol{r}) \tag{9.11}$$

の**誘導電界**が発生していると考えられる．回路 C が導線でできているなら，導体内部の電子には $\boldsymbol{F}(\boldsymbol{r}) = -e\boldsymbol{E}(\boldsymbol{r}) = -e\boldsymbol{v} \times \boldsymbol{B}(\boldsymbol{r})$ の力が働くことにより電流が流れる．この力は 7 章，式 (7.10) のローレンツ力の磁界による寄与にほかならない．すなわち，コイルの移動によって導体回路内に流れる電流の原因はローレンツ力にあると考えてもよい．しかし，式 (9.11) を導く過程で回路 C が導体である必要はなかったから，別の本質があるはずである．式 (9.11) 左辺の電界は速度 v で運動する点に生じた電界であり，右辺の $\boldsymbol{B}$ は静磁界である．すなわち，速度 v で運動する座標系で静止した座標系の磁束密度を観測すると，電界という形で観測されることを意味している．これは電磁界の本質に関わる重要な事実で，電界と磁界は互いに独立な物理量ではなく互いに関連していて，観測する座標系に応じて形を変えて現れたにすぎないと考えることができる．

さてここまでは磁界の時間的変化がないとしてきたが，時間的に変化する磁界密度 $\boldsymbol{B}(\boldsymbol{r}, t)$ の磁界の中をコイルが速度 v で移動する場合はどうなるであろうか．これについて考えてみ

よう．図 9.6 において，$t-\Delta t$ にあった閉曲線 C が Δt 後に C' に移動したとする．微小時間 Δt の間に増加する磁束 $\Delta\Phi$ は，式 (9.7) と同様に

$$\begin{aligned}\Delta\Phi &= \int_{S'} \boldsymbol{B}(\boldsymbol{r}',t)\cdot\hat{\boldsymbol{n}}'(\boldsymbol{r}')\,dS - \int_S \boldsymbol{B}(\boldsymbol{r},t-\Delta t)\cdot\hat{\boldsymbol{n}}(\boldsymbol{r})\,dS \\ &= \int_{S'} \boldsymbol{B}(\boldsymbol{r}',t)\cdot\hat{\boldsymbol{n}}'(\boldsymbol{r}')\,dS - \int_S \left[\boldsymbol{B}(\boldsymbol{r},t)-\frac{\partial \boldsymbol{B}(\boldsymbol{r},t)}{\partial t}\Delta t\right]\cdot\hat{\boldsymbol{n}}(\boldsymbol{r})\,dS \\ &= \int_{S'} \boldsymbol{B}(\boldsymbol{r}',t)\cdot\hat{\boldsymbol{n}}'(\boldsymbol{r}')\,dS - \int_S \boldsymbol{B}(\boldsymbol{r},t)\cdot\hat{\boldsymbol{n}}(\boldsymbol{r})\,dS + \Delta t\int_S \frac{\partial \boldsymbol{B}(\boldsymbol{r},t)}{\partial t}\cdot\hat{\boldsymbol{n}}(\boldsymbol{r})\,dS\end{aligned} \quad (9.12)$$

となる．次に時間的に変化する磁界に関しても磁束密度に関するガウスの定理 $\nabla\cdot\boldsymbol{B}(\boldsymbol{r},t)=0$ が成り立つとすると，式 (9.12) の右辺第 1 項と第 2 項との和は，式 (9.8) と全く同様に計算できて，式 (9.12) は

$$\Delta\Phi = -\Delta t\oint_C (\boldsymbol{v}(t)\times\boldsymbol{B}(\boldsymbol{r}))\cdot d\boldsymbol{l} + \Delta t\int_S \frac{\partial\boldsymbol{B}(\boldsymbol{r},t)}{\partial t}\cdot\hat{\boldsymbol{n}}(\boldsymbol{r})\,dS \quad (9.13)$$

となる．したがって，回路 C に誘起される起電力 $V_{em}(t)$ は

$$\begin{aligned}V_{em}(t) &= -\frac{d\Phi}{dt} = \oint_C \boldsymbol{E}(\boldsymbol{r},t)\cdot d\boldsymbol{l} \\ &= \oint_C \left[\boldsymbol{v}(t)\times\boldsymbol{B}(\boldsymbol{r},t)\right]\cdot d\boldsymbol{l} - \int_S \frac{\partial\boldsymbol{B}(\boldsymbol{r},t)}{\partial t}\cdot\hat{\boldsymbol{n}}(\boldsymbol{r})\,dS \\ &= \int_S \nabla\times\left[\boldsymbol{v}(t)\times\boldsymbol{B}(\boldsymbol{r},t)\right]\cdot\hat{\boldsymbol{n}}(\boldsymbol{r})\,dS - \int_S \frac{\partial\boldsymbol{B}(\boldsymbol{r},t)}{\partial t}\cdot\hat{\boldsymbol{n}}(\boldsymbol{r})\,dS\end{aligned} \quad (9.14)$$

となる．これが任意の面 S について成り立つためには

$$\nabla\times\boldsymbol{E}(\boldsymbol{r},t) = -\frac{\partial\boldsymbol{B}(\boldsymbol{r},t)}{\partial t} + \nabla\times\left[\boldsymbol{v}(t)\times\boldsymbol{B}(\boldsymbol{r},t)\right] \quad (9.15)$$

が成立しなければならない．ただし，面 S も速度 $\boldsymbol{v}$ で移動しているから，空間内の任意の点で成り立つ関係式ではなく，移動している物体に対して成り立つ式である．

例題 9.3 図 9.7 のように，一様な磁束密度 B の磁界が間隔 d の平行導体 #1 に垂直に加えられている．平行導線 #1 の一端に抵抗 R をつなぎ，#1 上に置かれた導線 #2 を速さ v で矢印の方向に動かした．#2 に流れる電流と働く力を求めよ．ただし，#1, #2 は十分細い導線とし，内部抵抗は無視できるものとする．

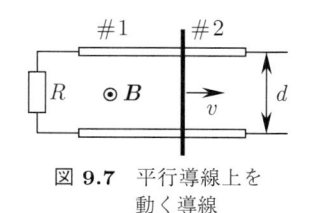

図 9.7 平行導線上を動く導線

【解答】 磁束密度は一定であるから，#2 に誘起される起電力は $V_{em}=vBd$，流れる電流 I は $I=V_{em}/R$ で #2 の上から下に流れる．これには大きさが $IBd=vB^2d^2/R$ のアンペアの力が働く．向きは #2 から抵抗 R の方向．すなわち制動力が働く． ◇

例題 9.4 例題 9.2 とは逆に，図 9.8 のように，#1 が静止していて，#2 が z 軸方向に速さ v で等速運動しているものとする．#2 に流れる電流を求めよ．ただし，#2 の半径を $b(\ll a)$ とし，#2 は時刻 $t=0$ で $z=0$ にあったとする．

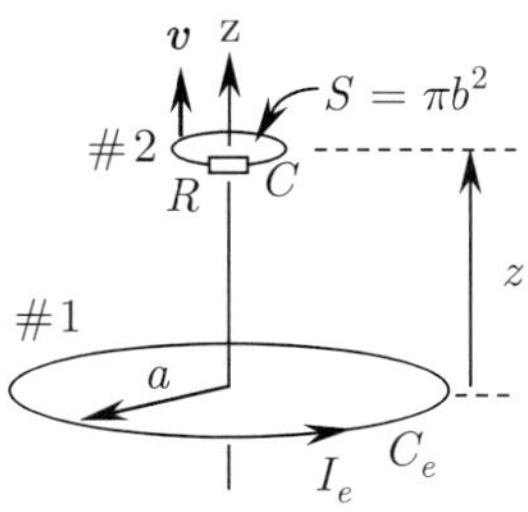

図 9.8 中心軸上を運動する円形導線

【解答】 #2 の導線回路 C 上の磁束密度を中心軸上の磁束密度で近似すると，C の周方向の起電力がゼロになってしまうので，#1 による任意の点の磁束密度についてもう一度考える．7 章，例題 7.7 で述べたように任意の点の磁束密度は初等関数だけでは表すことができなかった．しかし C 上では $\rho=b\ll a$ であるから，C 上のベクトルポテンシャルは式 (7.63) から $z^2+a^2 \gg b^2-2ab\cos\alpha$ であることを考慮すると

$$A_\phi(b,z) = \frac{\mu_0 I_e a}{4\pi}\int_0^{2\pi}\left(z^2+a^2-2ab\cos\alpha\right)^{-1/2}\cos\alpha\,d\alpha$$

$$\approx \frac{\mu_0 I_e a}{4\pi}\frac{1}{\sqrt{z^2+a^2}}\int_0^{2\pi}\left(1-\frac{2ab\cos\alpha}{z^2+a^2}\right)^{-1/2}\cos\alpha\,d\alpha$$

$$\approx \frac{\mu_0 I_e a}{4\pi}\frac{1}{\sqrt{z^2+a^2}}\int_0^{2\pi}\left(1+\frac{ab}{z^2+a^2}\cos\alpha\right)\cos\alpha\,d\alpha = \frac{\mu_0 I_e a^2 b}{4}\frac{1}{(z^2+a^2)^{3/2}}$$

と近似できる．ρ 方向の磁束密度は式 (7.64) より

$$B_\rho(b,z) = -\frac{\partial A_\phi}{\partial z} = \frac{3\mu_0 I_e a^2 b}{4}\frac{z}{(z^2+a^2)^{5/2}}$$

となる．C 上に誘起される電界 $\boldsymbol{E}$ は

$$\boldsymbol{E} = \boldsymbol{v}\times\boldsymbol{B} = vB_\rho\hat{\boldsymbol{\phi}} = \frac{3\mu_0 I_e a^2 bv}{4}\frac{z}{(z^2+a^2)^{5/2}}\hat{\boldsymbol{\phi}}.$$

これは C 上で一定だから，誘起起電力 $V_{\rm em}$ は

$$V_{\rm em} = 2\pi bE = \frac{3\mu_0 I_e S a^2 v}{2}\frac{z}{(z^2+a^2)^{5/2}} = \frac{3\mu_0 I_e S a^2}{2}\frac{v^2 t}{(v^2t^2+a^2)^{5/2}}.$$

流れる電流は $I=V_{\rm em}/R$ となり，例題 9.2 に一致する．なお，この問題は例題 9.2 のように，C に鎖交する磁束を用いても解くことができる．興味ある読者は挑戦してほしい． ◇

9.3 電磁誘導に起因する現象

9.3.1 金属リング

電磁誘導に起因する現象として，巻末の引用・参考文献 2) におもしろい例があるので紹介しておこう．図 9.9 のように鉄の棒に導線コイルを巻いておき，鉄の棒の一端には金属リン

294   9. 電磁誘導

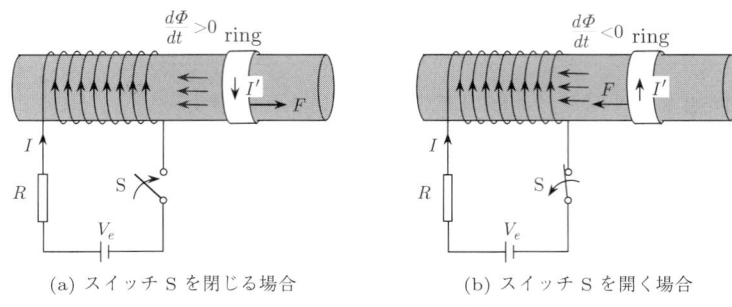

(a) スイッチ S を閉じる場合   (b) スイッチ S を開く場合

図 **9.9**   金属リングの動き

グを置く．図 9.9 (a) のように，スイッチ S を閉じてコイルに電流を流し始めた瞬間と，図 9.9 (b) のようにスイッチを切った瞬間にどのようなことが起こるかを考えてみよう．

まずスイッチを閉じて電流を流すと，磁束は増加しようとするから，金属リングには磁束の増加を妨げるように，コイルに流れる電流とは逆向きの電流が流れる．コイルに流れる電流と金属リングに流れる電流とは逆向きであるから，それらには斥力がはたらく．逆に，図 9.9 (b) のように，コイルに流れる電流を切った瞬間には，鉄の棒内の磁束は減少するから，金属リングには磁束を増加させるような電流が流れる．このとき，コイルに流れる電流と金属リングに流れる電流とは同方向であるから引力が働く．

9.3.2 表皮効果

導体に交流電流が流れると，電流は内部よりも表面近くに集中するようになる．この傾向は交流電流の周波数が高いほど著しい．これを **表皮効果** (skin effect) という．表皮効果の起こる原因は，ファラデーの法則によって2次的な電流が導体内に誘起されることにある．定量的な説明は 11 章，11.1.2 項に譲ることにして，ここでは表皮効果を定性的に説明しよう．

図 **9.10** のように円筒形導体の中を軸方向に電流密度 $\boldsymbol{J}_e(t) = \boldsymbol{J}_0 \sin \omega t$ の交流電流が流れているとする．$\boldsymbol{J}_e(t)$ の周りにはアンペアの法則によって図に示すような磁束密度 $\boldsymbol{B}(t)$ の磁界が発生する．最初の 1/4 周期の間は電流が増加するから，磁界も時間と共に増加する．このため，ファラデーの法則より磁界の増加を妨げるように誘導電流 $\boldsymbol{J}_i(t)$ が発生する．図のように誘導電流は円筒の中心部では導電電流 $\boldsymbol{J}_e(t)$ と逆向きになり，表面近くでは同方向になるため，導体中心部の電流は小さく，円筒表面では大きくなる．次の 1/4 周期の

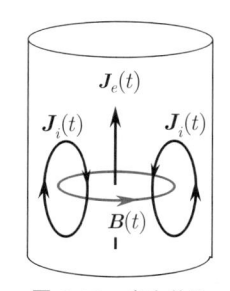

図 **9.10** 表皮効果

間も磁界の向きは図 9.10 と同じであるが，電流は小さくなろうとしているから，磁界も徐々に小さくなってゆく．したがって誘導電流の向きは逆になり，中心部分では導電電流と同じ方向に，表面付近では逆方向となる．しかしこの時点では，すでに中心付近の電流は小さく

なっているから大きな変化は生じない．これに対して表面付近では大きな電流が流れているから，誘導電流による効果も大きく急激に小さくなろうとする．したがって，全体としては電流の大きさがもとの状態の戻ろうとする．次の半周期では電流 J_e の向きが反対になって同じことが起こる．このようにして，導体中心付近では小さな交流電流が，表面付近では大きな交流電流が流れる．こうした磁界の変化に伴って生じる逆起電力は時間に関する変化率に比例するから，この傾向は周波数が高くなるほど著しい．

9.3.3 うず電流

図 9.11 のように導電率 σ の導体板の近くにコイルを置き，コイルに交流電流を流すと導体内の磁束が時間的に変化するため，その変化を妨げるように導体内に起電力が発生して同心円状の電流が流れる．この電流を**うず電流** (eddy current) という．コイルの代わりに磁石を近づけるような場合にも同じようにうず電流が流れる．

うず電流が流れるとジュール熱が発生してエネルギーの損失が起こる．これを**うず電流損**といい，導体が鉄の場合は**ヒステリシス損**と合わせて**鉄損**とよばれている．導電率，磁界の周波数とうず電流の大きさや発生するジュール熱との間にはどのような関係があるかを定性的に考えてみよう．導体内の磁束密度を B とすると，ファラデーの法則：

$$\nabla \times \boldsymbol{E}(\boldsymbol{r},t) = -\frac{\partial \boldsymbol{B}(\boldsymbol{r},t)}{\partial t} \tag{9.16}$$

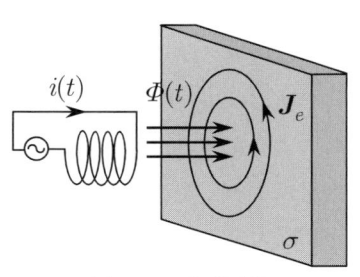

図 9.11 うず電流

に従うような電界 $\boldsymbol{E}(\boldsymbol{r},t)$ が導体内に発生する．このため 6 章，6.2 で述べたオームの法則によって導体内には $\boldsymbol{J}_e = \sigma \boldsymbol{E}$ なる導電電流が流れる†．さらに σ が一定なら，式 (9.16) より

$$\nabla \times \boldsymbol{J}(\boldsymbol{r},t) = \sigma \nabla \times \boldsymbol{E}(\boldsymbol{r},t) = -\sigma \frac{\partial \boldsymbol{B}(\boldsymbol{r},t)}{\partial t} \tag{9.17}$$

を得る．これがうず電流が満足すべき方程式である．この電流によって発生する熱エネルギーは，6.2.3 項の定常電流の場合と同じように，単位体積あたり $\boldsymbol{E} \cdot \boldsymbol{J}_e = |\boldsymbol{J}_e|^2/\sigma = \sigma|\boldsymbol{E}|^2$ となる．この熱エネルギーを調理に用いるのが，**誘導加熱** (induction heating) **調理器**，いわゆる **IH 調理器**である．

式 (9.17) を見ると，導電率 σ が大きければ大きいほど，また磁束密度の時間変化率が大きい，すなわち周波数が高いほど大きなうず電流が流れるからジュール損も大きくなりそう

---

† 6 章では電流や電界が時間的に変化しない場合を考えた．交流のように電流の強さが時間的に変動するときも，その変化があまり大きくなければ多くの金属に対して，オームの法則が成り立つことが実験的に確かめられている．

である．確かにそのような電流が導体の表面付近に流れるが，周波数を高くすると 9.3.2 項で述べた表皮効果により渦電流は表面付近に集中するため，発熱は導体表面付近だけに局在することになる．逆に周波数を低くすると磁界は導体内部にまで浸透するが，ファラデーの法則による起電力の発生は小さくなるから，渦電流が流れにくくなる．しかし導電率 σ が大きければ電界が小さくても大きな電流が流れるから，ジュール損としてはさほど小さくならないのではないかとも考えられる．このように導体内に発生するジュール熱は，周波数と導電率の積に依存しそうである．詳細は 11.1.2 項に譲ることにしてここでは導電率や周波数を極端に大きくした場合を考えてみよう．

　導電率が大きいと大きなうず電流が生じるが，これによって生じる磁界は印加された磁界を妨げるように発生するから，全体の磁界は 図 9.12 のようになりほとんど導体内には入り込まないようになる．これは周波数を高くした場合も同様で，表皮効果によって電流も磁界も表面付近にだけに局在する．導電率が無限大の完全導体を考えると，表面にだけ電流が流れて磁力線は完全導体には入り込まない．これが静磁界と異なる点である．

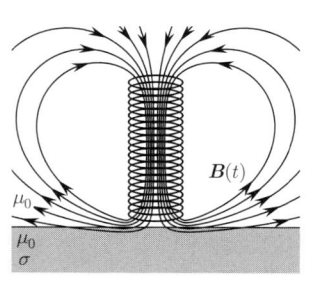

図 9.12　導体板近くの磁束線

　さて，商品化された初期の電磁調理器に用いられた電源周波数は 25 kHz 付近であった．これは安価な高出力・高周波の発振器ができなかったためである．このため使用する鍋は導電率が小さい鉄に限られていた．最近では 60 kHz 付近の周波数が用いられており，導電率が大きいアルミニウムや銅の鍋が使用できるようになった．これらは鉄に比べると導電率が高いため渦電流は導体のごく表面だけに流れて効率的ではないが，熱伝導率が数倍大きいために実用に供している[†]．電磁調理器と同じ誘導加熱は鋼材の焼入れなどの工業用にも用いられている．

9.4　電磁誘導を利用した装置

9.4.1　発　電　機

　発電機の原理を説明しよう．図 9.13 に示すように，一様でかつ時間的に変化しない磁束密度 B の磁界内で面積 S_G のコイルを角速度 ω で回転させる．このとき，コイルを鎖交する磁束 Φ は

$$\Phi(t) = (S_G \sin\theta) B = BS_G \sin\omega t \tag{9.18}$$

で与えられる．したがって式 (9.2) からコイル内に発生する起電力は

[†] 鉄の熱伝導率は，0°C のとき 83.5 W/(mK)．これに対してアルミニウム，銅はそれぞれ 236 W/(mK), 403 W/(mK) である．

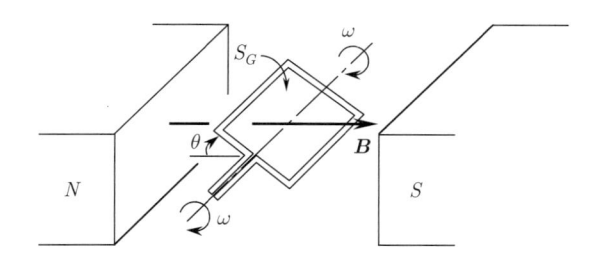

図 9.13 発電機の原理

$$V_{em}(t) = -\frac{d\Phi(t)}{dt} = -S_G B\omega \cos\omega t \tag{9.19}$$

となる．コイルの巻数が n なら，起電力は式 (9.19) の n 倍となる．

コイルの電気抵抗を R とすると，コイルに流れる電流 I は

$$I(t) = \frac{V_{em}(t)}{R} = -\frac{S_G B\omega}{R}\cos\omega t \tag{9.20}$$

で表される．原理的には，交流電流はこのようにして作られるわけであるが，通常はこの交流電流の発生を電磁誘導現象に起因すると説明している．そのように説明してもよいが，これまでの議論から明らかなように，その原因はむしろ磁界内を運動しているコイル導体内の自由電子に作用するローレンツ力にあると考えるべきであろう．また，図 9.13 と 7.2.2 項の図 7.10 とを比較すると，発電機とモータとは全く同じ構造である．したがってモータは発電機にもなり得るし，逆もまた可能である．

9.4.2 電 話 機

現代の**電話機**はこれほど単純ではないが，ベルの作った最初の電話機は **図 9.14** のような装置を 2 本の長い電線でつないだようなものであった．その基本原理を簡単に説明しよう．永久磁石が 2 つの鉄心につながれており，音波の音圧によって振動する薄い鉄板（振動板）の下におかれている．音圧によって鉄板が振動すると鉄心内の磁界が変化

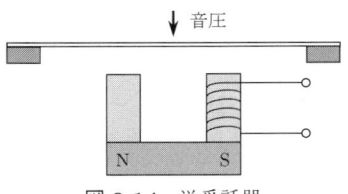

図 9.14 送受話器

する．そのため，鉄心に巻いてあるコイルを鎖交する磁束が振動板の振動に合わせて変化し，コイルに起電力が発生する．このコイルの両端を回路につなぐと，音圧，すなわち音に対応した電流が流れることになる．3.10.4 項でコンデンサを利用した静電型マイクロフォンを紹介したが，図 9.14 は電磁誘導を利用したマイクロフォンの原理図でもある．

図 9.14 のコイルをもう 1 つの同じ装置（受話器，あるいはイヤホン）につなぐと，送話器から流れてきた電流がコイルに流れることになる．この電流がコイルに流れると，時間的に変化する磁界が発生し，振動板を振動させる．振動板の揺れは送話器から送られた音に対応するから，受話器の振動板は送話器と同じような音を発生する．このようにして人の声が

電気信号で伝わることになる．

9.4.3 変圧器

交流の電圧を変換する装置を**変圧器** (transformer) という[†1]．図 9.15 に示すように，鉄の棒に巻いた 2 つのコイルを考えよう[†2]．一方のコイル #A に交流電源をつなぐと，時間的に変化する磁界が発生する．この変化する磁界が第 2 のコイル #B に交流の起電力を発生させる．

コイル #B の起電力はもちろんコイル #A につながれた交流電源と同じ周波数で変化する．しかしコイル #B の起電力は #A につながれた電源電圧より大きくすることも小さくすることもできる．例えば，コイル #B の巻き数を大きくすることによって #B の起電力を大きくすることができる．巻き数を増やすと磁界の大きさは同じでもコイルを鎖交する磁束が巻き数倍になるからである．

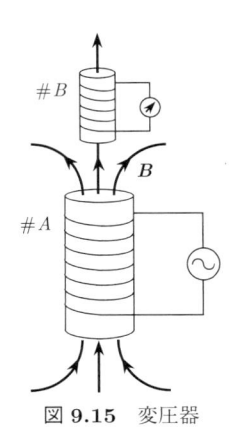

図 9.15 変圧器

1 つのコイルの中にも誘導作用がある．例えば 図 9.15 の装置で，変化する磁束はコイル #B を貫くだけでなく，コイル #A も貫く．この磁界は時間的に変化しているから，#A 自身に起電力を発生させる．この現象を**自己誘導** (self induction) という．これに対して，上に述べたように，もう 1 つのコイルに起電力を発生させる現象を**相互誘導** (mutual induction) という．自己誘導でも相互誘導でも，起電力の向きは，9.1 節で述べたように，磁束の変化を妨げるような方向である．どれくらいの起電力が発生するかについては 9.6.5 項で詳しく述べよう．

9.4.4 IC カード

電車やバスに乗り降りするときや小額の買い物をするとき電子マネーカードは便利である．携帯電話をそれの代わりに利用している読者も多いであろう．これらは **RFID**(Radio Frequency IDentification) の一種で，単に IC カードといったり，無線 IC タグ（Tag とは元々荷札という意味）といったりするが，非接触で近距離の通信をするのが大きな特徴である[†3]．2000 年頃から本格的に普及し始め，学生証やパスポートにも組み込まれるようになった．国際基準が整備されれば，どこの国に行っても国内と同様のサービスが受けられるようになるかもしれない．ここでは非接触型の IC カードについて簡単にその原理を説明する．主

[†1] トランスともいう．電圧の変換だけではなく，電流やインピーダンスの変換器としても利用できる．小電力用として用いるときには特に**変成器**ともいう．
[†2] 鉄の棒内にはうず電流が同心円状に流れ，これによってエネルギーの損失がおこる．これを防ぐために実際の変圧器では何枚もの鉄板を重ねて，うず電流が流れにくくするような工夫が施されている．
[†3] IC カードには接触型もある．より堅牢なセキュリティを確保したいときに用いられる．非接触型は利便性が要求されるときに用いられる．

に使用されている周波数は 13.56 MHz 帯と比較的低く，電磁誘導を利用したものである[†1]．

ICカードの表紙をはがすと，図 **9.16** のような銅線コイルとICとを見つけることができる．これは図 9.15 のコイル #B に対応する．ICカードと通信を行う端末側も同じようにコイルが用いられる．これは図 9.15 のコイル #A に対応すると考えてよい．ICカードには電源はないため，ICのコイルに発生した起電力を整流してICを起動している．ICの情報は端末のコイルに発生する起電力として受信される．逆に端末で発生させた磁界をICのコイルで受信してその情報をICに記憶するようにしている．

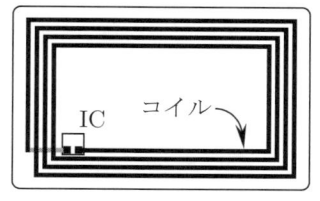

図 **9.16** IC カード

9.5 準定常電流による磁界

本章以降は電界，磁界が時間的に変化する場合を取り扱う．磁界の源は電流であるから，本節では導体に流れる電流がどのような性質をもつかを考える．

9.5.1 電荷保存の法則

現在までのあらゆる実験事実は，電荷の総量はいかなる物理的変化の過程においても一定不変である，ということを示している[†2]．この事実を数式を用いて表現してみよう．図 **9.17** に示すように，閉曲面 S から流れ出る導電電流の総量を $I_e(t)$ とすると，電荷保存則より体積 V 内の真電荷は流れ出した分だけ減らなければならない．したがって，体積 V 内の真電荷の総量を Q_e とすると，流出する電流 $I_e(t)$ は

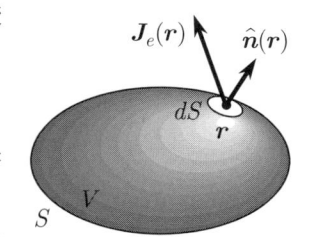

図 **9.17** 電荷保存の法則

$$I_e(t) = -\frac{dQ_e(t)}{dt} \tag{9.21}$$

と表される．ここで $I_e(t), Q_e(t)$ を電流密度を $\boldsymbol{J}_e$ と体積真電荷密度 ρ_e を用いて表すと

$$I_e(t) = \oint_S \boldsymbol{J}_e(\boldsymbol{r},t) \cdot \hat{\boldsymbol{n}}(\boldsymbol{r})\,dS, \qquad Q_e(t) = \int_V \rho_e(\boldsymbol{r},t)\,dv \tag{9.22}$$

となるから，**電荷保存の法則**は

$$\oint_S \boldsymbol{J}_e(\boldsymbol{r},t) \cdot \hat{\boldsymbol{n}}(\boldsymbol{r})\,dS = -\frac{d}{dt}\int_V \rho_e(\boldsymbol{r},t)\,dv \tag{9.23}$$

[†1] さらに低周波数の 130 kHz, 900 MHz を使ったものや 2.45 GHz の周波数を使用する RFID がある．
[†2] 読者は $E = mc^2$ という式を知っているであろう．これは質量はエネルギーと等価であり，質量は熱などのエネルギーに変換されて保存されないということを示している．これに対して電荷はいかなる場合も保存される．

と表現される．さらに左辺の面積分をガウスの定理を用いて体積積分に変換すると

$$\int_V \left[\nabla \cdot \boldsymbol{J}_e(\boldsymbol{r},t) + \frac{\partial \rho_e(\boldsymbol{r},t)}{\partial t} \right] dv = 0$$

を得る．ただし，V は静止しているものとした．これが任意の V に対して成り立つためには

$$\nabla \cdot \boldsymbol{J}_e(\boldsymbol{r},t) + \frac{\partial \rho_e(\boldsymbol{r},t)}{\partial t} = 0 \tag{9.24}$$

が成立しなければならない．これが微分形で表した電荷保存則である．

6章で述べた定常電流においては，電荷は時間と共に変化しない，つまり $\partial \rho_e(\boldsymbol{r},t)/\partial t = 0$ であるから，このとき式 (9.24) は $\nabla \cdot \boldsymbol{J}_e(\boldsymbol{r}) = 0$ となり，これは式 (6.10) で示した定常電流についての保存則である．つまり式 (6.10) は，一般の電荷保存則 (9.24) の特別な場合となっている．

9.5.2 準定常電流

金属のような良導体に流れる導電電流 $\boldsymbol{J}_e$ がどのような性質をもつかを考えてみよう．電界が時間的に変化しても，その変化の割合が小さいときには，オームの法則 $\boldsymbol{J}_e(\boldsymbol{r},t) = \sigma \boldsymbol{E}(\boldsymbol{r},t)$ とガウスの法則 $\nabla \cdot \boldsymbol{E}(\boldsymbol{r},t) = \rho_e(\boldsymbol{r},t)/\varepsilon$ が共に成り立つと仮定して，これらを式 (9.24) の電荷保存則に代入すると，ρ_e に対する微分方程式：

$$\frac{\partial \rho_e(\boldsymbol{r},t)}{\partial t} + \frac{\sigma}{\varepsilon} \rho_e(\boldsymbol{r},t) = 0 \tag{9.25}$$

を得る．ただし導体の導電率 σ も誘電率 ε も一定とした．式 (9.25) の微分方程式は容易に解くことができて，その解は

$$\rho_e(\boldsymbol{r},t) = \rho_0(\boldsymbol{r}) e^{-(\sigma/\varepsilon)t} \tag{9.26}$$

となる．すなわち導体中のどこの点でも電荷密度は指数関数的に減少し，$\sigma t/\varepsilon = 1$，すなわち $t = \varepsilon/\sigma$ で，初期電荷分布 ρ_0 の $1/e \approx 0.37$ となる．ここで，定数 $\tau = \varepsilon/\sigma$ はどれだけ早く平衡状態に達するかの尺度であり，**時定数** (time constant) あるいは**緩和時間** (relaxation time) とよばれる．

ε は導体の誘電率で，電界の時間変化率が小さいときの近似値であるが[†]，その具体的な値は実はよくわかっていない．一方 6.1 節で説明したように，導体はイオン化した原子とそれらの間をほとんど自由に動きまわる電子から構成されている．普通の金属では自由電子の効果に埋もれてしまっているが，イオン化した原子や特定の原子に拘束された電子による分極

[†] 誘電率が場所に関して一定でも電界が時間的に激しく変化するときのガウスの法則は，$\nabla \cdot \boldsymbol{E} = \rho_e/\varepsilon$ とは書けないが，$\nabla \cdot \boldsymbol{D} = \rho_e$ は成り立つ．時間的に変化する誘電率の値を知るには物体中の電子に対する運動方程式を解かなければならない．詳細は巻末の引用・参考文献 1)〜4) を参照のこと．

の効果も考えなければならないことがある．このような分極による誘電率が ε で，この値はおおよそ $\varepsilon = \varepsilon_0 \sim 10\varepsilon_0$ 程度であるといわれている[4),5)]．しかし，銅やアルミニウムなどの良導体では自由電子の効果の方がはるかに大きいので，$\varepsilon = \varepsilon_0$ としてよいと考えられている．

6章の表6.1に示したように，金属の多くは $\sigma \approx 9.3 \times 10^5 \sim 6.2 \times 10^7 \mathrm{S/m}$ 程度であるから $\varepsilon = \varepsilon_0 \approx 8.854 \times 10^{-12} \mathrm{F/m}$ とすると，$\tau = \varepsilon/\sigma \approx 1.2 \times 10^{-19} \sim 9.6 \times 10^{-18}$ s となる．また，$e^{-t/\tau}\big|_{t=10\tau} \approx 4.5 \times 10^{-5}$ であるから，一瞬の間に電荷は指数関数的に減衰してしまう．したがって，50 Hz（周期 $T = 0.02$ s）程度の周波数を扱っている限り，導体内部の電荷は考えなくてもよい．すなわち，電荷保存則は

$$\nabla \cdot \boldsymbol{J}_e(\boldsymbol{r},t) = 0 \tag{9.27}$$

と近似できる．このように周波数が低い場合には導体内の電荷を無視できる．時間的に変化するが，定常電流と同じ性質をもつ電流を**準定常電流** (quasi-stationary current) という．

9.5.3 準定常電流による真空中の磁界

電磁界の時間変化率が小さければ，導体内部の電流は定常電流と同じ性質をもっているから，準定常電流による真空中の磁束密度は，アンペアの法則とガウスの法則：

$$\nabla \times \boldsymbol{B}(\boldsymbol{r},t) = \mu_0 \boldsymbol{J}_e(\boldsymbol{r},t), \qquad \nabla \cdot \boldsymbol{B}(\boldsymbol{r},t) = 0 \tag{9.28}$$

を満足する．また，図 **9.18** のように V 内を流れる準定常電流 $\boldsymbol{J}_e$ による磁束密度は，ビオ・サバールの法則：

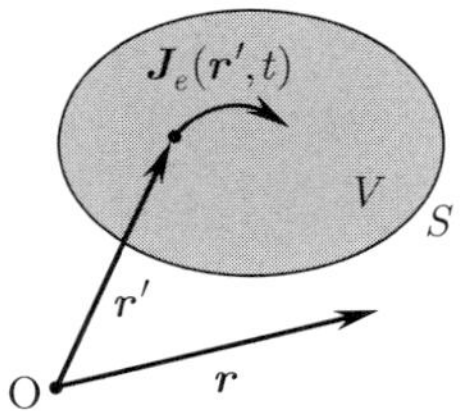

$$\boldsymbol{B}(\boldsymbol{r},t) = \frac{\mu_0}{4\pi} \int_V \boldsymbol{J}_e(\boldsymbol{r}',t) \times \frac{\boldsymbol{r}-\boldsymbol{r}'}{|\boldsymbol{r}-\boldsymbol{r}'|^3} dv' \tag{9.29}$$

図 9.18 準定常電流による磁束密度

によって与えられる．このように電流が時間的に変化してもその変化が小さいと近似できるなら，磁界は7章で述べた定常電流による磁界と全く同じ法則にしたがう．したがって，図 9.18 のような体積電流密度によるベクトルポテンシャルや，線状電流によるベクトルポテンシャルは

$$\boldsymbol{A}(\boldsymbol{r},t) = \frac{\mu_0}{4\pi} \int_V \frac{\boldsymbol{J}_e(\boldsymbol{r}',t)}{|\boldsymbol{r}-\boldsymbol{r}'|} dv', \qquad \boldsymbol{A}(\boldsymbol{r},t) = \frac{\mu_0 I(t)}{4\pi} \oint_C \frac{d\boldsymbol{l}'}{|\boldsymbol{r}-\boldsymbol{r}'|} \tag{9.30}$$

で与えられる．また，磁束密度 $\boldsymbol{B}$ とベクトルポテンシャル $\boldsymbol{A}$ との関係も静磁界の場合と同じで，$\boldsymbol{B}(\boldsymbol{r},t) = \nabla \times \boldsymbol{A}(\boldsymbol{r},t)$ となる．このことから，以下の節では時間 t の項をしばしば省略したり，時間的に変化するにもかかわらず静磁界の式を参照したりする場合がある．そのようにできる理由は上で述べたような性質による．もちろん磁束密度の時間変化に伴って生じる電界はファラデーの法則 (9.5) を満足する．

9.6 インダクタンス

この節では電気回路において，重要な定数である自己インダクタンス，相互インダクタンスという概念とこれらを用いて変圧器の動作を定量的に説明する．

9.6.1 自己インダクタンス

図 **9.19** のような単独のコイル C に電流 $I(t)$ を流すと，アンペアの法則に基づいて電流 $I(t)$ に比例した磁束密度 $\boldsymbol{B}(\boldsymbol{r},t)$ の磁界が発生する．したがってコイル C が時間と共に変形しない限り鎖交する磁束 $\varPhi(t)$ は電流 $I(t)$ に比例する．すなわち

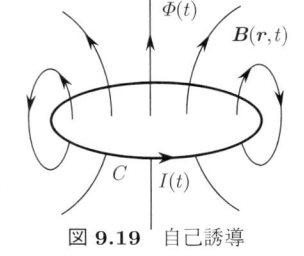

$$\varPhi(t) = LI(t) \tag{9.31}$$

図 **9.19** 自己誘導

が成り立つ．この比例係数 L は自分自身のコイルに鎖交する磁束に関する係数であることから，**自己インダクタンス** (self inductance) という．式 (9.31) より，自己インダクタンス L とはコイルに 1 A の電流が流れたときにコイルに鎖交する磁束であるということができる．単位は〔H〕（ヘンリ）＝〔Wb/A〕＝〔Tm^2/A〕を用いる．

式 (9.31) をファラデーの法則 (9.2) に代入すると

$$V_{em}(t) = -L\frac{dI(t)}{dt} \tag{9.32}$$

を得る．すなわち，自己誘導作用によって発生する起電力は，電流が時間的に減少する割合に比例し，その比例係数が自己インダクタンスである．また，電流が 1 秒間あたり 1 A 変化したときに発生する起電力の大きさが自己インダクタンスの大きさであるともいえる．電気回路では最初から式 (9.32) がコイルに誘起される起電力の法則であるとしているが，上の議論から明らかなように式 (9.32) はファラデーの法則 (9.2) とインダクタンスの定義 (9.31) とから，コイルの形状が時間的に不変であるという条件のもとに導かれたものであるということを注意してほしい．

9.6.2 相互インダクタンス

図 9.20 のような 2 つのコイル C_1, C_2 があり，コイル C_1 にだけ電流 I_1 を流した場合を考える．I_1 によって発生した磁力線は C_1 自身に鎖交すると共に，その一部は C_2 をも貫く．それぞれの磁束を Φ_{11}, Φ_{21} とすると，それらは共に電流 I_1 に比例するから，比例係数を L_1, M_{21} とすると

$$\Phi_{11}(t) = L_1 I_1(t), \quad \Phi_{21}(t) = M_{21} I_1(t) \tag{9.33}$$

図 9.20 相互誘導

と表すことができる．同様に，コイル C_2 にだけ電流 I_2 が流れると，C_2 に鎖交する磁束 Φ_{22} と，C_1 に鎖交する磁束 Φ_{12} は共に I_2 に比例し

$$\Phi_{12}(t) = M_{12} I_2(t), \qquad \Phi_{22}(t) = L_2 I_2(t) \tag{9.34}$$

が成り立つ．

コイル C_1, C_2 の両方に電流 I_1, I_2 を流した場合に，それぞれのコイルに鎖交する全磁束 Φ_1, Φ_2 は重ね合わせの原理により，一方のコイルだけに電流を流した場合の和になるから

$$\Phi_1(t) = \Phi_{11}(t) + \Phi_{12}(t) = L_1 I_1(t) + M_{12} I_2(t), \tag{9.35}$$

$$\Phi_2(t) = \Phi_{21}(t) + \Phi_{22}(t) = M_{21} I_1(t) + L_2 I_2(t) \tag{9.36}$$

となる．したがって，それぞれのコイルに誘起される起電力は

$$V_1^{em}(t) = -\frac{d\Phi_1(t)}{dt} = -L_1 \frac{dI_1(t)}{dt} - M_{12} \frac{dI_2(t)}{dt}, \tag{9.37}$$

$$V_2^{em}(t) = -\frac{d\Phi_2(t)}{dt} = -M_{21} \frac{dI_1(t)}{dt} - L_2 \frac{dI_2(t)}{dt} \tag{9.38}$$

によって与えられる．式 (9.37) の右辺第 2 項，式 (9.38) の右辺第 1 項の起電力は相手のコイルに流れる電流によって自分自身に誘起される起電力である．このようなコイル間の誘導現象を相互誘導といい，M_{12}, M_{21} を**相互インダクタンス** (mutual inductance) という．単位はその定義 (9.33), (9.34) から，自己インダクタンスと同じヘンリ (H) である．なお，自己インダクタンス L_1, L_2 を $L_1 = M_{11}$, $L_2 = M_{22}$ と書くこともある．

相互インダクタンス M_{12} と M_{21} とは相対的な位置関係が変わらないから

$$M_{12} = M_{21} \tag{9.39}$$

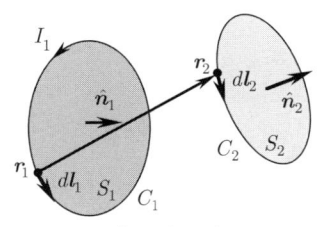

図 9.21 相互インダクタンス

となりそうである．これを証明しよう．図 9.21 のような 2 つのコイル間の相互インダクタンスを求めてみよう．コイル C_1

に流れる電流 I_1 による磁束密度を $\boldsymbol{B}_1(\boldsymbol{r},t)$, ベクトルポテンシャルを $\boldsymbol{A}_1(\boldsymbol{r},t)$ とすると，コイル C_2 に鎖交する磁束 $\varPhi_{21}$ は式 (9.30) を用いて以下のように表現できる．

$$\varPhi_{21}(t) = \int_{S_2} \boldsymbol{B}_1(\boldsymbol{r},t) \cdot \hat{n}_2(\boldsymbol{r})\, dS = \int_{S_2} \nabla \times \boldsymbol{A}_1(\boldsymbol{r},t) \cdot \hat{n}_2(\boldsymbol{r})\, dS$$

$$= \oint_{C_2} \boldsymbol{A}_1(\boldsymbol{r}_2,t) \cdot d\boldsymbol{l}_2 = \frac{\mu_0 I_1}{4\pi} \oint_{C_2} \oint_{C_1} \frac{d\boldsymbol{l}_1 \cdot d\boldsymbol{l}_2}{|\boldsymbol{r}_2 - \boldsymbol{r}_1|} \tag{9.40}$$

したがって相互インダクタンスは (9.33) より

$$M_{21} = \frac{\mu_0}{4\pi} \oint_{C_2} \oint_{C_1} \frac{d\boldsymbol{l}_1 \cdot d\boldsymbol{l}_2}{|\boldsymbol{r}_2 - \boldsymbol{r}_1|} \tag{9.41}$$

となる．M_{12} は式 (9.41) の積分の順序を入れ換えた表現になるが，それらは相等しいから $M_{21} = M_{12}$ が成り立つ．

自己インダクタンスは式 (9.41) の積分を同一のコイルで行えばよいから

$$L_1 = \frac{\mu_0}{4\pi} \oint_{C_1} \oint_{C_1} \frac{d\boldsymbol{l}_1 \cdot d\boldsymbol{l}_1'}{|\boldsymbol{r}_1 - \boldsymbol{r}_1'|}, \qquad L_2 = \frac{\mu_0}{4\pi} \oint_{C_2} \oint_{C_2} \frac{d\boldsymbol{l}_2 \cdot d\boldsymbol{l}_2'}{|\boldsymbol{r}_2 - \boldsymbol{r}_2'|} \tag{9.42}$$

となる．式 (9.41), (9.42) を**ノイマンの公式**という．ここで注意しなければならないのは，式 (9.42) の計算である．同じ線上で積分しているから $\boldsymbol{r}_1 = \boldsymbol{r}_1'$ という点で被積分関数が発散してしまうので積分できない．そこで実際の計算では，式 (9.42) の 2 重線積分の一方を，導線の半径分くらいわずかにずらして積分評価することが多い．

9.6.3 結 合 係 数

再び図 9.20 のような 2 つのコイル C_1, C_2 を考える．C_1 に鎖交する磁束が $\varPhi_{11}$ でその一部がコイル C_2 を貫く磁束 $\varPhi_{21}$ であるから，$\varPhi_{11} \geq \varPhi_{21}$ である．等号は電流 I_1 の作る磁力線が全てコイル C_2 を貫くときに成立する．同様に $\varPhi_{22} \geq \varPhi_{12}$ である．したがって $\varPhi_{11}\varPhi_{22} \geq \varPhi_{12}\varPhi_{21}$ が成り立つ．一方

$$\varPhi_{11}\varPhi_{22} = L_1 L_2 I_1 I_2, \qquad \varPhi_{12}\varPhi_{21} = M_{12} M_{21} I_1 I_2 = M_{12}^2 I_1 I_2$$

であるから，一般に

$$L_1 L_2 \geq M_{12}^2 = k^2 L_1 L_2, \qquad (0 \leq k \leq 1) \tag{9.43}$$

の関係が成り立つ．ここで等号が成立するのは，双方の磁力線の全てが相手のコイルを貫いている場合である．式 (9.43) の係数 k を**結合係数** (coupling factor) という．

9.6.4 インダクタンスの計算

インダクタンスを計算するにはノイマンの公式 (9.41), (9.42) を用いて直接計算する方法と，回路に鎖交する磁束から求める方法とがある．前者は計算機を用いて数値的にインダクタンスを計算するときに便利であるが，一般の複雑な形状の回路に対するプログラムを作るにはかなりの経験が必要である．後者は定義どおりの方法である．磁界の計算方法になれることも重要であるから，ここでは後者の方法を使って代表的な回路のインダクタンスを計算してみよう．

（1）ソレノイドコイル　図 **9.22** のように，半径 a，長さ l のソレノイドコイルの自己インダクタンスを求めよう．ただし導線は単位長あたり n 回巻かれているものとし，半径は長さに比べて非常に小さく，$a \ll l$ とする．

ソレノイドは長さに比べて非常に細いとしたから，ソレノイド内部の磁束密度はほぼ一定であると考えられる．この値は例題 7.5 の式 (7.53) で求めた中心軸上の磁束密度 $B(z)$ に等しい．また，図 9.22 中の幅 dz' のコイル部分の巻き数は ndz' であるから，このコイル部分によって中心 O に作られる磁束は $d\Phi(z') = B(z')\pi a^2 n dz'$ となる．したがってソレノイドコイル全体では

$$\Phi = \frac{\mu_0 n^2 I \pi a^2}{2} \int_{-l/2}^{l/2} \left\{ \frac{l/2 + z'}{\sqrt{a^2 + (l/2 + z')^2}} + \frac{l/2 - z'}{\sqrt{a^2 + (l/2 - z')^2}} \right\} dz'$$
$$= \mu_0 n^2 I \pi a^2 \left(\sqrt{a^2 + l^2} - a \right)$$

となるから，自己インダクタンスは

$$L = \frac{\Phi}{I} = \mu_0 n^2 \pi a^2 \left(\sqrt{a^2 + l^2} - a \right) \qquad (9.44)$$

となる．特に $a \ll l$ とすると，さらに $L = \mu_0 n^2 \pi a^2 l$ と近似できる．

図 9.22 ソレノイドコイル

（2）長方形ループ　図 **9.23** のような半径 a の細い導線からなる長方形ループの自己インダクタンスを求める．導線に流れる電流による磁界は，導線の中心軸に沿って流れる電流による磁界として近似することができるから，その電流によって，ループ内に誘起される磁束を求めてインダクタンスを計算する．例えば，図の導線 #1 に流れる電流によって z-x 面内の点 (x, z) に作られる磁束密度 $B(x, z)$ は，例題 7.3 の結果から y 軸方向を向き

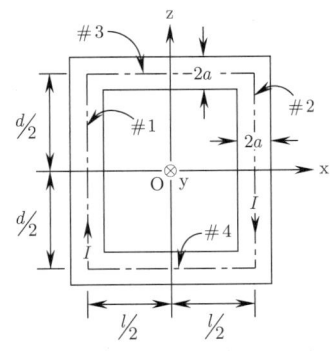

図 9.23 長方形ループのインダクタンス．磁界を求めるためにループを #1 〜 #4 の直線導体に分けて考える．

$$B_1(x,z) = \frac{\mu_0 I}{4\pi} \frac{1}{x+l/2} \left\{ \frac{z+d/2}{\sqrt{(x+l/2)^2 + (z+d/2)^2}} - \frac{z-d/2}{\sqrt{(x+l/2)^2 + (z-d/2)^2}} \right\}$$

で与えられる†．この磁束密度 $\boldsymbol{B}_1$ からループ内を鎖交する磁束 $\varPhi_1$ を計算すると

$$\varPhi_1 = \int_{-l/2+a}^{l/2-a} dx \int_{-d/2+a}^{d/2-a} B_1(x,z) dz = \frac{\mu_0 I}{2\pi} \int_a^{l-a} \frac{du}{u} \int_a^{d-a} \frac{t\,dt}{\sqrt{u^2+t^2}} \tag{9.45}$$

となる．#2, #3, #4 の導線部分に流れる電流によって作られる磁束密度と，それらによってループ内に鎖交する磁束 $\varPhi_2, \varPhi_3, \varPhi_4$ も同様に計算できて，すべて y 軸方向を向いている．したがって全鎖交磁束は $\varPhi = \varPhi_1 + \varPhi_2 + \varPhi_3 + \varPhi_4$ によって与えられ，自己インダクタンスは

$$\begin{aligned} L = \frac{\varPhi}{I} = \frac{\mu_0}{\pi} &\Big[2\big\{ \sqrt{(l-a)^2 + (d-a)^2} - \sqrt{(l-a)^2 + a^2} - \sqrt{a^2 + (d-a)^2} + \sqrt{2}a \big\} \\ &+ (d-a) \ln \left| \frac{l-a}{a} \frac{(d-a) + \sqrt{a^2+(d-a)^2}}{(d-a) + \sqrt{(l-a)^2 + (d-a)^2}} \right| - a \ln \left| \frac{l-a}{a} \frac{a+\sqrt{2}a}{a+\sqrt{(l-a)^2+a^2}} \right| \\ &+ (l-a) \ln \left| \frac{d-a}{a} \frac{(l-a) + \sqrt{a^2+(l-a)^2}}{(l-a) + \sqrt{(d-a)^2 + (l-a)^2}} \right| - a \ln \left| \frac{d-a}{a} \frac{a+\sqrt{2}a}{a+\sqrt{(d-a)^2+a^2}} \right| \Big] \end{aligned} \tag{9.46}$$

となる．

（3）平行導線　図 **9.24** のような長さ l, 半径 a の非常に長い平行導線の自己インダクタンスを考える．このような回路をコイルとして用いることはないが，高周波電気信号伝送用の線路としてよく用いられる．このときには，3.10.1 項で求めた静電容量とインダクタンスとが伝送線路の特性を決める重要なパラメータとなる．

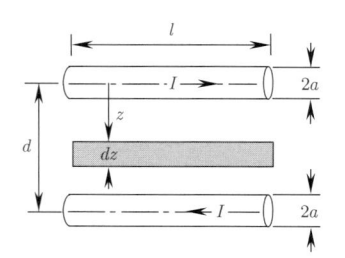

図 **9.24** 平行導線

自己インダクタンスを求めるには，上述した四角形ループにおいて $l \gg d \gg a$ と近似してもよいし，無限長電流の一部と考えて次のようにしてもよい．上の導体中心軸からの距離を z とすると，上下線路に流れる電流 I による磁束密度 B は式 (7.50) より

$$B(z) = \frac{\mu_0 I}{2\pi} \frac{1}{z} + \frac{\mu_0 I}{2\pi} \frac{1}{d-z}$$

で与えられる．微小面積 $l\,dz$ に鎖交する磁束 $d\varPhi$ は $d\varPhi(z) = B(z)\,l\,dz$ で与えられるから，平行線路に鎖交する全磁束は

$$\varPhi = l \int_a^{d-a} B(z)\,dz = \frac{\mu_0 I l}{2\pi} \int_a^{d-a} \left(\frac{1}{z} + \frac{1}{d-z} \right) dz = \frac{\mu_0 I l}{\pi} \ln \frac{d-a}{a}. \tag{9.47}$$

---

† 例題 7.3 の式 (7.49) を $\hat{\boldsymbol{\phi}} = -\hat{\boldsymbol{x}}\sin\phi + \hat{\boldsymbol{y}}\cos\phi = (-y\hat{\boldsymbol{x}} + x\hat{\boldsymbol{y}})/\sqrt{x^2+y^2}$ を用いて直角座標に直した後に，座標を平行移動すればよい．

したがって，単位長あたりの自己インダクタンス L_0 は

$$L_0 = \frac{\Phi}{Il} = \frac{\mu_0}{\pi} \ln \frac{d-a}{a} \tag{9.48}$$

となる．一方，単位長あたりの静電容量を C_0 とすると式 (3.154) の結果から，$L_0 C_0 = \mu_0 \varepsilon_0 =$ 一定という値となる．特に $1/\sqrt{\mu_0 \varepsilon_0}$ の値は，$1/\sqrt{8.854 \times 10^{-12} \times 4\pi \times 10^{-7}} \approx 3 \times 10^8$ m/s となるが，この値がもつ意味については 10 章で説明する．

線路が中空であったり，電流が線路表面だけを流れるのであれば，平行線路の自己インダクタンスは式 (9.48) でよいが，電流が線路導体内を一様に流れるような場合には，図 9.25 のような線路の断面 S にも磁束が鎖交するから，この分も考慮しなければならない．中心軸 OO' から ρ だけ離れた点の磁束密度は，例題 7.11 で示したように面 S に垂直で

$$B(\rho) = \frac{\mu_0 I}{2\pi a^2} \rho$$

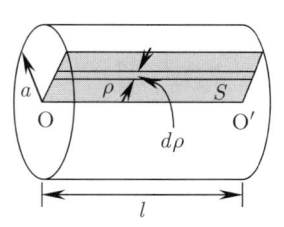

図 9.25 導体線路内を鎖交する磁束

となる．ここで導体内部の透磁率は μ_0 とした†．一方，円筒導体を巻き数 1 の回路の一部と考えると，$d\rho$ の部分の巻き数 n は $n = \rho^2/a^2$ となるから，鎖交磁束は

$$d\Phi = nB(\rho)\, l d\rho = \frac{\mu_0 I l}{2\pi a^4} \rho^3 \, d\rho$$

したがって，導体内の全鎖交磁束は

$$\Phi = \frac{\mu_0 I l}{2\pi a^4} \int_0^a \rho^3 \, d\rho = \frac{\mu_0 I l}{8\pi}$$

となる．よって単位長あたりの導体内部のインダクタンス L_0^i は

$$L_0^i = \frac{\Phi}{Il} = \frac{\mu_0}{8\pi} \tag{9.49}$$

となる．このように導体内部のインダクタンスは半径に無関係になることに注意しよう．単位長あたりの全インダクタンス L_0^t は，空間分の値，式 (9.48) と式 (9.49) の導体 2 本分の値の和となり

$$L_0^t = L_0 + 2L_0^i = \frac{\mu_0}{\pi} \ln \frac{d-a}{a} + \frac{\mu_0}{4\pi} \tag{9.50}$$

となる．

（4）同軸ケーブル 図 9.26 のような同軸線路の内導体の表面と外導体の内表面に，往復電流 I が流れているものとする．線路の長さが無限と見なせるほど長いなら，軸対称性より磁界は面 S に垂直となる．アンペアの法則より中心軸から ρ の距離にある点の磁束密度は

$$B(\rho) = \frac{\mu_0 I}{2\pi \rho} \tag{9.51}$$

---

† 導体として用いる材料の透磁率は，真空と同じ μ_0 と考えてよい．詳しくは 8.2.2 項を参照．

となるから，S に鎖交する磁束 Φ は軸方向の長さを l として

$$\Phi = l\int_a^b B(\rho)\,d\rho = \frac{\mu_0 I l}{2\pi}\ln\left(\frac{b}{a}\right) \tag{9.52}$$

となる．したがって，単位長あたりのインダクタンス L_0 は

$$L_0 = \frac{\Phi}{Il} = \frac{\mu_0}{2\pi}\ln\left(\frac{b}{a}\right) \tag{9.53}$$

で与えられる．平行導線の場合と同様に，単位長あたりの静電容量を C_0 とすると，式 (3.151) の結果を用いて，$L_0 C_0 = \mu_0 \varepsilon_0 = $ 一定 となる．

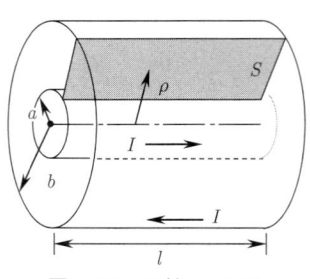

図 9.26 同軸ケーブル

（5）円形コイル間の相互インダクタンス 図 9.27 のように正対させた半径 a, b の円形ループ #1, #2 の円形ループ間の相互インダクタンスを求めよう．ただし，ループ #1 の巻き数を n_1，ループ #2 の巻き数を n_2 とする．また円形ループ#1 と #2 は同じ軸上にあり，$a \gg b$ とする．

例題 7.4 より，ループ #2 中心の磁束密度は，ループに垂直方向を向き，その大きさは

$$B = \frac{\mu_0 n_1 I}{2}\frac{a^2}{(a^2+d^2)^{3/2}}$$

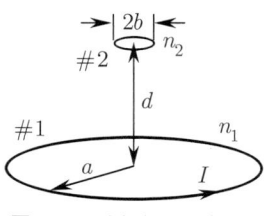

図 9.27 円形ループ間の相互インダクタンス

で与えられる．コイル #2 は十分小さいから，コイル #2 によって囲まれる平面上で磁界は一様であるとみなすことができる．そうすると，コイル #2 を貫く磁束 Φ_{21} は

$$\Phi_{21} = n_2 B \cdot \pi b^2 = \frac{\mu_0 n_1 n_2 I}{2}\frac{\pi a^2 b^2}{(a^2+d^2)^{3/2}} \tag{9.54}$$

となる．したがって，相互インダクタンス $M_{21} = M_{12}$ は

$$M_{21} = M_{12} = \frac{\mu_0 n_1 n_2}{2}\frac{\pi a^2 b^2}{(a^2+d^2)^{3/2}}. \tag{9.55}$$

9.6.5 変圧器

9.4.3 項で説明したように，**変圧器**は電圧を変換する装置としてよく使われている．定性的な説明は 9.4.3 項で行ったから，ここでは定量的な説明をしよう．実際の変圧器は，いろいろな工夫がなされているために，構造はここでの説明よりも複雑であるが，原理的には同じである．

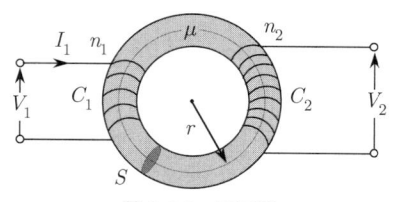

図 9.28 変圧器

図 9.28 に示すように，断面積 S の細い円環鉄心に巻き数 n_1, n_2 のコイル C_1, C_2 が巻かれているとする．まずコイル C_1 に準定常電流 $I_1(t)$ を流したときの鉄心内の磁束密度を求

めよう．鉄心の透磁率 μ は非常に大きいから，鉄心の外部に漏れる磁束はほとんどないと考えられる．したがって鉄心内の磁束 Φ は 8.3 節の磁気回路と同様にして求めることができて

$$\Phi = \frac{n_1 I_1}{R^*} \tag{9.56}$$

となる．ただし R^* は回路の磁気抵抗で $R^* = \dfrac{2\pi r}{\mu S}$ である．コイル C_1, C_2 に鎖交する磁束 Φ_1, Φ_2 は，巻数を考慮して

$$\Phi_1 = n_1 \Phi = \frac{n_1^2 I_1}{R^*}, \qquad \Phi_2 = n_2 \Phi = \frac{n_1 n_2 I_1}{R^*} \tag{9.57}$$

となるから，C_1 の自己インダクタンス L_1，C_1 と C_2 との相互インダクタンス M_{21} は

$$L_1 = \frac{\Phi_1}{I_1} = \frac{n_1^2}{R^*} = \frac{n_1^2 \mu S}{2\pi r}, \qquad M_{21} = \frac{\Phi_2}{I_1} = \frac{n_1 n_2}{R^*} = \frac{n_1 n_2 \mu S}{2\pi r} \tag{9.58}$$

となる．

コイル C_1, C_2 に生じる起電力は

$$V_1(t) = -L_1 \frac{dI_1(t)}{dt}, \qquad V_2(t) = -M_{21} \frac{dI_1(t)}{dt}$$

で与えられるから，式 (9.58) より起電力の比は

$$\frac{V_1}{V_2} = \frac{L_1}{M_{21}} = \frac{n_1}{n_2} \tag{9.59}$$

となる．このように起電力の比はコイルの巻き数の比に等しくなる．したがってコイルの巻き数を変えて電圧の大きさを変えることができる．

9.6.6 インダクタンスの結合

電気回路ではインダクタンスを 図 **9.29** のような記号で書く．古くはらせん状に巻いた実際のコイルの様子を模擬していたが，最近ではさらに単純化されて描かれる．また，コイルに誘起される起電力は電流の流れる方向と逆方向を正にとるようにしている．ここではコイルを直列あるいは並列に接続したときの **合成インダクタンス** を考えよう．

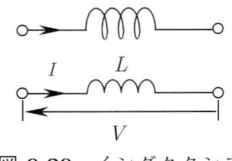

図 **9.29** インダクタンスの記号

まず 図 **9.30** (a) のように自己インダクタンス L_1, L_2 が直列に接続されている場合を考えよう．最初に 2 つのコイルは互いに離れていて，両コイルを鎖交する磁束はない，すなわち結合していない場合を考える．電流 $I(t)$ を流したときに誘起される逆起電力 $V_1(t), V_2(t)$ の和は端子電圧 $V(t)$ に等しいから

$$V(t) = V_1(t) + V_2(t) = L_1 \frac{dI(t)}{dt} + L_2 \frac{dI(t)}{dt} = (L_1 + L_2) \frac{dI(t)}{dt} = L \frac{dI(t)}{dt} \tag{9.60}$$

(a) 直列接続　　　(b) 並列接続

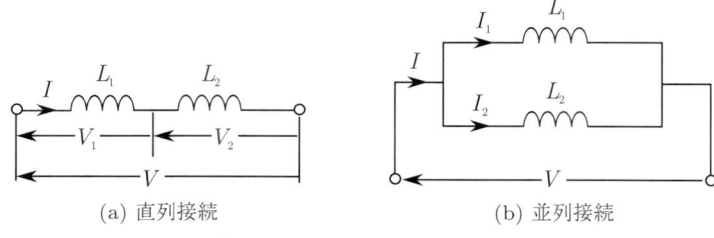

図 **9.30** インダクタンスの接続

となる．したがって合成インダクタンス L は

$$L = L_1 + L_2 \tag{9.61}$$

で与えられる．次に，図 9.30 (b) のように並列に接続した場合には $I(t) = I_1(t) + I_2(t)$ であり

$$V(t) = L_1 \frac{dI_1(t)}{dt} = L_2 \frac{dI_2(t)}{dt}$$

であるから，合成インダクタンスを L とすると

$$\frac{dI(t)}{dt} = \frac{dI_1(t)}{dt} + \frac{dI_2(t)}{dt} = \left(\frac{1}{L_1} + \frac{1}{L_2}\right) V(t) = \frac{1}{L} V(t) \tag{9.62}$$

と表され

$$\frac{1}{L} = \frac{1}{L_1} + \frac{1}{L_2} \tag{9.63}$$

となる．このように，直列，並列接続の合成インダクタンスは抵抗の合成抵抗の考え方と同じになる．

次に図 **9.31** に示すように，2 つのコイルに結合があってそれらが直列に接続されている場合を考えよう．まず (a) のように，両コイルによる磁束が同方向を向く場合には，端子 1-2' 間の逆起電力 $V_a(t)$ は

$$V_a(t) = \left\{ L_1 \frac{dI(t)}{dt} + M \frac{dI(t)}{dt} \right\} + \left\{ L_2 \frac{dI(t)}{dt} + M \frac{dI(t)}{dt} \right\}$$

$$= (L_1 + L_2 + 2M) \frac{dI(t)}{dt} \tag{9.64}$$

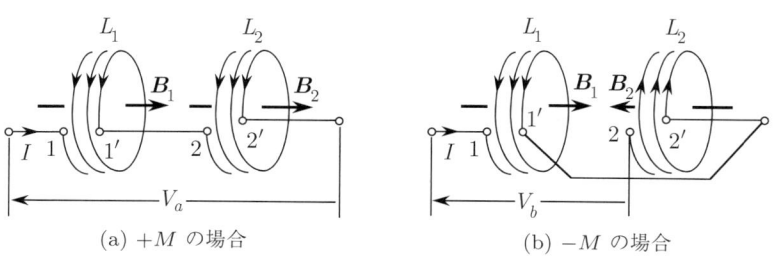

(a) $+M$ の場合　　　(b) $-M$ の場合

図 **9.31** 結合のあるインダクタンスの接続

となるから，合成インダクタンス L_a は

$$L_a = L_1 + L_2 + 2M \tag{9.65}$$

で与えられる．一方，(b) のように，両コイルの磁束が打ち消し合う場合には，他方のコイルによる逆起電力の方向が負になるから，端子 1-2 間の逆起電力 V_b は

$$\begin{aligned} V_b(t) &= \left\{ L_1 \frac{dI(t)}{dt} - M \frac{dI(t)}{dt} \right\} + \left\{ L_2 \frac{dI(t)}{dt} - M \frac{dI(t)}{dt} \right\} \\ &= (L_1 + L_2 - 2M) \frac{dI(t)}{dt} \end{aligned} \tag{9.66}$$

となり，合成インダクタンス L_b は

$$L_b = L_1 + L_2 - 2M \tag{9.67}$$

となる．このように，コイル間に結合がある場合には接続のしかたによって合成インダクタンスの値が異なる．これをコイルの**極性**という．

9.7 インダクタンスと磁気エネルギー

コイルに電流を流すと磁界が発生する．電流を流すにはその回路に対して外部から仕事をしなければならないから，この分の仕事量が回路内に蓄えられるエネルギーである．本節ではこのエネルギーがどのように表されるかを考えよう．

図 **9.32** のように，自己インダクタンス $L_1 = M_{11}$, $L_2 = M_{22}$ の 2 つのループ #1, #2 があり，相互インダクタンスを $M_{12} = M_{21}$ とする．これらのループに順次電流を流してゆき，全ループに電流を流し終えたとき，それまでに要した仕事がこの系に蓄えられる全エネルギーである．まず #1 だけに電流を徐々に流してゆき，時刻 t で $i_1(t)$ になったときを考える．このとき，各ループに鎖交する磁束を $\Phi_1(t)$, $\Phi_2(t)$, 発生する起電力を $v_1(t)$, $v_2(t)$ とし，#2 に流れる電流を $i_2(t)$ とする．次に電流 i_1 が dt の間に di_1 だけ変化したとすると，各ループ上では $dq_i = i_i(t)\,dt$ の電荷が移動することになるから，このときの仕事量の増加分はループごとに

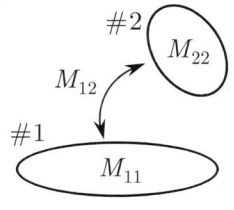

図 **9.32** 磁気エネルギー

$$dw_i = dq_i v_i = dq_i \frac{d\Phi_i}{dt} = \frac{dq_i}{dt} d\Phi_i = i_i\, d\Phi_i, \quad (i=1,2) \tag{9.68}$$

となる．一方，$\Phi_1 = M_{11} i_1$, $\Phi_2 = M_{21} i_1$ であるから，全体では

$$dW_1 = i_1\, d\Phi_1 + i_2\, d\Phi_2 = M_{11} i_1\, di_1 + M_{21} i_2\, di_1 \tag{9.69}$$

となる．ループ #2 だけに電流 $i_2(t)$ を流したときも，全く同様にして

$$dW_2 = M_{12} i_1 \, di_2 + M_{22} i_2 \, di_2 \tag{9.70}$$

を得る．したがって，両ループに電流 $i_1(t), i_2(t)$ が流れているときのエネルギーは

$$\begin{aligned} dW &= dW_1 + dW_2 = M_{11} i_1 \, di_1 + M_{22} i_2 \, di_2 + M_{12} i_1 \, di_2 + M_{21} i_2 \, di_1 \\ &= M_{11} i_1 \, di_1 + M_{22} i_2 \, di_2 + M_{12} d(i_1 i_2) \end{aligned} \tag{9.71}$$

となる．ここで $M_{21} = M_{12}$, $M_{12} i_1 \, di_2 + M_{21} i_2 \, di_1 = M_{12}(i_1 \, di_2 + i_2 \, di_1) = M_{12} d(i_1 i_2)$ を用いた．以上より，各ループの電流をゼロから I_1, I_2 まで増加させるに要する全エネルギーは，式 (9.71) を積分して

$$\begin{aligned} W &= \int dW = \frac{1}{2} M_{11} I_1^2 + \frac{1}{2} M_{22} I_2^2 + M_{12} I_1 I_2 \\ &= \frac{1}{2} M_{11} I_1^2 + \frac{1}{2} M_{22} I_2^2 + \frac{1}{2} \left(M_{12} I_1 I_2 + M_{21} I_2 I_1 \right) \end{aligned} \tag{9.72}$$

となる．上の議論はコイルが何個あっても同じであるから，n 個のコイルがあった場合には，式 (9.72) は

$$W = \frac{1}{2} \sum_{i=1}^{n} \sum_{j=1}^{n} M_{ij} I_i I_j \tag{9.73}$$

と拡張できる．また，各ループの鎖交磁束と電流の間には $\Phi_i(t) = \sum_{j=1}^{n} M_{ij} I_j$ の関係があるから，式 (9.73) は

$$W = \frac{1}{2} \sum_{i=1}^{n} I_i \Phi_i \tag{9.74}$$

と変形することもできる．これがループに流れる電流とそれに鎖交する磁束を用いて表した**磁気エネルギー**の表現式である．

ファラデーは，式 (9.74) のエネルギーは空間中の磁界に蓄えられると考えた．そこで式 (9.74) を空間内の磁界を用いた表現に変形しよう．ループが幾つあろうと同じであるから，ここでは図 **9.33** のように 1 つのループ C について考える．ループ C に鎖交する磁束 $\Phi(t)$ は

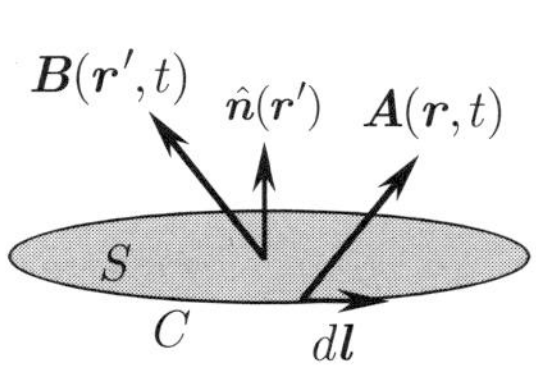

図 **9.33** 磁束密度 B とベクトルポテンシャル A

$$\Phi(t) = \int_S \boldsymbol{B}(\boldsymbol{r}', t) \cdot \hat{\boldsymbol{n}}(\boldsymbol{r}') \, dS' = \oint_C \boldsymbol{A}(\boldsymbol{r}, t) \cdot d\boldsymbol{l} \tag{9.75}$$

と表されるから，これを式 (9.74) に代入すると

$$W = \frac{1}{2} \oint_C I(t) \boldsymbol{A}(\boldsymbol{r}, t) \cdot d\boldsymbol{l} \tag{9.76}$$

を得る．

電流がさらに 図 **9.34** のように体積分布しているなら，$I\,d\boldsymbol{l} = J_e\,dS\,d\boldsymbol{l} = \boldsymbol{J}_e\,dv$ であるから，式 (9.76) は

$$W = \frac{1}{2}\int_V \boldsymbol{J}_e(\boldsymbol{r},t)\cdot \boldsymbol{A}(\boldsymbol{r},t)\,dv \tag{9.77}$$

と書き換えられる．ここでベクトル公式と $\boldsymbol{B} = \nabla \times \boldsymbol{A}$，および式 (9.28) より

$$\nabla\cdot(\boldsymbol{A}\times\boldsymbol{B}) = \boldsymbol{B}\cdot\nabla\times\boldsymbol{A} - \boldsymbol{A}\cdot\nabla\times\boldsymbol{B}$$
$$= \boldsymbol{B}\cdot\boldsymbol{B} - \mu_0 \boldsymbol{A}\cdot\boldsymbol{J}_e \tag{9.78}$$

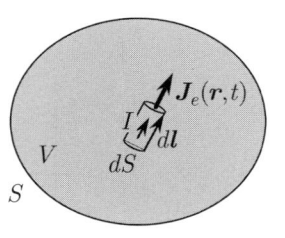

図 **9.34** 体積分布する電流

となるから，これを式 (9.77) に代入してガウスの定理 (2.100) を使うと

$$\begin{aligned}W &= \frac{1}{2\mu_0}\int_V \boldsymbol{B}\cdot\boldsymbol{B}\,dv - \frac{1}{2\mu_0}\int_V \nabla\cdot(\boldsymbol{A}\times\boldsymbol{B})\,dv \\ &= \frac{1}{2\mu_0}\int_V \boldsymbol{B}\cdot\boldsymbol{B}\,dv - \frac{1}{2\mu_0}\oint_S (\boldsymbol{A}\times\boldsymbol{B})\cdot\hat{\boldsymbol{n}}\,dS\end{aligned} \tag{9.79}$$

を得る．7.5.3 項より任意の電流分布に対して，流れている電流からの距離を r とすれば，十分遠方で $|\boldsymbol{A}|\to 1/r$，$|\boldsymbol{B}|\to 1/r^2$ と振舞うから，電流分布を囲んだ表面積 S を無限に大きくして $S\to\infty$ とすると，式 (9.79) の右辺第 2 項はゼロになり，結局磁気エネルギーは

$$W = \frac{1}{2\mu_0}\int_{\text{全空間}} \boldsymbol{B}(\boldsymbol{r},t)\cdot\boldsymbol{B}(\boldsymbol{r},t)\,dv = \frac{1}{2}\int_{\text{全空間}} \boldsymbol{H}(\boldsymbol{r},t)\cdot\boldsymbol{B}(\boldsymbol{r},t)\,dv \tag{9.80}$$

と表される．本節では真空中の磁気エネルギーについて述べたが，最後に得られた式 (9.80) は磁性体を含む場合でも成り立つ．

章 末 問 題

【1】 時間的に変化する磁束 $\Phi(t) = \Phi_0 \sin\omega t$ が巻き数 n のコイルに鎖交している．コイルに誘起される起電力を求めよ．

【2】 図 **9.35** のように z 軸に対して軸対称な磁束密度 $\boldsymbol{B}(\rho,t) = B_0 e^{-\alpha\rho}\hat{\boldsymbol{z}}\sin\omega t$ の磁界が空間に分布しているものとする．以下の問いに答えよ．ただし，必要なら次の積分公式を用いよ．

$$\int x e^{-ax}\,dx = -\frac{1}{a}\left(\frac{1}{a} + x\right)e^{-ax}$$

(1) z 軸に垂直な半径 a の円内に鎖交する磁束を求めよ．
(2) 半径 a の円周上に誘起される起電力を求めよ．
(3) 円周上の電界を求めよ．

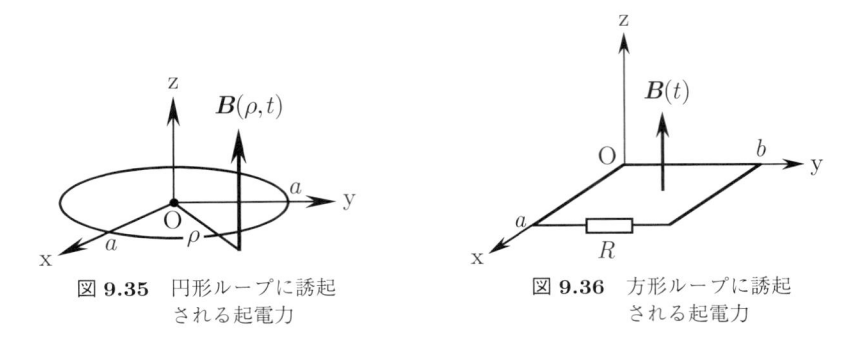

図 9.35 円形ループに誘起される起電力

図 9.36 方形ループに誘起される起電力

【3】 辺の長さが a, b の長方形導線コイルが図 9.36 のように x-y 面に置かれており，コイルの一辺に抵抗 R が接続されている．このコイルに磁束密度 $\boldsymbol{B}(t) = B_0 \left(1 - e^{-\alpha t}\right) \hat{\boldsymbol{z}}$ の磁界を印加した．コイルに流れる電流の大きさと方向を求めよ．ただし抵抗の物理的な大きさは無視できるほど小さいとする．

【4】 図 9.37 に示すように，一様な磁束密度 B の磁界に垂直に，間隔 d の十分細い平行導体 #1 をおき，#1 の一端に抵抗 R と電圧 V_0 の電池をつないだ．#1 の上には質量 m の十分細い可動導線 #2 が置かれている．以下の問いに答えよ．ただし，導線に流れる電流による磁界は印加磁界 B を乱さないものとする．また，導線 #1 と #2 間の摩擦は無視できるものとする．

(1) スイッチ S を閉じた瞬間に #2 が動き始め，t 秒後に速度 $v(t)$ になった．#2 に流れる全電流を求めよ．
(2) #2 に働く力を求めよ．
(3) #2 の運動方程式を解いて速度 $v(t)$ を求め，その概略を描け．ただし，初速度はゼロとする．
(4) 時間が十分経過した後，電池がショートして $V_0 = 0$ となった．この瞬間をあらためて $t = 0$ として #2 の速度を求めよ．また，ショートする直前にスイッチ S を開いた場合にはどのような運動になるか．

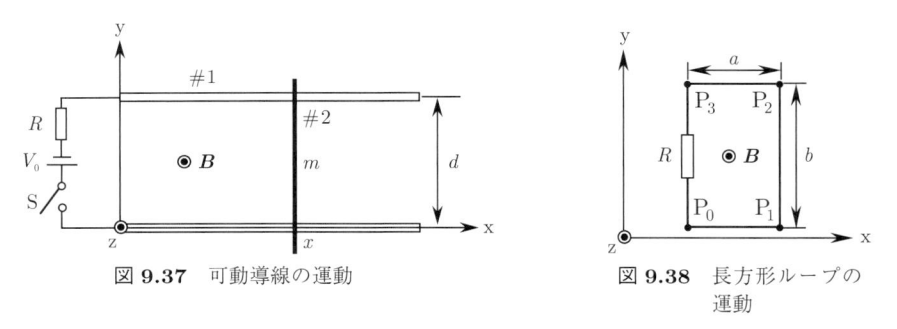

図 9.37 可動導線の運動

図 9.38 長方形ループの運動

【5】 図 9.38 のように，磁束密度 $\boldsymbol{B}(x) = x \hat{\boldsymbol{z}}$ の磁界に垂直な長方形ループがある．このループが x 方向に速度 v で等速運動しているとき，ループに流れる電流を (1) 鎖交磁束の変化と，(2) 運動物体に生じる起電力とから求め，両者が一致することを示せ．

【6】 式 (9.15) は次のように書き換えられることを示せ（ヒント：$\bm{r} = x(t)\hat{\bm{x}} + y(t)\hat{\bm{y}} + z(t)\hat{\bm{z}}$, $\bm{v} = \dfrac{d\bm{r}}{dt}$）．

$$\nabla \times \bm{E}(\bm{r},t) = -\frac{d\bm{B}(\bm{r},t)}{dt} \tag{9.81}$$

【7】 図 9.39 のように，同一平面内に無限長直線導体と，それから d だけ離れた位置に 2 辺の長さがそれぞれ a, b の長方形コイルがあるとする．以下の問いに答えよ．ただし，コイルには抵抗 R が接続されており，その物理的大きさは無視できるものとする．
　(1) 相互インダクタンスを求めよ．
　(2) $I(t) = I_0 t$ のとき，コイルに誘起される起電力を求めよ．
　(3) コイルに働く力を求めよ．

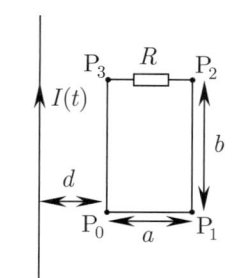

図 9.39　長方形ループの相互インダクタンス

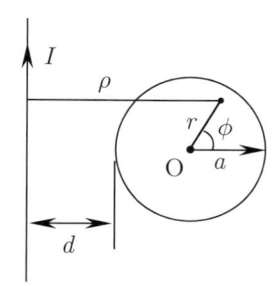

図 9.40　円形ループの相互インダクタンス

【8】 図 9.40 のように，同一平面内に無限長直線導体と，それから d だけ離れた半径 a の円形コイルがあるとする．相互インダクタンスを求めよ．ただし，必要なら次の積分公式を用いよ．（ヒント：円形ループの中心 O を原点とする座標系で考えよ．）

$$\int_0^\pi \frac{d\phi}{a \pm b\cos\phi} = \frac{\pi}{\sqrt{a^2 - b^2}}, \quad (a^2 > b^2)$$

【9】 図 9.41 のように，2 辺の長さがそれぞれ a, b の四角形コイルが距離 d を隔て平行に置かれている．以下の問いに答えよ．
　(1) 図 9.41(a) のように座標系をとり，矢印の向きに電流 I を流したとき，各辺に流れる電流による任意の点の磁束密度は，

$$\bm{B}_{\mathrm{OP}_1}(\bm{r}) = \frac{\mu_0 I}{4\pi} \frac{-z\hat{\bm{y}} + y\hat{\bm{z}}}{y^2 + z^2} \left(\frac{x}{r_0} - \frac{x-b}{r_1} \right)$$

$$\bm{B}_{\mathrm{P}_1\mathrm{P}_2}(\bm{r}) = \frac{\mu_0 I}{4\pi} \frac{z\hat{\bm{x}} - (x-b)\hat{\bm{z}}}{(x-b)^2 + z^2} \left(\frac{y}{r_1} - \frac{y-a}{r_2} \right)$$

$$\bm{B}_{\mathrm{P}_2\mathrm{P}_3}(\bm{r}) = \frac{\mu_0 I}{4\pi} \frac{-z\hat{\bm{y}} + (y-a)\hat{\bm{z}}}{(y-a)^2 + z^2} \left(\frac{x-b}{r_2} - \frac{x}{r_3} \right)$$

$$\bm{B}_{\mathrm{P}_3\mathrm{O}}(\bm{r}) = \frac{\mu_0 I}{4\pi} \frac{z\hat{\bm{x}} - x\hat{\bm{z}}}{x^2 + z^2} \left(\frac{y-a}{r_3} - \frac{y}{r_0} \right)$$

で与えられることを示せ．これより，全磁束密度は $\bm{B} = \bm{B}_{\mathrm{OP}_1} + \bm{B}_{\mathrm{P}_1\mathrm{P}_2} + \bm{B}_{\mathrm{P}_2\mathrm{P}_3} + \bm{B}_{\mathrm{P}_3\mathrm{O}}$ で与えられる．ただし，$r_0 = \sqrt{x^2 + y^2 + z^2}$, $r_1 = \sqrt{(x-b)^2 + y^2 + z^2}$, $r_2 = \sqrt{(x-b)^2 + (y-a)^2 + z^2}$, $r_3 = \sqrt{x^2 + (y-a)^2 + z^2}$ である．

316   9. 電磁誘導

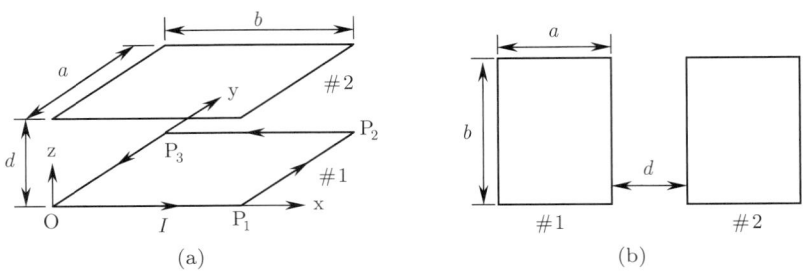

図 9.41 2つのループ間の相互インダクタンス

(2) 上問を利用して，図 9.41(a) のように平行に向かい合ったループ #1, #2 間の相互インダクタンスを求めよ．ただし，必要なら次の積分公式を用いよ．

$$\int \frac{\sqrt{t+c^2}}{t}\, dt = 2\left(\sqrt{t+c^2} + c\ln\frac{\sqrt{t}}{\sqrt{t+c^2}+c}\right)$$

(3) 図 9.41(b) のように同一面内にあるループ #1, #2 間の相互インダクタンスを求めよ．

【10】 図 9.42 のように，半径 a の無限に長い円筒導体内部を z 軸方向に準定常電流 $I(t)$ が流れている．次の 2 つの場合の導体内部の単位長あたりの磁気エネルギーを求めよ．ただし透磁率は全空間で μ_0 とする．

(1) 電流密度の空間分布が一定のとき．

(2) 電流密度が次式で与えられるとき．

$$\boldsymbol{J}_e(\rho, t) = \frac{I(t)}{2\pi a}\frac{1}{\sqrt{a^2-\rho^2}}\hat{\boldsymbol{z}} \tag{9.82}$$

ただし，必要なら次の積分公式を用いよ．

$$\int \frac{\left(a-\sqrt{a^2-x^2}\right)^2}{x}\, dx = 2a\left(a\ln\left|a+\sqrt{a^2-x^2}\right| - \sqrt{a^2-x^2}\right) - \frac{x^2}{2}$$

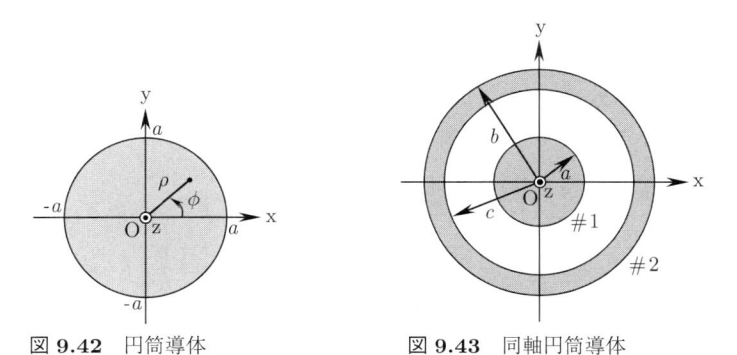

図 9.42 円筒導体   **図 9.43** 同軸円筒導体

【11】 図 9.43 のように，無限に長い同軸円筒導体の内外導体 #1, #2 に (1) 一様な電流が互いに逆方向に流れているとする．単位長あたりの磁気エネルギーを求めよ．(2) #1 の表面と #2 の内表面だけに流れている場合はどうなるか．ただし透磁率は全空間で μ_0 とする．

10 マクスウェルの方程式と電磁波

　本章は電磁気学全体の基本法則である**マクスウェルの方程式** (Maxwell's equations) を完全な形で書き下す章である．古典電磁気学とよばれる学問体系は本章で一応の完成を見るが，それが完成したのは 19 世紀後半の 1864 年のことであった．そして 1888 年にヘルツ (H.R. Hertz) によって電磁波が発見されると，1895 年にはポポフ (A.S. Popov) やマルコーニ (G. Marconi) が電磁波を使った無線通信に成功した[†]．ここから本格的な無線通信が始まったともいえる．そして現代ではほとんどの人が携帯電話をもっている．また，光ファイバを介したインターネット通信はライフスタイルさえ変えようとしている．一方，20 世紀に入ると，古典電磁気学では説明できない多くの新しい事実が発見され，量子力学や相対性力学が芽生えた．これらの多くはニュートン力学や電磁気学によって説明しようとして失敗し，新たに生まれた学問体系である．その意味では本章が現代物理の幕開けを促した章であるといえるかもしれない．本章ではまず，変位電流という真空中でも導電電流と同じ作用をする新しい物理量が導入される．変位電流は磁界を発生させ，さらにこの磁界は電界を発生させる．このようにして電界，磁界が互いに相手の源になり電磁波が伝搬する．次に電磁波の基本的性質やそれを解明するための幾つかの手法を説明する．

10.1　変　位　電　流

　マクスウェルの方程式を完全な形で書き下すには，もう少し準備が必要である．ここで新たに導入するのは**変位電流**とよばれる真空の空間にも流れる電流である．電荷保存則の法則に矛盾しないためには変位電流が実在しなければならないことをまず説明し，次に変位電流が流れるとどのような現象が起こるかについて説明する．

10.1.1　変位電流とアンペア・マクスウェルの法則

　変位電流というと難解な概念のように思われるが，実は電気回路でなじみの深い現象である．読者は **図 10.1** (a) のようにコンデンサに直流電源をつないでも回路には電流は流れないが，(b) のように交流電源をつなぐと電流が流れることを知っている．コンデンサとは相

[†] マルコーニは無線通信の進展に貢献したことが認められて，7.3.2 項で紹介したブラウン (K.F. Braun) と共に 1909 年ノーベル物理学賞を受賞した．

318   10. マクスウェルの方程式と電磁波

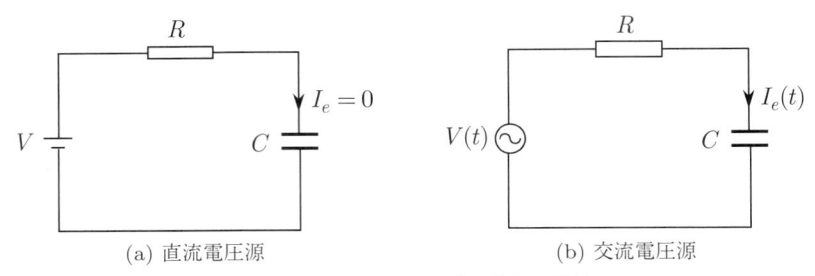

(a) 直流電圧源   (b) 交流電圧源

図 10.1　コンデンサ回路に流れる電流

対した2つの導体からなっており，導体間は真空でもよい．電流とは電荷の流れであったから，コンデンサの一方の電極から電荷が飛び出し，もう一方の電極に到達することによって電流が流れるのなら，直流のときでも電流が流れなければならない．また，これが事実なら帯電した孤立導体からも電荷が飛び出してしまう．このようなことはない．したがって，電流が時間的に変化するときだけに発生する電流と等価な何かが極板間になければならない．

そこで再び平行平板コンデンサの電荷と電界について考えてみよう．図 10.2 のように上の極板 #1 に導電電流 $I_e(t)$ が流れ込むと，電荷保存則より極板上の電荷が増加する．微小時間 Δt の間に増加する電荷量 $\Delta Q_e(t)$ は，極板の面積を S，電荷密度を $\sigma_e(t)$ とすると，$\Delta Q_e(t) = I_e(t)\Delta t = S\sigma_e(t)$ で与えられる．下の極板では導電電流 I_e が流れ出ているから，同じ量の負の電荷が極板に分布することになる．この電荷により極板間には電界が発生する．一方，静電界の電束密度の大きさは例題 3.9 より電荷密度と同じであったから，電荷の時間的変動が緩やかならば，静電界と

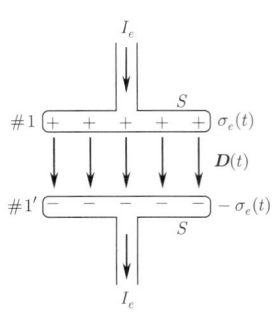

図 10.2　コンデンサ極板の真電荷と電束密度

同じように電荷密度に等しい電束密度が発生すると考えてもよいであろう．電束密度の単位は C/m^2 であるから，その時間微分が電流密度と同じ単位となる．すなわち，$\dfrac{\partial \boldsymbol{D}(\boldsymbol{r},t)}{\partial t}$ は電流密度と同じ作用をすると考えられる．こう考えれば，直流（静電界）のときは電流は流れず，交流のときに電流が流れるという現象を説明できそうである．また，$\dfrac{\partial \boldsymbol{D}(\boldsymbol{r},t)}{\partial t}$ が電流と同じ作用をするなら，これによって磁界が発生するはずである．

マクスウェル (J.C. Maxwell) が登場する以前の電流と磁界の基本法則は，アンペアの法則 $\nabla \times \boldsymbol{H} = \boldsymbol{J}_e$ であり，上の事実を説明することはできなかった．マクスウェルはアンペアの法則の発散をとると $\nabla \cdot \boldsymbol{J}_e = \nabla \cdot \nabla \times \boldsymbol{H} = 0$ となって，電荷保存則 (9.24) に矛盾することに気づき，アンペアの法則を

$$\nabla \times \boldsymbol{H}(\boldsymbol{r},t) = \boldsymbol{J}_e(\boldsymbol{r},t) + \frac{\partial \boldsymbol{D}(\boldsymbol{r},t)}{\partial t} \tag{10.1}$$

と一般化すべきであるとした．右辺の追加項 $\boldsymbol{J}_d(\boldsymbol{r},t) = \dfrac{\partial \boldsymbol{D}(\boldsymbol{r},t)}{\partial t}$ は，**電束密度** (electric displacement) を時間微分したものであると共に電流密度と同じ単位をもつことから，**変位電流** (displacement current)，あるいは**電束電流**とよんだ．'電流' というと何か電荷のような物が流れているように誤解されがちであるが，そうではなく電束の時間変化率が電流と同じ作用をするので，そのように名付けられただけである．このことはファラデーの電磁誘導の法則と対比させてみるとよい．ファラデーの法則は磁束の時間変化が電界を作るということを意味しているのに対して，式 (10.1) は電束の時間変化が，導電電流と同じように磁界を作るということを表している．

式 (10.1) のようにおくことによって，電荷保存則 (9.24) が矛盾なく成立することを示しておこう．このためには静電界における**ガウスの法則**を一般化しておく必要がある．すなわち，真電荷 ρ_e が時間的に変化したときでも

$$\nabla \cdot \boldsymbol{D}(\boldsymbol{r},t) = \rho_e(\boldsymbol{r},t) \tag{10.2}$$

が成り立つとする†．式 (10.1) の発散をとり，式 (10.2) を利用すると

$$0 = \nabla \cdot \nabla \times \boldsymbol{H}(\boldsymbol{r},t) = \nabla \cdot \boldsymbol{J}_e(\boldsymbol{r},t) + \nabla \cdot \frac{\partial \boldsymbol{D}(\boldsymbol{r},t)}{\partial t}$$
$$= \nabla \cdot \boldsymbol{J}_e(\boldsymbol{r},t) + \frac{\partial}{\partial t} \nabla \cdot \boldsymbol{D}(\boldsymbol{r},t) = \nabla \cdot \boldsymbol{J}_e(\boldsymbol{r},t) + \frac{\partial \rho_e(\boldsymbol{r},t)}{\partial t}$$

となって電荷保存則が導かれる．また，全ての量が時間的に変化しないときには，式 (10.1) の右辺第 2 項はゼロとなり，アンペアの法則に帰着する．このことからマクスウェルによって一般化された式 (10.1) を**アンペア・マクスウェルの法則**という．

最初の疑問を解決しておこう．**図 10.3** のようにコンデンサに交流電圧源をつないで電流を流すと，導線の周りの空間には磁界が発生する．導線を囲む 1 つの閉曲線 C を考えて，これに積分形のアンペア・マクスウェルの法則を適用しよう．閉曲線 C によって囲まれた曲面として図 10.3 の S_1 をとったとする．電界はコンデンサ内だけに局在しているとすると，この面内では変位電流はないから

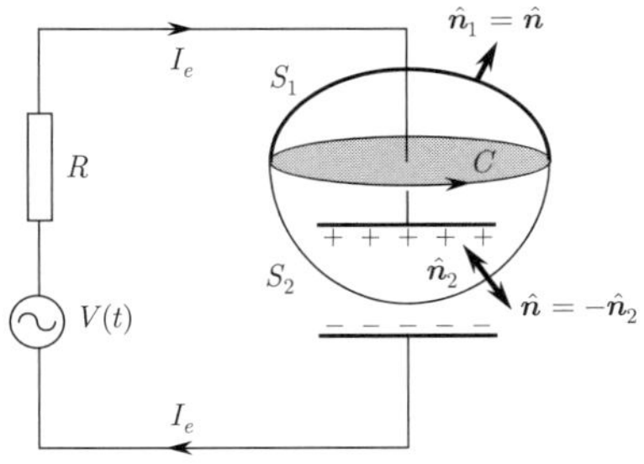

図 10.3 アンペア・マクスウェルの法則と変位電流

$$\oint_C \boldsymbol{H}(\boldsymbol{r},t) \cdot d\boldsymbol{l} = \int_{S_1} \boldsymbol{J}_e(\boldsymbol{r},t) \cdot \hat{\boldsymbol{n}}_1 \, dS = -I_e(t) \tag{10.3}$$

が成立する．これに対して，閉曲線 C により囲まれる曲面として図 10.3 の S_2 をとれば，そこには変位電流 I_d だけがあるから

---

† この一般化が正しいかどうかはこの章までの議論からだけでは判断できない．しかし，このように一般化することで式 (10.1) が電荷保存則に矛盾しないことや電磁波の性質が正しく記述されることなどから，その正当性が間接的に証明されることになる．

$$\oint_C \boldsymbol{H}(\boldsymbol{r},t) \cdot d\boldsymbol{l} = \int_{S_2} \frac{\partial \boldsymbol{D}(\boldsymbol{r},t)}{\partial t} \cdot \hat{\boldsymbol{n}}_2 \, dS = I_d(t) \tag{10.4}$$

となる．右辺の積分の値 I_d が式 (10.3) の $-I_e$ に一致すれば回路全体に電流が連続的に流れて最初の疑問が解決されたことになる．ここでは，変位電流はコンデンサの内部にだけあって他の部分にはないとしたから

$$\int_{S_1} \frac{\partial \boldsymbol{D}(\boldsymbol{r},t)}{\partial t} \cdot \hat{\boldsymbol{n}}_1 \, dS = 0, \qquad \int_{S_2} \boldsymbol{J}_e(\boldsymbol{r},t) \cdot \hat{\boldsymbol{n}}_2 \, dS = 0. \tag{10.5}$$

また，閉曲面 S_1+S_2 において，その外向きの法線ベクトルを $\hat{\boldsymbol{n}}$ と書くと，$\hat{\boldsymbol{n}}_1 = \hat{\boldsymbol{n}}$, $\hat{\boldsymbol{n}}_2 = -\hat{\boldsymbol{n}}$ である．このことに注意しながら，式 (10.5) とガウスの法則 (10.2) および電荷保存則 (9.24) を用いて，式 (10.4) を計算すると以下のようになる．

$$\begin{aligned}
I_d &= \int_{S_2} \frac{\partial \boldsymbol{D}}{\partial t} \cdot \hat{\boldsymbol{n}}_2 \, dS = \int_{S_2} \frac{\partial \boldsymbol{D}}{\partial t} \cdot \hat{\boldsymbol{n}}_2 \, dS - \underbrace{\int_{S_1} \frac{\partial \boldsymbol{D}}{\partial t} \cdot \hat{\boldsymbol{n}}_1 \, dS}_{\text{式 (10.5)}} = -\oint_{S_1+S_2} \frac{\partial \boldsymbol{D}}{\partial t} \cdot \hat{\boldsymbol{n}} \, dS \\
&= \underbrace{-\frac{\partial}{\partial t} \oint_{S_1+S_2} \boldsymbol{D} \cdot \hat{\boldsymbol{n}} \, dS = -\frac{\partial}{\partial t} \int_V \rho_e \, dv}_{\text{式 (10.2)}} = \underbrace{-\int_V \frac{\partial \rho_e}{\partial t} \, dv = \int_V \nabla \cdot \boldsymbol{J}_e \, dv}_{\text{式 (9.24)}} \\
&= \oint_{S_1+S_2} \boldsymbol{J}_e \cdot \hat{\boldsymbol{n}} \, dS = \int_{S_1} \boldsymbol{J}_e \cdot \hat{\boldsymbol{n}}_1 \, dS - \underbrace{\int_{S_2} \boldsymbol{J}_e \cdot \hat{\boldsymbol{n}}_2 \, dS}_{\text{式 (10.5)}} = -I_e
\end{aligned} \tag{10.6}$$

この結果より，導線内の導電電流はコンデンサ内部では変位電流となって，回路全体では連続的に電流が流れることになる．ただし，変位電流がコンデンサ内部にだけ局在しているという仮定をしたことに注意しよう．このような仮定ができる条件については 11 章で詳しく説明する．

10.1.2 変位電流が作る磁界と電磁誘導

電荷も電流もない真空中の電磁界について考えてみよう．アンペア・マクスウェルの法則 (10.1) において $\boldsymbol{J}_e = 0$ であるから

$$\nabla \times \boldsymbol{H}(\boldsymbol{r},t) = \varepsilon_0 \frac{\partial \boldsymbol{E}(\boldsymbol{r},t)}{\partial t} \tag{10.7}$$

これは図 **10.4**(a) のように，電界の時間的な増加率に比例して右ねじを回す方向に磁界が発生するということを表している．一方，ファラデーの電磁誘導の法則：

$$\nabla \times \boldsymbol{E}(\boldsymbol{r},t) = -\mu_0 \frac{\partial \boldsymbol{H}(\boldsymbol{r},t)}{\partial t}. \tag{10.8}$$

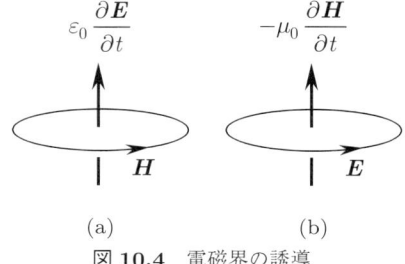

図 **10.4** 電磁界の誘導

は，図 10.4(b) のように磁界の時間的減少率が，右ねじを回す方向に電界を発生させるということを表している．このように磁界 H の時間的変化が電界 E を作り，逆にまた電界 E の時間的変化が磁界 H を作り出す．すなわち，電界 E と磁界 H とが，それぞれ互いに相手の源となっている．3 章から 8 章までに述べてきた静電界と静磁界が，互いに独立な現象であったのに比べると大きな違いである．重要なのは，ここで述べた電界と磁界との相互作用は空間が真空であっても起こることであり，この相互作用が空間を次々に伝わって電磁波が伝搬するのである．

10.1.3 電磁波の発見

マクスウェルが電磁波の存在を理論的に予測したことを知ったヘルツ (H.R. Hertz) は，その実証実験を繰り返し，1888 年，ついに電磁波の存在を確認した．ヘルツが用いた実験装置の概略を示すと図 10.5 のようになる[†]．微小間隔をあけておかれた金属球 #1 に導体棒をとり付けてある．この金属球に高電圧をかけて火花放電を起こすと，遠くに置いたもう一方の金属球 #2 にも火花放電が起こることが観測された．これはまさしく火花放電によって発生した電磁波が空間を伝搬して，もう一方の導体棒に受信されたことを示すものである．ヘルツはまた，金属筒状の放物面の焦点に導体棒を置くことによって効率よく電磁波を送受信する実験を行っている．さらにこの装置を用いて電磁波の直進性や屈折，速さなどを調べ，電磁波が光と同じ性質をもつことを確認した．こうしてヘルツの実験により電磁波の概念が確立されてゆくことになった．

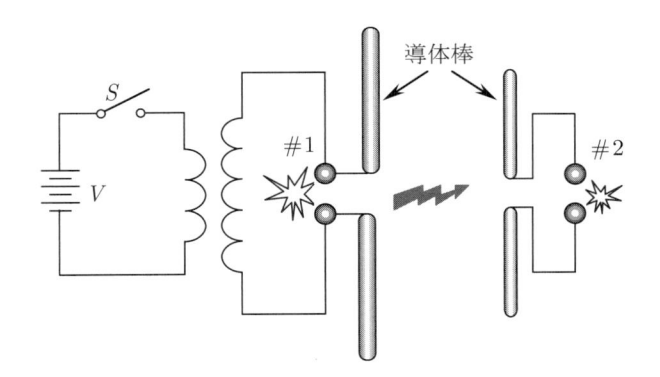

図 10.5 ヘルツの実験の概念図．ヘルツは，火花放電で電波を発生し，その電波が受信側の導体棒に受信したことを火花で確認した．

[†] 実際には，このような簡単な装置ではないが，要点がわかるように簡素化して描いたものである．実際の装置はミュンヘン市のドイツ博物館に展示されている．ヘルツの実験では波長 60 cm 程度の電磁波が発生したといわれている．一方，ヘルツは電磁波が役に立つものかどうかについては懐疑的だったとも伝えられている．昨今の無線通信の隆盛を見たらさぞかし驚くであろう．

10.2 マクスウェルの方程式

10.2.1 現象論的なマクスウェルの方程式

ここまできてやっと電磁気学全体の基本法則であるマクスウェルの方程式を完全な形で書き下せる段階に達した．物質中の電磁界を規定する基本法則をまとめると次のようになる．

$$\nabla \cdot \boldsymbol{D}(\boldsymbol{r},t) = \rho_e(\boldsymbol{r},t), \tag{10.9}$$

$$\nabla \cdot \boldsymbol{B}(\boldsymbol{r},t) = 0, \tag{10.10}$$

$$\nabla \times \boldsymbol{H}(\boldsymbol{r},t) - \frac{\partial \boldsymbol{D}(\boldsymbol{r},t)}{\partial t} = \boldsymbol{J}_e(\boldsymbol{r},t), \tag{10.11}$$

$$\nabla \times \boldsymbol{E}(\boldsymbol{r},t) + \frac{\partial \boldsymbol{B}(\boldsymbol{r},t)}{\partial t} = 0. \tag{10.12}$$

物質中において成立するこれらの方程式を一括して，**現象論的なマクスウェルの方程式** という．式 (10.9) は，4 章で学習した誘電体中の静電界におけるガウスの法則を，電荷分布と電界とが時間的に変動する場合に一般化したものである．それに対して式 (10.10) は，7 章で学習した静磁界におけるガウスの法則を，時間的に変動する磁界の場合に一般化したものである．式 (10.10) の右辺がゼロであることは，**単磁荷** (magnetic monopole) が存在しないことを示している．式 (10.11) は前節で導入したアンペア・マクスウェルの法則であり，導電電流と同様に変位電流も磁界を作ることを表している．式 (10.12) は，磁束密度の時間的変動にともなって，空間内に誘導電界が発生するというファラデーの電磁誘導の法則である[†1]．

さて，マクスウェルの方程式を成分ごとに表すと，計 8 個の方程式に分解される[†2]．これに対して ρ_e および $\boldsymbol{J}_e$ が既知であるとしても，方程式に含まれる未知数の数は $\boldsymbol{E}$, $\boldsymbol{B}$, $\boldsymbol{D}$ および $\boldsymbol{H}$ の $4 \times 3 = 12$ 個である．したがって，式 (10.9)～(10.12) の 8 個の方程式だけでは未知数が多すぎて解を一意的に決めることはできない．そこで物質中では次の関係が成り立つとする．

$$\boldsymbol{D}(\boldsymbol{r},t) = \varepsilon \boldsymbol{E}(\boldsymbol{r},t), \qquad \boldsymbol{B}(\boldsymbol{r},t) = \mu \boldsymbol{H}(\boldsymbol{r},t). \tag{10.13}$$

定数 ε および μ は，空間内に存在する物質の性質を反映する物理定数であるから，物質の

[†1] この方程式を最初に正確に書き下したのは，実はマクスウェルではなくて，電磁波の発見者として知られるヘルツである．ヘルツはマクスウェルの書き下した未整理の多くの方程式を整理し，マクスウェルの理論は上の 4 つの方程式に集約されることを指摘した．巻末の引用・参考文献 5) によると，ゾンマーフェルト (A. Sommerfeld) はヘルツの論文を読んで目からウロコがとれたような感じがしたと述べている．また，統計力学の創始者であるボルツマン (L. Boltzmann) は，これは神の創った芸術品であると言って感動したそうである．

[†2] 式 (10.9),(10.10) はスカラ方程式であるが，式 (10.11),(10.12) は 3 次元のベクトル方程式であることに注意．

種類やその密度に応じて場所の関数となる．式 (10.13) の関係は多くの物質について成立するが，強誘電体や強磁性体の場合には，ε や μ はそれぞれ電界 $\boldsymbol{E}$ および磁界 $\boldsymbol{H}$ の関数になる．すなわち $\varepsilon = \varepsilon(\boldsymbol{E})$, $\mu = \mu(\boldsymbol{H})$ と表さなければならない．また，異方性結晶の場合には，$\boldsymbol{D}$ と $\boldsymbol{E}$ の方向，あるいは $\boldsymbol{B}$ と $\boldsymbol{H}$ の方向が一致しない．さらに，電磁界の時間的変化が激しいときや電界，磁界が極端に大きくなる場合には，式 (10.13) の関係が成り立たない．このように式 (10.13) はいつでも成立するというわけではないが，何らかの形で $\boldsymbol{D}$ と $\boldsymbol{E}$, $\boldsymbol{B}$ と $\boldsymbol{H}$ との間に関数関係が成立することは確かである．この関係を考慮して，マクスウェルの方程式を $\boldsymbol{E}$ と $\boldsymbol{B}$ とだけで表現すれば，方程式の数が 8 個であるのに対して，未知数は $\boldsymbol{E}$ と $\boldsymbol{B}$ の 6 個になる．こうなると今度は，方程式の数が多すぎてマクスウェルの方程式には解がないのではないかと心配になる．しかしそういう心配は要らない．この理由を示そう．

最初に式 (10.11) の両辺の発散をとり，電荷保存則 (9.24) を用いると

$$\nabla \cdot \nabla \times \boldsymbol{H}(\boldsymbol{r},t) - \frac{\partial}{\partial t}\nabla \cdot \boldsymbol{D}(\boldsymbol{r},t) = \nabla \cdot \boldsymbol{J}_e(\boldsymbol{r},t) = -\frac{\partial \rho_e(\boldsymbol{r},t)}{\partial t} \tag{10.14}$$

となる．ここで左辺第 1 項は恒等的にゼロであるから，式 (10.14) は

$$\frac{\partial}{\partial t}[\nabla \cdot \boldsymbol{D}(\boldsymbol{r},t) - \rho_e(\boldsymbol{r},t)] = 0$$

と書き換えられる．これを時間に関して積分すると

$$\nabla \cdot \boldsymbol{D}(\boldsymbol{r},t) - \rho_e(\boldsymbol{r},t) = X(\boldsymbol{r}) \tag{10.15}$$

を得る．すなわち，どんな時刻においても電束密度 $\boldsymbol{D}$ の湧き出し口となる電荷密度 ρ_e のほかに，時間に関して一定となる物理量 $X(\boldsymbol{r})$ が別に存在してもよいことになる．このことはどんな場合にも成り立たなくてはならない．そこで静電界の場合を考えてみよう．空間中のどこにも電荷がなければ，電束密度はいたる所でゼロになるはずである．ところが式 (10.15) は，別の湧き出し口 $X(\boldsymbol{r})$ が存在するということを表している．これは明らかに矛盾である．したがって $X(\boldsymbol{r}) \equiv 0$ としなければならない．10.1 節では静電界におけるガウスの法則を時間的に変動する場合にも一般化したが，アンペア・マクスウェルの法則 (10.11) と電荷保存則が成り立つ限り不要だったのである．また，それらが成り立つ限り，ガウスの法則は補助方程式であるともいえる．このように考えると，3～5 章で多くの紙面を割いて説明してきたことが無駄のようにも思えるが，'場' という概念を導入するには静電界から説明する必要があったのである．

次に式 (10.12) の両辺の発散をとると

$$\nabla \cdot \nabla \times \boldsymbol{E}(\boldsymbol{r},t) + \frac{\partial}{\partial t}\nabla \cdot \boldsymbol{B}(\boldsymbol{r},t) = 0$$

となるが，左辺の第 1 項は恒等的にゼロであるから

$$\nabla \cdot \boldsymbol{B}(\boldsymbol{r},t) = Y(\boldsymbol{r}) \tag{10.16}$$

を得る．すなわち，磁束密度の湧き出し口として，時間に対して一定の単磁荷 $Y(\boldsymbol{r})$ があり得ることを意味している．しかしながら，いままでの全ての観測結果は，単磁荷の存在を否定するものであるから，$Y(\boldsymbol{r}) \equiv 0$ と選ばなければならない．

以上の議論をまとめると，電荷保存則が成り立つ限りマクスウェルの方程式のうち，式 (10.9) と (10.10) は補助方程式にすぎず，電界 $\boldsymbol{E}$ と磁束密度 $\boldsymbol{B}$ は，式 (10.11), (10.12) の 6 つの方程式によって規定されることになる．このようにして，6 つの未知数に対して 6 つの方程式があるから，形式的には解を一意的に定めることができる．しかし，電流や電荷は 10.2.3 で述べる境界条件を満たすように分布するから，必ずしもマクスウェルの方程式が解けるというわけではない．

マクスウェルの方程式 (10.9)～(10.12) および式 (10.13) の関係の他に，電磁界の時間的変化が緩やかならば，導電電流 $\boldsymbol{J}_e$ に対してオームの法則：

$$\boldsymbol{J}_e(\boldsymbol{r},t) = \sigma \left[\boldsymbol{E}(\boldsymbol{r},t) + \boldsymbol{E}^{ex}(\boldsymbol{r},t) \right] \tag{10.17}$$

が多くの物質に対して成立する．ここで右辺第 2 項の $\boldsymbol{E}^{ex}$ は発電機などの起電力に対応する電界である．なお，式 (10.17) のオームの法則は現象論的な法則であり，式 (10.13) と同様にこれが成立しない物質も存在する．そのような物質の抵抗を**非オーム抵抗**という．

10.2.2 静電界・静磁界および定常電流

物質中における電磁界の基本法則に基づいて，前章までに説明してきたいろいろな場合を復習しておこう．一般法則から特別の場合がどのようになるかを見ることは，復習という意味だけではなく，一般理論の構造を知る上でも有用である．

マクスウェルの方程式 (10.9)～(10.12) および式 (10.13) の関係式において，全ての物理量が時間 t に依存しないとする．このとき式 (10.9), (10.12) および式 (10.13) の第 1 式は

$$\nabla \cdot \boldsymbol{D}(\boldsymbol{r}) = \rho_e(\boldsymbol{r}), \quad \nabla \times \boldsymbol{E}(\boldsymbol{r}) = 0, \quad \boldsymbol{D}(\boldsymbol{r}) = \varepsilon \boldsymbol{E}(\boldsymbol{r}) \tag{10.18}$$

に帰着する．これらは静電界に関する基本法則である．また，式 (10.10), (10.11) および式 (10.13) の第 2 式は

$$\nabla \cdot \boldsymbol{B}(\boldsymbol{r}) = 0, \quad \nabla \times \boldsymbol{H}(\boldsymbol{r}) = \boldsymbol{J}_e(\boldsymbol{r}), \quad \boldsymbol{B}(\boldsymbol{r}) = \mu \boldsymbol{H}(\boldsymbol{r}) \tag{10.19}$$

となる．これらは定常電流による静磁界の基本法則にほかならない．このように，すべての物理量が時間依存性をもたないとき，マクスウェルの方程式は 2 組の独立な方程式に分離できる．

（1） 静 電 界　式 (10.18) で規定される静電界について考える．このとき第 2 式から静電ポテンシャル $V(\bm{r})$ が定義され

$$\bm{E}(\bm{r}) = -\nabla V(\bm{r}) \tag{10.20}$$

と表すことができる．式 (10.20) を式 (10.18) の第 1 式に代入して第 3 式を用いると，ポアソンの方程式：

$$\nabla^2 V(\bm{r}) = -\frac{1}{\varepsilon}\rho_e(\bm{r}) \tag{10.21}$$

を得る．無限遠方でゼロになる式 (10.21) の解は，3 章で詳しく説明したように

$$V(\bm{r}) = \frac{1}{4\pi\varepsilon} \int_V \frac{\rho_e(\bm{r}')}{|\bm{r}-\bm{r}'|} dv' \tag{10.22}$$

で与えられる．これを式 (10.20) に代入して微分を実行することにより，静電界に対して

$$\bm{E}(\bm{r}) = \frac{1}{4\pi\varepsilon} \int_V \rho_e(\bm{r}') \frac{\bm{r}-\bm{r}'}{|\bm{r}-\bm{r}'|^3} dv' \tag{10.23}$$

の表現が得られる．

（2） 静 磁 界　式 (10.19) で規定される静磁界について考える．式 (10.19) の第 1 式から，静磁界の磁束密度 $\bm{B}(\bm{r})$ はベクトルポテンシャル $\bm{A}(\bm{r})$ を用いて

$$\bm{B}(\bm{r}) = \nabla \times \bm{A}(\bm{r}) \tag{10.24}$$

と表すことができる．式 (10.24) を式 (10.19) の第 2 式に代入すると，ベクトルポテンシャル $\bm{A}(\bm{r})$ が満足する方程式は

$$\nabla \times \nabla \times \bm{A}(\bm{r}) = \mu \bm{J}_e(\bm{r}) \tag{10.25}$$

となる．無限遠方でゼロとなる式 (10.25) の解は，7 章で説明したように

$$\bm{A}(\bm{r}) = \frac{\mu}{4\pi} \int_V \frac{\bm{J}_e(\bm{r})}{|\bm{r}-\bm{r}'|} dv' \tag{10.26}$$

で与えられる．式 (10.26) を式 (10.24) に代入して微分を実行することにより

$$\bm{B}(\bm{r}) = \frac{\mu}{4\pi} \int_V \bm{J}_e(\bm{r}) \times \frac{\bm{r}-\bm{r}'}{|\bm{r}-\bm{r}'|^3} dv' \tag{10.27}$$

を得る．これはビオ・サバールの法則にほかならない．一方，式 (10.19) の第 2 式の発散をとると**定常電流の保存則**：

$$\nabla \cdot \bm{J}_e(\bm{r}) = \nabla \cdot \nabla \times \bm{H}(\bm{r}) = 0 \tag{10.28}$$

を得る．

(3) 定常電流 定常電流が流れている領域では，オームの法則：

$$\boldsymbol{J}_e(\boldsymbol{r}) = \sigma\left[\boldsymbol{E}(\boldsymbol{r}) + \boldsymbol{E}^{ex}(\boldsymbol{r})\right] \tag{10.29}$$

と，式 (10.18) の第 2 式 および 式 (10.28) が成り立っている．これらが定常電流の分布を決定する基本法則である．式 (10.18) の第 2 式 から，導体内の電界 $\boldsymbol{E}(\boldsymbol{r})$ もポテンシャル $V(\boldsymbol{r})$ を用いて，式 (10.20) のように表すことができる．これを式 (10.29) に代入すると

$$\boldsymbol{J}_e(\boldsymbol{r}) = -\sigma\nabla V(\boldsymbol{r}) + \sigma\boldsymbol{E}^{ex}(\boldsymbol{r}) \tag{10.30}$$

となるから，両辺の発散をとると，式 (10.28) より

$$\nabla\cdot\boldsymbol{J}_e(\boldsymbol{r}) = 0 = -\sigma\nabla^2 V(\boldsymbol{r}) + \sigma\nabla\cdot\boldsymbol{E}^{ex}(\boldsymbol{r})$$

これよりポアソンの方程式：

$$\nabla^2 V(\boldsymbol{r}) = \nabla\cdot\boldsymbol{E}^{ex}(\boldsymbol{r}) \tag{10.31}$$

を得る．外部起電力 $\boldsymbol{E}^{ex}$ が与えられると，ポアソンの方程式 (10.31) を解くことにより $V(\boldsymbol{r})$ を求めることができ，それを式 (10.20) に代入すれば，導体内部の電界 $\boldsymbol{E}(\boldsymbol{r})$ を計算することができる．さらにその結果を式 (10.29) に代入すれば，定常電流の分布 $\boldsymbol{J}_e(\boldsymbol{r})$ を決定することができる．

こうして，マクスウェルの方程式から静電界，静磁界および定常電流の場に関する法則が，全て導かれたことになる．

10.2.3 境界条件

これまでは一様な媒質中のマクスウェルの方程式について考えてきた．ここでは媒質定数が不連続に変化するときに境界上の電磁界がどのような条件を満たすかを考える．この条件はマクスウェルの方程式から導かれるものであるから，微分方程式の境界条件のように強制的に与えられる条件ではない．したがって，境界条件というよりもむしろ不連続媒質境界上のマクスウェルの方程式といった方が誤解がないのかもしれない．

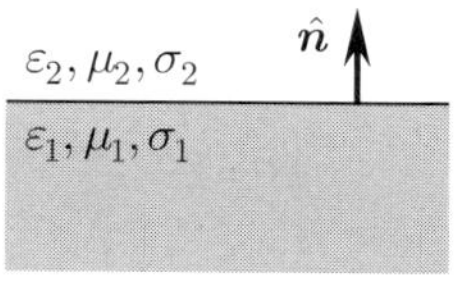

磁束密度 $\boldsymbol{B}$ と電束密度 $\boldsymbol{D}$ に関するガウスの法則 (10.9), (10.10) はそれぞれ静電界，静磁界のガウスの法則と同じ式であるから，境界条件の導出方法も結果も 4.6 節，8.2.3 項と全く同じである．したがってここでは結果だけを示す．図 **10.6** の境界面上に面密度 $\sigma_e(\boldsymbol{r},t)$ の真電荷が分布しているとすると，電束密度 $\boldsymbol{D}$ 法線成分は

図 **10.6** 単位法線ベクトル

$$\hat{\boldsymbol{n}}(\boldsymbol{r})\cdot\left\{\boldsymbol{D}_2(\boldsymbol{r},t) - \boldsymbol{D}_1(\boldsymbol{r},t)\right\} = \sigma_e(\boldsymbol{r},t) \tag{10.32}$$

を満足する．つまり，**電束密度の法線成分の不連続量は境界上に分布する真電荷の面密度に等しい**．特別な場合として真電荷が分布していないなら，式 (10.32) は

$$\hat{n}(r) \cdot \{D_2(r,t) - D_1(r,t)\} = 0 \tag{10.33}$$

となるから，**電束密度の法線成分は連続**となる．

磁束密度の法線成分は

$$\hat{n}(r) \cdot \{B_2(r,t) - B_1(r,t)\} = 0 \tag{10.34}$$

を満足する．すなわち，**磁束密度の法線成分は連続**である．

次に，電界の条件を求めよう．式 (10.12) の積分形を，図 **10.7** に示すような境界を横切る微小閉曲線 C に適用すると，$\hat{t}_2 = -\hat{t}_1 = \hat{t}$，$\hat{t}_4 = -\hat{t}_3 = \hat{n}$ だから

$$\begin{aligned}
&\oint_C E(r,t) \cdot dl \\
&\approx (E_2 - E_1) \cdot \hat{t}\Delta s + (E_4 - E_3) \cdot \hat{n}\Delta l \\
&= -\int_S \frac{\partial B}{\partial t} \cdot \hat{e}\, dS \approx -\overline{\frac{\partial B}{\partial t}} \cdot \hat{e}\Delta s \Delta l
\end{aligned}$$

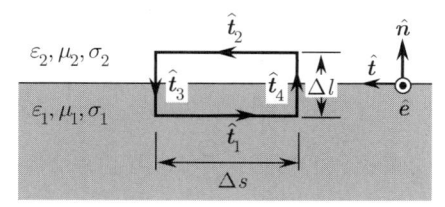

図 **10.7** E, H の境界条件を求めるための閉曲線

ただし $\overline{\dfrac{\partial B}{\partial t}}$ は，閉曲線 C で囲まれた微小面積 S 内の平均値を表す．ここで $\Delta l \to 0$ とすると

$$\{E_2(r,t) - E_1(r,t)\} \cdot \hat{t}(r) = 0 \tag{10.35}$$

を得る．すなわち，**電界接線成分は連続**である．本質的にはこれで十分であるが，もう少し変形しておこう．式 (10.35) において，$\hat{t} = \hat{e} \times \hat{n}$ だから，$(E_2 - E_1) \cdot (\hat{e} \times \hat{n}) = \hat{e} \cdot \{\hat{n} \times (E_2 - E_1)\} = 0$ と変形できる．すなわち電界の接線成分の連続条件 (10.35) は

$$\hat{n}(r) \times \{E_2(r,t) - E_1(r,t)\} = 0 \tag{10.36}$$

と書き換えられる．

境界表面上に真電荷があると真電荷の移動に伴う導電電流が流れる．真電荷は境界表面にしかないから，この電流もまた境界表面上だけを流れる．電流密度 J_e は単位面積を通過する電流であるから，図 **10.8** のように，$z = z_s$ の境界面上の面電流密度を K_e とすると

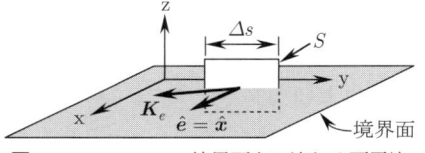

図 **10.8** $z = z_s$ の境界面上に流れる面電流

$$\boldsymbol{J}_e(\boldsymbol{r},t) = \boldsymbol{K}_e(x,y,t)\delta(z-z_s) \tag{10.37}$$

と表すことができる．これより境界面に垂直な微小面積 S を通過する電流は

$$\int_S \boldsymbol{J}_e(\boldsymbol{r},t)\cdot\hat{\boldsymbol{e}}(\boldsymbol{r})\,dS = \iint \boldsymbol{K}_e(x,y)\delta(z-z_s)\cdot\hat{\boldsymbol{e}}\,dy\,dz$$
$$= \int \boldsymbol{K}_e(x,y)\cdot\hat{\boldsymbol{e}}\,dy \approx \boldsymbol{K}_e(x,y)\cdot\hat{\boldsymbol{e}}\Delta s$$

となる．なお，図 10.8 のように境界面を平板にとっても，微小面 S を yz 面に平行にとっても一般性を失わないことは明らかであろう．さて，図 10.7 の閉曲線に式 (10.11) の積分形を適用すると

$$\oint_C \boldsymbol{H}(\boldsymbol{r},t)\cdot d\boldsymbol{l} \approx (\boldsymbol{H}_2-\boldsymbol{H}_1)\cdot\hat{\boldsymbol{t}}\Delta s + (\boldsymbol{H}_4-\boldsymbol{H}_3)\cdot\hat{\boldsymbol{n}}\Delta l$$
$$= \int_S \left(\frac{\partial \boldsymbol{D}}{\partial t} + \boldsymbol{J}_e\right)\cdot\boldsymbol{e}\,dS \approx \overline{\frac{\partial \boldsymbol{D}}{\partial t}}\cdot\hat{\boldsymbol{e}}\Delta s\Delta l + \boldsymbol{K}_e\cdot\hat{\boldsymbol{e}}\Delta s$$

を得る．ただし，$\overline{\dfrac{\partial \boldsymbol{D}}{\partial t}}$ は，閉曲線によって囲まれた面積 S 内の平均値を表す．ここで $\Delta l \to 0$ とすると，左辺第 2 項および，右辺第 1 項はゼロとなるから，上式は $(\boldsymbol{H}_2-\boldsymbol{H}_1)\cdot\hat{\boldsymbol{t}} = \boldsymbol{K}_e\cdot\hat{\boldsymbol{e}}$ となる．さらに左辺は $\hat{\boldsymbol{e}}\cdot\{\hat{\boldsymbol{n}}\times(\boldsymbol{H}_2-\boldsymbol{H}_1)\}$ 変形できるから，磁界の接線成分は次の条件を満たす．

$$\hat{\boldsymbol{n}}(\boldsymbol{r}) \times \left\{\boldsymbol{H}_2(\boldsymbol{r},t) - \boldsymbol{H}_1(\boldsymbol{r},t)\right\} = \boldsymbol{K}_e(\boldsymbol{r},t) \tag{10.38}$$

すなわち，**磁界の接線成分の不連続分は境界面に流れる面電流密度に等しい**．また，境界に面電流が流れないで，各領域でオームの法則 $\boldsymbol{J}_e = \sigma\boldsymbol{E}$ が成り立っているなら

$$\hat{\boldsymbol{n}}(\boldsymbol{r}) \times \left\{\boldsymbol{H}_2(\boldsymbol{r},t) - \boldsymbol{H}_1(\boldsymbol{r},t)\right\} = 0 \tag{10.39}$$

となって，**磁界の接線成分は連続**となる．

特別な場合として媒質 1 が完全導体であるとする．完全導体内部では電界はゼロであるから，添え字 '2' をとって導体表面上の電界 $\boldsymbol{E}$ と電束密度 $\boldsymbol{D}$ の境界条件を表すと

$$\hat{\boldsymbol{n}}(\boldsymbol{r}) \cdot \boldsymbol{D}(\boldsymbol{r},t) = \sigma_e(\boldsymbol{r},t), \qquad \hat{\boldsymbol{n}}(\boldsymbol{r}) \times \boldsymbol{E}(\boldsymbol{r},t) = 0 \tag{10.40}$$

となる．すなわち，**電束密度の法線成分は完全導体表面の面電荷密度に等しく，電界の接線成分はゼロ**となる．また，$\boldsymbol{D} = \varepsilon\boldsymbol{E}$ であるから，図 **10.9**(a) のように電束密度も電気力線も完全導体に垂直になる．

完全導体内部では磁界はゼロであるから，式 (10.12) より $\dfrac{\partial \boldsymbol{B}}{\partial t} = 0$ となり，時間的に変動する磁束密度はない．しかし静磁界は存在し得る．そこで完全導体を銅やアルミニウムのよ

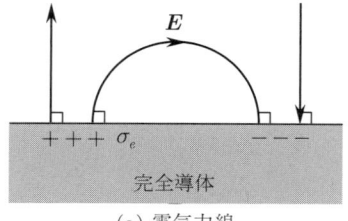

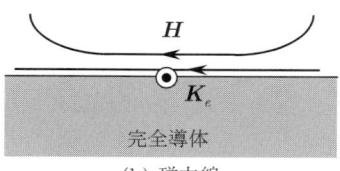

図 10.9 完全導体近傍の電気力線と磁力線

(a) 電気力線 (b) 磁力線

うな金属の導電率を無限大にした理想物質であると考えると，それらの媒質の透磁率は，ほぼ μ_0 であるから静磁界はゼロではない．鉄のような高透磁率の金属の理想状態と考えても同様である．一方，超伝導体なら完全反磁性体でもあるから，磁界はその内部に浸透しないため，静磁界はゼロになる．このように，完全導体と一言でいっても，静磁界に関しては磁気的性質がわからないと定義できない．そこでこれ以降は時間的に変動する磁界だけを考えることにすると，磁界はゼロであるとしてよい．このとき

$$\hat{\boldsymbol{n}}(\boldsymbol{r}) \cdot \boldsymbol{B}(\boldsymbol{r}, t) = 0, \qquad \hat{\boldsymbol{n}}(\boldsymbol{r}) \times \boldsymbol{H}(\boldsymbol{r}, t) = \boldsymbol{K}_e(\boldsymbol{r}, t) \tag{10.41}$$

すなわち，**磁束密度の法線成分はゼロ**となり，**磁界の接線成分は表面電流密度に等しい**．磁力線を描くと図 10.9(b) のように完全導体表面に平行になる．

10.2.4 点電荷系と電磁界 *

10.2.1 項で示したマクスウェルの方程式は，物質の存在を実験によって決められる誘電率 ε，透磁率 μ および導電率 σ 等の物質定数で代用するという意味で現象論的な方程式である．一方，どんな物質も電子や原子核で構成されているから，**図 10.10** のような点電荷の系と電磁界を基本にして，すべての現象を説明できないかと考えられた．この考え方に内蔵されている矛盾の解明を通して，現代物理学への道が開かれてゆくのであるが，20 世紀初頭までの古典物理学とよばれる物理体系を規定する法則をまとめると，**表 10.1** のようになる[†]．古典力学が補助方程式も含めて，たった 8 個の方程式にまとめられているというのは驚きである．この表で注意したいのは，$\boldsymbol{r}$ とは空間の勝手な点を表すベクトルであるのに対して，$\boldsymbol{r}_i$ とは点電荷の位置ベクトルであるということである．また，マクス

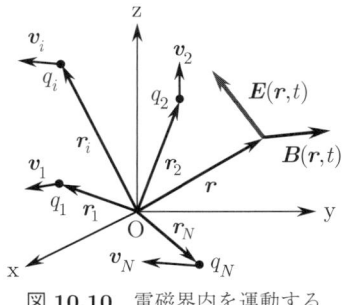

図 10.10 電磁界内を運動する点電荷系

[†] 1905 年にアインシュタインが発表した特殊相対性理論 (special relativity) までを含める場合もある．

330   10. マクスウェルの方程式と電磁波

表 10.1 古典物理学の体系

現象 / 方程式名	方程式
マクスウェルの方程式 (真空中)	$\nabla \cdot \boldsymbol{E}(\boldsymbol{r},t) = \dfrac{\rho_e(\boldsymbol{r},t)}{\varepsilon_0},$ $\nabla \cdot \boldsymbol{B}(\boldsymbol{r},t) = 0,$ $\nabla \times \boldsymbol{B}(\boldsymbol{r},t) = \mu_0 \boldsymbol{J}_e(\boldsymbol{r},t) + \mu_0 \varepsilon_0 \dfrac{\partial \boldsymbol{E}(\boldsymbol{r},t)}{\partial t},$ $\nabla \times \boldsymbol{E}(\boldsymbol{r},t) = -\dfrac{\partial \boldsymbol{B}(\boldsymbol{r},t)}{\partial t}$
電荷保存則	$\nabla \cdot \boldsymbol{J}_e(\boldsymbol{r},t) + \dfrac{\partial \rho_e(\boldsymbol{r},t)}{\partial t} = 0$
ローレンツ力	$\boldsymbol{F}(\boldsymbol{r}_i,t) = q\bigl[\boldsymbol{E}(\boldsymbol{r}_i,t) + \boldsymbol{v}_i(t) \times \boldsymbol{B}(\boldsymbol{r}_i,t)\bigr],$ ただし $\boldsymbol{v}_i(t) = \dfrac{d\boldsymbol{r}_i(t)}{dt}$
運動の法則	$\dfrac{d\boldsymbol{p}_i(t)}{dt} = \boldsymbol{F}(\boldsymbol{r}_i,t),$ ただし $\boldsymbol{p}_i(t) = m_i \boldsymbol{v}_i(t)$
万有引力	$\boldsymbol{F}(\boldsymbol{r}_i,t) = -G \dfrac{m_i m_j}{|\boldsymbol{r}_i - \boldsymbol{r}_j|^2} \dfrac{\boldsymbol{r}_i - \boldsymbol{r}_j}{|\boldsymbol{r}_i - \boldsymbol{r}_j|}$

ウェルの方程式に現れる電荷密度と電流密度はデルタ関数を用いて次のように表される[†].

$$\rho_e(\boldsymbol{r},t) = \sum_{i=1}^{N} q_i \delta(\boldsymbol{r} - \boldsymbol{r}_i), \qquad \boldsymbol{J}_e(\boldsymbol{r},t) = \sum_{i=1}^{N} q_i \boldsymbol{v}_i(t) \delta(\boldsymbol{r} - \boldsymbol{r}_i) \tag{10.42}$$

運動する点電荷にはローレンツ力が働くと同時に万有引力も働いているから，運動方程式は次のように表される．

$$m_i \frac{d^2 \boldsymbol{r}_i(t)}{dt^2} = q_i \boldsymbol{E}(\boldsymbol{r}_i,t) + q_i \frac{d\boldsymbol{r}_i(t)}{dt} \times \boldsymbol{B}(\boldsymbol{r}_i,t) - \sum_{j \neq i}^{N} G m_i m_j \frac{\boldsymbol{r}_i - \boldsymbol{r}_j}{|\boldsymbol{r}_i - \boldsymbol{r}_j|^3} \tag{10.43}$$

ここで G は万有引力定数である．この式とマクスウェルの方程式を連立させると，点電荷系の問題は完全に解決できそうである．しかし，式 (10.42) の電荷分布と電流分布によって作られる電磁界はローレンツ力として点電荷系の運動に影響を与え，その影響によって変化した電荷分布と電流分布は電磁界に変化をもたらす．さらにその変化した電磁界は点電荷の運動を変えるという具合に，電磁界と点電荷の運動とは互いに複雑に絡み合っている．このため，7.3 節で示したような非常に特殊な場合を除いて一般には解けない．

多くの物理現象は古典力学の範囲で説明することができるため，その意義が失われることはないが，例えば原子模型に適用すると，その寿命が 10^{-11} 秒程度しかないことなどの矛盾を含んでいる．これらの矛盾を克服するため 20 世紀初頭に量子力学が誕生した．また，式

[†] 3.1.2 項および 6.1.2 項参照．

(10.43) の右辺には万有引力の項が含まれており，これまでに述べてきた '場' という考え方とあまりにもかけ離れていることに気づいた読者もいるであろう．この疑問はもっともで，アインシュタインの一般相対性理論への道を開くきっかけの 1 つだったのである．

最後に，現象論的なマクスウェルの方程式について述べておこう．これまでの章で明らかなように，導電電流および真電荷による物質中の電荷（電子）の運動を分極ベクトル P や磁化ベクトル M として場の変数にくり込んでしまったのが現象論的なマクスウェルの方程式である．一方，導体内で自由に運動できる電子以外の物質は，電子にとって抵抗力として作用すると考えられる．その効果を導電率という物理定数に置きかえたのがオームの法則である．つまりオームの法則は運動方程式 (10.43) の現象論的な代用品であるといえる．誘電体内部ではさらに電子の変位を引き戻すような力が働くため，電界が激しく変動する場合の誘電率を正しく評価するためには，運動方程式 (10.43) を解かなければならない．詳細は巻末の引用・参考文献 1) ～ 4) などを参照してほしい．

10.3 電磁波の伝搬

10.3.1 波動方程式

工学の分野では電界 E と磁界 H を用いることが多い．そこでマクスウェルの方程式 (10.9) ～ (10.12) を一様媒質中の電界 E，磁界 H に関する方程式に直すと

$$\nabla \cdot \boldsymbol{E}(\boldsymbol{r},t) = \frac{\rho_e(\boldsymbol{r},t)}{\varepsilon}, \tag{10.44}$$

$$\nabla \cdot \boldsymbol{H}(\boldsymbol{r},t) = 0, \tag{10.45}$$

$$\nabla \times \boldsymbol{H}(\boldsymbol{r},t) = \boldsymbol{J}_e(\boldsymbol{r},t) + \varepsilon \frac{\partial \boldsymbol{E}(\boldsymbol{r},t)}{\partial t}, \tag{10.46}$$

$$\nabla \times \boldsymbol{E}(\boldsymbol{r},t) = -\mu \frac{\partial \boldsymbol{H}(\boldsymbol{r},t)}{\partial t} \tag{10.47}$$

となる．上式は電界，磁界に関する連立方程式である．そこでまず電界だけの式を得るために式 (10.47) の回転をとり，式 (10.46) を利用すると

$$\nabla \times \nabla \times \boldsymbol{E} = -\mu \nabla \times \left(\frac{\partial \boldsymbol{H}}{\partial t}\right) = -\mu \frac{\partial}{\partial t}\left(\boldsymbol{J}_e + \varepsilon \frac{\partial \boldsymbol{E}}{\partial t}\right) = -\mu \frac{\partial \boldsymbol{J}_e}{\partial t} - \varepsilon\mu \frac{\partial^2 \boldsymbol{E}}{\partial t^2}.$$

次に式 (10.46) の回転をとり，式 (10.47) を用いると

$$\nabla \times \nabla \times \boldsymbol{H} = \nabla \times \boldsymbol{J}_e + \varepsilon \frac{\partial}{\partial t}\nabla \times \boldsymbol{E} = \nabla \times \boldsymbol{J}_e - \varepsilon\mu \frac{\partial^2 \boldsymbol{H}}{\partial t}$$

となるから，まとめると

$$\nabla \times \nabla \times \boldsymbol{E}(\boldsymbol{r},t) + \varepsilon\mu \frac{\partial^2 \boldsymbol{E}(\boldsymbol{r},t)}{\partial t^2} = -\mu \frac{\partial \boldsymbol{J}_e(\boldsymbol{r},t)}{\partial t}, \tag{10.48}$$

$$\nabla \times \nabla \times \boldsymbol{H}(\boldsymbol{r},t) + \varepsilon\mu\frac{\partial^2 \boldsymbol{H}(\boldsymbol{r},t)}{\partial t^2} = \nabla \times \boldsymbol{J}_e(\boldsymbol{r},t) \tag{10.49}$$

を得る．これらが導電電流 $\boldsymbol{J}_e(\boldsymbol{r},t)$ を非同次項とする電界 $\boldsymbol{E}(\boldsymbol{r},t)$ と磁界 $\boldsymbol{H}(\boldsymbol{r},t)$ の**ベクトル波動方程式** (inhomogeneous vector wave equation) である．すなわち，電流を源にして空間を伝搬する電界の波，磁界の波を表す方程式である．なぜ '波動' 方程式とよばれるかについては順を追って説明する．

任意のベクトル関数 $\boldsymbol{F}$ に対して，ベクトル公式 $\nabla \times \nabla \times \boldsymbol{F} = \nabla(\nabla \cdot \boldsymbol{F}) - \nabla^2 \boldsymbol{F}$ が成り立つから，式 (10.44), (10.45) を用いて式 (10.48), (10.49) を変形すると

$$\nabla^2 \boldsymbol{E}(\boldsymbol{r},t) - \mu\varepsilon\frac{\partial^2 \boldsymbol{E}(\boldsymbol{r},t)}{\partial t^2} = \mu\frac{\partial \boldsymbol{J}_e(\boldsymbol{r},t)}{\partial t} + \frac{1}{\varepsilon}\nabla\rho_e(\boldsymbol{r},t), \tag{10.50}$$

$$\nabla^2 \boldsymbol{H}(\boldsymbol{r},t) - \mu\varepsilon\frac{\partial^2 \boldsymbol{H}(\boldsymbol{r},t)}{\partial t^2} = -\nabla \times \boldsymbol{J}_e(\boldsymbol{r},t) \tag{10.51}$$

を得る．これらもまた非同次ベクトル波動方程式とよばれている．また，式 (10.50) の右辺には電流と電荷の項が現れるが，それらは電荷保存則によって関係付けられるから，本質的にはどちらか一方だけを考えればよい．しかし電流の空間微分や時間微分が現れるため，取り扱いには不便である．後の 10.5 節で，ベクトルポテンシャルとスカラポテンシャルを用いた便利な式を導こう．

式 (10.48), (10.49), あるいは式 (10.50), (10.51) は，図 **10.11** のように電流と電荷が存在する体積 V の中で成立する波動方程式である．V の外側の**自由空間** (free space)[†] におけるマクスウェルの方程式は，式 (10.44)〜(10.47) において $\rho_e(\boldsymbol{r},t) = 0$, $\boldsymbol{J}_e(\boldsymbol{r},t) = 0$ とするだけであるから

$$\nabla \cdot \boldsymbol{E}(\boldsymbol{r},t) = 0, \tag{10.52}$$

$$\nabla \cdot \boldsymbol{H}(\boldsymbol{r},t) = 0, \tag{10.53}$$

$$\nabla \times \boldsymbol{H}(\boldsymbol{r},t) = \varepsilon\frac{\partial \boldsymbol{E}(\boldsymbol{r},t)}{\partial t}, \tag{10.54}$$

$$\nabla \times \boldsymbol{E}(\boldsymbol{r},t) = -\mu\frac{\partial \boldsymbol{H}(\boldsymbol{r},t)}{\partial t}. \tag{10.55}$$

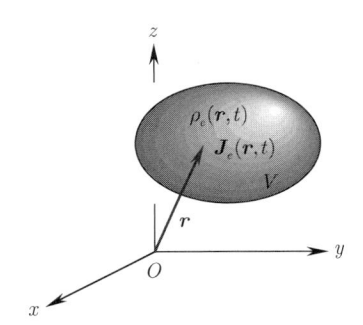

図 **10.11** 体積 V 内に局在する電荷分布と電流分布

また，波動方程式においても $\rho_e(\boldsymbol{r},t) = 0$, $\boldsymbol{J}_e(\boldsymbol{r},t) = 0$ とすればよいから，式 (10.50), (10.51) は

[†] 電磁界の源が存在しない一様媒質の領域を自由空間という．源としては外部から印加したものと，それによって媒質に誘起されたものとが考えられるが，ここでは前者だけを考えている．媒質に誘起される源もなければ，真空の空間が自由空間である．

$$\nabla^2 \boldsymbol{E}(\boldsymbol{r},t) - \varepsilon\mu \frac{\partial^2 \boldsymbol{E}(\boldsymbol{r},t)}{\partial t^2} = 0, \tag{10.56}$$

$$\nabla^2 \boldsymbol{H}(\boldsymbol{r},t) - \varepsilon\mu \frac{\partial^2 \boldsymbol{H}(\boldsymbol{r},t)}{\partial t^2} = 0. \tag{10.57}$$

となる．このように自由空間では電界と磁界は全く同じ波動方程式を満足する．また，波動方程式において，マクスウェルの変位電流が決定的な役割を果たしていたことに注意しよう．仮にこの変位電流がなかったとして同じ計算をすると，電界，磁界はそれぞれ

$$\nabla^2 \boldsymbol{E}(\boldsymbol{r},t) = 0, \qquad \nabla^2 \boldsymbol{H}(\boldsymbol{r},t) = 0 \tag{10.58}$$

というラプラスの方程式を満たすから電磁波は伝搬しない．すなわち，電磁波の伝搬は変位電流の存在によると結論づけられる．

10.3.2 平 面 波

マクスウェルの方程式の解が実際に自由空間を伝搬する波動になっていることを示すために，電界 $\boldsymbol{E}$ と磁界 $\boldsymbol{H}$ とが次式のように z 軸方向だけに変化する特別な場合を考えよう．

$$\begin{cases} \boldsymbol{E}(\boldsymbol{r},t) = E_x(z,t)\hat{\boldsymbol{x}} + E_y(z,t)\hat{\boldsymbol{y}} + E_z(z,t)\hat{\boldsymbol{z}}, \\ \boldsymbol{H}(\boldsymbol{r},t) = H_x(z,t)\hat{\boldsymbol{x}} + H_y(z,t)\hat{\boldsymbol{y}} + H_z(z,t)\hat{\boldsymbol{z}}. \end{cases} \tag{10.59}$$

これらを波動方程式 (10.56), (10.57) に代入すれば，各成分ごとの波動方程式は得られるが，成分間の関係はわからない．そこでマクスウェルの方程式に立ち返って解析しよう．まず，式 (10.55) に式 (10.59) を代入して，各成分ごとに表すと

$$\begin{cases} -\dfrac{\partial E_y(z,t)}{\partial z} = -\mu \dfrac{\partial H_x(z,t)}{\partial t}, \\ \dfrac{\partial E_x(z,t)}{\partial z} = -\mu \dfrac{\partial H_y(z,t)}{\partial t}, \\ 0 = -\mu \dfrac{\partial H_z(z,t)}{\partial t} \end{cases} \tag{10.60}$$

を得る．同様にして式 (10.54) に式 (10.59) を代入して，各成分ごとに表すと

$$\begin{cases} -\dfrac{\partial H_y(z,t)}{\partial z} = \varepsilon \dfrac{\partial E_x(z,t)}{\partial t}, \\ \dfrac{\partial H_x(z,t)}{\partial z} = \varepsilon \dfrac{\partial E_y(z,t)}{\partial t}, \\ 0 = \varepsilon \dfrac{\partial E_z(z,t)}{\partial t} \end{cases} \tag{10.61}$$

となる．また電界，磁界は空間座標のうち x,y について変化しないから，式 (10.52), (10.53) はそれぞれ

$$\frac{\partial E_x(z,t)}{\partial x} + \frac{\partial E_y(z,t)}{\partial y} + \frac{\partial E_z(z,t)}{\partial z} = \frac{\partial E_z(z,t)}{\partial z} = 0, \tag{10.62}$$

$$\frac{\partial H_x(z,t)}{\partial x} + \frac{\partial H_y(z,t)}{\partial y} + \frac{\partial H_z(z,t)}{\partial z} = \frac{\partial H_z(z,t)}{\partial z} = 0 \tag{10.63}$$

と表される．まず式 (10.61) の第 3 式と式 (10.62)，および式 (10.60) の第 3 式と式 (10.63) より

$$\frac{\partial E_z(z,t)}{\partial z} = \frac{\partial E_z(z,t)}{\partial t} = 0, \qquad \frac{\partial H_z(z,t)}{\partial z} = \frac{\partial H_z(z,t)}{\partial t} = 0$$

これは電界の z 成分も磁界の z 成分も共に時間 t にも場所 z にも依存しない定数であることを意味している．このような場は静電界あるいは静磁界の特別な場合であるから，その値をゼロにとってもさしつかえない．すなわち

$$E_z(z,t) = H_z(z,t) = 0. \tag{10.64}$$

この事実は，電界と磁界とが z 軸方向の成分をもたず，z 軸に垂直な面内にあることを示している．この項の後半で示すように電磁波は z 軸方向に伝搬するから，ここで求めた波は，伝搬方向に電磁界の成分をもたない波である．このような波を**横波** (transverse wave) という†．また，電界と磁界は z = 一定 の平面内で一定である．このような波を**平面波** (plane wave) という．

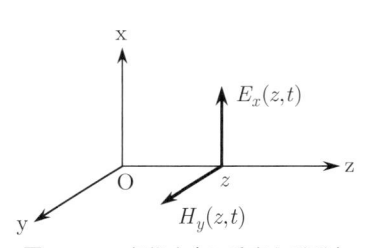

図 10.12 伝搬方向に垂直な平面内の電界と磁界

この問題の取り扱いを簡単にするために，図 **10.12** に示すように座標系の x 軸を電界の方向に選ぶことにする．この座標系では電界の y 成分はゼロであるから式 (10.60) の第 1 式と (10.61) の第 2 式から

$$\frac{\partial H_x(z,t)}{\partial t} = \frac{\partial H_x(z,t)}{\partial z} = 0$$

となり，磁界の x 成分 H_x は z にも t にもよらない定数であるということになる．そこで，この定数をゼロに選ぶと，図 10.12 に示すように磁界は y 方向成分だけをもつ．

マクスウェルの方程式 (10.60)〜(10.63) でまだ使っていないのは，式 (10.60) の第 2 式と式 (10.61) の第 1 式だけである．式 (10.60) の第 2 式を z で微分し，式 (10.61) の第 1 式を代入すると，E_x について

$$\frac{\partial^2 E_x(z,t)}{\partial z^2} - \varepsilon\mu \frac{\partial^2 E_x(z,t)}{\partial t^2} = 0 \tag{10.65}$$

を得る．H_y についても同様に計算すると

---

† 横波に対して，進行方向に振幅が変化する波を**縦波** (longitudinal wave) という．電磁波は横波であるが，音波は縦波である．

$$\frac{\partial^2 H_y(z,t)}{\partial z^2} - \varepsilon\mu \frac{\partial^2 H_y(z,t)}{\partial t^2} = 0 \tag{10.66}$$

となる．これらの波動方程式は，式 (10.56), (10.57) の特別な場合である．ここで

$$v^2 = \frac{1}{\varepsilon\mu} \tag{10.67}$$

とおくと，$\frac{\partial^2}{\partial z^2}$ の次元は $1/\mathrm{m}^2$，$\frac{\partial^2}{\partial t^2}$ の次元は $1/\mathrm{s}^2$ であるから，v は速度の次元をもつことがわかる．このことは後でもう一度示そう．

さて，式 (10.65) の波動方程式の解は，任意の関数 F_f と F_b を用いて

$$E_x(z,t) = F_f(z-vt) + F_b(z+vt) \tag{10.68}$$

と表すことができる．このことを確かめるためには，式 (10.68) を式 (10.65) に代入してみればよい．磁界 H_y も電界 E_x と同じ波動方程式を満たすから，その解も同じ形になっていなければならない．つまり C_1, C_2 を任意の定数としたとき

$$H_y(z,t) = C_1 F_f(z-vt) + C_2 F_b(z+vt) \tag{10.69}$$

と表される．任意定数 C_1, C_2 を決めるために，$\xi = z-vt, \zeta = z+vt$ とおいて，式 (10.69) を式 (10.61) の第 1 式に代入すると

$$-\frac{\partial H_y(z,t)}{\partial z} = -C_1 \frac{dF_f(\xi)}{d\xi}\frac{\partial \xi}{\partial z} - C_2 \frac{dF_b(\zeta)}{d\zeta}\frac{\partial \zeta}{\partial z} = -C_1 \frac{dF_f(\xi)}{d\xi} - C_2 \frac{dF_b(\zeta)}{d\zeta}$$

$$= \varepsilon \frac{\partial E_x(z,t)}{\partial t} = \varepsilon\left(\frac{dF_f(\xi)}{d\xi}\frac{\partial \xi}{\partial t} + \frac{dF_b(\zeta)}{d\zeta}\frac{\partial \zeta}{\partial t}\right) = -\varepsilon v \frac{dF_f(\xi)}{d\xi} + \varepsilon v \frac{dF_b(\zeta)}{d\zeta}$$

となるから，$C_1 = \varepsilon v = \sqrt{\varepsilon/\mu}, C_2 = -\varepsilon v = -\sqrt{\varepsilon/\mu}$ となる．そこで

$$Z = \sqrt{\frac{\mu}{\varepsilon}} \tag{10.70}$$

とおくと，式 (10.69) の磁界 $H_y(z,t)$ は

$$H_y(z,t) = \frac{1}{Z}F_f(z-vt) - \frac{1}{Z}F_b(z+vt) \tag{10.71}$$

と表される．式 (10.70) の Z は抵抗の単位をもつことから，自由空間の**波動インピーダンス** (wave impedance)，あるいは**固有インピーダンス** (intrinsic impedance) とよばれる．特別な場合として，真空の波動インピーダンスを Z_0 と書くと

$$Z_0 = \sqrt{\frac{\mu_0}{\varepsilon_0}} \approx 376.730\,313\,668 \approx 120\pi \ [\Omega] \tag{10.72}$$

となる．

式 (10.68) で与えられた解の性質を調べてみよう．図 **10.13** のように横軸に z をとると，関数 $F(z-a)$ とは $F(z)$ を右側に a だけ移動させた関数であるから，式 (10.68) の右辺第 1 項の $F_f(z-vt)$ とは，時間 t と共にその形を保ちながら速さ v で z 軸正の方向に移動してゆく電界である．第 2 項の $F_b(z+vt)$ は，速さ v で負の方向に移動する電界である．一方，式 (10.71) の磁界も同じ関数で表されているから，式 (10.68) の第 1 項と式 (10.71) の第 1 項が対になって z 軸正の方向に同じ速さ v で伝搬し，第 2 項同士が対になって z 軸負の方向に速さ v で伝搬することになる．この様子を示すと 図 **10.14** のようになる．このように電界と磁界が対になって波のように伝搬することから，電磁界の波を **電磁波** (electromagnetic wave) という．図 10.14 に示すように，電磁波の伝搬方向は，電界から磁界の方向に右ねじを回すときに右ねじの進む方向になっている．また，電界と磁界の積は単位体積当たりの電力の単位になっていることから，伝搬方向に何らかのエネルギーを運んでいると予想される．これについては次の節で説明する．

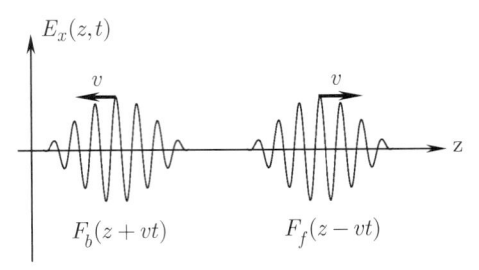

図 **10.13** 1 次元波動方程式の解

真空中で電磁界が伝搬する速さを c と書くと，式 (10.67) より

$$c = \frac{1}{\sqrt{\varepsilon_0 \mu_0}} = 299\,792\,458 \approx 3.0 \times 10^8 \quad [\text{m/s}] \tag{10.73}$$

となる．この値は明らかに真空中における **光速** (speed of light) である．このことからマクスウェルは，光は電磁波の一種にほかならないと結論づけた．こうしてその当時までは力学，電磁気学と共に物理学における独立な一分野であった光学は，電磁気学の体系における一分科としてその中に吸収されてしまったのである．

平面電磁波の性質をさらに詳しく調べるために $F_f(z-vt) = E_0 \sin k(z-vt)$ とした特別な場合を考えよう．$F_f|_{t=0} = E_0 \sin kz$ と微小時間 $t = \Delta t$ 後の $F_f|_{t=\Delta t} = E_0 \sin k(z-v\Delta t)$ を 図 **10.15**(a) に示す．Δt 時間後には波が z 方向に $\Delta z = v\Delta t$ だけ移動するから，その移動速度は v となる．1 周期，すなわち $kz = 0$ から $kz = 2\pi$ までの z 軸の長さを **波長**

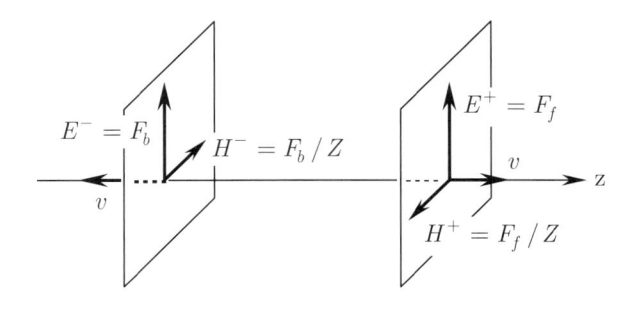

図 **10.14** z 軸の正の方向に伝搬する電磁界 (E^+, H^+) と負の方向に伝搬する電磁界 (E^-, H^-)

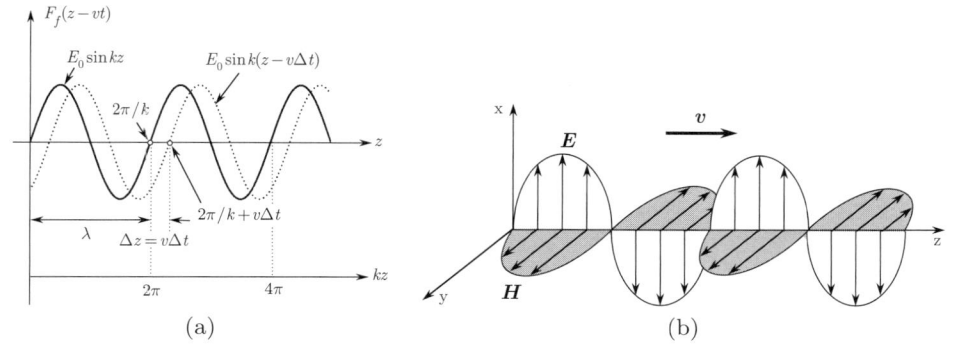

(wavelength) といい，λ で表記すると，図 10.15 より

$$\lambda = \frac{2\pi}{k} \quad \text{あるいは} \quad k = \frac{2\pi}{\lambda} \tag{10.74}$$

の関係があることがわかる．波長 λ は，波が空間的に 1 周期変化する距離を表している．一方 k は，2π [m] 当たりに含まれる波の数を表していることになり，k を **波数** (wave number) という．ある時刻における電界と磁界の様子を 図 10.15(b) に示す．x 軸方向を向いた電界と，y 方向を向いた磁界が対の波になって z 方向に伝搬している．

最後に時間に関する波動の様子を調べてみよう．この場合は $F_f|_{z=0} = -E_0 \sin kvt$ を考えるのが便利である．このときの波形を 図 10.16 に示す．ここで波が 1 周期分変化する時間を **周期** (period) といい T と表すと，図 10.16 より

$$T = \frac{2\pi}{kv} = \frac{\lambda}{v}. \tag{10.75}$$

次に 1 秒間の波の数，すなわち周波数を f とすると，波 1 つあたりの時間が周期 T であるから

$$f = \frac{1}{T} = \frac{v}{\lambda}. \tag{10.76}$$

これより波長は，真空中の波長を λ_0 とすると

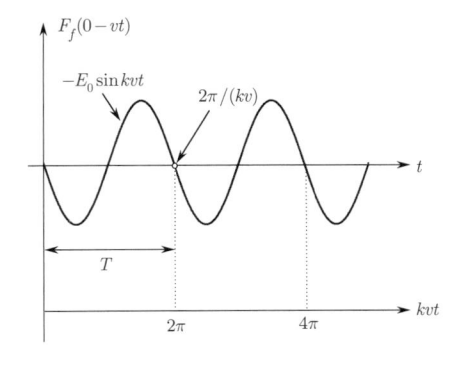

338   10. マクスウェルの方程式と電磁波

$$\lambda = \frac{v}{f} = \frac{1}{\sqrt{\varepsilon\mu}}\frac{1}{f} = \frac{1}{\sqrt{\varepsilon_0\mu_0}}\frac{1}{\sqrt{\varepsilon_r\mu_r}}\frac{1}{f} = \frac{c}{\sqrt{\varepsilon_r\mu_r}}\frac{1}{f} = \frac{\lambda_0}{\sqrt{\varepsilon_r\mu_r}} \qquad (10.77)$$

となる．また，角周波数は $\omega = 2\pi f = 2\pi v/\lambda = kv$ で与えられるから，$F_f(z - vt) = E_0 \sin k(z - vt) = E_0 \sin(kz - \omega t)$ と表すこともできる．

例題 10.1 図 10.17 のように $E^{inc} = E_0 \sin(kz - \omega t)$ の平面波が，$z = 0$ における完全導体に垂直に入射した．$z < 0$ の電界および磁界を求めよ．

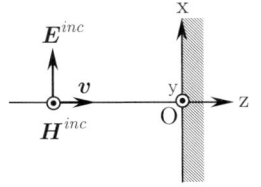

図 10.17 完全導体による反射

【解答】 電磁波は完全導体で反射して $-z$ 方向に伝搬するから，$z < 0$ の領域の電界は入射電界と反射電界との和になり，式 (10.68) のように表される．明らかに $F_f = E_0 \sin(kz - \omega t)$ である．$F_b = E_1 \sin(kz + \omega t)$ とおくと，完全導体表面では電界の接線成分はゼロであるから，$z = 0$ で $F_f + F_b = -E_0 \sin\omega t + E_1 \sin\omega t = 0$．これが任意の時間 t で成り立つためには $E_1 = E_0$ でなければならない．すなわち $z < 0$ の電界および磁界は式 (10.68), (10.71) より

$$E_x(z,t) = E_0 \sin(kz - \omega t) + E_0 \sin(kz + \omega t) = 2E_0 \sin kz \cos\omega t, \qquad (10.78)$$

$$H_y(z,t) = \frac{E_0}{Z}\sin(kz - \omega t) - \frac{E_0}{Z}\sin(kz + \omega t) = -2\frac{E_0}{Z}\cos kz \sin\omega t \qquad (10.79)$$

となる．このように $z < 0$ の電界，磁界は入射波と反射波との干渉によって，その振幅が最大で 2 倍になることに注意しよう．$\omega t = 0.6$ としたときの入射電磁界，反射電磁界および全電磁界の空間分布を図 10.18 に示す．反射電界 $E^{ref} = E_0 \sin(kz + \omega t)$ は，完全導体表面で全電界 $E^{inc} + E^{ref}$ がゼロとなるように反射するのに対して，入射磁界 $H^{inc} = E_0/Z \sin(kz + \omega t)$ と反射磁界 $H^{ref} = -E_0/Z \sin(kz + \omega t)$ の和は，完全導体表面でゼロにならず，導体表面に流れる面電流密度に等しくなる．いい換えると，この面電流が反射波を作る波源となると考えることもできる． ◇

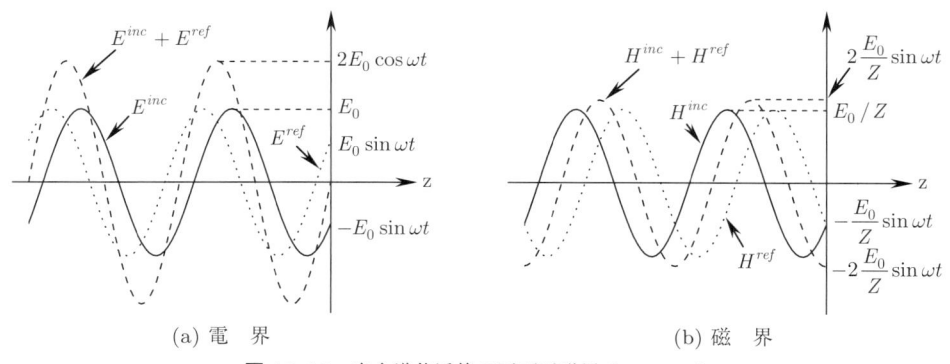

(a) 電　界

(b) 磁　界

図 10.18 完全導体近傍の平面電磁界 ($\omega t = 0.6$)

例題 10.2 周波数 1 GHz の電磁波の真空中の波長を求めよ．また，比誘電率 4, 比透磁率 1 の媒質中の伝搬速度と波長を求めよ．ただし，光速を 3×10^8 m/s とする．

【解答】 真空中の波長を λ_0 とすると，式 (10.77) より $\lambda_0 = 3 \times 10^8 / 1 \times 10^9 = 0.3$ m $= 30$ cm. 媒質中の伝搬速度 v は，式 (10.67), (10.73) より $v = c/\sqrt{\varepsilon_r \mu_r} = c/2 = 1.5 \times 10^8$ m/s. 波長 λ は式 (10.77) より $\lambda = 0.3/2 = 0.15$ m となる． ◇

10.3.3 球 面 波

静かな水面に石を投げ入れると，水面をさざなみが同心円状に広がってゆく．これは 2 次元的に広がる波であるが，ここでは原点から 3 次元的に広がる波について考える．原点からの距離を r として，電磁界を

$$\begin{cases} \boldsymbol{E}(\boldsymbol{r},t) = E_x(r,t)\hat{\boldsymbol{x}} + E_y(r,t)\hat{\boldsymbol{y}} + E_z(r,t)\hat{\boldsymbol{z}}, \\ \boldsymbol{H}(\boldsymbol{r},t) = H_x(r,t)\hat{\boldsymbol{x}} + H_y(r,t)\hat{\boldsymbol{y}} + H_z(r,t)\hat{\boldsymbol{z}} \end{cases} \tag{10.80}$$

とおき，これらを式 (10.56), (10.57) の波動方程式に代入すると，$i = x, y, z$ に対して

$$\nabla^2 E_i(r,t) - \mu\varepsilon \frac{\partial^2 E_i(r,t)}{\partial t^2} = 0, \quad \nabla^2 H_i(r,t) - \mu\varepsilon \frac{\partial^2 H_i(r,t)}{\partial t^2} = 0 \tag{10.81}$$

と全く同じ方程式を満たすから，電界，磁界の成分のうちの 1 つを $\psi(r,t)$ と表し，球座標系を用いて式 (10.81) を書き表すと，式 (2.117) より

$$\frac{1}{r^2}\frac{\partial}{\partial r}\left\{r^2\frac{\partial \psi(r,t)}{\partial r}\right\} - \mu\varepsilon \frac{\partial^2 \psi(r,t)}{\partial t^2} = 0. \tag{10.82}$$

ここで

$$\frac{1}{r^2}\frac{\partial}{\partial r}\left(r^2\frac{\partial \psi}{\partial r}\right) = \frac{\partial^2 \psi}{\partial r^2} + \frac{2}{r}\frac{\partial \psi}{\partial r} = \frac{1}{r}\frac{\partial^2}{\partial r^2}(r\psi)$$

となるから，式 (10.82) は

$$\frac{\partial^2}{\partial r^2}(r\psi) - \mu\varepsilon\frac{\partial^2}{\partial t^2}(r\psi) = 0 \tag{10.83}$$

と書き換えられる．式 (10.83) は関数 $r\psi(r,t)$ について，一次元波動方程式 (10.65) と全く同じ方程式になっているから，その解も式 (10.68) と同じ形になり

$$\psi(r,t) = \frac{F_f(r-vt)}{r} + \frac{F_b(r+vt)}{r} \tag{10.84}$$

を得る．

前項の平面波の議論からも明らかなように，式 (10.84) の第 1 項は，原点から速さ v で外向きに球面状に広がる波を表している．また，分母の因子 r は波が進むにつれて振幅が $1/r$ に比例して小さくなることを示している．波が進んでも振幅が一定であった平面波とは異なり，振幅が距離に逆比例して小さくなる．このような波を**球面波** (spherical wave) という．これを示したものが 図 **10.19** である．式 (10.84) の第 2 項も球面波であるが，r が大きいところから原点に向かって内向きに進む波である．奇妙に思えるが，例えば例題 10.1 から類推して球面状の導体板から反射して帰ってくる波だと考えればよいであろう．

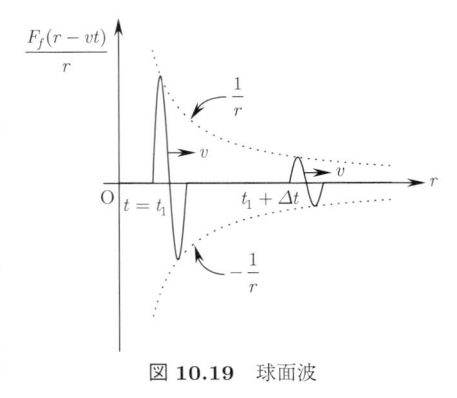

図 **10.19** 球面波

注意すべき点は原点で無限大になることである．これはやや異常なことである．原点で解が無限大になるということは，静電界のときに経験したように，原点に点電荷のような源があるということを意味している．しかし，自由空間中の波動方程式 (10.56), (10.57) から議論を始めたはずである．何が原因であったのであろうか．静電界の例で考えてみよう．電荷が全くない空間を考える．どこにも電荷がないのであるから，静電ポテンシャル $V(\boldsymbol{r})$ はラプラスの方程式 $\nabla^2 V = 0$ を満たす．この方程式のうち，球対称な解，つまり原点からの距離 r だけに依存するような解は，式 (2.117) より

$$\nabla^2 V = \frac{1}{r^2} \frac{d}{dr}\left(r^2 \frac{dV}{dr}\right) = 0$$

を満たす．これは容易に解けて

$$V(r) = a + \frac{b}{r}$$

となる．電荷が全くない空間の電位は一定であるはずである．これを表すのは第 1 項である．ところがラプラスの方程式を解くと第 2 項が現れてしまう．第 2 項は原点にある点電荷による電位であるから，自由空間中の電位を求めたつもりが，実は原点に点電荷のある場合の電位を求めたことになっていたのである．波動方程式の球対称な解を求めたときも同様のことが起きていた．本当に原点に電荷も電流もなければ波も存在しない．球面波は原点にある源で作られなければならなかったのである．

10.4 エネルギー保存則とポインティングベクトル

10.4.1 電磁界と点電荷のエネルギー保存則

エネルギー保存則という概念を身近なものとして実感するために，図 10.20 のように電磁界中を 1 つの点電荷が運動しているときのエネルギー保存則を調べよう．ただし，点電荷は真空中の閉曲面 S に囲まれた体積 V 内を運動しているものとする．点電荷の運動方程式：

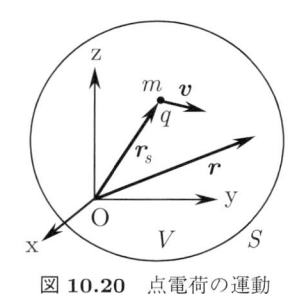

$$m\frac{d\bm{v}(t)}{dt} = q\bm{E}(\bm{r}_s,t) + q\bm{v}(t) \times \bm{B}(\bm{r}_s,t) \tag{10.85}$$

図 10.20 点電荷の運動

の両辺と $\bm{v}(t)$ との内積をとると

$$\bm{v} \cdot \frac{d\bm{v}}{dt} = v_x\frac{dv_x}{dt} + v_y\frac{dv_y}{dt} + v_z\frac{dv_z}{dt} = \frac{d}{dt}\left(\frac{v_x^2}{2}\right) + \frac{d}{dt}\left(\frac{v_y^2}{2}\right) + \frac{d}{dt}\left(\frac{v_z^2}{2}\right) = \frac{d}{dt}\left(\frac{v^2}{2}\right)$$

ベクトル $\bm{v}\times\bm{B}$ と $\bm{v}$ とは直角だから，式 (10.85) の右辺第 2 項の寄与はゼロとなり，結局

$$\frac{d}{dt}\left(\frac{1}{2}mv^2\right) = q\bm{v}(t)\cdot\bm{E}(\bm{r}_s,t) \tag{10.86}$$

を得る．ここで左辺の括弧の中は，明らかに点電荷の運動エネルギーである．

上式は空間内の特定な点 $\bm{r}_s$ で成り立つ式であるから，デルタ関数を用いて任意の点に対する式に直し，さらに式 (10.42) を用いると

$$\frac{d}{dt}\left(\frac{1}{2}mv^2\right) = \int_V \left[q\delta(\bm{r}-\bm{r}_s)\bm{v}\right]\cdot\bm{E}(\bm{r},t)\,dv = \int_V \bm{J}_e(\bm{r},t)\cdot\bm{E}(\bm{r},t)\,dv \tag{10.87}$$

を得る．次に上式の右辺に式 (10.46) を代入すると

$$\frac{d}{dt}\left(\frac{1}{2}mv^2\right) = \int_V \left[\nabla\times\bm{H}(\bm{r},t) - \frac{\partial \bm{D}(\bm{r},t)}{\partial t}\right]\cdot\bm{E}(\bm{r},t)\,dv \tag{10.88}$$

となる．ここで

$$\frac{\partial \bm{D}}{\partial t}\cdot\bm{E} = \varepsilon\frac{\partial \bm{E}}{\partial t}\cdot\bm{E} = \varepsilon\frac{\partial}{\partial t}\left(\frac{1}{2}\bm{E}\cdot\bm{E}\right) = \frac{\partial}{\partial t}\left(\frac{1}{2}\bm{E}\cdot\bm{D}\right)$$

また，ベクトル公式 $\nabla\cdot(\bm{E}\times\bm{H}) = \bm{H}\cdot\nabla\times\bm{E} - \bm{E}\cdot\nabla\times\bm{H}$ と式 (10.47) を用いて

$$\bm{E}\cdot\nabla\times\bm{H} = \bm{H}\cdot\nabla\times\bm{E} - \nabla\cdot(\bm{E}\times\bm{H}) = -\bm{H}\cdot\frac{\partial \bm{B}}{\partial t} - \nabla\cdot(\bm{E}\times\bm{H})$$

$$= -\frac{\partial}{\partial t}\left(\frac{1}{2}\bm{H}\cdot\bm{B}\right) - \nabla\cdot(\bm{E}\times\bm{H})$$

と変形して式 (10.88) に代入し，さらに $\nabla\cdot(\bm{E}\times\bm{H})$ の項をガウスの定理を用いて閉曲面 S 上の面積分に直すと

$$-\frac{d}{dt}\left(\frac{1}{2}mv^2\right) - \frac{d}{dt}\int_V \left[\frac{1}{2}\boldsymbol{D}(\boldsymbol{r},t)\cdot\boldsymbol{E}(\boldsymbol{r},t) + \frac{1}{2}\boldsymbol{H}(\boldsymbol{r},t)\cdot\boldsymbol{B}(\boldsymbol{r},t)\right]dv$$
$$= \oint_S \left[\boldsymbol{E}(\boldsymbol{r},t)\times\boldsymbol{H}(\boldsymbol{r},t)\right]\cdot\hat{\boldsymbol{n}}(\boldsymbol{r})\,dS \tag{10.89}$$

を得る．左辺第 2 項の体積積分の項は，静電界，静磁界のエネルギーを時間的に変化する電磁界にまで拡張したものであるから

$$W_{em}(t) = \int_V \left[\frac{1}{2}\boldsymbol{D}(\boldsymbol{r},t)\cdot\boldsymbol{E}(\boldsymbol{r},t) + \frac{1}{2}\boldsymbol{H}(\boldsymbol{r},t)\cdot\boldsymbol{B}(\boldsymbol{r},t)\right]dv \tag{10.90}$$

は空間内の領域 V の中に蓄えられる**電磁界のエネルギー**である．さらに

$$\boldsymbol{S}(\boldsymbol{r},t) = \boldsymbol{E}(\boldsymbol{r},t)\times\boldsymbol{H}(\boldsymbol{r},t) \tag{10.91}$$

とおくと，式 (10.89) は

$$-\frac{d}{dt}\left[\frac{1}{2}m\boldsymbol{v}^2(t) + W_{em}(t)\right] = \oint_S \boldsymbol{S}(\boldsymbol{r},t)\cdot\hat{\boldsymbol{n}}(\boldsymbol{r})\,dS \tag{10.92}$$

と表される．$\frac{1}{2}mv^2$ は運動エネルギーであるから，左辺全体は体積 V 内に含まれる運動エネルギーと電磁界のエネルギーの和の時間減少率，すなわち電力の減少分である．したがって式 (10.91) のベクトル量 $\boldsymbol{S}$ は単位面積当たりの電力の単位をもたなければならない．

このことを考えると，式 (10.92) は以下のように解釈される．点電荷のもつ運動エネルギーと電磁界のエネルギーの和の単位時間当たりの減少量は，図 **10.21** のように単位時間にその体系外に流出する電磁界のエネルギーに等しい．これは明らかに，ここで考えている系全体の**エネルギー保存則**を表している．したがって，もし体系外に流出する電磁界のエネルギーがゼロであるならば，点電荷系のもつ運動エネルギーと電磁界のもつ全エネルギーの和は保存されることになる．

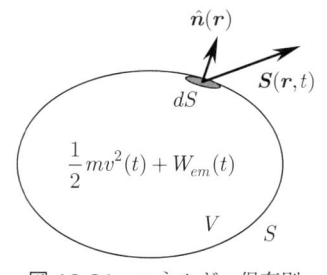

図 **10.21** エネルギー保存則

式 (10.91) で定義されるベクトル $\boldsymbol{S}(\boldsymbol{r},t)$ を**ポインティングベクトル** (Poynting vector) といい，ポインティング (J. Poynting) によって 1884 年に導入された概念である．ポインティングベクトルとは 図 **10.22** のように，電界 $\boldsymbol{E}$ と磁界 $\boldsymbol{H}$ とが作る面に垂直に毎秒流れてゆく単位面積あたりの電磁界のエネルギーを表して

図 **10.22** ポインティングベクトル

いると解釈できる．しかし注意しなければならないのは，ポインティングベクトルが毎秒当たりのエネルギーの流れとして意味をもつのは，式 (10.92) のように閉曲面を全体にわたる積分の値としてである．これは，ガウスの定理を用いて体積積分に変換すればわかるように

$$\nabla \cdot \boldsymbol{S}(\boldsymbol{r},t) \neq 0 \tag{10.93}$$

の場合であることを意味している．したがって，電界と磁界が存在し，ポインティングベクトルがゼロでなくとも，それらが例えば静電界，静磁界ならエネルギーの流れはない．なぜなら $\nabla \times \boldsymbol{E} = \nabla \times \boldsymbol{H} = 0$ だからである．

運動する質点はエネルギーと運動量をもつ．電磁界についても運動量を考えることができる．本書の範囲を超えるので，詳細は巻末の引用・参考文献 1), 2) あるいは 4) などに譲ることにするが，通常の物体と同様に電磁界がエネルギーと運動量をもち，それらの間の関係は量子力学における関係と同じである．また，**電磁質量**というものも考えることができる．このことは，目には見えない電磁界が電気力線とか磁力線というやや抽象的な存在ではなく，はっきりとした実在としてとらえなければならないことを意味している．

10.4.2 電磁界のエネルギー保存則

ここでは物質の性質に基づいた電磁界のエネルギー保存則がどのような表現になるかを説明する．式 (10.92) の左辺に現れる運動エネルギーの時間変化は，式 (10.87) のようにジュール熱になるから，この項の表現が変わるだけであろうことは容易に予想できる．ベクトル公式とマクスウェルの方程式 (10.11), (10.12) より

$$\begin{aligned}\nabla \cdot (\boldsymbol{E} \times \boldsymbol{H}) &= \boldsymbol{H} \cdot \nabla \times \boldsymbol{E} - \boldsymbol{E} \cdot \nabla \times \boldsymbol{H} = -\boldsymbol{H} \cdot \frac{\partial \boldsymbol{B}}{\partial t} - \boldsymbol{E} \cdot \frac{\partial \boldsymbol{D}}{\partial t} - \boldsymbol{E} \cdot \boldsymbol{J}_e \\ &= -\frac{\partial}{\partial t}\left(\frac{1}{2}\boldsymbol{H} \cdot \boldsymbol{B} + \frac{1}{2}\boldsymbol{E} \cdot \boldsymbol{D}\right) - \boldsymbol{E} \cdot \boldsymbol{J}_e. \end{aligned} \tag{10.94}$$

両辺を体積積分した後に，左辺をガウスの定理を利用して面積分に変換し，式 (10.90), (10.91) を用いると

$$-\frac{dW_{em}(t)}{dt} = \int_V \boldsymbol{E}(\boldsymbol{r},t) \cdot \boldsymbol{J}_e(\boldsymbol{r},t)\,dv + \oint_S \boldsymbol{S}(\boldsymbol{r},t) \cdot \hat{\boldsymbol{n}}(\boldsymbol{r})\,dS \tag{10.95}$$

を得る．右辺第 1 項は，式 (6.22) のジュール熱を時間的に変動する場合に一般化したものであるから，式 (10.95) は体積 V 内に蓄えられた電磁界のエネルギーの単位時間あたりの減少量は，毎秒その領域内に発生するジュール熱のエネルギーと，閉曲面 S を通って外に流出する電磁界のエネルギーの和に等しいというエネルギー保存則を表していることになる．

10.4.3 平面波のもつエネルギー

平面波のもつエネルギーについて考えよう．z 軸方向に伝搬する平面波の単位体積当たりの

電界のエネルギー $w_e(z,t)$, 磁界のエネルギー $w_m(z,t)$ は, 式 (10.68), (10.71) と $Z = \sqrt{\mu/\varepsilon}$ を用いると

$$w_e(z,t) = \frac{1}{2}\boldsymbol{E}(z,t) \cdot \boldsymbol{D}(z,t) = \frac{\varepsilon}{2}F_f^2(z-vt), \tag{10.96}$$

$$w_m(z,t) = \frac{1}{2}\boldsymbol{H}(z,t) \cdot \boldsymbol{B}(z,t) = \frac{\mu}{2Z^2}F_f^2(z-vt) = \frac{\varepsilon}{2}F_f^2(z-vt) \tag{10.97}$$

となる. すなわち電界, 磁界のそれぞれのもつエネルギーは相等しく, 全エネルギーは $w_{em}(z,t) = w_e(z,t) + w_m(z,t) = 2w_e(z,t) = 2w_m(z,t)$ となる.

また式 (10.91) で定義したポインティングベクトルは

$$\boldsymbol{S}(z,t) = \boldsymbol{E}(z,t) \times \boldsymbol{H}(z,t) = \frac{1}{Z}F_f^2(z-vt)\hat{\boldsymbol{z}} = w_{em}(z,t)\hat{\boldsymbol{z}} \tag{10.98}$$

となることから, ポインティングベクトルが速度 v で電磁界のエネルギーを運んでいると解釈できる.

10.4.4 信号・電力の伝送

電磁波は周りの空間に広がろうとするが, 特別な工夫をすることにより送信点と受信点を結ぶ空間に電磁波を閉じ込め, 電気信号や電力の伝送に利用することができる. 電磁波を伝送させる空間または媒体を**伝送路** (transmission line) というが, 身近なものは**図 10.23** に示す LAN ケーブル, 同軸線路, 光ファイバである. 図 10.23(a) の LAN ケーブル内では 4 組の銅線がペアになって電気信号を伝えている†. 各組とも 2 本の線路がより線になっているが, 基本的には平行線路で, レッヘル (Lecher) 線ともいう. これらのケーブルは, 伝送する信号の情報量, 伝送距離, 使用周波数と価格の兼ね合いで, どの線路を用いるかが決められる. これらの線路の他にも用途に応じて導波管やストリップ線路といった多くの線路が開発されている. 詳しくは巻末の引用・参考文献 1), 2), 8) などを参照してほしい.

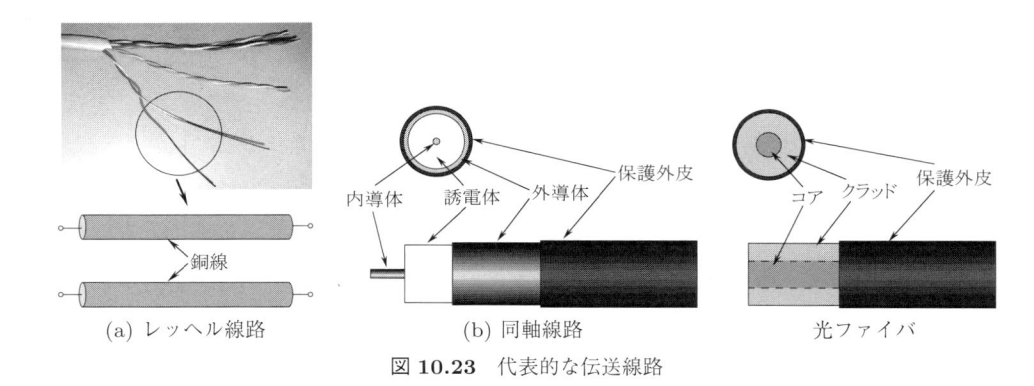

図 10.23 代表的な伝送線路

---

† こうした線路をツイストペアケーブルということがある.

ここでは 図 **10.24** のような同軸線路を例にとって電流，電圧とポインティングベクトルとの関係を考察してみよう．z 方向に一様な同軸線路を考え，内導体と外導体間に電圧 $V(t)$ を印加すると，内導体の表面と外導体の内表面に電流 $I(t)$ が流れる．導体間の電界は軸対称性より，内導体から外導体に向かって動径方向の成分をもつ．例題 5.2 の式 (5.30) から

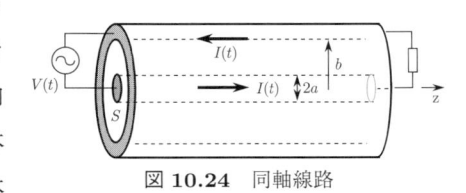

$$\boldsymbol{E}(\boldsymbol{r},t) = \frac{V(t)}{\ln(b/a)}\frac{1}{\rho}\hat{\boldsymbol{\rho}} \tag{10.99}$$

図 **10.24** 同軸線路

である．これに対して導体間の磁界は，内導体に流れる電流から求めることができて，例題 7.11 の式 (7.104) から

$$\boldsymbol{H}(\boldsymbol{r},t) = \frac{I(t)}{2\pi}\frac{1}{\rho}\hat{\boldsymbol{\phi}} \tag{10.100}$$

となる．これらよりポインティングベクトルは

$$\boldsymbol{S}(\boldsymbol{r},t) = \boldsymbol{E}(\boldsymbol{r},t) \times \boldsymbol{H}(\boldsymbol{r},t) = \frac{V(t)I(t)}{\ln(b/a)}\frac{1}{2\pi\rho^2}\hat{\boldsymbol{z}}, \tag{10.101}$$

すなわち電磁波のエネルギーは同軸線路を z 方向に伝搬することになる．伝送される電力 $P(t)$ は，ポインティングベクトル $\boldsymbol{S}$ を導体間の断面 S で面積分すればよいから

$$P(t) = \int_S \boldsymbol{S}(\boldsymbol{r},t) \cdot \hat{\boldsymbol{z}}\, dS = \frac{V(t)I(t)}{\ln(b/a)}\int_a^b \frac{1}{2\pi\rho^2} 2\pi\rho\, d\rho = V(t)I(t) \tag{10.102}$$

となる．すなわち同軸線路では内導体と外導体間の電界 $\boldsymbol{E}(\boldsymbol{r},t)$ と磁界 $\boldsymbol{H}(\boldsymbol{r},t)$ によって電力が伝送されるが，その値は電圧 $V(t)$，電流 $I(t)$ で計算しても，導体間に作られた電界，磁界で計算しても同じ結果を得る．

10.4.5 放射電力と吸収電力

2 つの導体間の小さな間隙に外部から電界 $\boldsymbol{E}^{ex}(t)$ を印加すると，導体に電流が流れて電磁波が空間に放射される．電磁波を効率的に放射したり，受信したりする装置を**アンテナ** (antenna) という[†]．このとき放射される

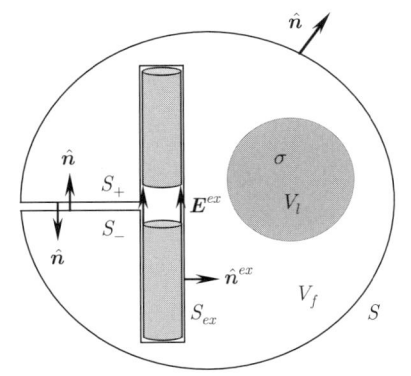

図 **10.25** 完全導体のアンテナからの放射電力

エネルギーはどのようになるかを考えよう．図 **10.25** に示すように，アンテナと周囲にある損失性媒質を囲むような閉曲面 $S + S_{ex} + S_+ + S_-$ をとり，それによって囲まれた体積を

[†] アンテナとは本来，昆虫の触覚のことで，古くは**空中線** (aerial) とよばれていたが，最近ではもっぱらアンテナという．

$V = V_f + V_l$ とする．導電率 σ をもつ損失性媒質は体積 V 内の一部 V_l にだけあり，S_{ex} はアンテナを囲む面，S_+ と S_- とは微小間隔を隔てた面とする．体積 V にエネルギー保存則 (10.95) を適用すると

$$-\frac{d}{dt}W_{em}(t) = \int_{V_l} \sigma \boldsymbol{E}(\boldsymbol{r},t) \cdot \boldsymbol{E}(\boldsymbol{r},t)\,dv$$
$$+ \oint_{S+S_{ex}+S_++S_-} [\boldsymbol{E}(\boldsymbol{r},t) \times \boldsymbol{H}(\boldsymbol{r},t)] \cdot \hat{\boldsymbol{n}}(\boldsymbol{r})\,dS \tag{10.103}$$

ここで右辺第 1 項は明らかに V_l 内で消費される電力を表す．

次に右辺第 2 項について考えよう．まず，面 S_+ と S_- 上ではそれぞれ法線成分の向きが反対で被積分関数は同じであるから，互いに相殺する．アンテナ導体が完全導体[†]であるとすると，アンテナ導体上では電界の接線成分は必ずゼロになる．すなわち，$\hat{\boldsymbol{n}} \times \boldsymbol{E} = 0$ であるから，式 (10.103) の被積分関数は，アンテナ導体表面上で $(\boldsymbol{E} \times \boldsymbol{H}) \cdot \hat{\boldsymbol{n}} = (\hat{\boldsymbol{n}} \times \boldsymbol{E}) \cdot \boldsymbol{H} = 0$ となる．したがって S_{ex} 上の積分は，アンテナ給電部の微小間隙だけの積分が残り，式 (10.103) の右辺第 2 項は

$$\oint_S [\boldsymbol{E}(\boldsymbol{r},t) \times \boldsymbol{H}(\boldsymbol{r},t)] \cdot \hat{\boldsymbol{n}}(\boldsymbol{r})\,dS - \int_{微小間隙} [\boldsymbol{E}^{ex}(\boldsymbol{r},t) \times \boldsymbol{H}^{ex}(\boldsymbol{r},t)] \cdot \hat{\boldsymbol{n}}^{ex}(\boldsymbol{r})\,dS$$

となる．ここで S_{ex} 上で $\hat{\boldsymbol{n}} = -\hat{\boldsymbol{n}}^{ex}$ であることを利用した．この結果から式 (10.103) を変形して

$$\int_{微小間隙} \boldsymbol{S}^{ex}(\boldsymbol{r},t) \cdot \hat{\boldsymbol{n}}^{ex}(\boldsymbol{r})\,dS$$
$$= \frac{d}{dt}W_{em}(t) + \int_{V_l} \sigma \boldsymbol{E}(\boldsymbol{r},t) \cdot \boldsymbol{E}(\boldsymbol{r},t)\,dS + \oint_S \boldsymbol{S}(\boldsymbol{r},t) \cdot \hat{\boldsymbol{n}}(\boldsymbol{r})\,dS \tag{10.104}$$

を得る．ただし $\boldsymbol{S}^{ex}(\boldsymbol{r},t) = \boldsymbol{E}^{ex}(\boldsymbol{r},t) \times \boldsymbol{H}^{ex}(\boldsymbol{r},t)$，$\boldsymbol{S}(\boldsymbol{r},t) = \boldsymbol{E}(\boldsymbol{r},t) \times \boldsymbol{H}(\boldsymbol{r},t)$ である．上式の左辺は，アンテナの微小間隙から放射される電力，右辺第 1 項は体積 V 内に蓄えられる電力，第 2 項は体積 V_l で消費される電力，そして第 3 項は閉曲面 S から外部に流れ出る電力を表している．このようにアンテナから放射されたエネルギーは，空間に蓄えられるエネルギーと空間内にある損失性媒質に消費されるエネルギー，そして遠方に放射されるエネルギーの和となる．

式 (10.104) は，アンテナの微小間隙に左辺の分だけの電力が入力されたらどうなるかという関係式を表しているが，実際にはどれだけの電力が入力できるかどうかは別な要因，すなわちアンテナのインピーダンスに依存する．一方，ポインティングベクトルは確かに電力の流れを表すと解釈できるが，式 (10.104) の表現はアンテナから放射される電力が，アンテナ

[†] Perfect Electric Conductor を略して PEC ということがある．Perfect Conductor でもよいが，アンテナ工学では仮想的に完全磁気導体 (Perfect Magnetic Conductor, PMC) を考えることがあるので，区別するために完全導体のことをこのように名づけている．

の構造には無関係に給電部から放射されることを表している．これは考えにくいことである．このようにポインティングベクトルが唯一無二の電力の表現方法であると結論づけることに多くの研究者が疑問を呈しており，いまだ議論が続いている．

10.5　電磁ポテンシャル

電磁波の詳細な性質を知るためには，10.3.1 項で導いた波動方程式 (10.48), (10.49) あるいは，式 (10.50), (10.51) を境界条件の下で解かなければならない．しかし，これらの波動方程式の右辺にある非同次項は，導電電流 $\boldsymbol{J}_e$ の回転であったり，電荷 ρ_e の勾配であったりするために取り扱いが不便であるし，物理的な意味もつかみにくい．これに対して，静電界におけるポアソンの方程式の非同次項は，電荷 ρ_e そのものであったし，静磁界のベクトルポテンシャルが満たす微分方程式の非同次項は導電電流 $\boldsymbol{J}_e$ であった．そこで本節では時間的に変化する電磁界に対しても，スカラポテンシャルとベクトルポテンシャルを導入することによって，電流，電荷と直接的な対応関係式が導かれることを示す．説明の都合でもう一度 10.2.1 項のマクスウェルの方程式を書き下しておく．

$$\nabla \cdot \boldsymbol{D}(\boldsymbol{r},t) = \rho_e(\boldsymbol{r},t), \tag{10.105}$$

$$\nabla \cdot \boldsymbol{B}(\boldsymbol{r},t) = 0, \tag{10.106}$$

$$\nabla \times \boldsymbol{H}(\boldsymbol{r},t) - \frac{\partial \boldsymbol{D}(\boldsymbol{r},t)}{\partial t} = \boldsymbol{J}_e(\boldsymbol{r},t), \tag{10.107}$$

$$\nabla \times \boldsymbol{E}(\boldsymbol{r},t) + \frac{\partial \boldsymbol{B}(\boldsymbol{r},t)}{\partial t} = 0. \tag{10.108}$$

ただし，ここで考えている空間中では $\boldsymbol{D}(\boldsymbol{r},t) = \varepsilon \boldsymbol{E}(\boldsymbol{r},t)$, $\boldsymbol{B}(\boldsymbol{r},t) = \mu \boldsymbol{H}(\boldsymbol{r},t)$ が成り立つものとする．

まず式 (10.106) より

$$\boldsymbol{B}(\boldsymbol{r},t) = \nabla \times \boldsymbol{A}(\boldsymbol{r},t) \tag{10.109}$$

を満足するベクトル関数 $\boldsymbol{A}(\boldsymbol{r},t)$ が存在する．これは時間的に変化するベクトル関数であるが，静磁界と同様に**ベクトルポテンシャル**とよぶ．次に，式 (10.109) を式 (10.108) に代入すると

$$\nabla \times \left[\boldsymbol{E}(\boldsymbol{r},t) + \frac{\partial \boldsymbol{A}(\boldsymbol{r},t)}{\partial t} \right] = 0$$

となるから

$$\boldsymbol{E}(\boldsymbol{r},t) = -\nabla \Psi(\boldsymbol{r},t) - \frac{\partial \boldsymbol{A}(\boldsymbol{r},t)}{\partial t} \tag{10.110}$$

なるスカラ関数 $\Psi(\bm{r},t)$ が存在する．電磁界が時間的に変化しないなら $\bm{E} = -\nabla\Psi$ となる．これは静電界と同じ関係式であるから，$\Psi(\bm{r},t)$ は電位 $V(\bm{r})$ を時間的に変化する電磁界に拡張した**スカラポテンシャル**であると考えることができる．したがって，$\Psi(\bm{r},t)$ と書かないで $V(\bm{r},t)$ と書いてもよいが，静電界における電位とはその性質が異なるスカラ関数であるから，そうはしないで $\Psi(\bm{r},t)$ と表しておく．このようにして，マクスウェルの方程式のうち，式 (10.106) と式 (10.108) は，式 (10.109) と式 (10.110) によって自動的に満たされる．このベクトルポテンシャル $\bm{A}(\bm{r},t)$ とスカラポテンシャル $\Psi(\bm{r},t)$ をまとめて**電磁ポテンシャル**という．

式 (10.109), (10.110) を式 (10.107), (10.105) にそれぞれ代入すると

$$\nabla \times \bm{B} - \mu\varepsilon\frac{\partial \bm{E}}{\partial t} = \nabla \times \nabla \times \bm{A} - \mu\varepsilon\frac{\partial}{\partial t}\left(-\frac{\partial \bm{A}}{\partial t} - \nabla\Psi\right)$$

$$= \nabla\nabla\cdot\bm{A} - \nabla^2\bm{A} + \mu\varepsilon\frac{\partial^2 \bm{A}}{\partial t^2} + \mu\varepsilon\nabla\frac{\partial \Psi}{\partial t}$$

$$= -\left(\nabla^2\bm{A} - \mu\varepsilon\frac{\partial^2 \bm{A}}{\partial t^2}\right) + \nabla\left(\nabla\cdot\bm{A} + \mu\varepsilon\frac{\partial \Psi}{\partial t}\right) = \mu\bm{J}_e,$$

$$\nabla\cdot\bm{E} = -\nabla\cdot\left(\frac{\partial \bm{A}}{\partial t}\right) - \nabla^2\Psi$$

$$= -\frac{\partial}{\partial t}\left(\nabla\cdot\bm{A} + \mu\varepsilon\frac{\partial \Psi}{\partial t}\right) + \mu\varepsilon\frac{\partial^2 \Psi}{\partial t^2} - \nabla^2\Psi = \frac{1}{\varepsilon}\rho_e$$

となる．したがって，$\bm{A}(\bm{r},t)$ と $\Psi(\bm{r},t)$ の間に

$$\nabla\cdot\bm{A}(\bm{r},t) + \mu\varepsilon\frac{\partial \Psi(\bm{r},t)}{\partial t} = 0 \tag{10.111}$$

の関係があれば，ベクトルポテンシャルとスカラポテンシャルはそれぞれ以下の波動方程式：

$$\nabla^2\bm{A}(\bm{r},t) - \mu\varepsilon\frac{\partial^2 \bm{A}(\bm{r},t)}{\partial t^2} = -\mu\bm{J}_e(\bm{r},t), \tag{10.112}$$

$$\nabla^2\Psi(\bm{r},t) - \mu\varepsilon\frac{\partial^2 \Psi(\bm{r},t)}{\partial t^2} = -\frac{1}{\varepsilon}\rho_e(\bm{r},t) \tag{10.113}$$

を満足する．このように $\bm{A}$ と Ψ はそれぞれ独立な微分方程式を満たしているばかりではなく，極めて対称的な形をしている[†]．これらの方程式を解いて電磁ポテンシャル $\bm{A}$ と Ψ を求め，それらが式 (10.111) の条件を満たしていたら，それを採用し，式 (10.109), (10.110) に代入して電磁界を計算するということになる．マクスウェルの方程式 (10.105) 〜 (10.108) と比較すれば，電磁ポテンシャルを使った表現の方が極めて見通しがよい形になっていることがわかる．式 (10.111) を**ローレンツ条件** (Lorentz condition) といい，この条件を満たす電磁ポテンシャル $\bm{A}$, Ψ をローレンツゲージにおける電磁ポテンシャルという．

[†] この形の微分方程式を最初に解いたのは，電気回路のキルヒホッフの法則で知られるキルヒホッフであった．詳細は巻末の引用・参考文献 1) 参照．

一方，自由空間なら $\nabla \cdot \boldsymbol{D} = 0$ となるから，$\boldsymbol{D} = -\nabla \times \boldsymbol{A}_m$ というベクトルポテンシャルを考えることもできる．ただし，負号は便宜上付け加えたものである．こうしたときのスカラポテンシャル Ψ_m は，磁位に対応するポテンシャルになるため，磁気型の電磁ポテンシャルという．これに対応して上で述べた $\boldsymbol{A}, \Psi$ を電気型の電磁ポテンシャルといって両者を区別することがある．磁気型の電磁ポテンシャルは磁流がある場合に便利であり，上と全く同様に議論できるので興味がある読者は挑戦してほしい．

10.6 正弦振動する電磁界

読者は単一周波数で正弦振動する現象の取り扱いについては回路理論などですでに習熟しており，この答えさえ知っていればフーリエ変換理論を使って，もっと一般的な時間変化をする場合の答えが得られることも知っているはずである．電磁界においても同様の手法が使えるので，改めて説明するまでもないと思われるが，念のために簡単に復習しておこう．

電流密度 $\boldsymbol{J}_e$ や電荷密度 ρ_e などの電磁波源が角周波数 ω で正弦振動していれば，電界もまた各周波数 ω で正弦振動する．このとき電界の正弦振動は，$\boldsymbol{E}(\boldsymbol{r},t) = \boldsymbol{E}(\boldsymbol{r},\omega)\cos\{\omega t + \phi(\boldsymbol{r})\}$ の場合と $\boldsymbol{E}(\boldsymbol{r},t) = \boldsymbol{E}(\boldsymbol{r},\omega)\sin\{\omega t + \phi(\boldsymbol{r})\}$ の2つの場合が考えられる．両者を別々に取り扱うのは不便であるので，波源が $\cos\omega t$ で励振されたときの電界を，$\boldsymbol{E}_r(\boldsymbol{r},t)$，$\sin\omega t$ で励振されたときの電界を $\boldsymbol{E}_m(\boldsymbol{r},t)$ として，複素数の電界：

$$\begin{aligned}
\widetilde{\boldsymbol{E}}(\boldsymbol{r},t) &= \boldsymbol{E}_r(\boldsymbol{r},t) + j\boldsymbol{E}_m(\boldsymbol{r},t) \\
&= \boldsymbol{E}(\boldsymbol{r},\omega)\cos\{\omega t + \phi(\boldsymbol{r})\} + j\boldsymbol{E}(\boldsymbol{r},\omega)\sin\{\omega t + \phi(\boldsymbol{r})\} \\
&= \boldsymbol{E}(\boldsymbol{r},\omega)^{j\phi(\boldsymbol{r})}e^{j\omega t} = \dot{\boldsymbol{E}}(\boldsymbol{r},\omega)e^{j\omega t}
\end{aligned} \tag{10.114}$$

を考える．もし何らかの方法で複素電界 $\dot{\boldsymbol{E}}(\boldsymbol{r},\omega)$ がわかったとすると，上式より

$$\boldsymbol{E}(\boldsymbol{r},t) = \begin{cases} \boldsymbol{E}_r(\boldsymbol{r},t) = \Re\mathrm{e}\left[\dot{\boldsymbol{E}}(\boldsymbol{r},\omega)e^{j\omega t}\right] & \text{波源が} \cos\omega t \\ \boldsymbol{E}_m(\boldsymbol{r},t) = \Im\mathrm{m}\left[\dot{\boldsymbol{E}}(\boldsymbol{r},\omega)e^{j\omega t}\right] & \text{波源が} \sin\omega t \end{cases} \tag{10.115}$$

となるから[†]，結局複素電界 $\dot{\boldsymbol{E}}(\boldsymbol{r},\omega)$ さえわかればよいことになる．

波源が周期的に振動するなら，波源の時間変化はフーリエ級数の理論により，基本角周波数 ω_0 とその高調波である $n\omega_0$ の角周波数で正弦振動する波源による応答成分 $\dot{\boldsymbol{E}}(\boldsymbol{r},n\omega_0)$ の和：

$$\boldsymbol{E}(\boldsymbol{r},t) = \sum_{n=-\infty}^{\infty} \dot{\boldsymbol{E}}(\boldsymbol{r},n\omega_0)e^{jn\omega_0 t} \tag{10.116}$$

[†] 式 (11.58) 中の $\Re\mathrm{e}[\cdot]$ は $[\cdot]$ 内の複素数の実部をとり出す操作を，また $\Im\mathrm{m}[\cdot]$ は $[\cdot]$ 内の複素数の虚部をとり出す操作である．例えば，$\Re\mathrm{e}[4-j5] = 4$，$\Im\mathrm{m}[4-j5] = -5$ となる．

として表される．また，波源が周期的でない時間変化をする場合でも，フーリエ逆変換：

$$\boldsymbol{E}(\boldsymbol{r},t) = \frac{1}{2\pi}\int_{-\infty}^{\infty}\dot{\boldsymbol{E}}(\boldsymbol{r},\omega)e^{j\omega t}\,d\omega \tag{10.117}$$

を使って，連続的な各周波数成分の和として表すことができる．

すなわち波源がどのような形をしていても，結局は角周波数 ω で励振したときの応答 $\dot{\boldsymbol{E}}(\boldsymbol{r},\omega)$ がわかりさえすれば，波源の励振の仕方に応じて必要な角周波数成分を組み合せればよい．興味ある読者は，さらに深く勉強してほしい．

10.6.1 マクスウェルの方程式と電磁ポテンシャル

それでは複素電磁界がどのような方程式を満たすかを考えよう．$\boldsymbol{J}_e(\boldsymbol{r},t) = \boldsymbol{J}_e(\boldsymbol{r},\omega)\cos(\omega t + \phi_0)$ に対する電束密度，磁界をそれぞれ $\boldsymbol{D}_r(\boldsymbol{r},t) = \boldsymbol{D}(\boldsymbol{r},\omega)\cos\{\omega t + \phi(\boldsymbol{r})\}$，$\boldsymbol{H}_r(\boldsymbol{r},t) = \boldsymbol{H}(\boldsymbol{r},\omega)\cos\{\omega t + \psi(\boldsymbol{r})\}$ とする．同様に $\boldsymbol{J}_e(\boldsymbol{r},t) = \boldsymbol{J}_e(\boldsymbol{r},\omega)\sin(\omega t + \phi_0)$ に対しては，添え字 m を用いたとすると，アンペア・マクスウェルの方程式 (10.11) は

$$\nabla\times\boldsymbol{H}_r(\boldsymbol{r},t) - \frac{\partial\boldsymbol{D}_r(\boldsymbol{r},t)}{\partial t} = \boldsymbol{J}_e(\boldsymbol{r},\omega)\cos(\omega t + \phi_0),$$

$$\nabla\times\boldsymbol{H}_m(\boldsymbol{r},t) - \frac{\partial\boldsymbol{D}_m(\boldsymbol{r},t)}{\partial t} = \boldsymbol{J}_e(\boldsymbol{r},\omega)\sin(\omega t + \phi_0)$$

となる．第 2 式に虚数単位 j を掛けて第 1 式と辺々加え合わせると

$$\nabla\times(\boldsymbol{H}_r + j\boldsymbol{H}_m) - \frac{\partial(\boldsymbol{D}_r + j\boldsymbol{D}_m)}{\partial t} = \nabla\times\left(\dot{\boldsymbol{H}}e^{j\omega t}\right) - \frac{\partial\left(\dot{\boldsymbol{D}}e^{j\omega t}\right)}{\partial t}$$

$$=\left(\nabla\times\dot{\boldsymbol{H}} - j\omega\dot{\boldsymbol{D}}\right)e^{j\omega t} = \left\{\boldsymbol{J}_e(\boldsymbol{r},\omega)e^{j\phi_0}\right\}e^{j\omega t}$$

となるから，$\dot{\boldsymbol{J}}(\boldsymbol{r},\omega) = \boldsymbol{J}_e(\boldsymbol{r},\omega)e^{j\phi_0}$ とおくと

$$\nabla\times\dot{\boldsymbol{H}}(\boldsymbol{r},\omega) - j\omega\dot{\boldsymbol{D}}(\boldsymbol{r},\omega) = \dot{\boldsymbol{J}}_e(\boldsymbol{r},\omega)$$

を得る．ただし $\dot{\boldsymbol{H}}(\boldsymbol{r},\omega) = \boldsymbol{H}(\boldsymbol{r},\omega)e^{j\psi(\boldsymbol{r})}$，$\dot{\boldsymbol{D}}(\boldsymbol{r},\omega) = \boldsymbol{H}(\boldsymbol{r},\omega)e^{j\phi(\boldsymbol{r})}$ である．このように時間微分 $\partial/\partial t$ は $j\omega$ に置きかえればよい．他の方程式も全く同様にできる．煩雑なのでベクトル $\dot{\boldsymbol{E}}(\boldsymbol{r},\omega)$ などの ω と $\dot{}$ を省略して複素電磁界に対するマクスウェルの方程式を書き下すと以下のようになる．

$$\nabla\cdot\boldsymbol{D}(\boldsymbol{r}) = \rho_e(\boldsymbol{r}), \tag{10.118}$$

$$\nabla\cdot\boldsymbol{B}(\boldsymbol{r}) = 0, \tag{10.119}$$

$$\nabla\times\boldsymbol{H}(\boldsymbol{r}) - j\omega\boldsymbol{D}(\boldsymbol{r}) = \boldsymbol{J}_e(\boldsymbol{r}), \tag{10.120}$$

$$\nabla\times\boldsymbol{E}(\boldsymbol{r}) + j\omega\boldsymbol{B}(\boldsymbol{r}) = 0. \tag{10.121}$$

電磁ポテンシャルを用いた電磁界表現は

$$E(r) = -\nabla \Psi(r) - j\omega A(r), \tag{10.122}$$

$$B(r) = \nabla \times A(r) \tag{10.123}$$

となる．だだしスカラポテンシャル $\Psi(r)$，ベクトルポテンシャル $A(r)$ は，以下の波動方程式とローレンツ条件：

$$\nabla^2 \Psi(r) + k^2 \Psi(r) = -\frac{\rho_e(r)}{\varepsilon}, \tag{10.124}$$

$$\nabla^2 A(r) + k^2 A(r) = -\mu J_e(r), \tag{10.125}$$

$$\nabla \cdot A(r) + j\omega\mu\varepsilon\Psi(r) = 0 \tag{10.126}$$

を満足する．ここで $k = \omega\sqrt{\mu\varepsilon}$ である．

10.6.2 複素ポインティングベクトルとエネルギー保存則

回路理論における複素電力という考え方を電磁界にも導入しよう．複素電力を扱う場合には最大値よりも実効値で議論しておいた方が便利なことも多いが，混乱を防ぐために本書では最大値を用いて議論する．電磁界が正弦的に変化する場合の瞬時値は $E(r,t) = \Re\mathrm{e}\left[E(r)e^{j\omega t}\right]$, $H(r,t) = \Re\mathrm{e}\left[H(r)e^{j\omega t}\right]$ と表される†．瞬時ポインティングベクトル $S(r,t)$ は式 (10.91) から

$$\begin{aligned}
S(r,t) &= E(r,t) \times H(r,t) = \Re\mathrm{e}\left[E(r)e^{j\omega t}\right] \times \Re\mathrm{e}\left[H(r)e^{j\omega t}\right] \\
&= \frac{1}{2}\left(\left[E(r)e^{j\omega t}\right] + \left[E(r)e^{j\omega t}\right]^*\right) \cdot \frac{1}{2}\left(\left[H(r)e^{j\omega t}\right] + \left[H(r)e^{j\omega t}\right]^*\right) \\
&= \frac{1}{2}\left(\left[E(r)e^{j\omega t}\right] + \left[E^*(r)e^{-j\omega t}\right]\right) \cdot \frac{1}{2}\left(\left[H(r)e^{j\omega t}\right] + \left[H^*(r)e^{-j\omega t}\right]\right) \\
&= \frac{1}{4}E(r) \times H(r)e^{2j\omega t} + \frac{1}{4}E(r) \times H^*(r) \\
&\quad + \frac{1}{4}E^*(r) \times H(r) + \frac{1}{4}E^*(r) \times H^*(r)e^{-2j\omega t}
\end{aligned} \tag{10.127}$$

となる．ここで式中の $*$ 印は，複素共役をとることを意味する．上式を1周期にわたって平均すると，右辺第1項は

$$\frac{1}{T}\int_{T/2}^{T/2} E(r) \times H(r)e^{2j\omega t}\,dt = E(r) \times H(r)\frac{1}{T}\int_{-T/2}^{T/2} e^{2j\omega t}\,dt = 0$$

となる．第4項も同様にゼロとなるから

---
† 波源が $\sin\omega t$ で変化する場合には，式 (10.115) のように虚数部をとることになるが，以下の計算はどちらでやっても同じ結果となる．もし複素電磁界を実効値で定義した場合には，瞬時値を求めるときに例えば $E(r,t) = \sqrt{2}\Re\mathrm{e}\left[E(r)e^{j\omega t}\right]$ とすればよい．その場合には以下の議論において電力値に付加されている 1/2 が必要なくなる．

$$\frac{1}{T}\int_{-T/2}^{T/2} \bm{S}(\bm{r},t)\,dt = \frac{1}{4}\Big(\bm{E}(\bm{r})\times\bm{H}^*(\bm{r}) + \bm{E}^*(\bm{r})\times\bm{H}(\bm{r})\Big)$$

$$= \frac{1}{2}\mathfrak{Re}\,[\bm{E}(\bm{r})\times\bm{H}^*(\bm{r})] = \frac{1}{2}\mathfrak{Re}\,[\bm{E}^*(\bm{r})\times\bm{H}(\bm{r})] \tag{10.128}$$

これが有効電力（平均電力）密度である．そこで回路理論の複素電力と同様に

$$\bm{S}_c(\bm{r}) = \frac{1}{2}\bm{E}(\bm{r})\times\bm{H}^*(\bm{r}) \tag{10.129}$$

という量を定義してこれを**複素ポインティングベクトル**とよぶ．複素ポインティングベクトルは，電気回路の複素電力と同様，実数部が有効電力密度，虚数部が無効電力密度を表す．

次に複素電力の保存則を示そう．図 **10.26** のように，波源を囲む面 S_{ex} とそれを含む面 S によって囲まれた体積 V を考え，V 内は導電率 σ の損失性媒質で満たされているものとする．このとき式 (10.120) は

$$\nabla\times\bm{H}(\bm{r}) - j\omega\bm{D}(\bm{r}) = \sigma\bm{E}(\bm{r}) \tag{10.130}$$

となる．$\nabla\cdot\bm{S}_c$ を計算するために，ベクトル公式 (2.121) と式 (10.121), (10.130) を用いると

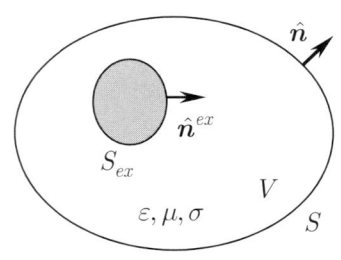

図 **10.26** 複素電力の保存則

$$\nabla\cdot\bm{S}_c = \frac{1}{2}\nabla\cdot(\bm{E}\times\bm{H}^*) = \frac{1}{2}\big(\bm{H}^*\cdot\nabla\times\bm{E} - \bm{E}\cdot\nabla\times\bm{H}^*\big)$$

$$= \frac{1}{2}\big\{-j\omega\mu\bm{H}^*\cdot\bm{H} - \bm{E}\cdot(\sigma - j\omega\varepsilon)\bm{E}^*\big\} = -\frac{1}{2}\sigma|\bm{E}|^2 - j\omega\left(\frac{\mu}{2}|\bm{H}|^2 - \frac{\varepsilon}{2}|\bm{E}|^2\right)$$

となるから，両辺を体積 V で積分し，左辺をガウスの定理を用いて面 S と S_{ex} についての面積分に変換する．この際，面 S_{ex} 上の単位法線ベクトルが図 10.26 のように体積 V の方向を向いていることに注意すると

$$\oint_{S_{ex}}\bm{S}_c(\bm{r})\cdot\hat{\bm{n}}^{ex}\,dS = W_l + j\omega(W_m - W_e) + \oint_S \bm{S}_c(\bm{r})\cdot\hat{\bm{n}}\,dS \tag{10.131}$$

を得る．ここで

$$W_l = \int_V \frac{\sigma}{2}|\bm{E}(\bm{r})|^2\,dv,\quad W_m = \int_V \frac{\mu}{2}|\bm{H}(\bm{r})|^2\,dv,\quad W_e = \int_V \frac{\varepsilon}{2}|\bm{E}(\bm{r})|^2\,dv \tag{10.132}$$

はそれぞれ V 内で消費される電力，磁界に蓄えられるエネルギー，および電界に蓄えられるエネルギーを表している．また式 (10.131) の左辺は，明らかに波源から V 内に流入する複素電力である．したがって式 (10.131) は，V 内に流入する電力が V で消費される W_l，磁気エネルギー W_m と電気エネルギー W_e の差を角周波数倍した電力と S 外に放射する電力の和に等しいことを表している．ここで磁気エネルギーと電気エネルギーの'和'ではなく'差'になっていることに注意してほしい．

10.6.3 マクスウェルの方程式の解

数学的に厳密な取り扱いは巻末の引用・参考文献 1) や 8) などに譲ることにして，ここでは静電ポテンシャルとの類似性からマクスウェルの方程式の解を求めてみよう．マクスウェルの方程式を解くためには，10.6.1 項で示したように，スカラポテンシャルとベクトルポテンシャルに対する波動方程式の解を求め，それらに微分操作を施せばよい．

ポアソンの方程式 $\nabla^2 V(\boldsymbol{r}) = -\rho_e(\boldsymbol{r})/\varepsilon$ の解は，式 (4.37) で求めたように

$$V(\boldsymbol{r}) = \frac{1}{4\pi\varepsilon} \int_V \frac{\rho_e(\boldsymbol{r}')}{|\boldsymbol{r} - \boldsymbol{r}'|} \, dv' \tag{10.133}$$

であった．一方，この電位は以下のような手順で求めることもできる．まず図 **10.27**(a) のように体積 V 内に微小領域 dv' を考えると，dv' 内に含まれる電荷 $dQ = \rho_e dv'$ による電位 dV は点電荷による電位であるとみなしてよい．すなわち $dV = dQ/(4\pi\varepsilon R) = \rho_e \, dv'/(4\pi\varepsilon|\boldsymbol{r}-\boldsymbol{r}'|)$ となる．次に全電荷による電位 V は，これらの総和をとることによって求めることができて式 (10.133) が得られる．このとき基本となるのが点電荷による電位である．図 10.27(a) の場合は，任意の点 $\boldsymbol{r}'$ にある点電荷を考えたが，これは図 10.27(b) のように原点 O に置かれた点電荷による電位：

$$V(\boldsymbol{r}) = \frac{Q}{4\pi\varepsilon} \frac{1}{r} \tag{10.134}$$

を座標変換しただけである．この電位が満足する微分方程式は，ポアソンの方程式：

$$\nabla^2 V(\boldsymbol{r}) = -\frac{Q}{\varepsilon} \delta(\boldsymbol{r}) \tag{10.135}$$

である†．上述したことをまとめると，ポアソンの方程式 $\nabla^2 V(\boldsymbol{r}) = -\rho_e(\boldsymbol{r})/\varepsilon$ の解を求めるためには，まず最初に原点に置かれた点電荷に対する方程式 (10.135) の解 (10.134) を求めておき，その解を利用して図 10.27(a) のような波源の分布に応じて積分すればよい．これと同じ手順でスカラポテンシャルとベクトルポテンシャルの満たす波動方程式 (10.124)，(10.125) の解を求めよう．スカラポテンシャルが満たす波動方程式 (10.124)：

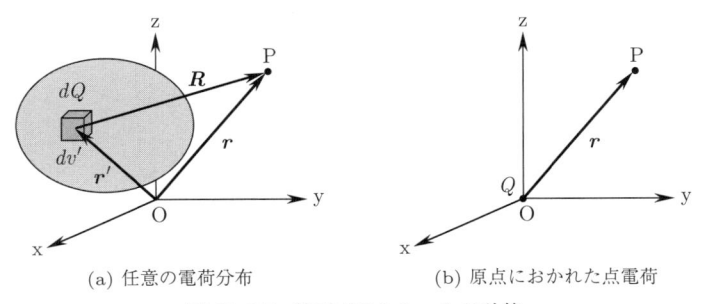

(a) 任意の電荷分布　　　(b) 原点におかれた点電荷

図 **10.27** 静電ポテンシャルの計算

---

† もちろん微分方程式 (10.135) の解として，式 (10.134) を導出することもできる．

$$\nabla^2 \Psi(\boldsymbol{r}) + k^2 \Psi(\boldsymbol{r}) = -\frac{Q}{\varepsilon}\delta(\boldsymbol{r}) \tag{10.136}$$

の右辺は，原点にある点波源であるから解は点対称になるはずである．したがって，$r \neq 0$ のとき

$$\nabla^2 \Psi(\boldsymbol{r}) + k^2 \Psi(\boldsymbol{r}) = \frac{1}{r}\frac{\partial^2}{\partial r^2}(r\Psi) + k^2\Psi = \frac{1}{r}\left\{\frac{\partial^2}{\partial r^2}(r\Psi) + k^2(r\Psi)\right\} = 0$$

これは $(r\Psi)$ に関する定係数 2 階微分方程式の特別な場合である．2.13.3 項で説明したように，その解は C_1, C_2 を任意の定数とすると $r\Psi = C_1 e^{-jkr} + C_2 e^{jkr}$ で与えられる．$\mathfrak{Re}\left[e^{-jkr}e^{j\omega t}\right] = \cos(kr - \omega t)$, $\mathfrak{Re}\left[e^{jkr}e^{j\omega t}\right] = \cos(kr + \omega t)$ であるから，第 1 項が時間の経過にしたがって原点 O から外側に広がる波を，第 2 項は時間の経過にしたがって原点に集まる波を表す．ここで求めたい解は，原点にだけ点波源があって周りの空間は無限に広いから，第 2 項のような波は物理的に励振されない．したがって，式 (10.136) の物理的に励振可能な解は次式で与えられる．

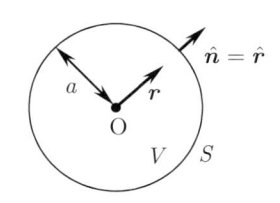

図 10.28 微小球

$$\Psi(\boldsymbol{r}) = C_1 \frac{e^{-jkr}}{r} \tag{10.137}$$

次に未定係数 C_1 を定めよう．図 10.28 のように原点を中心とする半径 a の球内で，式 (10.136) を体積積分する．球の表面 S 上で Ψ は一定値をとり，法線ベクトルは $\hat{\boldsymbol{n}} = \hat{\boldsymbol{r}}$ であるから

$$\begin{aligned}
\int_V \left\{\nabla^2\Psi + k^2\Psi\right\} dv &= \oint_S \nabla\Psi \cdot \hat{\boldsymbol{r}}\, dS + k^2 \int_V \Psi\, dv \\
&= \oint_S \frac{\partial \Psi}{\partial r}\, dS + 4\pi k^2 \int_0^a \Psi(r) r^2\, dr \\
&= \left[\frac{\partial \Psi}{\partial r}\right]_{r=a} 4\pi a^2 + 4\pi k^2 C_1 \int_0^a r e^{-jkr}\, dr \\
&= -C_1\left(jk + \frac{1}{a}\right)\frac{e^{-jka}}{a}\cdot 4\pi a^2 + 4\pi k^2 C_1 \left\{\left[\frac{re^{-jkr}}{-jk}\right]_0^a - \int_0^a \frac{re^{-jkr}}{-jk}\, dr\right\} \\
&= -\frac{Q}{\varepsilon}\int_V \delta(\boldsymbol{r})\, dr = -\frac{Q}{\varepsilon}.
\end{aligned} \tag{10.138}$$

ここで $a \to 0$ とすると $C_1 = Q/(4\pi\varepsilon)$ を得る．したがって

$$\Psi(\boldsymbol{r}) = \frac{Q}{4\pi\varepsilon}\frac{e^{-jkr}}{r}. \tag{10.139}$$

式 (10.124) の解の表現を得るには，図 10.27(a) のように考えればよいから

$$\Psi(\boldsymbol{r}) = \frac{1}{4\pi\varepsilon}\int_V \rho_e(\boldsymbol{r}')\frac{e^{-jk|\boldsymbol{r}-\boldsymbol{r}'|}}{|\boldsymbol{r}-\boldsymbol{r}'|}\, dv' \tag{10.140}$$

を得る．

　ベクトルポテンシャル $\boldsymbol{A}(\boldsymbol{r})$ に対する波動方程式 (10.125) についても成分ごとにスカラポテンシャルと同様の手順を踏むことによって解くことができて

$$\boldsymbol{A}(\boldsymbol{r}) = \frac{\mu}{4\pi} \int_V \boldsymbol{J}_e(\boldsymbol{r}') \frac{e^{-jk|\boldsymbol{r}-\boldsymbol{r}'|}}{|\boldsymbol{r}-\boldsymbol{r}'|} dv' \tag{10.141}$$

を得る．最後に式 (10.140), (10.141) が，ローレンツ条件 (10.126) を満足していることが確かめられれば，これらが正しくマクスウェルの方程式の解を表す電磁ポテンシャルということになる．式 (10.141) において被積分関数の $\boldsymbol{J}_e(\boldsymbol{r}')$ は，$\boldsymbol{r}'$ の関数であって $\boldsymbol{r}$ には無関係だから

$$\begin{aligned}
\nabla \cdot \left\{ \boldsymbol{J}_e(\boldsymbol{r}') \frac{e^{-jk|\boldsymbol{r}-\boldsymbol{r}'|}}{|\boldsymbol{r}-\boldsymbol{r}'|} \right\} &= \boldsymbol{J}_e \cdot \nabla \left(\frac{e^{-jk|\boldsymbol{r}-\boldsymbol{r}'|}}{|\boldsymbol{r}-\boldsymbol{r}'|} \right) = -\boldsymbol{J}_e \cdot \nabla' \left(\frac{e^{-jk|\boldsymbol{r}-\boldsymbol{r}'|}}{|\boldsymbol{r}-\boldsymbol{r}'|} \right) \\
&= -\nabla' \cdot \left\{ \boldsymbol{J}_e(\boldsymbol{r}') \frac{e^{-jk|\boldsymbol{r}-\boldsymbol{r}'|}}{|\boldsymbol{r}-\boldsymbol{r}'|} \right\} + \{\nabla' \cdot \boldsymbol{J}_e(\boldsymbol{r}')\} \frac{e^{-jk|\boldsymbol{r}-\boldsymbol{r}'|}}{|\boldsymbol{r}-\boldsymbol{r}'|} \\
&= -\nabla' \cdot \left\{ \boldsymbol{J}_e(\boldsymbol{r}') \frac{e^{-jk|\boldsymbol{r}-\boldsymbol{r}'|}}{|\boldsymbol{r}-\boldsymbol{r}'|} \right\} - j\omega \rho_e(\boldsymbol{r}') \frac{e^{-jk|\boldsymbol{r}-\boldsymbol{r}'|}}{|\boldsymbol{r}-\boldsymbol{r}'|}.
\end{aligned} \tag{10.142}$$

ここで電荷保存則：

$$\nabla \cdot \boldsymbol{J}_e + j\omega \rho_e = 0 \tag{10.143}$$

を用いた．これらを式 (10.126) に代入すると

$$\begin{aligned}
\nabla \cdot \boldsymbol{A} - j\omega\mu\varepsilon\Psi &= \frac{\mu}{4\pi} \int_V \nabla \cdot \left\{ \boldsymbol{J}_e(\boldsymbol{r}') \frac{e^{-jk|\boldsymbol{r}-\boldsymbol{r}'|}}{|\boldsymbol{r}-\boldsymbol{r}'|} \right\} dv' + \frac{j\omega\mu}{4\pi} \int_V \rho_e(\boldsymbol{r}') \frac{e^{-jk|\boldsymbol{r}-\boldsymbol{r}'|}}{|\boldsymbol{r}-\boldsymbol{r}'|} dv' \\
&= -\frac{\mu}{4\pi} \int_V \nabla' \cdot \left\{ \boldsymbol{J}_e(\boldsymbol{r}') \frac{e^{-jk|\boldsymbol{r}-\boldsymbol{r}'|}}{|\boldsymbol{r}-\boldsymbol{r}'|} \right\} dv' = -\frac{\mu}{4\pi} \oint_S \left\{ \frac{e^{-jk|\boldsymbol{r}-\boldsymbol{r}'|}}{|\boldsymbol{r}-\boldsymbol{r}'|} \boldsymbol{J}_e(\boldsymbol{r}') \right\} \cdot \hat{\boldsymbol{n}}(\boldsymbol{r}') dS'
\end{aligned}$$

ここで V は電流が流れている領域全てを含む体積であるから，その表面から流れ出る電流はない．すなわち $\boldsymbol{J}_e \cdot \hat{\boldsymbol{n}} = 0$ である．したがって式 (10.140) と式 (10.141) とはローレンツ条件を満足する電磁ポテンシャルである．さらにこれらを式 (10.117) を用いて時間領域に変換すると

$$\Psi(\boldsymbol{r},t) = \frac{1}{4\pi\varepsilon} \int_V \frac{\rho_e(\boldsymbol{r}', t - |\boldsymbol{r}-\boldsymbol{r}'|/v)}{|\boldsymbol{r}-\boldsymbol{r}'|} dv', \tag{10.144}$$

$$\boldsymbol{A}(\boldsymbol{r},t) = \frac{\mu}{4\pi} \int_V \frac{\boldsymbol{J}_e(\boldsymbol{r}', t - |\boldsymbol{r}-\boldsymbol{r}'|/v)}{|\boldsymbol{r}-\boldsymbol{r}'|} dv' \tag{10.145}$$

となる．これは波源の場所 $\boldsymbol{r}'$ から発生した電磁波が速さ v で伝搬し，$|\boldsymbol{r}-\boldsymbol{r}'|/v$ だけ遅れて観測点 $\boldsymbol{r}$ に達することを表している．このことから，式 (10.144), (10.145) 形のポテンシャルを**遅延ポテンシャル** (retarded potential) という．また，被積分関数は $\boldsymbol{r}'$ から発生する

球面波を表しているから，観測点のポテンシャルは V 内の全ての点から発生する球面波の総和であるということも表している．

電磁界の表現式を求めてみよう．便宜上，新たにスカラ関数:

$$G_0(\bm{r}, \bm{r}') = \frac{1}{4\pi} \frac{e^{-jk|\bm{r}-\bm{r}'|}}{|\bm{r}-\bm{r}'|} \tag{10.146}$$

を導入する†．式 (10.122), (10.123) の計算において，$\nabla G_0 = -\nabla' G_0$, $\nabla \times [\bm{J}_e(\bm{r}')G_0] = \nabla G_0 \times \bm{J}_e(\bm{r}') + G_0 \nabla \times \bm{J}_e(\bm{r}') = -\nabla' G_0 \times \bm{J}_e(\bm{r}') = \bm{J}_e(\bm{r}') \times \nabla' G_0$ であることに注意して計算すると

$$\bm{E}(\bm{r}) = \int_V \left\{ -j\omega\mu \bm{J}_e(\bm{r}') G_0(\bm{r}, \bm{r}') + \frac{\rho_e(\bm{r}')}{\varepsilon} \nabla' G_0(\bm{r}, \bm{r}') \right\} dv', \tag{10.147}$$

$$\bm{H}(\bm{r}) = \int_V \bm{J}_e(\bm{r}') \times \nabla' G_0(\bm{r}, \bm{r}') \, dv' \tag{10.148}$$

を得る．導電電流 $\bm{J}_e$，真電荷 ρ_e の分布が何らかの方法でわかっているなら，式 (10.147), (10.148) より電磁界を計算することができるが，一般に電流分布や電荷分布を正確に知ることはできない．この意味で上式はマクスウェル方程式の形式的な解であるともいえる．

最後に，式 (10.140) を電流 $\bm{J}_e$ に対する表現に直しておこう．式 (10.142) より $\rho_e G_0 = \{-\nabla' \cdot (\bm{J}_e G_0) - \bm{J}_e \cdot \nabla G_0\}/(j\omega)$．この式の第 1 項はガウスの定理を用いて面積分に変換できるが，考えている表面を無限遠方にもっていくと，その面積分はゼロになるから，結局第 2 項だけが残り

$$\begin{aligned}\Psi(\bm{r}) &= -\frac{1}{j\omega\varepsilon} \int_V \bm{J}_e(\bm{r}') \cdot \nabla G_0(\bm{r}, \bm{r}') \, dv' \\ &= -\frac{1}{4\pi j\omega\varepsilon} \int_V \bm{J}_e(\bm{r}') \cdot \nabla \left(\frac{e^{-jk|\bm{r}-\bm{r}'|}}{|\bm{r}-\bm{r}'|} \right) dv'\end{aligned} \tag{10.149}$$

を得る．

10.6.4 遠方電磁界

無線通信では通信する相手が非常に遠いところにいるから，遠方での電磁界の性質が重要となる．そこでここでは観測点が無限遠方にあるときの電磁界の性質を調べよう．

式 (10.146) の関数 G_0 を近似する際に，振幅については遠方で主要となる $1/r$ 項だけをとり，分子の位相項に関しては，$|\bm{r}-\bm{r}'| = \sqrt{r^2 + r'^2 - 2\bm{r}\cdot\bm{r}'} \sim r - \hat{\bm{r}}\cdot\bm{r}' = r - (x'\sin\theta\cos\phi + y'\sin\theta\sin\phi + z'\cos\theta)$ と近似すると

---

† この関数は，式 (10.139) と比較することにより，Q/ε の大きさをもつ点電荷が $\bm{r}'$ におかれたときの電位を表しており，非同次微分方程式 $\nabla^2 G_0(\bm{r}-\bm{r}') + k^2 G_0(\bm{r}-\bm{r}') = -\delta(\bm{r}-\bm{r}')$ の解である．非同次項である右辺が単位量 $-\delta(\bm{r}-\bm{r}')$（負号は便宜上のもの）である場合の解を，一般的に**グリーン関数** (Green's function) という．

$$G_0(\boldsymbol{r},\boldsymbol{r}') \approx \frac{1}{4\pi}\frac{e^{-jkr}}{r}e^{jk\hat{\boldsymbol{r}}\cdot\boldsymbol{r}'} \tag{10.150}$$

同様に ∇G_0 も $1/r$ の項だけで近似すると,上式より

$$\begin{aligned}\nabla G_0 &= \frac{\partial G_0}{\partial r}\hat{\boldsymbol{r}} + \frac{1}{r}\frac{\partial G_0}{\partial \theta}\hat{\boldsymbol{\theta}} + \frac{1}{r\sin\theta}\frac{\partial G_0}{\partial \phi}\hat{\boldsymbol{\phi}} \approx \frac{\partial G_0}{\partial r}\hat{\boldsymbol{r}} \\ &= -\frac{1}{4\pi}\left(jk+\frac{1}{r}\right)\frac{e^{-jkr}}{r}e^{jk\hat{\boldsymbol{r}}\cdot\boldsymbol{r}'}\hat{\boldsymbol{r}} \approx -\frac{jk}{4\pi}\frac{e^{jkr}}{r}e^{jk\hat{\boldsymbol{r}}\cdot\boldsymbol{r}'}\hat{\boldsymbol{r}}\end{aligned} \tag{10.151}$$

となる.これらを式 (10.140), (10.141) に代入すると

$$\Psi(\boldsymbol{r}) = \frac{k}{4\pi\varepsilon}\frac{e^{-jkr}}{r}\int_V \boldsymbol{J}_e(\boldsymbol{r}')\cdot\hat{\boldsymbol{r}}e^{jk\hat{\boldsymbol{r}}\cdot\boldsymbol{r}'}dv', \tag{10.152}$$

$$\boldsymbol{A}(\boldsymbol{r}) \approx \frac{\mu}{4\pi}\frac{e^{-jkr}}{r}\int_V \boldsymbol{J}_e(\boldsymbol{r}')e^{jk\hat{\boldsymbol{r}}\cdot\boldsymbol{r}'}dv' \tag{10.153}$$

を得る.遠方電界は,上式の結果を式 (10.122) に代入して

$$\begin{aligned}\boldsymbol{E}(\boldsymbol{r}) &= -\nabla\varPhi_e(\boldsymbol{r}) - j\omega\boldsymbol{A}(\boldsymbol{r}) \approx -\frac{\partial\Psi}{\partial r}\hat{\boldsymbol{r}} - j\omega\boldsymbol{A} \\ &= \frac{j\omega\mu}{4\pi}\frac{e^{-jkr}}{r}\left\{\int_V \boldsymbol{J}_e(\boldsymbol{r}')\hat{\boldsymbol{r}}e^{jk\hat{\boldsymbol{r}}\cdot\boldsymbol{r}'}dv'\right\}\hat{\boldsymbol{r}} - \frac{j\omega\mu}{4\pi}\frac{e^{-jkr}}{r}\int_V \boldsymbol{J}_e(\boldsymbol{r}')e^{jk\hat{\boldsymbol{r}}\cdot\boldsymbol{r}'}dv',\end{aligned}$$

また遠方磁界は,式 (10.123) と $\boldsymbol{J}_e \times \nabla'G_0 = \nabla G_0 \times \boldsymbol{J}_e \approx \frac{\partial G_0}{\partial r}\hat{\boldsymbol{r}} \times \boldsymbol{J}_e$ を用いて変形すると

$$\boldsymbol{H}(\boldsymbol{r}) \approx \frac{jk}{4\pi}\frac{e^{-jkr}}{r}\left\{\int_V \boldsymbol{J}_e(\boldsymbol{r}')e^{jk\hat{\boldsymbol{r}}\cdot\boldsymbol{r}'}dv'\right\}\times\hat{\boldsymbol{r}}$$

となる.ここで r に無関係な関数として

$$\begin{aligned}\boldsymbol{D}_e(\theta,\phi) &= \int_V \boldsymbol{J}_e(\boldsymbol{r}')e^{jk\hat{\boldsymbol{r}}\cdot\boldsymbol{r}'}dv' \\ &= \iiint \boldsymbol{J}_e(\boldsymbol{r}')e^{jk\left\{(x'\cos\phi+y'\sin\phi)\sin\theta+z'\cos\theta\right\}}dx'dy'dz'\end{aligned} \tag{10.154}$$

を定義すると,電磁界の遠方界は

$$\boldsymbol{E}(\boldsymbol{r}) = -\frac{jk}{4\pi}Z\frac{e^{-jkr}}{r}\left(\hat{\boldsymbol{r}}\times\boldsymbol{D}_e\right)\times\hat{\boldsymbol{r}}, \tag{10.155}$$

$$\boldsymbol{H}(\boldsymbol{r}) = -\frac{jk}{4\pi}\frac{e^{-jkr}}{r}\hat{\boldsymbol{r}}\times\boldsymbol{D}_e \tag{10.156}$$

と表される.このように電界も磁界も $\hat{\boldsymbol{r}}$ 成分をもたず

$$\boldsymbol{E}(\boldsymbol{r}) = Z\boldsymbol{H}(\boldsymbol{r})\times\hat{\boldsymbol{r}}, \quad \boldsymbol{H}(\boldsymbol{r}) = \frac{\hat{\boldsymbol{r}}\times\boldsymbol{E}(\boldsymbol{r})}{Z} \tag{10.157}$$

なる関係がある.すなわち波源から十分遠方の電磁界は,その振幅が $1/r$ に比例して減衰し,図 **10.29** のように電界ベクトルと磁界ベクトルは,平面波と同じ関係をもちながら $r = $ 一定の球面に垂直な面内にある.

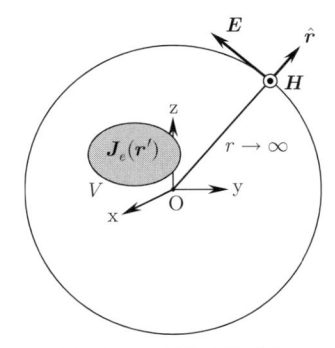

図 **10.29** 遠方の電磁界

10.6.5 平　面　波

前項で説明したように，波源から遠く離れた場所の電磁界は平面波のようにふるまう．もちろん厳密ではないが，電磁波の性質を把握するには平面波として扱った方がその本質を理解するのに有効であることが少なくない．そこでここでは 10.3.2 項で述べた平面波の議論を，**図10.30** のように任意の方向へ伝搬する場合に拡張する．重複はできるだけ避けて今後電磁波について学ぶために必要な最小限度の説明にとどめる．また，空間は一様な損失性媒質で満たされているものとする．

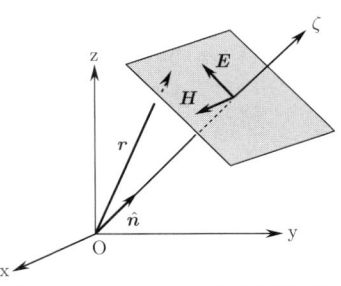

図10.30　ζ 方向に伝搬する平面波

電界，磁界が共に ζ 軸だけの関数，すなわち，$\boldsymbol{E}(\zeta)$, $\boldsymbol{H}(\zeta)$ とする．ζ に垂直な面内の点を (x, y, z) とすると

$$\hat{\boldsymbol{n}} \cdot \boldsymbol{r} = n_x x + n_y y + n_z z = \zeta \tag{10.158}$$

であるから

$$\nabla = \hat{\boldsymbol{x}} \frac{\partial}{\partial x} + \hat{\boldsymbol{y}} \frac{\partial}{\partial y} + \hat{\boldsymbol{z}} \frac{\partial}{\partial z} = \hat{\boldsymbol{x}} \frac{\partial \zeta}{\partial x}\frac{\partial}{\partial \zeta} + \hat{\boldsymbol{y}} \frac{\partial \zeta}{\partial y}\frac{\partial}{\partial \zeta} + \hat{\boldsymbol{z}} \frac{\partial \zeta}{\partial z}\frac{\partial}{\partial \zeta} = \hat{\boldsymbol{n}} \frac{\partial}{\partial \zeta}. \tag{10.159}$$

式 (10.118)～(10.121) において $\rho_e \equiv 0$, $\boldsymbol{J}_e = \sigma \boldsymbol{E}$ とすると，波源のない損失性媒質中のマクスウェルの方程式が得られ，さらに式 (10.159) を用いると

$$\hat{\boldsymbol{n}} \cdot \frac{d\boldsymbol{E}(\zeta)}{d\zeta} = 0, \tag{10.160}$$

$$\hat{\boldsymbol{n}} \cdot \frac{d\boldsymbol{H}(\zeta)}{d\zeta} = 0, \tag{10.161}$$

$$\hat{\boldsymbol{n}} \times \frac{d\boldsymbol{H}(\zeta)}{d\zeta} - j\omega\epsilon \boldsymbol{E}(\zeta) = 0, \tag{10.162}$$

$$\hat{\boldsymbol{n}} \times \frac{d\boldsymbol{E}(\zeta)}{d\zeta} + j\omega\mu \boldsymbol{H}(\zeta) = 0 \tag{10.163}$$

に置きかえられる．ただし $\epsilon = \varepsilon - j\sigma/\omega$ は**複素誘電率** (complex permittivity) である．

式 (10.162) と $\hat{\boldsymbol{n}}$ とのスカラ積をとれば，$j\omega\epsilon(\hat{\boldsymbol{n}} \cdot \boldsymbol{E}) = \hat{\boldsymbol{n}} \cdot \left(\hat{\boldsymbol{n}} \times \dfrac{d\boldsymbol{H}}{d\zeta}\right) = 0$ であるから，電界 $\boldsymbol{E}$ は ζ 軸に垂直である．同様に式 (10.163) と $\hat{\boldsymbol{n}}$ との内積をとれば，$\hat{\boldsymbol{n}} \cdot \boldsymbol{H} = 0$ となるから，磁界もまた ζ 軸に垂直である．

次に，式 (10.163) の両辺を ζ で微分した後に，$\hat{\boldsymbol{n}}$ とのベクトル積をとって式 (10.162) を用いると

$$\hat{\boldsymbol{n}} \times \left(\hat{\boldsymbol{n}} \times \frac{d^2\boldsymbol{E}}{d\zeta^2}\right) + j\omega\mu\hat{\boldsymbol{n}} \times \frac{d\boldsymbol{H}}{d\zeta} = \hat{\boldsymbol{n}}\left(\hat{\boldsymbol{n}} \cdot \frac{d^2\boldsymbol{E}}{d\zeta^2}\right) - (\hat{\boldsymbol{n}} \cdot \hat{\boldsymbol{n}})\frac{d^2\boldsymbol{E}}{d\zeta^2} - \omega^2\epsilon\mu\boldsymbol{E}$$

$$= \hat{\boldsymbol{n}}\frac{d^2}{d\zeta^2}(\hat{\boldsymbol{n}} \cdot \boldsymbol{E}) - \frac{d^2\boldsymbol{E}}{d\zeta^2} - \omega^2\epsilon\mu\boldsymbol{E} = -\frac{d^2\boldsymbol{E}}{d\zeta^2} - \omega^2\epsilon\mu\boldsymbol{E} = 0.$$

磁界についても全く同様に計算できるから，電界，磁界は同じ波動方程式：

$$\frac{d^2\boldsymbol{E}(\zeta)}{d\zeta^2} + k^2\boldsymbol{E}(\zeta) = 0, \quad \frac{d^2\boldsymbol{H}(\zeta)}{d\zeta^2} + k^2\boldsymbol{H}(\zeta) = 0 \tag{10.164}$$

を満足する．ただし $k^2 = \omega^2\epsilon\mu$ である．これらの方程式は容易に解けて

$$\boldsymbol{E}(\zeta) = \boldsymbol{E}_f e^{-jk\zeta} + \boldsymbol{E}_b e^{jk\zeta}, \quad \boldsymbol{H}(\zeta) = \boldsymbol{H}_f e^{-jk\zeta} + \boldsymbol{H}_b e^{jk\zeta} \tag{10.165}$$

上式の第 1 項は ζ 軸の正の方向へ進む平面波を，第 2 項は負の方向へ進む平面波を表している．ここでさらに $\hat{\boldsymbol{n}}$ 方向の**波数ベクトル**を

$$\boldsymbol{k} = k\hat{\boldsymbol{n}} \tag{10.166}$$

と定義すると，$\boldsymbol{k}$ 方向へ進む平面波の電界，磁界は式 (10.165) と式 (10.158) より

$$\boldsymbol{E}(\boldsymbol{r}) = \boldsymbol{E}_f e^{-j\boldsymbol{k}\cdot\boldsymbol{r}} \qquad \boldsymbol{H}(\boldsymbol{r}) = \boldsymbol{H}_f e^{-j\boldsymbol{k}\cdot\boldsymbol{r}} \tag{10.167}$$

と表される．これは波数ベクトル $\boldsymbol{k}$ と任意の点 $\boldsymbol{r}$ で表した平面波であり，よく用いられる表現である．

式 (10.165) の振幅 $\boldsymbol{E}_f, \boldsymbol{E}_b$ と $\boldsymbol{H}_f, \boldsymbol{H}_b$ の関係について調べておこう．式 (10.163) と式 (10.165) より

$$\boldsymbol{H}(\zeta) = \boldsymbol{H}_f e^{-jk\zeta} + \boldsymbol{H}_b e^{jk\zeta} = -\frac{1}{j\omega\mu}\hat{\boldsymbol{n}} \times \frac{d\boldsymbol{E}(\zeta)}{d\zeta} = \frac{\hat{\boldsymbol{n}} \times \boldsymbol{E}_f}{Z}e^{-jk\zeta} - \frac{\hat{\boldsymbol{n}} \times \boldsymbol{E}_b}{Z}e^{jk\zeta}$$

だから

$$\boldsymbol{H}_f = \frac{1}{Z}\hat{\boldsymbol{n}} \times \boldsymbol{E}_f, \qquad \boldsymbol{H}_b = -\frac{1}{Z}\hat{\boldsymbol{n}} \times \boldsymbol{E}_b \tag{10.168}$$

の関係がある．すなわち電界と磁界は互いに直角であり波数ベクトルにも直角である．ここで

$$Z = \sqrt{\frac{\mu}{\epsilon}} = \sqrt{\frac{\mu}{\varepsilon - j\left(\frac{\sigma}{\omega}\right)}} = \sqrt{\frac{\mu}{\varepsilon\left(1 - j\frac{\sigma}{\omega\varepsilon}\right)}} \tag{10.169}$$

は導電性媒質にまで拡張した**波動インピーダンス**である．

最後に ζ の正の方向に伝搬する波と，負の方向に進む波が運ぶ電力を調べよう．$jk = \alpha + j\beta$ とおくと，それぞれの複素ポインティングベクトルは

$$\boldsymbol{S}_f(\zeta) = \frac{1}{2}\left[\boldsymbol{E}_f e^{-(\alpha+j\beta)\zeta}\right] \times \left[\boldsymbol{H}_f e^{-(\alpha+j\beta)\zeta}\right]^* = \frac{1}{2}\frac{|\boldsymbol{E}_f|^2}{Z^*}e^{-2\alpha\zeta}\hat{\boldsymbol{n}}, \tag{10.170}$$

$$\boldsymbol{S}_b(\zeta) = \frac{1}{2}\left[\boldsymbol{E}_b e^{(\alpha+j\beta)\zeta}\right] \times \left[\boldsymbol{H}_b e^{(\alpha+j\beta)\zeta}\right]^* = \frac{1}{2}\frac{|\boldsymbol{E}_b|^2}{Z^*}e^{2\alpha\zeta}(-\hat{\boldsymbol{n}}). \tag{10.171}$$

導電率 σ がゼロならば波動インピーダンス Z は実数だから，$\boldsymbol{S}_f, \boldsymbol{S}_b$ は実数となるので有効電力だけを運んでいることになる．しかし $\sigma \neq 0$ なら式 (10.169) から Z は複素数になり，$\boldsymbol{S}_f, \boldsymbol{S}_b$ も複素数であるので無効電力も存在することになる．やや奇妙に感じられるが，$\sigma \neq 0$ の媒質中では，平面は減衰しながら伝搬するために，減衰した分のエネルギーが空間中に残存していると理解すればよいであろう．一方，$k^2 = \omega^2 \mu \epsilon$ であるから，k は $\pm \omega \sqrt{\mu \epsilon}$ の 2 つの値をとりうる．どちらをとったらよいであろうか．これに答えるには式 (10.170) あるいは式 (10.171) を見れば直ちにわかる．$\boldsymbol{S}_f$ は ζ の正の方向に進む電力であるから，$\zeta \to \infty$ のとき有限な値をとらなければ物理的に矛盾する．$\boldsymbol{S}_b$ は負の方向に進む波であるから，$\zeta \to -\infty$ 有限でなければならない．したがって，このような物理的要請から $\alpha \geq 0$ でなければならないのである．すなわち $\Im m(k) \leq 0$ でなければならない．

10.6.6 伝搬定数

伝搬定数 $\gamma = jk$ は平面波の伝搬の様子を決める重要な定数だから，ここでは媒質定数と伝搬定数の関係を詳しく調べてみよう．$k^2 = (\beta - j\alpha)^2 = \omega^2 \mu (\varepsilon - j\sigma/\omega)$ より α, β を求めると

$$\alpha = \frac{\omega \sqrt{\mu \varepsilon}}{\sqrt{2}} \left\{ \sqrt{1 + \left(\frac{\sigma}{\omega \varepsilon}\right)^2} - 1 \right\}^{1/2}, \tag{10.172}$$

$$\beta = \frac{\omega \sqrt{\mu \varepsilon}}{\sqrt{2}} \left\{ \sqrt{1 + \left(\frac{\sigma}{\omega \varepsilon}\right)^2} + 1 \right\}^{1/2} \tag{10.173}$$

を得る．ζ 方向へ進む波は $e^{-jk\zeta} = e^{-\alpha \zeta - j\beta \zeta}$ となり，α は波の減衰を表すことから**減衰定数** (attenuation constant) という．これに対して β は波の位相を表すことから**位相定数** (phase constant) とよばれる．さて導電電流は $\boldsymbol{J}_e = \sigma \boldsymbol{E}$，変位電流は $\boldsymbol{J}_d = j\omega \boldsymbol{D} = j\omega \varepsilon \boldsymbol{E}$ であるから，式 (10.172), (10.173) に現れる係数 $\sigma/(\omega \varepsilon)$ は，変位電流 $\boldsymbol{J}_d$ に対する導電電流 $\boldsymbol{J}_e$ の大きさの比を表しており，一般に

$$\tan \delta = \frac{\sigma}{\omega \varepsilon} \tag{10.174}$$

と書いて，**誘電正接**あるいは**損失係数**という[†]．$\tan \delta$ は媒質がどれくらい損失があるか，あるいはどれくらい導体に近い性質をもつかの指標として用いられる．$\tan \delta \gg 1$ ならその媒質は導体としての性質が誘電体の性質に比べて著しく大きい．逆に $\tan \delta \ll 1$ なら誘電体とみなしてよい．

(1) $\tan \delta \ll 1$ の場合 媒質は誘電体に近い性質をもち，式 (10.172), (10.173) は，$\sqrt{1 + \left(\frac{\sigma}{\omega \varepsilon}\right)^2} \approx 1 + \frac{1}{2}\left(\frac{\sigma}{\omega \varepsilon}\right)^2$ を用いて以下のように近似できる．

[†] 英語では loss tangent ということが多いが，損失正接とはいわない．

10.6 正弦振動する電磁界

$$\alpha \simeq \frac{\sigma}{2}\sqrt{\frac{\mu}{\varepsilon}}, \quad \beta \simeq \omega\sqrt{\mu\varepsilon}\left\{1+\frac{1}{8}\left(\frac{\sigma}{\omega\varepsilon}\right)^2\right\} \simeq \omega\sqrt{\mu\varepsilon} \tag{10.175}$$

（**2**） $\tan\delta \gg 1$ **の場合**　媒質は導体に近い性質をもち，導電的であるとよばれる．このとき式 (10.172), (10.173) は，$\sqrt{1+\left(\frac{\sigma}{\omega\varepsilon}\right)^2} \approx \frac{\sigma}{\omega\varepsilon}$ を用いて近似すると

$$\alpha \simeq \beta \simeq \sqrt{\frac{\omega\mu\sigma}{2}} \tag{10.176}$$

となる．また ζ 方向へ進む平面波の振幅 $e^{-\alpha\zeta}$ に比例して減衰するから

$$\delta = \frac{1}{\alpha} = \sqrt{\frac{2}{\omega\mu\sigma}} \tag{10.177}$$

だけ進むと，振幅は $1/e \approx 0.368$ に減衰する．この厚さのことを**表皮の厚さ** (skin depth) という．また導体中の波長 λ は，$\lambda = 2\pi/\beta = 2\pi\delta$ であるから，1 波長あたり $e^{-2\pi} \simeq 1/535$ と急速に減衰する．

例題 10.3　図 **10.31** のように，z 軸から θ_i の角度で x 方向の電界成分をもった平面波が，真空中から完全導体に入射し，θ_r で反射した．$\theta_i = \theta_r$ であることを示せ．また反射波の振幅を求めよ．

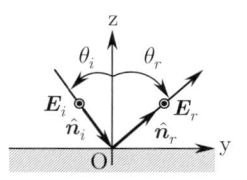

図 **10.31**　完全導体への斜め入射

【**解答**】　図 10.31 より入射電界 $\boldsymbol{E}_i$，反射電界 $\boldsymbol{E}_r$ の伝搬方向は，それぞれ $\hat{\boldsymbol{n}}_i = \hat{\boldsymbol{y}}\sin\theta_i - \hat{\boldsymbol{z}}\cos\theta_i$, $\hat{\boldsymbol{n}}_r = \hat{\boldsymbol{y}}\sin\theta_r + \hat{\boldsymbol{z}}\cos\theta_r$ で表されるから，真空中の波数を k_0 とすると

$$\boldsymbol{E}_i(\boldsymbol{r}) = E_i e^{-jk_0\hat{\boldsymbol{n}}_i\cdot\boldsymbol{r}}\hat{\boldsymbol{x}} = E_i e^{-jk_0(y\sin\theta_i - z\cos\theta_i)}\hat{\boldsymbol{x}},$$
$$\boldsymbol{E}_r(\boldsymbol{r}) = E_r e^{-jk_0\hat{\boldsymbol{n}}_r\cdot\boldsymbol{r}}\hat{\boldsymbol{x}} = E_r e^{-jk_0(y\sin\theta_r + z\cos\theta_r)}\hat{\boldsymbol{x}}$$

境界条件より $z=0$ の完全導体の表面では $\hat{\boldsymbol{z}} \times (\boldsymbol{E}_i + \boldsymbol{E}_r) = 0$．これより，$E_i e^{-jk_0 y\sin\theta_i} = -E_r e^{-jk_0 y\sin\theta_r}$．これが任意の y について成り立つためには $\theta_i = \theta_r, E_r = -E_i$ でなければならない．前者は入射角と反射角とが等しいことを意味している．これを**反射の法則**という． ◇

例題 10.4　図 **10.32** のように，z 軸から θ_i の角度で x 方向の電界成分をもった平面波が，真空中より比誘電率 ε_r，比透磁率 μ_r の無損失媒質に入射した．屈折率を $n = \sqrt{\mu_r\varepsilon_r}$，屈折角を θ_t としたとき，(1) **スネルの法則** (Snell's law) $\sin\theta_i = n\sin\theta_t$ が成り立つことを示せ．(2) 反射電界，透過電界の振幅を求めよ．

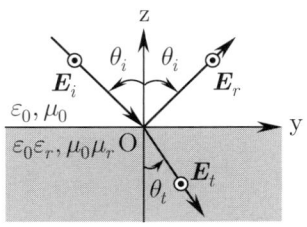

図 **10.32**　無損失媒質への斜めに入射する平面波

【**解答**】　(1) 上の例題と同じように考えると，入射電界 $\boldsymbol{E}_i$，反射電界 $\boldsymbol{E}_r$ は

$$\boldsymbol{E}_i(\boldsymbol{r}) = E_i e^{-jk_0(y\sin\theta_i - z\cos\theta_i)}\hat{\boldsymbol{x}}, \quad \boldsymbol{E}_r(\boldsymbol{r}) = E_r e^{-jk_0(y\sin\theta_i + z\cos\theta_i)}\hat{\boldsymbol{x}}.$$

媒質内部の波数を $k = k_0\sqrt{\mu_r\varepsilon_r} = k_0 n$ とすると，透過波の伝搬方向 $\hat{\boldsymbol{n}}_t$ は $\hat{\boldsymbol{n}}_t = \sin\theta_t\,\hat{\boldsymbol{y}} - \cos\theta_t\,\hat{z}$ であるから

$$\boldsymbol{E}_t(\boldsymbol{r}) = E_t e^{-jk\hat{\boldsymbol{n}}_t \cdot \boldsymbol{r}}\hat{\boldsymbol{x}} = E_t e^{-jk(y\sin\theta_t - z\cos\theta_t)}\hat{\boldsymbol{x}}$$

$z = 0$ の境界で電界の接線成分は連続だから

$$(E_i + E_r)e^{-jk_0 y\sin\theta_i} = E_t e^{-jky\sin\theta_t}$$

これが任意の y に対して成り立つためには，$k_0\sin\theta_i = k\sin\theta_t = k_0 n\sin\theta_t$ でなければならない．すなわち，スネルの法則 $\sin\theta_i = n\sin\theta_t$ が成り立つ．このとき上式より $E_i + E_r = E_t$.

(2) 真空の波動インピーダンスを Z_0，媒質の波動インピーダンスを Z とすると，磁界は $\boldsymbol{H} = \hat{\boldsymbol{n}} \times \boldsymbol{E}/Z$ より

$$\boldsymbol{H}_i(\boldsymbol{r}) = \frac{1}{Z_0}(\hat{\boldsymbol{y}}\sin\theta_i - \hat{\boldsymbol{z}}\cos\theta_i) \times \boldsymbol{E}_i = \frac{E_i}{Z_0}(-\hat{\boldsymbol{z}}\sin\theta_i - \hat{\boldsymbol{y}}\cos\theta_i)e^{-jk_0(y\sin\theta_i - z\cos\theta_i)},$$

$$\boldsymbol{H}_r(\boldsymbol{r}) = \frac{1}{Z_0}(\hat{\boldsymbol{y}}\sin\theta_i + \hat{\boldsymbol{z}}\cos\theta_i) \times \boldsymbol{E}_r = \frac{E_r}{Z_0}(-\hat{\boldsymbol{z}}\sin\theta_i + \hat{\boldsymbol{y}}\cos\theta_i)e^{-jk_0(y\sin\theta_i + z\cos\theta_i)},$$

$$\boldsymbol{H}_t(\boldsymbol{r}) = \frac{1}{Z}(\hat{\boldsymbol{y}}\sin\theta_t - \hat{\boldsymbol{z}}\cos\theta_t) \times \boldsymbol{E}_t = \frac{E_t}{Z}(-\hat{\boldsymbol{z}}\sin\theta_t - \hat{\boldsymbol{y}}\cos\theta_t)e^{-jk(y\sin\theta_t - z\cos\theta_t)}.$$

$z = 0$ で磁界の接線成分 ($\hat{\boldsymbol{y}}$ 成分) は連続であるから，$(-E_i + E_r)\cos\theta_i/Z_0 = -E_t\cos\theta_t/Z$. これと電界に対する条件を連立させると

$$E_r = \frac{(Z/Z_0)\cos\theta_i - \cos\theta_t}{(Z/Z_0)\cos\theta_i + \cos\theta_t}E_i, \quad E_t = \frac{2(Z/Z_0)\cos\theta_i}{(Z/Z_0)\cos\theta_i + \cos\theta_t}E_i. \tag{10.178}$$

さらにスネルの法則より $\cos\theta_t = \sqrt{n^2 - \sin^2\theta_i}/n$, $Z/Z_0 = \sqrt{\mu_r/\varepsilon_r}$ であるから

$$E_r = \frac{\mu_r\cos\theta_i - \sqrt{n^2 - \sin^2\theta_i}}{\mu_r\cos\theta_i + \sqrt{n^2 - \sin^2\theta_i}}E_i, \quad E_t = \frac{2\mu_r\cos\theta_i}{\mu_r\cos\theta_i + \sqrt{n^2 - \sin^2\theta_i}}E_i. \tag{10.179}$$

◇

10.7 アンテナからの電磁波放射

電磁波の源は電荷あるいは電流であるが，最も基本的な電磁波源はなんであろうか．静電界では静止した点電荷であった．そこで時間的に変動する電磁界においてこのような波源が考えられるかどうかを考察してみよう．角周波数 ω で時間的に変化する点電荷 $Q_e(\omega)$ が座標の原点にあったとすると，真空中の電界はガウスの法則より

$$\boldsymbol{E}(\boldsymbol{r},\omega) = \frac{Q_e(\omega)}{4\pi\varepsilon_0}\frac{\hat{\boldsymbol{r}}}{r^2}$$

で与えられる．この電界は r だけの関数で，$\hat{\boldsymbol{r}}$ 方向成分だけをもつから，ファラデーの法則より $-j\omega\mu\boldsymbol{H} = \nabla \times \boldsymbol{E} = 0$ となって磁界は生じない．したがって静止した点電荷からの電磁波放射はない．

次に電流の最も簡単な分布を考えよう．これは明らかに空間的に一様な電流である．例えば図 **10.33** のように $z_1 \leq z \leq z_2$ の区間に，z 方向を向く電流が流れていたとすると，電流保存則 $-j\omega\rho_e = \nabla \cdot \boldsymbol{J}_e$ から，この電流に対応する電荷分布は

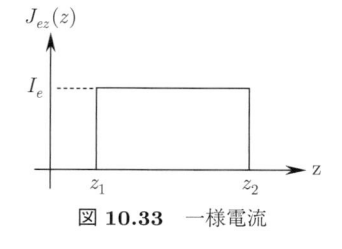

$$\rho_e(z) = -\frac{I_e}{j\omega}\left\{\delta(z-z_1) - \delta(z-z_2)\right\}. \quad (10.180)$$

図 10.33 一様電流

これは $z = z_1$ に $-Q = -I_e/j\omega$ の電荷，$z = z_2$ に $+Q = +I_e/j\omega$ の電荷が蓄積されることを表している．また，これは $\Delta l = z_2 - z_1$ としたとき，$p = I_e \Delta l/(j\omega)$ なるモーメントをもつ電気双極子に対応する．すなわち，微小区間に流れる一様電流は電気双極子に相当する．

10.7.1 微小ダイポールアンテナ

上で考察したように電磁波を発生する最も基本的な波源は一様電流であったから，ここでは図 **10.34** のような z 軸方向に流れる微小長さ Δl の一様電流を考える．この電流分布は上で述べたように原点に置かれたモーメント：

$$\boldsymbol{p} = \frac{I_e \Delta l}{j\omega}\hat{\boldsymbol{z}} \quad (10.181)$$

の電気双極子と等価であるから，アンテナ工学の分野では微小ダイポールアンテナとよばれる．微小ダイポールアン

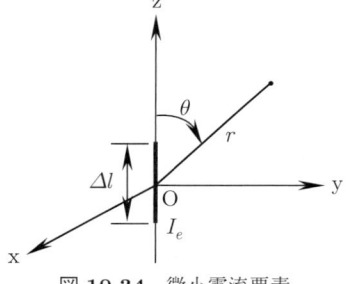

図 10.34 微小電流要素

テナから放射される電磁波については電流で考えても電気双極子で考えてもどちらでもよい．ここでは電流で考えるが，電気双極子による説明については例えば巻末の引用・参考文献 4) を参照してほしい．

さて，図 10.34 のように電流は z の微小な区間だけにあるから，スカラポテンシャルは式 (10.149) より

$$\Psi(\boldsymbol{r}) = -\frac{I_e}{j\omega\varepsilon}\int_{-\Delta l/2}^{\Delta l/2} \hat{\boldsymbol{z}} \cdot \nabla G_0(\boldsymbol{r}, z')\, dz' \approx -\frac{I_e \Delta l}{j\omega\varepsilon}\hat{\boldsymbol{z}} \cdot \nabla G_0(\boldsymbol{r}, 0). \quad (10.182)$$

ベクトルポテンシャルについても同様に式 (10.141) を計算すると

$$\boldsymbol{A}(\boldsymbol{r}) = I_e \Delta l \mu G_0(\boldsymbol{r}, 0)\hat{\boldsymbol{z}}. \quad (10.183)$$

ただし，式 (10.146) より

$$G_0(\boldsymbol{r}, 0) = \frac{e^{-jkr}}{4\pi r} \quad (10.184)$$

である．電界 $\boldsymbol{E}$，磁界 $\boldsymbol{H}$ は，式 (10.122), (10.123) から

$$\boldsymbol{E}(\boldsymbol{r}) = -\nabla \Psi - j\omega \boldsymbol{A} = \frac{I_e \Delta l}{j\omega \varepsilon} \left\{ \nabla \left(\frac{\partial G_0}{\partial z} \right) + k^2 G_0 \hat{\boldsymbol{z}} \right\}, \tag{10.185}$$

$$\boldsymbol{H}(\boldsymbol{r}) = \frac{1}{\mu} \nabla \times \boldsymbol{A} = I_e \Delta l \nabla \times (G_0 \hat{\boldsymbol{z}}) = I_e \Delta l \nabla G_0 \times \hat{\boldsymbol{z}} \tag{10.186}$$

となるが,式 (10.184) は r だけの関数であるから,球座座標で上式を計算する方が容易である.詳細は省略するが,$\frac{\partial G_0}{\partial z} = \frac{\partial G_0}{\partial r}\frac{\partial r}{\partial z} = \frac{\partial G_0}{\partial r}\frac{z}{r} = \frac{\partial G_0}{\partial r}\cos\theta$, $\nabla G_0 = \frac{\partial G_0}{\partial r}\hat{\boldsymbol{r}}$, $\hat{\boldsymbol{z}} = \hat{\boldsymbol{r}}\cos\theta - \hat{\boldsymbol{\theta}}\sin\theta$ となることを考慮して計算すると

$$E_r(\boldsymbol{r}) = \frac{2I_e \Delta l}{4\pi j\omega \varepsilon}\left(\frac{1}{r^2} + \frac{jk}{r}\right)\frac{e^{-jkr}}{r}\cos\theta, \tag{10.187}$$

$$E_\theta(\boldsymbol{r}) = \frac{I_e \Delta l}{4\pi j\omega \varepsilon}\left(\frac{1}{r^2} + \frac{jk}{r} - k^2\right)\frac{e^{-jkr}}{r}\sin\theta, \tag{10.188}$$

$$H_\phi(\boldsymbol{r}) = \frac{I_e \Delta l}{4\pi}\left(\frac{1}{r} + jk\right)\frac{e^{-jkr}}{r}\sin\theta \tag{10.189}$$

を得る.原点から観測点までの距離 r に着目すると,微小ダイポールアンテナの放射電磁界には $1/r^3$, $1/r^2$, $1/r$ に比例する項が含まれる.一方,電界 (10.187), (10.188) の角度特性を見ると,これは 3.7.1 項で説明した電気双極子による静電界と同じである.また,7.4 節のビオ・サバールの法則によると,微小電流要素 $I\Delta l \hat{\boldsymbol{z}}$ による静磁界は,$I\Delta l (\hat{\boldsymbol{z}} \times \hat{\boldsymbol{r}})/r^2 = \hat{\boldsymbol{\phi}} \sin\theta / r^2$ に比例するから,式 (10.189) の $1/r^2$ の項はそれに対応するはずである.そこで上で求めた電磁界を $1/r^3$, $1/r^2$, $1/r$ に比例する項に分割し,それぞれを $\boldsymbol{E}^{(stat)}$ と $\boldsymbol{H}^{(stat)}$,$\boldsymbol{E}^{(ind)}$ と $\boldsymbol{H}^{(ind)}$ および $\boldsymbol{E}^{(rad)}$ と $\boldsymbol{H}^{(rad)}$ とする.すなわち

$$\begin{cases} \boldsymbol{E}(\boldsymbol{r}) = \boldsymbol{E}^{(stat)}(\boldsymbol{r}) + \boldsymbol{E}^{(ind)}(\boldsymbol{r}) + \boldsymbol{E}^{(rad)}(\boldsymbol{r}), \\ \boldsymbol{H}(\boldsymbol{r}) = \boldsymbol{H}^{(stat)}(\boldsymbol{r}) + \boldsymbol{H}^{(ind)}(\boldsymbol{r}) + \boldsymbol{H}^{(rad)}(\boldsymbol{r}) \end{cases} \tag{10.190}$$

とおき,式 (10.181) の電気双極子モーメントを用いて各成分を書き下すと次式を得る.

$$\begin{cases} \boldsymbol{E}^{(stat)}(\boldsymbol{r}) = \frac{1}{4\pi\varepsilon}\left[-\frac{\boldsymbol{p}}{r^2} + 3\frac{(\boldsymbol{r}\cdot\boldsymbol{p})\boldsymbol{r}}{r^4}\right]\frac{e^{-jkr}}{r}, \\ \boldsymbol{H}^{(stat)}(\boldsymbol{r}) = 0, \end{cases} \tag{10.191}$$

$$\begin{cases} \boldsymbol{E}^{(ind)}(\boldsymbol{r}) = \frac{jk}{4\pi\varepsilon}\left[-\frac{\boldsymbol{p}}{r} + 3\frac{(\boldsymbol{r}\cdot\boldsymbol{p})\boldsymbol{r}}{r^3}\right]\frac{e^{-jkr}}{r}, \\ \boldsymbol{H}^{(ind)}(\boldsymbol{r}) = \frac{jk}{4\pi\varepsilon}\left[\frac{1}{Z}\frac{\boldsymbol{p}\times\boldsymbol{r}}{r^2}\right]\frac{e^{-jkr}}{r}, \end{cases} \tag{10.192}$$

$$\begin{cases} \boldsymbol{E}^{(rad)}(\boldsymbol{r}) = \frac{(jk)^2}{4\pi\varepsilon}\left[-\boldsymbol{p} + \frac{(\boldsymbol{r}\cdot\boldsymbol{p})\boldsymbol{r}}{r^2}\right]\frac{e^{-jkr}}{r}, \\ \boldsymbol{H}^{(rad)}(\boldsymbol{r}) = \frac{(jk)^2}{4\pi\varepsilon}\left[\frac{1}{Z}\frac{\boldsymbol{p}\times\boldsymbol{r}}{r}\right]\frac{e^{-jkr}}{r}. \end{cases} \tag{10.193}$$

これらの電磁界の物理的意味を考えよう．まず式 (10.191) の電界 $\boldsymbol{E}^{(stat)}(\boldsymbol{r})$ は，e^{-jkr} の項，すなわち原点から観測点まで電磁波が伝わる時間を除けば，静電界における電気双極子 $\boldsymbol{p}$ の作る電界である．このことから，これを**準静電界** (quasi-static field) とよぶ．次に，式 (10.192) の磁界 $\boldsymbol{H}^{(ind)}(\boldsymbol{r})$ は，e^{-jkr} を除けば定常電流が作る磁界に対するビオ・サバールの法則に対応するものである．ビオ・サバールの法則は 9.5.2 項で述べたように準定常電流に対しても成り立つから，$\boldsymbol{E}^{(ind)}(\boldsymbol{r})$ はファラデーの法則から誘導された電界であると考えられる．そこでこれらを**誘導界** (induction field) とよぶ．式 (10.193) の電磁界は，遠方にまで伝搬してゆく電磁界で，その傾向は周波数が高いほど著しい．そこで式 (10.193) の電磁界を**放射界** (radiation field) といい，通信などで重要になる成分である．なお上式より $kr=1$，すなわち $r=1/k=\lambda/2\pi$〔m〕において各成分は同じ大きさになる．

双極子モーメントが時間と共に $\boldsymbol{p}(t)=\hat{\boldsymbol{z}}\cos\omega t$ のように変化したとき，放射される電磁波の様子を調べよう．**図 10.35** は，z 軸上の双極子モーメントを含む平面内の電気力線の様子を，異なる時間において求めたものである．電気力線は，最初ダイポール上の正の電荷から出て負の電荷に終端するが，時間が経過して，いったん電荷から離れると，閉曲線となって伝搬してゆく．ダイポールを中心にして放射状に電気力線が広がっていくが，特にダイポールに対して垂直な方向に強く放射されている様子がわかる．なお，このような電気力線を描くには，式 (10.187), (10.188) から瞬時値を求め，その電界に関して 3.4 節と同様に電気力線の方程式を解けばよい．

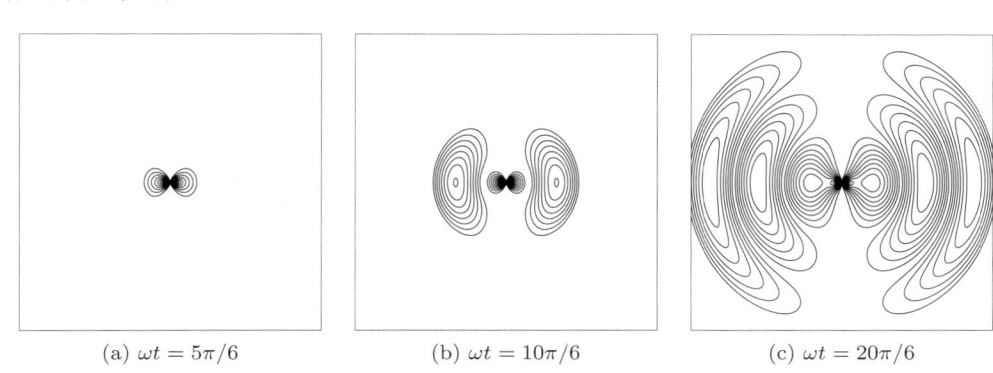

(a) $\omega t=5\pi/6$　　(b) $\omega t=10\pi/6$　　(c) $\omega t=20\pi/6$

図 10.35 微小ダイポールアンテナから放射される電磁波の電気力線

10.7.2　ダイポールアンテナ

図 10.36 のように，2 本の導体棒を短い間隔をあけて直線状に並べ，導体間に給電したような構造のアンテナを**ダイポールアンテナ** (dipole antenna) といい，最も基本的なアンテナの 1 つである．本項ではダイポールアンテナの基本的な動作原理を説明する．

外部起電力 $V_{ex}(t)$ で励振された導体は，その表面に電荷の移動を生じる．図 10.36 のように上部導体で正の電荷が z 軸方向に移動したとすると，下部導体では負の電荷が逆方向に移動するから，導電電流 I_e は z 方向に流れる．励起された電荷間には電界が発生して，それが時間的に変化するから空間に矢印のような変位電流 I_d が流れる．このようにして導電電流と変位電流で閉回路を形成する．導体端部まで移動してきた電荷は導体端部で跳ね返るが，導電電流がそこでゼロになるように跳ね返る．このように電流は反射を繰り返す．これを表す関数は

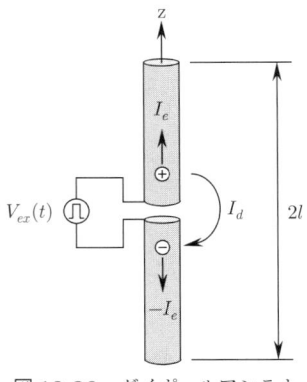

図 10.36 ダイポールアンテナ

z 軸方向に進む波と逆方向へ進む波の和であり，$z = \pm l$ でゼロにならなければならないから

$$I_e(z) = I_m \frac{\sin k(l - |z|)}{\sin kl} \tag{10.194}$$

となる．上式の分母は $I_e(z=0) = I_m$ と規格化するための係数である．

電流分布 (10.194) による電磁ポテンシャルを求めよう．このときには $z \geqq 0$ の上部導体による寄与と，$z \leqq 0$ の下部導体による寄与とを別々に計算すると便利である．また，軸対象の問題であるから円柱座標を用いる．まず，上部導体によるスカラポテンシャル $\Psi^{(+)}(\boldsymbol{r})$ は，式 (10.149) より

$$\Psi^{(+)}(\boldsymbol{r}) = -\frac{1}{j\omega\varepsilon} \int_0^l I_e(z')\hat{\boldsymbol{z}} \cdot \nabla G_0(\boldsymbol{r}, z')\,dz' = \frac{1}{8\pi\varepsilon\omega} \frac{I_m}{\sin kl} \frac{\partial}{\partial z}$$

$$\left\{ e^{jkl} \underbrace{\int_0^l \frac{e^{-jk\left(\sqrt{\rho^2+(z-z')^2}+z'\right)}}{\sqrt{\rho^2+(z-z')^2}}\,dz'}_{u=\sqrt{\rho^2+(z-z')^2}-(z-z')} - e^{-jkl} \underbrace{\int_0^l \frac{e^{-jk\left(\sqrt{\rho^2+(z-z')^2}-z'\right)}}{\sqrt{\rho^2+(z-z')^2}}\,dz'}_{w=\sqrt{\rho^2+(z-z')^2}+(z-z')} \right\}$$

$$= \frac{1}{8\pi\varepsilon\omega} \frac{I_m}{\sin kl} \frac{\partial}{\partial z} \left\{ e^{-jk(z-l)} \int_{r-z}^{r_2-(z-l)} \frac{e^{-jku}}{u}\,du + e^{jk(z-l)} \int_{r+z}^{r_2+(z-l)} \frac{e^{-jkw}}{w}\,dw \right\} \tag{10.195}$$

で与えられる．ただし $r_2 = \sqrt{\rho^2 + (z-l)^2} = \sqrt{x^2 + y^2 + (z-l)^2}$ である．次にベクトルポテンシャル $\boldsymbol{A}^{(+)}(\boldsymbol{r})$ は，式 (10.141) より

$$\boldsymbol{A}^{(+)}(\boldsymbol{r}) = \frac{\mu}{8\pi j} \frac{I_m}{\sin kl}$$

$$\left\{ e^{jkl} \int_0^l \frac{e^{-jk\left(\sqrt{\rho^2+(z-z')^2}+z'\right)}}{\sqrt{\rho^2+(z-z')^2}}\,dz' - e^{-jkl} \int_0^l \frac{e^{-jk\left(\sqrt{\rho^2+(z-z')^2}-z'\right)}}{\sqrt{\rho^2+(z-z')^2}}\,dz' \right\} \hat{\boldsymbol{z}}$$

$$= \frac{\mu}{8\pi j} \frac{I_m}{\sin kl} \left\{ e^{-jk(z-l)} \int_{r-z}^{r_2-(z-l)} \frac{e^{-jku}}{u}\,du + e^{jk(z-l)} \int_{r+z}^{r_2+(z-l)} \frac{e^{-jkw}}{w}\,dw \right\} \hat{\boldsymbol{z}} \tag{10.196}$$

となる．下部導体についても同様に電磁ポテンシャル $\Psi^{(-)}(\boldsymbol{r})$, $\boldsymbol{A}^{(-)}(\boldsymbol{r})$ を計算することができるから，求めるポテンシャルは，$\Psi(\boldsymbol{r}) = \Psi^{(+)}(\boldsymbol{r}) + \Psi^{(-)}(\boldsymbol{r})$, $\boldsymbol{A}(\boldsymbol{r}) = \boldsymbol{A}^{(+)}(\boldsymbol{r}) + \boldsymbol{A}^{(-)}(\boldsymbol{r})$ となる．この式中に含まれている積分はこれ以上解析的には解けないが，このポテンシャルから求めた電磁界は，うまく積分と微分が相殺して計算できる．$\Psi(\boldsymbol{r})$, $\boldsymbol{A}(\boldsymbol{r})$ を，式 (10.122), (10.123) に代入し，微分の性質：

$$\frac{\partial}{\partial x} \int_{f_1(x,y)}^{f_2(x,y)} F(z)\,dz = \frac{\partial f_2}{\partial x} F(f_2) - \frac{\partial f_1}{\partial x} F(f_1) \tag{10.197}$$

を用いると

$$E_\rho(\rho, z) = j\frac{ZI_m}{4\pi \sin kl}\left\{\frac{z+l}{\rho}\frac{e^{-jkr_1}}{r_1} + \frac{z-l}{\rho}\frac{e^{-jkr_2}}{r_2} - 2\frac{z}{\rho}\frac{e^{-jkr}}{r}\cos kl\right\}, \tag{10.198}$$

$$E_z(\rho, z) = -j\frac{ZI_m}{4\pi \sin kl}\left\{\frac{e^{-jkr_1}}{r_1} + \frac{e^{-jkr_2}}{r_2} - 2\frac{e^{-jkr}}{r}\cos kl\right\}, \tag{10.199}$$

$$H_\phi(\rho, z) = j\frac{I_m}{4\pi \sin kl}\frac{1}{\rho}\left\{e^{-jkr_1} + e^{-jkr_2} - 2e^{-jk_0 r}\cos kl\right\}, \tag{10.200}$$

$$E_\phi(\rho, z) = H_\rho(\rho, z) = H_z(\rho, z) = 0 \tag{10.201}$$

を得る．ただし $r_1 = \sqrt{\rho^2 + (z+l)^2}$, $r_2 = \sqrt{\rho^2 + (z-l)^2}$ である．

給電部の電流を $I_m(t) = \sin\omega t$ したときの電気力線を 図 **10.37**，図 **10.38** に示す．図 10.37 はアンテナの全長が 1 波長 ($l = \lambda/2$), 図 10.38 は半波長 ($l = \lambda/4$) の場合であり，共に縦横 3 波長の領域の電気力線を描いている．給電部から導体に沿って移動する電荷に伴って電気力線も広がっていく．アンテナ端部では電荷が跳ね返って戻ってくるために，広がろうとする電気力線と給電部に戻ろうとする電荷に伴う電気力線のため，端部付近で電気力線が途切れる．いったん途切れた電気力線は閉曲線を形成して空間に伝搬してゆく．これが電気力線を使ったダイポールアンテナからの電磁波放射のごく簡単な説明である．

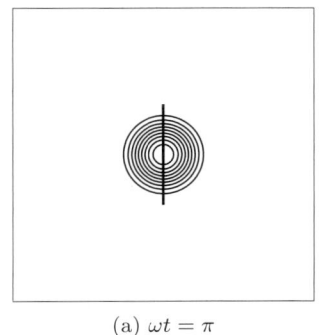

(a) $\omega t = \pi$ (b) $\omega t = 2\pi$ (c) $\omega t = 4\pi$

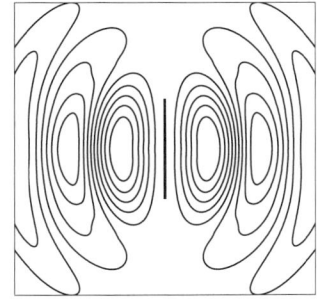

図 **10.37** 1 波長アンテナからの放射電界の電気力線

(a) $\omega t = \pi$	(b) $\omega t = 2\pi$	(c) $\omega t = 4\pi$

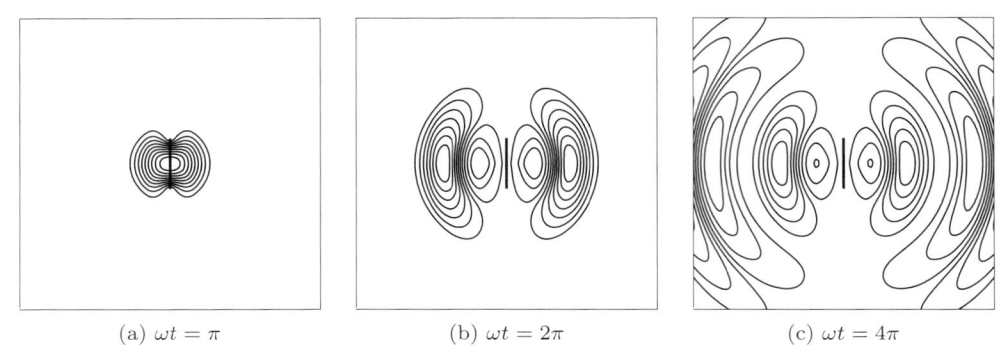

図 **10.38** 半波長アンテナからの放射電界の電気力線

章 末 問 題

【 1 】 図 **10.39** のような半径 a の円形平行平板コンデンサの極板上に一様に分布している電荷が時間的に $Q_e(t) = Q_0 \sin \omega t$ で変化している.以下の問いに答えよ.ただし,極板の面積は十分に大きく,電磁界はコンデンサ内部にだけあるものとする.
 (1) 電界 $\boldsymbol{E}$ が $\boldsymbol{E}(r) = -\frac{\sigma_e(t)}{\varepsilon}\hat{\boldsymbol{z}}$ となることを示せ.ただし $\sigma_e(t) = Q_e(t)/S$ である.
 (2) 変位電流 $I_d(t)$ を求めよ.
 (3) 磁界 $\boldsymbol{H}$ が $\boldsymbol{H}(r) = -\frac{\omega Q_0 \cos \omega t}{2S}\rho\hat{\boldsymbol{\phi}}$ となることを示せ.
 (4) コンデンサに蓄えられる電気的,磁気的エネルギー $W_e(t)$, $W_m(t)$ を求めよ.
 (5) $W_e = Q_e(t)^2/(2C)$, $W_m(t) = LI_d^2(t)/2$ としたとき,C と L の値を求めよ.

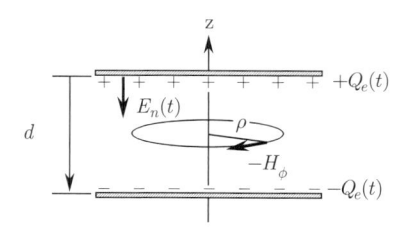

図 **10.39** 平行平板コンデンサ内の電界と磁界

【 2 】 電流密度が $\boldsymbol{J}_e(x,t) = J_0 \sin(\omega t - kx)\hat{\boldsymbol{x}}$ で与えられるときの体積電荷密度 $\rho_e(x,t)$ を求めよ.ただし,ω, k は定数であり,$t=0$ で $\rho_e = 0$ であったとする.
【 3 】 式 (10.65) の 1 次元波動方程式の解は式 (10.68) で与えられることを示せ.
【 4 】 誘電率 ε, 透磁率 μ, 導電率 σ の媒質中の電磁界は,次の波動方程式を満たすことを示せ.

$$\nabla^2 \boldsymbol{E}(\boldsymbol{r},t) - \mu\varepsilon\frac{\partial^2 \boldsymbol{E}(\boldsymbol{r},t)}{\partial t^2} - \mu\sigma\frac{\partial \boldsymbol{E}(\boldsymbol{r},t)}{\partial t} = 0, \tag{10.202}$$

$$\nabla^2 \boldsymbol{H}(\boldsymbol{r},t) - \mu\varepsilon\frac{\partial^2 \boldsymbol{H}(\boldsymbol{r},t)}{\partial t^2} - \mu\sigma\frac{\partial \boldsymbol{H}(\boldsymbol{r},t)}{\partial t} = 0. \tag{10.203}$$

【5】 誘電率 ε, 透磁率 μ, 導電率 σ の媒質に対する電磁ポテンシャル $\Psi(\boldsymbol{r},t)$, $\boldsymbol{A}(\boldsymbol{r},t)$ にローレンツ条件:

$$\nabla \cdot \boldsymbol{A}(\boldsymbol{r},t) + \mu\varepsilon \frac{\partial \Psi(\boldsymbol{r},t)}{\partial t} + \mu\sigma \Psi(\boldsymbol{r},t) = 0 \tag{10.204}$$

が課されれば,次の波動方程式を満足することを示せ.

$$\nabla^2 \boldsymbol{A}(\boldsymbol{r},t) - \mu\varepsilon \frac{\partial^2 \boldsymbol{A}(\boldsymbol{r},t)}{\partial t^2} - \mu\sigma \frac{\partial \boldsymbol{A}(\boldsymbol{r},t)}{\partial t} = -\mu \boldsymbol{J}_e(\boldsymbol{r},t), \tag{10.205}$$

$$\nabla^2 \Psi(\boldsymbol{r},t) - \mu\varepsilon \frac{\partial^2 \Psi(\boldsymbol{r},t)}{\partial t^2} - \mu\sigma \frac{\partial \Psi(\boldsymbol{r},t)}{\partial t} = -\frac{\rho_e(\boldsymbol{r},t)}{\varepsilon}. \tag{10.206}$$

【6】 式 (10.172), (10.173) を導け.

【7】 比誘電率および比透磁率が場所の関数であり,$\varepsilon_r(\boldsymbol{r})$, $\mu_r(\boldsymbol{r})$ と表されるとする.時間に関して正弦的に変化する電磁界は次の波動方程式を満足することを示せ.

$$\nabla \times \left\{ \frac{1}{\mu_r(\boldsymbol{r})} \nabla \times \boldsymbol{E}(\boldsymbol{r}) \right\} - k_0^2 \varepsilon_r(\boldsymbol{r}) \boldsymbol{E}(\boldsymbol{r}) = -j\omega\mu_0 \boldsymbol{J}_e(\boldsymbol{r}), \tag{10.207}$$

$$\nabla \times \left\{ \frac{1}{\varepsilon_r(\boldsymbol{r})} \nabla \times \boldsymbol{H}(\boldsymbol{r}) \right\} - k_0^2 \mu_r(\boldsymbol{r}) \boldsymbol{H}(\boldsymbol{r}) = \nabla \times \left\{ \frac{\boldsymbol{J}_e(\boldsymbol{r})}{\varepsilon_r(\boldsymbol{r})} \right\}. \tag{10.208}$$

【8】 図 10.40 のように厚さ d,比誘電率 ε_r,比透磁率 μ_r の無損失媒質の膜に,真空中から平面波が垂直に入射した.入射電界の一部は反射し,他の一部は膜の中に浸透した後に,膜の外側に透過する.以下次の問いに答えよ.

(1) 入射電界の振幅を E_i としたとき,反射電界の振幅 E_r および膜の外側に透過する電界の振幅 E_t を求めよ.

(2) 反射電界の振幅が極大,極小となる膜の厚さと膜内の波長との関係を求めよ.そのとき反射電界および透過電界の振幅はどうなるか.

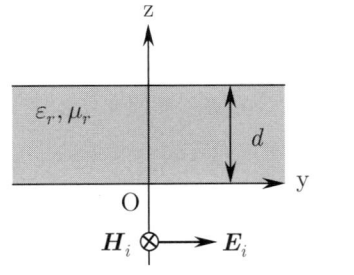

図 10.40 無損失の平板膜

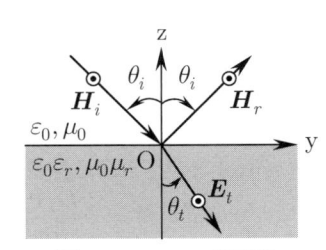

図 10.41 TM 平面波の反射・透過

【9】 図 10.41 のように z 軸から θ_i の角度で x 方向の電界成分をもった平面波が,真空中より比誘電率 ε_r,比透磁率 μ_r の無損失媒質に入射した.以下の問いに答えよ.

(1) 反射磁界,透過磁界の振幅を求めよ.

(2) $\mu_r = 1$ のとき反射磁界がゼロとなる入射角を求めよ.

【10】 式 (10.191) ~ (10.193) を導出せよ.

【11】 微小ダイポールによる遠方の複素ポインティングベクトルと全放射電力を求めよ.

【12】 式 (10.198) ~ (10.200) を導出し,これらからダイポールアンテナの遠方放射界を求めよ.

11 電磁気学と電気回路

　前章までで電磁界の基本法則は全て述べたといっても過言ではない．したがって本来なら，電磁界のより詳細な性質や工学的応用事例について説明すべきかもしれないが，本書の目的の 1 つは電気工学の基礎を与えることにあるから，本章では一歩退いて，電磁気学と電気回路との橋渡しをしておくことにする．電気回路とは，電源と何種類かの回路素子とを導線でつなぎ合わせたものである．回路素子には，トランジスタやダイオードなどの能動素子や非線形素子も含まれるが，ここで説明するのはこれまでに学んできた抵抗，コンデンサおよびコイルである．電磁気学では素子内部の電磁界や構造による違いなどを学んだが，電気回路の理論ではそれらには必ずしも立ち入らないで，素子の接続点における電位や電流だけを問題とする．すなわち回路素子の性質はわかっているものとして，それらから構成された回路がどのような働きをするかが興味の対象となる．本章ではこのように考えることができる保証を与える．

11.1　準定常電流と基本方程式

11.1.1　導体内の変位電流

　電気回路は導線と回路素子でできているから，まず導線内部に流れる電流について考える．導体内部には一般に電荷の移動による導電電流 $\bm{J}_e$ と，電界の時間変化に伴う変位電流 $\bm{J}_d$ が流れるから，それらの大きさを比べてみよう．電界が角周波数 ω で振動しているものとし $\bm{E}(\bm{r},t) = \bm{E}_0(\bm{r})\sin\omega t$ と表されるとする．このとき導電電流は $\bm{J}_e(\bm{r},t) = \sigma\bm{E}_0(\bm{r})\sin\omega t$, 変位電流は 10.1.1 項より $\bm{J}_d(\bm{r},t) = \dfrac{\partial \bm{D}(\bm{r},t)}{\partial t} = \varepsilon\dfrac{\partial \bm{E}(\bm{r},t)}{\partial t} = \varepsilon\omega\bm{E}_0(\bm{r})\cos\omega t = \bm{J}_d(\bm{r})\cos\omega t$ となるから，それらの振幅の比は

$$\left|\frac{\bm{J}_d(\bm{r})}{\bm{J}_e(\bm{r})}\right| = \frac{\varepsilon\omega}{\sigma} \tag{11.1}$$

で与えられる．これは 10.6.6 項で導入した loss tangent の逆数である．式 (11.1) に導線としてよく用いられる銅の導電率 $\sigma \approx 5.87 \times 10^7$ S/m と誘電率 $\varepsilon = \varepsilon_0 \approx 8.85 \times 10^{-12}$ F/m を代入すると[†]

$$\frac{\varepsilon\omega}{\sigma} \approx 1.51 \times 10^{-19}\omega \tag{11.2}$$

[†] 表 6.1 および 9.5.2 項参照．

となるから，周波数が高くなっても銅の電気的特性が変化しないなら，$\omega \sim 10^{16}$，すなわち紫外線の周波数程度までは変位電流 $\boldsymbol{J}_d$ を無視することができる†．このとき，アンペア・マクスウェルの法則は

$$\nabla \times \boldsymbol{H}(\boldsymbol{r},t) = \boldsymbol{J}_e(\boldsymbol{r},t) + \boldsymbol{J}_d(\boldsymbol{r},t) = \boldsymbol{J}_e(\boldsymbol{r},t) \tag{11.3}$$

となるから両辺の発散をとることにより，準定常電流と同じ電流保存則 $\nabla \cdot \boldsymbol{J}_e(\boldsymbol{r},t) = 0$ が成立しなければならない．これはまさに 9.5.2 項で述べた準定常電流の性質と同じであるから，導体内部の変位電流も電荷も存在しないと考えてよい．このときの導体内部の導電電流の時間的・空間的分布を調べる近似的理論を**準定常電流の理論**といい，これが電気工学における**交流回路理論**である．実際，電気回路で対象とする周波数は 50 Hz あるいは 60 Hz と低い周波数である．

11.1.2 導電電流の分布

導体内部の導電電流がどのような空間分布をするかを考えよう．定性的には 9.3.2 項で述べたように，電流の時間的な変化率が激しくなる，すなわち周波数が高くなればなるほど，表皮効果により電流は導体表面近くに集中する傾向が強くなる．ここではそれを定量的に調べよう．導電率 σ，透磁率 μ が導体内で一定とすると，$\boldsymbol{J}_e = \sigma \boldsymbol{E}$ とファラデーの法則 (10.12) より

$$\frac{1}{\sigma} \nabla \times \boldsymbol{J}_e(\boldsymbol{r},t) = -\mu \frac{\partial \boldsymbol{H}(\boldsymbol{r},t)}{\partial t}.$$

さらに式 (11.3) と準定常電流の性質 $\nabla \cdot \boldsymbol{J}_e = 0$ より

$$\nabla \times \nabla \times \boldsymbol{J}_e = \nabla \nabla \cdot \boldsymbol{J}_e - \nabla^2 \boldsymbol{J}_e = -\nabla^2 \boldsymbol{J}_e = -\mu\sigma \nabla \times \left(\frac{\partial \boldsymbol{H}}{\partial t}\right) = -\mu\sigma \frac{\partial \boldsymbol{J}_e}{\partial t}$$

となるから，導電電流は次の微分方程式を満足する．

$$\nabla^2 \boldsymbol{J}_e(\boldsymbol{r},t) = \mu\sigma \frac{\partial \boldsymbol{J}_e(\boldsymbol{r},t)}{\partial t} \tag{11.4}$$

$\boldsymbol{J}_e = \sigma\boldsymbol{E}$ の関係式から，電界もまた同じ方程式を満足する．さらに磁界も全く同じ方程式を満足する（章末問題【1】）から，表皮効果によって電流が表面近くに分布すると，電界も磁界も表面近くに集中することになる．なお，上の方程式は**熱伝導方程式** (heat transfer equation) と全く同じ形をしているから，準定常電流の電磁界は熱と同じような分布となる．

---

† 紫外線とは 400 nm (=400×10^{-9} m)〜 10 nm くらいまでの波長範囲の電磁波のことであるが，下限はあまり明確ではなく，一部は X 線と重なる．周波数に換算すると $7.5 \times 10^{14} \sim 3 \times 10^{16}$ Hz である．誘電率や導電率がこの周波数帯に至るまで一定ということはなく，式 (11.2) が実際に成り立つのはもっと低い周波数帯までである．

表皮効果について少し具体例を挙げて説明しよう．図 **11.1** に示すような幅 $2a$ の極めて薄い無限長導体板の長さ方向に，角周波数 ω で正弦波的に時間変化する準定常電流が流れている場合を考える†．この問題は 2 次元問題となり，表面電流密度は z 軸方向に変化はないから，複素表現を用いて $\boldsymbol{J}_e = J_z(x)e^{j\omega t}\hat{z}$ と書くことができて，式 (11.4) は

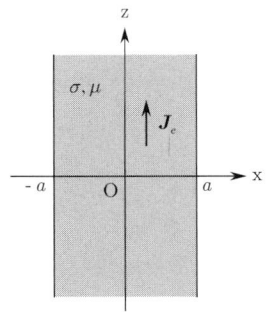

$$\frac{d^2 J_z(x)}{dx^2} = \gamma^2 J_z(x) \tag{11.5}$$

図 **11.1** 板状導体

となる．ただし，$\gamma^2 = j\omega\mu\sigma$ である．この微分方程式は容易に解けて未定係数を K_1, K_2 とすると

$$J_z(x) = K_1 e^{\gamma x} + K_2 e^{-\gamma x} \tag{11.6}$$

と表される．ただし

$$\delta = \sqrt{\frac{2}{\omega\mu\sigma}} \tag{11.7}$$

としたとき，$\gamma = \sqrt{j\omega\mu\sigma} = (1+j)/\delta$ である．

さて，電流は z 軸に対して対称に流れるから $J_z(-x) = J_z(x)$ とならなければならない．したがって，未定係数は $K_1 = K_2 = K$ となる．さらに，全表面電流 $I_0 = \int_{-a}^{a} J_z(x)\,dx$ を用いて K を表すと，式 (11.6) は

$$J_z(x) = I_0 \frac{\gamma}{2} \frac{\cosh\gamma x}{\sinh\gamma a} \tag{11.8}$$

となる．銅を想定して $\sigma = 5.87 \times 10^7$ S/m, $\mu = \mu_0 = 4\pi \times 10^{-7}$ H/m とした場合の計算値を 図 **11.2** に示す．横軸は導線の幅 a で規格化している．縦軸は $2aJ_z(x)/I_0$，すなわち全表面電流に対する表面電流密度であり，a/δ をパラメータとして描いてある．それらの値は，例えば $a = 1$ mm とした場合，$a/\delta = 0.1$ が周波数 50 Hz

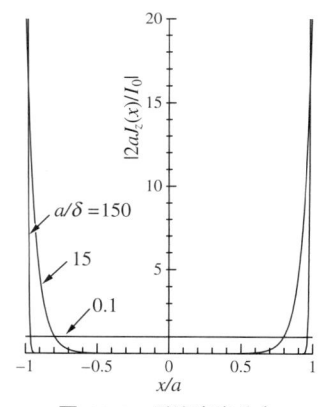

図 **11.2** 電流密度分布

に対応し，$a/\delta = 15, 150$ はそれぞれ 1 MHz, 100 MHz に対応する．すなわち，周波数が低い場合には電流は導線内を一様に流れるが，周波数が高くなるにしたがって端部付近に集中し，中心付近には流れなくなる．したがって，中心付近では電磁界も非常に小さくなる．電流が端部付近に集中する度合いはパラメータ δ によって決まる．実際，式 (11.8) より

$$\left|J_z(x)\right| \sim \left|J_z(a)\right| e^{-(a-|x|)/\delta} \tag{11.9}$$

---
† 円柱導体内に流れる導電電流の解法については，例えば巻末の引用・参考文献 5) を参照．

11.1 準定常電流と基本方程式

と近似できるから,表面から $x = \delta$ の位置で電流密度の大きさは $1/e \approx 0.37$ となる. δ は長さの次元をもつことから,**表皮の厚さ(深さ)** (skin depth) という.

導線の単位長あたりのジュール熱 W_l を求めてみよう.式 (10.132) より

$$W_l = \frac{1}{2\sigma} \int_{-a}^{a} |J_e(x)|^2 \, dx = \frac{|I_0|^2}{2\sigma} \frac{|\gamma|^2}{4|\sinh \gamma a|^2} \int_{-a}^{a} |\cosh \gamma x|^2 \, dx$$

$$= \frac{|I_0|^2}{2\sigma} \frac{1}{2\delta} \frac{\sinh\left(\frac{2a}{\delta}\right) + \sin\left(\frac{2a}{\delta}\right)}{\cosh\left(\frac{2a}{\delta}\right) - \cos\left(\frac{2a}{\delta}\right)} \tag{11.10}$$

となるから,周波数が高くて $\delta \ll a$ の場合には

$$W_l \approx \frac{|I_0|^2}{2\sigma} \frac{1}{2\delta} = \frac{|I_0|^2}{4} \sqrt{\frac{\mu \omega}{2\sigma}} \tag{11.11}$$

を得る.この式より導体の抵抗による熱損失は,周波数の平方根に比例することがわかる.

11.1.3 準定常電流の基本方程式

図 11.3 のように準導電電流 $J_e(r,t)$ が流れている領域 V の一部に,それを流すための外部起電力を与える電界 E^{ex} があるものとする.このとき準定常電流に対するマクスウェルの方程式は

$$\nabla \times E(r,t) + \frac{\partial B(r,t)}{\partial t} = 0, \tag{11.12}$$

$$\nabla \times H(r,t) = J_e(r,t), \tag{11.13}$$

$$\nabla \cdot B(r,t) = 0, \tag{11.14}$$

$$\nabla \cdot D(r,t) = 0 \tag{11.15}$$

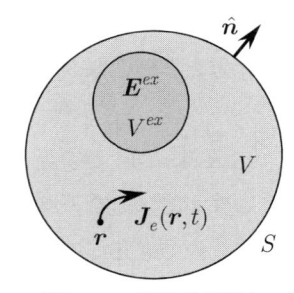

図 11.3 準定常電流と外部起電力

で与えられる.また電流分布 $J_e(r,t)$ を規定するオームの法則は

$$J_e(r,t) = \sigma(r)\bigl[E(r,t) + E^{ex}(r,t)\bigr] \tag{11.16}$$

で表される.式 (11.12) 〜 (11.15) で表される方程式系が,準定常電流の理論の基本法則であるが,電磁界をベクトルポテンシャル A とスカラポテンシャル Ψ で表すと

$$B(r,t) = \nabla \times A(r,t), \tag{11.17}$$

$$E(r,t) = -\nabla \Psi(r,t) - \frac{\partial A(r,t)}{\partial t} \tag{11.18}$$

となる.

V 外部の磁界は定常電流と同じ法則に従い,ビオ・サバールの法則:

$$B(r,t) = \frac{\mu_0}{4\pi} \int_V J_e(r,t) \times \frac{r - r'}{|r - r'|^3} \, dv' \tag{11.19}$$

によって求められる．ベクトルポテンシャル $\bm{A}(\bm{r},t)$ も同様に

$$\bm{A}(\bm{r},t) = \frac{\mu_0}{4\pi} \int_V \frac{\bm{J}_e(\bm{r}',t)}{|\bm{r}-\bm{r}'|} dv' \tag{11.20}$$

によって与えられる．一方，6.4.5 項で述べたように $-\varepsilon\nabla\cdot\bm{E}^{ex}(\bm{r},t)$ は電気双極子と同様の作用をする．また，導電率や誘電率が不連続に変化する場所には電荷が蓄積される．このような電荷をまとめて $\rho(\bm{r},t)$ と表すと，V 外部のスカラポテンシャルは

$$\Psi(\bm{r},t) = \frac{1}{4\pi\varepsilon_0} \int_V \frac{\rho(\bm{r}',t)}{|\bm{r}-\bm{r}'|} dv' \tag{11.21}$$

で与えられる．

　準定常電流の時間的変化が極めて緩やかならば，式 (11.20) よりベクトルポテンシャルの時間変化も緩やかで，式 (11.18) の第 2 項は第 1 項に比べて小さい，すなわち $|\nabla\Psi| \gg \left|\dfrac{\partial \bm{A}}{\partial t}\right|$ である．このように近似すると，電界はスカラポテンシャルだけによって与えられ，磁界はベクトルポテンシャルだけによって与えられることになるから，それらは全く独立で，電流が時間的に変化しているにもかかわらず静電界，静磁界と同じ性質をもつ．このような近似の仕方を**準静近似** (quasi-static approximation) という．

11.1.4　回路素子

　これまでは回路の導線に流れる電流とそれによる電磁界について考えたが，回路素子について改めて考えてみよう．

　（**1**）**抵　　抗**　　広く使われている抵抗器の構造は図 6.8 (a) に示したようにリード線タイプのものである．抵抗に電流が流れると周囲に磁界を発生するからインダクタンスがあるのと等価である．特に長いリード線やらせん状の抵抗膜を焼き付けたような構造の場合にはインダクタンスが大きくなる．また，リード線の金属キャップ間には電位差が生じているから，キャパシタンスもあることになる．このように抵抗器といっても必ずしも純粋な抵抗にはなっていないことに注意しよう．特に周波数が高くなった場合には注意を要する．これらの不要成分を抑えるためには抵抗器の物理的な大きさをできるだけ小さくすればよい．このような目的で開発されたのが図 6.8 (b) に示したチップ抵抗である．

　（**2**）**コ イ ル**　　コイルを構成する導線には導電率があるから，純粋なインダクタンスを作ることは実際にはできない．抵抗の値は長さに比例するから，大きなインダクタンスを得ようとしてコイルの巻き数を大きくすると，その分だけ抵抗も大きくなる．また，巻き数が大きくなるとコイルの物理的な大きさも大きくなるため，物理的に小さな寸法をもつ大きなインダクタンスを作ることは難しい．

　（**3**）**コンデンサ**　　再び図 10.2 のような平行平板コンデンサについて考えよう．ただ

し，極板間の距離 d が小さく，極板の面積 S が非常に大きくて，電界はコンデンサ内部にだけ局在しているとする．このような場合には 10.1.1 項で示したように，コンデンサに流れ込む導電電流 $I_e(t)$ と極板間の変位電流 $I_d(t)$ とは等しい．変位電流の値は，10 章の章末問題【1】で解いたように，極板上の真電荷密度を $\sigma_e(t) = Q_e(t)/S$ としたとき

$$I_d(t) = \frac{\partial \sigma_e(t)}{\partial t} S \tag{11.22}$$

となる．一方，コンデンサ内の電界 $E(t)$ は $E(t) = \sigma_e(t)/\varepsilon$ で与えられるから，コンデンサ極板間の電位差 $V_C(t)$ は $V_C(t) = E(t)d = \sigma_e(t)d/\varepsilon$．すなわち

$$\sigma_e(t) = \frac{\varepsilon}{d} V_C(t). \tag{11.23}$$

上式の両辺に面積 S を掛けると

$$Q_e(t) = S\sigma_e(t) = \frac{\varepsilon S}{d} V_C(t) = C V_C(t) \tag{11.24}$$

となる．ここで $C = \varepsilon S/d$ は平行平板コンデンサの静電容量であるから，電流が時間的に変化した場合でも静電界と同じ関係式が成り立つ．さらに式 (11.23) を式 (11.22) に代入すると

$$I_d(t) = I_e(t) = \frac{\varepsilon S}{d} \frac{dV_C(t)}{dt} = C \frac{dV_C(t)}{dt} \tag{11.25}$$

となるから，コンデンサに流れる電流は，静電界の関係式 $Q_e = CV_C$ を時間的に変化する電流にまで拡張して $I_e = \dfrac{dQ_e}{dt}$ より求めればよい．

一方，静電容量を大きくするためには極板間に誘電体を充填すればよいが，実際には誘電体にも導電率があるために，それに伴う抵抗があり，エネルギーの損失が生じる．この損失を **誘電体損** (dielectric loss) あるいは単に **誘電損** という．さらに 10 章の章末問題【1】(5) で解いたように，コンデンサには極板間の距離 d に比例するインダクタンスも含まれる．

このように，詳細を見ると回路素子には純粋なものはないが第一義的な問題ではない．重要なのは，R, L, C を組み合わせることによっていろいろな特性をもつ回路が設計できることである．何か特別な問題が発生したときには上のようなことを考えればよいのである．

11.2 エネルギー保存則

前章では電流が時間的に変化すると電磁波が空間に放射され，周囲が真空なら光速で伝搬することを述べた．交流回路でも電流は時間的に変化しているから，電気回路から放射される電磁波を考えなければならないのであろうか．このことを電磁界のエネルギーという観点から考察してみよう．

ここで考えている電気回路とは，電源と回路素子を導線で結んだものであり，回路素子も含めて全て導体でできているから，結局は図 11.3 のように導体中を準定常電流が流れており，その一部に電流を流すための外部起電力があるというモデルで考えることができる．$\nabla \cdot (\boldsymbol{E} \times \boldsymbol{H})$ に準定常電流に対する基本方程式 (11.12) ～ (11.16) を代入すると

$$\nabla \cdot (\boldsymbol{E} \times \boldsymbol{H}) = -\boldsymbol{E} \cdot \nabla \times \boldsymbol{H} + \boldsymbol{H} \cdot \nabla \times \boldsymbol{E} = -\left(\frac{\boldsymbol{J}_e}{\sigma} - \boldsymbol{E}^{ex}\right) \cdot \boldsymbol{J}_e - \boldsymbol{H} \cdot \frac{\partial \boldsymbol{B}}{\partial t}$$

となるから，両辺を体積 V で積分し，左辺をガウスの定理を用いて面積分に変換すると

$$\int_{V^{ex}} \boldsymbol{J}_e(\boldsymbol{r}, t) \cdot \boldsymbol{E}^{ex}(\boldsymbol{r}, t)\, dv$$
$$= \frac{dW_m}{dt} + \int_V \frac{J_e^2(\boldsymbol{r}, t)}{\sigma}\, dv + \oint_S \left\{\boldsymbol{E}(\boldsymbol{r}, t) \times \boldsymbol{H}(\boldsymbol{r}, t)\right\} \cdot \hat{\boldsymbol{n}}\, dS \quad (11.26)$$

を得る．ただし左辺は $\boldsymbol{E}^{ex}$ が V^{ex} に局在していることを利用した．また

$$W_m(t) = \frac{1}{2} \int_V \boldsymbol{H}(\boldsymbol{r}, t) \cdot \boldsymbol{B}(\boldsymbol{r}, t)\, dv \quad (11.27)$$

は V 内に蓄えられる磁気エネルギーである．式 (11.26) は外部起電力 $\boldsymbol{E}^{ex}$ から供給された電力の一部が，領域内の磁気エネルギーの単位時間当たりの増加分と導体内部のジュール熱の発生に使われ，残りが表面を通って領域の外部に放出されることを表している．しかし，電気回路から放射されるエネルギーを考えるというのはやや奇異に感じる．もう少し考察を加えてみよう．

11.1.2 項で示したように，周波数が低いなら電流は導体内部をほぼ一様に流れる．これはファラデーの法則に基づく誘起起電力が小さく，表皮効果が小さいためである．このことは $-\dfrac{\partial \boldsymbol{B}}{\partial t}$ が無視できることを意味している．したがってこの場合の電界は静電界と同じように $\boldsymbol{E} = -\nabla \Psi$ と表される．このときベクトル公式より

$$\boldsymbol{E} \times \boldsymbol{H} = -\nabla \Psi \times \boldsymbol{H} = -\nabla \times (\Psi \boldsymbol{H}) + \Psi \nabla \times \boldsymbol{H} = -\nabla \times (\Psi \boldsymbol{H}) + \Psi \boldsymbol{J}_e \quad (11.28)$$

となるが，体積 V は電流を全て囲むようにとったから，閉曲面 S から流れ出る電流はない．すなわち $\boldsymbol{J}_e \cdot \hat{\boldsymbol{n}} = 0$ である．式 (11.28) 右辺第 1 項の発散は恒等的にゼロであるから，値はあっても面積分には寄与しない．したがって，式 (11.26) の第 3 項の値はゼロと考えてよい．一方，周波数が高くなると電流は表面近くだけに流れ，導体内部の電界も磁界も近似的にゼロになる．この状態は 10.2.3 項で述べたように完全導体と同じである．完全導体表面では電界の接線成分はゼロ，すなわち $\hat{\boldsymbol{n}} \times \boldsymbol{E} = 0$ であるから，式 (11.26) 右辺第 3 項の被積分関数は，$(\boldsymbol{E} \times \boldsymbol{H}) \cdot \hat{\boldsymbol{n}} = (\hat{\boldsymbol{n}} \times \boldsymbol{E}) \cdot \boldsymbol{H} = 0$ となる．すなわち周波数が高い場合でも式 (11.26) の第 3 項の値はゼロとなる．このようにして，電気回路から放射される電磁界は考えなくてよいことがわかる．このことから，外部起電力 $\boldsymbol{E}^{ex}$ から供給されたエネルギーは，導線間の

空間を伝わって素子の側面から供給されるのではなく，導線を伝わって供給されると考えるのが合理的である．

上の例では導体に流れる準定常電流だけを考えたが，導体の一部に間隙があると間隙間を変位電流が流れる．微小間隙の間を流れる変位電流を考えた場合のエネルギーの保存則はどうなるかを考えよう．図 11.4 のように，微小間隙（コンデンサ）を含むように閉曲面をとると，上で述べたように式 (11.26) の第 3 項の面積分は，側面 S_g 以外の部分でゼロとなり，側面の部分からエネルギーが放出されると解釈できる．しかしながら，極板の間隔 d が極めて小さいならコンデンサ内の電界は一定であるから

$$\int_{S_g} \{\boldsymbol{E}\times\boldsymbol{H}\}\cdot\hat{\boldsymbol{n}}\,dS = \int_{S_g}\{\hat{\boldsymbol{n}}\times\boldsymbol{E}\}\cdot\boldsymbol{H}\,dS = E\int_{S_g}\hat{\boldsymbol{l}}\cdot\boldsymbol{H}\,dS$$
$$= Ed\oint_\Gamma \boldsymbol{H}\cdot d\boldsymbol{l} = Ed\int_A \nabla\times\boldsymbol{H}\,dS = Ed\int_A \frac{\partial \boldsymbol{D}}{\partial t}\,dS$$
$$= \int_{V_g} \boldsymbol{E}\cdot\frac{\partial \boldsymbol{D}}{\partial t}\,dv = \frac{\partial}{\partial t}\left\{\frac{1}{2}\int_{V_g}\boldsymbol{E}\cdot\boldsymbol{D}\,dv\right\} \tag{11.29}$$

となる．これは間隙部分に蓄えられる電気エネルギーであるから

$$W_e(t) = \frac{1}{2}\int_{V_g}\boldsymbol{E}(\boldsymbol{r},t)\cdot\boldsymbol{D}(\boldsymbol{r},t)\,dv \tag{11.30}$$

とおくと，式 (11.26) は

$$\int_{V^{ex}}\boldsymbol{J}_e(\boldsymbol{r},t)\cdot\boldsymbol{E}^{ex}(\boldsymbol{r},t)\,dv = \frac{d}{dt}\bigl(W_e + W_m\bigr) + \int_V \frac{J_e^2(\boldsymbol{r},t)}{\sigma}\,dv \tag{11.31}$$

となる．すなわち，外部起電力から供給されたエネルギーは，回路内の電気エネルギーと磁気エネルギーの増加分とジュール熱に等しくなる．このようにコンデンサを考えた場合でも，コンデンサ極板の間隔が十分狭ければ，エネルギー保存則は回路内部だけで考えて差し支えないことになる．ただし，式 (11.27) と式 (11.31) とから，電気エネルギーはコンデンサ内部だけに蓄えられるのに対して，磁気エネルギーは回路全体に蓄えられることになる．後者に関しては次の節でさらに考察を加えよう．

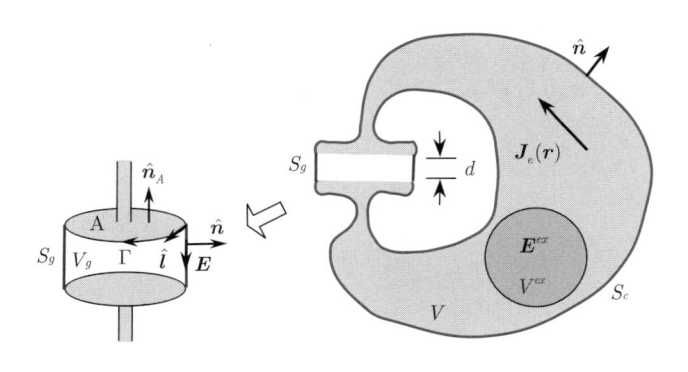

図 11.4 コンデンサを考慮した場合のエネルギー保存則

11.3 回路方程式

　実際の電気回路は 図 **11.5** のように，極めて細い導線で結ばれた外部起電力と回路素子とで構成されている．この回路に準定常電流の基本方程式を適用して回路に流れる電流が満たす方程式を求めよう．ただし，外部起電力の断面積 ΔS^{ex} も抵抗の断面積 ΔS_R も十分小さいとする．式 (11.16) に式 (11.18) を代入すると

$$\frac{\boldsymbol{J}_e(\boldsymbol{r},t)}{\sigma(\boldsymbol{r})} = -\nabla \Psi(\boldsymbol{r},t) - \frac{\partial \boldsymbol{A}(\boldsymbol{r},t)}{\partial t} + \boldsymbol{E}^{ex}(\boldsymbol{r},t) \tag{11.32}$$

となるから，両辺をコンデンサの極板と導線の接点 A_C から電流 I_e に沿ってもう一方の接点 B_C まで積分すると

$$\int_{A_C}^{B_C} \frac{\boldsymbol{J}_e(\boldsymbol{r},t)}{\sigma(\boldsymbol{r})} \cdot d\boldsymbol{l} = -\bigl\{\Psi(B_C) - \Psi(A_C)\bigr\} - \frac{\partial}{\partial t}\int_{A_C}^{B_C} \boldsymbol{A}(\boldsymbol{r},t) \cdot d\boldsymbol{l} + V^{ex}(t) \tag{11.33}$$

となる．ただし

$$V^{ex}(t) = \int_{A^{ex}}^{B^{ex}} \boldsymbol{E}^{ex}(\boldsymbol{r},t) \cdot d\boldsymbol{l} \tag{11.34}$$

は外部起電力に起因する電圧，すなわち電源電圧である．

　式 (11.33) の左辺の積分は電流に沿う積分であるから，$\boldsymbol{J}_e$ と $d\boldsymbol{l}$ とが同じ方向を向いている．各積分区間における線路の断面積を dS，積分区間の長さを dl，微小区間の抵抗を dR とすると，オームの法則から $\dfrac{\boldsymbol{J}_e}{\sigma} \cdot d\boldsymbol{l} = \dfrac{I_e}{dS}\dfrac{dl}{\sigma} = I_e dR$ となるから

$$\int_{A_C}^{B_C} \frac{\boldsymbol{J}_e(\boldsymbol{r},t)}{\sigma(\boldsymbol{r})} \cdot d\boldsymbol{l} = \bigl(R_i + R^{ex} + R\bigr)I_e \tag{11.35}$$

となる．ただし

$$\begin{cases} R_i = \displaystyle\int_{A_C}^{A^{ex}} \frac{\boldsymbol{J}_e(\boldsymbol{r},t)}{\sigma(\boldsymbol{r})} \cdot d\boldsymbol{l} + \int_{B^{ex}}^{A_R} \frac{\boldsymbol{J}_e(\boldsymbol{r},t)}{\sigma(\boldsymbol{r})} \cdot d\boldsymbol{l} + \int_{B_R}^{B_C} \frac{\boldsymbol{J}_e(\boldsymbol{r},t)}{\sigma(\boldsymbol{r})} \cdot d\boldsymbol{l} \\ R^{ex} = \displaystyle\int_{A^{ex}}^{B^{ex}} \frac{\boldsymbol{J}_e(\boldsymbol{r},t)}{\sigma(\boldsymbol{r})} \cdot d\boldsymbol{l} \end{cases} \tag{11.36}$$

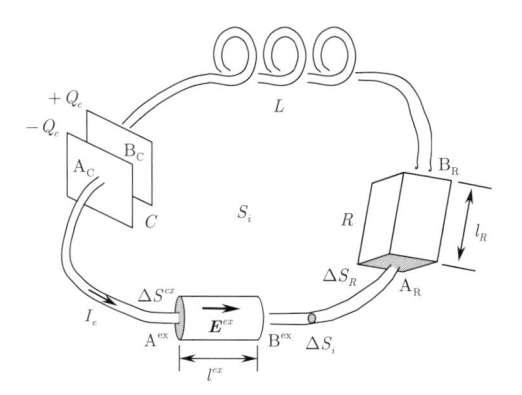

図 **11.5**　電気回路

はそれぞれ導線の抵抗，電源の内部抵抗である．また，導線の抵抗は一般に電源の内部抵抗や回路の抵抗に比べて非常に小さいので無視する場合が多い．例えば，半径 1mm の銅を使ったとすると，100 m の導線の抵抗は $R_i \approx 1/(5.8 \times 10^7) \times 100/(\pi \times (10^{-3})^2) \approx 0.55\Omega$ である．

次に，式 (11.33) 右辺の $\Psi(B_C) - \Psi(A_C) = V_C$ は，コンデンサ極板間の電位差であるから，極板に蓄えられる電荷を $Q(t)$，静電容量を C とすると 11.1.4 項で説明したように

$$\Psi(B_C) - \Psi(A_C) = V_C = \frac{Q(t)}{C} \tag{11.37}$$

となる．また，点 A_C と点 B_C との距離が狭い場合には，$A_C \to B_C$ の線積分は閉曲線にわたる積分に近似できて

$$\int_{A_C}^{B_C} \boldsymbol{A}(\boldsymbol{r},t) \cdot d\boldsymbol{l} \approx \oint \boldsymbol{A}(\boldsymbol{r},t) \cdot d\boldsymbol{l} = \int_{S_i} \boldsymbol{B}(\boldsymbol{r},t) \cdot \hat{\boldsymbol{n}}\, dS = \Phi(t) \tag{11.38}$$

と書くことができる．ここで $\Phi(t)$ は図 11.5 の閉路を貫く磁束である．式 (11.34), (11.37) および式 (11.38) を式 (11.33) に代入すると

$$\left(R_i + R^{ex} + R\right)I_e = -\frac{Q}{C} - \frac{d\Phi}{dt} + V^{ex} \tag{11.39}$$

を得る．コイルはソレノイド状の導線で作られるのが一般的であるから閉路を貫く磁束 Φ の内，大部分はコイルの部分だけに集中する．また，コイル内の磁束はコイルのインダクタンス L に比例するから

$$\Phi(t) \approx L \frac{dI_e}{dt} \tag{11.40}$$

と近似できる．さらに $R_i \ll R$, $R^{ex} \ll R$ と近似する，あるいはそれらを含めた抵抗を改めて R と書くと，式 (11.39) は

$$V^{ex}(t) = RI_e + L\frac{dI_e}{dt} + \frac{Q}{C} \tag{11.41}$$

と書くことができる．ここで，右辺の各項を定常電流の場合にならって抵抗，コイルおよびコンデンサの電圧降下あるいは逆起電力という．式 (11.41) がいわゆる回路方程式であり，これを解くことによって回路に流れる電流を知ることができるが，式 (11.41) のままでは電荷と電流とが未知数になっていて都合が悪い．この場合には電荷保存則 $I_e = \frac{dQ}{dt}$ を使って電荷だけの方程式：

$$V^{ex}(t) = L\frac{d^2Q}{dt^2} + R\frac{dQ}{dt} + \frac{Q}{C} \tag{11.42}$$

に変形しておくと便利である．

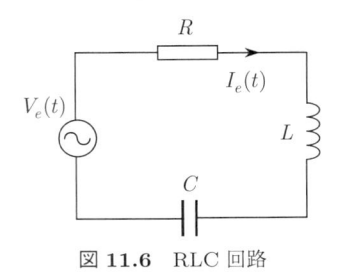

式 (11.41) を電気回路の記号を使って描くと 図 **11.6** のようになる．これまでの議論から，図 11.6 のような回路を描くには幾つかの近似が必要になることは理解できたはずである．最も重要なのは波長に対する回路及び素子の物理的大きさで，それらが波長に対して十分小さくなければならないのである．非常に高い周波数の場合には電磁波を考慮した回路設計が必要になる．だからといって電気回路の知識が不要になるというわけではない．

図 11.5 のような回路がもう 1 つあり，それらが磁界を介して相互結合している場合にも同様の議論ができ，それを電気回路で表すと 図 **11.7** のようになることは容易に理解できるであろう．また，この回路の回路方程式が以下のようになることも容易に理解できるであろう．

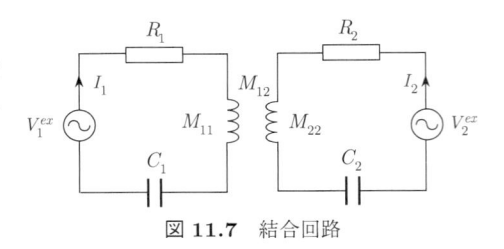

$$M_{11}\frac{d^2Q_1(t)}{dt^2} + M_{12}\frac{d^2Q_2(t)}{dt^2} + R_1\frac{dQ_1(t)}{dt} + \frac{Q_1(t)}{C_1} = V_1^{ex}(t), \tag{11.43}$$

$$M_{22}\frac{d^2Q_2(t)}{dt^2} + M_{21}\frac{d^2Q_1(t)}{dt^2} + R_2\frac{dQ_2(t)}{dt} + \frac{Q_2(t)}{C_2} = V_2^{ex}(t). \tag{11.44}$$

11.4 簡単な電気回路

11.4.1 過 渡 応 答

図 **11.8** に示すように，電圧 V_0 の電池，抵抗 R およびインダクタンス L のコイルを直列に接続し，時刻 $t=0$ でスイッチ S を閉じたとする．このとき回路に流れる電流 $i(t)$ を求めよう．回路方程式は $t>0$ において

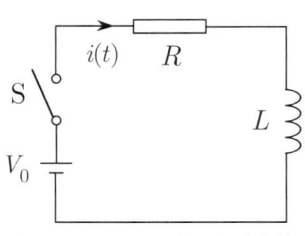

$$L\frac{di(t)}{dt} + Ri(t) = V_0 \tag{11.45}$$

となる．2.13 節で示したように，この方程式は容易に解けて，任意定数を C とすると

$$i(t) = \frac{V_0}{R} + Ce^{-(R/L)t} \tag{11.46}$$

となる．ここで式 (11.46) の任意定数 C を決める方法について考えよう．$t=0$ で電流 $i(t=0)$ の値を定めれば定数 C を決めることができる．数学上の問題なら初期値を勝手に与

えることができるが，物理の問題でこのようなことができるであろうか．図 11.8 の電気回路でこのことを考察してみよう．スイッチ S を閉じる前には，電流は流れていない．スイッチ S を閉じた瞬間にある値の電流が流れたとすると，コイルに生じる逆起電力はこの瞬間に無限大になる．起電力は電界をコイルに沿って積分したものであるから，電界そのものが無限大になってしまう．このようなことは物理的に起こり得ない．したがって，$t=0$ で $i(0)=0$ でなければならない．これが数学と物理の違いである．この条件を式 (11.46) に代入すると，定数 C は $C=-V_0/R$ と定まるから，これを再び式 (11.46) に代入すると

$$i(t) = \frac{V_0}{R}\left(1 - e^{-(R/L)t}\right) \tag{11.47}$$

を得る．

図 11.9 は式 (11.47) の電流の時間的変化の様子を示したものである．電流はスイッチ S を入れた瞬間はゼロであるが，その後次第に大きくなってゆき，しばらくした後にその定常値 V_0/R に到達する．これはコイルの自己誘導現象によって電流の急激な変化が妨げられるからである．このように電流が定常値に達するまでの途中の応答を**過渡応答** (transient response) という．

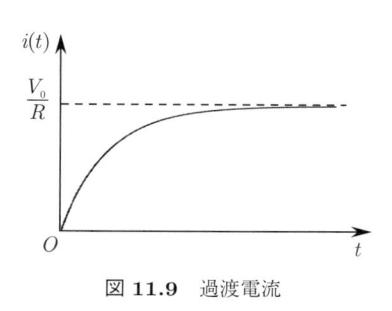

図 11.9 過渡電流

11.4.2 交流回路理論

回路に流れる電流は微分方程式で表されるため，上で述べたように原理的にはこの微分方程式の一般解と特解とを求めなければならない．ところが交流回路理論とよばれる回路解析の分野では，通常**定常応答** (steady-state response) を取り扱い，次の 2 つが予め仮定されている．

1) スイッチは常に閉じられ，開閉はない．
2) 印加電源の波形は正弦波である．

この 2 つの条件があるために微分方程式の面倒な議論は不要になる．また，この解法に習熟すれば一般的な波形の電源に対しても容易にその電流を求めることができる．本項の議論は 10.6 節と重複する部分も多いが，基本的な事柄であるにもかかわらず，しっかりとは理解していない読者も少なくないと予想されるため，簡単な例を用いてその基本的な考え方から復習してみよう．どのような回路を考えてもよいが，ここでは図 11.10 に示すような最も簡単な RL 回路に交流電圧源 $V(t) = V_0\cos(\omega t + \varphi)$ あるいは $V(t) = V_0\sin(\omega t + \varphi)$ が接続さ

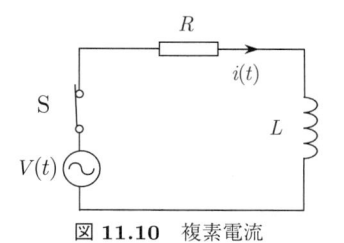

図 11.10 複素電流

た場合の電流 $i(t)$ を考えよう．ここで φ は，$t=0$ における初期位相である．電流の満たす方程式は

$$Ri(t) + L\frac{di(t)}{dt} = V(t) \tag{11.48}$$

となるが，上の条件 1) より $V(t) \equiv 0$ という場合は考える必要はない．つまり，式 (11.48) の一般解を求める必要はないのである．一般解が必要なのはスイッチを閉じたり開いたりして $V(t) = 0$ という状態があり得る場合である．そこで

$$Ri(t) + L\frac{di(t)}{dt} = \begin{cases} V_0 \cos(\omega t + \varphi), \\ V_0 \sin(\omega t + \varphi) \end{cases} \tag{11.49}$$

の特解だけを求めよう．この方程式を見ただけで特解を直ちに予想することは困難であろうし，$V_0 \cos(\omega t + \varphi)$ の場合の解と $V_0 \sin(\omega t + \varphi)$ の場合の解を別々に求めるのも面倒である．以下に，これを解決し，さらに電気工学にとって最も重要な概念の 1 つである**インピーダンス**を導入する方法を説明しよう．

$V(t) = V_0 \cos(\omega t + \varphi)$ に対する式 (11.49) の特解を $i_r(t)$，$V(t) = V_0 \sin(\omega t + \varphi)$ に対する解を $i_m(t)$ とする．すなわち

$$Ri_r(t) + L\frac{di_r(t)}{dt} = V_0 \cos(\omega t + \varphi) \tag{11.50}$$

$$Ri_m(t) + L\frac{di_m(t)}{dt} = V_0 \sin(\omega t + \varphi) \tag{11.51}$$

式 (11.51) の両辺に虚数単位 $j = \sqrt{-1}$ を掛けて，式 (11.50) と足し合わせ，オイラーの公式：$e^{jx} = \cos x + j \sin x$ を利用すると

$$RI(t) + L\frac{dI(t)}{dt} = \dot{V}e^{j\omega t} \tag{11.52}$$

を得る．ただし

$$\begin{cases} I(t) = i_r(t) + j\,i_m(t), \\ \dot{V} = V_0 e^{j\varphi} \end{cases} \tag{11.53}$$

である．式 (11.52) は，未知関数 $I(t)$ を定数倍したものに，それを微分して定数倍したものの和が $e^{j\omega t}$ の定数倍になるという方程式である．一方，指数関数 $e^{j\omega t}$ は定数倍しても微分してもその形が変化しない関数である．したがって，$I(t)$ は $e^{j\omega t}$ の定数倍になると考えられる．そこで

$$I(t) = \dot{I}(\omega)\,e^{j\omega t} \tag{11.54}$$

とおき，式 (11.52) に代入すると

$$RI(t) + L\frac{dI(t)}{dt} = (R + j\omega L)\dot{I}(\omega)e^{j\omega t} = \dot{V}e^{j\omega t} \tag{11.55}$$

となるから

$$\dot{I}(\omega) = \frac{\dot{V}}{R + j\omega L} \tag{11.56}$$

となる関係が成り立てば，式 (11.54) は式 (11.52) の特解である．微分方程式の理論より特解は 1 つであることが保証されているから，式 (11.54) 以外に解はない．

式 (11.56) は電圧の単位をもつ $\dot{V}$ を $R + j\omega L$ で割ったものが電流になるという式であるから，抵抗 R と同じ単位をもつ定数になっている．これを

$$Z(\omega) = R + j\omega L \tag{11.57}$$

と書いて回路の**インピーダンス**という．また，$\dot{V}(\omega), \dot{I}(\omega)$ を**複素電圧**，**複素電流**という．

回路に流れる瞬時電流は式 (11.53) の第 1 式から，印加した電圧源が $\cos\omega t, \sin\omega t$ のどちらで変化するかに応じて

$$i(t) = \begin{cases} i_r(t) = \Re\left[\dot{I}(\omega)e^{j\omega t}\right] = \Re\left[\dfrac{\dot{V}}{Z(\omega)}e^{j\omega t}\right], \\ i_m(t) = \Im\left[\dot{I}(\omega)e^{j\omega t}\right] = \Im\left[\dfrac{\dot{V}}{Z(\omega)}e^{j\omega t}\right] \end{cases} \tag{11.58}$$

で与えられる．こうして，交流回路理論では複素電圧 $\dot{V}$ とインピーダンス $Z(\omega)$ から複素電流 $\dot{I}$ が求められ，必要に応じて，上記の操作によって瞬時値を求めることができる．複素電圧 $\dot{V}$ と複素電流 $\dot{I}$ は，基準となる $e^{j\omega t}$ との位相差で表されており，こうした表示を**フェーザ** (phasor) 表示という[†]．また 式 (11.55) より，記号法的には

$$\frac{d}{dt} \to j\omega \tag{11.59}$$

と置き換えればよいことがわかる．したがって微分と反対の操作である積分は

$$\int dt \to \frac{1}{j\omega} \tag{11.60}$$

と置き換えられることは明らかであろう．

単一周波数の正弦波電圧で励振されたときの回路の取り扱いは上述のようにすればよいが，それでは複雑な波形をした励振に対する応答をどうやって求めたらよいであろうか．任意の波形は，正弦波の重ね合わせで表すことができるというフーリエの定理があるので，ここで用いたインピーダンスや複素電流といった概念は，そのまま拡張して使用できるのである．詳しくは巻末の引用・参考文献 6), 11) などの電気回路テキストを参照してほしい．

[†] phasor は，位相 (phase) とベクトル (vector) による合成語である．

384   11. 電磁気学と電気回路

章 末 問 題

【1】 導電率 σ が一定の導体内部を，準定常電流 $\boldsymbol{J}_e(\boldsymbol{r},t)$ が流れているとする．このとき磁界 $\boldsymbol{H}$ は次の方程式を満足することを示せ．
$$\nabla^2 \boldsymbol{H}(\boldsymbol{r},t) = \mu\sigma \frac{\partial \boldsymbol{H}(\boldsymbol{r},t)}{\partial t} \tag{11.61}$$

【2】 図 11.1 のような導電率 σ，透磁率 μ の板状導体に時間に関して，正弦波で時間変化する電流が流れている．以下の問いに答えよ．
  (1) 磁界を求めよ．
  (2) 板状導体板を z 軸に対して反対称に電流が流れ，$J_z(-x) = -J_z(x)$ であるとする．導体板内の電流密度，電界および磁界を求めよ．ただし，$J_a = J_z(a)$ とせよ．

【3】 導電率が $\sigma(\boldsymbol{r})$，誘電率が $\varepsilon(\boldsymbol{r})$ の不均質な導体中を準定常電流 $\boldsymbol{J}_e(\boldsymbol{r})$ が流れているとき，導体内に蓄積される真電荷密度 $\boldsymbol{\rho}_e(\boldsymbol{r})$ を求めよ．

【4】 図 11.11 の回路について以下の問いに答えよ．
  (1) 時刻 $t = 0$ でスイッチ S を端子 1 側に倒した．回路に流れる電流 $i(t)$ を求めよ．ただし $t \leq 0$ においてコンデンサ C には電荷は蓄積されていなかったとする．
  (2) 時間が十分経過して $t \to \infty$ となったとき，コンデンサに蓄えられる電荷量 Q_0 を求めよ．
  (3) 時間が十分経過して電流が定常状態になった後，スイッチ S を端子 2 側に倒した．この瞬間を改めて $t = 0$ として，回路に流れる電流 $i(t)$ を求めよ．

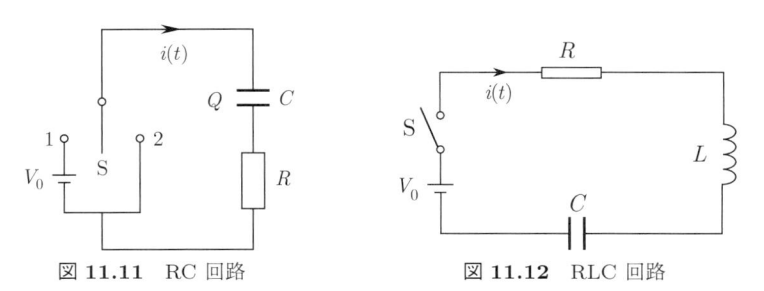

図 11.11 RC 回路   図 11.12 RLC 回路

【5】 図 11.12 の回路において，$t = 0$ でスイッチ S を閉じ，直流電圧 V_0 を印加した．回路に流れる電流 $i(t)$ を (i) $1/(LC) > (R/2L)^2$ の場合，(ii) $1/(LC) = (R/2L)^2$ の場合，(iii) $1/(LC) < (R/2L)^2$ の場合に分けて求め，その概形を描け．また，いずれの場合も $t \to \infty$ のときコンデンサに蓄えられる電荷量は CV_0 になることを示せ．ただし，スイッチ S を閉じる前には，回路には電流が流れておらず，コンデンサ C には電荷が蓄積されていなかったものとする．

【6】 ある回路素子に加わる電圧 $v(t)$，流れる電流 $i(t)$ がそれぞれ $v(t) = V_m \cos(\omega t + \varphi_1)$，$i(t) = I_m \cos(\omega t + \varphi_2)$ であったとする．以下の問いに答えよ．
  (1) 1 周期あたりの平均電力 P_r は $P_r = \dfrac{V_m I_m}{2} \cos(\varphi_1 - \varphi_2)$ で表されることを示せ．なお，P_r を**有効電力** (active power, effective power) といい，$V_m I_m/2$ を**皮相電力**あるいは**見かけの電力** (apparent power) という．

(2) 抵抗 R, コイル L およびコンデンサ C の**力率** (power factor) を求めよ．

(3) 複素電圧を $\dot{V} = V_m e^{j\varphi_1}$, 複素電流を $\dot{I} = I_m e^{j\varphi_2}$ としたとき, $P_r = \Re\left(\dfrac{1}{2}\dot{V}\dot{I}^*\right) = \Re\left(\dfrac{1}{2}\dot{V}^*\dot{I}\right)$ となることを示せ．

(4) **複素電力**を $P = \dfrac{1}{2}\dot{V}\dot{I}^* = \dfrac{1}{2}\dot{V}^*\dot{I}$ と定義したとき，その虚数部 $P_m = \Im(P)$ は何を意味するか．なお，P_m を**無効電力** (reactive power) という．また，複素電力のことを**ベクトル電力**ということもある．

【7】図 **11.13** のような回路について以下の問いに答えよ．

(1) 電圧 $v(t)$ は任意の関数で表されるとする．以下の関係式が成り立つことを示し，その意味を述べよ．

$$v(t)i(t) = Ri^2(t) + \frac{d}{dt}\left\{\frac{1}{2}Li^2(t) + \frac{1}{2C}Q^2(t)\right\} \tag{11.62}$$

(2) 端子 1-1' から右側を見たときのインピーダンス $Z(\omega)$ を求めよ．

(3) $v(t) = V_m\cos(\omega t + \varphi_1)$ とする．複素電流 $\dot{I}$ と瞬時電流 $i(t)$ を求めよ．

(4) 力率が 1 となる角周波数 ω_c とそのときのインピーダンス $Z(\omega_c)$ を求めよ．

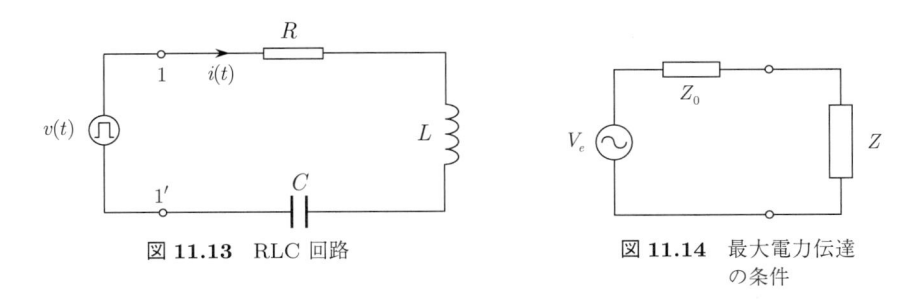

図 **11.13** RLC 回路

図 **11.14** 最大電力伝達の条件

【8】図 **11.14** のように内部抵抗 $Z_0 = R_0 + jX_0$ の電源にインピーダンス $Z = R + jX$ の負荷を接続した．以下の問いに答えよ．

(1) 負荷インピーダンス Z に消費される有効電力 P_ℓ を負荷 Z への**入力電力** (input power) といい，P_ℓ の最大値 P_0 を**入射電力** (incident power) という．P_ℓ が最大値となるための Z_0 と Z の関係，および P_0 の値を求めよ．

(2) 入射電力 P_0 と入力電力の差 $P_r = P_0 - P_\ell$ を**反射電力** (reflected power) という．一方，例題 10.4 において $\theta_i = 0$ とすると，反射電界 E_r は $\Gamma = (Z - Z_0)/(Z + Z_0)$ に比例する．そこで図 **11.14** の電気回路においてもこれになぞらえて Γ を**反射係数** (reflection coefficient) という．$\Gamma = 0$ になる条件と $P_r = 0$ になる条件が等しいためには，内部インピーダンスがどのようになっていなければならないか．

引用・参考文献

　本書を執筆するにあたって，いろいろな書籍を参考にさせていただいた．代表的なものを以下に挙げる．特に電磁気学についてはたくさんの書籍があり，多くの著者の方がいろいろな工夫をして説明している．自分で学習してみて，わかりにくいところは，別の書籍で調べてみるのもよい．

1) J. A. Stratton: *Electromagnetic Theory*, McGraw-Hill Book Co. (1941).
2) R. P. Feynman, R. B. Leighton and M. L. Sands: *The Feynman Lectures on Physics*, Addison-Wesley Publishing Co. (1965). 和訳は，ファインマン，レイトン，サンズ：「ファインマン物理学 III 電磁気学」，宮島龍興訳，および「ファインマン物理学 IV 電磁波と物性」，戸田盛和訳，岩波書店 (1969).
3) R. Plonsey and R. E. Collin: *Principles and Application of Electromagnetic Fields*, McGraw-Hill Book Co. (1973).
4) 砂川 重信：「理論電磁気学」，紀伊國屋書店 (1973).
5) 砂川 重信：「電磁気学」，岩波書店 (1977).
6) 喜安 善市，斎藤 伸自：「回路論」，朝倉書店 (1977).
7) 伏見 康治，赤井 逸：「直交関数系」，共立出版 (1981).
8) 安達 三郎，米山 務：「電波伝送工学」，コロナ社 (1981).
9) P. Lorrain, D. R. Corson and F. Lorrain: *Electromagnetic Fields and Waves*, Freeman and Co. (1987).
10) 白井 宏：「応用解析学入門」，コロナ社 (1993).
11) 篠田 庄司：「回路論入門 (1), (2)」，コロナ社 (1996).
12) 中山 正敏：「物質の電磁気学」，岩波書店 (1996).
13) 外村 彰："電子波で見る電磁界分布―ベクトルポテンシャルを感じる電子波―," 電子情報通信学会誌, vol.83, no.12, pp.906–913 (2000).
14) 吉久 信幸，遠藤 正雄：「基礎電磁気学」，日新出版 (2002).
15) 後藤 尚久：「電磁気学」，コロナ社 (2002).
16) 和田 純夫，大上 雅史，根本 和昭：「単位がわかると物理がわかる」，ベレ出版 (2003).
17) 電子情報通信学会「技術と歴史」研究会 編：「電子情報通信技術史」，コロナ社 (2006).
18) 太田 浩一：「電磁気学の基礎 I, II」，シュプリンガー・ジャパン (2007).

章末問題解答

2 章の章末問題 (p.48)

【1】(1) $\hat{\boldsymbol{\xi}} = \frac{x_2-x_1}{R}\hat{\boldsymbol{x}} + \frac{y_2-y_1}{R}\hat{\boldsymbol{y}} + \frac{z_2-z_1}{R}\hat{\boldsymbol{z}}$. ただし $R = \sqrt{(x_2-x_1)^2 + (y_2-y_1)^2 + (z_2-z_1)^2}$.
(2) 点 P_1 の位置ベクトルを $\boldsymbol{r}_1$ とすると, $\boldsymbol{r} = \boldsymbol{r}_1 + \xi\hat{\boldsymbol{\xi}}$.
(3) (2) の結果を成分で表すと $\frac{\xi}{R} = \frac{x-x_1}{x_2-x_1} = \frac{y-y_1}{y_2-y_1} = \frac{z-z_1}{z_2-z_1}$ を得る.

【2】$dl = \sqrt{(dx)^2 + (dy)^2 + (dz)^2} = \sqrt{1 + \left(\frac{dy}{dx}\right)^2 + \left(\frac{dz}{dx}\right)^2}dx$

【3】(1) 曲線 $z = x^2$ を, z 軸を中心軸として回転させた回転放物面
(2) $\hat{\boldsymbol{n}} = \frac{-2x\hat{\boldsymbol{x}} - 2y\hat{\boldsymbol{y}} + \hat{\boldsymbol{z}}}{\sqrt{1+4x^2+4y^2}}$, $dS = \sqrt{1 + 4x^2 + 4y^2}\,dxdy$.

【4】式 (2.78) に $f = F(x,y,z) + c$ を代入して求められる. $z = h(x,y)$ として $\frac{dF}{dx} = \frac{\partial F}{\partial x} + \frac{\partial h}{\partial x}\frac{\partial F}{\partial z} = 0$ より $\frac{\partial h}{\partial x} = -\frac{\partial F}{\partial x} / \frac{\partial F}{\partial z}$, 同様に $\frac{dF}{dy} = 0$ より $\frac{\partial h}{\partial y}$ を求め, 式 (2.61) に代入しても求められる.

【5】$\boldsymbol{A} \cdot \boldsymbol{A} = |A|^2 = $ 一定 だから $\frac{d}{dt}(\boldsymbol{A} \cdot \boldsymbol{A}) = 2\boldsymbol{A} \cdot \frac{d\boldsymbol{A}}{dt} = 0$. よって $\boldsymbol{A}$ と $\frac{d\boldsymbol{A}}{dt}$ は垂直. 一例は円運動する質点の速度 $\boldsymbol{A}$ と加速度 $\frac{d\boldsymbol{A}}{dt}$ の関係.

【6】第 1 式はベクトル積の成分表示 (2.41) から, また第 2 式は式 (2.37) において $\sin\theta_{AB} = \sqrt{1 - \cos^2\theta_{AB}}$ と変形し, 内積の定義を使って求める.

【7】(1) $(\boldsymbol{A}+\boldsymbol{B}) \times (\boldsymbol{A}-\boldsymbol{B}) = \boldsymbol{A}\times\boldsymbol{A} - \boldsymbol{A}\times\boldsymbol{B} + \boldsymbol{B}\times\boldsymbol{A} - \boldsymbol{B}\times\boldsymbol{B} = -2\boldsymbol{A}\times\boldsymbol{B}$.
(2) ベクトル成分に分けて計算すればよい.
(3) $\boldsymbol{A} \cdot (\boldsymbol{B} \times \boldsymbol{C})$ を 3 行 3 列の行列式で表し, 2 つの行を入れ替えると, その値の符号が反転することを利用すれば証明できる.

【8】∇f は表面 S に垂直であるから, (1) のように $d\boldsymbol{l}$ が S 内にあると, f の変化はないから $df = \nabla f \cdot d\boldsymbol{l} = 0$. 一方 (2) のように $d\boldsymbol{l}$ が S' 内にあると, $df = dc = \nabla f \cdot d\boldsymbol{l} = |\nabla f|dl\cos\theta$.

【9】(1) $\nabla f|_{(1,-2,-1)} = -12\hat{\boldsymbol{x}} - 9\hat{\boldsymbol{y}} - 16\hat{\boldsymbol{z}}$.
(2) $\frac{\partial f}{\partial n} = \nabla f \cdot \hat{\boldsymbol{n}} = -\frac{37}{\sqrt{3}}$.

【10】各成分ごとに計算する.

【11】$\boldsymbol{r} - \boldsymbol{r}' = (x-x')\hat{\boldsymbol{x}} + (y-y')\hat{\boldsymbol{y}} + (z-z')\hat{\boldsymbol{z}}$, $|\boldsymbol{r}-\boldsymbol{r}'| = \sqrt{(x-x')^2 + (y-y')^2 + (z-z')^2}$ であるから,
(1) $\nabla|\boldsymbol{r}-\boldsymbol{r}'| = \frac{\partial}{\partial x}|\boldsymbol{r}-\boldsymbol{r}'|\hat{\boldsymbol{x}} + \frac{\partial}{\partial y}|\boldsymbol{r}-\boldsymbol{r}'|\hat{\boldsymbol{y}} + \frac{\partial}{\partial z}|\boldsymbol{r}-\boldsymbol{r}'|\hat{\boldsymbol{z}} = \frac{1}{|\boldsymbol{r}-\boldsymbol{r}'|}\{(x-x')\hat{\boldsymbol{x}} + (y-y')\hat{\boldsymbol{y}} + (z-z')\hat{\boldsymbol{z}}\} = \frac{\boldsymbol{r}-\boldsymbol{r}'}{|\boldsymbol{r}-\boldsymbol{r}'|}$.
(2) $\nabla\left(\frac{1}{|\boldsymbol{r}-\boldsymbol{r}'|}\right) = \frac{\partial}{\partial x}\left(\frac{1}{|\boldsymbol{r}-\boldsymbol{r}'|}\right)\hat{\boldsymbol{x}} + \frac{\partial}{\partial y}\left(\frac{1}{|\boldsymbol{r}-\boldsymbol{r}'|}\right)\hat{\boldsymbol{y}} + \frac{\partial}{\partial z}\left(\frac{1}{|\boldsymbol{r}-\boldsymbol{r}'|}\right)\hat{\boldsymbol{z}} = \frac{-1}{|\boldsymbol{r}-\boldsymbol{r}'|^3}\{(x-x')\hat{\boldsymbol{x}} + (y-y')\hat{\boldsymbol{y}} + (z-z')\hat{\boldsymbol{z}}\} = -\frac{\boldsymbol{r}-\boldsymbol{r}'}{|\boldsymbol{r}-\boldsymbol{r}'|^3}$. プライムが付いた座標成分についても同様.

【12】(1) 図略.
(2) $\boldsymbol{F}$ は y 成分しか持たないから面素 $d\boldsymbol{S}$ との内積をとってゼロでないのは, 面素 $d\boldsymbol{S}$ が y 成分を持つ $y=0$ と $y=a$ の左右の面 S_L, S_R のみである. $y=0, a$ の面ではそれぞれ $\boldsymbol{F} = 0$, $\boldsymbol{F} = a\hat{\boldsymbol{y}}$ であるから結局 $\oint_S \boldsymbol{F} \cdot d\boldsymbol{S} = \int_{S_R} \boldsymbol{F} \cdot d\boldsymbol{S} = \int_{S_R} a\hat{\boldsymbol{y}} \cdot \hat{\boldsymbol{y}}\,dS = \int_0^a\int_0^a a\,dxdz = a^3$.
(3) 円柱の上面と下面では $\boldsymbol{F}$ と $d\boldsymbol{S}$ とは垂直だから積分への寄与はゼロ. 側面 S_s の積分

を実行するために，$\boldsymbol{F}$ を円柱座標で表すと $\boldsymbol{F} = y\hat{\boldsymbol{y}} = \rho\sin\phi(\hat{\boldsymbol{\rho}}\sin\phi + \hat{\boldsymbol{\phi}}\cos\phi)$ であるから，$\oint_S \boldsymbol{F}\cdot d\boldsymbol{S} = \int_{S_s}\boldsymbol{F}\cdot d\boldsymbol{S} = \int_0^L\int_0^{2\pi}(\hat{\boldsymbol{\rho}}a\sin^2\phi + \hat{\boldsymbol{\phi}}a\sin\phi\cos\phi)\cdot\hat{\boldsymbol{\rho}}a d\phi dz = \int_0^L\int_0^{2\pi}a^2\sin^2\phi\, d\phi dz = \pi a^2 L$.

(4) $\nabla\cdot\boldsymbol{F} = 1$ であるから (a) の場合はガウスの定理により体積分は表面で囲まれた体積となり $\int_V \nabla\cdot\boldsymbol{F}dv = \int_V dv = a^3$, (b) の場合は $\int_V \nabla\cdot\boldsymbol{F}dv = \int_V dv = \pi a^2 L$ となり (2),(3) と同じ結果を得る．

【13】(1) 省略．

(2) 図 2.45 の立方体の表面で積分に寄与するのは，y 方向を向く左右の側面だけであるが，それぞれの面で $d\boldsymbol{S}$ の方向は逆だから，$\oint_S \boldsymbol{F}\cdot d\boldsymbol{S} = \int_{S_R+S_L}\boldsymbol{F}\cdot d\boldsymbol{S} = \int_0^a\int_0^a (z-z)dx\,dz = 0$.

(3) 図 2.46 についても積分に寄与する可能性があるのは側面 S_s であるが，$\oint_S \boldsymbol{F}\cdot d\boldsymbol{S} = \int_{S_s} z(\hat{\boldsymbol{\rho}}\sin\phi + \hat{\boldsymbol{\phi}}\cos\phi)\cdot\hat{\boldsymbol{\rho}}dS = \int_0^L\int_0^{2\pi} za\sin\phi\,d\phi\,dz = 0$.

(4) $\nabla\cdot\boldsymbol{F} = 0$ であるから体積分は図 2.45, 図 2.46 の場合共に $\int_V \nabla\cdot\boldsymbol{F}dv = 0$ となり (2),(3) の結果と一致する．

【14】直角座標では

(1) $\boldsymbol{r} = x\hat{\boldsymbol{x}} + y\hat{\boldsymbol{y}} + z\hat{\boldsymbol{z}}$ であるから $\nabla\cdot\boldsymbol{r} = 1+1+1 = 3$.

(2) $\nabla\cdot(\frac{\boldsymbol{r}}{r^3}) = (\frac{1}{r^3} - \frac{3x^2}{r^5}) + (\frac{1}{r^3} - \frac{3y^2}{r^5}) + (\frac{1}{r^3} - \frac{3z^2}{r^5}) = 0$. 回転についても発散の場合と同様に各座標成分で表し，定義式 (2.111),(2.112),(2.113) にそれぞれ代入して計算．

【15】$\nabla\times\boldsymbol{F} = -\hat{\boldsymbol{x}}$

【16】$\boldsymbol{F}(\boldsymbol{r}) = \boldsymbol{F}(x,y,z)$ として積分経路を 4 つに分解して線積分すると
$\oint_C \boldsymbol{F}\cdot d\boldsymbol{l} = \int_0^1 \boldsymbol{F}(0,y,0)\cdot\hat{\boldsymbol{y}}dy + \int_0^1 \boldsymbol{F}(0,1,z)\cdot\hat{\boldsymbol{z}}dz + \int_0^1 \boldsymbol{F}(0,y,1)\cdot(-\hat{\boldsymbol{y}})dy$
$\quad + \int_0^1 \boldsymbol{F}(0,0,z)\cdot(-\hat{\boldsymbol{z}})dz$
$= \int_0^1 F_y(0,y,0)dy + \int_0^1 F_z(0,1,z)dz - \int_0^1 F_y(0,y,1)dy - \int_0^1 F_z(0,0,z)dz$
$= 0 + 0 - \int_0^1 y^2 dy + 0 = -1/3$.

一方，$\nabla\times\boldsymbol{F} = -y^2\hat{\boldsymbol{x}}$, $d\boldsymbol{S} = \hat{\boldsymbol{x}}dS = \hat{\boldsymbol{x}}dy\,dz$ であるから $\int_S \nabla\times\boldsymbol{F}\cdot d\boldsymbol{S} = -\int_S y^2 dy\,dz = -\int_0^1 y^2 dy\int_0^1 dz = -1/3$ となりストークスの定理が成り立つ．

3 章の章末問題 (p.117)

【1】2 つの固定電荷から移動電荷に及ぼすクーロン力 $\boldsymbol{F}$ がゼロとなるように解く．
$F = \frac{q^2}{4\pi\varepsilon_0}(\frac{2}{(R+r)^2} - \frac{1}{r^2}) = 0$ から $r > 0$ の解を選んで $r = (1+\sqrt{2})R$.

【2】(1) 式 (3.21) において $n = 4$, $\boldsymbol{r}_1 = a\hat{\boldsymbol{x}}$, $\boldsymbol{r}_2 = a\hat{\boldsymbol{y}}$, $\boldsymbol{r}_3 = -a\hat{\boldsymbol{x}}$, $\boldsymbol{r}_4 = -a\hat{\boldsymbol{y}}$, $\boldsymbol{r} = z\hat{\boldsymbol{z}}$ とおいて，$E_x = \frac{(-Q_1+Q_3)a}{4\pi\varepsilon_0(a^2+z^2)^{3/2}}$, $E_y = \frac{(-Q_2+Q_4)a}{4\pi\varepsilon_0(a^2+z^2)^{3/2}}$, $E_z = \frac{(Q_1+Q_2+Q_3+Q_4)z}{4\pi\varepsilon_0(a^2+z^2)^{3/2}}$.

(2) $Q_1 = Q_2 = Q_3 = Q_4 = Q \geq 0$ なら $E_x = E_y = 0$, $E_z = \frac{4Qz}{4\pi\varepsilon_0(a^2+z^2)^{3/2}}$. $\frac{\partial E_z}{\partial z} = 0$ から $z = \pm a/\sqrt{2}$.

(3) $\boldsymbol{E} = 0$.

【3】式 (3.26) において $\boldsymbol{r} = x\hat{\boldsymbol{x}} + y\hat{\boldsymbol{y}} + z\hat{\boldsymbol{z}}$, $\boldsymbol{r}' = x'\hat{\boldsymbol{x}} + y'\hat{\boldsymbol{y}}$, $\sigma(\boldsymbol{r}') = \sigma_0$ だから
$\boldsymbol{E} = \frac{\sigma_0}{4\pi\varepsilon_0}\int_{-\infty}^{\infty}\int_{-\infty}^{\infty}\frac{(x-x')\hat{\boldsymbol{x}}+(y-y')\hat{\boldsymbol{y}}+z\hat{\boldsymbol{z}}}{\{(x-x')^2+(y-y')^2+z^2\}^{3/2}}dx'\,dy'$. E_x の x' についての積分をするとき，$t = x-x'$ とおくと，$E_x = \frac{\sigma_0}{4\pi\varepsilon_0}\int_{-\infty}^{\infty}[-\frac{1}{\sqrt{t^2+(y-y')^2+z^2}}]_{-\infty}^{\infty} dy' = 0$. 同様に $E_y = 0$. E_z に対しては，$s = y-y'$ とおいて $E_z = \frac{\sigma_0 z}{4\pi\varepsilon_0}\int_{-\infty}^{\infty}\frac{1}{s^2+z^2}[\frac{t}{\sqrt{t^2+s^2+z^2}}]_{-\infty}^{\infty} ds = \frac{\sigma_0 z}{\pi\varepsilon_0}\int_0^{\infty}\frac{1}{s^2+z^2}ds =$

【4】 例題 3.6 と同様に計算する．問題は軸対称なので，電界は円筒座標を用いて $\boldsymbol{E} = E_\rho \hat{\boldsymbol{\rho}} + E_z \hat{\boldsymbol{z}}$ となる．

(1) $E_\rho = \frac{-\lambda_0}{4\pi\varepsilon_0} \left(\frac{z-l}{\rho\sqrt{\rho^2+(z-l)^2}} - \frac{2z}{\rho\sqrt{\rho^2+z^2}} + \frac{z+l}{\rho\sqrt{\rho^2+(z+l)^2}} \right)$,

$E_z = \frac{\lambda_0}{4\pi\varepsilon_0} \left(\frac{1}{\sqrt{\rho^2+(z-l)^2}} - \frac{2}{\sqrt{\rho^2+z^2}} + \frac{1}{\sqrt{\rho^2+(z+l)^2}} \right)$.

(2) $E_\rho = \frac{\lambda_0}{4\pi\varepsilon_0 l} \left(\frac{-z(z-l)-\rho^2}{\rho\sqrt{\rho^2+(z-l)^2}} + \frac{z(z+l)+\rho^2}{\rho\sqrt{\rho^2+(z+l)^2}} \right)$,

$E_z = \frac{\lambda_0}{4\pi\varepsilon_0 l} \left(\frac{l}{\sqrt{\rho^2+(z-l)^2}} + \frac{l}{\sqrt{\rho^2+(z+l)^2}} + \ln\left|\frac{(z-l)+\sqrt{\rho^2+(z-l)^2}}{(z+l)+\sqrt{\rho^2+(z+l)^2}}\right| \right)$.

【5】 xy 面内の電界は $\boldsymbol{E} = \left(E_0 + \frac{Q}{4\pi\varepsilon_0}\frac{x}{r^3}\right)\hat{\boldsymbol{x}} + \frac{Q}{4\pi\varepsilon_0}\frac{y}{r^3}\hat{\boldsymbol{y}}$. 電気力線の方程式 (3.33) から $\frac{Qy}{4\pi\varepsilon_0 r^3}dx - \left(E_0 + \frac{Qx}{4\pi\varepsilon_0 r^3}\right)dy = 0$. $f = \frac{E_0 y^2}{2} - \frac{Qx}{4\pi\varepsilon_0 r}$ とすれば，$\frac{1}{y}\left(\frac{\partial f}{\partial x}dx + \frac{\partial f}{\partial y}dy\right) = 0$ となるから，$f = $ 一定 が電気力線の方程式．

【6】 電界は $\boldsymbol{E} = \frac{1}{4\pi\varepsilon_0} \int_{-l}^{l} \frac{\lambda(z')\{\rho\hat{\boldsymbol{\rho}}+(z-z')\hat{\boldsymbol{z}}\}}{\{\rho^2+(z-z')^2\}^{3/2}} dz'$.

(1) 電気力線の方程式 (3.34) から $0 = E_z d\rho - E_\rho dz = \frac{-1}{4\pi\varepsilon_0 \rho}\left(\frac{\partial f}{\partial \rho}d\rho + \frac{\partial f}{\partial z}dz\right) = \frac{-1}{4\pi\varepsilon_0 \rho}df$. これより $f(\rho, z) = K$(定数)．

(2),(3) は具体的な電荷分布 $\lambda(z)$ を式 (3.175) に代入して積分を実行すればよい． 図略．

【7】 #0 に電荷 Q を与えると，面電荷密度 $\sigma = Q/S$ の電荷が #0 の両面に分かれて分布する．その面密度を σ_1, σ_2 とすると，電荷保存の法則より $\sigma = \sigma_1 + \sigma_2$.

(1) #0 – #1 間の電界を E_1, #0 – #2 間を E_2 とすると，$E_1 = \frac{\sigma_1}{\varepsilon_0}$, $E_2 = \frac{\sigma_2}{\varepsilon_0}$. #0 の電位 V_0 は $V_0 = E_1 d_1 = E_2 d_2$ であるから，これらより $\sigma_1 = \frac{d_2}{d_1+d_2}\sigma$, $\sigma_2 = \frac{d_1}{d_1+d_2}\sigma$.

(2) $E_1 = \frac{\sigma_1}{\varepsilon_0} = \frac{d_2}{\varepsilon_0(d_1+d_2)}\sigma$, $E_2 = \frac{d_1}{\varepsilon_0(d_1+d_2)}\sigma$

(3) $V_0 = E_1 d_1 = \frac{d_1 d_2}{\varepsilon_0(d_1+d_2)}\sigma$. $d = d_1 + d_2 = $ 一定 として V_0 の最大値を与える d_1 を d_1 で微分して求めると，$d_1 = \frac{d}{2} = d_2$.

【8】 静電誘導を考えれば，#1 の内球表面上の電荷 Q_1 によって #2 の外球内側に $-Q_1$ が誘導され，外球外側にもともとあった電荷 Q_2 と合わせて $Q_1 + Q_2$ が現れる．以下はいずれも球対称の問題から電位，電界はすべて中心からの距離 r に依存する．

(1a) $E_r(r) = \frac{Q_1+Q_2}{4\pi\varepsilon_0 r^2}$, $V(r) = \frac{Q_1+Q_2}{4\pi\varepsilon_0 r}$.

(1b) $V(c) = \frac{Q_1+Q_2}{4\pi\varepsilon_0 c}$.

(1c) $E_r(r) = \frac{Q_1}{4\pi\varepsilon_0 r^2}$, $V(r) = \frac{1}{4\pi\varepsilon_0}\left(\frac{Q_1+Q_2}{c} - \frac{Q_1}{b} + \frac{Q_1}{r}\right)$.

(1d) $V(a) = \frac{1}{4\pi\varepsilon_0}\left(\frac{Q_1+Q_2}{c} - \frac{Q_1}{b} + \frac{Q_1}{a}\right)$.

(2a) (1) において $Q_1 = Q$, $Q_2 = 0$ とおけばよいから $E_r(r) = \frac{Q}{4\pi\varepsilon_0 r^2}$, $V(r) = \frac{Q}{4\pi\varepsilon_0 r}$.

(2b) $V(c) = \frac{Q}{4\pi\varepsilon_0 c}$.

(2c) $E_r(r) = \frac{Q}{4\pi\varepsilon_0 r^2}$, $V(r) = \frac{Q}{4\pi\varepsilon_0}\left(\frac{1}{c} - \frac{1}{b} + \frac{1}{r}\right)$.

(2d) $V(a) = \frac{Q}{4\pi\varepsilon_0}\left(\frac{1}{c} - \frac{1}{b} + \frac{1}{a}\right)$.

(3a) (1) において $Q_1 = 0$, $Q_2 = Q$ とおけばよいから $E_r(r) = \frac{Q}{4\pi\varepsilon_0 r^2}$, $V(r) = \frac{Q}{4\pi\varepsilon_0 r}$.

(3b) $V(c) = \frac{Q}{4\pi\varepsilon_0 c}$.

(3c) $E_r(r) = 0$, $V(r) = \frac{Q}{4\pi\varepsilon_0 c}$.

(3d) $V(a) = \frac{Q}{4\pi\varepsilon_0 c}$.

(4a) 外球内側に $-Q$ が誘導されて外球の電位はゼロになる．$E_r(r) = 0, V(r) = 0$．

(4b) $V(c) = 0$．

(4c) $E_r(r) = \frac{Q}{4\pi\varepsilon_0 r^2}, V(r) = \frac{-Q}{4\pi\varepsilon_0}\left(\frac{1}{b} - \frac{1}{r}\right)$．

(4d) $V(a) = \frac{-Q}{4\pi\varepsilon_0}\left(\frac{1}{b} - \frac{1}{a}\right)$．

(5a) 外球に与えた電荷の一部 Q' が外球内部に分布し，残りの電荷 $Q - Q'$ が外球外側に分布すると考えると，内球表面には電荷 $-Q'$ が誘導される．最後に内球の電位がゼロになるように Q' を決定すればよい．$E_r(r) = \frac{Q-Q'}{4\pi\varepsilon_0 r^2}, V(r) = \frac{Q-Q'}{4\pi\varepsilon_0 r}$．

(5b) $V(c) = \frac{Q-Q'}{4\pi\varepsilon_0 c}$．

(5c) $E_r(r) = \frac{-Q'}{4\pi\varepsilon_0 r^2}, V(r) = \frac{1}{4\pi\varepsilon_0}\left(\frac{Q-Q'}{c} + \frac{Q'}{b} - \frac{Q'}{r}\right)$．

(5d) $V(a) = \frac{1}{4\pi\varepsilon_0}\left(\frac{Q-Q'}{c} + \frac{Q'}{b} - \frac{Q'}{a}\right) = 0$ とおいて $Q' = \frac{Q}{1-(c/b)+(c/a)} = \frac{abQ}{ab-ac+bc}$ が得られるから，この Q' をそれぞれ (5a),(5b),(5c) に代入すればよい．

【9】点対称の電荷分布であるから，電界も電位も点対称となり，球中心からの半径 r だけの関数となる．ガウスの法則から電界を求めて，その電界を積分して電位を計算してもよいし，式 (3.76) から電位を計算し，その勾配から電界を計算してもよい．前者の場合，半径 r の球内に含まれる総電荷量を $Q(r) = 4\pi\int_0^r s^2\rho(s)ds$ とおくと，ガウスの法則より $4\pi r^2 E_r = \frac{Q(r)}{\varepsilon_0}$，よって $E_r = \frac{Q(r)}{4\pi\varepsilon_0 r^2}$，電界を積分するとき，部分積分を用いると $V = -\int_\infty^r E_r(s)ds = \frac{Q(r)}{4\pi\varepsilon_0 r} - \frac{1}{\varepsilon_0}\int_\infty^r s\rho(s)ds$．電荷分布が $\rho(r) = \rho_0 e^{-ar}$ のとき，$E_r = -\frac{\rho_0}{\varepsilon_0 a r^2}\left[e^{-ar}(r^2 + 2r/a + 2/a^2) - 2/a^2\right]$, $V = -\frac{\rho_0}{\varepsilon_0 a^2}\left[e^{-ar}(1 + 2/(ar)) - 2/(ar)\right]$．

【10】半径 a の球が体積密度 ρ_0 の電荷で埋め尽くされている場合の点 P の電界 $\boldsymbol{E}_a$ はガウスの定理より $\oint_S \boldsymbol{E}_a \cdot \hat{\boldsymbol{n}}dS = E_a 4\pi r^2 = \frac{\rho_0}{\varepsilon_0}\frac{4}{3}\pi r^3$．これより，$\boldsymbol{E}_a = \frac{\rho_0}{3\varepsilon_0}\boldsymbol{r}$．同様に，半径 b の球内に一様な密度 $-\rho_0$ の電荷があるとすると，$\boldsymbol{E}_b = -\frac{\rho_0}{3\varepsilon_0}\boldsymbol{r}'$．したがって，点 P の電界 $\boldsymbol{E}$ は $\boldsymbol{E} = \boldsymbol{E}_a + \boldsymbol{E}_b = \frac{\rho_0}{3\varepsilon_0}(\boldsymbol{r} - \boldsymbol{r}') = \frac{\rho_0}{3\varepsilon_0}d\hat{\boldsymbol{x}}$．

【11】ガウスの法則を使って $\oint_S \boldsymbol{E} \cdot \hat{\boldsymbol{n}}dS = Q/\varepsilon_0$．よって $Q = \varepsilon_0 E_n S_0 = 10\varepsilon_0 S_0$ 〔C〕．

【12】球表面上に働く自己力 $\boldsymbol{f}$ は式 (3.61) から $\boldsymbol{f} = \frac{\sigma^2}{2\varepsilon_0}\hat{\boldsymbol{r}}$．単位ベクトル $\hat{\boldsymbol{r}}$ は方向で変化するので直角座標で表し，各成分を球表面 S で積分すると $\oint_S \boldsymbol{f}(\boldsymbol{r})dS = 0$ を得る．

【13】半径 a の周上の線電荷密度 λ_0 は $\lambda_0 = Q/(2\pi a)$．$V = \int_0^{2\pi}\frac{\lambda_0 a d\phi}{4\pi\varepsilon_0\sqrt{z^2+a^2}} = \frac{Q}{4\pi\varepsilon_0\sqrt{z^2+a^2}}$, $\boldsymbol{E} = -\nabla V = \frac{Qz}{4\pi\varepsilon_0(z^2+a^2)^{3/2}}\hat{\boldsymbol{z}}$．

【14】(1) 薄い帯には $Q = 2\pi\sigma_0\rho d\rho$ の電荷があるので【13】の結果を使うと $V = \frac{\sigma_0 \rho d\rho}{2\varepsilon_0(z^2+\rho^2)^{1/2}}$, $\boldsymbol{E} = \frac{\sigma_0 \rho z d\rho}{2\varepsilon_0(z^2+\rho^2)^{3/2}}\hat{\boldsymbol{z}}$．

(2) (1) の結果について径方向 ρ を $[0, a]$ で積分すると，$V = \int_0^a \frac{\sigma_0 \rho d\rho}{2\varepsilon_0(z^2+\rho^2)^{1/2}} = \frac{\sigma_0}{2\varepsilon_0}(\sqrt{z^2+a^2} - |z|)$．また電界は電位の勾配をとって式 (3.31) の結果を得る．

【15】電界が近似的に垂直と考え，下の電極が x 軸，上の電極が $y = 2ax/b + d - a$ $(0 \leq x \leq b)$ であるとすると，電極上の電荷分布 $\sigma(x)$ は，$\sigma(x) = \frac{\varepsilon_0 V}{2ax/b + d - a}$ となる．総電荷量はこれを積分して $Q = \frac{S}{b}\int_0^b \sigma(x)dx = \frac{S\varepsilon_0 V}{2a}\ln\frac{d+a}{d-a}$．よって $C = Q/V = \frac{S\varepsilon_0}{2a}\ln\frac{1+a/d}{1-a/d} \approx \frac{\varepsilon_0 S}{d}\left(1 + \frac{1}{3}(a/d)^2\right)$．

【16】平行平板 (極板の面積 S，厚さ d，電位 V)：$C = \varepsilon_0 S/d, W = cV^2/2 = \frac{\varepsilon_0 S}{2d}V^2, w = \frac{1}{2}\varepsilon_0 E^2$．$W = \int dw = \frac{\varepsilon_0 S}{2d}V^2$．

同心球 (内径 a，外径 b，電荷 Q)：$C = \frac{4\pi\varepsilon_0 ab}{b-a}, V = \frac{Q(b-a)}{4\pi\varepsilon_0 ab}, W = \frac{1}{2}CV^2 = \frac{Q^2}{8\pi\varepsilon}(1/a - 1/b)$．

章末問題解答   391

$w = \frac{1}{2}\varepsilon_0 E^2 = \frac{1}{2}\varepsilon_0(\frac{Q}{4\pi\varepsilon_0 r^2})^2$. $W = \int dw = \int_a^b 4\pi r^2 w dr = \frac{Q^2}{8\varepsilon_0}(1/a - 1/b)$.

同軸 (内径 a, 外径 b, 長さ L, 電荷 Q) : $C = \frac{2\pi\varepsilon_0 L}{\ln(b/a)}$, $V = \frac{Q}{2\pi\varepsilon_0 L}\ln(b/a)$, $W = \frac{1}{2}CV^2 = \frac{Q^2}{4\pi\varepsilon_0 L}\ln(b/a)$, $w = \frac{1}{2}\varepsilon_0 E^2 = \frac{Q^2}{8\pi^2\varepsilon_0\rho^2 L^2}$, $W = \int dw = \int_a^b 2\pi w L \rho d\rho = \frac{Q^2}{4\pi\varepsilon_0 L}\ln(b/a)$.

【17】 総電荷量は変わらないので, C_1, C_2 に蓄えられていた電荷 $Q = Q_1 + Q_2 = C_1 V_1 + C_2 V_2$ が, 並列接続された合成容量 $C' = C_1 + C_2$ に蓄えられることになるので, その接続後の電位 V' は $V' = \frac{Q}{C'} = \frac{C_1 V_1 + C_2 V_2}{C_1 + C_2}$. したがって, C_1 から C_2 へ流れ出る電荷量は $\Delta Q = C_1 V_1 - C_1 V' = \frac{C_1 C_2 (V_1 - V_2)}{C_1 + C_2}$.

4 章の章末問題 (p.150)

【1】 (1) 電束密度は誘電率に依存しないから, 誘電体表面を囲むようにガウスの定理を適用すれば, 表面の上下で電束密度は表面に垂直, 方向は反対で, 大きさは等しい. もちろん電界は大きさが上下で異なる.

(2) $z > 0$ において $\boldsymbol{D}_+ = \frac{\sigma_e}{2}\hat{\boldsymbol{z}}$, $\boldsymbol{E}_+ = \frac{\sigma_e}{2\varepsilon_0}\hat{\boldsymbol{z}}$, $\boldsymbol{P}_+ = 0$.
$z < 0$ において $\boldsymbol{D}_- = -\frac{\sigma_e}{2}\hat{\boldsymbol{z}}$, $\boldsymbol{E}_- = -\frac{\sigma_e}{2\varepsilon}\hat{\boldsymbol{z}}$, $\boldsymbol{P}_- = -\frac{\sigma_e}{2}(1 - \frac{\varepsilon_0}{\varepsilon})\hat{\boldsymbol{z}}$.

(3) 分極表面電荷密度 σ_d は $\sigma_d = \boldsymbol{P} \cdot \hat{\boldsymbol{n}} = \boldsymbol{P}_- \cdot \hat{\boldsymbol{z}} = -\frac{\sigma_e}{2}(1 - \frac{\varepsilon_0}{\varepsilon})$.

(4) $z > 0$ は変化しない.
$z < 0$ において ε を $\varepsilon(z)$ に変えればよいから, $\boldsymbol{D}_- = -\frac{\sigma_e}{2}\hat{\boldsymbol{z}}$, $\boldsymbol{E}_- = -\frac{\sigma_e}{2\varepsilon(z)}\hat{\boldsymbol{z}}$, $\sigma_d = -\frac{\sigma_e}{2}(1 - \frac{\varepsilon_0}{\varepsilon(z=0)})$.

【2】 (1) $a < r < b$ において $\boldsymbol{D} = \frac{Q_e}{4\pi r^2}\hat{\boldsymbol{r}}$, $\boldsymbol{E} = \frac{Q_e}{4\pi\varepsilon r^2}\hat{\boldsymbol{r}}$, $\boldsymbol{P} = \boldsymbol{D} - \varepsilon_0 \boldsymbol{E} = \frac{Q_e}{4\pi r^2}(1 - \frac{\varepsilon_0}{\varepsilon})\hat{\boldsymbol{r}}$, $V = \frac{Q_e}{4\pi}(\frac{1}{\varepsilon_0 b} - \frac{1}{\varepsilon b} + \frac{1}{\varepsilon r})$.
$b < r$ において $\boldsymbol{D} = \frac{Q_e}{4\pi r^2}\hat{\boldsymbol{r}}$, $\boldsymbol{E} = \frac{Q_e}{4\pi\varepsilon_0 r^2}\hat{\boldsymbol{r}}$, $\boldsymbol{P} = 0$, $V = \frac{Q_e}{4\pi\varepsilon_0 r}$.

(2) 誘電体内表面 $r = a$ で $\sigma_d = -\frac{Q_e}{4\pi a^2}(1 - \frac{\varepsilon_0}{\varepsilon})$,
誘電体外表面 $r = b$ で $\sigma_d = \frac{Q_e}{4\pi b^2}(1 - \frac{\varepsilon_0}{\varepsilon})$.

(3) (2) のように誘電体に誘起される全分極電荷は誘電体全体で相殺してゼロになるから.

【3】 空洞内外の境界条件を考える. 電界と平行な薄い空洞の場合, 左右の側面に誘起される分極電荷はほとんどない. したがって内外の電界はほとんど等しく $\boldsymbol{E}_{\#1} = \boldsymbol{E}$. 電界と垂直な薄い空洞の場合, 内外で電束密度は変化しないから, 内部の電界は $\boldsymbol{E}_{\#2} = \boldsymbol{D}/\varepsilon_0 = \frac{\varepsilon}{\varepsilon_0}\boldsymbol{E}$.

【4】 3 つのコンデンサの直列接続として計算すると容量は $\frac{\varepsilon_0 \varepsilon_r S}{\varepsilon_r (d-b) + b}$ となり, 距離 x に依存しない.

【5】 $\frac{1 + 3\varepsilon_r}{2(1 + \varepsilon_r)}$ 倍

【6】 (1) $C = \frac{4\pi\varepsilon_1\varepsilon_2 abc}{\varepsilon_1 a(b-c) + \varepsilon_2 b(c-a)}$.

(2) $C_1 = \frac{4\pi\varepsilon_1 ac}{c-a}$ と $C_2 = \frac{4\pi\varepsilon_2 bc}{b-c}$ の直列接続.

(3) 導体球内に蓄えられた静電エネルギーを $W_e = \frac{Q^2}{2C}$ とすると, 外球にかかる力は $\boldsymbol{F} = -\frac{\partial W_e}{\partial b} = \frac{-Q^2}{8\pi\varepsilon_2 b^2}\hat{\boldsymbol{r}}$, 内球にかかる力は $\boldsymbol{F} = -\frac{\partial W_e}{\partial a} = \frac{Q^2}{8\pi\varepsilon_1 a^2}\hat{\boldsymbol{r}}$.

(4) 誘電体境界にかかる力は $\boldsymbol{F} = -\frac{\partial W_e}{\partial c} = \frac{Q^2}{8\pi c^2}(\frac{1}{\varepsilon_2} - \frac{1}{\varepsilon_1})\hat{\boldsymbol{r}}$.

【7】 (1) $C = \frac{2\pi(\varepsilon_1 + \varepsilon_2)ab}{b-a}$.

(2) $C_1 = \frac{2\pi\varepsilon_1 ab}{b-a}$ と $C_2 = \frac{2\pi\varepsilon_2 ab}{b-a}$ の並列接続.

(3) 導体球内に蓄えられた静電エネルギーを $W_e = \frac{Q^2}{2C}$ とすると, 外球にかかる力は $\boldsymbol{F} = -\frac{\partial W_e}{\partial b} = -\frac{Q^2}{4\pi(\varepsilon_1 + \varepsilon_2)b^2}\hat{\boldsymbol{r}}$, 内球にかかる力は $\boldsymbol{F} = -\frac{\partial W_e}{\partial a} = \frac{Q^2}{4\pi(\varepsilon_1 + \varepsilon_2)a^2}\hat{\boldsymbol{r}}$.

(4) 誘電体境界にかかる力は $\boldsymbol{F} = \frac{\pi}{2}\frac{b+a}{b-a}V^2(\varepsilon_1 - \varepsilon_2)\hat{\boldsymbol{\theta}}$.

【8】 誘電体を同心状に装荷した場合は，$C = \frac{2\pi L}{\frac{1}{\varepsilon_1}\ln\frac{c}{a} + \frac{1}{\varepsilon_2}\ln\frac{b}{c}}$. 誘電体を上下に装荷した場合は，$C = \frac{\pi(\varepsilon_1+\varepsilon_2)L}{\ln(b/a)}$.

【9】 全容量は，誘電体のない部分と，誘電体の挿入されている部分の並列接続となるから，$C = \frac{-\varepsilon_0(\varepsilon-\varepsilon_0)bt x + \varepsilon_0\varepsilon abd}{(\varepsilon(d-t)+\varepsilon_0 t)d}$. 蓄えられた静電エネルギーを $W_e = \frac{V^2 C}{2}$ とすると，誘電体にかかる力は $\boldsymbol{F} = \frac{\partial W_e}{\partial x} = -\frac{\varepsilon_0(\varepsilon-\varepsilon_0)btV^2}{2d(\varepsilon(d-t)+\varepsilon_0 t)}\hat{\boldsymbol{x}}$ となり誘電体を内側に引き込む方向に力がかかる．もし誘電体が導体に変わると，同様にして $\boldsymbol{F} = -\frac{\varepsilon_0 btV^2}{2d(d-t)}\hat{\boldsymbol{x}}$.

5章の章末問題 (p.187)

【1】 影像法を用いると，点 $(-a,a,0)$ と点 $(a,-a,0)$ に影像電荷 $-Q$ が，点 $(-a,-a,0)$ に Q の影像電荷が置かれるから，これら3つの電荷とのクーロン力の合成となり，$\boldsymbol{F} = \frac{(1-2\sqrt{2})Q^2}{32\sqrt{2}\pi\varepsilon_0 a^2}(\hat{\boldsymbol{x}}+\hat{\boldsymbol{y}})$ となるから，その大きさは $F = |\boldsymbol{F}| = \frac{(2\sqrt{2}-1)Q^2}{32\pi\varepsilon_0 a^2}$，方向は原点から点 P へ向かう方向．

【2】 (1) 式 (5.4) のポアソンの方程式より，$\rho(r) = -\varepsilon_0 \nabla^2 V = -\frac{\varepsilon_0}{r^2}\frac{\partial}{\partial r}\left(r^2\frac{\partial V}{\partial r}\right) = -\frac{e^{-r/a}}{4\pi a^2 r}$. ただし $r \neq 0$.

(2) $\boldsymbol{E} = -\frac{dV}{dr}\hat{\boldsymbol{r}} = \frac{1}{4\pi\varepsilon_0}\left(\frac{1}{r} + \frac{1}{a}\right)\frac{e^{-r/a}}{r}\hat{\boldsymbol{r}}$.

(3) $r = $ 一定 の球面上で電界は一定だから，半径 r の球面 S 内に含まれる電荷は $Q = \varepsilon_0\oint_S \boldsymbol{E}\cdot\hat{\boldsymbol{r}}\,dS = 4\pi\varepsilon_0 r^2 E_r = (1+r/a)e^{-r/a}$. 全空間に含まれる電荷は $r \to \infty$ とすればよいから，$Q = 0$.

(4) (1) で求めた電荷分布 $\rho(\boldsymbol{r})$ を $r=0$ から無限遠まで体積積分すると
$$Q' = 4\pi\int_0^\infty \rho(r)r^2\,dr = -\frac{1}{a^2}\int_0^\infty re^{-r/a}\,dr = \frac{1}{a}\left[(r+a)e^{-r/a}\right]_0^\infty = -1.$$
(3) の結果と比較すると，原点 ($r=0$) に 1 C の点電荷があり，その周りに等量の電荷が体積密度 $\rho(r)$ で分布して総量としてはゼロとなっている．

【3】 電位 V の満足する方程式は式 (5.24) と同様に，$0 \leq x \leq d$ において $\frac{d^2 V}{dx^2} = -\frac{\rho_p}{\varepsilon}$. これを積分して $V(x) = -\frac{\rho_p}{2\varepsilon}x^2 + c_1 x + c_2$. $x > d$ では電位一定だから，電束密度はゼロである．すなわち $\varepsilon\frac{dV}{dx} = 0$. $V(0) = 0$ および $x = d$ での電束密度の連続条件 $\varepsilon\frac{dV}{dx} = 0$ を代入して未定係数 c_1, c_2 を定めると $V(x) = -\frac{\rho_p}{\varepsilon}\left(\frac{x^2}{2} - dx\right)$.

【4】 $0 \leq x \leq \delta$ において $\frac{d^2 V}{dx^2} = 0$, $\delta \leq x \leq d+\delta$ において $\frac{d^2 V}{dx^2} = \frac{\rho_n}{\varepsilon}$ を満足する．これらを積分して $V(0) = V_0$ と，$x = \delta, x = d+\delta$ における電位と電束密度に対する境界条件によって未定係数を定めると，$0 \leq x \leq \delta$ では $V(x) = -\frac{\rho_n d}{\varepsilon_\delta}x + V_0$, $\delta \leq x \leq d+\delta$ では $V(x) = \frac{\rho_n}{2\varepsilon}\left\{(x-\delta)(x-\delta-2d) - 2\frac{\varepsilon}{\varepsilon_\delta}d\delta\right\} + V_0$.

【5】 $0 < x < d/2$ において $\frac{d^2 V}{dx^2} = \frac{\rho_0}{\varepsilon_0}$, $d/2 < x < d$ において $\frac{d^2 V}{dx^2} = -\frac{\rho_0}{\varepsilon_0}$. これらを積分して，$V(0) = 0, V(d) = V_0$ ならびに $x = d/2$ における電位 V と電束密度 $\boldsymbol{D} = D_z\hat{\boldsymbol{z}}$ に関する境界条件より未定係数を定めれば

$0 < x < d/2$ において
$$V(x) = \left(\frac{V_0}{d} - \frac{\rho_0 d}{4\varepsilon_0}\right)x + \frac{\rho_0}{2\varepsilon_0}x^2, \quad \boldsymbol{E} = E_x\hat{\boldsymbol{x}}, E_x = -\frac{dV}{dx} = -\left(\frac{V_0}{d} - \frac{\rho_0 d}{4\varepsilon_0}\right) - \frac{\rho_0}{\varepsilon_0}x,$$

$d/2 < x < d$ において
$$V(x) = -\frac{\rho_0 d^2}{4\varepsilon_0} + \left(\frac{V_0}{d} + \frac{3\rho_0 d}{4\varepsilon_0}\right)x - \frac{\rho_0}{2\varepsilon_0}x^2, \quad \boldsymbol{E} = E_x\hat{\boldsymbol{x}}, E_x = -\left(\frac{V_0}{d} + \frac{3\rho_0 d}{4\varepsilon_0}\right) + \frac{\rho_0}{\varepsilon_0}x.$$

【6】 直列接続の場合，図 4.20 を参照して，下の極板を $x = 0$ とすると，$0 < x < d_2$, $d_2 < x < d_1+d_2$, それぞれの領域で一次元のラプラスの方程式 $\nabla^2 V = \frac{d^2 V}{dx^2} = 0$ を満足し，一般解は c_1, c_2 を定数

として $V(x) = c_1 + c_2 x$ となる.$V(x=0) = 0, V(x=d_1+d_2) = V_0$,$x = d_2$ における電位 $V(x)$ と電束密度の法線成分 D_x の連続性より未定係数を定めると $0 < x < d_2$ において $V(x) = \frac{\varepsilon_1 V_0}{\varepsilon_2 d_1 + \varepsilon_1 d_2} x$,$d_2 < x < d_1+d_2$ において $V(x) = \frac{(\varepsilon_1-\varepsilon_2)d_2}{\varepsilon_2 d_1+\varepsilon_1 d_2}V_0 + \frac{\varepsilon_2 V_0}{\varepsilon_2 d_1+\varepsilon_1 d_2}x$.$x = d_1+d_2$ の極板に分布する電荷は,極板面積を S とすると $Q = \varepsilon_1(\boldsymbol{E}(x=d_1+d_2)\cdot(-\hat{\boldsymbol{x}}))S = \frac{\varepsilon_1\varepsilon_2 V_0 S}{\varepsilon_0 d_1+\varepsilon_1 d_2} = CV_0$.よって合成した静電容量 C に対して $\frac{1}{C} = \frac{\varepsilon_0 d_1+\varepsilon_1 d_2}{\varepsilon_1\varepsilon_2 V_0 S} = \frac{d_1}{\varepsilon_1 S} + \frac{d_2}{\varepsilon_2 S} = \frac{1}{C_1} + \frac{1}{C_2}$.並列接続の場合,図 4.23 を参照して,下の極板を $x=0$,上の極板を $x=d$,媒質の境界を $y=0$ とすると,電位 V は,それぞれの領域で一次元のラプラスの方程式 $\nabla^2 V = \frac{d^2 V}{dx^2} = 0$ を満足し,一般解は c_1, c_2 を定数として $V(x) = c_1 + c_2 x$ となる.$V(x=0) = 0, V(x=d) = V_0$ の連続条件より $V(x) = \frac{V_0}{d}x$.$x=d$ の極板に分布する電荷は,$\varepsilon_1, \varepsilon_2$ の部分の極板面積をそれぞれ S_1, S_2 として $Q = \varepsilon_1(\boldsymbol{E}_1\cdot(-\hat{\boldsymbol{x}}))S_1 + \varepsilon_2(\boldsymbol{E}_2\cdot(-\hat{\boldsymbol{x}}))S_2 = \frac{\varepsilon_1 S_1}{d}V_0 + \frac{\varepsilon_2 S_2}{d}V_0 = CV_0$.よって合成した静電容量 C に対して $C = \frac{\varepsilon_1 S_1}{d} + \frac{\varepsilon_2 S_2}{d} = C_1 + C_2$.

【7】 5.3.5 項の式 (5.133),(5.134) を用いる.線状電荷に沿う座標を x とすると,$Q_e = \lambda_0 dx'$ だから

$V_1 = \int_{-l/2}^{l/2} \frac{\lambda_0}{4\pi\varepsilon_0} \left(\frac{1}{\sqrt{(x-x')^2+y^2+(z-h)^2}} - \frac{k}{\sqrt{(x-x')^2+y^2+(z-h)^2}} \right) dx'$

$= \frac{\lambda_0}{4\pi\varepsilon_0}\left(\ln\left|\frac{x+l/2+\sqrt{(x+l/2)^2+y^2+(z-h)^2}}{x-l/2+\sqrt{(x-l/2)^2+y^2+(z-h)^2}}\right| - k\ln\left|\frac{x+l/2+\sqrt{(x+l/2)^2+y^2+(z+h)^2}}{x-l/2+\sqrt{(x-l/2)^2+y^2+(z+h)^2}}\right|\right)$,

$V_2 = \int_{-l/2}^{l/2}\frac{(1+k)\lambda_0}{4\pi\varepsilon}\frac{1}{\sqrt{(x-x')^2+y^2+(z-h)^2}}dx' = \frac{(1+k)\lambda_0}{4\pi\varepsilon}\ln\left|\frac{x+l/2+\sqrt{(x+l/2)^2+y^2+(z-h)^2}}{x-l/2+\sqrt{(x-l/2)^2+y^2+(z-h)^2}}\right|$.

電界 $\boldsymbol{E}$ は電位 V_1, V_2 を用いて $\boldsymbol{E}_i = -\nabla V_i$ から求めればよい.

【8】 (1) 電位の積分表示 (3.76) へ数学公式 (5.148) を代入すればよい.

(2) ルジャンドル関数の性質 $P_0(\chi) = 1, P_1(\chi) = \chi$ と $Q = \int_V \rho(\boldsymbol{r}')dv', \boldsymbol{P} = \int_V \rho(\boldsymbol{r}')\boldsymbol{r}'dv'$ を用いて変形すれば式 (3.103), (3.110) となる.

(3) $V_2(\boldsymbol{r}) = \frac{-1}{8\pi\varepsilon_0 r^3}\int_V \rho(\boldsymbol{r}')r'^2 dv' + \frac{3}{8\pi\varepsilon_0 r^5}\int_V \rho(\boldsymbol{r}')(\boldsymbol{r}\cdot\boldsymbol{r}')^2 dv'$.

【9】 5.2.5 項のように計算すればよい.$r \geq a$ では $V_+ = V_f + V_s$ となる.$r \leq a$ で $V_- = \sum_{n=0}^{\infty} C_n r^n P_n(\cos\theta)$ とおき,$r = a$ における電位と電束密度に対する境界条件を用いて未定係数を定めると,$r \leq a$ のとき $V = \frac{Q_e}{4\pi}\sum_{n=0}^{\infty}\frac{r^n}{d^{n+1}}\frac{(2n+1)}{(n+1)\varepsilon_2+n\varepsilon_1}P_n(\cos\theta)$,$r \geq a$ のとき $V = V_f + \frac{Q_e}{4\pi\varepsilon_2}\sum_{n=0}^{\infty}\frac{n(\varepsilon_2-\varepsilon_1)}{(n+1)\varepsilon_2+n\varepsilon_1}\frac{a^{2n+1}}{(dr)^{n+1}}P_n(\cos\theta)$,電界は $\boldsymbol{E} = -\nabla V = -\frac{\partial V}{\partial r}\hat{\boldsymbol{r}} - \frac{\partial V}{r\partial\theta}\hat{\boldsymbol{\theta}}$ から計算.

6 章の章末問題 (p.212)

【1】 (1) 電界の大きさ $E = J/\sigma = I/(\sigma\Delta S) = 8.52\times 10^{-2}$ V/m.

(2) ドリフト速度 $v = \frac{I}{Ne\Delta S} = 3.69\times 10^{-4}$ m/s,緩和時間 $\tau = \frac{mv}{eE} = \frac{mv\sigma\Delta S}{eI} = 2.47\times 10^{-14}$ s.

【2】 $R = \rho l/S$ より,$\rho = RS/l = 3.93\times 10^8 [\Omega\text{m}]$.これより $\sigma = 1/\rho = 2.54\times 10^7 [\text{S/m}]$.

【3】 (1) $R = \frac{1}{lw}(\frac{h_1}{\sigma_1} + \frac{h_2}{\sigma_2})$.

(2) $R = \frac{l}{w(\sigma_1 h_1 + \sigma_2 h_2)}$.

【4】 (1) $dR = \frac{dx}{\pi\sigma(x)r^2(x)}, R = \int dR = \int_0^l \frac{dx}{\pi\sigma(x)r^2(x)}$.

(2) $R = \frac{l}{\pi\sigma_0 ab}$.

【5】 1 Wh = 3 600 J.

【6】 負荷 R で消費される電力 P を求め,$\frac{\partial P}{\partial R} = 0$ から極大値を求めると,$R = r$ を得る.したがっ

て負荷抵抗 R と内部抵抗 r が同じときに最大電力が伝達され，最大電力は $P = \frac{V^2}{4R} = \frac{V^2}{4r}$.

【7】 同心円筒導体間の静電容量は $C = \frac{2\pi\varepsilon_0}{\ln(b/a)}$ であるから $R = \varepsilon_0/(\sigma C) = \ln(b/a)/(2\pi\sigma)$.

【8】 (1) $R = \frac{d}{\sigma S}, I = \frac{V\sigma S}{d}$.
(2) $C = \frac{\varepsilon S}{d}$ であるから $RC = \varepsilon/\sigma$.
(3) 抵抗 R とコンデンサ C の並列接続となる．

【9】 $RC = \varepsilon_0 \varepsilon_r / \sigma$ の関係から $\sigma = \varepsilon_0 \varepsilon_r/(CR) = 4.427 \times 10^{-10}$[S/m].

【10】 直列抵抗は $\sum_{i=1}^{n} R_i$, 並列抵抗は $\left[\sum_{i=1}^{n} \frac{1}{R_i}\right]^{-1}$.

7章の章末問題 (p.251)

【1】 (1) $\Delta \boldsymbol{F} = I d\boldsymbol{l} \times \boldsymbol{B}$ を用いると，各辺に働く単位長当たりの力は，$\boldsymbol{f}_{AB} = B_0 I(1 + k\frac{x}{a})\hat{\boldsymbol{y}}$,
$\boldsymbol{f}_{BC} = -B_0 I(1 - k\frac{y}{b})\hat{\boldsymbol{x}}$, $\boldsymbol{f}_{CD} = -B_0 I(1 - k\frac{x}{a})\hat{\boldsymbol{y}}$, $\boldsymbol{f}_{DA} = B_0 I(1 + k\frac{y}{b})\hat{\boldsymbol{x}}$.
(2) (1)の結果を積分して $\boldsymbol{F}_{AB} = \int_{-a}^{a} \boldsymbol{f}_{AB} dx = 2aB_0 I\boldsymbol{y}$, $\boldsymbol{F}_{BC} = \int_{-b}^{b} \boldsymbol{f}_{BC} dy = -2bB_0 I\boldsymbol{x}$,
$\boldsymbol{F}_{CD} = \int_{-a}^{a} \boldsymbol{f}_{CD} dx = -2aB_0 I\boldsymbol{y}$, $\boldsymbol{F}_{DA} = \int_{-b}^{b} \boldsymbol{f}_{DA} dy = 2bB_0 I\boldsymbol{x}$.
(3) (2)の結果を足し合わせてゼロとなる．

【2】 電荷に対する運動方程式は $\boldsymbol{F} = m\frac{d\boldsymbol{v}}{dt} = q\boldsymbol{v} \times \boldsymbol{B} + q\boldsymbol{E}$. $\boldsymbol{E} = E\hat{\boldsymbol{y}}$, $\boldsymbol{B} = B\hat{\boldsymbol{z}}$ を用いて各成分に分解すると $m\frac{dv_x}{dt} = qBv_y$, $m\frac{dv_y}{dt} = -qBv_x + qE$, $m\frac{dv_z}{dt} = 0$. 第1式と第2式を用いて $\omega = \frac{qB}{m}$ とすれば $\frac{d^2 v_x}{dt^2} + \omega^2 v_x = \frac{q^2 BE}{m^2}$, $\frac{d^2 v_y}{dt^2} + \omega^2 v_y = 0$. 第3式から z について $v_z = \frac{dz}{dt} = C$(定数). $t = 0$ で $z = 0, v_z = 0$ から $C = 0$ で z 方向には変化しない．x 方向について解けば $\frac{dx}{dt} = v_x = \frac{E}{B}(1 - \cos\omega t)$, $x = \frac{E}{B}(t - \frac{1}{\omega}\sin\omega t) + C_1$. $t = 0$ で $x = 0, v_x = 0$ から $C_1 = 0$. y 方向については $\frac{dy}{dt} = v_y = C_2 \cos\omega t + C_3 \sin\omega t$, $t = 0$ で $v_y = 0$ から $C_2 = 0$. 第1式を使えば $\frac{dy}{dt} = v_y = \frac{E}{B}\sin\omega t$. これから $y = -\frac{E}{\omega B}\cos\omega t + C_4$. $t = 0$ で $y = 0$ から $C_4 = \frac{E}{\omega B}$, $y = \frac{E}{\omega B}(1 - \cos\omega t)$.

【3】 $B_x = -\frac{\mu_0}{2\pi}\left(\frac{yI_1}{(x+d)^2+y^2} + \frac{yI_2}{(x-d)^2+y^2}\right)$, $B_y = \frac{\mu_0}{2\pi}\left(\frac{(x+d)I_1}{(x+d)^2+y^2} + \frac{(x-d)I_2}{(x-d)^2+y^2}\right)$, $B_z = 0$. I_2 が $-z$ 方向に流れていたら I_2 を $-I_2$ とすればよい．

【4】 (1) 右辺に流れる電流による磁束密度 $\boldsymbol{B}_1$ は式(7.46)を用いて，$\boldsymbol{r} = x\hat{\boldsymbol{x}} + y\hat{\boldsymbol{y}} + 0\hat{\boldsymbol{z}}$, $\boldsymbol{r}' = a\hat{\boldsymbol{x}} + y'\hat{\boldsymbol{y}}(-b < y' < b)$, $d\boldsymbol{l}' = dy'\hat{\boldsymbol{y}}$, $\boldsymbol{r} - \boldsymbol{r}' = (x-a)\hat{\boldsymbol{x}} + (y-y')\hat{\boldsymbol{y}}$ だから，
$$\boldsymbol{B}_1 = \frac{\mu_0 I}{4\pi}\int d\boldsymbol{l}' \times \frac{\boldsymbol{r}-\boldsymbol{r}'}{|\boldsymbol{r}-\boldsymbol{r}'|^3} = \hat{\boldsymbol{z}}\frac{\mu_0 I}{4\pi}\int_{-b}^{b}\frac{-(x-a)dy'}{\{(x-a)^2+(y-y')^2\}^{3/2}}$$
$$= \hat{\boldsymbol{z}}\frac{\mu_0 I}{4\pi(x-a)}\left[\frac{y-b}{\sqrt{(x-a)^2+(y-b)^2}} - \frac{y+b}{\sqrt{(x-a)^2+(y+b)^2}}\right].$$
同様にして上辺，左辺，下辺からの寄与は
$\boldsymbol{B}_2 = \hat{\boldsymbol{z}}\frac{-\mu_0 I}{4\pi(y-b)}\left[\frac{x+a}{\sqrt{(x+a)^2+(y-b)^2}} - \frac{x-a}{\sqrt{(x-a)^2+(y-b)^2}}\right]$,
$\boldsymbol{B}_3 = \hat{\boldsymbol{z}}\frac{-\mu_0 I}{4\pi(x+a)}\left[\frac{y-b}{\sqrt{(x+a)^2+(y-b)^2}} - \frac{y+b}{\sqrt{(x+a)^2+(y+b)^2}}\right]$,
$\boldsymbol{B}_4 = \hat{\boldsymbol{z}}\frac{\mu_0 I}{4\pi(y+b)}\left[\frac{x+a}{\sqrt{(x+a)^2+(y+b)^2}} - \frac{x-a}{\sqrt{(x-a)^2+(y+b)^2}}\right]$.
各辺からの寄与を合わせて $\boldsymbol{B} = \boldsymbol{B}_1 + \boldsymbol{B}_2 + \boldsymbol{B}_3 + \boldsymbol{B}_4$.
(2) $a = b$, $x = y = 0$ とおいて $\boldsymbol{B} = \frac{\sqrt{2}\mu_0 I}{\pi a}\hat{\boldsymbol{z}}$.

【5】 例7.4 の結果を利用して $\boldsymbol{B}(z) = \frac{\mu_0 I}{2}\left(\frac{a^2}{\{(z-d)^2+a^2\}^{3/2}} + \frac{a^2}{\{(z+d)^2+a^2\}^{3/2}}\right)\hat{\boldsymbol{z}}$. 特別に $d = a$ のとき $|z| \ll a$ とすれば，$\{(z\pm a)^2 + a^2\}^{3/2} \approx \{2a^2 \pm 2za\}^{3/2} = 2\sqrt{2}a^3\left(1 \pm \frac{3z}{2a}\right)$. これを使えば $\boldsymbol{B}(z) \approx \frac{\mu_0 I}{2\sqrt{2}a}\hat{\boldsymbol{z}}$.

【6】 電流が z 方向にだけ流れれば，ベクトルポテンシャル $\bm{A}$ も A_z だけとなる．磁束密度 $\bm{B}$ は $\bm{B} = \nabla \times (A_z \hat{\bm{z}})$ より $B_x = \frac{\partial A_z}{\partial y}$, $B_y = -\frac{\partial A_z}{\partial x}$, $B_z = 0$. 磁束線の方程式は電気力線の方程式 (3.33) と同様にして得られ，$B_y dx = B_x dy$ となる．これに上式を代入して $\frac{\partial A_z}{\partial x} dx + \frac{\partial A_z}{\partial y} dy = dA_z = 0$ となるから $A_z = K$（一定）．同様にして電流が ϕ 方向にだけ流れている場合には A_ϕ のみとなるから，円柱座標で考えて $A_\phi = $ 一定 を得る．

【7】 (1) 面電流密度は $K_z(x) = \frac{I}{2a}$ $(-a < x < a)$.

(2) $B_x = \int_{-a}^{a} \frac{\mu_0 K_z}{2\pi} \frac{-y}{(x-x')^2 + y^2} dx' = \frac{\mu_0 I}{4\pi a} \left[\tan^{-1}\left(\frac{x-a}{y}\right) - \tan^{-1}\left(\frac{x+a}{y}\right) \right]$.
$B_y = \int_{-a}^{a} \frac{\mu_0 K_z}{2\pi} \frac{x-x'}{(x-x')^2 + y^2} dx' = \frac{\mu_0 I}{8\pi a} \ln \frac{(x-a)^2 + y^2}{(x+a)^2 + y^2}$.

(3) $a \to \infty$ の極限で $B_y = 0$. $\lim_{A \to \pm\infty} \tan^{-1}(A) = \pm\frac{\pi}{2}$ を使えば，$y > 0$ のとき $B_x = \frac{\mu_0 I}{4\pi a}\left[-\frac{\pi}{2} - \frac{\pi}{2}\right] = -\frac{\mu_0 I}{4a} = -\frac{\mu_0}{2} K_z$，$y < 0$ のとき $B_x = \frac{\mu_0 I}{4\pi a}\left[\frac{\pi}{2} - \left(-\frac{\pi}{2}\right)\right] = \frac{\mu_0 I}{4a} = \frac{\mu_0}{2} K_z$ となり例 7.13 の結果と一致する．

【8】 無限電流を y 軸，長方形ループの中心線を通るように x 軸を定めるとループ右辺にかかる力 $\bm{F}_1$ は $\bm{F}_1 = -\frac{\mu_0 I_1 I_2}{2\pi} \int_{-b/2}^{b/2} \frac{dy}{d+a} \hat{\bm{x}} = -\frac{\mu_0 I_1 I_2}{2\pi} \frac{b}{d+a} \hat{\bm{x}}$. 上辺，左辺，下辺にかかる力も同様にしてそれぞれ $\bm{F}_2 = -\frac{\mu_0 I_1 I_2}{2\pi} \ln \frac{d+a}{d} \hat{\bm{y}}$, $\bm{F}_3 = \frac{\mu_0 I_1 I_2}{2\pi} \frac{b}{d} \hat{\bm{x}}$, $\bm{F}_4 = \frac{\mu_0 I_1 I_2}{2\pi} \ln \frac{d+a}{d} \hat{\bm{y}}$ となる．すべてを合わせて $\bm{F} = \frac{\mu_0 I_1 I_2}{2\pi}\left(\frac{b}{d} - \frac{b}{d+a}\right) \hat{\bm{x}}$

【9】 磁束密度に関するガウスの法則の積分形：$\oint_S \bm{B} \cdot \hat{\bm{n}} dS = 0$ を境界表面上にある高さ Δh，底面積 ΔS の微小円柱に適用する．境界面の単位法線ベクトル $\hat{\bm{n}}$ として，高さ $\Delta h \to 0$ の極限をとると $\bm{B}_2 \cdot \hat{\bm{n}} \Delta S + \bm{B}_1 \cdot (-\hat{\bm{n}}) \Delta S = 0$ から $\hat{\bm{n}} \cdot (\bm{B}_2 - \bm{B}_1) = 0$ を得る．アンペアの法則の積分形：$\oint_C \bm{B} \cdot d\bm{l} = \mu_0 I$ を境界表面上にある高さ Δh，横幅 Δl の微小方形ループに適用し，境界表面上の接線を $\hat{\bm{t}}$，ループ面の単位法線ベクトルを $\hat{\bm{s}} (= \hat{\bm{n}} \times \hat{\bm{t}})$ とする．$\lim_{\Delta h \to 0} \mu_0 \Delta h \bm{J}_e$ で面電流密度 $\bm{K}_e$ を定義して高さ $\Delta h \to 0$ の極限をとると $(\bm{B}_2 \cdot \hat{\bm{t}} - \bm{B}_1 \cdot \hat{\bm{t}}) \Delta l = \mu_0 \bm{J}_e \Delta h \Delta l \cdot \hat{\bm{s}}$ から $(\bm{B}_2 - \bm{B}_1) \cdot \hat{\bm{t}} = (\bm{B}_2 - \bm{B}_1) \cdot (\hat{\bm{s}} \times \hat{\bm{n}}) = (\hat{\bm{n}} \times (\bm{B}_2 - \bm{B}_1)) \cdot \hat{\bm{s}} = \mu_0 \bm{K}_e \cdot \hat{\bm{s}}$，すなわち $\hat{\bm{n}} \times (\bm{B}_2 - \bm{B}_1) = \mu_0 \bm{K}_e$ を得る．

【10】 内部が詰まった半径 a の導体中の点 (x, y) における磁束密度は，例題 7.11 の結果を参考にすれば中心から観測点までの電流によって求めることができるので，$B_\phi = \frac{\mu_0 \pi (x^2 + y^2) J_e}{2\pi \sqrt{x^2 + y^2}} = \frac{1}{2} \mu_0 \sqrt{x^2 + y^2} J_e$. 同様にして空洞に $-J_e$ が流れるとして点 $(x'(= x - d), y'(= y))$ における磁束密度は $B_{\phi'} = -\frac{1}{2} \mu_0 \sqrt{x'^2 + y'^2} J_e$. 異なる座標系の単位ベクトル $\hat{\bm{\phi}}, \hat{\bm{\phi}}'$ による結果を同じ単位ベクトル $\hat{\bm{x}}, \hat{\bm{y}}$ で表せば $\bm{B} = \frac{1}{2} \mu_0 \sqrt{x^2 + y^2} J_e \hat{\bm{\phi}} - \frac{1}{2} \mu_0 \sqrt{x'^2 + y'^2} J_e \hat{\bm{\phi}}' = \frac{1}{2} \mu_0 J_e \{(-y\hat{\bm{x}} + x\hat{\bm{y}}) - (-y\hat{\bm{x}} + (x-d)\hat{\bm{y}})\} = \frac{1}{2} \mu_0 J_e d \hat{\bm{y}}$ となる．

8 章の章末問題 (p.285)

【1】 (1) $f_x(\bm{r} + \Delta \bm{l}) = f_x(x + \Delta l_x, y + \Delta l_y, z + \Delta l_z) \approx f_x(x, y, z) + \frac{\partial f_x}{\partial x} \Delta l_x + \frac{\partial f_x}{\partial y} \Delta l_y + \frac{\partial f_x}{\partial z} \Delta l_z$. 他の成分も同様に計算できるから
$\bm{f}(\bm{r} + \Delta \bm{l}) = \bm{f}(\bm{r}) + \left(\frac{\partial f_x}{\partial x} \Delta l_x + \frac{\partial f_x}{\partial y} \Delta l_y + \frac{\partial f_x}{\partial z} \Delta l_z\right) \hat{\bm{x}} + \left(\frac{\partial f_y}{\partial x} \Delta l_x + \frac{\partial f_y}{\partial y} \Delta l_y + \frac{\partial f_y}{\partial z} \Delta l_z\right) \hat{\bm{y}} + \left(\frac{\partial f_z}{\partial x} \Delta l_x + \frac{\partial f_z}{\partial y} \Delta l_y + \frac{\partial f_z}{\partial z} \Delta l_z\right) \hat{\bm{z}} = \bm{f}(\bm{r}) + \Delta l_x \frac{\partial}{\partial x}(f_x \hat{\bm{x}} + f_y \hat{\bm{y}} + f_z \hat{\bm{z}}) + \Delta l_y \frac{\partial}{\partial y}(f_x \hat{\bm{x}} + f_y \hat{\bm{y}} + f_z \hat{\bm{z}}) + \Delta l_z \frac{\partial}{\partial z}(f_x \hat{\bm{x}} + f_y \hat{\bm{y}} + f_z \hat{\bm{z}}) = \bm{f}(\bm{r}) + (\Delta \bm{l} \cdot \nabla) \bm{f}$.
磁気双極子に働く力は
$\bm{F} = -Q_m \bm{H}(\bm{r}) + Q_m \bm{H}(\bm{r} + \Delta \bm{l}) = ((Q_m \Delta \bm{l}) \cdot \nabla) \bm{H} = (\bm{m} \cdot \nabla) \bm{H}$.

(2) 図 8.35(b) において $\bm{r}_1 = (x + d/2) \hat{\bm{x}} + y \hat{\bm{y}} + z \hat{\bm{z}}$ とおくと，#1 による磁界は

$$\boldsymbol{H}_1(\boldsymbol{r}) = \frac{1}{4\pi\mu_0}\left(-\frac{m\hat{\boldsymbol{x}}}{r_1^3}+3\frac{\boldsymbol{r}_1(m\hat{\boldsymbol{x}}\cdot\boldsymbol{r}_1)}{r_1^5}\right) = \frac{m}{4\pi\mu_0}\left(-\frac{\hat{\boldsymbol{x}}}{r_1^3}+3\frac{x+d/2}{r_1^5}((x+d/2)\hat{\boldsymbol{x}}+y\hat{\boldsymbol{y}}+z\hat{\boldsymbol{z}})\right).$$

上問より，#2 に働く力は

$$\boldsymbol{F} = m\frac{\partial \boldsymbol{H}_1}{\partial x}\Big|_{(x,y,z)=(d/2,0,0)}$$
$$= \frac{m^2}{4\pi\mu_0}\left[\frac{3(x+d/2)}{\{(x+d/2)^2+y^2+z^2\}^{5/2}}\hat{\boldsymbol{x}} + 3\frac{2(x+d/2)\hat{\boldsymbol{x}}+y\hat{\boldsymbol{y}}+z\hat{\boldsymbol{z}}}{\{(x+d/2)^2+y^2+z^2\}^{5/2}}\right.$$
$$\left.-15\frac{(x+d/2)^2((x+d/2)\hat{\boldsymbol{x}}+y\hat{\boldsymbol{y}}+z\hat{\boldsymbol{z}})}{\{(x+d/2)^2+y^2+z^2\}^{7/2}}\right]_{(d/2,0,0)}$$
$$= -\frac{6m^2}{4\pi\mu_0 d^4}\hat{\boldsymbol{x}}.$$

図 8.35(c) において $\boldsymbol{r} = x\hat{\boldsymbol{x}}+y\hat{\boldsymbol{y}}+z\hat{\boldsymbol{z}}$ とおくと，#1 による磁界は

$$\boldsymbol{H}_1(\boldsymbol{r}) = \frac{1}{4\pi\mu_0}\left(-\frac{m\hat{\boldsymbol{x}}}{r^3}+3\frac{\boldsymbol{r}(m\hat{\boldsymbol{x}}\cdot\boldsymbol{r})}{r^5}\right) = \frac{m}{4\pi\mu_0}\left(-\frac{\hat{\boldsymbol{x}}}{r^3}+3\frac{x}{r^5}(x\hat{\boldsymbol{x}}+y\hat{\boldsymbol{y}}+z\hat{\boldsymbol{z}})\right).$$

上問より，#2 に働く力は

$$\boldsymbol{F} = m\frac{\partial \boldsymbol{H}_1}{\partial x}\Big|_{(x,y,z)=(0,0,d)}$$
$$= \frac{m^2}{4\pi\mu_0}\left[\frac{3x}{\{x^2+y^2+z^2\}^{5/2}}\hat{\boldsymbol{x}} + 3\frac{2x\hat{\boldsymbol{x}}+y\hat{\boldsymbol{y}}+z\hat{\boldsymbol{z}}}{\{x^2+y^2+z^2\}^{5/2}} - 15\frac{x^2(x\hat{\boldsymbol{x}}+y\hat{\boldsymbol{y}}+z\hat{\boldsymbol{z}})}{\{x^2+y^2+z^2\}^{7/2}}\right]_{(0,0,d)}$$
$$= \frac{3m^2}{4\pi\mu_0 d^4}\hat{\boldsymbol{z}}.$$

【2】 磁界は，比透磁率の値に無関係に，半径 r の円周 C 上で一定で，周方向を向く．したがってアンペアの法則より $\oint_C \boldsymbol{H}\cdot d\boldsymbol{l} = 2\pi r H = nI$ となるから，$H = nI/(2\pi r)$．一方，磁束密度は磁性体の透磁率に関係するので，ソレノイド内が空気の場合は $B = \mu_0 H = \mu_0 nI/(2\pi r)$，また比透磁率 μ_r の磁性体の場合は $B = \mu H = \mu_0\mu_r H = \mu_0\mu_r nI/(2\pi r)$．

【3】 (1) $0 \leq z \leq d$ の磁界を $\boldsymbol{H}_1$，$z > d$ の磁界を $\boldsymbol{H}_2$ とする．$\boldsymbol{B}_0 = \mu_0\boldsymbol{H}_0$ は磁性体に垂直な成分しかもたないから，磁束密度の法線成分の連続性より $\boldsymbol{B}_1 = \mu\boldsymbol{H}_1$，$\boldsymbol{B}_2 = \mu_0\boldsymbol{H}_2$ も垂直成分しかもたない．それらの大きさは $\mu_0 H_0 = \mu H_1 = \mu_0 H_2$ より $H_1 = \mu_0/\mu\, H_0$，$H_2 = H_0$．

(2) 磁化 $\boldsymbol{M}_1$ は磁性体内部にだけ存在するから $M_1 = B_1 - \mu_0 H_1 = (\mu-\mu_0)H_1 = \mu_0\left(1-\frac{\mu_0}{\mu}\right)H_0$．

(3) $z = 0$ の面では $\sigma_m = -\hat{\boldsymbol{z}}\cdot\boldsymbol{M}_1 = -M_1$，$z = d$ の面では $\sigma_m = \hat{\boldsymbol{z}}\cdot\boldsymbol{M}_1 = M_1$．

【4】 図 8.38(a) の場合，中心から半径 $\rho = $ 一定 の円周上では，磁界が一定で周方向を向く．$\rho = c$ の境界で磁界は連続だから $a \leq \rho \leq c$ は任意に取ってよい．したがって，アンペアの法則から磁界は $a \leq \rho \leq b$ の領域全てで，$H_\phi = \frac{I_e}{2\pi\rho}$．$a \leq \rho \leq c$ の磁束密度は $B_1 = \mu_1 H_\phi = \frac{\mu_1 I_e}{2\pi r}$，$c \leq \rho \leq b$ で $B_2 = \mu_2 H_\phi = \frac{\mu_2 I_e}{2\pi r}$．

図 8.38(b) の場合，$\rho = $ 一定 の円周は境界面に垂直となる．磁束密度の法線成分は連続だから磁束密度が一定となる．したがって，μ_1 の領域の磁界を H_1，μ_2 の領域を H_2 とすると，$\oint_C \boldsymbol{H}\cdot d\boldsymbol{l} = \int_{C_1}\boldsymbol{H}_1\cdot d\boldsymbol{l} + \int_{C_2}\boldsymbol{H}_2\cdot d\boldsymbol{l} = \frac{B}{\mu_1}\pi\rho + \frac{B}{\mu_2}\pi\rho = \left(\frac{1}{\mu_1}+\frac{1}{\mu_2}\right)\pi\rho B = I_e$．したがって $B = \frac{I_e}{\pi\rho}\frac{\mu_1\mu_2}{\mu_1+\mu_2}$，$H_1 = \frac{I_e}{\pi\rho}\frac{\mu_2}{\mu_1+\mu_2}$，$H_2 = \frac{I_e}{\pi\rho}\frac{\mu_1}{\mu_1+\mu_2}$．

【5】 鉄心の各辺部分における磁気抵抗を R^* とすれば，鉄心の断面積は L^2，辺の長さは $2L$ であるから $R^* = \frac{2L}{\mu L^2} = \frac{2}{\mu L}$．$n$ 巻きのコイルの起磁力は $V^* = nI$ となる．起磁力と各辺の磁気抵抗とその鉄心中の磁束について回路方程式を立てて解けばよい．

(b) の回路において，左上部鉄心中の右向きの磁束を Φ_1，右上部鉄心中の右向きの磁束を Φ_3 とすれば $V^* = nI = 3R^*\Phi_1 + R^*\Phi$，$\Phi_1 = \Phi + \Phi_3$，$R^*\Phi = 3R^*\Phi_3$．これらの式を解いて $\Phi = \frac{1}{5R^*}nI = \frac{1}{10}\mu LnI$．

(c) の回路において，左右の鉄心は同じ磁気抵抗 R^* を持つから $V^* = nI = (R^* + \frac{3}{2}R^*)\Phi =$

$\frac{5}{2}R^*\varPhi$, $\varPhi = \frac{2}{5R^*}nI = \frac{1}{5}\mu LnI$.

(d) の回路において，左上部鉄心中の右向きの磁束を $\varPhi_1$，右上部鉄心中の左向きの磁束を $\varPhi_3$ とすれば $V^* = nI = 3R^*\varPhi_1 + R^*\varPhi$, $V^* = nI = 3R^*\varPhi_3 + R^*\varPhi$, $\varPhi = \varPhi_1 + \varPhi_3$. これらの式を解いて $\varPhi = \frac{2}{5R^*}nI = \frac{1}{5}\mu LnI$.

(e) の回路において左下部鉄心中の右向きの磁束を $\varPhi_1$，右下部鉄心中の右向きの磁束を $\varPhi_3$ とすれば $V^* - 3R^*\varPhi_1 = V^* - R^*\varPhi = 3R^*\varPhi_3$, $\varPhi_3 = \varPhi_1 + \varPhi$. これらの式を解いて $\varPhi = \frac{1}{5R^*}nI = \frac{1}{10}\mu LnI$.

【6】 磁荷が現れないから磁界はゼロである．また，磁化電流を考えた場合でも，磁化電流は図 8.36 のようにソレノイド状に流れるから，外部の磁界はゼロである．さらに以下のようにしても証明できる．式 (2.158) を用いると式 (8.37) は $V^*(\boldsymbol{r}) = \frac{\varDelta S}{4\pi\mu_0}\oint_C \boldsymbol{M}_p \cdot \nabla'\left(\frac{1}{|\boldsymbol{r}-\boldsymbol{r}'|}\right)dl' = \frac{M_p \varDelta S}{4\pi\mu_0}\oint_C \nabla'\left(\frac{1}{|\boldsymbol{r}-\boldsymbol{r}'|}\right)\cdot d\boldsymbol{l}' = 0$.

【7】 (1) 円柱の上，下面には面密度 $\pm\sigma_m = \pm\boldsymbol{M}_p \cdot \hat{\boldsymbol{z}} = \pm M_p$ の磁荷が現れるから，底面の中心を原点に選ぶと，z 軸上の磁位は

$$V^*(z) = \frac{\sigma_m}{4\pi\mu_0}\int_0^{2\pi}\int_0^a \frac{\rho' d\rho'}{\sqrt{\rho'^2+(z-l)^2}} - \frac{\sigma_m}{4\pi\mu_0}\int_0^{2\pi}\int_0^a \frac{\rho' d\rho'}{\sqrt{\rho'^2+z^2}}$$
$$= \frac{\sigma_m}{2\mu_0}\left[\sqrt{\rho'^2+(z-l)^2}\right]_0^a - \frac{\sigma_m}{2\mu_0}\left[\sqrt{\rho'^2+z^2}\right]_0^a$$
$$= \frac{\sigma_m}{2\mu_0}\left(\sqrt{a^2+(z-l)^2} - \sqrt{a^2+z^2} - |z-l| + |z|\right).$$

これより磁界は $\boldsymbol{H} = -\frac{dV^*}{dz}\hat{\boldsymbol{z}}$ から求められる．

$z \geq l$，または $z \leq 0$ のとき $\boldsymbol{H} = \frac{\sigma_m}{2\mu_0}\left(\frac{z}{\sqrt{a^2+z^2}} - \frac{z-l}{\sqrt{a^2+(z-l)^2}}\right)\hat{\boldsymbol{z}}$,

$0 \leq z \leq l$ のとき $\frac{\sigma_m}{2\mu_0}\left(\frac{z}{\sqrt{a^2+z^2}} - \frac{z-l}{\sqrt{a^2+(z-l)^2}} - 2\right)\hat{\boldsymbol{z}}$.

磁束密度は $\boldsymbol{B} = \mu_0 \boldsymbol{H} + \boldsymbol{M}_p = \frac{M_p}{2}\left(\frac{z}{\sqrt{a^2+z^2}} - \frac{z-l}{\sqrt{a^2+(z-l)^2}}\right)\hat{\boldsymbol{z}}$.

(2) この場合はベクトルポテンシャルを用いるよりも，直接磁束密度を計算したほうが簡単である．面磁化電流密度は $\boldsymbol{K}_m = \frac{1}{\mu_0}\boldsymbol{M}_p \times \hat{\boldsymbol{n}} = \frac{M_p}{\mu_0}\hat{\boldsymbol{z}} \times \hat{\boldsymbol{\rho}} = \frac{M_p}{\mu_0}\hat{\boldsymbol{\phi}}$ となるから

$$\boldsymbol{B} = \frac{\mu_0}{4\pi}\int_S \frac{\boldsymbol{K}_m(\boldsymbol{r}')\times(\boldsymbol{r}-\boldsymbol{r}')}{|\boldsymbol{r}-\boldsymbol{r}'|^3}dS' = \frac{M_p a}{4\pi}\int_0^{2\pi}d\phi'\int_0^l \frac{\hat{\boldsymbol{\phi}}'\times[-a\hat{\boldsymbol{\rho}}'+(z-z')\hat{\boldsymbol{z}}]}{\{a^2+(z-z')^2\}^{3/2}}dz'$$
$$= \frac{M_p a}{4\pi}\int_0^{2\pi}d\phi'\int_0^l \frac{a\hat{\boldsymbol{z}}+(z-z')\hat{\boldsymbol{\rho}}'}{\{a^2+(z-z')^2\}^{3/2}}dz' = \frac{M_p a^2}{2}\hat{\boldsymbol{z}}\int_{z-l}^{z}\frac{dt}{(a^2+t^2)^{3/2}}$$
$$= \frac{M_p}{2}\hat{\boldsymbol{z}}\left[\frac{t}{\sqrt{a^2+t^2}}\right]_{z-l}^z = \frac{M_p}{2}\left(\frac{z}{\sqrt{a^2+z^2}} - \frac{z-l}{\sqrt{a^2+(z-l)^2}}\right)\hat{\boldsymbol{z}}.$$

磁界は $\boldsymbol{H} = (\boldsymbol{B} - \boldsymbol{M}_p)/\mu_0 (0 \leq z \leq l)$, $\boldsymbol{H} = \boldsymbol{B}/\mu_0 (z \leq 0, z \geq l)$ より求められ，(1) と同じになる．

【8】 5.2.7 項の電位を磁位に置き換えて考えると

磁位は $r \geq b$ において $V_1^*(r,\theta) = -H_0 r P_1(\cos\theta) + \sum_{n=0}^{\infty}\frac{B_n^{(1)}}{r^{n+1}}P_n(\cos\theta)$,

$a \leq r \leq b$ において $V_2^*(r,\theta) = \sum_{n=0}^{\infty}\left(A_n^{(2)}r^n + \frac{B_n^{(2)}}{r^{n+1}}\right)P_n(\cos\theta)$,

$r \leq a$ において $V_3^*(r,\theta) = \sum_{n=0}^{\infty}A_n^{(3)}r^n P_n(\cos\theta)$ と表される．これに $r = a, b$ の境界条件： $\mu_0 \frac{\partial V_1^*(r,\theta)}{\partial r}\bigg|_{r=b} = \mu\frac{\partial V_2^*(r,\theta)}{\partial r}\bigg|_{r=b}$, $V_1^*(b,\theta) = V_2^*(b,\theta)$, $\mu\frac{\partial V_2^*(r,\theta)}{\partial r}\bigg|_{r=a} = \mu_0\frac{\partial V_3^*(r,\theta)}{\partial r}\bigg|_{r=a}$, $V_2^*(a,\theta) = V_3^*(a,\theta)$ を代入して未定係数を求めると $n = 0$, $n > 1$ に対して $A_n^{(2)} = A_n^{(3)} = B_n^{(1)} = B_n^{(2)} = 0$, $A_1^{(2)} = -\frac{3(1+2\mu_r)}{9\mu_r+2(1-\mu_r)^2(1-\beta)}H_0$, $A_1^{(3)} = -\frac{9\mu_r}{9\mu_r+2(1-\mu_r)^2(1-\beta)}H_0$, $B_1^{(1)} = -\frac{(1-\mu_r)(1+2\mu_r)(1-\beta)}{9\mu_r+2(1-\mu_r)^2(1-\beta)}H_0$, $B_1^{(2)} = \frac{3(1-\mu_r)a^3}{9\mu_r+2(1-\mu_r)^2(1-\beta)}H_0$ を得る．ただし，$\beta = (a/b)^3$ である．これらより，中空部分の磁位 $V_3^* = A_1^{(3)}r\cos\theta = A_1^{(3)}z$ となるから，磁界は $\boldsymbol{H}_{\text{in}} = -\frac{\partial V_3^*}{\partial z}\hat{\boldsymbol{z}} = -A_1^{(3)}\hat{\boldsymbol{z}} = \boldsymbol{H}_0/\left(1 + \frac{2(1-\mu_r)^2}{9\mu_r}\{1-(a/b)^3\}\right)$.

9 章の章末問題 (p.313)

【1】 $V(t) = -n\dfrac{d\Phi}{dt} = -n\omega\Phi_0\cos\omega t$.

【2】 (1) $\Phi = \int_S \boldsymbol{B}\cdot\hat{\boldsymbol{z}}\,dS = B_0\sin\omega t\int_0^{2\pi}\int_0^a e^{-\alpha\rho}\,\rho\,d\rho\,d\phi$
$= 2\pi B_0\sin\omega t\left[-\dfrac{1}{\alpha}\left(\dfrac{1}{\alpha}+\rho\right)e^{-\alpha\rho}\right]_0^a = \dfrac{2\pi B_0\sin\omega t}{\alpha^2}\left\{1-(\alpha a+1)e^{-\alpha a}\right\}$.

(2) $V(t) = -\dfrac{d\Phi}{dt} = -\dfrac{2\pi B_0\omega\cos\omega t}{\alpha^2}\left\{1-(\alpha a+1)e^{-\alpha a}\right\}$.

(3) 周上では電界は一定で ϕ 方向成分だけになるから，$V(t) = \oint_C \boldsymbol{E}\cdot d\boldsymbol{l} = 2\pi a E_\phi$ より，
$E_\phi = -\dfrac{B_0\omega\cos\omega t}{a\alpha^2}\left\{1-(\alpha a+1)e^{-\alpha a}\right\}$.

【3】 コイルに鎖交する磁束は $\Phi = ab\boldsymbol{B}\cdot\hat{\boldsymbol{z}} = abB_0\left(1-e^{-\alpha t}\right)$ だから，起電力は $V(t) = -\dfrac{d\Phi}{dt} = -abB_0\alpha e^{-\alpha t}$，電流は $I(t) = V(t)/R = -abB_0\alpha e^{-\alpha t}/R$. この電流は磁束の変化を妨げる方向に流れるから，z 軸方向からループを見たとき，時計回りに流れる．

【4】 (1) #2 が x 方向に運動することによって生じる起電力は $-y$ 方向に向き，その大きさは vBd である．V_0 の電源が接続されているから，y 方向に流れる電流を正と定めると，流れる電流は $I = V_0/R - vBd/R$ となる．

(2) #2 に働く力は x 方向を向き，その大きさは $F = BId = Bd\left(\dfrac{V_0}{R}-\dfrac{Bd}{R}v\right)$.

(3) 運動方程式は $m\dfrac{dv}{dt} = F = Bd\left(\dfrac{V_0}{R}-\dfrac{Bd}{R}v\right)$，すなわち $\dfrac{dv}{dt} + \dfrac{(Bd)^2}{Rm}v = \dfrac{BdV_0}{Rm}$ となるから，$\alpha = \dfrac{(Bd)^2}{Rm}$ とおくと，$v(t) = \dfrac{V_0}{Bd} + C_1 e^{-\alpha t}$. $t=0$ で $v=0$ であるから，$C_1 = -\dfrac{V_0}{Bd}$ となり，$v(t) = \dfrac{V_0}{Bd}\left(1-e^{-\alpha t}\right)$ となる．

(4) 上問で $t=\infty$ とすると，$v = v_0 = V_0/Bd$. 新たに $V_0 = 0$ とおいた後の運動方程式は $m\dfrac{dv}{dt} = -\dfrac{(Bd)^2}{R}v$ となる．$v = Ce^{-\alpha t}$. $t=0$ で $v=v_0$ だから，$v = \dfrac{V_0}{Bd}e^{-\alpha t}$. スイッチを開くと電流が流れず，力が働かないから $v = v_0$ で等速運動する．

【5】 (1) 時刻 t でループの左辺は $x = vt$ の位置にあるから，このときに鎖交する磁束は $\Phi(t) = b\int_{vt}^{vt+a}\boldsymbol{B}\cdot\hat{\boldsymbol{z}}\,dx = b\left[\dfrac{x^2}{2}\right]_{vt}^{vt+a} = \dfrac{b}{2}(2vta+a^2)$. 流れる電流は $I(t) = -\dfrac{1}{R}\dfrac{d\Phi}{dt} = -\dfrac{vab}{R}$.

(2) 運動する物体に生じる電界は $\boldsymbol{E} = \boldsymbol{v}\times\boldsymbol{B} = v\hat{\boldsymbol{x}}\times x\hat{\boldsymbol{z}} = -vx\hat{\boldsymbol{y}}$ であるから，ループ全体の起電力は $V(t) = \oint_C \boldsymbol{E}\cdot d\boldsymbol{l} = \int_{P_0}^{P_1}(-vx\hat{\boldsymbol{y}})\cdot\hat{\boldsymbol{x}}\,dx + \int_{P_1}^{P_2}(-v(x+a)\hat{\boldsymbol{y}})\cdot\hat{\boldsymbol{y}}\,dy$
$+ \int_{P_3}^{P_2}(-vx\hat{\boldsymbol{y}})\cdot(-\hat{\boldsymbol{x}})\,dx + \int_{P_0}^{P_3}(-vx\hat{\boldsymbol{y}})\cdot(-\hat{\boldsymbol{y}})\,dy = -v(x+a)b+vxb = -vab$. したがって $I = -\dfrac{vab}{R}$ となって両者が一致する．

【6】 $\dfrac{\partial v_x}{\partial x} = \dfrac{\partial}{\partial x}\left(\dfrac{dx}{dt}\right) = \dfrac{d}{dt}\left(\dfrac{\partial x}{\partial x}\right) = 0$. 他の成分も同様だから，$\boldsymbol{v}(t)$ の空間微分はゼロとなる．これと $\nabla\cdot\boldsymbol{B} = 0$ を用いると，式 (2.124) より $\nabla\times(\boldsymbol{v}\times\boldsymbol{B}) = (\nabla\cdot\boldsymbol{B})\boldsymbol{v} - (\nabla\cdot\boldsymbol{v})\boldsymbol{B} + (\boldsymbol{B}\cdot\nabla)\boldsymbol{v} - (\boldsymbol{v}\cdot\nabla)\boldsymbol{B} = -(\boldsymbol{v}\cdot\nabla)\boldsymbol{B} = -\left(v_x\dfrac{\partial\boldsymbol{B}}{\partial x} + v_y\dfrac{\partial\boldsymbol{B}}{\partial y} + v_z\dfrac{\partial\boldsymbol{B}}{\partial z}\right)$. これを式 (9.15) の右辺に代入すると $-\dfrac{\partial\boldsymbol{B}}{\partial t} + \nabla\times(\boldsymbol{v}\times\boldsymbol{B}) = -\dfrac{\partial\boldsymbol{B}}{\partial t} - v_x\dfrac{\partial\boldsymbol{B}}{\partial x} - v_y\dfrac{\partial\boldsymbol{B}}{\partial y} - v_z\dfrac{\partial\boldsymbol{B}}{\partial z}$. 一方，$\dfrac{d\boldsymbol{B}(x(t),y(t),z(t),t)}{dt}$
$= \dfrac{\partial x}{\partial t}\dfrac{\partial\boldsymbol{B}}{\partial x} + \dfrac{\partial y}{\partial t}\dfrac{\partial\boldsymbol{B}}{\partial y} + \dfrac{\partial z}{\partial t}\dfrac{\partial\boldsymbol{B}}{\partial z} + \dfrac{\partial\boldsymbol{B}}{\partial t} = v_x\dfrac{\partial\boldsymbol{B}}{\partial x} + v_y\dfrac{\partial\boldsymbol{B}}{\partial y} + v_z\dfrac{\partial\boldsymbol{B}}{\partial z} + \dfrac{\partial\boldsymbol{B}}{\partial t}$ だから式 (9.81) が成り立つ．

【7】 (1) 導線を z 軸にとり，動径方向を ρ とすると，磁束密度は $B_\phi = \dfrac{\mu_0 I}{2\pi\rho}$ で与えられ，ループに垂直になる．したがってループに鎖交する磁束は $\Phi_{21} = b\int_d^{d+a}B_\phi\,d\rho = \dfrac{\mu_0 Ib}{2\pi}\left[\ln\rho\right]_d^{d+a}$
$= \dfrac{\mu_0 Ib}{2\pi}\ln\dfrac{d+a}{d}$. したがって，$M_{21} = \dfrac{\mu_0 b}{2\pi}\ln\dfrac{d+a}{d}$.

(2) コイルに誘起される起電力は $V(t) = -M_{21}\dfrac{dI}{dt} = -\dfrac{\mu_0 I_0 b}{2\pi}\ln\dfrac{d+a}{d}$.

(3) 上問で求めた電流は磁束の変化を妨げる方向に流れるから，大きさ $I_1 = \dfrac{\mu_0 I_0 b}{2\pi R}\ln\dfrac{d+a}{d}$ の電流が $P_0 \to P_1 \to P_2 \to P_3 \to P_0$ の方向に流れる．したがって，$P_0 P_1$ の辺には単位長あたり $B_\phi I_1 \hat{\boldsymbol{z}} = \dfrac{\mu_0 I_0 I_1 t}{2\pi\rho}\hat{\boldsymbol{z}}$ の力が働き，辺全体では $\boldsymbol{F}_{P_0 P_1} = \hat{\boldsymbol{z}}\int_d^{d+a}\dfrac{\mu_0 I_0 I_1 t}{2\pi\rho}\,d\rho$

$= \frac{\mu_0 I_0 I_1 t}{2\pi} \ln \frac{d+a}{a} \hat{z}$ となる. 辺 P_2P_3 では同じ大きさの力が逆向きに働く. 辺 P_1P_2 には単位長あたり $B_\phi(\rho = d+b)I_1$ の力が $\hat{\rho}$ 方向に働くから，辺全体では $\bm{F}_{P_1P_2} = -\frac{\mu_0 I_0 I_1 t}{2\pi(d+a)} b\hat{\rho}$.
同様に辺 P_0P_3 には $\bm{F}_{P_0P_3} = \frac{\mu_0 I_0 I_1 t}{2\pi d} b\hat{\rho}$ の力が働く. $|\bm{F}_{P_0P_3}| > |\bm{F}_{P_1P_2}|$ だから，コイル全体では大きさ $\frac{\mu_0 I_0 I_1 bt}{2\pi}\left(\frac{1}{d} - \frac{1}{d+a}\right)$ の引力が働くことになる.

【8】 直線導体を z 軸にとり，動径方向を ρ とすると，点 P の磁束密度は $B_\phi = \frac{\mu_0 I}{2\pi\rho} = \frac{\mu_0 I}{2\pi(d+a+r\cos\phi)}$ であり，円形コイルに垂直になる. したがって鎖交磁束は

$\Phi = \int_S B_\phi\, dS = \frac{\mu_0 I}{2\pi} \int_0^a r\, dr \int_0^{2\pi} \frac{d\phi}{d+a+r\cos\phi} = \frac{\mu_0 I}{2\pi} \int_0^a r\, dr \{\int_0^\pi \frac{2d\phi}{d+a+r\cos\phi}\}$
$= \mu_0 I \int_0^a \frac{r\, dr}{\sqrt{(d+a)^2 - r^2}} = \mu_0 I \left[-\sqrt{(d+a)^2 - r^2}\right]_0^a = \mu_0 I(d+a - \sqrt{(d+a)^2 - a^2}).$

相互インダクタンスは $M_{21} = \Phi/I = \mu_0 \left(d+a - \sqrt{(d+a)^2 - a^2}\right)$.

【9】 (1) 辺 OP_1 上では $\bm{r}' = x'\hat{\bm{x}}$, $I d\bm{l}' = I dx'\hat{\bm{x}}$ であるから
$\bm{B}_{OP_1} = \frac{\mu_0}{4\pi} \int_0^b \frac{I\hat{\bm{x}} \times \{(x-x')\hat{\bm{x}} + y\hat{\bm{y}} + z\hat{\bm{z}}\}}{\{(x-x')^2 + y^2 + z^2\}^{3/2}} dx'$
$= \frac{\mu_0 I}{4\pi}(-z\hat{\bm{y}} + \hat{\bm{z}}) \int_{x-b}^x \frac{dt}{\{t^2 + y^2 + z^2\}^{3/2}} = \frac{\mu_0 I}{4\pi} \frac{-z\hat{\bm{y}} + y\hat{\bm{z}}}{y^2 + z^2}\left(\frac{x}{r_0} - \frac{x-b}{r_1}\right).$

辺 P_1P_2 では，$\bm{r}' = b\hat{\bm{x}} + y'\hat{\bm{y}}$, $I d\bm{l}' = I dy'\hat{\bm{y}}$ であるから
$\bm{B}_{P_1P_2} = \frac{\mu_0}{4\pi} \int_0^a \frac{I\hat{\bm{y}} \times \{(x-b)\hat{\bm{x}} + (y-y')\hat{\bm{y}} + z\hat{\bm{z}}\}}{\{(x-b)^2 + (y-y')^2 + z^2\}^{3/2}} dy'$
$= \frac{\mu_0 I}{4\pi}(z\hat{\bm{x}} - (x-b)\hat{\bm{z}}) \int_{y-a}^y \frac{dt}{\{t^2 + (x-b)^2 + z^2\}^{3/2}}$
$= \frac{\mu_0 I}{4\pi} \frac{z\hat{\bm{x}} - (x-b)\hat{\bm{z}}}{(x-b)^2 + z^2}\left(\frac{y}{r_1} - \frac{y-a}{r_2}\right).$

辺 P_2P_3 による磁束密度 $\bm{B}_{P_2P_3}$ は，$\bm{B}_{OP_1}$ の y を $y-a$, I を $-I$ とすればよいから
$\bm{B}_{P_2P_3} = -\frac{\mu_0 I}{4\pi} \frac{-z\hat{\bm{y}} + (y-a)\hat{\bm{z}}}{(y-a)^2 + z^2}\left(\frac{x}{\sqrt{x^2 + (y-a)^2 + z^2}} - \frac{x-b}{\sqrt{(x-b)^2 + (y-a)^2 + z^2}}\right)$
$= \frac{\mu_0 I}{4\pi} \frac{-z\hat{\bm{y}} + (y-a)\hat{\bm{z}}}{(y-a)^2 + z^2}\left(\frac{x-b}{r_2} - \frac{x}{r_3}\right).$

辺 P_3O による磁束密度 $\bm{B}_{P_3O}$ は $\bm{B}_{P_1P_2}$ において, $b = 0, I = -I$ とおけばよいから
$\bm{B}_{P_3O} = -\frac{\mu_0 I}{4\pi} \frac{z\hat{\bm{x}} - x\hat{\bm{z}}}{x^2 + z^2}\left(\frac{y}{\sqrt{x^2 + y^2 + z^2}} - \frac{y-a}{\sqrt{x^2 + (y-a)^2 + z^2}}\right) = \frac{\mu_0 I}{4\pi} \frac{z\hat{\bm{x}} - x\hat{\bm{z}}}{x^2 + z^2}\left(\frac{y-a}{r_3} - \frac{y}{r_0}\right).$

(2) #2 に鎖交する磁束のうち，辺 OP_1 による寄与は
$\Phi_{OP_1} = \int_0^b dx \int_0^a dy\, \bm{B}_{OP_1}(x, y, d) \cdot \hat{\bm{z}}$
$= \frac{\mu_0 I}{4\pi} \int_0^a dy \frac{y}{y^2 + d^2} \int_0^b \left(\frac{x}{\sqrt{x^2 + y^2 + d^2}} - \frac{x-b}{\sqrt{(x-b)^2 + y^2 + d^2}}\right) dx$
$= \frac{\mu_0 I}{4\pi} \int_0^a dy \frac{y}{y^2 + d^2}\left[\sqrt{x^2 + y^2 + d^2} - \sqrt{(x-b)^2 + y^2 + d^2}\right]_0^b$
$= \frac{\mu_0 I}{2\pi}\left\{\sqrt{a^2 + b^2 + d^2} - \sqrt{b^2 + d^2} - \sqrt{a^2 + d^2} + d\right\}$
$+ \frac{\mu_0 I}{2\pi} b \ln \frac{\sqrt{a^2 + d^2}\left(\sqrt{b^2 + d^2} + b\right)}{d\left(\sqrt{a^2 + b^2 + d^2} + b\right)}.$

辺 P_3O による寄与は Φ_{OP_1} の a を b に置き換えたものであるから
$\Phi_{P_3O} = \int_0^b dx \int_0^a dy\, \bm{B}_{P_3O}(x, y, d) \cdot \hat{\bm{z}}$
$= \frac{\mu_0 I}{4\pi} \int_0^b dx \frac{x}{x^2 + d^2} \int_0^a \left(\frac{y}{\sqrt{x^2 + y^2 + d^2}} - \frac{y-a}{\sqrt{x^2 + (y-a)^2 + d^2}}\right) dy$
$= \frac{\mu_0 I}{4\pi} \int_0^b \frac{x}{x^2 + d^2}[\sqrt{(x^2 + d^2) + y^2} - \sqrt{(x^2 + d^2) + (y-a)^2}]_0^a\, dx$
$= \frac{\mu_0 I}{2\pi}\left\{\sqrt{a^2 + b^2 + d^2} - \sqrt{b^2 + d^2} - \sqrt{a^2 + d^2} + d\right\}$
$+ \frac{\mu_0 I}{2\pi} a \ln \frac{\sqrt{b^2 + d^2}\left(\sqrt{d^2 + a^2} + a\right)}{d\left(\sqrt{b^2 + d^2 + a^2} + a\right)}.$

コイルの配置から明らかに $\Phi_{P_2P_3} = \Phi_{OP_1}$, $\Phi_{P_1P_2} = \Phi_{P_3O}$ であるから，相互インダクタンス $M_{21} = (\Phi_{OP_1} + \Phi_{P_1P_2} + \Phi_{P_2P_3} + \Phi_{P_3O})/I$ は

$$M_{21} = 2\frac{\mu_0}{\pi}\left\{\sqrt{a^2+b^2+d^2} - \sqrt{a^2+d^2} - \sqrt{b^2+d^2} + d\right\}$$
$$+ \frac{\mu_0}{\pi}\left\{a\ln\frac{\sqrt{b^2+d^2}(\sqrt{a^2+d^2}+a)}{d(\sqrt{a^2+b^2+d^2}+a)} + b\ln\frac{\sqrt{a^2+d^2}(\sqrt{b^2+d^2}+b)}{d(\sqrt{a^2+b^2+d^2}+b)}\right\}.$$

(3) OP_1 による鎖交磁束 Φ_{OP_1} は
$$\Phi_{OP_1} = \int_0^b dx \int_{a+d}^{2a+d} \boldsymbol{B}_{OP_1}(x,y,0)\cdot(-\hat{\boldsymbol{z}})\,dy$$
$$= \frac{\mu_0 I}{4\pi}\int_{a+d}^{2a+d}\frac{dy}{y}\int_0^b \frac{x-b}{\sqrt{(x-b)^2+y^2}}dx - \frac{\mu_0 I}{4\pi}\int_{a+d}^{2a+d}\frac{dy}{y}\int_0^b \frac{x}{\sqrt{x^2+y^2}}dx$$
$$= \frac{\mu_0 I}{2\pi}\left(a - \sqrt{(2a+d)^2+b^2} + \sqrt{(a+d)^2+b^2}\right) - \frac{\mu_0 I}{2\pi}b\ln\frac{(2a+d)\{\sqrt{(a+d)^2+b^2}+b\}}{(a+d)\{\sqrt{(2a+d)^2+b^2}+b\}}.$$

P_2P_3 による鎖交磁束 $\Phi_{P_1P_2}$ は
$$\Phi_{P_2P_3} = \int_0^b dx \int_{a+d}^{2a+d} \boldsymbol{B}_{P_2P_3}(x,y,0)\cdot(-\hat{\boldsymbol{z}})\,dy$$
$$= \frac{\mu_0 I}{4\pi}\int_0^b dx \int_{a+d}^{2a+d}\frac{dy}{y-a}\frac{x}{\sqrt{x^2+(y-a)^2}}dy - \frac{\mu_0 I}{4\pi}\int_0^b dx \int_{a+d}^{2a+d}\frac{dy}{y-a}\frac{x-b}{\sqrt{(x-b)^2+(y-a)^2}}$$
$$- \frac{\mu_0 I}{2\pi}\left(a - \sqrt{(a+d)^2+b^2} + \sqrt{d^2+b^2}\right) + \frac{\mu_0 I}{2\pi}b\ln\frac{(a+d)\{\sqrt{d^2+b^2}+b\}}{d\{\sqrt{(a+d)^2+b^2}+b\}}.$$

P_1P_2 による寄与と P_3O による寄与は，その構造から相等しい．よって
$$\Phi_{P_3O} = \int_0^b dx \int_{a+d}^{2a+d} \boldsymbol{B}_{P_3O}(x,y,0)\cdot(-\hat{\boldsymbol{z}})\,dy$$
$$= \frac{\mu_0 I}{4\pi}\int_0^b \frac{dx}{x}\int_{a+d}^{2a+d}\frac{y-a}{\sqrt{x^2+(y-a)^2}}dy - \frac{\mu_0 I}{4\pi}\int_0^b \frac{dx}{x}\int_{a+d}^{2a+d}\frac{y}{\sqrt{x^2+y^2}}dy$$
$$= \frac{\mu_0 I}{4\pi}\left(2\sqrt{b^2+(a+d)^2} - \sqrt{b^2+(2a+d)^2} - \sqrt{d^2+b^2}\right)$$
$$+ \frac{\mu_0 I}{4\pi}\left[(2a+d)\ln\frac{\sqrt{b^2+(2a+d)^2}+(2a+d)}{\sqrt{b^2+(a+d)^2}+(a+d)}\frac{a+d}{2a+d} + d\ln\frac{\sqrt{b^2+d^2}+d}{\sqrt{b^2+(2a+d)^2}+(2a+d)}\frac{2a+d}{d}\right].$$

したがって
$$M_{21} = \frac{\Phi_{OP_1}+\Phi_{P_2P_3}+2\Phi_{P_3O}}{I} = \frac{\mu_0}{\pi}\left(2\sqrt{(a+d)^2+b^2} - \sqrt{(2a+d)^2+b^2} - \sqrt{d^2+b^2}\right)$$
$$+ \frac{\mu_0}{2\pi}\left[b\ln\frac{(a+d)^2(\sqrt{d^2+b^2}+b)(\sqrt{(2a+d)^2+b^2}+b)}{d(2a+d)(\sqrt{(a+d)^2+b^2}+b)^2}\right.$$
$$\left. + (2a+d)\ln\frac{\sqrt{b^2+(2a+d)^2}+(2a+d)}{\sqrt{b^2+(a+d)^2}+(a+d)}\frac{a+d}{2a+d} + d\ln\frac{\sqrt{b^2+d^2}+d}{\sqrt{b^2+(2a+d)^2}+(2a+d)}\frac{2a+d}{d}\right].$$

【10】 (1) アンペアの法則より円柱内の磁束密度は $B_\phi = \frac{\mu_0}{2\pi\rho}\times I\frac{\pi\rho^2}{\pi a^2} = \frac{\mu_0 I\rho}{2\pi a^2}$．したがって単位長あたりの磁気エネルギーは $W_m = \int_0^{2\pi}d\phi \int_0^a \frac{1}{2\mu_0}B_\phi^2 \rho\,d\rho = \frac{\mu_0 I^2}{4\pi a^4}\int_0^a \rho^3\,d\rho = \frac{\mu_0 I^2}{16\pi}$.

(2) 半径 $\rho < a$ 内の電流は $I' = 2\pi\int_0^\rho J_e(\rho')\rho'\,d\rho' = \frac{I}{a}\int_0^\rho \frac{\rho'}{\sqrt{a^2-\rho'^2}}d\rho' = \frac{I}{a}\left[-\sqrt{a^2-\rho'^2}\right]_0^\rho$
$= \frac{I}{a}\left(a - \sqrt{a^2-\rho^2}\right)$ だから，アンペアの法則より，導体内の磁束密度は $B_\phi = \frac{\mu_0 I'}{2\pi\rho} = \frac{\mu_0 I}{2\pi a}\frac{a-\sqrt{a^2-\rho^2}}{\rho}$．したがって単位長あたりの磁気エネルギーは $W_m = \frac{1}{2\mu_0}\int_0^{2\pi}d\phi \int_0^a \rho\,d\rho B_\phi^2$
$= \frac{\mu_0 I^2}{4\pi a^2}\int_0^a \frac{(a-\sqrt{a^2-\rho^2})^2}{\rho}d\rho = \frac{\mu_0 I^2}{4\pi a^2}\left[2a^2\ln|a+\sqrt{a^2-\rho^2}| - 2a\sqrt{a^2-\rho^2} - \frac{\rho^2}{2}\right]_0^a = \frac{\mu_0 I}{4\pi}\left(\frac{3}{2} - 2\ln 2\right)$.

【11】 (1) $0 \le \rho \le a$ に蓄えられる単位長あたりの磁気エネルギーは，前問 (1) と同様にできて，$W_{m1} = \frac{\mu_0 I^2}{16\pi}$. $a \le \rho \le c$ の磁束密度は $B_\phi = \frac{\mu_0 I}{2\pi\rho}$ だから，単位長あたりの磁気エネルギーは $W_{m2} = \frac{1}{2\mu_0}\int_0^{2\pi}d\phi \int_a^c B_\phi^2 \rho\,d\rho = \frac{\mu_0 I^2}{4\pi}\int_a^c \frac{d\rho}{\rho} = \frac{\mu_0 I^2}{4\pi}\ln\frac{c}{a}$. 半径 $c \le \rho \le b$ の円内に鎖交する電流は $I' = I - I\cdot\frac{\pi(\rho^2-c^2)}{\pi(b^2-c^2)} = I\frac{b^2-\rho^2}{b^2-c^2}$ だから，アンペアの法則より磁束密度は $B_\phi = \frac{\mu_0 I'}{2\pi\rho} = \frac{\mu_0 I}{2\pi(b^2-c^2)}\left(\frac{b^2}{\rho} - \rho\right)$ となる．単位長あたりの磁気エネルギーは $W_{m3} = \frac{1}{2\mu_0}\int_0^{2\pi}d\phi \int_c^b B_\phi^2 \rho\,d\rho = \frac{\mu_0 I^2}{4\pi(b^2-c^2)^2}\int_c^b \left(\rho^3 - 2b^2\rho + \frac{b^4}{\rho}\right)d\rho$
$= \frac{\mu_0 I^2}{4\pi(b^2-c^2)^2}\left\{\frac{b^4-c^4}{4} - b^2(b^2-c^2) + b^4\ln\frac{b}{c}\right\} = -\frac{\mu_0 I^2}{16\pi}\frac{3b^2-c^2}{b^2-c^2} + \frac{\mu_0 I^2}{4\pi}\frac{b^4}{(b^2-c^2)^2}\ln\frac{b}{c}$. したがって，単位長あたりの全磁気エネルギーは

$$W_m = W_{m1} + W_{m2} + W_{m3} = -\frac{\mu_0 I^2}{8\pi}\frac{b^2}{b^2-c^2} + \frac{\mu_0 I^2}{4\pi}\left(\ln\frac{c}{a} + \frac{b^4}{(b^2-c^2)^2}\ln\frac{b}{c}\right).$$

(2) 磁界は $a \leq \rho \leq c$ の区間だけにしかないから，$W_m = W_{m2} = \frac{\mu_0 I^2}{4\pi}\ln\frac{c}{a}$.

10 章の章末問題 (p.368)

【1】 (1) 例題 3.10 と同様にできるから省略．

(2) 変位電流密度は $J_d(t) = \varepsilon\frac{\partial \boldsymbol{E}(t)}{\partial t} = -\frac{d\sigma_e(t)}{dt}\hat{\boldsymbol{z}}$ だから，変位電流は $-z$ 方向に流れ，その大きさは $I_d(t) = -SJ_d = \frac{dQ_e(t)}{dt}$.

(3) 半径 ρ の円形断面を z 方向に貫く電流は $J_d(t)\cdot(\pi\rho^2) = -\frac{\pi\rho^2}{S}\frac{dQ_e(t)}{dt}$ だからアンペア・マクスウェルの法則より $\oint_C \boldsymbol{H}\cdot d\boldsymbol{l} = -2\pi\rho H_\phi = \frac{\pi\rho^2}{S}\frac{dQ_e}{dt}$. したがって，$\boldsymbol{H} = -\frac{\rho}{2S}\frac{dQ_e}{dt}\hat{\boldsymbol{\phi}} = -\frac{\omega Q_0 \cos\omega t}{2S}\rho\hat{\boldsymbol{\phi}}$.

(4) 電界は一定だから，$W_e = \frac{\varepsilon}{2}E^2 Sd = \frac{\varepsilon}{2}\left(\frac{Q_e(t)}{\varepsilon S}\right)^2 Sd = \frac{dQ_e^2(t)}{2\varepsilon S}$. 単位体積あたりの磁気エネルギーは $w_m = \frac{\mu}{2}H_\phi^2 = \frac{\mu}{2}\left(\frac{\rho}{2S}I_d(t)\right)^2 = \frac{\mu I_d^2(t)}{8S^2}\rho^2$ であるから，これをコンデンサ全体で積分して $W_m = 2\pi d\int_0^a w_m(\rho)\rho\,d\rho = \pi d\frac{\mu I_d^2(t)}{4S^2}\int_0^a \rho^3\,d\rho = \pi d\frac{\mu I_d^2(t)}{4\pi^2 a^4}\frac{a^4}{4} = \frac{\mu d}{16\pi}I_d^2(t)$.

(5) $\frac{Q_e^2(t)}{2C} = \frac{dQ_e^2(t)}{2\varepsilon S}$ より，$C = \frac{\varepsilon S}{d}$，$\frac{LI_d^2(t)}{2} = \frac{\mu d}{16\pi}I_d^2(t)$ より，$L = \frac{\mu d}{8\pi}$.

【2】 $\frac{\partial \rho_e}{\partial t} = -\nabla\cdot\boldsymbol{J}_e = -\frac{dJ_{ex}}{dx} = J_0 k\cos(\omega t - kx)$ だから，C を任意定数として，$\rho_e(x,t) = \frac{J_0 k}{\omega}\sin(\omega t - kx) + C$，$\rho_e(x,t=0) = -\frac{J_0 k}{\omega}\sin kx + C = 0$.
したがって $\rho_e(x,t) = \frac{J_0 k}{\omega}\{\sin(\omega t - kx) + \sin kx\}$.

【3】 $\xi = z - vt$，$\zeta = z + vt$ とおくと式 (10.68) は $E_x = F_f(\xi) + F_b(\zeta)$ と表されるから
$\frac{\partial E_x}{\partial z} = \frac{\partial F_f}{\partial \xi}\frac{\partial \xi}{\partial z} + \frac{\partial F_b}{\partial \zeta}\frac{\partial \zeta}{\partial z} = \frac{\partial F_f}{\partial \xi} + \frac{\partial F_b}{\partial \zeta}$.
$\frac{\partial^2 E_x}{\partial z^2} = \frac{\partial^2 F_f}{\partial \xi^2} + \frac{\partial^2 F_b}{\partial \zeta^2}$,
$\frac{\partial E_x}{\partial t} = \frac{\partial F_f}{\partial \xi}\frac{\partial \xi}{\partial t} + \frac{\partial F_b}{\partial \zeta}\frac{\partial \zeta}{\partial t} = -v\frac{\partial F_f}{\partial \xi} + v\frac{\partial F_b}{\partial \zeta}$.
$\frac{\partial^2 E_x}{\partial t^2} = -v\frac{\partial}{\partial \xi}\left(\frac{\partial F_f}{\partial \xi}\right)\frac{\partial \xi}{\partial t} + v\frac{\partial}{\partial \zeta}\left(\frac{\partial F_b}{\partial \zeta}\right)\frac{\partial \zeta}{\partial t} = v^2\frac{\partial^2 F_f}{\partial \xi^2} + v^2\frac{\partial^2 F_b}{\partial \zeta^2} = v^2\frac{\partial^2 E_x}{\partial z^2}$.
また $v^2 = \frac{1}{\varepsilon\mu}$ であるので，式 (10.68) は式 (10.65) の波動方程式を満足する．

【4】 式 (10.44)〜(10.47) と $\boldsymbol{J}_e = \sigma\boldsymbol{E}$ より自由空間中のマクスウェルの方程式は
$\nabla\cdot\boldsymbol{E} = 0$，$\nabla\cdot\boldsymbol{H} = 0$，$\nabla\times\boldsymbol{H} = \sigma\boldsymbol{E} + \varepsilon\frac{\partial \boldsymbol{E}}{\partial t}$，$\nabla\times\boldsymbol{E} = -\mu\frac{\partial \boldsymbol{H}}{\partial t}$
だから，これより
$\nabla\times\nabla\times\boldsymbol{E} = \nabla\nabla\cdot\boldsymbol{E} - \nabla^2\boldsymbol{E} = -\nabla^2\boldsymbol{E} = -\mu\frac{\partial}{\partial t}\nabla\times\boldsymbol{H} = -\mu\frac{\partial}{\partial t}\left(\sigma\boldsymbol{E} + \varepsilon\frac{\partial \boldsymbol{E}}{\partial t}\right)$,
したがって
$\nabla^2\boldsymbol{E} - \mu\varepsilon\frac{\partial^2 \boldsymbol{E}}{\partial t^2} - \mu\sigma\frac{\partial \boldsymbol{E}}{\partial t} = 0$.
$\nabla\times\nabla\times\boldsymbol{H} = \nabla\nabla\cdot\boldsymbol{H} - \nabla^2\boldsymbol{H} = -\nabla^2\boldsymbol{H} = \sigma\nabla\times\boldsymbol{E} + \varepsilon\frac{\partial}{\partial t}\nabla\times\boldsymbol{E} = -\mu\sigma\frac{\partial \boldsymbol{H}}{\partial t} - \mu\varepsilon\frac{\partial^2 \boldsymbol{H}}{\partial t^2}$.
したがって
$\nabla^2\boldsymbol{H} - \mu\varepsilon\frac{\partial^2 \boldsymbol{H}}{\partial t^2} - \mu\sigma\frac{\partial \boldsymbol{H}}{\partial t} = 0$.

【5】 式 (10.109), (10.110) を損失性媒質に対するアンペア・マクスウェルの方程式 $\nabla\times\boldsymbol{H} - \varepsilon\frac{\partial \boldsymbol{E}}{\partial t} - \sigma\boldsymbol{E} = \boldsymbol{J}_e$ に代入すると $\frac{1}{\mu}\nabla\times\nabla\times\boldsymbol{A} - \varepsilon\frac{\partial}{\partial t}\left(-\nabla\Psi - \frac{\partial \boldsymbol{A}}{\partial t}\right) - \sigma\left(-\nabla\Psi - \frac{\partial \boldsymbol{A}}{\partial t}\right) = \frac{1}{\mu}\left(\nabla(\nabla\cdot\boldsymbol{A}) - \nabla^2\boldsymbol{A}\right) + \nabla\left(\varepsilon\frac{\partial \Psi}{\partial t}\right) + \nabla(\sigma\Psi) + \varepsilon\frac{\partial^2 \boldsymbol{A}}{\partial t^2} + \sigma\frac{\partial \boldsymbol{A}}{\partial t} = \frac{1}{\mu}\nabla\left(\nabla\cdot\boldsymbol{A} + \mu\varepsilon\frac{\partial \Psi}{\partial t} + \mu\sigma\Psi\right) + \frac{1}{\mu}\left(-\nabla^2\boldsymbol{A} + \mu\varepsilon\frac{\partial^2 \boldsymbol{A}}{\partial t^2} + \mu\sigma\frac{\partial \boldsymbol{A}}{\partial t}\right) = \boldsymbol{J}_e$. したがって電磁ポテンシャルが式 (10.204) を満たすなら，式 (10.205) が成り立つ．次に式 (10.110) を式 (10.105) に代入して，式 (10.204) を用い

ると $\varepsilon \nabla \cdot \left(-\nabla \Psi - \frac{\partial \boldsymbol{A}}{\partial t}\right) = -\varepsilon \nabla^2 \Psi - \varepsilon \frac{\partial}{\partial t}\left(-\mu\varepsilon\frac{\partial \Psi}{\partial t} - \mu\sigma\Psi\right) = -\varepsilon\left(\nabla^2\Psi - \mu\varepsilon\frac{\partial^2 \Psi}{\partial t^2} - \mu\sigma\frac{\partial \Psi}{\partial t}\right)$
$= \rho_e$ となり，式 (10.206) が成り立つ.

【6】 $k^2 = (\beta - j\alpha)^2 = \beta^2 - 2j\alpha\beta - \alpha^2 = \omega\mu\varepsilon - j\omega\mu\sigma$ から $\beta^2 - \alpha^2 = \omega^2\mu\varepsilon$, $2\alpha\beta = \omega\mu\sigma$.
$\beta = \frac{\omega\mu\sigma}{2\alpha}$ を第 1 式に代入して $\alpha^4 + \omega^2\mu\varepsilon\alpha^2 - \omega^2\mu^2\sigma^2/4 = 0$. α は実数であるから $\alpha^2 \geq 0$ となる解は $\alpha = \frac{\omega\sqrt{\varepsilon\mu}}{\sqrt{2}}(\sqrt{1 + (\frac{\sigma}{\omega\varepsilon})^2} - 1)^{1/2}$. 同様にして $\beta = \frac{\omega\sqrt{\varepsilon\mu}}{\sqrt{2}}(\sqrt{1 + (\frac{\sigma}{\omega\varepsilon})^2} + 1)^{1/2}$.

【7】 式 (10.120),(10.121) はそれぞれ $\nabla \times \boldsymbol{H} = j\omega\varepsilon_0\varepsilon_r\boldsymbol{E} + \boldsymbol{J}_e$, $\nabla \times \boldsymbol{E} = -j\omega\mu_0\mu_r\boldsymbol{H}$ となるから，$\nabla \times \left(\frac{1}{\mu_r}\nabla \times \boldsymbol{E}\right) = -j\omega\mu_0\nabla \times \boldsymbol{H} = k_0^2\varepsilon_r\boldsymbol{E} - j\omega\mu_0\boldsymbol{J}_e$, $\nabla \times \left(\frac{1}{\varepsilon_r}\nabla \times \boldsymbol{H}\right) = j\omega\varepsilon_0\nabla \times \boldsymbol{E} + \nabla \times \left(\frac{\boldsymbol{J}_e}{\varepsilon_r}\right) = k_0^2\mu_r\boldsymbol{H} + \nabla \times \left(\frac{\boldsymbol{J}_e}{\varepsilon_r}\right)$ となり，式 (10.207),(10.208) が成り立つ.

【8】 (1) $0 \leq z \leq d$ の膜内には $\pm z$ 方向に進む波があるから，それらの振幅を A, B とすると，電界と磁界は $\boldsymbol{H} = -\frac{1}{j\omega\mu}\nabla \times \boldsymbol{E} = \frac{1}{j\omega\mu}\frac{dE_y}{dz}\hat{\boldsymbol{x}}$ より

$$E_y = \begin{cases} E_i e^{-jk_0 z} + E_r e^{jk_0 z}, & z \leq 0, \\ A e^{-jkz} + B e^{jkz}, & 0 \leq z \leq d, \\ E_t e^{-jk_0 z} & d \leq z, \end{cases}$$

$$H_x = \begin{cases} -\frac{E_i}{Z_0}e^{-jk_0 z} + \frac{E_r}{Z_0}e^{jk_0 z}, & z \leq 0, \\ -\frac{A}{Z}e^{-jkz} + \frac{B}{Z}e^{jkz}, & 0 \leq z \leq d, \\ -\frac{E_t}{Z_0}e^{-jk_0 z}, & d \leq z, \end{cases}$$

ただし $k_0 = \sqrt{\mu_0\varepsilon_0}$, $k = k_0\sqrt{\mu_r\varepsilon_r}$. $z = 0, z = d$ で電界の接線成分と磁界の接線成分は連続であるから

$$\begin{cases} E_i + E_r = A + B, \\ -\frac{1}{Z_0}(E_i - E_r) = -\frac{1}{Z}(A - B), \end{cases}$$
$$\begin{cases} A e^{-jkd} + B e^{jkd} = E_t e^{-jk_0 d}, \\ -\frac{1}{Z}(A e^{-jkd} - B e^{jkd}) = -\frac{1}{Z_0}E_t e^{-jk_0 d}. \end{cases}$$

これらより E_r, E_t を求めると，$E_r = R\frac{1 - e^{-2jkd}}{1 - R^2 e^{-2jkd}}E_i$, $E_t = \frac{1 - R^2}{1 - R^2 e^{-2jkd}}e^{-j(k-k_0)d}E_i$ ただし $R = (Z - Z_0)/(Z + Z_0)$.

(2) $x = 2kd$ とおくと，$|E_r/E_i|^2 = 2R^2(1 - \cos x)/(1 + R^4 - 2R^2\cos x)$ であるから，$\frac{d}{dx}(|E_r/E_i|^2) = 0$ から極値を求めると，整数 $m(= 0, 1, ...)$ に対して $x = 2m\pi$ のとき極小，$x = (2m+1)\pi$ のとき極大となる. すなわち，膜内の波長を λ とすると，$d = \frac{\lambda}{2}m$ のとき反射波の振幅は極小となり $|E_r/E_i| = 0$. このとき透過波の振幅は極大となり $|E_t/E_i| = 1$. $d = \frac{\lambda}{4}(2m+1)$ のとき反射波の振幅は極大となり $|E_r/E_i| = 2R/(1+R^2) = (Z - Z_0)^2/(Z^2 + Z_0^2)$. このとき透過波の振幅は極小となり，$|E_t/E_i| = (1-R^2)/(1+R^2) = 2ZZ_0/(Z^2 + Z_0^2)$.

【9】 (1) 例題 10.4 の式 (10.178) までは，$\boldsymbol{E}$ を $\boldsymbol{H}$ に置き換え，ε_r と μ_r とを入れ替えれば全く同じ計算ができるから $H_r = \frac{(Z_0/Z)\cos\theta_i - \cos\theta_t}{(Z_0/Z)\cos\theta_i + \cos\theta_t}H_i = \frac{\varepsilon_r\cos\theta_i - \sqrt{n^2 - \sin^2\theta_i}}{\varepsilon_r\cos\theta_i + \sqrt{n^2 - \sin^2\theta_i}}H_i$, $H_t = \frac{2(Z_0/Z)\cos\theta_i}{(Z_0/Z)\cos\theta_i + \cos\theta_t}H_i = \frac{2\varepsilon_r\cos\theta_i}{\varepsilon_r\cos\theta_i + \sqrt{n^2 - \sin^2\theta_i}}H_i$.

(2) $\mu_r = 1$ なら，$\varepsilon_r = n^2$ であるから，$H_r = 0$ となる入射角 θ_i は $n^2\cos\theta_i = \sqrt{n^2 - \sin^2\theta_i}$ より求められ，$\theta_i = \tan^{-1} n = \tan^{-1}\sqrt{\varepsilon_r}$ あるいは $\theta_i = \sin^{-1}\frac{\sqrt{\varepsilon_r}}{\sqrt{\varepsilon_r + 1}}$ となる. なお，この角度をブルースタ角（Brewster angle）あるいは偏光角（polarizing angle）という.

【10】 式 (2.28) 〜 (2.30) より $\hat{\boldsymbol{\theta}}\sin\theta = (\hat{\boldsymbol{\rho}}\cos\theta - \hat{\boldsymbol{z}}\sin\theta)\sin\theta = (\hat{\boldsymbol{\rho}}\sin\theta)\cos\theta - \hat{\boldsymbol{z}}\sin^2\theta = (\hat{\boldsymbol{r}} - \hat{\boldsymbol{z}}\cos\theta)\cos\theta - \hat{\boldsymbol{z}}\sin^2\theta = \hat{\boldsymbol{r}}\cos\theta - \hat{\boldsymbol{z}} = (\hat{\boldsymbol{z}}\cdot\hat{\boldsymbol{r}})\hat{\boldsymbol{r}} - \hat{\boldsymbol{z}}$, $\hat{\boldsymbol{\phi}}\sin\theta = (\hat{\boldsymbol{r}}\times\hat{\boldsymbol{\theta}})\sin\theta =$

$\hat{\boldsymbol{r}} \times (\hat{\boldsymbol{\theta}} \sin\theta) = \hat{\boldsymbol{r}} \times [(\hat{\boldsymbol{z}} \cdot \hat{\boldsymbol{r}}) - \hat{\boldsymbol{z}}] = \hat{\boldsymbol{z}} \times \hat{\boldsymbol{r}}$. 式 (10.187) ～ (10.189) から $1/r^3, 1/r^2, 1/r$ に比例する項を取り出し，式 (10.181) を用いると

$\boldsymbol{E}^{(stat)} = \frac{p}{4\pi\varepsilon}\frac{1}{r^2}(2\hat{\boldsymbol{r}}\cos\theta + \hat{\boldsymbol{\theta}}\sin\theta)\frac{e^{-jkr}}{r} = \frac{1}{4\pi\varepsilon}\frac{1}{r^2}\{2(\boldsymbol{p}\cdot\hat{\boldsymbol{r}})\hat{\boldsymbol{r}} + (\boldsymbol{p}\cdot\hat{\boldsymbol{r}})\hat{\boldsymbol{r}} - \boldsymbol{p}\}\frac{e^{-jkr}}{r}$
$= \frac{1}{4\pi\varepsilon}\left\{-\frac{\boldsymbol{p}}{r^2} + 3\frac{(\boldsymbol{p}\cdot\boldsymbol{r})\boldsymbol{r}}{r^4}\right\}\frac{e^{-jkr}}{r}$,

$\boldsymbol{E}^{(ind)} = \frac{jkp}{4\pi\varepsilon}\frac{1}{r}(2\hat{\boldsymbol{r}}\cos\theta + \hat{\boldsymbol{\theta}}\sin\theta)\frac{e^{-jkr}}{r} = \frac{jk}{4\pi\varepsilon}\left\{-\frac{\boldsymbol{p}}{r} + 3\frac{(\boldsymbol{p}\cdot\boldsymbol{r})\boldsymbol{r}}{r^3}\right\}\frac{e^{-jkr}}{r}$,

$\boldsymbol{H}^{(ind)} = \frac{j\omega p}{4\pi}\frac{\hat{\boldsymbol{\theta}}\sin\theta}{r}\frac{e^{-jkr}}{r} = \frac{jk}{4\pi\varepsilon}\frac{1}{Z}\frac{\boldsymbol{p}\times\boldsymbol{r}}{r^2}\frac{e^{-jkr}}{r}$,

$\boldsymbol{E}^{(rad)} = \frac{-k^2 p}{4\pi\varepsilon}(\hat{\boldsymbol{\theta}}\sin\theta)\frac{e^{-jkr}}{r} = \frac{(jk)^2}{4\pi\varepsilon}\left\{-\boldsymbol{p} + \frac{(\boldsymbol{p}\cdot\boldsymbol{r})\boldsymbol{r}}{r^2}\right\}\frac{e^{-jkr}}{r}$,

$\boldsymbol{H}^{(rad)} = \frac{j\omega}{4\pi}(jk)\frac{\boldsymbol{p}\times\boldsymbol{r}}{r}\frac{e^{-jkr}}{r} = \frac{(jk)^2}{4\pi\varepsilon}\frac{1}{Z}\frac{\boldsymbol{p}\times\boldsymbol{r}}{r}\frac{e^{-jkr}}{r}$.

【11】遠方電磁界は 式 (10.187) ～ (10.189) より $E_\theta = \frac{jkI_e\Delta l}{4\pi}Z\frac{e^{-jkr}}{r}\sin\theta$, $H_\phi = E_\theta/Z$ であるから，複素ポインティングベクトルは $\boldsymbol{S}_c = \frac{1}{2}\boldsymbol{E}\times\boldsymbol{H}^* = \frac{Z}{2}\left(\frac{kI_e\Delta l}{4\pi}\right)^2\frac{\sin^2\theta}{r^2}\hat{\boldsymbol{r}}$. したがって，放射電力は $W_r = \oint_S \boldsymbol{S}_c\cdot\hat{\boldsymbol{r}}\,dS = \int_0^{2\pi}d\phi\int_0^\pi r^2 S_c\sin\theta\,d\theta = \pi(\frac{kI_e\Delta l}{4\pi})^2 Z\int_0^\pi \sin^3\theta\,d\theta = \pi(\frac{kI_e\Delta l}{4\pi})^2 Z[\frac{1}{3}\cos^3\theta - \cos\theta]_0^\pi = \frac{(kI_e\Delta l)^2}{12\pi}Z = \frac{\pi}{3}Z(\frac{\Delta l}{\lambda})^2 I_e^2$.

【12】$\Psi^{(-)} = -\frac{1}{j\omega\mu}\int_{-l}^0 I_m \frac{\sin k(l+z')}{\sin kl}\frac{\partial G_0}{\partial z}dz'$, $\boldsymbol{A}^{(-)} = \hat{\boldsymbol{z}}\frac{\mu}{4\pi}\int_{-l}^0 I_m\frac{\sin k(l+z')}{\sin kl}G_0\,dz'$ の計算も式 (10.195), (10.196) と全く同様に行い，$\boldsymbol{E} = -\nabla\Psi - j\omega\boldsymbol{A} = -\left(\frac{\partial\Psi}{\partial\rho}\hat{\boldsymbol{\rho}} + \frac{\partial\Psi}{\partial z}\hat{\boldsymbol{z}}\right) - j\omega A_z\hat{\boldsymbol{z}}$, $\boldsymbol{H} = \frac{1}{\mu}\nabla\times\boldsymbol{A} = -\frac{1}{\mu}\frac{\partial A_z}{\partial\rho}\hat{\boldsymbol{\phi}}$ と式 (10.197) を用いると 式 (10.198) ～ (10.201) を得る．これらの式において，分母の r_1, r_2 は r で近似し，$(z+l)/\rho = (r\cos\theta + l)/(r\sin\theta) \sim \cos\theta/\sin\theta$, 指数関数に含まれる r_1 は $r_1 = \sqrt{r^2 + 2zl + l^2} \sim r(1+2zl/r^2)^{1/2} \sim r + zl/r = r + l\cos\theta$, $r_2 \sim r - l\cos\theta$ と近似すると，$E_r = E_\rho\sin\theta + E_z\cos\theta = 0$, $E_\theta = -j\frac{ZI_m}{2\pi\sin kl}\frac{\cos(kl\cos\theta) - \cos kl}{\sin\theta}$, $H_\phi = E_\theta/Z$ を得る．

11 章の章末問題 (p.384)

【1】準定常電流に対しては，変位電流が無視できるので，$\nabla\times\boldsymbol{H} = \boldsymbol{J}_e$, $\nabla\cdot\boldsymbol{B} = \mu\nabla\cdot\boldsymbol{H} = 0$, $\boldsymbol{J}_e = \sigma\boldsymbol{E}$ より，$\nabla\times\nabla\times\boldsymbol{H} = \nabla(\nabla\cdot\boldsymbol{H}) - \nabla^2\boldsymbol{H} = -\nabla^2\boldsymbol{H} = \nabla\times\boldsymbol{J}_e = \sigma\nabla\times\boldsymbol{E} = -\sigma\mu\frac{\partial\boldsymbol{H}}{\partial t}$. したがって $\nabla^2\boldsymbol{H} = \sigma\mu\frac{\partial\boldsymbol{H}}{\partial t}$.

【2】(1) 式 (11.8) より電界は $\boldsymbol{E} = \frac{J_z\hat{\boldsymbol{z}}}{\sigma} = \frac{J_0\gamma}{2\sigma}\frac{\cosh\gamma x}{\sinh\gamma a}\hat{\boldsymbol{z}}$. 磁界は $\boldsymbol{H} = -\frac{1}{j\omega\mu}\nabla\times\boldsymbol{E} = \frac{1}{j\omega\mu}\frac{dE_z}{dx}\hat{\boldsymbol{y}} = \frac{J_0}{2}\frac{\sinh\gamma x}{\sinh\gamma a}\hat{\boldsymbol{y}}$.

(2) $J_z(-x) = -J_z(x)$ より $K_2 = -K_1$. $J_z(a) = J_a$ より $J_z(x) = J_a\frac{\sinh\gamma x}{\sinh\gamma a}$. 電界は $\boldsymbol{E} = \frac{J_z}{\sigma}\hat{\boldsymbol{z}} = \frac{J_a}{\sigma}\frac{\sinh\gamma x}{\sinh\gamma a}\hat{\boldsymbol{z}}$. 磁界は $\boldsymbol{H} = -\frac{1}{j\omega\mu}\nabla\times\boldsymbol{E} = \frac{1}{j\omega\mu}\frac{dE_z}{dx}\hat{\boldsymbol{y}} = \frac{J_a}{\gamma}\frac{\cosh\gamma x}{\sinh\gamma a}\hat{\boldsymbol{y}}$.

【3】$\nabla\cdot\boldsymbol{J}_e = \nabla\cdot(\sigma\boldsymbol{E}) = \nabla\sigma\cdot\boldsymbol{E} + \sigma\nabla\cdot\boldsymbol{E} = 0$. したがって $\nabla\cdot\boldsymbol{E} = -\frac{\nabla\sigma}{\sigma}\cdot\boldsymbol{E}$, $\rho_e = \nabla\cdot(\varepsilon\boldsymbol{E}) = \nabla\varepsilon\cdot\boldsymbol{E} + \varepsilon\nabla\cdot\boldsymbol{E} = \nabla\varepsilon\cdot\boldsymbol{E} - \varepsilon\frac{\nabla\sigma}{\sigma}\cdot\boldsymbol{E} = \varepsilon\left(\frac{\nabla\varepsilon}{\varepsilon} - \frac{\nabla\sigma}{\sigma}\right)\cdot\boldsymbol{E}$.

【4】(1) $i(t) = \frac{dQ(t)}{dt}$ とすると $t \geq 0$ の回路方程式は $V_0 = \frac{Q}{C} + Ri = \frac{Q}{C} + R\frac{dQ}{dt}$. この方程式の特解は明らかに $Q = CV_0$, 基本解は $e^{-t/(RC)}$ であるから K を任意定数として $Q(t) = Ke^{-t/(RC)} + CV_0$. $Q(0) = 0$ より $K + CV_0 = 0$ だから，$Q(t) = CV_0\left(1 - e^{-t/(RC)}\right)$, $i(t) = \frac{dQ(t)}{dt} = \frac{V_0}{R}e^{-t/(RC)}$.

(2) $Q_0 = Q(t=\infty) = CV_0$.

(3) 回路方程式は $\frac{Q}{C} + R\frac{dQ}{dt} = 0$. この解は $Q = Ke^{-t/(RC)}$, $t=0$ で $Q = Q_0$ だから，$K = Q_0$, $Q(t) = Q_0 e^{-t/(RC)}$, $i(t) = \frac{dQ(t)}{dt} = -\frac{V_0}{R}e^{-t/(RC)}$.

【5】$i(t) = \frac{dQ(t)}{dt}$ とすると，回路方程式は $V_0 = \frac{Q}{C} + Ri + L\frac{di}{dt} = \frac{Q}{C} + R\frac{dQ}{dt} + L\frac{d^2Q}{dt^2}$. 特解は明ら

かに $Q = CV_0$. 基本解を求めるために $Q = e^{st}$ とおくと，特性方程式は $Ls^2 + Rs + 1/C = 0$ となるから，$s = \frac{-R \pm \sqrt{R^2 - 4L/C}}{2L} = -\frac{R}{2L} \pm \sqrt{\left(\frac{R}{2L}\right)^2 - \frac{1}{LC}}$

(i) $\frac{1}{LC} > \left(\frac{R}{2L}\right)^2$ のとき，$\alpha = \frac{R}{2L}$, $\beta = \sqrt{\left|\frac{1}{LC} - \left(\frac{R}{2L}\right)^2\right|}$ とおくと，$s = -\alpha \pm j\beta$ であるから，K_1, K_2 を任意定数として $Q(t) = CV_0 + K_1 e^{-(\alpha - j\beta)t} + K_2 e^{-(\alpha + j\beta)t}$, $i(t) = \frac{dQ(t)}{dt} = -(\alpha - j\beta)K_1 e^{-(\alpha - j\beta)t} - (\alpha + j\beta)K_2 e^{-(\alpha + j\beta)t}$. $Q(0) = 0, i(0) = 0$ より，$K_1 = -\frac{\alpha + j\beta}{\beta} \frac{CV_0}{2j}$, $K_2 = \frac{\alpha - j\beta}{\beta} \frac{CV_0}{2j}$ したがって $Q(t) = CV_0 + CV_0 \left\{-\frac{\alpha + j\beta}{\beta} \frac{e^{j\beta t}}{2j} + \frac{\alpha - j\beta}{\beta} \frac{e^{-j\beta t}}{2j}\right\} e^{-\alpha t} = CV_0 - \frac{CV_0}{\beta}(\alpha \sin \beta t + \beta \cos \beta t) e^{-\alpha t}$. これより，$Q(t = \infty) = CV_0$. 電流は $i(t) = \frac{dQ}{dt} = CV_0 \frac{\alpha^2 + \beta^2}{\beta} e^{-\alpha t} \sin \beta t$ となるから，角周波数 β で振動しながら，$e^{-\alpha t}$ で減衰する電流となる．

(ii) $\frac{1}{LC} = \left(\frac{R}{LC}\right)^2$ のとき，特性方程式は $s = -\alpha$ の重根となるから，$Q(t) = CV_0 + (K_1 + K_2 t) e^{-\alpha t}$, $i(t) = \frac{dQ}{dt} = \{K_2 - \alpha(K_1 + K_2 t)\} e^{-\alpha t}$. $Q(0) = 0, i(0) = 0$ より $K_1 = -CV_0$, $K_2 = -\alpha CV_0$. したがって $Q(t) = CV_0 \{1 - (1 + \alpha t) e^{-\alpha t}\}$. これより $Q(t = \infty) = CV_0$. 電流は $i(t) = \alpha^2 CV_0 t e^{-\alpha t}$ となる．

(iii) $\frac{1}{LC} < \left(\frac{R}{2L}\right)^2$ のとき，特性方程式は $s = -\alpha \pm \beta$ の根をもつから，$Q(t) = CV_0 + e^{-\alpha t}(K_1 e^{\beta t} + K_2 e^{-\beta t})$, $i(t) = e^{-\alpha t}\{(-\alpha + \beta)e^{\beta t} - (\alpha + \beta)e^{-\beta t}\}$, $Q(0) = 0, i(0) = 0$ より $K_1 = -\frac{\alpha + \beta}{\beta} \frac{CV_0}{2}$, $K_2 = \frac{\alpha - \beta}{\beta} \frac{CV_0}{2}$. したがって $Q(t) = CV_0(1 - \frac{e^{-\alpha t}}{\beta}(\alpha \sinh \beta t + \beta \cosh \beta t))$. $\alpha > \beta$ であるから，$Q(t \to \infty) = CV_0$, $i(t) = CV_0 \frac{\alpha^2 - \beta^2}{\beta} e^{-\alpha t} \sinh \beta t$.

【6】 (1) 瞬時電力は $p(t) = v(t)i(t) = V_m I_m \cos(\omega t + \varphi_1) \cos(\omega t + \varphi_2) = \frac{V_m I_m}{2}(\cos(\varphi_1 - \varphi_2) + \cos(2\omega t + \varphi_1 + \varphi_2))$. 1周期あたりで平均すると $P_r = \frac{1}{T}\int_{-T/2}^{T/2} p(t)\,dt = \frac{V_m I_m}{2}\cos(\varphi_1 - \varphi_2)$.

(2) 抵抗 R に流れる電流を $i(t) = I_m \cos(\omega t + \varphi_2)$ とすると，加わる電圧は $v(t) = Ri = RI_m \cos(\omega t + \varphi_2) = V_m \cos(\omega t + \varphi_1)$, すなわち，$V_m = RI_m$, $\varphi_1 = \varphi_2$ であるから，力率は $\cos(\varphi_1 - \varphi_2) = 1$. コイル L に流れる電流を $i(t) = I_m \cos(\omega t + \varphi_2)$ とすると，$v(t) = L\frac{di}{dt} = -\omega I_m \sin(\omega t + \varphi_2) = \omega I_m \cos(\omega t + \varphi_2 + \pi/2) = V_m \cos(\omega t + \varphi_1)$, すなわち $V_m = \omega I_m$, $\varphi_1 = \varphi_2 + \pi/2$. したがって，力率は $\cos(\varphi_1 - \varphi_2) = \cos(\pi/2) = 0$. コンデンサ C に加わる電圧を $v(t) = V_m \cos(\omega t + \varphi_1)$ とすると，電流は $Q(t) = Cv(t)$, $i(t) = \frac{dQ(t)}{dt} = C\frac{dv}{dt} = -C\omega V_m \sin(\omega t + \varphi_1) = C\omega V_m \cos(\omega t + \varphi_1 + \pi/2) = I_m \cos(\omega t + \varphi_2)$. すなわち，$I_m = \omega C V_m$, $\varphi_2 = \varphi_1 + \pi/2$ となるから，力率は $\cos(\varphi_1 - \varphi_2) = \cos(-\pi/2) = 0$.

(3) $P_r = \frac{V_m I_m}{2}\cos(\varphi_1 - \varphi_2) = \frac{V_m I_m}{2}\Re\left[e^{j(\varphi_1 - \varphi_2)}\right] = \Re\left[\frac{1}{2}V_m e^{j\varphi_1} I_m e^{-j\varphi_2}\right] = \Re\left[\frac{1}{2}\dot{V}\dot{I}^*\right] = \Re\left[\frac{1}{2}\dot{V}^*\dot{I}\right]$

(4) 一時的に蓄えられる電力．

【7】 (1) 回路方程式 $v(t) = Ri(t) + L\frac{di(t)}{dt} + \frac{Q(t)}{C}$ の両辺に $i(t)$ を掛けると $v(t)i(t) = Ri^2(t) + Li\frac{di(t)}{dt} + \frac{1}{C}Q(t)i(t) = Ri^2(t) + \frac{1}{2}L\frac{d}{dt}(i^2(t)) + \frac{1}{C}Q(t)\frac{dQ(t)}{dt} = Ri^2(t) + \frac{d}{dt}\left\{\frac{1}{2}Li^2(t) + \frac{1}{2C}Q^2(t)\right\}$.

(2) $Z(\omega) = R + j\omega L + \frac{1}{j\omega C}$.

(3) 複素電流は $\dot{I} = \frac{\dot{V}}{Z} = \frac{V_m e^{j\varphi_1}}{R + jX} = \frac{V_m}{\sqrt{R^2 + X^2}}e^{j(\varphi_1 - \phi_z)}$. ただし，$X = \omega L - 1/(\omega C)$, $\phi_z = \tan^{-1}(X/R)$ となるから，$i(t) = \Re\left[\dot{I}e^{j\omega t}\right] = \frac{V_m}{\sqrt{R^2 + X^2}}\cos(\omega t + \varphi_1 - \phi_z)$

(4) 力率が 1 となるためには，Z が純抵抗となればよいから，$X = \omega L - 1/(\omega C) = 0$ より

$\omega_c = 1/\sqrt{LC}$, このとき $Z(\omega_c) = R$.

【8】(1) 回路に流れる複素電流は $\dot{I} = \frac{\dot{V}_0}{Z_0 + Z}$, 負荷 Z に加わる複素電圧は $\dot{V} = Z\dot{I} = \frac{\dot{V}_0 Z}{Z_0 + Z}$ であるから, 有効電力は $P_\ell = \Re e\left[\frac{1}{2}\dot{V}\dot{I}^*\right] = \frac{|\dot{V}_0|^2}{2}\Re e\left[\frac{Z}{|Z_0+Z|^2}\right] = \frac{|\dot{V}_0|^2}{2}\frac{R}{(R_0+R)^2+(X_0+X)^2}$. これが最大となるためには, $\frac{dP_\ell}{dR} = 0$, $\frac{dP_\ell}{dX} = 0$ を解いて, $X_0 = -X$, $R_0 = R$ すなわち, $Z_0 = Z^*$. このとき上式より $P_0 = \frac{|\dot{V}_0|^2}{8R_0}$.

(2) $\Gamma = 0$ となるには, $R_0 = R$, $X_0 = X$. P_ℓ が最大値をとるのは, (1) より, $R_0 = R$, $X_0 = -X$ であるから, これを同時に満たすには $X_0(=X) = 0$ でなければならない. すなわち, 内部インピーダンス Z_0 は純抵抗 R_0 でなければならない.

索　　　引

【あ】

アース　94
アインシュタイン　62
網目　209
アンテナ　345
　ダイポール——　365
アンペア　4, 217
　——・ターン　268
　——の力　219
　——の法則
　　積分形の——　246
　　微分形の——　245
　——・マクスウェルの法則　319
　——の右ねじの法則　216

【い】

位相定数　360
一般解　46
移動度　192
インダクタンス
　合成——　309
　自己——　302
　相互——　303
インピーダンス　382, 383
　固有——　335
　波動——　335, 359

【う】

うず電流　295
　——損　295
運動量モーメント　36

【え】

永久
　——磁化　279
　——磁石　255, 279
　——電気双極子　146
影像
　——電荷　176
　——法　176
エーテル　62
枝　209

【エネルギー】

エネルギー
　電磁界——　342
　——保存則　342
エルステッド　214
エレクトレット　149
遠隔作用　60
演算子
　ラプラス——　42, 153
縁端効果　158

【お】

応答
　定常——　381
オーム　194
　——損　198
　——の法則　194, 197, 267
応力
　静電——　110
オンネス　278

【か】

解
　一般——　46
　特——　46
　特異——　46
　特殊——　46
開曲面　25
外積　18
回転　39
ガウス　219
　——の定理　35
　——の法則　70, 128, 243, 319
　　　（積分形）　73
　　　点電荷に対する——　73
　　　（微分形）　81, 127
　　　分布電荷に対する——　74
　——面　74
角運動量　36
拡散電位　188
核分裂　3
核力　3
重ね合わせの原理　6
仮想変位法　115

【過渡】

過渡
　——応答　381
　——電流　191
カロリー　198
関数
　グリーン——　356
　超——　56
　調和——　183
　デルタ——　55
　導——　8
　ベッセル——　163
完全反磁性　278
完全導体　78
環路　209
緩和時間　191, 300

【き】

起磁力　267
気体放電　96
起電力　201
基本
　——解　45
　——単位　4
逆起電力　202
キャパシタ　110
キャベンディッシュ　58, 93
キャリア　192
球面波　340
キュリー
　——温度　276
　——・ワイスの法則　277
　——の法則　147, 273
境界
　——値問題　157
　——条件　133, 203
強磁性体　255
鏡像
　——電荷　176
　——法　176
局所電界　123
極性分子　146
曲面　25
ギルバート　1

索引

【き】

キルヒホッフ	209
――の法則	209, 210, 269
近接作用	60
金属	77

【く】

空間電荷層	188
空中線	345
空乏層	188
クーロン	57
――の法則	57, 80
――力	1, 133
クォーク	2
屈折	135, 204
――の法則	204
組立	
――単位	5
クラウジウス–モソッチの関係式	149
グラスマン	18
グリーン	
――関数	356
――の定理	44

【け】

ゲージ変換	239
結合係数	304
ケルヴィン	177
減衰定数	360
原理	
重ね合わせの――	6
検流計	221

【こ】

高温超伝導体	211
効果	
縁端――	158
近藤――	211
ゼーベック――	211
表皮――	294
ペルティエ――	212
ホール――	228
マイスナー――	211
AB――	235
コーシー・リーマンの関係式	184
合成インダクタンス	309
光速	336
勾配	31, 87
交流回路理論	371
国際単位	4
固有インピーダンス	335
コロナ放電	96
コンダクタンス	5, 195
コンデンサ	110, 317
近藤効果	211

【さ】

サイクロトロン	
――運動	225
――角周波数	225
サバール	229
ビオ・――の法則	230
座標系	
一般直交――	18
円柱――	15
円筒――	15
球――	17
直角――	13
残留	
――磁化	275
――磁気	275
――磁束密度	275

【し】

磁位	265
――差	267
磁化	254, 258
永久――	279
――ベクトル	258
誘導――	279
――率	262
磁荷	214
単――	322
磁界	215, 261
――ベクトル	220
時間	
緩和――	191
磁気	
――エネルギー	312
――回路	266
――双極子	256
――双極子モーメント	220
――の力	3
――抵抗	267
――ヒステリシス現象	276
――誘導	254
――履歴	276
磁極	214
磁区	274
自己	
――インダクタンス	302
――減磁作用	283
――誘導	298
――力	81
磁石	3
永久――	279
磁性体	254
強――	150, 255
常――	255
反――	255
磁束	219, 243
――線	243
――密度	219, 220
時定数	300
磁場	215
――ベクトル	220
自発磁化	274
ジャイロ磁気係数	257
写像	185
周期	337
自由空間	332
周波数分散性	122
ジュール	
――熱	198
――の法則	198, 199
循環	37
準静近似	374
準静電界	365
条件	
ローレンツ――	348
常磁性体	255
障壁層	188
磁力線	214

【す】

スカラ	12
――積	18
――場	12
――ポテンシャル	89
ストークスの定理	42, 45, 50
ストラットンの定理	44
スネルの法則	361

【せ】

静磁界	215
斉次方程式	45
静電	
――エネルギー	105, 130
――応力	108, 110
――遮蔽	93
――界	62
――偏向型ブラウン管	226
――ポテンシャル	82, 89

——誘導	79
——容量	103
ゼーベック効果	211
積	
外——	18
スカラ——	18
内——	18
ベクトル——	18
積分	10
経路——	22, 37
線——	22, 37
体——	28
体積——	28
定——	10
2重——	11
表面——	26
面——	26
面積——	26
絶縁	121
——体	78, 121
——破壊	96
接触電位差	200
接続点	209
接地	94
節点	209
線形性	6
線素	22
——ベクトル	23
全微分	10

【そ】

双極子	
永久——	146
磁気——	96, 256
電気——	96
——モーメント	98
相互	
——インダクタンス	303
——誘導	298
増分	7
速度	
ドリフト——	192
ソレノイドコイル	271
損	
うず電流——	295
鉄——	295
ヒステリシス——	295
損失係数	360
ゾンマーフェルト	322

【た】

耐電圧	143
ダイポールアンテナ	365
多重極展開	101, 189
縦波	334
単位	
基本——	4
組立——	5
——電荷量	51
——法線ベクトル	25
単極子	
電気——	96

【ち】

遅延ポテンシャル	355
超関数	56
超伝導	211
超電導	211
——体	278
調和関数	183
直角座標系	13
直流モータ	221

【て】

抵抗	
カーボン——	196
チップ——	196
内部——	201
非オーム——	324
——率	194
定常	
——応答	381
——電流	191
定積分	10
ディラック	55
定理	
ガウスの——	35
グリーンの——	44
ストークスの——	42
ストラットンの——	44
テスラ	219
鉄損	295
デュ・フェ	1
デル	29
デルタ関数	55
電圧計	221
電位	82
——差	84
電荷	51
影像——	176
自由——	125
真——	125
素——	51
点——	52
分極——	123
——保存の法則	6, 79, 299
みかけの——	125
——密度	53
電界	62
外部——	207
局所——	123
準静——	365
——電界	62
分子——	123
——放出顕微鏡	96
ホール——	228
誘導——	291
ローレンツ——	148
電解槽法	206
電気	
——感受率	126
——双極子	101
——抵抗	194
——伝導率	194
——2重層	92, 99
ピエゾ——効果	149
——比感受率	126
ピロ——効果	149
——変位	128
電気力線	60
電子	
自由——	77
——なだれ	95
——分極	146
——放出	78
——ポテンシャル	348
電磁界	
——エネルギー	342
電磁質量	343
電磁波	62, 336
電磁誘導	287
伝送路	344
電束	
——電流	319
——密度	70, 128, 318
電池	200
点電荷	52
伝導	
超——	211
電動機	220
電場	62

電波	4
電流	190
うず――	295
過渡――	191
――計	221
準定常――	301
定常――	191, 325
電束――	319
変位――	317, 319
――密度	192
誘導――	288
電力	198
皮相――	384
複素――	385
ベクトル――	385
みかけの――	384
無効――	385
有効――	384
電話機	297

【と】

等角写像法	185
導関数	8
同次方程式	45
透磁率	263
真空の――	215
銅損	199
導体	78, 121
完全――	78
半――	78
等電位面	87
導電率	194
特異解	46
特解	46
特殊解	46
特性方程式	48
トムソン	177
ドリフト速度	192

【な】

内積	18
内部抵抗	201
ナブラ (∇)	29

【に】

2階微分方程式	47

【ね】

熱電対	211
熱伝導方程式	371

【の】

ノイマン	288
――の公式	304
ノルム	19

【は】

場	11
スカラ――	12
ベクトル――	12
媒介変数	22
波数	337
――ベクトル	359
波長	336
発散	33
発電機	296
波動	
――インピーダンス	335, 359
波動方程式	332
ベクトル――	332
ハミルトン	12
バルクハウゼン効果	274
汎関数	186
反磁性体	255
反射の法則	361
半導体	78
万有引力	1

【ひ】

ピエゾ電気効果	149
ビオ	229
――・サバールの法則	230
非オーム抵抗	324
光起電力効果	200
非極性分子	146
比磁化率	262
ヒステリシス	
――曲線	276
――損	295
非斉次方程式	45
皮相電力	384
非同次方程式	45
比透磁率	263
微分	7
――可能	8
――係数	8
全――	10
偏――	9
比誘電率	121
表皮	
――厚さ	373

――効果	294
表皮の厚さ	361
ピロ電気効果	149

【ふ】

ファラデー	60, 287
――の法則	289
フェーザ	383
不確定性原理	2
複素	
――関数	184
――電圧	383
――電流	383
――電力	385
――変数	183
――ポインティング 　　　　ベクトル	352
――誘電率	358
ブラウン管	226
静電偏向型――	226
電磁偏向型――	227
プランク定数	257
フランクリン	1
フレミングの左手の法則	219
分極	123
――電荷	123
電子――	146
配向――	146
――率	126
――ベクトル	123
分子	
極性――	146
――電界	123
非極性――	146

【へ】

閉曲面	25
平均自由時間	191
平面波	334
閉路	209
ベクトル	12
位置――	14
――関数	13
基底――	14
磁界――	220
磁場――	220
――積	18
線素――	23
単位――	14
――電力	385
――場	12

波数——	359	コロナ——	96	【ゆ】		
——波動方程式	332	飽和磁化	275	唯一性	177	
ポインティング——	342	ボーア		有効電力	384	
——ポテンシャル	235	——磁子	257	誘電正接	360	
面素——	26	——の量子条件	257	誘電損	375	
ベッセル関数	163	ホール		誘電体	121	
ペルティエ効果	212	——移動度	229	強——	150	
ヘルツ	317, 321	——係数	228	——損	375	
変圧器	298, 308	——効果	228	誘電率	121	
変位電流	317, 319	——電界	228	真空の——, ε_0	58	
変数分離法	160, 161	補助方程式	129	複素——	358	
偏微分	9	保磁力	275	誘導		
——係数	9	保存則		——加熱	295	
変分法	187	エネルギー——	342	——起電力	288	
ヘンリー	216	定常電流の——	194, 325	——磁化	279	
		電荷——	6	自己——	298	
【ほ】		保存場	86	静電——	79	
ポアソンの		ポテンシャル		相互——	298	
方程式	44, 153–155, 157	スカラ——	89	——電圧	288	
ポインティングベクトル	342	静電——	89	——電界	291	
複素——	352	遅延——	355	——電流	288	
方向余弦	14	電磁——	348	誘導界	365	
放射界	365	ポポフ	317			
放出		ボルタ	5	【よ】		
電子——	78	——の電池	5, 200	横波	334	
法則		ボルツマン	322			
アンペアの——	245			【ら】		
アンペア・		【ま】		ラーマー		
マクスウェルの——	319	マイスナー効果	211, 278	——角周波数	225	
オームの——	194, 267	マクスウェル	58, 318	——半径	225	
ガウスの——	81, 243, 319	アンペア・——の法則	319	ラプラシアン	42	
キュリーの——	147, 273	——の応力	60	ラプラス	42	
キュリー・ワイスの——	277	——の方程式	317, 322	——演算子	42, 153	
キルヒホッフの——	269	マルコーニ	317	——の方程式	153, 154	
クーロンの——	57, 80			ランデのg係数	257	
屈折の——	135	【み】				
ジュールの——	198	ミッチェル	58	【り】		
電荷保存の——	6, 79, 299			力率	385	
反射の——	361	【む】		立体角	5, 70	
ビオ・サバールの——	230	無効電力	385	全——	71	
ファラデーの——	289			量子電磁気学	51	
フレミングの左手の——	219	【め】		履歴曲線	276	
右ねじの——	216	メカトロニクス	142			
レンツの——	288	メムス (MEMS)	142	【る】		
方程式		面積積分	32	ルジャンドル		
熱伝導	371	面電荷密度	53	——関数	164	
ポアソンの——	44, 154	面電流密度	248	——陪関数	164	
マクスウェルの——	317, 322					
ラプラスの——	153	【も】		【れ】		
放電		モータ	220			
気体——	96	漏れ磁束	269	レンツ	288	

索引 411

——の法則　288
ローレンツ　148
——電界　148
【ろ】
——・クーロン力　222
——力　222, 291
——ゲージ　348
ロビソン　58
ローレンス–ローレンツの式　149
——条件　348

【A】

AB 効果	235
active power	384
actuator	142
aerial	345
Aharanov-Bohm effect	235
Ampére	
——, A.M.	4, 217
——'s circuital law	245
ampere-turn	268
angular momentum	36
antenna	345
dipole ——	365
apparent	
—— charge	125
—— power	384
approximation	
quasi-static ——	374
area element vector	26
associated Legendre function	164
attenuation constant	360

【B】

back electromotive force	202
Barkhaunsen effect	274
barrier layer	188
basis vector	14
battery	200
Bessel	163
Biot	
——-Savert's law	230
——, J.	229
Bohr magneton	257
Boltzman, L.	322
boundary	
—— condition	133
—— value problem	157
branch	209
Braun	
——, K.F.	317
—— tube	226
breakdown	
dielectric ——	96

【C】

CAD	195
capacitor	110
carrier	192
Cartesian coordinate system	13
cathode-ray tube	226
Cavendish, H.	58
charge	
apparent ——	125
free ——	125
image ——	176
magnetic ——	214
polarization ——	123
true ——	125
circulation	37
Clausius-Mossotti	149
closed surface	25
coercive force	276
complex permittivity	358
condenser	110
condition	
Lorentz ——	348
conductance	5, 195
conduction current	191
conductivity	
electric ——	194
super——	211
conductor	78, 121
perfect ——	78
conformal mapping	185
conservative field	86
constant	
attenuation ——	360
phase ——	360
contact potential difference	200
contour integral	22
coordinate system	
Cartesian ——	13
cylindrical ——	15
orthogonal——	18
rectangular ——	13
spherical ——	17
copper loss	199

Coulomb	
——, C.A.	51
——'s law	58
cross product	18
CRT	226
Curie temperature	276
current	
conduction ——	191
displacement ——	319
eddy ——	295
electric ——	190
—— density	192
induced ——	288
induction ——	288
quasi-stationary ——	301
stationary ——	191
transient ——	191
cyclotron	
—— angular frequency	225
—— motion	225
cylindrical coordinate system	15

【D】

definite integral	10
∇(del)	29
demagnetization	
self ——	283
density	
magnetic flux ——	219
depletion layer	188
derivative	8
diamagnetic material	255
diamagnetism	
perfect ——	278
super——	278
dielectric	
—— breakdown	96
—— constant	121
specific ——	121
—— loss	375
dielectrics	121
differentiable	8
differential	7
—— coefficient	8

── partial ──	9	── resistance	194	induced	
── coefficient	9	── susceptibility	126	── electromagnetic ──	288
total ──	10	electromagnetic		Lorentz ──	222
diffusion potential	188	── induction	287	magnetomotive ──	267
dipole		── wave	336	self ──	81
── antenna	365	electromotive force	201	free space	332
electric ──	96	back ──	202	fringe effect	158
── moment	98	electron		function	
magnetic ──	256	── avalanche	95	associated Legendre ──	164
Dirac, P.A.M.	55	free ──	77	Bessel ──	163
directional cosine	14	electronic		Green's ──	356
displacement		polarization	146	Legendre ──	164
── current	319	electrostatic		functional	186
electric ──	128, 319	── field	62	**【G】**	
distribution	56	── induction	79	gaseous discharge	96
dot product	18	── potential	82	gauge transformation	239
drift velocity	192	── shield	93	gauss	219
【E】		element		Gauss' theorem	35
earth	94	area ── vector	26	general solution	46
eddy current	295	line ──	22	Gilbert, W	1
effect		── vector	23	Grassmann H.	18
Aharanov-Bohm ──	235	equation		Green	
Barkhaunsen ──	274	heat transfer ──	371	──'s function	356
fringe ──	158	Laplace's ──	153	──'s theorem	44
Hall ──	228	Maxwell's ──	317	gyromagnetic ratio	257
Meissner ──	211, 278	Poisson's ──	44	**【H】**	
Peltier ──	212	ether	62	Hall	
photovoltaic ──	200	expansion		── effect	228
piezo electric ──	149	multipole ──	101	── mobility	229
pyro electric ──	149	**【F】**		Hamilton W.R.	12
Seebeck ──	211	factor		heat transfer equation	371
skin ──	294	power ──	385	Henry, J.	216
effective power	384	Faraday		Hertz, H.R.	317, 321
Einstein, A.	62	──'s law	289	high temperature	
electret	149	──, M.	60, 287	superconductor	211
electric		ferroelectric	150	hysterisis	276
── conductivity	194	ferromagnetic	150	**【I】**	
── current	190	── material	255	IH 調理器	295
── density	192	field	11	image	
── dipole	96	conservative ──	86	── charge	176
── moment	98	electrostatic ──	62	── method	176
── displacement	128, 319	induction ──	365	impedance	
── double layer	99	magnetic ──	215, 220	intrinsic ──	335
ferro──	150	magnetostatic ──	215	wave ──	335
── flux density	70, 128	quasi-static ──	365	increment	7
── lines of force	60	radiation ──	365	induced	
── monopole	96	force		── current	288
── motor	220	back electromotive ──	202	── electromagnetic force	288
── potential	82	coercive ──	276		
── power	198	electromotive ──	201		

索引　　413

—— magnetization	279	Lentz, H.	288	—— susceptibility	262
—— voltage	288	light speed	336	magnetism	
inductance		line		residual ——	275
mutual ——	303	—— element	22	magnetization	254, 258
self ——	302	—— vector	23	induced ——	279
induction		—— integral	22	permanent ——	279
electrostatic ——	79	transmission ——	344	residual ——	275
—— field	365	linearity	6	saturation ——	275
—— heating	295	lines		spontaneous ——	274
mutual ——	298	—— of electric force	60	magnetomotance	267
self ——	298	—— of magnetic force	214	magnetomotive force	267
inner product	18	longitudinal wave	334	magnetostatic field	215
insulating medium	121	loop	209	mapping	185
insulator	78, 121	Lorentz		conformal ——	185
integral		—— condition	348	Marconi, G.	317
contour ——	22	—— force	222	material	
definite ——	10	Lorenz-Lorentz	149	magnetic ——	254
line ——	22	loss		Maxwell	
volume ——	28	copper ——	199	——'s equation	317
internal resistance	201	—— dielectric	375	——, J.C.	58, 318
intrinsic impedance	335	—— tangent	360	mechatronics	142
				Meissner effect	211, 278
【J】		【M】		MEMS	142
Joule		magnet	3	mesh	209
—— heat	198	permanent ——	255	metal	77
——'s law	198	magnetic		method	
junction	209	—— charge	214	image ——	176
		dia—— material	255	variational ——	187
【K】		—— dipole	256	—— of virtual work	115
Kelvin	177	—— domain	274	Michell, J.	58
Kirchhoff, G.	209	ferro——	150	mobility	192
		ferro—— material	255	moment	
【L】		—— field	215	electric dipole ——	98
Landè g-factor	257	—— field vector	220	momentum	
Laplace		—— flux	220	angular ——	36
equation	153	—— density	219	monopole	
——, P.S.	42	leakage ——	269	electric ——	96
Laplacian operator	42	lines of ——	243	magnetic ——	322
Larmor radius	225	—— hysterisis		motor	220
law		phenomena	276	MRI	278
Biot-Savert's ——	230	—— lines of force	214	multipole expansion	101
conservation —— of		—— material	254	mutual inductance	303
electric charge	6, 79	—— monopole	322		
Coulomb's ——	58	para—— material	255	【N】	
Faraday's ——	289	—— permeability	263	∇(nabla)	29
Joule's ——	198	—— pole	214	Neumann, F.	288
Ohm's ——	194	—— potential	265	node	209
Snell's ——	361	relative ——		norm	19
leakage magnetic flux	269	—— permeability	263	nuclear	
Legendre	164	—— susceptibility	262	—— fission	3
—— function	164	—— resistance	267	—— force	3

[O]

Oersted, H	214
Ohm	
——, G.S.	194
——'s law	194
Ohmic loss	198
Onnes, H. K.	278
open surface	25
orthogonal coordinate system	18
outer product	18

[P]

paramagnetic material	255
parameter	22
partial differential	9
—— coefficient	9
particular solution	46
PEC	346
Peltier effect	212
perfect diamagnetism	278
period	337
permanent magnetization	279
permeability	215, 263
permeance	267
permittivity	58, 121
complex ——	358
relative ——	121
phase constant	360
phasor	383
photovoltaic effect	200
piezo electric effect	149
plane wave	334
PMC	346
Poisson's equation	44, 153
polarization	123
—— charge	123
electronic ——	146
orientation ——	146
Popov, A.S.	317
position vector	14
potential	
diffusion ——	188
electric ——	82
electrostatic ——	82
magnetic ——	265
retarded ——	355
vector ——	235
power	
active ——	384
apparent ——	384
effective ——	384
electric ——	198
—— factor	385
reactive ——	385
Poynting	
——, J.	342
—— vector	342
principle	
superposition ——	6
uncertainty ——	2
product	
cross ——	18
dot ——	18
inner ——	18
outer ——	18
vector ——	18
pyro electric effect	149

[Q]

quark	2
quasi	
—— -static	
—— approximation	374
—— field	365
—— -stationary current	301

[R]

radian	5, 70
radiation field	365
reactive power	385
rectangular coordinate system	13
relative	
—— magnetic	
—— permeability	263
—— susceptibility	262
relaxation time	191, 300
reluctance	267
residual	
—— magnetic flux density	275
—— magnetism	275
—— magnetization	275
resistance	
electric ——	194
internal ——	201
magnetic ——	267
resistivity	194
response	
steady-state ——	381
transient ——	381
retarded potential	355
RFID	298

[S]

Robison, J.	58
saturation magnetization	275
Savart	
Biot- ——'s law	230
——, F.	229
scalar	12
—— product	18
Seebeck effect	211
self inductance	302
semiconductor	78
separation of variables	161
SI	
—— 単位	4
—— unit	4
singular solution	46
skin	
—— depth	361, 373
—— effect	294
Snell's law	361
solution	
general ——	46
particular ——	46
singular ——	46
Sommerfeld, A	322
space charge layer	188
speed of light	336
spherical	
—— coordinate system	17
—— wave	340
spontaneous magnetization	274
SQUID	278
static	
quasi- —— field	365
stationary current	191
steady-state response	381
Stokes' theorem	42
Stratton's theorem	44
superconductivity	211
superconductor	278
high temperature ——	211
superdiamagnetism	278
superposition principle	6
surface	
closed ——	25
—— current density	248
open ——	25
susceptibility	126
electric ——	126

【T】

tesla(T)	219
theorem	
Gauss' ——	35
Green's ——	44
Stokes' ——	42
Stratton's ——	44
thermocouple	211
Thomson W.	177
time	
—— constant	300
mean free ——	191
relaxation ——	191, 300
total differential	10
transient	
—— current	191
—— response	381
transmission line	344
transverse wave	334

【U】

uncertainty principle	2
unit	
—— normal vector	25
SI ——	4
—— vector	14

【V】

variational method	187
vector	12
area element ——	26
basis ——	14
line element ——	23
magnetic field ——	220
position ——	14
—— potential	235
Poynting ——	342
—— product	18
unit normal ——	25
unit ——	14
virtual work	
method of ——	115
Volta, A.	5
voltage	
induced ——	288
induction ——	288
volume integral	28

【W】

wave	
electromagnetic ——	336
—— equation	332
—— impedance	335
longitudinal ——	334
—— number	337
plane ——	334
spherical ——	340
transverse ——	334
wavelength	337
Weber, W.E.	215

―― 著者略歴 ――

宇野 亨（うの とおる）
- 1980年 東京農工大学工学部電気工学科卒業
- 1985年 東北大学大学院博士課程修了（電気及通信工学専攻）
  工学博士
- 1985年 東北大学助手
- 1991年 東北大学助教授
- 1994年 東京農工大学助教授
- 1998年 東京農工大学教授
- 2022年 東京農工大学名誉教授

白井 宏（しらい ひろし）
- 1980年 静岡大学工学部電気工学科卒業
- 1986年 アメリカ合衆国ポリテクニック大学大学院
  博士課程修了（電気工学専攻）
  Ph. D.
- 1986年 ポリテクニック大学研究員
- 1987年 中央大学専任講師
- 1988年 中央大学助教授
- 1998年 中央大学教授
  現在に至る

電磁気学
Electromagnetics　　　　　　　　　© Toru Uno, Hiroshi Shirai　2010

2010年 6月30日　初版第 1 刷発行
2023年11月30日　初版第14刷発行

検印省略	著　者	宇　野　　　　亨
		白　井　　　　宏
	発行者	株式会社　コロナ社
		代表者　牛来真也
	印刷所	三美印刷株式会社
	製本所	株式会社　グリーン

112-0011　東京都文京区千石 4-46-10
発行所　株式会社　コロナ社
CORONA PUBLISHING CO., LTD.
Tokyo Japan
振替 00140-8-14844・電話(03)3941-3131(代)
ホームページ https://www.coronasha.co.jp

ISBN 978-4-339-00814-2　C3054　Printed in Japan　　　（柏原）

〈出版者著作権管理機構 委託出版物〉
本書の無断複製は著作権法上での例外を除き禁じられています。複製される場合は、そのつど事前に、出版者著作権管理機構（電話 03-5244-5088, FAX 03-5244-5089, e-mail: info@jcopy.or.jp）の許諾を得てください。

本書のコピー、スキャン、デジタル化等の無断複製・転載は著作権法上での例外を除き禁じられています。購入者以外の第三者による本書の電子データ化及び電子書籍化は、いかなる場合も認めていません。
落丁・乱丁はお取替えいたします。

直角座標，円柱座標，球座標の勾配，発散，回転，ラプラシアン

直角座標 (x, y, z) に対して

1. （勾配）$\nabla f = \dfrac{\partial f}{\partial x}\hat{\boldsymbol{x}} + \dfrac{\partial f}{\partial y}\hat{\boldsymbol{y}} + \dfrac{\partial f}{\partial z}\hat{\boldsymbol{z}}$

2. （発散）$\nabla \cdot \boldsymbol{F} = \dfrac{\partial F_x}{\partial x} + \dfrac{\partial F_y}{\partial y} + \dfrac{\partial F_z}{\partial z}$

3. （回転）$\nabla \times \boldsymbol{F} = \left(\dfrac{\partial F_z}{\partial y} - \dfrac{\partial F_y}{\partial z}\right)\hat{\boldsymbol{x}} + \left(\dfrac{\partial F_x}{\partial z} - \dfrac{\partial F_z}{\partial x}\right)\hat{\boldsymbol{y}} + \left(\dfrac{\partial F_y}{\partial x} - \dfrac{\partial F_x}{\partial y}\right)\hat{\boldsymbol{z}}$

4. （ラプラシアン）$\nabla^2 f = \dfrac{\partial^2 f}{\partial x^2} + \dfrac{\partial^2 f}{\partial y^2} + \dfrac{\partial^2 f}{\partial z^2}$

円柱座標 (ρ, ϕ, z) に対して

1. （勾配）$\nabla f = \dfrac{\partial f}{\partial \rho}\hat{\boldsymbol{\rho}} + \dfrac{1}{\rho}\dfrac{\partial f}{\partial \phi}\hat{\boldsymbol{\phi}} + \dfrac{\partial f}{\partial z}\hat{\boldsymbol{z}}$

2. （発散）$\nabla \cdot \boldsymbol{F} = \dfrac{1}{\rho}\dfrac{\partial}{\partial \rho}(\rho F_\rho) + \dfrac{1}{\rho}\dfrac{\partial F_\phi}{\partial \phi} + \dfrac{\partial F_z}{\partial z}$

3. （回転）$\nabla \times \boldsymbol{F} = \left(\dfrac{1}{\rho}\dfrac{\partial F_z}{\partial \phi} - \dfrac{\partial F_\phi}{\partial z}\right)\hat{\boldsymbol{\rho}} + \left(\dfrac{\partial F_\rho}{\partial z} - \dfrac{\partial F_z}{\partial \rho}\right)\hat{\boldsymbol{\phi}} + \dfrac{1}{\rho}\left[\dfrac{\partial}{\partial \rho}(\rho F_\phi) - \dfrac{\partial F_\rho}{\partial \phi}\right]\hat{\boldsymbol{z}}$

4. （ラプラシアン）$\nabla^2 f = \dfrac{1}{\rho}\dfrac{\partial}{\partial \rho}\left(\rho \dfrac{\partial f}{\partial \rho}\right) + \dfrac{1}{\rho^2}\dfrac{\partial^2 f}{\partial \phi^2} + \dfrac{\partial^2 f}{\partial z^2}$

球座標 (r, θ, ϕ) に対して

1. （勾配）$\nabla f = \dfrac{\partial f}{\partial r}\hat{\boldsymbol{r}} + \dfrac{1}{r}\dfrac{\partial f}{\partial \theta}\hat{\boldsymbol{\theta}} + \dfrac{1}{r \sin \theta}\dfrac{\partial f}{\partial \phi}\hat{\boldsymbol{\phi}}$

2. （発散）$\nabla \cdot \boldsymbol{F} = \dfrac{1}{r^2}\dfrac{\partial}{\partial r}(r^2 F_r) + \dfrac{1}{r \sin \theta}\dfrac{\partial}{\partial \theta}(F_\theta \sin \theta) + \dfrac{1}{r \sin \theta}\dfrac{\partial F_\phi}{\partial \phi}$

3. （回転）$\nabla \times \boldsymbol{F} = \dfrac{1}{r \sin \theta}\left[\dfrac{\partial}{\partial \theta}(F_\phi \sin \theta) - \dfrac{\partial F_\theta}{\partial \phi}\right]\hat{\boldsymbol{r}} + \dfrac{1}{r}\left[\dfrac{1}{\sin \theta}\dfrac{\partial F_r}{\partial \phi} - \dfrac{\partial (rF_\phi)}{\partial r}\right]\hat{\boldsymbol{\theta}}$
$\quad + \dfrac{1}{r}\left[\dfrac{\partial (rF_\theta)}{\partial r} - \dfrac{\partial F_r}{\partial \theta}\right]\hat{\boldsymbol{\phi}}$

4. （ラプラシアン）$\nabla^2 f = \dfrac{1}{r^2}\dfrac{\partial}{\partial r}\left(r^2 \dfrac{\partial f}{\partial r}\right) + \dfrac{1}{r^2 \sin \theta}\dfrac{\partial}{\partial \theta}\left(\sin \theta \dfrac{\partial f}{\partial \theta}\right) + \dfrac{1}{r^2 \sin^2 \theta}\dfrac{\partial^2 f}{\partial \phi^2}$